電力技術者のための
実務応用計算

大林　勉 著

電気書院

◎本書は、雑誌『電気計算』（電気書院 刊）での下記連載をもとに、再編集したものです。

1993年1月号～1995年9月号　「シニアエンジニアのための電力系統故障計算の基礎」
1995年10月号～1997年2月号「実務の電動力応用の基礎」
1997年3月号～1998年3月号　「電気技術者のための積分演習」

まえがき

一昨年末、非営利活動法人のシーエム会より電力卸売り事業に就いての講演を依頼され、電力卸売事業の実現性に関して講演を行いしました所、終わってみますと意外にも好評で受講者の中の方から、「この講義の内容を出版しては」とのお奨めを頂きました。

そこで、プロジェクトの運営管理に当たっては、考えたり判断したりする前に、先ず理論的に間違いが無いか、またそれは実現可能な領域に在るか否かを理論式の下に、数値計算して確認することが重要であることを、後進の方々に知って頂くために、以前約七年間に亘り電気計算に連載した電力系統故障計算法のことを思い出しました。

非営利活動法人シーエム会の方に勧められたことも在り、過去に於いて雑誌に連載したその電力系統故障計算法を主体に、その時講義に使用した電力卸売り事業プロジェクトの実現性に対する説明とは別に、その基になった同種の電力卸売り事業用発電設備の見積仕様書を加えて、一冊の本に纏めることを思い立ち、B5 判の本に纏めることを昨年の初めに心に決めました。

その主なる動機には、今日叫ばれている産学官の連携に関して、大学に於ける研究の在り方と、企業に於ける運営の在り方については、深い関係があることを知りました。この事は、マクロの世界とミクロの世界が一貫した一つの輪で繋がっているように、大学における研究と企業経営のマネージメントには、共通な専門知識と手法を必要としていることです。

取りも直さずプロジェクトの運営・管理も、実際の応用電気計算の手順・手法と互いに共通するものであることを、自分自身の実務経験から直接体で会得することが出来ました。この様な訳で、現実の問題を数値的に解くと言うことは、プロジェクトの計画や運営には絶対に必要で、決して感じや勘で決定してはならないことです。

又、非営利活動法人シーエム会での活動を通して知り得たことですが、現実には日本おける大学の教育は未だに過去に必要だった人を育てて居ります。しかし、此れからは是非とも将来に向けて必要な人を育てて行く教育が必要で在ることを痛感しました。

これから本書の中で紹介する同期電動機の過渡安定度の計算法は、その当時、送電線路故障時に発生する電力系統の瞬時電圧降下時に、同期電動機は、しばしば脱調を起こしていたのです。其処で瞬時電圧降下時の同期電動機の脱調防止対策を考えるには、先ずその瞬時電圧降下発生前後から同期電動機が脱調に到るまでの状況を表す状態方程式を作り、その状態方程式を解き数値計算することにより、初めて瞬時電圧降下時の同期電動機の過渡安定度増加対策が立案出来るのです。この様な訳で得られたその数値計算結果に基づき、電動機の持つべき物理的特性を、購入仕様に記載して現実的に対処する事が出来ました。

又、交流回路の短絡電流に含まれる直流分による変流器鉄心内の磁束増加が著しく、変流器の鉄心がこの直流分磁束により磁気飽和を起こす虞があります。それゆえ変流器を購入する時の電気的な特性仕様には、変流器の磁化特性曲線上のニーポイント (Knee Point) 電圧を指定しておく必要が在ります。この問題に対しては、鉄心内に偏磁化現象が起きている間の鉄心内の磁束密度を計算することにより、この電圧値を求める事が出来ました。

以上のように本書に掲載される問題の内容は、総てプロジェクト進行中に実際に遭遇した問題を取り扱っており、これ等の計算結果は実際のプロジェクトにおいて解決策として採用してきたものばかりです。又、この様な難しい問題を解くのに必要な力は、電気主任技術者試験で培ってきたものですので、これ等の電気的な計算問題が、電気主任技術者試験のどの部門の属するか分類した、検索目次を巻末に用意しました。電験を志す方は、部門別に勉強する際にこの索引を是非ご利用下さい。

又、一方この様な訳で連載当時に株式会社電気書院の編集者より、問題解決のための状態方程式が微積分方程式でもって表される関係上、積分演習に就いて書いて下さいと依頼を受け、積分を理解して頂くために照明計算を基に積分法の解説を行いました。この積分演習は、問題解決のための状態方程式の立て方から、解法に到るまでの手法として役立つものと思います。従いまして、この積分演習もこの応用電気計算編集の際に、この本の中に留めることにしました。

その後、株式会社電気書院の出版部の方と廉価でもって提供出来るようにとご相談しましたところ、雑誌に連載した数値計算法を主体に編集し直し、応用電気計算と形を変えて300余頁に纏めて発行することで話が纏まりました。この様な理由で教科書に在るような基本的な理論式の説明部分は総て割愛することになりました。

最後になりましたが、この応用電気計算が、技術士電気部門や電気事業主任技術者資格検定を志す電気技術者の方々の、日頃のドリリング（Drilling）に役立つことを切に願っております。

著者しるす

推 薦 の 言 葉 (1)

プラント工場建設において、機器据付工事完了し、各機器の試運転、プラント全体の性能運転、更に営業運転と順調に稼動するまでには、電気に関する調整事項は多く、これは経験しないと理解できない苦労である。

1978 年当時世界最大生産量 6000 トン / 日、セメントプラント(注)をサウジアラビアに建設した時、著者大林勉氏は電気計装関係技術の責任者として、プロジェクトマネージャーの私と共に現地に常駐した。

ドイツ人技師と執拗に議論している彼の熱心な行動は今も心に残る。その後、彼は東南アジア及び中近東の電力公社の発電所 4 ヶ所そして変電所 8 ヶ所の建設に従事し、運転までのトラブルを解決した。この種の解決ノウハウは多くは個人の暗黙知になって組織には充分に残らない。残せない難しさがある。

彼はこれ等のトラブル及び解決方法を体系化して、理論解析を行い、解決は勘に頼ることなく理論的に解決する事が出来る事を、1993 年から雑誌「電気計算」に長期に渉り実例を基に連載して、多くの読者の評価をうけた。

高等数学の式を用いて解決しているが、パソコンソフトの進歩は、これらの方程式の解を容易にした。

技術は進歩しているので、パソコンソフトの見直しも必要である。その時、原点に戻り数式の再確認が必要であるので今回、雑誌「電気計算」掲載した論文を整理し、単行本にしたことは価値があると思う。

技術士電気・電子部門、電気主任技術者試験参考書、そして大学教科書としても使用出来る図書である。一次二次産業が充実して三次産業が栄える。IT 技術者は増えるが電気計装技術者は少なくなった今日に必要な図書である。

注：機械付モーター約 1500 台、総モーター 2500 台、電力 176000kW、ケーブル長さ 1600km、工場の敷地面積は 100 万 m^2、中央制御室にて統括、電気計装設計施工はドイツ、韓国連合。このプロジェクトは世界注目の工事であったが、契約納期通りに完成した。

2007 年 12 月吉日

特定非営利活動法人　シーエム会　特別顧問

奥出　達都摩

社団法人　化学工学会　名誉会員

(元早稲田大学理工学部講師

元石川島プラントエンジニヤリング㈱社長)

推　薦　の　言　葉（2）

大林勉氏は、私が代表を務める特定非営利活動法人シーエム会の会員である。この会は積極的に社会貢献を行うと同時に個人のシニアライフをも充実させようとの趣旨で集まった企業OBのグループである。会員の多くは大企業の、設計、研究開発、営業、生産などの現場で色々な「ものづくり」に参加し苦労してきた仲間である。蓄積した知識や経験は豊富であり、貴重な財産である。いま空洞化が心配されている日本の「ものづくり」企業に何らかの形で継承され、活用され、社会資産として後世に伝承することが会の目指すところである。

さて、大林氏は電機業界を代表する大手企業で、長年電気技術者として、多くのプロジェクトに参加され、内外で国際的に活動されてきた方である。その間の経験については、会の交流会で数度にわたって講演され、電気事業の現状や技術の内容や問題点を詳しく紹介されてきた。その経験の豊富さ、技術内容、ノウハウの質などの高さに会員一同感銘を受けた。とくに、氏は東南アジア及び中近東現地での技術指導にも当たってこられ、途上国技術者とのコミュニケーション、国際協力上の苦労など、ユニークさと本質を捉えた指摘をされ、事業全般のより広い立場から体験知識を蓄積し整理体系化されている。より広く社会の電気技術者の方々に情報発信されることを期待した次第である。

このたび、株式会社電気書院からの出版企画が決まったことは、会の喜びであり、ものづくり極意の技術書として、特定非営利活動法人シーエム会として推薦するものである。本書は著者のプロジェクト計画運営の実体験から凝集、集積された電気の部門に於ける技術計算の領域を懇切に指導した実用書である。とくに電力卸売り事業や産業プラントの電気設備計画などの資料や系統故障計算法の分野では類のない実用的指導書であると確信している。技術士電気・電子部門や電気主任技術者試験の資格試験の合格を目指す電気事業に携わる方々が是非座右におかれ、その理論と計算技術を習得され、さらに研鑽されプロジェクトに於けるものづくりに貢献されることを熱望する。

2007年12月吉日

特定非営利活動法人　シーエム会
内閣府認証（第1203号）　東商会員
事務所　東京都世田谷区上北沢3丁目10番15号

代表理事　加藤寛治

目　　次

シニアエンジニアのための電力系統故障計算

実務の電動力応用の基礎

電気技術者のための積分演習

特別起稿

コラム

シニアエンジニアのための
電力系統故障計算の基礎

まえがき　電力系統の故障計算は，系統構成における短絡協調をとるのに必要なばかりでなく，絶縁協調をとるための1線地絡時や2線地絡時の健全相の対地電圧の上昇値の計算，そして保護継電方式の計画や継電器の型式選定に当たって，故障の様相を正確につかみその特徴を知り，保護継電方式の適用を完璧にするために，また，電力系統の故障を模擬して保護継電方式の試験を行う場合の試験要領書の作成のためと，故障計算は，電力系統の計画には絶対に欠くことのできない Engineering Tool である．

三相回路の故障計算は，対称座標法を用いて解くと非常に簡単にいくので，最初に簡単に対称座標法を紹介し，その後担当 Job の中で計算した故障計算をここに紹介する．

環状線路の故障計算のように対称座標法ではなく，駆動点アドミタンスを用いた方が解きやすいものもあるが，同じ電力系統の故障計算ということで，これも一緒に紹介する．中でも環状線路の駆動点アドミタンスのように，数値計算書を添えた方がわかりやすいと思われるものには，演算法を示す意味でそれを添付した．また，検相器（相回転）などの相電圧の計算も，故障計算法の知識を利用すると簡単に解けるので付け加えることにした．

平行2回線系統の故障計算法は，引き続き二相回路理論として紹介するので，この電力系統故障計算法と併せて利用いただければ，どのような故障計算にもこれで対応できるようになる．

これらの理論の勉強を終えた後は，受配電系統の故障計算において実務上でてくる問題，例えば電動機寄与電流，非対称係数，直流分係数，波高値係数，短時間許容電流などについて解説を加え，これらを基に，実務の勉強を行うように計画しているから，今から期待していてもらいたい．

しかし実際の作業量としては，電気定数の計算や現実に得られた資料および数値を，計算式に合うような次元に換算する方が，ここに紹介する理論計算の量に比較して何倍にもなることを最初から覚悟して掛からなくてはならない．

最後に読者の皆様が，実務のうえでこれらの計算法を利用され，よりよい電力系統の構成や保護継電方式の計画に寄与されることを心より祈りたい．なお，これらの故障計算法の勉強には，別宮氏や前川氏の著書によったことを付記して，感謝の意を表したい．

> 人間は，手本に従うことにより，それ以上のことに気づき発展するものです．ただ単にその事柄を考えていても，それを書き表さないでいると，いつまでもその領域から脱出できず，何の発展も無いままに終わります．

環状線路の故障計算法

環状線路における故障計算は，テブナンの定理を使って解くために，故障点において環状線路を開くことにより梯子形回路を作り，四端子回路網のようにして，開いた両側の端子に，故障点の故障前の電圧を加えたとき，両側の端子からそれぞれ流入する電流の和の大きさで方向が反対の電流が故障電流である．

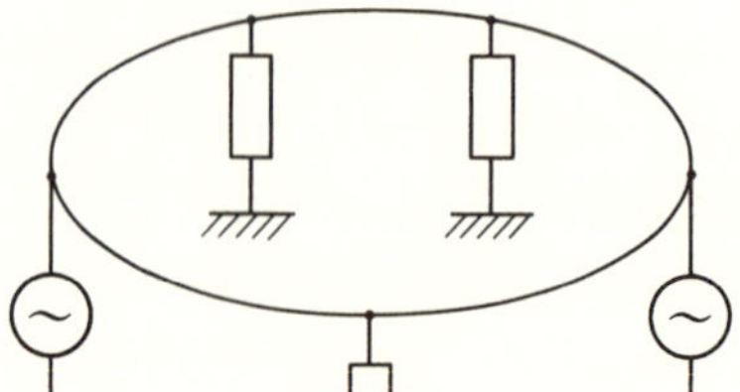

第1図

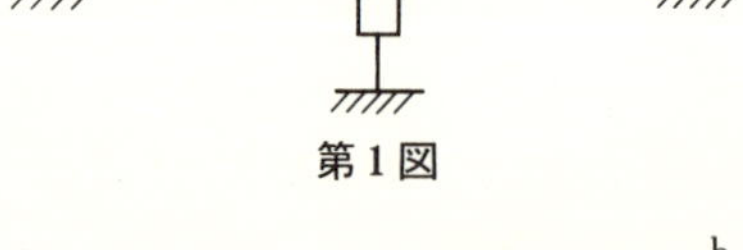

第2図

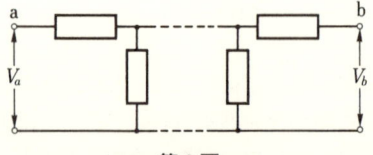

したがって，それぞれの側の端子から流入する電流の大きさが等しく方向が反対の電流が，その端子の側から流れてくる故障電流である．

a 端子から流れ込む電流 I_a は，駆動点アドミタンスを使用して，次のように表される．

$$I_a = Y_{aa} V_a - Y_{ab} V_b$$

ここに，

Y_{aa}：a 端子における駆動点アドミタンス

Y_{ab}：a 端子と b 端子間の伝達アドミタンス

また，b 端子から流れ込む電流 I_b は，

$$I_b = -Y_{ba} V_a + Y_{bb} V_b$$

ここに，

Y_{bb}：b 端子における駆動点アドミタンス

Y_{ba}：b 端子と a 端子間の伝達アドミタンス

この梯子形回路において，b 端子を短絡したときの a 端子からの流入電流 I_a は，V_b を零とおいて，

$$I_a = Y_{aa} V_a$$

したがって駆動点アドミタンスを表す流入電流 I_a と端子電圧 V_a の比は，

$$\frac{I_a}{V_a} = Y_{aa} = Y_{bs}$$

同じ要領でもって，a 端子を短絡したときの b 端子からの流入電流 I_b は，V_a を零とおいて，

$$I_b = Y_{bb} V_b$$

したがって駆動点アドミタンスを表す流入電流 I_b と端子電圧 V_b の比は，

$$\frac{I_b}{V_b} = Y_{bb} = Y_{as}$$

同じ回路において，今度はｂ端子を開放しｂ端子からの流入電流 I_b を零とした場合，

$$0 = -Y_{ba}V_a + Y_{bb}V_b$$

このときｂ端子に現れる電圧 V_b は，

$$V_b = \frac{Y_{ba}}{Y_{bb}} V_a$$

したがってｂ端子開放の状態で，ａ端子の電圧を V_a に保った場合，ａ端子からの流入電流 I_a は，

$$I_a = Y_{aa}V_a - \frac{Y_{ab}Y_{ba}}{Y_{bb}} V_a$$

$$= \frac{Y_{aa}Y_{bb} - Y_{ab}Y_{ba}}{Y_{bb}} V_a$$

このｂ端子開放時のａ端子における駆動点アドミタンスを表す流入電流 I_a と端子電圧 V_a の比は，

$$\frac{I_a}{V_a} = \frac{Y_{aa}Y_{bb} - Y_{ab}Y_{ba}}{Y_{bb}} = Y_{bo}$$

同じ回路において，今度はａ端子を開放しａ端子からの流入電流 I_a を零とした場合，

$$0 = Y_{aa}V_a - Y_{ab}V_b$$

このときａ端子に現れる電圧 V_a は，

$$V_a = \frac{Y_{ab}}{Y_{aa}} V_b$$

したがってａ端子開放の状態で，ｂ端子の電圧を V_b に保った場合，ｂ端子からの流入電流 I_b は，

$$I_b = Y_{bb}V_b - \frac{Y_{ba}Y_{ab}}{Y_{aa}} V_b$$

$$= \frac{Y_{bb}Y_{aa} - Y_{ba}Y_{ab}}{Y_{aa}} V_b$$

このａ端子開放時のｂ端子における駆動点アドミタンスを表す流入電流 I_b と端子電圧 V_b の比は，

$$\frac{I_b}{V_b} = \frac{Y_{bb}Y_{aa} - Y_{ba}Y_{ab}}{Y_{aa}} = Y_{ao}$$

ここで最初の理論説明で示したように，ａ，ｂ両端子の電圧を $V_a = V_b = V$ と同じ電圧に保った場合，線形回路において $Y_{ab} = Y_{ba}$ であることを考慮に入れて，両端子から流入するそれぞれの電流の和 I_s は，

$$I_s = I_a + I_b$$

$$= (Y_{aa} - Y_{ab} - Y_{ba} + Y_{bb})V$$

$$= (Y_{aa} + Y_{bb} - 2Y_{ab})V$$

また，すでに求めた $Y_{aa} = Y_{bs}$ および $Y_{bb} = Y_{as}$ の関係を，Y_{ao} の式に代入すると，

$$Y_{ao} = \frac{Y_{bb}Y_{aa} - Y_{ab}{}^2}{Y_{aa}}$$

$$= \frac{Y_{as}Y_{bs} - Y_{ab}{}^2}{Y_{bs}}$$

この Y_{ao} の式より Y_{ab} を求めれば，

$$Y_{ab} = \sqrt{Y_{ab}{}^2}$$

$$= \sqrt{Y_{as}Y_{bs} - Y_{ao}Y_{bs}}$$

$$= \sqrt{(Y_{as} - Y_{ao})Y_{bs}}$$

同様にして Y_{bo} は，

$$Y_{bo} = \frac{Y_{aa}Y_{bb} - Y_{ba}{}^2}{Y_{bb}}$$

$$= \frac{Y_{bs}Y_{as} - Y_{ba}{}^2}{Y_{as}}$$

ゆえに，この Y_{bo} の式より Y_{ba} を求めれば，

$$Y_{ba} = \sqrt{Y_{ba}{}^2}$$

$$= \sqrt{Y_{bs}Y_{as} - Y_{bo}Y_{as}}$$

$$= \sqrt{(Y_{bs} - Y_{bo})Y_{as}}$$

そこでａ，ｂ両端子から流入する電流の和 I_s の式に，$Y_{aa} = Y_{bs}$ および $Y_{bb} = Y_{as}$ の関係と，いま求めた Y_{ab} の値を代入すると，

$$I_s = \{Y_{bs} + Y_{as} - 2\sqrt{(Y_{as} - Y_{ao})Y_{bs}}\}\ V$$

となる．そしてこの I_s を，I_a と I_b に分けて書くと，

$$I_a = \{Y_{bs} - \sqrt{(Y_{as} - Y_{ao})Y_{bs}}\}\ V$$

$$I_b = \{Y_{as} - \sqrt{(Y_{bs} - Y_{bo})Y_{as}}\}\ V$$

Y_{ba} を Y_{ab} で表すと，

$$I_b = \{Y_{as} - \sqrt{(Y_{as} - Y_{ao})Y_{bs}}\}\ V$$

となる．

ここに，

Y_{bs}：ｂ端子を短絡したときのａ端子における駆動点アドミタンス

Y_{as}：ａ端子を短絡したときのｂ端子における駆動点アドミタンス

Y_{bo}：ｂ端子を開放したときのａ端子におけ

る駆動点アドミタンス

Y_{ao}：a 端子を開放したときの b 端子における駆動点アドミタンス

と呼ばれるものである.

数値故障計算法
(その 1)

交流回路の数値計算は電圧，電流を始めとして，インピーダンスやアドミタンスは全て複素数であるため，加減演算は直角座標法で，乗除演算は極座標法で行うと，繁雑になることなく数値計算を進めることができる．これが数値計算を行うのに，絶対必要な技法である．このようなわけで次の演算が，どちらの演算かによって，その数値の表現方法をかえておかなくてはならないことはもちろんである.

(1) 検相器の相電圧
(相回転検出器の相電圧)

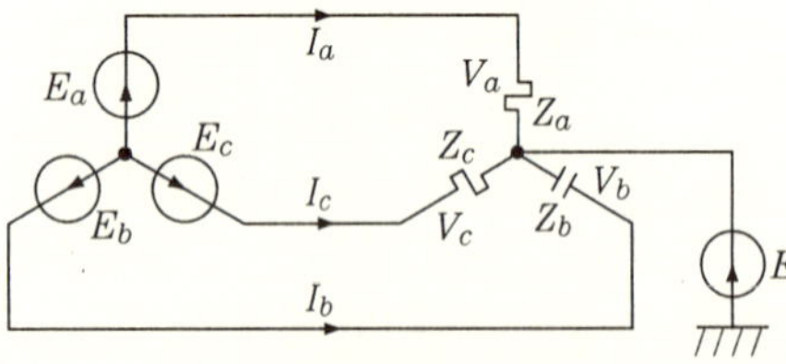

第 3 図

検相器と電源の関係は，**第 3 図**のような回路で表すことができるので，各相の電源電圧はそれぞれ次のように表される.

$$E_a = E,\ E_b = a^2E,\ E_c = aE$$

また，検相器各相の電圧は次のように表される.

$$V_a = E_a - E_n \qquad V_a = I_a Z_a$$

$$V_b = E_b - E_n \qquad V_b = I_b Z_b$$

$$V_c = E_c - E_n \qquad V_c = I_c Z_c$$

したがって，検相器各相に流れる電流はそれぞれ次のようになる.

$$I_a = \frac{E_a - E_n}{Z_a} = \frac{V_a}{Z_a}$$

$$I_b = \frac{E_b - E_n}{Z_b} = \frac{V_b}{Z_b}$$

$$I_c = \frac{E_c - E_n}{Z_c} = \frac{V_c}{Z_c}$$

検相器の Y 点における各相の電流の総和は零であるから，次の式が成立する.

$$I_a + I_b + I_c = 0 \qquad ①$$

二つの V_a の式より，次の新しい式を得る.

$$I_a Z_a = E_a - E_n$$

この式から，Y 点における電圧 E_n の値を I_b の式に代入して，次の式ができる.

$$I_b = \frac{E_b + I_a Z_a - E_a}{Z_b}$$

$$= \frac{1}{Z_b}(E_b - E_a + I_a Z_a)$$

ここで未知数を含む辺と，既知数ばかりの辺に分け，整理すると，

$$-\frac{Z_a}{Z_b} I_a + I_b = \frac{1}{Z_b}(E_b - E_a) \qquad ②$$

I_c の式にも I_b の式と同様に，E_n の値を代入して次の式を得る.

$$I_c = \frac{E_c + I_a Z_a - E_a}{Z_c}$$

$$= \frac{1}{Z_c}(E_c - E_a + I_a Z_a)$$

先の I_b の式と同様に，未知数と既知数に分けて整理すると，

$$-\frac{Z_a}{Z_c} I_a + I_c = \frac{1}{Z_c}(E_c - E_a) \qquad ③$$

①～③式から次の行列式が作れる.

$$\begin{vmatrix} -\dfrac{Z_a}{Z_b} & 1 & 0 \\ -\dfrac{Z_a}{Z_c} & 0 & 1 \\ 1 & 1 & 1 \end{vmatrix} \begin{vmatrix} I_a \\ I_b \\ I_c \end{vmatrix} = \begin{vmatrix} \dfrac{1}{Z_b}(E_b - E_a) \\ \dfrac{1}{Z_c}(E_c - E_a) \\ 0 \end{vmatrix}$$

ここで，△を，次のようにおくと，

$$\triangle = 1 + \frac{Z_a}{Z_c} + \frac{Z_a}{Z_b}$$

$$= \frac{Z_a Z_b + Z_b Z_c + Z_c Z_a}{Z_b Z_c}$$

上式より各相電流 I_a, I_b, I_c は次のようにまる.

$$I_a=\frac{\begin{vmatrix}\frac{1}{Z_b}(E_b-E_a) & 1 & 0\\ \frac{1}{Z_c}(E_c-E_a) & 0 & 1\\ 0 & 1 & 1\end{vmatrix}}{\triangle}$$

$$=\frac{-\frac{1}{Z_c}(E_c-E_a)-\frac{1}{Z_b}(E_b-E_a)}{\triangle}$$

$$I_b=\frac{\begin{vmatrix}-\frac{Z_a}{Z_b} & \frac{1}{Z_b}(E_b-E_a) & 0\\ -\frac{Z_a}{Z_c} & \frac{1}{Z_c}(E_c-E_a) & 1\\ 1 & 0 & 1\end{vmatrix}}{\triangle}$$

$$=\frac{\left\{\begin{aligned}&-\frac{Z_a}{Z_bZ_c}(E_c-E_a)+\frac{1}{Z_b}(E_b-E_a)\\&+\frac{Z_a}{Z_bZ_c}(E_b-E_a)\end{aligned}\right\}}{\triangle}$$

$$=\frac{-\frac{Z_a}{Z_bZ_c}(E_c-E_b)+\frac{1}{Z_b}(E_b-E_a)}{\triangle}$$

$$I_c=\frac{\begin{vmatrix}-\frac{Z_a}{Z_b} & 1 & \frac{1}{Z_b}(E_b-E_a)\\ -\frac{Z_a}{Z_c} & 0 & \frac{1}{Z_c}(E_c-E_a)\\ 1 & 1 & 0\end{vmatrix}}{\triangle}$$

$$=\frac{\left\{\begin{aligned}&\frac{1}{Z_c}(E_c-E_a)-\frac{Z_a}{Z_bZ_c}(E_b-E_a)\\&+\frac{Z_a}{Z_bZ_c}(E_c-E_a)\end{aligned}\right\}}{\triangle}$$

$$=\frac{\frac{1}{Z_c}(E_c-E_a)-\frac{Z_a}{Z_bZ_c}(E_b-E_c)}{\triangle}$$

電源の各相電圧をベクトルオペレータ a を使って表すと,

$$I_a=\frac{\frac{E}{Z_c}(1-a)+\frac{E}{Z_b}(1-a^2)}{\triangle}$$

$$=\frac{Z_bE(1-a)+Z_cE(1-a^2)}{Z_aZ_b+Z_bZ_c+Z_cZ_a}$$

$$I_b=\frac{-\frac{Z_aE}{Z_bZ_c}(a-a^2)+\frac{E}{Z_b}(a^2-1)}{\triangle}$$

$$=\frac{Z_aE(a^2-a)+Z_cE(a^2-1)}{Z_aZ_b+Z_bZ_c+Z_cZ_a}$$

$$I_c=\frac{\frac{E}{Z_c}(a-1)-\frac{Z_aE}{Z_bZ_c}(a^2-a)}{\triangle}$$

$$=\frac{Z_aE(a-a^2)+Z_bE(a-1)}{Z_aZ_b+Z_bZ_c+Z_cZ_a}$$

したがって検相器の各相に加わる相電圧 V_a, V_b, V_c は,

$$V_a=I_aZ_a$$

$$=\frac{\{Z_bE(1-a)+Z_cE(1-a^2)\}Z_a}{Z_aZ_b+Z_bZ_c+Z_cZ_a}$$

$$V_b=I_bZ_b$$

$$=\frac{\{Z_aE(a^2-a)+Z_cE(a^2-1)\}Z_b}{Z_aZ_b+Z_bZ_c+Z_cZ_a}$$

$$V_c=I_cZ_c$$

$$=\frac{\{Z_aE(a-a^2)+Z_bE(a-1)\}Z_c}{Z_aZ_b+Z_bZ_c+Z_cZ_a}$$

と求まる.

数値計算例

次の条件により計算をしてみる.

回路電圧

線間電圧 $V=460$〔V〕

相電圧 $E=460/\sqrt{3}$〔V〕

抵抗器(a 相)

$Z_a=2.5\times10^3\angle0°$

コンデンサ(b 相)

$$Z_b=\frac{1}{2\pi\times60\times2\times10^{-6}}\angle-90°$$

$$= \frac{10^6}{240\pi}\angle -90°$$

$$= 1.3263\times 10^3 \angle -90°$$

抵抗器（c 相）

$$Z_c = 4\times 10^3 \angle 0°$$

組み合わせたインピーダンス

$$Z_aZ_b = (2.5\times 10^3\angle 0°)\times(1.3263\times 10^3\angle -90°) = 3.316\times 10^6\angle -90°$$

$$Z_bZ_c = (1.3263\times 10^3\angle -90°)\times(4\times 10^3\angle 0°) = 5.305\times 10^6\angle -90°$$

$$Z_aZ_c = (2.5\times 10^3\angle 0°)\times(4\times 10^3\angle 0°) = 10\times 10^6\angle 0°$$

$$(Z_aZ_b + Z_bZ_c + Z_cZ_a) = 10\times 10^6\angle 0° + 8.621\times 10^6\angle -90° = 10\times 10^6 - j8.621\times 10^6 = 13.203\times 10^6\angle -40.76°$$

組み合わされたベクトルオペレータは，

$$1-a = 1+\frac{1}{2} - j\frac{\sqrt{3}}{2} = \frac{3}{2} - j\frac{\sqrt{3}}{2} = \sqrt{3}\angle -30°$$

$$1-a^2 = 1+\frac{1}{2} + j\frac{\sqrt{3}}{2} = \frac{3}{2} + j\frac{\sqrt{3}}{2} = \sqrt{3}\angle +30°$$

$$a^2-a = -\frac{1}{2} - j\frac{\sqrt{3}}{2} + \frac{1}{2} - j\frac{\sqrt{3}}{2} = \sqrt{3}\angle -90°$$

$$a^2-1 = -\frac{1}{2} - j\frac{\sqrt{3}}{2} - 1 = -\frac{3}{2} - j\frac{\sqrt{3}}{2} = \sqrt{3}\angle -150°$$

$$a-a^2 = -\frac{1}{2} + j\frac{\sqrt{3}}{2} + \frac{1}{2} + j\frac{\sqrt{3}}{2} = \sqrt{3}\angle +90°$$

$$a-1 = -\frac{1}{2} + j\frac{\sqrt{3}}{2} - 1 = -\frac{3}{2} + j\frac{\sqrt{3}}{2} = \sqrt{3}\angle +150°$$

すでに求めた電気定数を各相電圧 V_a，V_b，V_c の式に代入すると，

$$V_a = \frac{\{Z_bE(1-a) + Z_cE(1-a^2)\}Z_a}{Z_aZ_b + Z_bZ_c + Z_cZ_a} = \frac{\{Z_aZ_b(1-a) + Z_aZ_c(1-a^2)\}E}{Z_aZ_b + Z_bZ_c + Z_cZ_a}$$

$$= \frac{\begin{bmatrix} 3.316\angle -90°\times\sqrt{3}\angle -30° \\ +10\times\sqrt{3}\angle 30° \end{bmatrix}\times 10^6}{13.203\times 10^6\angle -40.76°}\times\frac{460}{\sqrt{3}}$$

$$= \frac{(3.316\angle -90°\times 1\angle -30° + 10\times 1\angle 30°)\times 460}{13.203\angle -40.76}$$

$$= \frac{(3.316\angle -90° + 10\angle 60°)\times 460}{13.203\angle -10.76°}$$

$$= \frac{\{5+j(8.66-3.316)\}\times 460}{13.203\angle -10.76°}$$

$$= \frac{7.318\angle 46.9°\times 460}{13.203\angle -10.76°}$$

$$= 255.0\angle 57.66°$$

$$V_b = \frac{\{Z_aE(a^2-a) + Z_cE(a^2-1)\}Z_b}{Z_aZ_b + Z_bZ_c + Z_cZ_a} = \frac{\{Z_aZ_b(a^2-a) + Z_bZ_c(a^2-1)\}E}{Z_aZ_b + Z_bZ_c + Z_cZ_a}$$

$$= \frac{\begin{bmatrix} 3.316\angle -90°\times\sqrt{3}\angle -90° \\ +5.305\angle -90°\times\sqrt{3}\angle -150° \end{bmatrix}\times 10^6}{13.203\times 10^6\angle -40.76°}\times\frac{460}{\sqrt{3}}$$

$$= \frac{(3.316\angle -180° + 5.305\angle -240°)\times 460}{13.203\angle -40.76°}$$

$$= \frac{(-3.316 - 2.653 + j4.56)\times 460}{13.203\angle -40.76°}$$

$$= \frac{(-5.969 + j4.59)\times 460}{13.203\angle -40.76°}$$

$$= \frac{7.530\angle 142.44°\times 460}{13.203\angle -40.76°}$$

$$= 262.3\angle 183.2°$$

$$V_c = \frac{\{Z_a E(a-a^2) + Z_b E(a-1)\} Z_c}{Z_a Z_b + Z_b Z_c + Z_c Z_a}$$

$$= \frac{\{Z_a Z_c (a-a^2) + Z_b Z_c (a-1)\} E}{Z_a Z_b + Z_b Z_c + Z_c Z_a}$$

$$= \frac{\begin{bmatrix} 10 \times \sqrt{3} \angle 90° \\ +5.305 \angle -90° \times \sqrt{3} \angle 150° \end{bmatrix} \times 10^6}{13.203 \times 10^6 \angle -40.76°} \times \frac{460}{\sqrt{3}}$$

$$= \frac{(j10 + 2.653 + j4.59) \times 460}{13.203 \angle -40.76°}$$

$$= \frac{(2.653 + j14.59) \times 460}{13.203 \angle -40.76°}$$

$$= \frac{14.829 \angle 79.69° \times 460}{13.203 \angle -40.76°}$$

$$= 516.7 \angle 120.45°$$

極座標表示された各相電圧を，直角座標表示に書き改めると，

$$V_a = 255.0(0.53494 + j0.84489)$$
$$= 136.4 + j215.4$$
$$V_b = 262.3(-0.99844 - j0.05582)$$
$$= -261.9 - j14.64$$
$$V_c = 516.7(-0.50679 + j0.86207)$$
$$= -261.9 + j445.4$$

と求まる．最後にY接続点の電位 E_n は，三つの E_n の式より，

$$E_n = E_a - V_a$$
$$E_n = E_b - V_b$$
$$E_n = E_c - V_c$$

の左辺と右辺をそれぞれ別々に加え合わせると，

$$3E_n = E(1 + a^2 + a) - (V_a + V_b + V_c)$$

ゆえに，

$$E_n = -\frac{1}{3}(V_a + V_b + V_c)$$

すなわち，各相電圧の和の3分の1である．したがって，

$$E_n = -\frac{1}{3}(136.4 + j215.4 - 261.9 - j14.64 - 261.9 + j445.4)$$
$$= -\frac{1}{3}(-387.4 + j646.16)$$
$$= 129.1 - j215.39$$
$$= 251.1 \angle -59.1°$$

と求まる．

工場試験の省略（Omission）

前回の同様なプロジェクトおいて，今回と同様な製品（Compatible product）の納入実績を持つ製造者を，今回も選んだことだし，起動盤の検出器および操作器との組み合わせ試験（Combination test）は現地で行うから，今回は工期短縮のため工場での起動盤の組み合わせ試験を省略したという．そしてその起動盤の現地組み合わせ試験をこれから行うので，その現地試験の管理をして欲しいと依頼されました．もちろん自分としては辞退しました．いくら工期短縮を優先するからといっても，この方法は工期を短縮することになりません．本来工場での品質管理試験を厳格に行った起動盤ならば，通常は1週間の試験調整期間でいいのですが，現実にはその起動盤の配線の点検検査すら行われていませんでしたから，二人2組を1か月間注ぎ込んでも残念ながら，完全な状態にできませんでした．

なぜかといえば，試験検査において原因が一つ単独で存在するときは簡単にわかりますが，二つの原因が同時に混在するときは，原因を見つけ出すのは相当な経験を必要とし，ましてや三つ同時に混在すると，その原因の発見は不可能に近くなり，一つひとつ良品と交換してみる以外によい方法はありません．工場では交換用の良品もありますが，現地には予備品しかありません．それも据え付け中にはその予備品はいまだ現地に届いておりません．やはり製作工場において品質管理の試験検査を充分してから，製品を送り出すべきです．工場においてシミュレーション（Simulation）を行うことは簡単ですが，現地で試験検査を終えていないものを使って，シミュレーションを行うのは，良否の判定が大変難しくなりリスク（Risk）が高くなり過ぎます．

数値故障計算法
(その2)

(2) 環状線路の三相短絡

<計算例 1>

第1図のような環状線路において，n点とf点における短絡電流の数値計算を行う．計算に使用する数値は，図に記入してある数値が，すでに収集されたものとする．

電源の内部インピーダンス：$j0.00124$〔Ω〕

回路電圧：6.6〔kV〕

n点における負荷の次過渡リアクタンス

(1/2サイクル後)：$j24$〔%〕at 12〔MVA〕

f点における負荷の次過渡リアクタンス

(1/2サイクル後)：$j24$〔%〕at 6〔MVA〕

パーセント表示の負荷のリアクタンス値をオーム値に換算する．

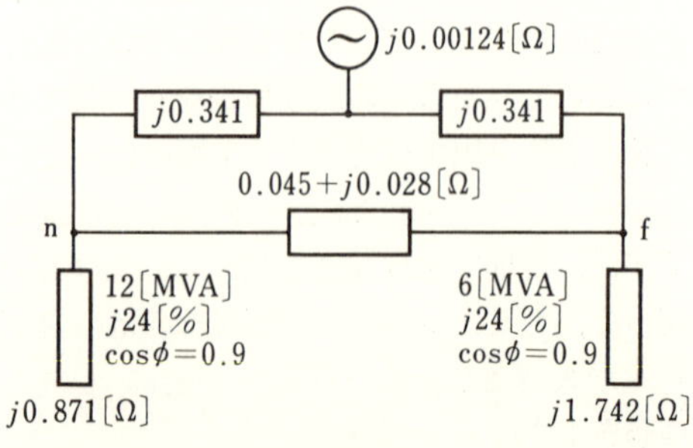

第1図

n点の負荷リアクタンス X_n''

$$X_n'' = \frac{j24 \times 6.6^2 \times 10^6}{12 \times 10^8} = j0.871 \text{〔Ω〕}$$

f点の負荷リアクタンス X_f''

$$X_f'' = \frac{j24 \times 6.6^2 \times 10^6}{6 \times 10^8} = j1.742 \text{〔Ω〕}$$

⊙n点において開放した梯子型回路

n点における短絡電流から求めるために，n点において開放し，梯子型回路を作ると**第2図**のような回路が得られる．

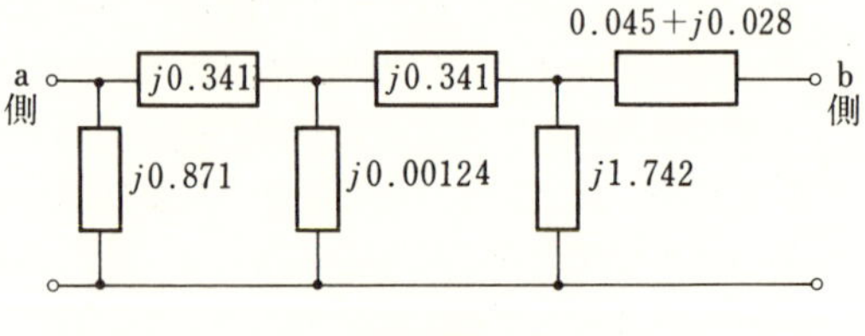

第2図

梯子型回路の駆動点インピーダンスは，駆動点の反対側から梯子の段に従って，1段ごとに駆動点に向かって，合成インピーダンスを求めて行くとよい．では実際の計算をお目に掛けよう．

・a側端子を短絡したときのb側端子における駆動点インピーダンス Z_{as} は，

最初の段は，

$$\frac{j0.341\times j0.00124}{j0.341+j0.00124}=\frac{-0.000423}{j0.34224}$$

$$=j0.001236$$

次の段は，

$$j0.001236+j0.341=j0.342236$$

$$\frac{j0.342236\times j1.742}{j0.342236+j1.742}=\frac{-0.5962}{j2.084236}$$

$$=j0.2861$$

次の次の段は，

$$j0.2861+0.045+j0.028=0.045+j0.3141$$

・a 側端子を開放したときの b 側端子における駆動点インピーダンス Z_{ao} は，

最初の段は，

$$j0.871+j0.341=j1.212$$

次の段は，

$$\frac{j1.212\times j0.00124}{j1.212+j0.00124}=\frac{-0.001503}{j1.21324}$$

$$=j0.001239$$

次の次の段は，

$$j0.001239+j0.341=j0.342239$$

$$\frac{j0.342239\times j1.742}{j0.342239+j1.742}=\frac{-0.5962}{j2.084239}$$

$$=j0.2861$$

そして最後の段は，

$$j0.2861+0.045+j0.028$$

$$=0.045+j0.3141$$

・b 側端子を短絡したときの a 側端子における駆動点インピーダンス Z_{bs} は，

最初の段は，

$$\frac{(0.045+j0.028)(j1.742)}{0.045+j0.028+j1.742}$$

$$=\frac{j0.0784-0.04878}{0.045+j1.77}$$

$$=\frac{0.09234\angle 121.89^\circ}{1.77\angle 88.54^\circ}$$

$$=0.05217\angle 33.35^\circ$$

$$=0.05217\ (0.83532+j0.54975)$$

$$=0.04358+j0.02868$$

次の段は，

$$\frac{(0.04358+j0.36968)\times(j0.00124)}{0.04358+j0.36968+j0.00124}$$

$$=\frac{j0.00005404-0.0004584}{0.04358+j0.37092}$$

$$=\frac{0.0004616\angle 173.27^\circ}{0.3735\angle 83.30^\circ}$$

$$=0.00124\angle 90^\circ$$

$$=j0.00124$$

最後の段は，

$$j0.00124+j0.341=j0.34224$$

$$\frac{j0.34224\times j0.871}{j0.34224+j0.871}=\frac{-0.2981}{j1.21324}$$

$$=j0.2457$$

・b 側端子を開放したときの a 側端子における駆動点インピーダンス Z_{bo} は，

途中並列に，非常に小さいインピーダンスが入っているため，b 側端子を短絡したときの駆動点インピーダンスと変りないから，Z_{bo} は Z_{bs} に等しい値である．

$$Z_{bo}=Z_{bs}=j0.2457$$

⊙f 点において開放した梯子型回路

今度は f 点における短絡電流を求めるために f 点において開放し，**第 3 図**に示すような梯子型回路を作り，各種の駆動点インピーダンスを計算する．

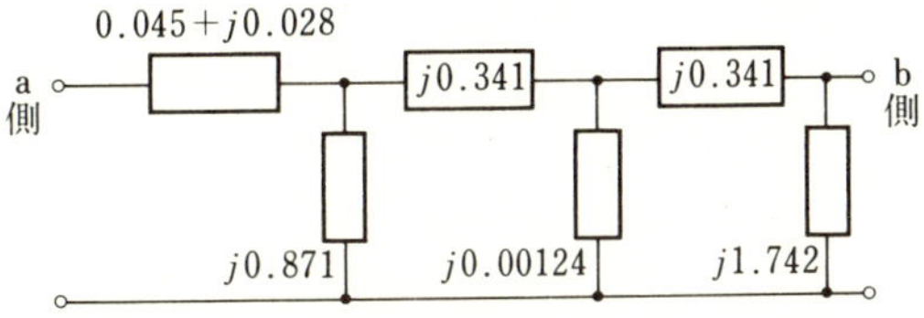

第 3 図

先の計算で知ったように，梯子型回路の途中で並列に非常に小さいインピーダンスが入ってくると，そのインピーダンスより遠い所のインピーダンスは関係しなくなる．したがって，その小さいインピーダンスから，駆動点までの作用インピーダンスでもって駆動点インピーダンスを計算する．

・a 側端子を短絡したときの b 側端子における駆動点インピーダンス Z_{as} は，

$j0.00124+j0.341=j0.34224$

最終段は，

$$\frac{j0.34224\times j1.742}{j0.34224+j1.742}=j0.2860$$

•a側端子を開放したときのb側端子における駆動点インピーダンス Z_{ao} は，

$Z_{ao}=Z_{as}=j0.2860$

•b側端子を短絡したときのa側端子における駆動点インピーダンス Z_{bs} は，

最初の段は，

$j0.00124+j0.341=j0.34224$

次の段は，

$$\frac{j0.34224\times j0.871}{j0.34224+j0.871}=j0.2457$$

最終段は，

$$j0.2457+0.045+j0.028$$
$$=0.045+j0.2737$$

•b側端子を開放したときのa側端子における駆動点インピーダンス Z_{bo} は，

$Z_{bo}=Z_{bs}=0.045+j0.2737$

念のため，駆動点インピーダンスと，駆動点アドミタンスの関係を書いておく．

•a端子における駆動点アドミタンス

$$Y_{aa}=Y_{bs}=\frac{1}{Z_{bs}}$$

•b端子における駆動点アドミタンス

$$Y_{bb}=Y_{as}=\frac{1}{Z_{as}}$$

•a端子とb端子間の伝達アドミタンス

$$Y_{ab}=\sqrt{(Y_{as}-Y_{ao})\ Y_{bs}}$$
$$=\sqrt{\left(\frac{1}{Z_{as}}-\frac{1}{Z_{ao}}\right)\times\frac{1}{Z_{bs}}}$$

•b端子とa端子間の伝達アドミタンス

$$Y_{ba}=\sqrt{(Y_{bs}-Y_{bo})\ Y_{as}}$$
$$=\sqrt{\left(\frac{1}{Z_{bs}}-\frac{1}{Z_{bo}}\right)\times\frac{1}{Z_{as}}}$$

ここで，f点よりn点に向かって流れる循環電流を求め，負荷を負って運転中の短絡電流の補正に使用する．

負荷状態により流れる循環電流を制限する閉じた環状回路の合成インピーダンス Z_t は，

$$Z_t=0.045+j0.028+j0.341+j0.341$$
$$=0.045+j0.71$$
$$=0.711\angle 86.37°$$

環状回路のn点とf点の間を開路し，それぞれの負荷電流によりn点とf点にそれぞれ現れる電圧降下の差が，循環電流を流す電位差となるので，循環電流は，この電位差を環状回路の合成インピーダンスで割ってやればよい．

環状回路を開いたときに，負荷電流によるn点までの電圧降下 V_{dn} は，n点の負荷電流が，

$$I_n=\frac{12\times 10^6}{\sqrt{3}\times 6.6\times 10^3}\angle -\cos^{-1}0.9$$
$$=1\,049.8\angle -25.84°$$

であるから，

$$V_{dn}=1\,049.8\angle -25.84°\times 0.341\angle 90°$$
$$=358\angle 64.16°$$

負荷電流によるf点までの電圧降下 V_{df} は，f点の負荷電流が，

$$I_f=\frac{6\times 10^6}{\sqrt{3}\times 6.6\times 10^3}\angle -\cos^{-1}0.9$$
$$=524.9\angle -25.84°$$

であるから，

$$V_{df}=524.9\angle -25.84°\times 0.341\angle 90°$$
$$=179\angle 64.16°$$

よって，環状回路を閉じたときに，f点よりn点に向かって流れる循環電流 I_t は，

$$I_t=\frac{358\angle 64.16°-179\angle 64.16°}{0.711\angle 86.37°}$$

$$=\frac{179\angle 64.16°}{0.711\angle 86.37°}$$

$$=251.8\angle -22.21°$$

$$=233.1-j95.2$$

n点負荷の負荷電流 I_n は，

$$I_n=1\,049.8\ (0.9-j0.436)$$
$$=944.82-j457.7$$

f点負荷の負荷電流 I_f は，

$$I_f=524.9\ (0.9-j0.436)$$
$$=472.4-j228.9$$

循環電流を差引いたn点側の電流 I_n' は，

$I_n' = (944.82-j457.7)-(233.1-j95.2)$
$= 711.7-j362.5$

循環電流を加えたｆ点側の電流 I_f' は，

$I_f' = (472.4-j228.9)+(233.1-j95.2)$
$= 705.5-j324.1$

循環電流に基づく電圧降下を考慮したｎ点の電圧 V_n' は，

$$V_n' = \frac{6\,600}{\sqrt{3}} - j0.341\ (711.7-j362.5)$$
$$= 3\,810.5-j242.7-123.6$$
$$= 3\,686.9-j242.7$$
$$= 3\,694.8\angle-3.77°$$

循環電流に基づく電圧降下を考慮したｆ点の電圧 V_f' は，

$$V_f' = \frac{6\,600}{\sqrt{3}} - j0.341\ (705.5-j324.1)$$
$$= 3\,810.5-j240.6-110.5$$
$$= 3\,700-j240.6$$
$$= 3\,707.8\angle-3.72°$$

⊙ｎ点において開放して作った梯子型回路の駆動点アドミタンス

それぞれの駆動点アドミタンスは，それぞれの駆動点インピーダンスから，すでに記述した変換式で変換する．

・ｂ側端子における駆動点アドミタンスは，

$$Y_{as} = Y_{ao}$$
$$= \frac{1}{0.045+j0.3141}$$
$$= \frac{1}{0.317\angle 81.85°}$$
$$= 3.155\angle-81.85°$$

・ａ側端子における駆動点アドミタンスは，

$$Y_{bs} = Y_{bo}$$
$$= \frac{1}{j0.2457}$$
$$= 4.07\angle-90°$$

・ａ側端子における駆動点アドミタンスは，

$Y_{aa} = Y_{bs} = 4.07\angle-90°$

・ｂ側端子における駆動点アドミタンスは，

$Y_{bb} = Y_{as} = 3.155\angle-81.85°$

ａ〜ｂ端子間の伝達アドミタンスは，

$Y_{ab} = Y_{ba} = 0$

何となれば，

$Y_{as} = Y_{ao}$，かつ，$Y_{bs} = Y_{bo}$

以上のことより，ａ側端子より流入（出）する短絡電流は，

$$I_{sa} = (Y_{aa}-Y_{ab})\ V_n'$$
$$= 4.07\angle-90°\times 3\,694.8\angle-3.77°$$
$$= 15\,037.9\angle-93.77°$$
$$= 15\,037.9\ (-0.06575-j0.99784)$$
$$= -989-j15\,005$$

また，ｂ側端子より流入（出）する短絡電流は，

$$I_{sb} = (Y_{bb}-Y_{ba})\ V_n'$$
$$= 3.155\angle-81.85\times 3\,694.8\angle-3.77°$$
$$= 11\,657.1\angle-85.62°$$
$$= 11\,657.1\ (0.07637-j0.99708)$$
$$= 890-j11\,623$$

循環電流を差引いたａ側端子の短絡電流は，

$$|I_{sa}'| = |I_{sa}-I_t|$$
$$= |-989-j15\,005-244.3+j99.8|$$
$$= |-1\,233.3-j14\,905.2|$$
$$= 14\,956$$

循環電流を加えたｂ側端子の短絡電流は，

$$|I_{sb}'| = |I_{sb}+I_t|$$
$$= |890-j11\,623+244.3-j99.8|$$
$$= |1\,134.3-j11\,722.8|$$
$$= 11\,778$$

⊙ｆ点において開放して作った梯子型回路の駆動点アドミタンス

ｎ点の駆動点アドミタンスと同様に各駆動点インピーダンスから変換して求める．

・ｂ側端子における駆動点アドミタンスは，

$$Y_{as} = Y_{ao}$$
$$= \frac{1}{j0.2860}$$
$$= 3.497\angle-90°$$

・ａ側端子における駆動点アドミタンスは，

$$Y_{bs} = Y_{bo}$$
$$= \frac{1}{0.045+j0.2737}$$

$$= \frac{1}{0.2774\angle 80.66°}$$

$$= 3.605\angle -80.66°$$

・a 側端子における駆動点アドミタンス

$$Y_{aa} = Y_{bs} = 3.605\angle -80.66°$$

・b 側端子における駆動点アドミタンス

$$Y_{bb} = Y_{as} = 3.497\angle -90°$$

・a〜b 端子間の伝達アドミタンス

$$Y_{ab} = Y_{ba} = 0$$

したがって，a 側端子より流入（出）する短絡電流は，

$$I_{sa} = 3.605\angle -80.66° \times 3\,707.8\angle -3.72°$$

$$= 13\,366.6\angle -84.38°$$

$$= 13\,366.6\,(0.09793 - j0.99519)$$

$$= 1\,309 - j13\,302$$

b 側端子より流入（出）する短絡電流は，

$$I_{sb} = 3.497\angle -90° \times 3\,707.8\angle -3.72°$$

$$= 12\,966.2\angle -93.72°$$

$$= 12\,966.2\,(-0.06488 - j0.99789)$$

$$= -841 - j12\,939$$

循環電流を差引いた a 側端子の短絡電流

$$|I_{sa}'| = |1\,309 - j13\,3023 - 244.3 + j99.8|$$

$$= |1\,064.7 - j13\,202.2|$$

$$= 13\,245$$

循環電流を加えた b 側端子の短絡電流

$$|I_{sb}'| = |-841 - j12\,939 + 244.3 - j99.8|$$

$$= |-596.7 - j13\,038.8|$$

$$= 13\,052$$

<計算例 2>

引続き，計算例 1 と同じ環状線路において，短絡故障発生から 5 サイクル経過後の，n 点と f 点における短絡電流の数値計算を行う．計算に使用する数値は，負荷の次過渡リアクタンスを除いて，すべて 1/2 サイクル後の故障電流の計算と同じ数値を用いる．ただし，負荷力率は 0.95 とする．

n 点における負荷の次過渡リアクタンス（5 サイクル後）：$j35.2$〔%〕

同期電動機の容量：1 780〔kW〕

f 点における負荷の次過渡リアクタンス（5 サイクル後）：$j28.6$〔%〕

同期電動機の容量：2 950〔kW〕

ここでもパーセント表示の負荷のリアクタンス値をオーム値に換算する．

n 点の負荷のリアクタンス X_n'

$$X_n' = \frac{j35.2 \times 6.6^2 \times 10^6}{(1\,780/0.95) \times 10^5} = j8.183\ 〔\Omega〕$$

f 点の負荷のリアクタンス X_f'

$$X_f' = \frac{j28.6 \times 6.6^2 \times 10^6}{(2\,950/0.95) \times 10^5}$$

$$= j4.012\ 〔\Omega〕$$

⊙n 点において開放した梯子型回路

第 4 図のように，負荷のインピーダンスのみを入替えて，5 サイクル後の梯子型回路を作り，1/2 サイクル後の短絡電流の計算の時と同様の手順に従って，駆動点アドミタンスの計算を行っていくことにする．

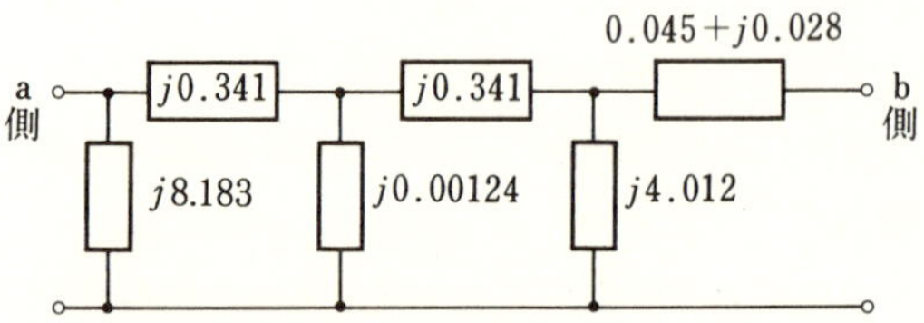

第 4 図

・a 側端子を短絡したときの b 側端子における駆動点インピーダンス Z_{as} は，

$j0.00124$ の次の段は，

$$\frac{j0.341 \times j4.012}{j0.341 + j4.012} = \frac{-1.368}{j4.353}$$

$$= j0.3143$$

最後の段は，

$$j0.3143 + 0.045 + j0.028 = 0.045 + j0.3423$$

・a 側端子を開放したときの b 側端子における駆動点インピーダンス Z_{ao} は，

$$Z_{ao} = Z_{as} = 0.045 + j0.3423$$

・b 側端子を短絡したときの a 側端子における駆動点インピーダンス Z_{bs} は，

ここも $j0.00124$ の次の段より，

$$Z_{bs} = \frac{j0.341 \times j8.183}{j0.341 + j8.183} = \frac{-2.79}{j8.524}$$

$$= j0.3273$$

・b 側端子を開放したときの a 側端子における駆動点インピーダンス Z_{bo} は,

$$Z_{bo} = Z_{bs} = j0.3273$$

⊙f 点において開放した梯子型回路

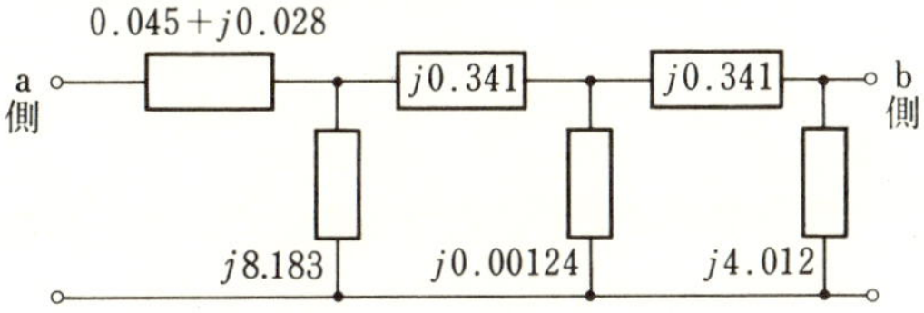

第 5 図

第 5 図の梯子型回路図に従って，それぞれの駆動点インピーダンスを計算すると,

・a 側端子を短絡したときの b 側端子における駆動点インピーダンス Z_{as} は，n 点における駆動点インピーダンスの計算途中の演算を利用して,

$$Z_{as} = j0.3143$$

・a 側端子を開放したときの b 側端子における駆動点インピーダンス Z_{ao} は,

$$Z_{ao} = Z_{as} = j0.3143$$

・b 側端子を短絡したときの a 側端子における駆動点インピーダンス Z_{bs} は，これも n 点における駆動点インピーダンスの計算途中の演算を利用して,

$$Z_{bs} = j0.3273 + 0.045 + j0.028$$
$$= 0.045 + j0.3553$$

・b 側端子を開放したときの a 側端子における駆動点インピーダンス Z_{bo} は,

$$Z_{bo} = Z_{bs} = 0.045 + j0.3553$$

⊙n 点において開放して作った梯子型回路の駆動点アドミタンス：

短絡より 1/2 サイクル経過後の駆動点インピーダンスから，駆動点アドミタンスへの変換にならって計算する.

・b 側端子における駆動点アドミタンスへの換算は,

$$Y_{as} = Y_{ao} = \frac{1}{0.045 + j0.3423}$$
$$= \frac{1}{0.3452\angle 82.51°}$$
$$= 2.897\angle -82.51°$$

・a 側端子における駆動点アドミタンスへの換算は,

$$Y_{bs} = Y_{bo} = \frac{1}{j0.3273}$$
$$= 3.055\angle -90°$$

・a 側端子における駆動点アドミタンスは，上の換算値から,

$$Y_{aa} = Y_{bs} = 3.055\angle -90°$$

・b 側端子における駆動点アドミタンスは，上の換算値から,

$$Y_{bb} = Y_{as} = 2.897\angle -82.51°$$

⊙n 点における 5 サイクル経過後の短絡電流

a 側端子より流入（出）する短絡電流

$$I_{sa} = 3.055\angle -90° \times 3\,694.8\angle -3.77°$$
$$= 11\,288\angle -93.77°$$
$$= 11\,288\,(-0.06575 - j0.99784)$$
$$= -742.2 - j11\,264$$

b 側端子より流入（出）する短絡電流

$$I_{sb} = 2.897\angle -82.51° \times 3\,694.8\angle -3.77°$$
$$= 10\,704\angle -86.28°$$
$$= 10\,704\,(0.06488 - j0.9979)$$
$$= 694.5 - j10\,682$$

負荷電流による循環電流を差引いた a 側端子よりの短絡電流 I_{sa}' は,

$$|I_{sa}'| = |-742.4 - j11\,264 - 233.1 + j95.2|$$
$$= |-975.5 - j11\,168.8|$$
$$= 11\,211$$

負荷電流による循環電流を加えた b 側端子よりの短絡電流 I_{sb}' は,

$$|I_{sb}'| = |694.5 - j10\,682 + 233.1 - j95.2|$$
$$= |927.6 - j10\,777.2|$$
$$= 10\,777$$

⊙f 点において開放して作った梯子型回路の駆動点アドミタンス：

n 点にならって，f 点の駆動点インピーダンスを，f 点の駆動点アドミタンスに換算する.

・b 側端子における駆動点アドミタンスへの換算

$$Y_{as} = Y_{ao} = \frac{1}{j0.3143}$$

$= 3.182\angle -90°$

・a 側端子における駆動点アドミタンスへの換算

$$Y_{bs} = Y_{bo}$$

$$= \frac{1}{0.045 + j0.3553}$$

$$= \frac{1}{0.3581\angle 82.78°} = 2.793\angle -82.78°$$

・a 側端子における駆動点アドミタンス Y_{aa} は，

$$Y_{aa} = Y_{bs} = 2.793\angle -82.78°$$

・b 側端子における駆動点アドミタンス

$$Y_{bb} = Y_{as} = 3.182\angle -90°$$

・a〜b 端子間の伝達アドミタンス Y_{ab} は，

$$Y_{ab} = Y_{ba} = 0$$

⊙f 点における 5 サイクル経過後の短絡電流

a 側端子より流入（出）する短絡電流

$$I_{sa} = 2.793\angle -82.77° \times 3\,707.8\angle -3.72°$$

$$= 10\,356\angle -86.49°$$

$$= 10\,356\ (0.06122 - j0.99812)$$

$$= 634 - j10\,336.5$$

b 側端子より流入（出）する短絡電流

$$I_{sb} = 3.182\angle -90° \times 3\,707.8\angle -3.72°$$

$$= 11\,798\angle -93.72°$$

$$= 11\,798\ (-0.06488 - j0.99789)$$

$$= -765.5 - j11\,773.1$$

負荷電流による循環電流を差引いた a 側端子の短絡電流 I_{sa}' は，

$$|I_{sa}'| = |634 - j10\,336.5 - 233.1 + j95.2|$$

$$= |401 - j10\,241|$$

$$= 10\,249$$

負荷電流による循環電流を加えた b 側端子の短絡電流 I_{sb}' は，

$$|I_{sb}'| = |-765.5 - j11\,773.1 + 233.1 - j95.2|$$

$$= |-532.4 - j11\,868.3|$$

$$= 11\,880$$

これで一般的にいって，必要な環状線路の短絡電流はすべて計算できた．

界磁喪失継電器（モー継電器）

この界磁喪失（Loss of field）継電器も，オフセットモー型（Off-set mho type）の動作原理を持つ継電器でした．電動機製造者の設定値は同期電動機の直軸同期リアクタンスが，界磁喪失検出円の中心近くに含まれるように設定されていました．したがって，電力系統動揺時に界磁喪失継電器が見る同期電動機の作用インピーダンス・ローカス（Impedance locus）が継電器の検出円の中に入ってくること，そしてまた，同期電動機の電機子巻線の時定数からいって，直軸同期リアクタンスで界磁喪失を検出するまでには時間がかかりすぎてしまいます．この二つの問題点から，継電器の検出円は直軸過渡同期リアクタンスが含まれるところまで小さくして，系統動揺時に同期電動機の負荷角が継電器の検出円内に入って来ないようにオフセットし，そして同期電動機が界磁喪失を起こした場合には，機械の負荷トルクが存在する限り電動機は必ず脱調を起こすことから，継電器設定値のリーチ点に直軸過渡同期リアクタンスが含まれるように継電器の検出円を小さく設定して，界磁喪失による脱調の脱調検出も可能にすることで，継電器の検出時間を短くすることにしました．

この界磁喪失継電器の場合にも前項と同様に，客先と電動機製造者に並行して検討結果を報告しました．客先は先の脱調継電器のことがありましたので，すぐに設定値を提案値どおりに変更してくれましたが，電動機製造者は直軸同期リアクタンスを含むような大きな検出円に設定することを繰り返して推奨してきました．

なお，ここで言っているインピーダンス図の描き方は，すでに何年か前に電気計算の誌上をお借りして紹介しましたので，古い電気計算を参照してください．表題は確か“距離継電器入門”としてあったと思います．

受配電系統の短絡故障計算に必要な知識
（その 1）

はじめに　受配電系統においては，一般的にいって零相インピーダンスが，正相および逆相インピーダンスを補償することはないから，三相短絡容量が最大短絡容量となる．よってこの章では，三相短絡の計算のみを取り扱っていく．

また，通常回路急変時に作用する正相と逆相の過渡インピーダンスはほぼ等しいから，単相短絡の場合には，三相短絡の値を 0.866（$\sqrt{3}/2$）倍すればよい．

短絡容量の計算は，決まった手順に従って計算するのがよい方法なので，その一例を次に示すと，まず最初に，

(1)　必要な資料や電気定数を収集する．

(2)　すべての資料および定数を故障計算に必要な次元に合せ，換算する．

(3)　すべてのインピーダンスを，基準容量におけるパーセント・インピーダンスに換算する．

(4)　インピーダンス・マップを作成する．

そして最後に，

(5)　短絡容量および短絡電流の計算をする．

といった順序で行う．

この過程において考慮すべき事柄について少々説明を加える．資料を集めたり電気定数を求めるとき，短絡容量や電流の大きさに，より大きく寄与する状態の方の資料を選ぶこと．また，その状態の方へ換算すること．次元を合せるときには，次の基準容量のパーセント・インピーダンスに換算するのに，都合がよいようにしておくこと．

そして線路や機器のインピーダンスは，オームで表されたり，基準容量の違ったパー・ユニットおよび，パーセント・インピーダンスで表されているから，すべて基準容量におけるパーセント・インピーダンスに換算することが肝要である．

基準容量の選定は，高圧回路の場合は 10 000〔kVA〕に，低圧回路は 1 000〔kVA〕にとると便利である．

1.　電気定数

機器のパーセント・インピーダンスは，変圧器や発電機の場合は出力 kVA に対していい，電動機の場合は入力 kVA に対していうから，注意が必要である．

電気回路における作用インピーダンスは，自分の求めようとする時刻における作用インピーダンスを使用すること．もしわからなければ，

第1表

経過時間	適用機種	誘導機	同期機
1/4 サイクル	Fuse MCB	X_d''	X_d''
1/2 サイクル	Fuse MCB	X_d''	X_d''
1.0 サイクル	Relay	X_d''	X_d''
5.0 サイクル	VCB	—	X_d'
10.0 サイクル	OCB	—	X_d'

第1表を参考にして選定する．それらの作用インピーダンスは，単線結線図に従い，短絡電流を供給するものおよび制限するものすべてを考慮し，インピーダンス・マップを作成する．

作用インピーダンスは，機器メーカより示された場合は，もちろんそれを使用するが，わからないときのために，**第2表**に参考値を示す．

第2表

機種（回転機）			X_d''〔%〕	X_d'〔%〕
タービン発電機	2 極		9	15
	4 極		15	23
凸極発電機	ダンパ巻線なし	12 極以下	24	35
		14 極以上	35	35
	ダンパ巻線あり	12 極以下	18	33
		14 極以上	24	33
同期電動機	6 極以下		10	15
	8 極以上		15	24
同期調相機			24	37
誘導電動機			100/拘束電流〔p.u.〕	

機種（静止器）			リアクタンス・抵抗
変圧器（リアクタンス）	3.3/6.6kV	100kVA 以下	3.6%
		500kVA 以下	5.0%
		500kVA 以上	5.5%
	13.8kV	100kVA 以下	4.0%
		500kVA 以下	5.0%
		500kVA 以上	5.5%
	34.5kV	500kVA 以下	6.0%
		500kVA 以上	6.5%
	69/80.5kV	500kVA 以下	6.5%
		500kVA 以上	7.0%
気中遮断器（600V 階級）（抵抗値）	遮断電流 15/25kA	定格電流 15/35A	0.04Ω
		定格電流 50/100A	0.004Ω
		定格電流 125/225A	0.001Ω
		定格電流 250/600A	0.0002Ω
	遮断電流 50kA	定格電流 0.2/0.8kA	0.0002Ω
		定格電流 1.0/1.6kA	0.00007Ω
	遮断電流 75kA	定格電流 2.0/3.0kA	0.00008Ω
	遮断電流 100kA	定格電流 4.0kA	0.00008Ω
低圧断路器（600V 階級）（リアクタンス）			0.00005～0.00008Ω
変流器（リアクタンス）	定格電圧 600V	定格電流 100/200A	0.002Ω
		定格電流 250/400A	0.0005Ω
		定格電流 500/800A	0.0002Ω
		定格電流 1.0/4.0kA	0.00007Ω
	定格電圧 6.9kV	定格電流 100/200A	0.004Ω
		定格電流 250/400A	0.0008Ω
		定格電流 500/800A	0.0003Ω
		定格電流 1.0/4.0kA	0.00007Ω
	定格電圧 13.8kV	定格電流 100/200A	0.0009Ω
		定格電流 250/400A	0.0002Ω
		定格電流 500/800A	0.00007Ω

2. 電動機寄与電流

系統の短絡故障時に，電動機のもつインダクタンスや残留磁気，そして回転体のもつ運動エネルギーによって故障電流を供給する．この電流のことを電動機寄与電流と呼ぶ．その供給電流の大きさは，その機器自身のもつ過渡インピーダンスによって制限される．同期電動機の寄与電流は，数サイクル経過しても，ほとんど減衰することなく，衰退してしまうまでには，数十サイクル以上を必要とする．しかし，誘導電動機の寄与電流は，数サイクルで衰退してしまう．すなわち，電動機の残留磁気がなくなってしまうのである．誘導電動機の過渡リアクタンスは，起動時に作用する拘束電流を制限するリアクタンスに等しい．したがって，パーユニットで表した起動電流の逆数が，パーユニットで表した過渡リアクタンスである．誘導電動機の過渡リアクタンスは，極数によって大きく変化し，極数の多いものが大きく，特に極数の多いものは，2 極機のそれに対して数倍に及ぶものもある（**第 3 表**参照）．

変圧器の作用インピーダンスは，定常時，過渡時ともに変化しないと考えて差支えない．

3. 単一回路への置換

すべての枝路を含む回路の各作用インピーダンスは，短絡点より眺めた単一回路に置換していくのであるが，電源（短絡電流を供給するものすべてをいう）内部インピーダンスの末端（中性点）を等電位線でつなぎ，短絡点から眺めた合成インピーダンスを求めて単一回路とする．

単一回路の求め方は，読者の皆さんが，よくご存知のように，まず各枝路の直列合成インピーダンスを求め，次に並列回路となるときは並列合成インピーダンスを，三角形回路となるときは星形回路に置換し，その回路網を順次簡略化していき，単一回路とする（**第 4 表**参照）．

第 3 表　誘導電動機の過渡インピーダンス

出　力〔kW〕	抵　抗 R〔Ω〕	リアクタンス X_d''〔%〕
11	3.5	18.0
15	3.2	18.2
19	3.0	18.5
22	2.8	18.6
30	2.5	19.0
37	2.3	19.2
45	2.2	19.4
55	1.9	19.5
60	1.8	19.6
75	1.6	19.8
90	1.4	19.9
110	1.3	20.1
130	1.1	20.3
150	0.9	20.4
170	0.8	20.5
190	0.7	20.6
200	0.6	20.7
250	0.4	20.8
300	0.2	21.0

第 4 表　低圧変圧器のインピーダンス

出　力〔kW〕	比　率 X/R	抵　抗 R〔Ω〕	リアクタンス X〔Ω〕	インピーダンス Z〔%〕
100	4.0	1.0	4.0	4.1
200	4.0	1.0	4.0	4.1
300	5.0	1.0	5.0	5.1
500	5.0	1.0	5.0	5.1
750	5.5	1.0	5.5	5.6
1 000	5.5	1.0	5.5	5.6
1 500	5.5	1.0	5.5	5.6
2 000	5.5	1.0	5.5	5.6

合成インピーダンスを求めるとき，合成インピーダンスの抵抗分 R と，リアクタンス分 X の比 X/R が，大体 5 以上となる場合は，抵抗分を無視しても，短絡電流の大きさにはほとんど関係しない．しかし，その比が 4 以下となるときは無視できないので，無視しないようにする．高圧回路を通じた低圧回路でも，この X/R の比が 5 以下となることはまれで，低圧回路における分岐の末端を考えるときのように，特殊な場合にのみ，この比が 4 以下となる．また後

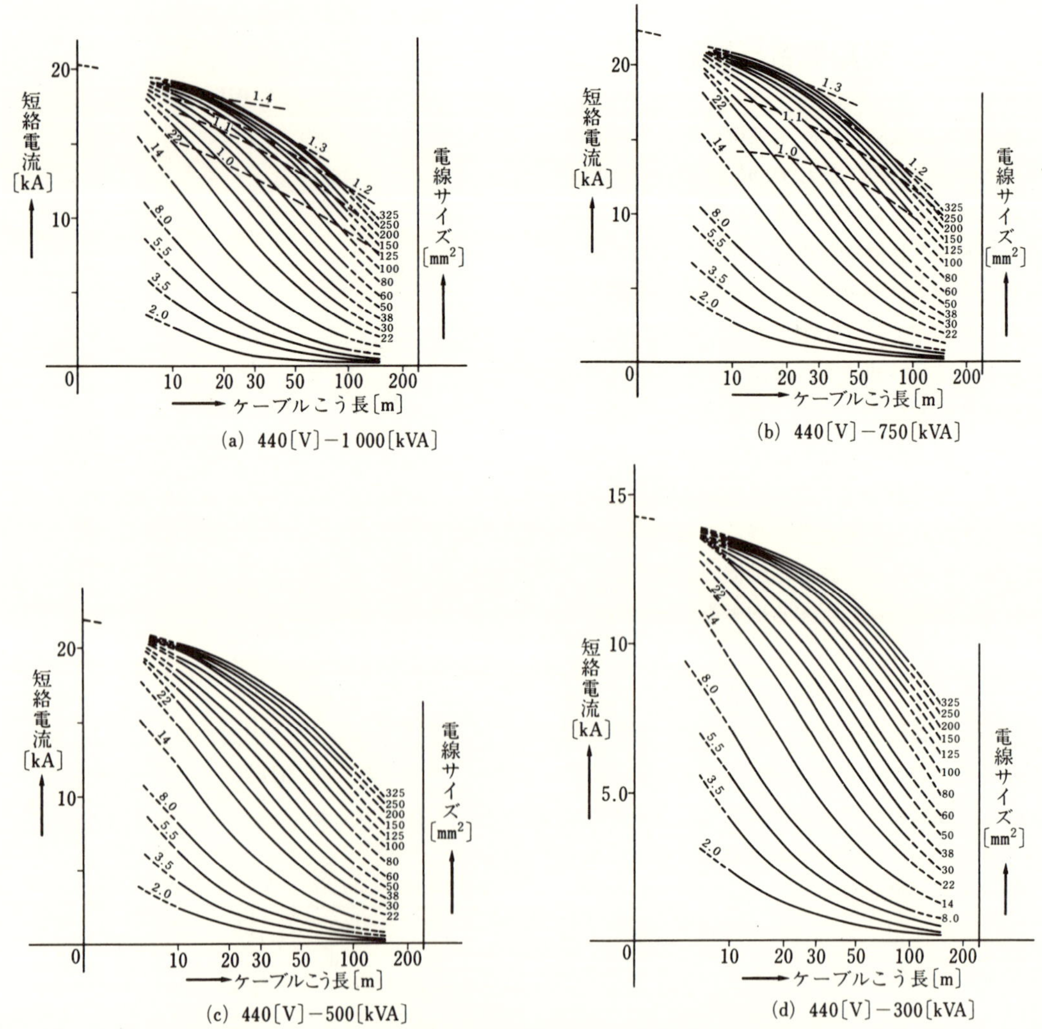

第1図　ケーブルこう長短絡電流曲線（曲線上の点線は直流分係数を示す）

から出てくる直流分や波高値を求めるために，概略の X/R の比は，求めておく必要がある．

4. 短絡電流

今までの説明に基づいて計算した動力配電回路の短絡電流と，その回路の直流分係数を示す変圧器の容量別のケーブルこう長短絡電流曲線を**第1図**に示す．

短絡容量や電流は，対象とする各機器に応じた必要な値を計算し求める．その適用例を**第5表**に示す．

第5表

考慮すべき係数	適用機器
直流分係数（1/4 サイクルにおける）	ヒューズ
直流分係数（1/4～1 サイクルにおける）	MCB
無係数（一般的に考慮しなくてもよいもの）	遮断器 （直流分は 20〔%〕以下と規定されている）
単相波高値係数	母線の強度
三相等価波高値係数	母線の強度 ケーブル支持物の強度

一般的にいって，熱的強度を計算するときは実効値をもって検討し，母線の強度など機械的

強度を計算するときは波高値をもって検討する必要があるから，直流分係数や波高値係数の求め方と，それらの係数表を次項に示す．また，熱的強度を検討するには，瞬時許容電流容量の求め方が必要となるので，その求め方を最後の項に添えておいた．

5. 単相直流分（非対称）係数

短絡故障のように，電気回路に急変が起きた場合，本来の交流分の他に，回路急変時の電圧位相と，その回路のインピーダンス角に関係した直流分が現れ，回路の時定数に従って減衰していく．

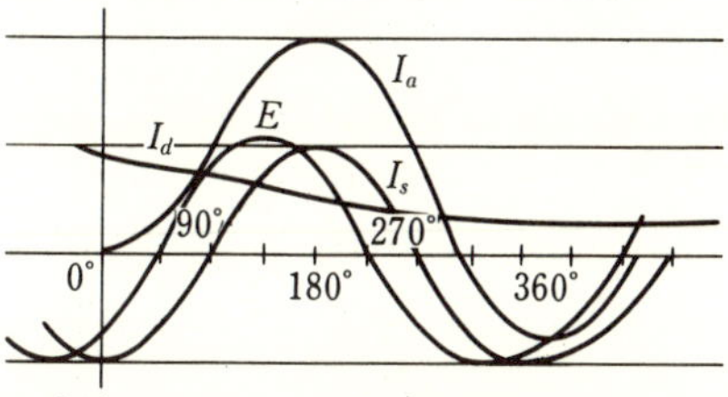

I_d；直流分電流，I_a；非対称分電流，I_s；対称分電流

第 2 図

その様子は**第 2 図**の曲線のようになり，次の式で表される．

$$i=\frac{V_m}{Z}\{\sin(\omega t+\phi-\varphi)-\varepsilon^{-Rt/L}\sin(\phi-\varphi)\}$$

この式を見ると，$\sin(\phi-\varphi)$ の最大値は 1 で，$\phi-\varphi=90°$ のときに起きる．

ここに，φ はインピーダンス角で，ϕ は回路急変時の電圧位相角である．

直流と交流の合わさった電流の実効値は，次の式で示される．

$$I_{asy}=\sqrt{I_{sy}{}^2+I_d{}^2}$$

この非対称分電流の実効値と，対称分電流の実効値の比を，直流分係数または非対称係数と呼び，次の式で表される．

$$\frac{I_{asy}}{I_{sy}}=\sqrt{\left\{1+\frac{I_d{}^2}{I_{sy}{}^2}\right\}}=d_{cc}$$

ここに，I_{sy} は，次の値である．

$$I_{sy}=\frac{V_m}{\sqrt{2}\,Z}$$

第 6 表　1/4 サイクルにおける直流分係数

X/R	d_{cc}	X/R	d_{cc}
1.0	1.04	9.0	1.55
1.5	1.12	10.0	1.57
2.0	1.19	15.0	1.62
2.5	1.25	20.0	1.65
3.0	1.30	25.0	1.66
3.5	1.35	30.0	1.67
4.0	1.38	50.0	1.70
5.0	1.44	70.0	1.71
6.0	1.48	100.0	1.71
7.0	1.51		
8.0	1.53	無限大	1.73

第 7 表　1/2 サイクルにおける直流分係数

X/R	d_{cc}	X/R	d_{cc}
1.0	1.00	9.0	1.41
1.5	1.02	10.0	1.44
2.0	1.04	15.0	1.52
2.5	1.08	20.0	1.57
3.0	1.12	25.0	1.60
3.5	1.15	30.0	1.62
4.0	1.19	50.0	1.66
5.0	1.25	70.0	1.68
6.0	1.30	100.0	1.70
7.0	1.35		
8.0	1.38	無限大	1.73

また，直流分電流は次の式で示される．

$$I_d=\frac{V_m}{Z}\cdot\varepsilon^{-Rt/L}$$

したがって，直流分係数は次のように表せる．

$$d_{cc}=\frac{I_{asy}}{I_{sy}}=\sqrt{1+\frac{(V_m/Z\cdot\varepsilon^{-Rt/L})^2}{(V_m/\sqrt{2}\,Z)^2}}$$

または，

$$d_{cc}=\sqrt{\{1+2\varepsilon^{-2Rt/L}\}}$$

と表される．

ここで，リアクタンス X は，角速度 $\omega=2\pi f$ と，インダクタンス L の積であるから，逆にインダクタンス L は，リアクタンス X を角速度 ω で除したものである．よってサイクル数で表された時間を秒で表すために，サイクル数を

第8表　1.0サイクルにおける直流分係数

X/R	d_{cc}	X/R	d_{cc}
1.0	1.00	9.0	1.22
1.5	1.00	10.0	1.25
2.0	1.00	15.0	1.37
2.5	1.01	20.0	1.44
3.0	1.02	25.0	1.49
3.5	1.03	30.0	1.52
4.0	1.04	50.0	1.60
5.0	1.08	70.0	1.63
6.0	1.12	100.0	1.66
7.0	1.15		
8.0	1.19	無限大	1.73

周波数fで割る．1，1/2，そして1/4サイクルはそれぞれ下記のように表される．

1サイクル　　$t=\dfrac{1}{f}$

$\dfrac{1}{2}$サイクル　　$t=\dfrac{1}{2f}$

$\dfrac{1}{4}$サイクル　　$t=\dfrac{1}{4f}$

したがって，経過時間1，1/2，そして1/4サイクルにおけるεのベキ指数はそれぞれ

1サイクル；$\dfrac{2Rt}{L}=\dfrac{4\pi R}{X}$

$\dfrac{1}{2}$サイクル；$\dfrac{2Rt}{L}=\dfrac{2\pi R}{X}$

$\dfrac{1}{4}$サイクル；$\dfrac{2Rt}{L}=\dfrac{\pi R}{X}$

となる．そこで上記時間における各直流分係数は次の計算式のように，

1サイクル；$d_{cc}=\sqrt{1+2\varepsilon^{-4\pi R/X}}$

1/2サイクル；$d_{cc}=\sqrt{1+2\varepsilon^{-2\pi R/X}}$

1/4サイクル；$d_{cc}=\sqrt{1+2\varepsilon^{-\pi R/X}}$

となる．そこで求めた経過時間に伴うπの係数は4，2，1，そして，抵抗分Rのリアクタンス分Xに対する比X/Rは，1，1.5，2，2.5，3，3.5，4，5，6，7，8，9，10，15，20，25，30，50，70，そして100について計算した．それらの計算結果は，**第6～8表**に示すとおりである．

1/4サイクルにおける直流分係数の数値計算結果を，曲線で表したものが**第3図**の直流分係数曲線である．

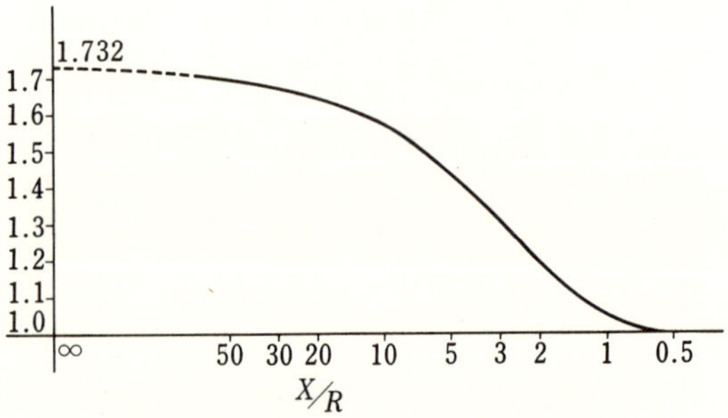

第3図　直流分係数（1/4サイクル時）

調整試験検査用計測器（精密級測定器）

建設時に据えつけ後の機器の保守，および試運転前の試験調整に，精密級の計測器が必要ですが，これらの計測器に関しては，プロジェクトの費用で保守用の計測器ということで，最初から予算に入れておいて，国内調達して持って行くことをお勧めします．現実に実行予算を削減する目的で，試験調整用の測定器を現地で借用しようとの提案があり，現地調査を行ったことがありますが，いままでに一度も満足できる計測器や試験器を見つけだせませんでした．

たとえば，それらの計測器や試験器を使用している研究教育機関や事業所はありますが，しかしそれらの事業所がいくらよい測定器を複数台持っていたとしても，貸し出しは行っていません．もし，試験調整作業ならびに試験調整員の派遣を併せて依頼するならば，もちろん測定器や試験器は持参で引き受けてくれる事業者はあります．しかしそのような事業者が存在するのは，産業国としてある程度進んだ国でのことですから，相手国の実情を十分に調査し，確認しておく必要があります．これらの計測器および試験器を借りることは，建設用機械を借りるより難しいことです．特に電磁オシログラフ（Oscillo-graph）および静電オシロスコープそして標準電圧電流発生器および標準抵抗器は持参することをお勧めします．

受配電系統の短絡故障計算に必要な知識
(その2)

6. 三相平均直流分（非対称）係数

三相交流回路において，短絡故障などのように回路に急変があった場合，回路の急変後の各相それらの値はそれぞれ次の式で表される.

$$i_a = I_m\ \{\sin\ (\omega t+\phi-\varphi) -\varepsilon^{-Rt/L}\sin\ (\phi-\varphi)\}$$

$$i_b = I_m\ \{\sin\ (\omega t+\phi-120^\circ-\varphi) -\varepsilon^{-Rt/L}\sin\ (\phi-120^\circ-\varphi)\}$$

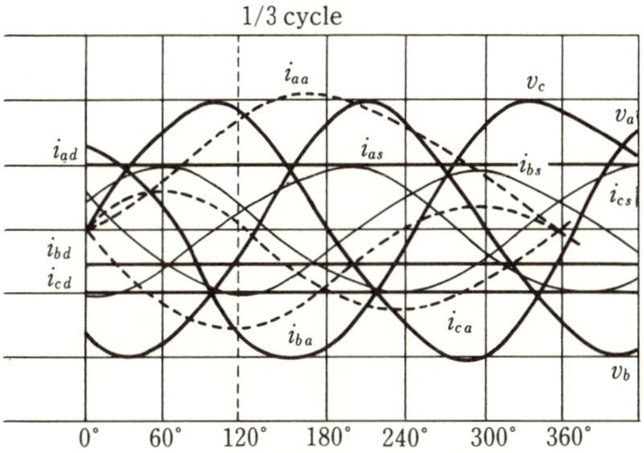

I_a：非対称分電流，I_s：対称分電流

第1図

$$i_c = I_m\ \{\sin(\omega t+\phi+120^\circ-\varphi) -\varepsilon^{-Rt/L}\sin(\phi+120^\circ-\varphi)\}$$

そこで，各相の直流分電流のみを取り出し，$\phi-\varphi$ に二，三の角度を代入し，どのあたりの角度で直流分が最大値となるか調べてみる.

まず最初に $\phi-\varphi = 90^\circ$ を代入すると，各相の直流分は次のようになる.

$$I_{da} = I_m(-\varepsilon^{-Rt/L}\sin 90^\circ) = I_m(-\varepsilon^{-Rt/L})$$

$$I_{db} = I_m\{-\varepsilon^{-Rt/L}\sin\ (-120^\circ+90^\circ)\} = I_m\{-\varepsilon^{-Rt/L}\sin\ (-30^\circ)\} = I_m\left(+\frac{1}{2}\bullet\varepsilon^{-Rt/L}\right)$$

$$I_{dc} = I_m\ \{-\varepsilon^{-Rt/L}\sin(+120^\circ+90^\circ)\} = I_m(-\varepsilon^{-Rt/L}\sin 210^\circ) = I_m\left(+\frac{1}{2}\bullet\varepsilon^{-Rt/L}\right)$$

次に $\phi-\varphi = 60^\circ$ を代入すると，$\phi-\varphi = 60^\circ$ における各相の直流分は，それぞれ次のようになる.

$$I_{da} = I_m\ \{-\varepsilon^{-Rt/L}\sin 60^\circ\} = I_m\left(-\frac{\sqrt{3}}{2}\bullet\varepsilon^{-Rt/L}\right)$$

$$I_{db} = I_m\ \{-\varepsilon^{-Rt/L}\sin(-120^\circ+60^\circ)\} = I_m\left(+\frac{\sqrt{3}}{2}\bullet\varepsilon^{-Rt/L}\right)$$

$$I_{dc} = I_m\ \{-\varepsilon^{-Rt/L}\sin(+120^\circ+60^\circ)\}$$

$$= I_m \ \{0 \cdot \varepsilon^{-Rt/L}\}$$

では最後に，$\phi - \varphi = 30°$を代入すると，各相の直流分は，それぞれ次のようになる．

$$I_{da} = I_m \ \{-\varepsilon^{-Rt/L} \sin 30°)$$

$$= I_m \left(-\frac{1}{2} \cdot \varepsilon^{-Rt/L}\right)$$

$$I_{db} = I_m \ \{-\varepsilon^{-Rt/L} \sin(-120° + 30°)\}$$

$$= I_m \ (+\varepsilon^{-Rt/L})$$

$$I_{dc} = I_m \ \{-\varepsilon^{-Rt/L} \sin(120° + 30°)\}$$

$$= I_m \left(-\frac{1}{2} \cdot \varepsilon^{-Rt/L}\right)$$

$\phi - \varphi$の三つの角度に対する各相の直流分電流の値が求まったところで，これら三つの角度における各相の直流分係数を求めてみる．

先の順序に従って，$\phi - \varphi = 90°$における各相の直流分係数はそれぞれ次のようになる．

$$d_{cc\,(a)} = \frac{I_{asy\,(a)}}{I_{sy}}$$

$$= \frac{\dfrac{V_m}{Z} \sqrt{\left(\dfrac{1}{\sqrt{2}}\right)^2 + (\varepsilon^{-Rt/L})^2}}{\dfrac{V_m}{Z} \cdot \dfrac{1}{\sqrt{2}}}$$

$$= \sqrt{1 + 2\varepsilon^{-2Rt/L}}$$

$$d_{cc\,(b)} = \frac{I_{asy\,(b)}}{I_{sy}}$$

$$= \frac{\dfrac{V_m}{Z} \sqrt{\left(\dfrac{1}{\sqrt{2}}\right)^2 + \left(\dfrac{1}{2}\varepsilon^{-Rt/L}\right)^2}}{\dfrac{V_m}{Z} \cdot \dfrac{1}{\sqrt{2}}}$$

$$= \sqrt{1 + \frac{1}{2}\varepsilon^{-2Rt/L}}$$

$$d_{cc\,(c)} = \frac{I_{asy\,(c)}}{I_{sy}}$$

$$= \frac{\dfrac{V_m}{Z} \sqrt{\left(\dfrac{1}{\sqrt{2}}\right)^2 + \left(\dfrac{1}{2}\varepsilon^{-Rt/L}\right)^2}}{\dfrac{V_m}{Z} \cdot \dfrac{1}{\sqrt{2}}}$$

$$= \sqrt{1 + \frac{1}{2}\varepsilon^{-2Rt/L}}$$

次に$\phi - \varphi = 60°$における各相の直流分係数はそれぞれ次のようになる．

$$d_{cc\,(a)} = \frac{I_{asy\,(a)}}{I_{sy}}$$

$$= \frac{\dfrac{V_m}{Z} \sqrt{\left(\dfrac{1}{\sqrt{2}}\right)^2 + \left(\dfrac{\sqrt{3}}{2}\varepsilon^{-Rt/L}\right)^2}}{\dfrac{V_m}{Z} \cdot \dfrac{1}{\sqrt{2}}}$$

$$= \sqrt{1 + \frac{3}{2}\varepsilon^{-2Rt/L}}$$

$$d_{cc\,(b)} = \frac{I_{asy\,(b)}}{I_{sy}}$$

$$= \frac{\dfrac{V_m}{Z} \sqrt{\left(\dfrac{1}{\sqrt{2}}\right)^2 + \left(\dfrac{\sqrt{3}}{2}\varepsilon^{-Rt/L}\right)^2}}{\dfrac{V_m}{Z} \cdot \dfrac{1}{\sqrt{2}}}$$

$$= \sqrt{1 + \frac{3}{2}\varepsilon^{-2Rt/L}}$$

$$d_{cc\,(c)} = \frac{I_{asy\,(c)}}{I_{sy}}$$

$$= \frac{\dfrac{V_m}{Z} \sqrt{\left(\dfrac{1}{\sqrt{2}}\right)^2 + \ (0 \cdot \varepsilon^{-Rt/L})^2}}{\dfrac{V_m}{Z} \cdot \dfrac{1}{\sqrt{2}}}$$

$$= \sqrt{1 + 0} = 1$$

最後に$\phi - \varphi = 30°$における各相の直流分係数はそれぞれ次のようになる．

$$d_{cc\,(a)} = \frac{I_{asy\,(a)}}{I_{sy}}$$

$$= \frac{\dfrac{V_m}{Z} \sqrt{\left(\dfrac{1}{\sqrt{2}}\right)^2 + \left(-\dfrac{1}{2}\varepsilon^{-Rt/L}\right)^2}}{\dfrac{V_m}{Z} \cdot \dfrac{1}{\sqrt{2}}}$$

$$\sqrt{1 + \frac{1}{2}\varepsilon^{-2Rt/L}}$$

$$d_{cc\,(b)} = \frac{I_{asy\,(b)}}{I_{sy}}$$

$$= \frac{\dfrac{V_m}{Z} \sqrt{\left(\dfrac{1}{\sqrt{2}}\right)^2 + \ (\varepsilon^{-Rt/L})^2}}{\dfrac{V_m}{Z} \cdot \dfrac{1}{\sqrt{2}}}$$

$$= \sqrt{1+2\varepsilon^{-2Rt/L}}$$

$$d_{cc(c)} = \frac{I_{asy(c)}}{I_{sy}}$$

$$= \frac{\dfrac{V_m}{Z}\sqrt{\left(\dfrac{1}{\sqrt{2}}\right)^2+\left(\dfrac{1}{2}\cdot\varepsilon^{-Rt/L}\right)^2}}{\dfrac{V_m}{Z}\cdot\dfrac{1}{\sqrt{2}}}$$

$$= \sqrt{1+\frac{1}{2}\varepsilon^{-2Rt/L}}$$

これらの結果からわかるように，直流分係数の三相分の和は $\phi-\varphi=90°$ と $\phi-\varphi=30°$ において同じであるが，$\phi-\varphi=60°$ においては前二者より小さくなる．したがって三相各相の直流分係数の和が，$\phi-\varphi=\Phi$ によってどのように変わるか，もう少し詳しく調べる．

すでに掲げた各相の直流分の式をみると，各相の直流分のベクトル和は，いかなるときにも零となるが，直流分係数に関係した 2 乗の和の平方根は，いかなるときにも零となることはない．また各相の最大値が同時に生ずることもないから，各相の直流分の三角関数の項の絶対値の和が最大となるような Φ を調査する．この Φ における三相の直流分係数の相加平均値が，三相平均直流分係数と呼ぶべきものとなる．

では，これより Φ によって，三角関数の項の大きさが，どのように変わるか調べる．

a 相；$-\sin\Phi = \sin\Phi$

範囲　$0° \leqq \Phi \leqq 180°$

または，$= -\sin\Phi$

範囲　$-180° \leqq \Phi \leqq 0°$

b 相；$-\sin(\Phi-120°) = \sin(\Phi-120°)$

範囲　$120° \leqq \Phi \leqq -60°$

または，$= -\sin(\Phi-120°)$

範囲　$-60° \leqq \Phi \leqq 120°$

c 相；$-\sin(\Phi+120°) = \sin(\Phi+120°)$

範囲　$-120° \leqq \Phi \leqq 60°$

または，$= -\sin(\Phi+120°)$

範囲　$60° \leqq \Phi \leqq -120°$

上の状態を表にしてみると**第 1 表**のようになる．

第 1 表

$-180℃ \leqq \Phi \leqq -120℃$ の範囲	
a 相	$-\sin\Phi$
b 相	$-1/2\sin\Phi-\sqrt{3}/2\cos\Phi$
c 相	$+1/2\sin\Phi-\sqrt{3}/2\cos\Phi$
$-120℃ \leqq \Phi \leqq -60℃$ の範囲	
a 相	$-\sin\Phi$
b 相	$-1/2\sin\Phi-\sqrt{3}/2\cos\Phi$
c 相	$-1/2\sin\Phi+\sqrt{3}/2\cos\Phi$
$-60° \leqq \Phi \leqq 0°$ の範囲	
a 相	$-\sin\Phi$
b 相	$+1/2\sin\Phi+\sqrt{3}/2\cos\Phi$
c 相	$-1/2\sin\Phi+\sqrt{3}/2\cos\Phi$
$0° \leqq \Phi \leqq +60°$ の範囲	
a 相	$+\sin\Phi$
b 相	$+1/2\sin\Phi+\sqrt{3}/2\cos\Phi$
c 相	$-1/2\sin\Phi+\sqrt{3}/2\cos\Phi$
$+60° \leqq \Phi \leqq +120°$ の範囲	
a 相	$+\sin\Phi$
b 相	$+1/2\sin\Phi+\sqrt{3}/2\cos\Phi$
c 相	$+1/2\sin\Phi-\sqrt{3}/2\cos\Phi$
$+120° \leqq \Phi \leqq +180°$ の範囲	
a 相	$+\sin\Phi$
b 相	$-1/2\sin\Phi-\sqrt{3}/2\cos\Phi$
c 相	$+1/2\sin\Phi-\sqrt{3}/2\cos\Phi$

第 1 表の範囲において，三相各相の和を求めると，

$-180° \leqq \Phi \leqq -120°$ の範囲では，

$$-\sin\Phi-\sqrt{3}\cos\Phi = -\sin(\Phi+60°)$$

$-120° \leqq \Phi \leqq -60°$ の範囲では，

$$-2\sin\Phi = -2\sin\Phi$$

$-60° \leqq \Phi \leqq 0°$ の範囲で，

$$-\sin\Phi+\sqrt{3}\cos\Phi = -2\sin(\Phi-60°)$$

$0° \leqq \Phi \leqq +60°$ の範囲では，

$$+\sin\Phi+\sqrt{3}\cos\Phi = 2\sin(\Phi+60°)$$

$+60° \leqq \Phi \leqq +120°$ の範囲では，

$$+2\sin\Phi = +2\sin\Phi$$

$+120° \leqq \Phi \leqq +180°$ の範囲では，

$$+\sin\Phi-\sqrt{3}\cos\Phi = +2\sin(\Phi-60°)$$

上記の式の整理は，和の角の三角関数の公式を利用しているが，よくみると 60° を周期としていることがわかる．見方を変えると同一角度で，cos の項が 1，そして sin の項が $\sqrt{3}$ となる関係は次のようなときである．

$1 \cdot \sin\Phi \pm \sqrt{3} \cdot \cos\Phi$

$= \sqrt{\{1^2 \pm (\sqrt{3})^2\}} \sin(\Phi + \theta)$

したがって，このような関係の θ は，

$\theta = \tan^{-1}(\pm\sqrt{3}/1) = \pm 60°$

$\sin(\Phi \pm 60°)$ の最大値は，もちろん1であるから，$\sin^{-1}(1) = 90°$ より，

$\Phi \pm 60° = 90°$

ゆえに，

$\Phi = 90° \pm 60° = 30°$ または $150°$

これらの値より，各相の直流分の絶対値の和が最大となる角度は，

$\Phi = 30° + 60° \times n$

ここに，$n = 0, \pm 1, \pm 2, \pm 3 \cdots\cdots$

以上の調査結果より，すでに求めた90°と30°における直流分係数を，そっくりそのまま利用して，それぞれの相の直流分係数をもう一度掲げると，

$$d_{cc(a)} = \sqrt{1 + 2\varepsilon^{-2Rt/L}}$$

$$d_{cc(b)} = \sqrt{1 + \frac{1}{2}\varepsilon^{-2Rt/L}}$$

$$d_{cc(c)} = \sqrt{1 + \frac{1}{2}\varepsilon^{-2Rt/L}}$$

よって，三相平均直流分係数 $d_{cc(3)}$ は，

$$d_{cc(3)} = \frac{1}{3}\left(\sqrt{1 + 2\varepsilon^{-2Rt/L}} + 2\sqrt{1 + \frac{1}{2} \cdot \varepsilon^{-2Rt/L}}\right)$$

と求まる．そして，1/2サイクル経過時における三相平均直流分係数 $d_{cc}(3)$ は，

$$d_{cc(3)} = \frac{1}{3}\left(\sqrt{1 + 2\varepsilon^{-2\pi R/X}} + 2\sqrt{1 + \frac{1}{2} \cdot \varepsilon^{-2\pi R/X}}\right)$$

と表すことができる．上式の数値計算結果を**第2表**に示す．

第2表　三相平均直流分係数（1/2サイクル後）

X/R	d_{cc}	X/R	d_{cc}
1.0	1.00	10.0	1.23
1.5	1.01	15.0	1.28
2.0	1.02	20.0	1.30
2.5	1.04	25.0	1.32
3.0	1.06	30.0	1.33
3.5	1.08	50.0	1.35
4.0	1.10	70.0	1.37
5.0	1.13	100.0	1.37
6.0	1.16	200.0	1.38
7.0	1.18	300.0	1.39
8.0	1.20	500.0	1.39
9.0	1.22	900.0	1.39

7. 非対称電流（短絡電流）の波高値

すでに学んだように，短絡電流は次の式で表される．

$$i = \frac{V_m}{Z}\{\sin(\omega t + \phi - \varphi) - \varepsilon^{-Rt/L}\sin(\phi - \varphi)\}$$

よって，この式より最大値，すなわち波高値を求める．上式を微分すると，

$$\frac{\mathrm{d}i}{\mathrm{d}t} = \frac{V_m}{Z}\left\{\omega\cos(\omega t + \phi - \varphi) + \frac{R}{L} \cdot \varepsilon^{-Rt/L}\sin(\phi - \varphi)\right\}$$

ここで，$\mathrm{d}i/\mathrm{d}t = 0$ なる点が最大となる点であるから，$\phi - \varphi = 90°$ の点で，

$$\frac{\mathrm{d}i}{\mathrm{d}t} = 0 = \frac{V_m}{Z}\left\{\omega\cos(\omega t + 90°) + \frac{R}{L} \cdot \varepsilon^{-Rt/L}\right\}$$

となる点が電流の波高値となる．すなわち，括弧内のそれぞれの項が大きさ等しく符号が反対になる点である．第1項は $\cos(\omega t + 90°)$ で，正負に変化するが，第2項は常に正のみだから，$\cos(\omega t + 90°)$ が負となる90°から270°の間で，かつ，$R/\omega L \cdot \varepsilon^{(-Rt/L)}$ の値に等しいところである．しかしながら三角関数が入ってきているので，代数のようにいきなり，直接 t を求めるわけにはいかない．また，第1図からみてわかるように，1/2サイクルくらい経過したときに最大となることが読み取れる．

そこで $\phi - \varphi = 90°$ における非対称電流の瞬時値は，上記の式にこの条件を代入して次の式

を得る．

$$i=\frac{V_m}{Z}\{\sin\omega t\cos 90^\circ+\sin 90^\circ\cos\omega t-\varepsilon^{-Rt/L}\sin 90^\circ\}$$

$$=\frac{V_m}{Z}\{\cos\omega t-\varepsilon^{-Rt/L}\}$$

この式を考察してみると，先に求めた直流分係数が利用できることがわかる．念のため，非対称電流の実効値は，

$$I_{asy}=\sqrt{I_{sy}^2+I_d^2}$$

ゆえに，直流分電流 I_d は，

$$I_d=\sqrt{I_{asy}^2-I_{sy}^2}$$

となる．したがって，非対称電流の波高値 I_p は，

$$I_p=\sqrt{2}\,I_{sy}+I_d$$

$$=\sqrt{2}\,I_{sy}+\sqrt{I_{asy}^2-I_{sy}^2}$$

と求まる．ここで，直流分係数 d_{cc} は，

$$d_{cc}=\frac{I_{asy}}{I_{sy}}$$

だから，非対称電流の波高値係数 p_{vc} は，

$$p_{vc}=\frac{I_p}{I_{sy}}$$

$$=\sqrt{2}+\sqrt{d_{cc}^2-1}$$

と求まる．もう少し理解を深めるために，1/2サイクル後における最大瞬時値を求めてみると，

$$i_{max}=I_p=\frac{V_m}{Z}\{\cos\omega t-\varepsilon^{-Rt/L}\}$$

$$=I_m\ \{-1-\varepsilon^{-\pi R/X}\}$$

で表せるから，1/2サイクルにおける波高値係数 p_{vc} は，

$$p_{vc}=\frac{I_p}{I_{sy}}$$

$$=\sqrt{2}\ \{1+\varepsilon^{-\pi R/X}\}$$

と表される．R，L 回路において直流分の減衰を考えると，短絡から1/2サイクル以後に波高値が最大になることはないから，1/2サイクル後の直流分係数を用いて単相回路の波高値係数を計算する．その数値計算の結果を**第3表**に示す．

第3表　波高値係数
（単相短絡時1/2サイクル後）

X/R	p_{vc}	X/R	p_{vc}
0.5	1.42	8.0	2.37
0.6	1.42	9.0	2.41
0.7	1.43	10.0	2.45
0.8	1.44	15.0	2.56
0.9	1.46	20.0	2.62
1.0	1.48	25.0	2.66
1.5	1.59	30.0	2.69
2.0	1.71	50.0	2.74
2.5	1.82	70.0	2.77
3.0	1.91	100.0	2.78
3.5	1.99	200.0	2.81
4.0	2.06	300.0	2.81
5.0	2.17	500.0	2.82
6.0	2.25	700.0	2.82
7.0	2.32	900.0	2.82

8.　三相等価波高値係数

三相平均直流分係数や単相短絡時の波高値係数を求めた経験でわかるように，三相の波高値係数を直接求めることはとてもできそうにないから，あっさり諦めて，まず三相短絡電流の曲線から波高値が最大となりそうな点，120°（1/3サイクル後），150°，そして180°（1/2サイクル後）におけるa相とb相の波高値を調べてみる．求める条件は，最もわかりやすい $\phi-\varphi=90^\circ$ で，かつ $R/L=0$ で，直流分の減衰はないものとする．

120°（1/3サイクル後）の波高値

a相　$I_{pa}=\sqrt{2}\,I_m\{\sin(-90^\circ+120^\circ)+1\}$

$$=\sqrt{2}\,I_m\left(\frac{1}{2}+1\right)$$

$$=\sqrt{2}\,I_m\,1.5$$

b相　$I_{pb}=\sqrt{2}\,I_m\left\{-\sin(-90^\circ+120^\circ-120^\circ)+\frac{1}{2}\right\}$

$$=\sqrt{2}\,I_m\left(1+\frac{1}{2}\right)$$

$= \sqrt{2}\, I_m 1.5$

150°（1/2.4 サイクル後）の波高値

a相　$I_{pa} = \sqrt{2}\, I_m\{\sin(-90° + 150°) + 1\}$

$= \sqrt{2}\, I_m\left(\frac{\sqrt{3}}{2} + 1\right)$

$= \sqrt{2}\, I_m 1.866$

b相　$I_{pb} = \sqrt{2}\, I_m\left\{-\sin(-90° + 150° - 120°) + \frac{1}{2}\right\}$

$= \sqrt{2}\, I_m\left(\frac{\sqrt{3}}{2} + \frac{1}{2}\right)$

$= \sqrt{2}\, I_m 1.366$

180°（1/2 サイクル後）の波高値

a相　$I_{pa} = \sqrt{2}\, I_m\{\sin(-90° + 180°) + 1\}$

$= \sqrt{2}\, I_m(1+1)$

$= \sqrt{2}\, I_m 2$

b 相　$I_{pb} = \sqrt{2}\, I_m\left\{-\sin(-90° + 180° - 120°) + \frac{1}{2}\right\}$

$= \sqrt{2}\, I_m\left(\frac{1}{2} + \frac{1}{2}\right)$

$= \sqrt{2}\, I_m 1$

これらの結果から，比例配分でもって最大値となる角度を求めると，146°（0.4056 サイクル後）が得られる．では早速，この角度における a 相と b 相の波高値を求めると，

a 相　$I_{pa} = \sqrt{2}\, I_m\{\sin(-90° + 146°) + 1\}$

$= \sqrt{2}\, I_m(0.8290 + 1)$

$= \sqrt{2}\, I_m 1.8290$

$= 2.5866\, I_m$

b 相　$I_{pb} = \sqrt{2}\, I_m\left\{-\sin(-90° + 146° - 120°) + \frac{1}{2}\right\}$

$= \sqrt{2}\, I_m\left(0.8988 + \frac{1}{2}\right)$

$= \sqrt{2}\, I_m 1.3988$

$= 1.9782 I_m$

となる．

ここで，等価波高値係数を使用する目的は，

第 4 表　三相等価波高値係数
（1/3 サイクル後）

X/R	e_{pv}	X/R	e_{pv}
0.5	1.33	8.0	2.13
0.6	1.34	9.0	2.15
0.7	1.37	10.0	2.17
0.8	1.40	15.0	2.23
0.9	1.42	20.0	2.26
1.0	1.45	25.0	2.28
1.5	1.58	30.0	2.30
2.0	1.69	50.0	2.32
2.5	1.78	70.0	2.34
3.0	1.85	100.0	2.34
3.5	1.90	200.0	2.36
4.0	1.94	300.0	2.36
5.0	2.01	500.0	2.36
6.0	2.06	700.0	2.36
7.0	2.10	900.0	2.36

短絡時など電磁機械力が相互に作用するとき，その機械力を与え合うそれぞれの電流の波高値ではなく，対称分電流の実効値に対する比率でもって表しておくと，短絡電流の実効値を知るだけで，簡単に実際に作用する電磁機械力を，等価波高値係数と短絡電流の実効値だけで計算することができる．すなわち，それぞれの相で作用する機械力を求めるより，その機械力が二つの相の相互間で最大となるときの 1 相当たりの等価値，いいかえれば，このときのそれぞれの電流の波高値の相乗平均値が等価波高値と呼ばれるものである．

したがって，この理由に基づき等価波高値を計算する．また，短絡後の経過時間は，三相短絡電流曲線からみて 1/3 サイクル付近が最適である．実際の数値計算式は，今までの調査結果をもとに，少し余裕をもたせる意味で，直流分については 1/3 サイクル経過したときの値を使用し，交流分については，a 相と b 相の経過時間を少し変えて，a 相は 150°，そして b 相は 120°のときの値とする．

よって，三相等価波高値係数 e_{pv} は，

$$e_{pv} = \sqrt{2\left(\frac{\sqrt{3}}{2} + \varepsilon^{-Rt/L}\right) \times \left(1 + \frac{1}{2} \cdot \varepsilon^{-Rt/L}\right)}$$

この式の時間に，1/3サイクル経過後，すなわち$t = 1/3f$，そしてインダクタンスをリアクタンスをもって表すと，すなわち$L = X/2\pi f$を代入すると，上式は次のように書き替えられる．

$$e_{pv} = \sqrt{2\left(\frac{\sqrt{3}}{2} + \varepsilon^{-2\pi R/3X}\right)\times\left(1 + \frac{1}{2}\cdot\varepsilon^{-2\pi R/3X}\right)}$$

では，その数値計算結果を**第4表**に示す．

9. 導体の瞬時許容電流

導体の瞬時許容電流を計算するための考え方について少し説明を加える．この瞬時許容電流を求める式の条件は次のとおりとする．

(a) 導体の中を，電流は均等に流れるものとする．

(b) 導体の内部は，均質な材料で構成されているものとする．

(c) 導体の抵抗温度係数は，温度上昇とともに直線的に変化するものとする．

(d) 導体の受ける熱量は，導体の発生するジュール熱のみとする．

(e) 導体からの熱放散はないものとする．

導体の瞬時許容電流に関係する定数を次のように定める．

電流密度：c〔A/cm^2〕

通電電流：I〔A〕

導体の断面積：A〔mm^2〕

通電時間：t〔s〕

導体の抵抗温度係数：α〔1/℃〕

導体の温度上昇：θ_0〔℃〕

導体の比熱：s_0〔J/g•℃〕

導体の材料密度：σ〔g/cm^3〕

温度T〔℃〕における導体の固有抵抗：ρ_T〔Ω•cm〕

導体の初期温度：T_1〔℃〕

導体の最終温度：T_2〔℃〕

0〔℃〕における導体の抵抗温度係数：α_0〔1/℃〕

導体から発生するジュール熱が，外部へ熱放散されないものとすれば，導体の発生熱量を熱容量で除したものが，導体の温度上昇値となるから，次の式が成立する．

$$\frac{c^2\rho_T(1+\alpha\theta_0)}{\sigma s_0}\cdot \mathrm{d}t = \mathrm{d}\theta$$

この式は変数分離形なので変数分離を行うと，

$$\frac{c^2\rho_T}{\sigma s_0}\int_0^t \mathrm{d}t = \int_0^{\theta_0}\frac{\mathrm{d}\theta}{1+\alpha\theta_0}$$

となり，これを解くと，

$$\frac{c^2\rho_T}{\sigma s_0}t = \frac{1}{\alpha}\log_e\ (1+\alpha\theta_0)$$

ここで，cは，

$$c = I/(A\times 10^{-2})$$

だから，

$$\frac{\rho_T\alpha}{\sigma s_0}t\left(\frac{I}{A\times 10^{-2}}\right)^2 = \log_e(1+\alpha\theta_0)$$

ゆえに許容電流は，

$$I = \sqrt{\frac{\sigma s_0}{\rho_T\alpha}}\times 10^{-4}\times\frac{A}{\sqrt{t}}\times\sqrt{\log_e(1+\alpha\theta_0)}$$

となる．$\rho_T\alpha$を表より知るために，20〔℃〕の値に換算すると，

$$\rho_T\alpha = \rho_0(1+\alpha_0 T_1)\frac{\alpha_0}{1+\alpha_0 T_1} = \rho_0\alpha_0 = \rho_{20}\alpha_{20}$$

次に，$\log_e(1+\alpha\theta_0)$を一般的に初期温度と最終温度で表すと，

$$\log_e(1+\alpha\theta_0) = \log_e\ \{1+\alpha\ (T_2 - T_1)\} = \log_e\left\{1+\frac{\alpha_0}{1+\alpha_0 T_1}(T_2 - T_1)\right\} = \log_e\frac{1+\alpha_0 T_2}{1+\alpha_0 T_1}$$

となる．これらの値に従って瞬時許容電流Iの式を書き直すと，

$$I = \sqrt{\frac{\sigma s_0}{\rho_{20}\alpha_{20}}}\times 10^{-2}\times\frac{A}{\sqrt{t}}\times\sqrt{\log_e\frac{1+\alpha_0 T_2}{1+\alpha_0 T_1}}$$

自然対数表示を，常用対数表示に直すと，

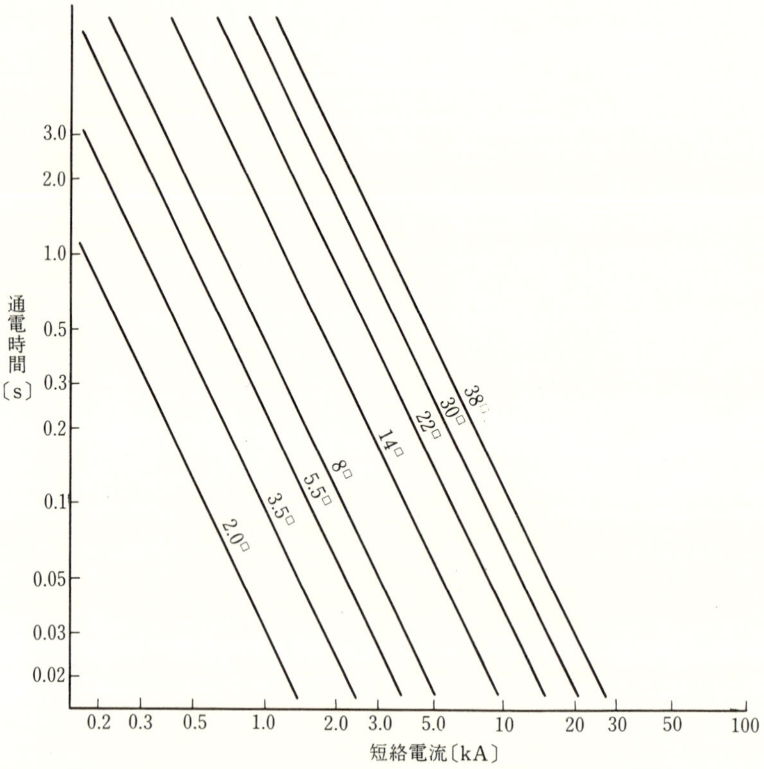

600〔V〕PVC（銅），初期温度 60〔℃〕，最終温度 120〔℃〕

第 2 図　短時間許容電流曲線

$$I=\sqrt{\frac{\sigma s_0}{\rho_{20}\alpha_{20}}}\times 10^{-2}\times\frac{A}{\sqrt{t}}\times\sqrt{\frac{1}{0.4343}}\times\sqrt{\log_{10}\frac{1+\alpha_0 T_2}{1+\alpha_0 T_1}}$$

それでは，この式を使って軟銅線の瞬時許容電流を求めてみる．軟銅の各定数は，

$\sigma = 8.89$〔g/cm^3〕

$s_0 = 0.092$〔cal/g•℃〕

$= 0.385$〔J/g•℃〕

$\rho_{20} = 1.724\times 10^{-6}$〔Ω•cm〕

$\alpha_{20} = 3.93\times 10^{-3}$〔1/℃〕

$\alpha_0 = \dfrac{1}{235}$〔1/℃〕

なので，軟銅線の瞬時許容電流は，これらの数値を上式に代入すると，

$$I=\sqrt{\frac{8.89\times 0.385\times 10^{-4}}{1.724\times 10^{-6}\times 3.93\times 10^{-3}\times 0.4343}}\times\frac{A}{\sqrt{t}}\times\sqrt{\log_{10}\frac{1+T_2/235}{1+T_1/235}}$$

$$=341\frac{A}{\sqrt{t}}\sqrt{\log_{10}\frac{235+T_2}{235+T_1}}$$

と求まる．

この式を使って数値計算した結果を曲線にて表せば，**第 2 図**のようになる．

排気塔の振動

80m ほどの高さを持つ煙突のように大きな排気塔を建てたところ，微風でもって大きくゆらゆらと揺れる振動を発生ずるようになりました．

この振動現象は，間違いなくカルマンの渦（Kalman's vortex）に起因するものと判断しました．対策としておおよそ 50 ～ 75m の高さのところに，スパイラルフィン（Spiral fin）を取り付けましたところ，微風によりゆらゆらと揺れる振動は完全になくなりました．

コントロールセンタの短絡協調

コントロール・センタが短絡故障時において，熱的・機械的に十分な強度をもつように製作することは非常に不経済であるから，保護方式に従って，短絡電流に対し熱的・機械的に協調をとるのであるが，実回路をそのまま解析することは不可能に近い．

本講は極めて実務的に取扱い，繁雑さを避けて数値計算を容易にすることを目的としている．

コントロール・センタの回路中，すべての部分が短絡時の影響を受けるが，それらのものの代表的なものを列挙すれば母線，MCB，コンタクタ，CT，ヒューズ，サーマル・リレー，盤内配線があげられる．しかし，サーマル・リレーやコンタクタの溶融・溶着電流は小さいので別に考慮することにすれば，コントロール・センタにおいて，電源の変圧器の容量を制限するものとしては，

① 母線の強度

② MCB の遮断耐量

③ 盤内配線の最小太さ

④ ヒューズを使用した場合

があげられる．

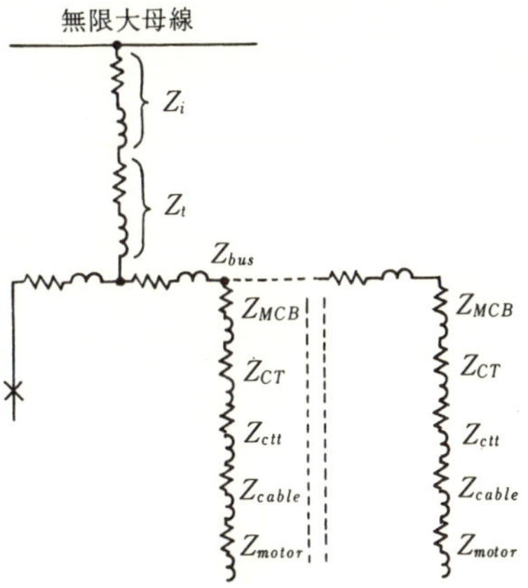

第 1 図

本講ではこれらの各項ごとに，計算例をあげて説明していく．

実際の回路を見てみると，**第 1 図**のように無限大母線より電源の内部インピーダンス Z_i，動力変圧器の内部インピーダンス Z_t を経て，コントロール・センタの母線につながっている．

回路中のインピーダンスを考察するに，電動機の過渡インピーダンスは，一般的にあまり測定されていないが，電動機起動時に作用するインピーダンスが，過渡インピーダンスであるから，起動電流を 600～700〔%〕とすれば，過渡インピーダンスは 14.3～16.7〔%〕となり，ケーブル中の電圧降下は 2～3〔%〕に選定するから，ケーブルのインピーダンスは 2～3〔%〕

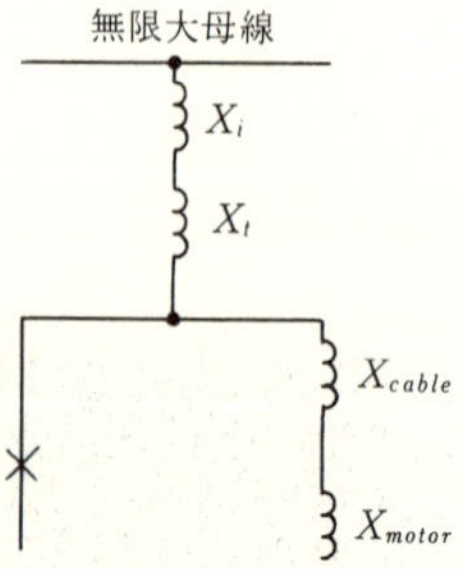

第2図

である．動力変圧器のインピーダンスは，小は2～3〔%〕から大は7.5〔%〕くらいに選ばれるから，後のそれぞれのインピーダンス表からみて，母線，MCB，CT，コンタクタのインピーダンスは，これを無視して差し支えないことが納得できるであろう．

また，インピーダンス回路において，R/X の比率が1/2以下ならば，抵抗分を無視しても電流の大きさからみれば誤差は12〔%〕以下であるから，コントロール・センタの短絡協調を考える場合のように，電流の大きさのみを論ずる場合には，抵抗分を無視しても安全側になるだけで誤差は小さいから，これを無視して差し支えない．

以上の考え方のもとに，第1図を一つの電動機負荷で代表すると，**第2図**のようになり，第2図で検討を進めていって何ら差し支えない．

計算を進めるに当たって，電動機の運転総容量は変圧器容量の関数とみることができるから，

(i) 電源の内部インピーダンス　X_i〔%〕
（基準容量ベース）

(ii) 変圧器の内部インピーダンス　X_t〔%〕
（変圧器容量ベース）

(iii) 変圧器の電動機負荷率　F_l〔p. u.〕
（変圧器容量ベース）

(iv) 変圧器容量の基準容量に対する比の逆数
α〔p. u.〕　（基準容量ベース）

(v) ケーブルのインピーダンス　X_c〔%〕
（電動機容量ベース）

(vi) 電動機の過渡インピーダンス　X_m〔%〕
（電動機容量ベース）

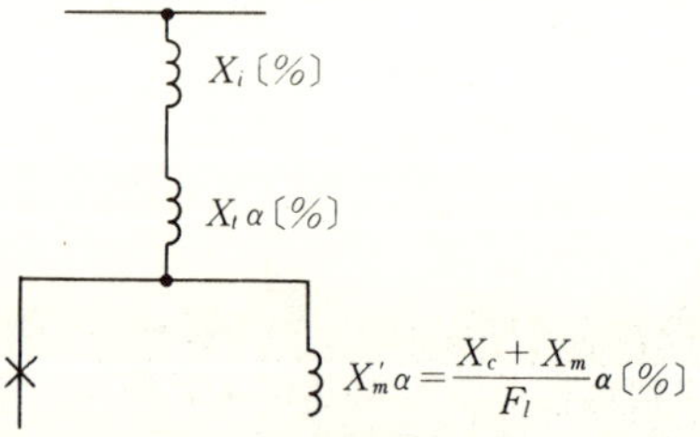

第3図

(vii) 母線よりみた電動機回路のインピーダンス　X_m'〔%〕　（変圧器容量ベース）

とすれば，**第3図**のようなインピーダンス・マップを得ることができる．

よって合成インピーダンス Z は，

$$Z = \frac{(X_i + X_t\alpha)(X_c + X_m)\alpha/F_l}{X_i + X_t\alpha + (X_c + X_m)\alpha/F_l}$$

$$= \frac{(X_i + X_t\alpha)X_m'\alpha}{X_i + X_t\alpha + X_m'\alpha}〔\%〕$$

ただし，

$$X_m' = \frac{X_c + X_m}{F_l}$$

この合成インピーダンスが検討しようとする機器の短時間許容電流（遮断電流）の値まで短絡電流を制限すればよいから，

(viii) 回路電圧　V〔V〕

(ix) 短時間許容電流　I_s〔kA〕

とすれば，短絡容量は，

$\sqrt{3}\,VI_s$〔kVA〕

となり，許容最小合成インピーダンス X_a を基準容量に換算して求めれば，

$$X_a = \frac{\text{基準容量〔kVA〕}}{\sqrt{3}\,VI_s(\text{短絡容量〔kVA〕})} \times 100〔\%〕$$

となる．

この X_a と合成インピーダンス Z とを等しいと置いて α を求めれば，求める変圧器容量の基準容量に対する逆比が求まる．Z の式より，

$$X_a = \frac{(X_i + X_t\alpha)X_m'\alpha}{X_i + X_t\alpha + X_m'\alpha}$$

$$X_tX_m'\alpha^2 - (X_aX_m' + X_aX_t - X_iX_m')\alpha - X_aX_i = 0$$

ここで，

第1表　短絡協調検討に必要な電気定数の資料

(a)　動力変圧器のパーセント・インピーダンス
(3〔kV〕～6〔kV〕定格 kVA ベース)

変圧器 kVA	抵　抗 %IR	リアクタンス %IX	インピーダンス %IZ
100	1.55	2.36	2.80
150	1.50	2.60	3.00
200	1.42	2.64	3.00
250	1.35	2.90	3.20
300	1.25	2.94	3.20
400	1.25	3.27	3.50
500	1.20	3.29	3.50
600	1.20	4.33	4.50
750	1.20	5.36	5.50
1 000	1.20	7.40	7.50
1 500	1.10	7.42	7.50
2 500	1.00	7.43	7.50
3 000	0.90	7.45	7.50

(b)　600〔V〕ケーブルのインピーダンス
10^{-3}〔Ω/m〕

断面積 S 〔mm^2〕	抵抗値 R at20〔℃〕	リアクタンス X at50〔Hz〕	リアクタンス X at60〔Hz〕
2.0	9.54	0.19	0.13
3.5	5.37	0.10	0.12
5.5	3.40	0.094	0.112
8.0	2.36	0.094	0.113
14	1.33	0.087	0.105
22	0.84	0.087	0.104
30	0.64	0.084	0.101
38	0.50	0.082	0.098
50	0.39	0.083	0.099
60	0.31	0.081	0.097
80	0.24	0.078	0.094
100	0.18	0.080	0.096
125	0.15	0.078	0.094
150	0.12	0.076	0.092
200	0.094	0.078	0.093
250	0.074	0.076	0.090
325	0.058	0.075	0.090

(c)　ブスバーのリアクタンス
10^{-3}〔Ω/m〕

ブスバー定格電流〔A〕	リアクタンス X at50〔Hz〕	リアクタンス X at60〔Hz〕	備　考
200	0.18	0.22	
400	0.15	0.18	
600	0.13	0.16	
800	0.10	0.12	
1 000	0.090	0.108	
1 200	0.080	0.096	
1 500	0.070	0.084	ロー・インピーダンス
2 000	0.010	0.012	ロー・インピーダンス
3 000	0.012	0.014	ロー・インピーダンス

(d)　変流器のリアクタンス
10^{-3}〔Ω〕

定格電流〔A〕	X 50Hz	X 60Hz
100	3.00	3.60
150	1.50	1.80
200	0.80	0.96
250	0.55	0.66
300	0.420	0.504
400	0.270	0.324
500	0.180	0.216
600	0.160	0.192
800	0.100	0.120
1 000	0.060	0.072
2 000	0.060	0.072
3 000	0.060	0.072
4 000	0.060	0.072

(e)　電磁接触器の短時間許容電流〔kA〕
500〔V〕クラス

定格電流〔A〕	許容電流〔kA〕 3Hz	許容電流〔kA〕 0.5Hz
25	1.0	2.0
50	2.0	4.0
75	2.2	4.4
100	3.0	6.0
150	3.3	6.6
300	6.0	12.0
600	9.0	18.0
1 000	15.0	30.0

(f)　1/4 サイクルにおける単相直流分係数

X/R	直流係数	X/R	直流係数
無限大	1.73	6.0	1.48
50	1.70	5.0	1.43
40	1.69	4.0	1.38
30	1.67	3.0	1.31
20	1.65	2.5	1.25
15	1.62	2.0	1.19
10	1.58	1.5	1.12
9	1.55	1.0	1.04
8	1.53	0.67	1.01
7	1.51	0.50	1.00

$$A=\frac{X_aX_m'+X_aX_t-X_iX_m'}{2X_tX_m'}$$

$$B=\frac{X_aX_i}{X_tX_m'}$$

と置くと，α は，

$$\alpha=A+\sqrt{(A^2+B)}$$

と求められる.

ゆえに求める変圧器容量Pは,

$$P\,〔\mathrm{kVA}〕=\frac{基準容量〔\mathrm{kVA}〕}{\alpha}$$

となる.

導体の短時間許容電流の算出式

銅

$$I=341\frac{A}{\sqrt{t}}\sqrt{\log\frac{235+T_2}{235+T_1}}$$

鉄

$$I=408\frac{A}{\sqrt{t}}\sqrt{\log\frac{202+T_2}{202+T_1}}$$

鉛

$$I=199\frac{A}{\sqrt{t}}\sqrt{\log\frac{276+T_2}{276+T_1}}$$

ここに,

I：短時間許容電流〔A〕

A：導体の断面積〔mm^2〕

t：通電時間〔s〕

T_1：導体の初期温度〔℃〕

T_2：導体の最終温度〔℃〕

電動機起動時の架橋ポリエチレンケーブルの短時間許容電流

$$I=100\frac{A}{\sqrt{t}}〔\mathrm{A}〕$$

第2表 ケーブルの導体の許容温度

ケーブルの種別	許容導体温度〔℃〕	
	長時間	短時間
天然ゴムケーブル	60	150
ビニールケーブル	60	120
ポリエチレンケーブル	75	140
ブチルゴムケーブル	80	230
架橋ポリエチレン	80	230

対象時間	頻度	許容温度
20秒～30秒以下	1日当たり1回程度	連続使用許容温度＋15〔℃〕
20秒～30秒以下	7日～10日に1回程度	連続使用許容温度＋(20～30)〔℃〕

検討例1　コントロール・センタの母線強度よりみた変圧器容量の検討

計算に使用する条件および定数

(a) 電源のパーセント・インピーダンスは,10〔MVA〕ベースで4〔%〕とする.

(b) 変圧器のパーセント・インピーダンスは,自己容量ベースで5.5〔%〕とする.

(c) 変圧器容量の80〔%〕の電動機が負荷されているものとする.

(d) ケーブルのパーセント・インピーダンスは,電動機の容量ベースで3〔%〕とする.

(e) 電動機の過渡リアクタンスは,自己容量ベースで17〔%〕とする.

(f) 回路電圧は440〔V〕とする.

(g) 母線の強度は25〔kA〕とする.

(h) 短絡電流には25〔%〕の直流分を含むものとする.

【解説】 基準容量を10〔MVA〕にとり,許容最小インピーダンスを求めれば,

$$X_a=\frac{基準容量}{\sqrt{3}\ VI}\times100=\frac{10\,000\times100}{\sqrt{3}\ \times440\times25}$$
$$=52.5〔\%〕$$

母線から眺めた電動機負荷の過渡インピーダンスは,

$$X_m{}'=\frac{X_c+X_m}{F_l}=\frac{3+17}{80}\times100=25〔\%〕$$

また,題意により$X_t=5.5$〔%〕,$X_i=4$〔%〕であるから,これらの数値よりA,Bを求めれば,

$$A=\frac{X_aX_m{}'+X_aX_t-X_iX_m{}'}{2X_tX_m{}'}$$
$$=\frac{52.5\times25+52.5\times5.5-4\times25}{2\times5.5\times25}$$
$$=\frac{1\,502}{275}=5.46$$

$$B=\frac{X_aX_i}{X_tX_m{}'}=\frac{52.5\times4}{5.5\times25}=\frac{210}{137.5}$$
$$=1.53$$

ゆえにαは,

$$\alpha=A+\sqrt{(A^2+B)}$$
$$=5.46+\sqrt{(5.46^2+1.53)}$$
$$=5.46+5.6=11.06$$

したがって，求める変圧器容量Pは，

$$P=\frac{\text{基準容量}}{\alpha}=\frac{10\,000}{11.06}=904\ \text{〔kVA〕}$$

計算結果よりみて900〔kVA〕のパーセント・インピーダンス5.5〔%〕は小さすぎるので，7.5〔%〕にて再計算の必要がある．

$$A'=\frac{52.5\times25+52.5\times7.5-4\times25}{2\times7.5\times25}$$

$$=\frac{1\,607}{375}=4.29$$

$$B'=\frac{52.5\times4}{7.5\times25}$$

$$=\frac{210}{187.5}=1.12$$

ゆえにα'は，

$$\alpha'=A'+\sqrt{(A'^2+B')}$$
$$=4.29+\sqrt{(4.29^2+1.12)}$$
$$=4.29+4.42=8.71$$

したがって，求める変圧器容量P'は，

$$P'=\frac{\text{基準容量}}{\alpha'}=\frac{10\,000}{8.71}$$
$$=1\,148\ \text{〔kVA〕}$$

計算結果より，母線の強度からみた変圧器容量は1 000〔kVA〕である．

検討例2　MCBの遮断容量からみた動力変圧器の容量の検討

計算に使用する条件および定数

(a)　電源の短絡容量は250〔MVA〕とする．

(b)　変圧器のパーセント・インピーダンスは5.5〔%〕とする（750〔kVA〕）．

(c)　電動機の運転総容量は変圧器容量の80〔%〕とする．

(d)　ケーブルのパーセント・インピーダンスは，電動機容量ベースの3〔%〕とする．

(e)　電動機の次過渡インピーダンスX_d''は，電動機容量ベースで17〔%〕とする．

(f)　回路電圧は440〔V〕とする．

(g)　MCBの遮断電流は25〔kA〕とする．

(h)　短絡電流の直流分係数は1.25とする．

【解説】　基準容量を10〔MVA〕にとると，許容最小インピーダンスX_aは，MCBの遮断電流が非対称電流で表されているから，直流分係数を考慮して，

$$X_a=\frac{\text{基準容量}\times\text{直流分係数}}{\sqrt{3}\ VI_s}\times100\ \text{〔%〕}$$

$$=\frac{10\,000\times1.25\times100}{\sqrt{3}\times440\times25}$$

$$=65.6\ \text{〔%〕}$$

電源の内部インピーダンスX_iは，

$$X_i=\frac{\text{基準容量}}{\text{短絡容量}}\times100\ \text{〔%〕}$$

$$=\frac{10\times1\,000\times100}{250\times1\,000}=4.0\ \text{〔%〕}$$

母線からみた電動機負荷の過渡インピーダンスX_m'は，

$$X_m'=\frac{X_c+X_m}{F_l}=\frac{3+17}{0.8}=25\ \text{〔%〕}$$

αを求めるために，AとBを計算すると，

$$A=\frac{X_aX_m'+X_aX_t-X_iX_m'}{2X_tX_m'}$$

$$=\frac{65.6\times25+65.6\times5.5-4\times25}{2\times5.5\times25}$$

$$=\frac{1\,901}{275}=6.91$$

$$B=\frac{X_aX_i}{X_tX_m'}=\frac{65.6\times4}{5.5\times25}=1.908$$

したがってαは，

$$\alpha=A+\sqrt{(A^2+B)}$$
$$=6.91+\sqrt{(6.91^2+1.908)}$$
$$=6.91+7.05=13.96$$

ゆえに求める変圧器容量Pは，

$$P=\frac{\text{基準容量}}{\alpha}=\frac{10\,000}{13.96}$$
$$=716\ \text{〔kVA〕}$$

したがってこの計算結果からみて，遮断電流25〔kA〕のMCBは，内部インピーダンス5.5〔%〕の700〔kVA〕の変圧器にまで使用できる．

検討例3　コントロール・センタの盤内配線最小太さからみた動力変圧器容量の検討

計算に使用する条件および定数

(a) 電源のパーセント・インピーダンスは，10〔MVA〕ベースで4〔%〕とする．

(b) 変圧器のパーセント・インピーダンスは，自己容量ベースで2〔%〕とする．

(c) ケーブルのパーセント・インピーダンスは，電動機の容量ベースで3〔%〕とする．

(d) 電動機の過渡リアクタンスは，自己容量ベースで17〔%〕とする．

(e) 回路電圧は440〔V〕とする．

(f) 盤内配線の最小太さは3.5〔mm^2〕のビニル線とする．

(g) 故障除去時間は0.02秒（MCBの動作時間）とする．

(h) 短絡電流には，10〔%〕の直流分を含むものとする．

【解説】 最初にビニル線の瞬時許容電流Iを求める．

初期温度 T_1：60〔℃〕

最終温度 T_2：120〔℃〕

とすれば，

$$I = 341\frac{A}{\sqrt{t}}\sqrt{\log\frac{235+T_2}{235+T_1}}$$

$$= 341\frac{3.5}{\sqrt{0.02}}\times\sqrt{\log\frac{235+120}{235+60}}$$

$$= 2\,393〔A〕$$

基準容量を10〔MVA〕にとり，直流分係数を考慮して許容最小合成インピーダンスを求めると，

$$X_a = \frac{基準容量}{\sqrt{3}\ VI}\times 直流分係数\times 100$$

$$= \frac{10\,000\times 1.1\times 100}{\sqrt{3}\ \times 440\times 2.39}$$

$$= 604〔\%〕$$

電源の内部インピーダンスは，

$X_i = 4$〔%〕

母線からみた電動機負荷の過渡インピーダンスは，

$$X_m{}' = \frac{X_c+X_m}{F_l} = \frac{3+17}{80}\times 100$$

$$= 25〔\%〕$$

これらの数値からAおよびBを求めると，

$$A = \frac{X_aX_m{}'+X_aX_t-X_iX_m{}'}{2X_tX_m{}'}$$

$$= \frac{604\times 25+604\times 2-4\times 25}{2\times 2\times 25}$$

$$= \frac{16\,208}{100} = 162.08$$

$$B = \frac{X_aX_i}{X_tX_m{}'} = \frac{604\times 4}{2\times 25}$$

$$= \frac{2\,416}{50} = 48.32$$

ゆえにαは，

$$\alpha = A+\sqrt{(A^2+B)}$$

$$= 162.08+\sqrt{(162.08^2+48.32)}$$

$$= 162.08+162.2$$

$$= 324.28$$

したがって，求める変圧器容量Pは，

$$P = \frac{基準容量}{\alpha} = \frac{10\,000}{324.28}$$

$$= 30.84〔kVA〕$$

この計算結果からみて，盤内配線最小太さよりみた変圧器容量は，あまりにも小さいから別に対策を必要とする．

検討例4　限流ヒューズ-MCBをカスケードに繋いで使用した場合，短絡協調からみた動力変圧器の容量の検討

計算に使用する条件および定数

(a) 電源内部の10〔MVA〕ベースにおけるパーセント・インピーダンスは4〔%〕とする．

(b) 変圧器の自己容量ベースにおけるパーセント・インピーダンスは5.5〔%〕とする．

(c) 運転中の全電動機容量は変圧器容量の80〔%〕あるものとする．

(d) ケーブルのパーセント・インピーダンスは，電動機の容量ベースで3〔%〕とする．

(e) 電動機の過渡リアクタンスは，自己容量ベースで17〔%〕とする．

(f) 回路電圧は440〔V〕とする．

(g) MCBの過電流強度は15〔kA〕とする．

(h) ヒューズの定格は600〔A〕とし，限流型

ヒューズを使用する.

(i) 短絡電流には，25〔%〕の直流分を含むものとする.

(j) ヒューズの限流特性は，**第3表**に掲げたものを使用するものとする.

【解説】 MCBの過電流強度が熱的または機械的のいずれにより制限を受けているかわからないので，両者を比較して小さい方をもって計算を行う. 限流ヒューズの限流値が波高値で表されているから，熱的および機械的強度の両者とも波高値に換算する.

MCBの機械的過電流強度は，直流分を25〔%〕含む場合の実効値と考え，波高値に換算すると（注1），

$$I_{pm}=15\times\sqrt{3}=26\text{〔kA〕}$$

MCBの熱的過電流強度は，ヒューズにより限流された電流を三角波と考え，波高値に換算すると（注2），

$$I_{pt}=15\times\sqrt{3}=26\text{〔kA〕}$$

両者相等しいゆえ，600〔A〕ヒューズの限流特性から，波高値26〔kA〕になる推定短絡電流は27〔kA〕である.

基準容量を10〔MVA〕にとり，直流分を考慮して，許容最小合成インピーダンスを求めると，

$$X_a=\frac{\text{基準容量}}{\sqrt{3}\ VI}\times\text{直流分係数}\times100\text{〔%〕}$$

$$=\frac{10\,000\times1.25\times100}{\sqrt{3}\ \times440\times27}$$

$$=60.8\text{〔%〕}$$

母線からみた電動機負荷の過渡リアクタンスは，

$$X_m{}'=\frac{X_c+X_m}{F_l}=\frac{3+17}{0.8}=25\text{〔%〕}$$

$X_i=4$〔%〕，$X_t=5.5$〔%〕と，すでに求めたX_a，$X_m{}'$を用いて，AおよびBを求めると，

$$A=\frac{X_aX_m{}'+X_aX_t-X_iX_m{}'}{2X_tX_m{}'}$$

$$=\frac{60.8\times25+60.8\times5.5-4\times25}{2\times5.5\times25}$$

$$=\frac{1\,754.4}{275}=6.38$$

$$B=\frac{X_aX_i}{X_tX_m{}'}=\frac{60.8\times4}{5.5\times25}$$

$$=\frac{243.2}{137.5}=1.77$$

ゆえに，αは，

$$\alpha=A+\sqrt{(A^2+B)}$$

$$=6.38+\sqrt{(6.38^2+1.77)}$$

$$=6.38+6.52=12.9$$

したがって，求める変圧器容量Pは，

$$P=\frac{\text{基準容量}}{\alpha}=\frac{10\,000}{12.9}=775\text{〔kVA〕}$$

この計算結果よりみて，15〔kA〕耐量のMCBに600〔A〕の限流ヒューズをカスケードに電源側に挿入すれば，750〔kVA〕の変圧器に接続できる.

注1：非対称実効値から波高値への換算係数

$$I_{rms}=\sqrt{(I_a{}^2+I_d{}^2)}$$

$$=1.25I_a$$

$$=I_a\sqrt{(1+0.565)}$$

$$=\sqrt{\{I_a{}^2+(0.752I_a)^2\}}$$

ゆえに，

$$I_{peak}=1.414I_a+0.752I_a$$

$$=2.166I_a$$

$$=\frac{2.166}{1.25}I_{rms}$$

$$=1.732I_{rms}$$

注2：三角波の波高値から実効値への換算

$$t=0\sim t=T_f$$

$$i=\frac{I_p}{T_f}t$$

$$t=T_f\sim t=T$$

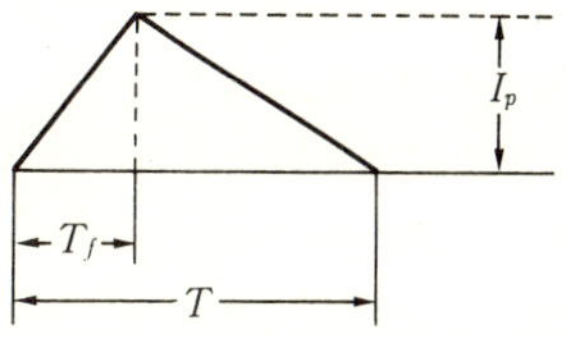

第4図

$$i=\frac{I_p}{(T-T_f)}(T-t)$$

$$I_{eff}=\sqrt{\frac{1}{T}\int i^2\,\mathrm{d}t}$$

$$\int i^2\,\mathrm{d}t=\frac{{I_p}^2}{{T_f}^2}\int_{t=0}^{t=T_f}t^2\,\mathrm{d}t+\frac{{I_p}^2}{(T-T_f)^2}\int_{t=T_f}^{t=T}(T-t)^2\,\mathrm{d}t$$

$$=\frac{{I_p}^2}{{T_f}^2}\cdot\frac{{T_f}^3}{3}+\frac{{I_p}^2}{(T-T_f)^2}\left\{T^2(T-T_f)-T(T^2-{T_f}^2)+\frac{1}{3}(T^3-{T_f}^3)\right\}$$

$$=\frac{{I_p}^2}{3}T_f+\frac{{I_p}^2}{3(T-T_f)^2}\times(T-T_f)^3$$

$$=\frac{{I_p}^2}{3}T$$

ゆえに,

$$I_{eff}=\sqrt{\frac{1}{T}\cdot\frac{{I_p}^2}{3}\cdot T}=\frac{I_p}{\sqrt{3}}$$

検討例5　低圧電磁接触器の短時間許容電流からみた限流ヒューズの定格

計算に使用する定数および資料

(a)　低圧電磁接触器の短時間許容電流表

(b)　ヒューズの限流特性表

(c)　ヒューズの限流値から実効値への換算係数には $1/\sqrt{3}$ を使用する.

(d)　回路の推定短絡電流は, 15〔kA〕と25〔kA〕の2種類としてMCBの耐量と合せた.

【解説】

検討結果のまとめ

(1)　母線の強度からみた変圧器容量

25〔kA〕　1 150〔kVA〕

(2)　MCBの遮断容量からみた変圧器容量

15〔kA〕　390〔kVA〕

25〔kA〕　720〔kVA〕

(3)　盤内配線最小太さからみた変圧器容量

2.0〔mm^2〕　13.5〔kVA〕

3.5〔mm^2〕　32.5〔kVA〕

5.5〔mm^2〕　47.0〔kVA〕

(4)　ヒューズ-MCBカスケード方式からみ

第3表　ヒューズおよび電磁接触器の特性表

(a)　ヒューズ：推定短絡電流15〔kA〕

定格〔A〕	限流値〔kA〕	実効値〔kA〕	接触器定格〔A〕
10	2.4	1.4	25
30	4.0	2.3	50
50	5.6	3.2	50
100	10.5	6.1	150
200	16.0	9.2	300
250	16.5	9.5	300
300	19.0	11.0	300
400	21.5	15.0	600
600	19.0	11.0	600

(b)　ヒューズ：推定短絡電流25〔kA〕

定　格〔A〕	限流値〔kA〕	実効値〔kA〕	接触器定格〔A〕
10	2.8	1.6	25
30	4.8	2.8	50
50	6.8	3.9	50
100	12.5	7.2	300
200	21.0	12.0	300
250	21.0	12.0	300
300	24.5	14.0	600
400	32.0	18.5	600
600	25.0	14.5	600

定格600〔A〕, 限流値26.0〔kA〕の推定短絡電流27〔kA〕

第4表

ヒューズ定格〔A〕	最大変圧器容量〔kVA〕	
	MCB 15〔kA〕	MCB 25〔kA〕
1 200	550	1 580
800	630	3 200
600	840	8 900
400	550	2 020
300	850	10 100
250	1 960	16 200
200	1 430	8 900
100	8 900	8 900

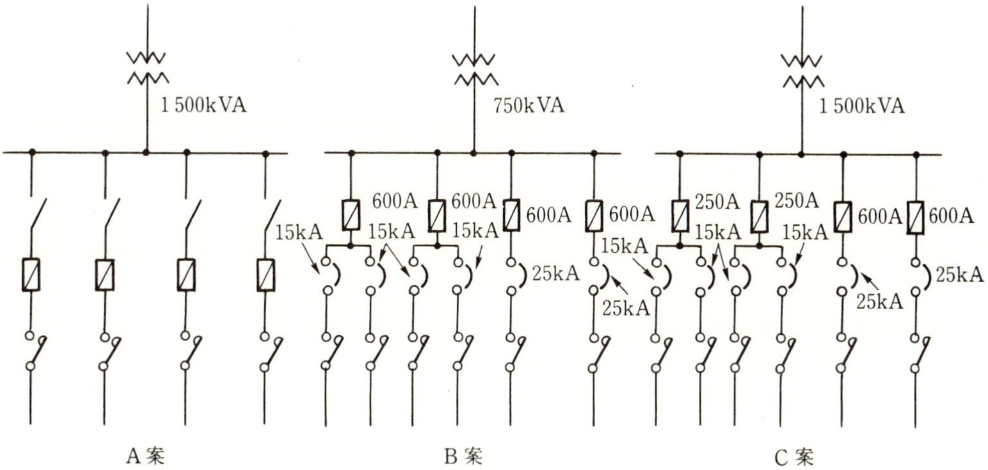

第5図

た変圧器容量：**第4表**参照

(5) ヒューズ定格と電磁接触器の定格

第3表を参照のこと．

考察 コントロール・センタの盤内配線からみた変圧器容量はあまりにも小さく実施しがたいので，これはヒューズによって保護するか，MCBの遮断電流に合せた最小太さを選ぶべきである．ヒューズによって保護する場合は3.5〔mm^2〕以上あればよいが，MCBの遮断電流に合せると，15〔kA〕で22〔mm^2〕，そして25〔kA〕で38〔mm^2〕を使って配線すべきである．

MCBを採用した場合の変圧器容量は，15〔kA〕定格で400〔kVA〕，そして25〔kA〕定格で750〔kVA〕が適用可能であるが，しかし経済性に欠ける．

コントロール・センタの母線強度からみた変圧器容量も1 150〔kVA〕で，少し小さく経済性に欠けるがやむを得ない．

結論として，各分岐に限流ヒューズを入れ，コントロール・センタ内の各分岐以後の保護は，限流ヒューズによるべきである．したがって，限流ヒューズの全面採用により，母線の強度を増すだけで，変圧器の容量も数千〔kVA〕のものまで自由に選べる．

低圧電磁接触器は，限流ヒューズの限流特性と接触器の短時間許容電流の協調をとり，溶着を防止し，MCBは省略すべきである．また，コントロール・センタの盤内配線も限流ヒューズの採用により3.5〔mm^2〕以上あればよいことになる．しかし限流ヒューズの取換え時のために，区分開閉器を限流ヒューズの電源側に置くか，あるいはヒューズ・スイッチを採用する必要がある．

現在市販されているコントロール・センタでは，変圧器台数が多くなり，据付け面積が広く必要なので，市販のコントロール・センタを改造すべきである．

提案 上記の検討結果から，次の三つの案が考えられるが，それぞれに一長一短を有している（**第5図**参照）．

A案は，区分開閉器を必要とするため，改造費は多くかかる，他の案に比べてすぐれている点は，電磁接触器の溶着防止ができることである．

B案は，小改造ですむが，しかし次の三つの短所をもっている．

(i) 300〔A〕以下の電磁接触器の溶着が防げない．

(ii) 30〔mm^2〕以下の分岐線が保護できない．

(iii) 負荷を150〔kW〕程度のグループに分割する必要がある．

C案も小改造ですむが，次の三つの短所がある．

(i) 250〔A〕以下の電磁接触器が溶着する．

(ii) 14〔mm^2〕以下の分岐線が保護できない．

(iii) 負荷を 75〔kW〕程度のグループに分割する必要がある．

以上のような長短が考えられるが，これらの中で一番A案がよいと思われる．ただ母線の強度の方が少し不足するが，安全率が少し小さくなるのみで，1 500〔kVA〕の変圧器に接続でき，母線の完全破壊などは考えられない．

脱調継電器（モー継電器）

送電系統に線路故障が発生するたびに，オフセットモー型（Off-set mho type）の脱調継電器（Out of step relay）が動作し，プロセスの主機を駆動している同期電動機盤の遮断器が開放され駆動電動機が停止するため，化学プラントのプロセス全体が停止する事故がたびたび発生しました．そのプラントのプロセスは一度停止すると再スタートから製品の再生産に到るまでに長期間を必要とするため，生産停止損失が莫大な金額に上ります．その生産停止損失を少なくするために，線路故障によりたとえ仮に同期電動機が動揺を起こしても，何とか脱調せずに持ちこたえて同期運転可能なものは，同期電動機盤の遮断器を開放せずに主機の運転を継続し，プロセスの停止頻度を可能な限り限に抑えようと考えました．

そこでこの考えのもとに，電動機製造者の継電器の設定値を調査するとともに，その同期電動機のインピーダンス図（Impedance circular diagram）を描き検討しました．電動機製造者の設定値はモー円（Mho circle）のオフセット（Off set）値がほとんど零となっており，そしてリーチ点（Reach point）はほとんど電動機の直軸同期インピーダンス値となっておりました．一方これに対してインピーダンス図をもって検討した結果から言えることは，電動機製造者の設定値は通常の運転状態からいってオフセットモー円（Off set mho circle）のオフセット値が小さ過ぎること，そして設定モー円のリーチ点（Reach point）が遠過ぎることが判明しました．その理由として，線路故障時に線路（電源）電圧が瞬時的に降下すること，そして脱調時の作用リアクタンスが過渡リアクタンスまで小さくなり得ること，また動揺時には作用リアクタンスが過渡リアクタンスまで小さくなり得ないこともあることがあげられます．すなわち，対策としてはモー継電器の設定円の直径を過渡直軸同期リアクタンスの 1.5 倍ほどまで小さくし，オフセット（Off set）値を同期電動機の端子から見た電源内部インピーダンス値あたりまで大きくすることです．そして実際の脱調は位相角が 180 度を超えるので，位相角 120 度くらいまでは脱調検出円の中に入れないようにすることでした．なお線路故障時の電源の瞬時電圧降下と同期電動機の内部誘起電圧の比を考慮に入れると，検出インピーダンスの設定円を可能な限り小さくすることが，系統動揺時の不必要な電動機遮断器の開放を防ぐことになります．

そこで，このような設定値に改めることを電動機製造者と客先に提案しましたところ，客先はすぐに継電器の設定値の変更を行ってくれましたが，製造者は今までの設定値を推奨すると言ってきました．客先は設定値を提案値にして2か月運転した後に，製造者の推奨値に戻しました．しかし以前と同様に線路故障（瞬時電圧降下）のたびに同期電動機が停止するので，当方の提案どおりに設定値を変更すると最終連絡がありました．

結果として；以上の提案値のように設定値を変更することにより，不必要な遮断器開放による同期電動機の停止を防止することができました．

400〔V〕直接接地系統における故障電流の様相
(その1)

はじめに　近年，工場の負荷容量の増大化に伴い産業用プラントでは，400〔V〕直接接地配電方式の採用が多く見られるようになってきた．しかし，接地故障電流の様相について具体的に検討した資料に乏しいので，今回単純な回路でもって模擬し，数値計算を行い，故障電流の様相を推察しようとするものである．

いまわれわれの一番知りたいことは，接地母線を設けた場合，果たして接地故障電流のうち，どれくらいの故障電流が接地母線に帰ってくるのか，またどのくらいの故障電流が構造物に流れ込むのか，ということである．

検討は，次の五つ事例について行ってみる．

1　Vinyle ケーブル配線を行い，接地母線を設けた場合，近接する鉄筋（9.5〔mmϕ〕に流れる電流の大きさについて．

2　上記と同じケーブル配線において，近接する鉄筋（25.4〔mmϕ〕）に流れる電流の大きさについて．

3　上記と同じケーブル配線において，近接する鉄筋（100〔cm^2〕）に流れる電流の大きさについて．

4　鉛被ケーブル配線において，接地母線を設けた場合，鉛被に流れる電流の大きさについて．

5　金属管ケーブル配線において，接地母線を設けた場合，金属管に流れる電流の大きさについて．

これら五つの事例の計算を行うに当たって，計算を行う模擬回路より十分遠くにあるものは，インダクタンスが大きいので，あまり関与しないものとして，配電線に平行した接地母線や鉄筋のみを考慮することとし，**第1図**のような回路で模擬し，五つの事例の計算を行うこととする．

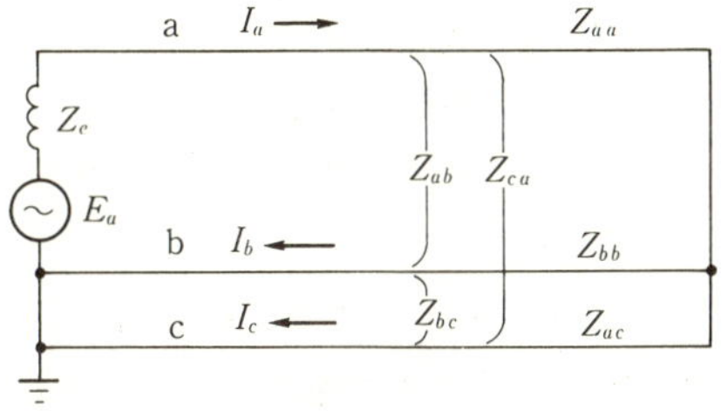

第1図

ただし，第1図の記号の意味は次のとおりである．

a：配電線

b：帰路（接地母線）(鉛被)（金属管）

c：分路帰路（構造物など）

I_a：故障時配電線を流れる電流

I_b：故障時帰路を流れる電流
I_c：故障時分路帰路を流れる電流
Z_{aa}：配電線路 a の自己インピーダンス
Z_{bb}：帰路 b の自己インピーダンス
Z_{cc}：分路帰路 c の自己インピーダンス
Z_{ab}：電路 a～b 間の相互インピーダンス
Z_{bc}：電路 b～c 間の相互インピーダンス
Z_{ac}：電路 a～c 間の相互インピーダンス
Z_e：電源の内部インピーダンス（毎相）
E_a：電源の誘起電圧（毎相）

1. 基本計算式と条件

第1図の回路図から次の式が得られる．

(1)式は，配電線 a と帰路 b によって閉じられる電源を含む回路において作られる．

$$I_a(Z_e+Z_{aa})-I_bZ_{ab}-I_cZ_{ac}+I_bZ_{bb}-I_aZ_{ab}+I_cZ_{bc}=E_a \qquad (1)$$

(2)式は，帰路 b と分路帰路 c によって閉じられる電源を含まない回路において作られる．

$$I_bZ_{bb}-I_aZ_{ab}+I_cZ_{bc}=I_cZ_{cc}-I_aZ_{ac}+I_bZ_{bc} \qquad (2)$$

(3)式は，故障点における電流の平衡式により作られる．

$$I_a=I_b+I_c \qquad (3)$$

これらの式を整理して，書き替えると，

$$I_a(Z_{aa}+Z_e-Z_{ab})+I_b(Z_{bb}-Z_{ab})+I_c(Z_{bc}-Z_{ac})=E_a$$

$$I_a(Z_{ac}-Z_{ab})+I_b(Z_{bb}-Z_{bc})+I_c(Z_{bc}-Z_{cc})=0$$

$$I_a-I_b-I_c=0$$

そこでそれぞれの電流による電圧降下に関係するインピーダンスの係数を次のように置くと，

$$Z_{a1}=(Z_{aa}+Z_e-Z_{ab})$$
$$Z_{b1}=(Z_{bb}-Z_{ab})$$
$$Z_{c1}=(Z_{bc}-Z_{ac})$$
$$Z_{a2}=(Z_{ac}-Z_{ab})$$
$$Z_{b2}=(Z_{bb}-Z_{bc})$$
$$Z_{c2}=(Z_{bc}-Z_{cc})$$

上の式は，次のように簡単な式として書ける．

$$I_aZ_{a1}+I_bZ_{b1}+I_cZ_{c1}=E_a$$
$$I_aZ_{a2}+I_bZ_{b2}+I_cZ_{c2}=0$$
$$I_a-I_b-I_c=0$$

そしてそれぞれの電流の値は次のように求められる．

$$I_a=\frac{\begin{vmatrix} E_a & Z_{b1} & Z_{c1} \\ 0 & Z_{b2} & Z_{c2} \\ 0 & -1 & -1 \end{vmatrix}}{\triangle}=\frac{-E_aZ_{b2}+E_aZ_{c2}}{\triangle}=\frac{E_a(Z_{c2}-Z_{b2})}{\triangle}$$

$$I_b=\frac{\begin{vmatrix} Z_{a1} & E_a & Z_{c1} \\ Z_{a2} & 0 & Z_{c2} \\ 1 & 0 & -1 \end{vmatrix}}{\triangle}=\frac{E_aZ_{c2}+E_aZ_{a2}}{\triangle}=\frac{E_a(Z_{c2}+Z_{a2})}{\triangle}$$

$$I_c=\frac{\begin{vmatrix} Z_{a1} & Z_{b1} & E_a \\ Z_{a2} & Z_{b2} & 0 \\ 1 & -1 & 0 \end{vmatrix}}{\triangle}=\frac{-E_aZ_{a2}-E_aZ_{b2}}{\triangle}=\frac{-E_a(Z_{a2}+Z_{b2})}{\triangle}$$

ここに，

$$\triangle=-Z_{a1}Z_{b2}+Z_{b1}Z_{c2}-Z_{c1}Z_{a2}-Z_{c1}Z_{b2}+Z_{b1}Z_{a2}+Z_{a1}Z_{c2}$$

したがって各電路を流れる電流の割合は，次のようになる．

$$\frac{I_b}{I_a}=\frac{Z_{c2}+Z_{a2}}{Z_{c2}-Z_{b2}}=\frac{Z_{bc}-Z_{cc}+Z_{ac}-Z_{ab}}{Z_{bc}-Z_{cc}+Z_{bc}-Z_{bb}}$$

$$\frac{I_c}{I_a}=\frac{-Z_{a2}-Z_{b2}}{Z_{c2}-Z_{b2}}$$

$$=\frac{Z_{ab}-Z_{ac}+Z_{bc}-Z_{bb}}{Z_{bc}-Z_{cc}+Z_{bc}-Z_{bb}}$$

$$\frac{I_c}{I_b}=\frac{-Z_{a2}-Z_{b2}}{Z_{c2}+Z_{a2}}$$

$$=\frac{Z_{ab}-Z_{ac}+Z_{bc}-Z_{bb}}{Z_{bc}-Z_{cc}+Z_{ac}-Z_{ab}}$$

一般に検討事例 1，2，3 のような場合でも，電路 a～b 間に比べて電路 a～c 間および電路 b～c 間は十分遠くにあることが多い．特に検討事例 4，5 のような場合には，電路 a～b 間は非常に近く，電路 a～c 間および電路 b～c 間は十分に遠いから，相互インダクタンスに大きく左右される Z_{ac} と Z_{bc} は，ほぼ等しいと考えられる．そのような場合の I_b/I_a，I_c/I_a および I_c/I_b の値は，それぞれ次の式でもって計算することができる．

$$\frac{I_b}{I_a}=\frac{2Z_{bc}-Z_{ab}-Z_{cc}}{2Z_{bc}-Z_{bb}-Z_{cc}}$$

$$\frac{I_c}{I_a}=\frac{Z_{ab}-Z_{bb}}{2Z_{bc}-Z_{bb}-Z_{cc}}$$

$$\frac{I_c}{I_b}=\frac{Z_{ab}-Z_{bb}}{2Z_{bc}-Z_{ab}-Z_{cc}}$$

と簡略化することができる．

また検討事例 1，2，3 のような場合には，電路 a～b 間と電路 b～c 間の距離がほぼ等しく，電路 a～c 間の距離が電路 a～b 間の距離に比べて大きければ，相互インダクタンスに関係する距離の大きさで考えれば，相互インピーダンスも大差がないから，Z_{ab} が Z_{bc} にほぼ等しいと考えられるので，I_b/I_a，I_c/I_a，I_c/I_b の値は，次の近似式で表すことができる．

$$\frac{I_b}{I_a}=\frac{Z_{ac}-Z_{cc}}{2Z_{bc}-Z_{bb}-Z_{cc}}$$

$$\frac{I_c}{I_a}=\frac{2Z_{bc}-Z_{ac}-Z_{bb}}{2Z_{bc}-Z_{bb}-Z_{cc}}$$

$$\frac{I_c}{I_b}=\frac{2Z_{bc}-Z_{ac}-Z_{bb}}{Z_{ac}-Z_{cc}}$$

ここに使用したそれぞれのインピーダンスの内容は，それぞれ次のようなものである．

$$Z_{aa}=R_a+jX_a=R_a+j2\pi fL_a$$

$$Z_{bb}=R_b+jX_b=R_b+j2\pi fL_b$$

$$Z_{cc}=R_c+jX_c=R_c+j2\pi fL_c$$

$$Z_{ab}=jX_{ab}=j2\pi fM_{ab}$$

$$Z_{bc}=jX_{bc}=j2\pi fM_{bc}$$

$$Z_{ac}=jX_{ac}=j2\pi fM_{ac}$$

ここに，

R_a：電路 a の抵抗値〔Ω〕

R_b：電路 b の抵抗値〔Ω〕

R_c：電路 c の抵抗値〔Ω〕

X_a：電路 a の自己リアクタンス〔Ω〕

X_b：電路 b の自己リアクタンス〔Ω〕

X_c：電路 c の自己リアクタンス〔Ω〕

X_{ab}：電路 a～b 間の相互リアクタンス〔Ω〕

X_{bc}：電路 b～c 間の相互リアクタンス〔Ω〕

X_{ac}：電路 a～c 間の相互リアクタンス〔Ω〕

L_a：電路 a の自己インダクタンス〔H〕

L_b：電路 b の自己インダクタンス〔H〕

L_c：電路 c の自己インダクタンス〔H〕

M_{ab}：電路a～b間の相互インダクタンス〔H〕

M_{bc}：電路b～c間の相互インダクタンス〔H〕

M_{ac}：電路a～c間の相互インダクタンス〔H〕

あまり細かいことをいわなければ，電路の自己インダクタンス値は，次の式で表すことができる．ただし，$I_a+I_b+I_c=0$ とする．

$$L_a=\left\{\frac{\mu_s}{2}+2\log_e\frac{1}{r_a}\right\}\times10^{-7}\ \text{〔H/m〕}$$

$$L_b=\left\{\frac{\mu_s}{2}+2\log_e\frac{1}{r_b}\right\}\times10^{-7}\ \text{〔H/m〕}$$

$$L_c=\left\{\frac{\mu_s}{2}+2\log_e\frac{1}{r_c}\right\}\times10^{-7}\ \text{〔H/m〕}$$

また同様に，相互インダクタンス値は次の式のように表される．

$$M_{ab}=2\log_e\frac{1}{d_{ab}}\times10^{-7}\ \text{〔H/m〕}$$

$$M_{bc}=2\log_e\frac{1}{d_{bc}}\times10^{-7}\ \text{〔H/m〕}$$

$$M_{ac}=2\log_e\frac{1}{d_{ac}}\times10^{-7}\ \text{〔H/m〕}$$

ここに，

r_a：電路 a の導体半径〔m〕

r_b：電路 b の導体半径〔m〕

r_c：電路 c の導体半径〔m〕

d_{ab}：電路 a〜b 間の幾何学的平均距離〔m〕

d_{bc}：電路 b〜c 間の幾何学的平均距離〔m〕

d_{ac}：電路 a〜c 間の幾何学的平均距離〔m〕

μ_s：比透磁率

検討事例 4，5 の場合の L_a，L_b および M_{ab} の値は，次の式でもって計算する．

$$L_a = \left\{ \frac{\mu_s}{2} + 2\log_e \frac{r_1}{r_i} \right\} \times 10^{-7} \text{〔H/m〕}$$

$$L_b = \frac{\mu_s}{2(r_2{}^2 - r_1{}^2)} \times 10^{-7} \times \left\{ \frac{4r_1{}^4}{r_2{}^2 - r_1{}^2} \log_e \frac{r_2}{r_1} + r_2{}^2 - 3r_1{}^2 \right\} \text{〔H/m〕}$$

$$M_{ab} = 2\log_e \frac{r_2}{r_1} \times 10^{-7} \text{〔H/m〕}$$

ここに，

r_i：電路 a の導体半径〔m〕

r_1：電路 b の導体内半径〔m〕

r_2：電路 b の導体外半径〔m〕

検討事例 1，2，3，4，5 にて使用する数値は次のように定め，それぞれの定数を計算することにする．

検討事例 1.

$r_a = 6.5$〔mm〕(100〔sq〕)

$r_b = 5.75$〔mm〕(80〔sq〕)

$r_c = 4.75$〔mm〕(3/8″ϕ)

$d_{ab} = 300$〔mm〕

$d_{bc} = 300$〔mm〕

$d_{ac} = 600$〔mm〕

span ＝ 150〔m〕(平行距離)

検討事例 2.

$r_a = 6.5$〔mm〕(100〔sq〕)

$r_b = 5.75$〔mm〕(80〔sq〕)

$r_c = 12.7$〔mm〕(1″ϕ)

$d_{ab} = 300$〔mm〕

$d_{bc} = 300$〔mm〕

$d_{ac} = 600$〔mm〕

span ＝ 150〔m〕(平行距離)

検討事例 3.

$r_a = 6.5$〔mm〕(100〔sq〕)

$r_b = 5.75$〔mm〕(80〔sq〕)

$r_c = 56.5$〔mm〕(10 000〔sq〕)

$d_{ab} = 300$〔mm〕

$d_{bc} = 300$〔mm〕

$d_{ac} = 600$〔mm〕

span ＝ 150〔m〕(平行距離)

検討事例 4.

$r_a = 6.5$〔mm〕(100〔sq〕)

r_b：$r_{b1} = 18.6$〔mm〕

$r_{b2} = 19.5$〔mm〕

$r_c = 5.75$〔mm〕(80〔sq〕)

$d_{bc} = 300$〔mm〕

$d_{ac} = 300$〔mm〕

span ＝ 150〔m〕(平行距離)

検討事例 5.

$r_a = 6.5$〔mm〕(100〔sq〕)

r_b：$r_{b1} = 27.0$〔mm〕(2″)

$r_{b2} = 29.8$〔mm〕

$r_c = 5.75$〔mm〕(80〔sq〕)

$d_{bc} = 300$〔mm〕

$d_{ac} = 300$〔mm〕

span ＝ 150〔m〕(平行距離)

比透磁率は次の値とする．

鉄 (μ_{si}) ＝ 1 000

銅 (μ_{sc}) ＝ 1.0

鉛 (μ_{sz}) ＝ 1.0

2. 自己インダクタンスおよび相互インダクタンスの計算

【検討事例 1】

$$L_a = \left\{ \frac{1}{2} + 2\log_e \frac{1\,000}{6.5} \right\} \times 10^{-7}$$

$$= (0.5 + 2 \times 5.035953) \times 10^{-7}$$

$$= (0.5 + 10.07191) \times 10^{-7}$$

$$= 10.57191 \times 10^{-7} \text{〔H/m〕}$$

$$L_a' = 10.57191 \times 10^{-7} \times 150$$
$$= 0.1585786 \times 10^{-3} \text{〔H〕}$$

$$L_b = \left\{\frac{1}{2} + 2\log_e \frac{1\,000}{5.75}\right\} \times 10^{-7}$$
$$= (0.5 + 2 \times 5.1585554) \times 10^{-7}$$
$$= (0.5 + 10.31711) \times 10^{-7}$$
$$= 10.81711 \times 10^{-7} \text{〔H/m〕}$$

$$L_b' = 10.81711 \times 10^{-7} \times 150$$
$$= 0.1622567 \times 10^{-3} \text{〔H〕}$$

$$L_c = \left\{\frac{1\,000}{2} + 2\log_e \frac{1\,000}{4.75}\right\} \times 10^{-7}$$
$$= (500 + 2 \times 5.349611) \times 10^{-7}$$
$$= (500 + 10.69922) \times 10^{-7}$$
$$= 510.69922 \times 10^{-7} \text{〔H/m〕}$$

$$L_c' = 510.69922 \times 10^{-7} \times 150$$
$$= 7.660488 \times 10^{-3} \text{〔H〕}$$

$$M_{ab} = 2\log_e \frac{1\,000}{300} \times 10^{-7}$$
$$= 2 \times 1.2039728 \times 10^{-7}$$
$$= 2.4079456 \times 10^{-7} \text{〔H/m〕}$$

$$M_{ab}' = 2.4079456 \times 10^{-7} \times 150$$
$$= 0.0361192 \times 10^{-3} \text{〔H〕}$$

$$M_{bc} = 2\log_e \frac{1\,000}{300} \times 10^{-7}$$
$$= 2 \times 1.2039728 \times 10^{-7}$$
$$= 2.4079456 \times 10^{-7} \text{〔H/m〕}$$

$$M_{bc}' = 2.4079456 \times 10^{-7} \times 150$$
$$= 0.0361192 \times 10^{-3} \text{〔H〕}$$

$$M_{ac} = 2\log_e \frac{1\,000}{600} \times 10^{-7}$$
$$= 2 \times 0.5108256 \times 10^{-7}$$
$$= 1.0216512 \times 10^{-7} \text{〔H/m〕}$$

$$M_{ac}' = 1.0216512 \times 10^{-7} \times 150$$
$$= 0.0153248 \times 10^{-3} \text{〔H〕}$$

【検討事例 2】

事例 1. にならって計算し，数値条件の全く同じものは，そっくりその結果を利用する.

$$L_a = \left\{\frac{1}{2} + 2\log_e \frac{1\,000}{6.5}\right\} \times 10^{-7} \text{〔H/m〕}$$

$$L_a' = 10.57191 \times 10^{-7} \times 150$$
$$= 0.1585786 \times 10^{-3} \text{〔H〕}$$

$$L_b = \left\{\frac{1}{2} + 2\log_e \frac{1\,000}{5.75}\right\} \times 10^{-7} \text{〔H/m〕}$$

$$L_b' = 10.81711 \times 10^{-7} \times 150$$
$$= 0.1622567 \times 10^{-3} \text{〔H〕}$$

$$L_c = \left\{\frac{1\,000}{2} + 2\log_e \frac{1\,000}{12.7}\right\} \times 10^{-7}$$
$$= (500 + 2 \times 4.366153) \times 10^{-7}$$
$$= (500 + 8.732307) \times 10^{-7}$$
$$= 508.7323 \times 10^{-7} \text{〔H/m〕}$$

$$L_c' = 508.7323 \times 10^{-7} \times 150$$
$$= 7.630985 \times 10^{-3} \text{〔H〕}$$

$$M_{ab} = 2 \times \log_e \frac{1\,000}{300} \times 10^{-7} \text{〔H/m〕}$$

$$M_{ab}' = 2.4079456 \times 10^{-7} \times 150$$
$$= 0.0361192 \times 10^{-3} \text{〔H〕}$$

$$M_{bc} = 2\log_e \frac{1\,000}{300} \times 10^{-7} \text{〔H/m〕}$$

$$M_{bc}' = 2.4079456 \times 10^{-7} \times 150$$
$$= 0.0361192 \times 10^{-3} \text{〔H〕}$$

$$M_{ac} = 2\log_e \frac{1\,000}{600} \times 10^{-7} \text{〔H/m〕}$$

$$M_{ac}' = 1.0216512 \times 10^{-7} \times 150$$
$$= 0.0153248 \times 10^{-3} \text{〔H〕}$$

【検討事例 3】

本事例も事例 1. の結果を利用する.

$$L_a = \left\{\frac{1}{2} + 2\log_e \frac{1\,000}{6.5}\right\} \times 10^{-7} \text{〔H/m〕}$$

$$L_a' = 10.57191 \times 10^{-7} \times 150$$
$$= 0.1585786 \times 10^{-3} \text{〔H/m〕}$$

$$L_b = \left\{\frac{1}{2} + 2\log_e \frac{1\,000}{5.75}\right\} \times 10^{-7} \text{〔H/m〕}$$

$$L_b' = 10.81711 \times 10^{-7} \times 150$$
$$= 0.1622567 \times 10^{-3} \text{〔H〕}$$

$$L_c = \left\{\frac{1\,000}{2} + 2\log_e \frac{1\,000}{56.5}\right\} \times 10^{-7}$$
$$= (500 + 2 \times 2.873515) \times 10^{-7}$$
$$= (500 + 5.747030) \times 10^{-7}$$
$$= 505.74703 \times 10^{-7} \text{〔H/m〕}$$

$$L_c' = 505.74703 \times 10^{-7} \times 150$$

$= 7.586205 \times 10^{-3}$〔H〕

$M_{ab} = 2\log_e \dfrac{1\,000}{300} \times 10^{-7}$〔H/m〕

$M_{ab}{}' = 2.4079456 \times 10^{-7} \times 150$

$= 0.0361192 \times 10^{-3}$〔H〕

$M_{bc} = 2\log_e \dfrac{1\,000}{300} \times 10^{-7}$〔H/m〕

$M_{bc}{}' = 2.4079456 \times 10^{-7} \times 150$

$= 0.0361192 \times 10^{-3}$〔H〕

$M_{ac} = 2\log_e \dfrac{1\,000}{600} \times 10^{-7}$〔H/m〕

$M_{ac}{}' = 1.0216512 \times 10^{-7} \times 150$

$= 0.0153248 \times 10^{-3}$〔H〕

【検討事例 4】

$$L_a = \left\{\frac{1}{2} + 2\log_e \frac{18.6}{6.5}\right\} \times 10^{-7}$$

$= \{0.5 + 2 \times 1.0513594\} \times 10^{-7}$

$= 2.602719 \times 10^{-7}$〔H/m〕

$L_a{}' = 2.602719 \times 10^{-7} \times 150$

$= 0.03904078 \times 10^{-3}$〔H〕

$$L_b = \left\{\frac{1}{2(0.0195^2 - 0.0186^2)}\right\} \times 10^{-7} \times \left\{\frac{4 \times 0.0186^4}{0.0195^2 - 0.0186^2} \times \log_e \frac{19.5}{18.6} + 0.0195^2 - 3 \times 0.0186^2\right\}$$

$$= \frac{1 \times 10^4 \times 10^{-7}}{2(3.8025 - 3.4596)} \times \left\{\frac{4 \times 11.968832}{3.8025 - 3.4596} \times 0.0472528 + 3.8025 - 3 \times 3.4596\right\} \times 10^{-4}$$

$$= \left\{\frac{1 \times 10^4}{2 \times 0.3429}\right\} \times 10^{-7} \times \left\{\frac{4 \times 11.968832}{0.3429} \times 0.0472528 + 3.8025 - 10.3788\right\} \times 10^{-4}$$

$= 1.4581511 \times 10^4 \times 10^{-7}$

$\times \{139.61892 \times 0.0472528 + 3.8025 - 10.3788\} \times 10^{-4}$

$= 1.4581511 \times 10^4 \times 10^{-7}$

$\times \{6.5973849 + 3.8025 - 10.3788\} \times 10^{-4}$

$= 1.4581511 \times 10^{-7} \times 0.0210849$

$= 0.03074497 \times 10^{-7}$〔H/m〕

$L_b{}' = 0.03074497 \times 10^{-7} \times 150$

$= 0.4611746 \times 10^{-6}$〔H〕

$$L_c = \left\{\frac{1}{2} + 2\log_e \frac{1\,000}{5.75}\right\} \times 10^{-7}$$

$= 10.81711 \times 10^{-7}$〔H/m〕

$L_c{}' = 10.81711 \times 10^{-7} \times 150$

$= 0.1622567 \times 10^{-3}$〔H〕

$M_{ab} = 2\log_e \dfrac{19.5}{18.6} \times 10^{-7}$

$= 2 \times 0.0472528 \times 10^{-7}$

$= 0.0945057 \times 10^{-7}$〔H/m〕

$M_{ab}{}' = 0.0945057 \times 10^{-7} \times 150$

$= 1.4175865 \times 10^{-6}$〔H〕

$M_{bc} = 2\log_e \dfrac{1\,000}{300} \times 10^{-7}$

$= 2 \times 1.2039728 \times 10^{-7}$

$= 2.4079456 \times 10^{-7}$〔H/m〕

$M_{bc}{}' = 2.4079456 \times 10^{-7} \times 150$

$= 0.0361192 \times 10^{-3}$〔H〕

$M_{ac}{}' = M_{bc}{}' = 0.0361192 \times 10^{-3}$〔H〕

【検討事例 5】

$$L_a = \left\{\frac{1}{2} + 2\log_e \frac{27.0}{6.5}\right\} \times 10^{-7}$$

$= (0.5 + 2.8480694) \times 10^{-7}$

$= 3.3480694 \times 10^{-7}$〔H/m〕

$L_a{}' = 3.3480694 \times 10^{-7} \times 150$

$= 0.050221041 \times 10^{-3}$〔H〕

$$L_b = \frac{1\,000}{2(0.0298^2 - 0.027^2)} \times \left\{\frac{4 \times 0.0270^4}{0.0298^2 - 0.027^2} \times \log_e \frac{29.8}{27.0} + 0.0298^2 - 3 \times 0.0270^2\right\} \times 10^{-7}$$

$$= \frac{1\,000 \times 10^4 \times 10^{-7}}{2(8.8804 - 7.2900)}$$

$$\times \left\{ \frac{4 \times 53.1441}{8.8804 - 7.2900} \times 0.0986715 + 8.8804 - 3 \times 7.2900 \right\} \times 10^{-4}$$

$$= \left\{ \frac{1\,000 \times 10^4}{2 \times 1.5904} \right\} \times 10^{-7}$$

$$\times \left\{ \frac{4 \times 53.1441}{1.5904} \times 0.0986715 + 8.8804 - 21.8700 \right\} \times 10^{-4}$$

$$= 0.006257922 \times 10^{-3} \text{〔H/m〕}$$

$$L_b{}' = 0.006257922 \times 10^{-3} \times 150$$

$$= 0.9386883 \times 10^{-3} \text{〔H〕}$$

$$L_c = \left\{ \frac{1}{2} + 2\log_e \frac{1\,000}{5.75} \right\} \times 10^{-7}$$

$$= 10.81711 \times 10^{-7} \text{〔H/m〕}$$

$$L_c{}' = 10.81711 \times 10^{-7} \times 150$$

$$= 0.1622567 \times 10^{-3} \text{〔H〕}$$

$$M_{ab} = 2\log_e \frac{29.8}{27.0} \times 10^{-7}$$

$$= 2 \times 0.0986715 \times 10^{-7}$$

$$= 0.197343 \times 10^{-7} \text{〔H/m〕}$$

$$M_{ab}{}' = 0.197343 \times 10^{-7} \times 150$$

$$= 2.9601458 \times 10^{-6} \text{〔H〕}$$

$$M_{bc} = 2\log_e \frac{1\,000}{300} \times 10^{-7}$$

$$= 2 \times 1.2039728 \times 10^{-7}$$

$$= 2.4079456 \times 10^{-7} \text{〔H/m〕}$$

$$M_{bc}{}' = 2.4079456 \times 10^{-7} \times 150$$

$$= 36.1192 \times 10^{-6} \text{〔H〕}$$

$$M_{ac}{}' = M_{bc}{}'$$

$$= 36.1192 \times 10^{-6} \text{〔H〕}$$

直流電動機の起動トルク

直流電動機は，大きな始動トルクを必要とする負荷を駆動する場合によく用いられますが，この場合も大きな始動トルクを必要とするロータリキルン（Rotary kiln）を駆動していました．ロータリキルンをコールドステータス（Cold status）から始動するときは，200％ほどの起動トルクがあれば十分ですが，ホットステータス（Hot status）から始動する場合には，250％ほどの起動トルクを必要とします．でも熱いキルンはすぐに回さないと胴体が曲がってしまい，始動トルクが300％ほど必要になってきます．熱いキルンを停止状態のまま放置するわけにはいかず，今すぐに250％の起動トルクを出さなくてはいけません．現場事務所の書類で確認したところ購入仕様書には，確かに起動トルク250％と書いてありましたが，しかし電動機製造者の調整員が持つ試験調整用プロトコル（Protocol）には起動トルク200％と書かれていました．250％の起動トルクを出す方法は，界磁抵抗器を少し短絡して界磁電流を125％まで増加させます．この方法でその場の始動不可能の問題は一応クリア（Clear）できました．しかし，電動機製造者のプロトコルの起動トルク200％と，購入仕様書の起動トルク250％の食い違いの問題はともかくとして，一度運転を開始したプラントはそう簡単に停止するわけにはいきません．是非とも運転は続けなくてはなりません．果たしてこの電動機は，起動トルク250％を出すことができるか否かの確認が取れるまでの応急処置として，界磁抵抗器をタイマで5秒間に限り短絡して，その間だけ250％の起動トルクが出せるようにしました．その後，電動機製造者より直流電動機と速度制御盤は，ともに起動トルク250％が出せるような設計になっていますとの回答を受け，電機子電流を250％まで流せるように調整を仕直しことなきをえました．

400〔V〕直接接地系統における故障電流の様相
（その2）

3. インピーダンスの計算

第2節で求めたインダクタンス値と次の抵抗，周波数などの数値を基にして，第1節に示した基本計算式により各事例におけるインピーダンスの計算をする．

100sq 銅線の抵抗；0.18〔Ω/km〕

80sq 銅線の抵抗；0.2306〔Ω/km〕

鉄の固有抵抗；10×10^{-6}〔Ω·cm〕

鉛の固有抵抗；21.9×10^{-6}〔Ω·cm〕

系統の周波数；60〔Hz〕

【検討事例1】

$$R_a = 0.18\times\frac{150}{1\,000} = 0.0270\text{〔Ω〕}$$

$$R_b = 0.2306\times\frac{150}{1\,000} = 0.0346\text{〔Ω〕}$$

$$R_c = 10\times10^{-6}\times\frac{150\times10^2}{\pi(0.475)^2}$$

$$= 0.2116187\text{〔Ω〕}$$

$$X_a = 2\pi\times60\times0.1585786\times10^{-3}$$

$$= 0.0597827\text{〔Ω〕}$$

$$X_b = 2\pi\times60\times0.1622567\times10^{-3}$$

$$= 0.0611693\text{〔Ω〕}$$

$$X_c = 2\pi\times60\times7.660488\times10^{-3}$$

$$= 2.8879359\text{〔Ω〕}$$

$$Z_{ab} = 2\pi\times60\times0.0361192\times10^{-3}$$

$$= 0.013616618\text{〔Ω〕}$$

$$Z_{bc} = Z_{ab} = 0.013616618\text{〔Ω〕}$$

$$Z_{ac} = 2\pi\times60\times0.0153248\times10^{-3}$$

$$= 0.0057773135\text{〔Ω〕}$$

【検討事例2】

事例1にならって計算すると同時に，事例1で得られた結果を利用する．

$$R_a = 0.0270\text{〔Ω〕}$$

$$R_b = 0.0346\text{〔Ω〕}$$

$$R_c = 10\times10^{-6}\times\frac{150\times10^2}{\pi(1.27)^2}$$

$$= 0.0296028\text{〔Ω〕}$$

$$X_a = 0.0597827\text{〔Ω〕}$$

$$X_b = 0.0611693\text{〔Ω〕}$$

$$X_c = 2\pi\times60\times7.630985\times10^{-3}$$

$$= 2.8768136\text{〔Ω〕}$$

$$Z_{ab} = 0.013616618\text{〔Ω〕}$$

$$Z_{bc} = 0.013616618\text{〔Ω〕}$$

$$Z_{ac} = 0.0057773135\text{〔Ω〕}$$

【検討事例3】

$$R_a = 0.0270\text{〔Ω〕}$$

$R_b = 0.0346$〔Ω〕

$R_c = 10\times10^{-6}\times\dfrac{150\times10^2}{100} = 0.0015$〔Ω〕

$X_a = 0.0597827$〔Ω〕

$X_b = 0.0611693$〔Ω〕

$X_c = 2\pi\times60\times7.586205\times10^{-3}$
$= 2.8599319$〔Ω〕

$Z_{ab} = 0.013616618$〔Ω〕

$Z_{bc} = 0.013616618$〔Ω〕

$Z_{ac} = 0.0057773135$〔Ω〕

【検討事例 4】

$R_a = 0.0270$〔Ω〕

$R_b = 21.9\times10^{-6}\times\dfrac{150\times10^2}{\pi(1.95^2-1.86^2)}$
$= 0.3049425$〔Ω〕

$R_c = 0.0346$〔Ω〕

$X_a = 2\pi\times60\times0.03904078\times10^{-3}$
$= 0.014718027$〔Ω〕

$X_b = 2\pi\times60\times0.4611746\times10^{-6}$
$= 0.00017385873$〔Ω〕

$X_c = 2\pi\times60\times0.1622567\times10^{-3}$
$= 0.0611693$〔Ω〕

$Z_{ab} = 2\pi\times60\times1.4175865\times10^{-6}$
$= 0.0005344175$〔Ω〕

$Z_{bc} = 0.013616618$〔Ω〕

$Z_{ac} = 0.013616618$〔Ω〕

【検討事例 5】

$R_a = 0.0270$〔Ω〕

$R_b = 10\times10^{-6}\times\dfrac{150\times10^2}{\pi(2.98^2-2.70^2)}$
$= 0.030021682$〔Ω〕

$R_c = 0.0346$〔Ω〕

$X_a = 2\pi\times60\times0.050221041\times10^{-3}$
$= 0.018932886$〔Ω〕

$X_b = 2\pi\times60\times0.9386883\times10^{-3}$
$= 0.3538771$〔Ω〕

$X_c = 2\pi\times60\times0.1622567\times10^{-3}$
$= 0.0611693$〔Ω〕

$Z_{ab} = 2\pi\times60\times2.9601458\times10^{-6}$
$= 0.0011159487$〔Ω〕

$Z_{bc} = 0.013616618$〔Ω〕

$Z_{ac} = 0.013616618$〔Ω〕

4. 故障電流の各帰路に流れる電流の計算

前節で求めたインピーダンス値をもとにして，検討事例 1，2，3 の接地母線と鉄筋に流れる電流の故障電流に対する比率，検討事例 4 の鉛被と接地母線に流れる電流の故障電流に対する比率，そして，検討事例 5 の金属管と接地母線に流れる電流の故障電流に対する比率を求める．

【検討事例 1】

$$Z_{a2} = Z_{ac}-Z_{ab} = j0.0057773-j0.0136166 = -j0.0078393$$

$$Z_{b2} = Z_{bb}-Z_{bc} = 0.0346+j0.0611693-j0.0136166 = 0.0346+j0.0475527$$

$$Z_{c2} = Z_{bc}-Z_{cc} = j0.0136166-0.2116-j2.8879359 = -0.2116-j2.8743193$$

$$\frac{I_b}{I_a} = \frac{Z_{c2}+Z_{a2}}{Z_{c2}-Z_{b2}} = \frac{-0.2116-j2.8743193-j0.0078393}{\left\{\begin{array}{l}-0.2116-j2.8743193\\-0.0346-j0.0475527\end{array}\right\}}$$

$$= \frac{-0.2116-j2.8821586}{-0.2462-j2.9218720} = \frac{2.8899157\angle 265.80104^\circ}{2.9322262\angle 265.18357^\circ} = 0.9855705\angle 0.61747^\circ$$

$$\frac{I_c}{I_a} = \frac{-Z_{a2}-Z_{b2}}{Z_{c2}-Z_{b2}} = \frac{j0.0078393-0.0346-j0.0475527}{\left\{\begin{array}{l}-0.2116-j2.8743193\\-0.0346-j0.0475527\end{array}\right\}}$$

$$= \frac{-0.0346-j0.0397134}{-0.2462-j2.9218720}$$

$$= \frac{0.0526717\angle 228.93624°}{2.9322262\angle 265.18357°}$$

$$= 0.0179631\angle -36.24733°$$

$$\frac{I_c}{I_b} = \frac{-Z_{a2}-Z_{b2}}{Z_{c2}+Z_{a2}}$$

$$= \frac{0.0526717\angle 228.93624°}{2.8899157\angle 265.80104°}$$

$$= 0.0182260\angle -36.86480°$$

【検討事例 2】

$$Z_{a2} = Z_{ac}-Z_{ab}$$
$$= j0.0057773-j0.0136166$$
$$= -j0.0078393$$

$$Z_{b2} = Z_{bb}-Z_{bc}$$
$$= 0.0346+j0.0611693-j0.0136166$$
$$= 0.0346+j0.0475527$$

$$Z_{c2} = Z_{bc}-Z_{cc}$$
$$= j0.0136166-0.0296-j2.8768136$$
$$= -0.0296-j2.8631970$$

$$\frac{I_b}{I_a} = \frac{Z_{c2}+Z_{a2}}{Z_{c2}-Z_{b2}}$$

$$= \frac{-0.0296-j2.8631970-j0.0078393}{\begin{Bmatrix}-0.0296-j2.8631970\\-0.0346-j0.0475527\end{Bmatrix}}$$

$$= \frac{-0.0296-j2.8710363}{-0.0642-j2.9107497}$$

$$= \frac{2.871189\angle 269.40931°}{2.911458\angle 268.73648°}$$

$$= 0.986169\angle 0.67283°$$

$$\frac{I_c}{I_a} = \frac{-Z_{a2}-Z_{b2}}{Z_{c2}-Z_{b2}}$$

$$= \frac{j0.0078393-0.0346-j0.0475527}{\begin{Bmatrix}-0.0296-j2.8631970\\-0.0346-j0.0475527\end{Bmatrix}}$$

$$= \frac{-0.0346-j0.0397134}{-0.0642-j2.9107497}$$

$$= \frac{0.052672\angle 228.93624°}{2.911458\angle 268.73648°}$$

$$= 0.0180913\angle -39.80024°$$

$$\frac{I_c}{I_b} = \frac{-Z_{a2}-Z_{b2}}{Z_{c2}+Z_{a2}}$$

$$= \frac{0.052672\angle 228.93624°}{2.871189\angle 269.40931°}$$

$$= 0.0183450\angle -40.47307°$$

【検討事例 3】

$$Z_{a2} = Z_{ac}-Z_{ab}$$
$$= j0.0057773-j0.0136166$$
$$= -j0.0078393$$

$$Z_{b2} = Z_{bb}-Z_{bc}$$
$$= 0.0346+j0.0611693-j0.0136166$$
$$= 0.0346+j0.0475527$$

$$Z_{c2} = Z_{bc}-Z_{cc}$$
$$= j0.0136166-0.0015-j2.8599319$$
$$= -0.0015-j2.8463153$$

$$\frac{I_b}{I_a} = \frac{Z_{c2}+Z_{a2}}{Z_{c2}-Z_{b2}}$$

$$= \frac{-0.0015-j2.8463153-j0.0078393}{\begin{Bmatrix}-0.0015-j2.8463153\\-0.0346-j0.0475527\end{Bmatrix}}$$

$$= \frac{-0.0015-j2.8541546}{-0.0361-j2.8938680}$$

$$= \frac{2.854155\angle 269.969888°}{2.894093\angle 269.285292°}$$

$$= 0.9862002\angle 0.684596°$$

$$\frac{I_c}{I_a} = \frac{-Z_{a2}-Z_{b2}}{Z_{c2}-Z_{b2}}$$

$$= \frac{j0.0078393-0.0346-j0.0475527}{\begin{Bmatrix}-0.0015-j2.8463153\\-0.0346-j0.0475527\end{Bmatrix}}$$

$$= \frac{-0.0346-j0.0397134}{-0.0361-j2.8938680}$$

$$= \frac{0.0526717\angle 228.93624°}{2.8940932\angle 269.28529°}$$

$$= 0.0181997\angle -40.34905°$$

$$\frac{I_c}{I_b} = \frac{-Z_{a2}-Z_{b2}}{Z_{c2}+Z_{a2}}$$

$$= \frac{0.0526717\angle 228.93624°}{2.854155\angle 269.969888°}$$

$$= 0.0184544\angle -41.03365°$$

【検討事例 4】

$$Z_{a2} = Z_{ac}-Z_{ab}$$

$= 0$（注 1）$- j0.0005344$

$= -j0.0005344$

（注 1）　この事例の場合，心線が接地すれば，構造上必ず鉛被にまず接地し，リアクタンスが一番小さくなるように接地電流はすべて鉛被に帰っていくと考えられる．したがって，接地線に磁束は鎖交しないので，Z_{ac}はゼロとなる．

$$Z_{b2} = Z_{bb} - Z_{bc}$$
$$= 0.30494 + j0.0001739 - j0.0136166$$
$$= 0.30494 - j0.0134427$$

$$Z_{c2} = Z_{bc} - Z_{cc}$$
$$= j0.0136166 - 0.0346 - j0.0611693$$
$$= -0.0346 - j0.0475527$$

$$\frac{I_b}{I_a} = \frac{Z_{c2} + Z_{a2}}{Z_{c2} - Z_{b2}}$$
$$= \frac{-0.03460 - j0.0475527 - j0.0005344}{\begin{Bmatrix} -0.03460 - j0.0475527 \\ -0.30494 + j0.0134427 \end{Bmatrix}}$$
$$= \frac{-0.03460 - j0.0480871}{-0.33954 - j0.0341100}$$
$$= \frac{0.0592412\angle 234.26394°}{0.3412490\angle 185.73666°}$$
$$= 0.1736010\angle 48.52728°$$

$$\frac{I_c}{I_a} = \frac{-Z_{a2} - Z_{b2}}{Z_{c2} - Z_{b2}}$$
$$= \frac{j0.0005344 - 0.30494 + j0.0134427}{\begin{Bmatrix} -0.03460 - j0.0475527 \\ -0.30494 + j0.0134427 \end{Bmatrix}}$$
$$= \frac{-0.30494 + j0.0139771}{-0.33954 - j0.0341100}$$
$$= \frac{0.305260\angle 177.37565°}{0.3412490\angle 185.73666°}$$
$$= 0.8945377\angle -8.36101°$$

$$\frac{I_c}{I_b} = \frac{-Z_{a2} - Z_{b2}}{Z_{c2} + Z_{a2}}$$
$$= \frac{j0.0005344 - 0.30494 + j0.0134427}{-0.03460 - j0.0475527 - j0.0005344}$$
$$= \frac{-0.30494 + j0.0139771}{-0.03460 - j0.0480871}$$
$$= \frac{0.3052601\angle 177.37565°}{0.0592412\angle 234.26394°}$$
$$= 5.1528345\angle -56.88829°$$

【検討事例 5】

$$Z_{a2} = Z_{ac} - Z_{ab}$$

$= 0$（注 2）$- j0.0011159$

$= -j0.0011159$

（注 2）　金属管ケーブルの場合も鉛被ケーブルの場合と同様，Z_{ac}はゼロとなる（注 1 参照）．

$$Z_{b2} = Z_{bb} - Z_{bc}$$
$$= 0.03002 + j0.3538771 - j0.0136166$$
$$= 0.03002 + j0.3402605$$

$$Z_{c2} = Z_{bc} - Z_{cc}$$
$$= j0.0136166 - 0.0346 - j0.0611693$$
$$= -0.0346 - j0.0475527$$

$$\frac{I_b}{I_a} = \frac{Z_{c2} + Z_{a2}}{Z_{c2} - Z_{b2}}$$
$$= \frac{-0.03460 - j0.0475527 - j0.0011159}{\begin{Bmatrix} -0.03460 - j0.0475527 \\ -0.03002 - j0.3402605 \end{Bmatrix}}$$
$$= \frac{-0.03460 - j0.0486686}{-0.06462 - j0.3878132}$$
$$= \frac{0.0597142\angle 234.58981°}{0.3931600\angle 260.53991°}$$
$$= 0.1518826\angle -25.95010°$$

$$\frac{I_c}{I_a} = \frac{-Z_{a2} - Z_{b2}}{Z_{c2} - Z_{b2}}$$
$$= \frac{j0.0011159 - 0.03002 - j0.3402605}{\begin{Bmatrix} -0.03460 - j0.0475527 \\ -0.03002 - j0.3402605 \end{Bmatrix}}$$
$$= \frac{-0.03002 - j0.3391446}{-0.06462 - j0.3878132}$$
$$= \frac{0.3404706\angle 264.94154°}{0.3931600\angle 260.53991°}$$
$$= 0.8659848\angle 4.401633°$$

$$\frac{I_c}{I_b} = \frac{-Z_{a2} - Z_{b2}}{Z_{c2} + Z_{a2}}$$
$$= \frac{j0.0011159 - 0.03002 - j0.3402605}{-0.03460 - j0.0475527 - j0.0011159}$$

$$= \frac{-0.03002-j0.3391446}{-0.03460-j0.0486686}$$

$$= \frac{0.3404706\angle 264.94154°}{0.0597142\angle 234.58981°}$$

$$= 5.7016689\angle 30.35173°$$

5. 故障電流の大きさ

各部を流れる電流の割合が求まったので，実際に流れる故障電流の大きさを求めてみよう．

特に検討事例4や検討事例5のような場合，鉛被覆や電線管に流れる故障電流により，鉛被覆や電線管の温度が上昇しすぎ，電線やケーブルの絶縁物を損傷することがありはしないか，気になるところである．

ここでは1 000〔kVA〕の動力変圧器を例に計算してみることにする．

変圧器容量：1 000〔kVA〕

パーセント・インピーダンス：5.2〔%〕

パーセント・リアクタンス：5.0〔%〕

パーセント・レジスタンス：1.2〔%〕

変圧器のリアクタンスX_tは，

$$X_t = \frac{V^2\,(\%IX_t)}{P\times 100}$$

$$= \frac{440^2\times 5.0}{1\,000\times 10^3\times 100}$$

$$= 0.00968\,〔\Omega〕$$

変圧器のレジスタンスR_tは，

$$R_t = \frac{V^2\,(\%IR_t)}{P\times 100}$$

$$= \frac{440^2\times 1.2}{1\,000\times 10^3\times 100}$$

$$= 0.0023232\,〔\Omega〕$$

電源より供給され変圧器のみによって制限される，変圧器二次側における故障電流I_tは，

$$I_t = \frac{440/\sqrt{3}\times 10^3}{\sqrt{2.32^2+9.68^2}}$$

$$= \frac{254\times 10^3}{9.954}$$

$$= 25.52\times 10^3\,〔A〕$$

電動機寄与電流による故障電流I_mは，負荷電流の5倍あると考えると，

$$I_m = \frac{1\,000\times 10^3}{\sqrt{3}\times 440}\times 5.0$$

$$= 6.56\times 10^3\,〔A〕$$

したがって，変圧器の故障電流の力率角と，電動機寄与電流の力率角がほぼ同じであるとすると，全故障電流I_fは，

$$I_f = (25.52+6.56)\times 10^3\,〔A〕$$

次に，電源側より見た電動機群の過渡内部インピーダンスZ_m'は，

$$Z_m' = \frac{440/\sqrt{3}}{6.56\times 10^3}$$

$$= 0.03872\,〔\Omega〕$$

ここで電動機寄与電流の力率を0.3とすると，レジスタンス分R_m'は，

$$R_m' = 0.03872\times 0.3$$

$$= 0.01162\,〔\Omega〕$$

リアクタンス分X_m'は，

$$X_m' = 0.03872\times\sqrt{1-0.3^2}$$

$$= 0.03694\,〔\Omega〕$$

変圧器二次側の短絡故障点より見た，変圧器と電動機群の等価合成インピーダンスZ_eは，変圧器と電動機群のインピーダンス角がほぼ等しいので，

$$Z_t = \sqrt{R_t^2+X_t^2}$$

$$= \sqrt{0.00232^2+0.00968^2}$$

$$= 0.009954\,〔\Omega〕$$

$$Z_e = \frac{Z_t\times Z_m'}{Z_t+Z_m'}$$

$$= \frac{(9.954\times 38.7)\times 10^{-6}}{(9.954+38.7)\times 10^{-3}}$$

$$= 0.007917\,〔\Omega〕$$

この等価合成インピーダンスZ_eを，リアクタンス分X_eとレジスタンス分R_eに分離すると，

$$R_e = 0.007917\times 0.3$$

$$= 2.375\times 10^{-3}\,〔\Omega〕$$

$$X_e = 0.007917\times\sqrt{1-0.3^2}$$

$$= 7.552\times 10^{-3}\,〔\Omega〕$$

(1) 検討事例1の場合の故障電流I_aの計算

故障電流I_aは次式で求められる.

$$I_a=\frac{E_a\,(Z_{c2}-Z_{b2})}{\triangle} \tag{1}$$

また，分母の△は次式で求められる.

$$\triangle=-Z_{a1}Z_{b2}+Z_{b1}Z_{c2}-Z_{c1}Z_{a2}-Z_{c1}Z_{b2}+Z_{b1}Z_{a2}+Z_{a1}Z_{c2} \tag{2}$$

(1)式，(2)式は各事例の場合について共通である.

まず(2)式△のインピーダンスの各要素を計算すると，

$$Z_{a1}=Z_e+Z_{aa}-Z_{ab}$$

$$\left\{\begin{aligned} Z_e&=0.002375+j0.007552\\ Z_{aa}&=0.0270+j0.059783\\ -Z_{ab}&=-j0.013617 \end{aligned}\right\}$$

$$\therefore\ Z_{a1}=0.029375+j0.053718=0.0612251\angle 61.328521^\circ$$

$$Z_{b1}=Z_{bb}-Z_{ab}$$

$$\left\{\begin{aligned} Z_{bb}&=0.03460+j0.061169\\ -Z_{ab}&=-j0.013617 \end{aligned}\right\}$$

$$\therefore\ Z_{b1}=0.03460+j0.047552=0.0588077\angle 53.959446^\circ$$

$$Z_{c1}=Z_{bc}-Z_{ac}$$

$$\left\{\begin{aligned} Z_{bc}&=j0.013617\\ -Z_{ac}&=-j0.005777 \end{aligned}\right\}$$

$$\therefore\ Z_{c1}=j0.007840=0.007840\angle 90.0^\circ$$

$$Z_{a2}=Z_{ac}-Z_{ab}$$

$$\left\{\begin{aligned} Z_{ac}&=j0.005777\\ -Z_{ab}&=-j0.013617 \end{aligned}\right\}$$

$$\therefore\ Z_{a2}=-j0.007840=0.007840\angle 270.0^\circ$$

$$Z_{b2}=Z_{bb}-Z_{bc}$$

$$\left\{\begin{aligned} Z_{bb}&=0.03460+j0.061169\\ -Z_{bc}&=-j0.013617 \end{aligned}\right\}$$

$$\therefore\ Z_{b2}=0.03460+j0.047552=0.0588077\angle 53.959446^\circ$$

$$Z_{c2}=Z_{bc}-Z_{cc}$$

$$\left\{\begin{aligned} Z_{bc}&=j0.013617\\ -Z_{cc}&=-0.21162-j2.887936 \end{aligned}\right\}$$

$$\therefore\ Z_{c2}=-0.21162-j2.874319=2.8820987\angle 265.78923^\circ$$

続いて△を計算するために，インピーダンスの積の項をそれぞれ計算すると，

$$\begin{aligned} Z_{a1}\cdot Z_{b2}&=0.0612251\angle 61.328521^\circ\\ &\quad\times 0.0588077\angle 53.959446^\circ\\ &=0.0036005\angle 115.28797^\circ\\ &=-0.001538+j0.0032555 \end{aligned}$$

$$\begin{aligned} Z_{b1}\cdot Z_{c2}&=0.0588077\angle 53.959446^\circ\\ &\quad\times 2.8820987\angle 265.78923^\circ\\ &=0.1694896\angle 319.74868^\circ\\ &=0.1293574-j0.1095142 \end{aligned}$$

$$\begin{aligned} Z_{c1}\cdot Z_{a2}&=0.0078400\angle 90.0^\circ\\ &\quad\times 0.0078400\angle 270.0^\circ\\ &=0.0000615\angle 0.0^\circ \end{aligned}$$

$$\begin{aligned} Z_{c1}\cdot Z_{b2}&=0.0078400\angle 90.0^\circ\\ &\quad\times 0.0588077\angle 53.959446^\circ\\ &=0.0004611\angle 143.95945^\circ\\ &=-0.0003728+j0.0002713 \end{aligned}$$

$$\begin{aligned} Z_{b1}\cdot Z_{a2}&=0.0588077\angle 53.959446^\circ\\ &\quad\times 0.0078400\angle 270.0^\circ\\ &=0.0004611\angle 323.95945^\circ\\ &=0.0003728-j0.0002713 \end{aligned}$$

$$\begin{aligned} Z_{a1}\cdot Z_{c2}&=0.0612251\angle 61.328521^\circ\\ &\quad\times 2.8820987\angle 265.78923^\circ\\ &=0.1764567\angle 327.11775^\circ\\ &=0.1481862-j0.0958008 \end{aligned}$$

したがって△は，

$$\begin{aligned} \triangle&=0.0015380-j0.0032555\\ &\quad+0.1293574-j0.1095142\\ &\quad-0.0000615-j0.0\\ &\quad+0.0003728-j0.0002713\\ &\quad+0.0003728-j0.0002713\\ &\quad+0.1481862-j0.0958008\\ &=0.2797657-j0.2091131\\ &=0.3492808\angle 323.22343^\circ \end{aligned}$$

引続き分子のインピーダンスの差の項を計算すると，

$$\begin{aligned} (Z_{c2}-Z_{b2})&=-0.21162-j2.874319\\ &\quad-0.03460-j0.047552\\ &=-0.24622-j2.921871\\ &=2.9322268\angle 265.18318^\circ \end{aligned}$$

以上の結果からI_aを計算すると，

$$I_a = \frac{E_a(Z_{c2}-Z_{b2})}{\triangle}$$

$$= \frac{2.9322268\angle 265.18318^\circ}{0.3492808\angle 323.22343^\circ} \times \frac{440}{\sqrt{3}}$$

$$= 8.3950415\angle -58.04025^\circ \times 254.034$$

$$= 2132.6260\angle -58.04025^\circ$$

$$= 1128.8488 - j1809.3699$$

(2)　検討事例 2 の場合の故障電流 I_a の計算

(2)式△のインピーダンスの各要素を計算すると，

$$Z_{a1} = Z_e + Z_{aa} - Z_{ab}$$

$$\left\{\begin{array}{l} Z_e = 0.002375 + j0.007552 \\ Z_{aa} = 0.0270 + j0.0597827 \\ -Z_{ab} = -j0.0136166 \end{array}\right\}$$

$$\therefore\ Z_{a1} = 0.029375 + j0.0537181 = 0.0612251\angle 61.328566^\circ$$

$$Z_{b1} = Z_{bb} - Z_{ab}$$

$$\left\{\begin{array}{l} Z_{bb} = 0.0346 + j0.0611693 \\ -Z_{ab} = -j0.0136166 \end{array}\right\}$$

$$\therefore\ Z_{b1} = 0.0346 + j0.0475527 = 0.0588083\angle 53.959848^\circ$$

$$Z_{c1} = Z_{bc} - Z_{ac}$$

$$\left\{\begin{array}{l} Z_{bc} = j0.0136166 \\ -Z_{ac} = -j0.0057773 \end{array}\right\}$$

$$\therefore\ Z_{c1} = j0.0078393 = 0.0078393\angle 90.0^\circ$$

$$Z_{a2} = Z_{ac} - Z_{ab}$$

$$\left\{\begin{array}{l} Z_{ac} = j0.0057773 \\ -Z_{ab} = -j0.0136166 \end{array}\right\}$$

$$\therefore\ Z_{a2} = -j0.0078393 = 0.0078393\angle 270.0^\circ$$

$$Z_{b2} = Z_{bb} - Z_{bc}$$

$$\left\{\begin{array}{l} Z_{bb} = 0.0346 + j0.0611693 \\ Z_{bc} = -j0.0136166 \end{array}\right\}$$

$$\therefore\ Z_{b2} = 0.0346 + j0.0475527 = 0.0588083\angle 53.959848^\circ$$

$$Z_{c2} = Z_{bc} - Z_{cc}$$

$$\left\{\begin{array}{l} Z_{bc} = j0.0136166 \\ -Z_{cc} = -0.02960 - j2.8768136 \end{array}\right\}$$

$$\therefore\ Z_{c2} = -0.02960 - j2.8631970 = 2.8633500\angle 269.40769^\circ$$

引続き△のインピーダンスの積の各項を計算すると，

$$Z_{a1}\cdot Z_{b2} = 0.0612251\angle 61.328566^\circ \times 0.0588083\angle 53.959848^\circ = 0.0036005\angle 115.28841^\circ = -0.001538 + j0.0032555$$

$$Z_{b1}\cdot Z_{c2} = 0.0588083\angle 53.959848^\circ \times 2.8633500\angle 269.40769^\circ = 0.1683887\angle 323.36754^\circ = 0.1351284 - j0.1004741$$

$$Z_{c1}\cdot Z_{a2} = 0.0078393\angle 90.0^\circ \times 0.0078393\angle 270.0^\circ = 0.0000615\angle 0.0^\circ = 0.0000615 - j0.0$$

$$Z_{c1}\cdot Z_{b2} = 0.0078393\angle 90.0^\circ \times 0.0588083\angle 53.959848^\circ = 0.0004610\angle 143.95985^\circ = -0.0003728 + j0.0002712$$

$$Z_{b1}\cdot Z_{a2} = 0.0588083\angle 53.959848^\circ \times 0.0078393\angle 270.0^\circ = 0.0004610\angle 323.959848^\circ = 0.0003728 - j0.0002712$$

$$Z_{a1}\cdot Z_{c2} = 0.0612251\angle 61.328566^\circ \times 2.8633500\angle 269.40769^\circ = 0.1753088\angle 330.73626^\circ = 0.1529356 - j0.0856962$$

したがって△は，

$$\begin{aligned} \triangle = & 0.0015380 - j0.0032555 \\ & +0.1351284 - j0.1004741 \\ & -0.0000615 + j0.0 \\ & +0.0003728 - j0.0002712 \\ & +0.0003728 - j0.0002712 \\ & +0.1529356 - j0.0856962 \\ = & 0.2902861 - j0.1899682 \\ = & 0.3469206\angle -33.20142^\circ \end{aligned}$$

続いて分子のインピーダンスの差の項の計算すると，

$$(Z_{c2}-Z_{b2}) = -0.02960 - j2.8631970$$

$-0.03460-j0.0475527$
$= -0.06420-j2.9107497$
$= 2.9114576\angle 268.73648°$

以上の結果からI_aは，

$$I_a = \frac{2.9114576\angle 268.73648°}{0.3469206\angle 326.79858°} \times \frac{440}{\sqrt{3}}$$
$$= 8.392288\angle -58.0621° \times 254.034$$
$$= 2131.9265\angle -58.0621°$$
$$= 1127.7887-j1809.1996$$

(3) 検討事例 3 の場合の故障電流 I_a の計算

(2)式△のインピーダンスの各要素を計算すると，

$$Z_{a1} = Z_e+Z_{aa}-Z_{ab}$$
$$\left\{\begin{array}{l} Z_e = 0.002375+j0.007552 \\ Z_{aa} = 0.02700+j0.0597827 \\ Z_{ab} = -j0.0136166 \end{array}\right\}$$
$$\therefore\ Z_{a1} = 0.029375+j0.0537181$$
$$= 0.0612251\angle 61.328566°$$

$$Z_{b1} = Z_{bb}-Z_{ab}$$
$$\left\{\begin{array}{l} Z_{bb} = 0.03460+j0.0611693 \\ -Z_{ab} = -j0.0136166 \end{array}\right\}$$
$$\therefore\ Z_{b1} = 0.0346+j0.0475527$$
$$= 0.0588083\angle 53.959848°$$

$$Z_{c1} = Z_{bc}-Z_{ac}$$
$$\left\{\begin{array}{l} Z_{bc} = j0.0136166 \\ -Z_{ac} = -j0.0057773 \end{array}\right\}$$
$$\therefore\ Z_{c1} = j0.0078393 = 0.0078393\angle 90.0°$$

$$Z_{a2} = Z_{ac}-Z_{ab}$$
$$\left\{\begin{array}{l} Z_{ac} = j0.0057773 \\ -Z_{ab} = -j0.0136166 \end{array}\right\}$$
$$\therefore\ Z_{a2} = -j0.0078393$$
$$= 0.0078393\angle 270.0°$$

$$Z_{b2} = Z_{bb}-Z_{bc}$$
$$\left\{\begin{array}{l} Z_{bb} = 0.0346+j0.0611693 \\ -Z_{bc} = -j0.0136166 \end{array}\right\}$$
$$\therefore\ Z_{b2} = 0.0346+j0.0475527$$
$$= 0.0588083\angle 53.959848°$$

$$Z_{c2} = Z_{bc}-Z_{cc}$$
$$\left\{\begin{array}{l} Z_{bc} = j0.0136166 \\ Z_{cc} = -0.0015-j2.8599319 \end{array}\right\}$$
$$\therefore\ Z_{c2} = -0.0015-j2.8463153$$
$$= 2.8463157\angle 269.96981°$$

引続き△のインピーダンスの積の各項を計算すると，

$$Z_{a1}\cdot Z_{b2} = 0.0612251\angle 61.328566°$$
$$\times 0.0588083\angle 53.959848°$$
$$= 0.0036005\angle 115.28841°$$
$$= -0.001538+j0.0032555$$

$$Z_{b1}\cdot Z_{c2} = 0.0588083\angle 53.959848°$$
$$\times 2.8463157\angle 269.96981°$$
$$= 0.1673869\angle 323.92966°$$
$$= 0.1352979-j0.0985537$$

$$Z_{c1}\cdot Z_{a2} = 0.0078393\angle 90.0°$$
$$\times 0.0078393\angle 270.0°$$
$$= 0.0000615\angle 0.0°$$
$$= 0.0000615+j0.0°$$

$$Z_{c1}\cdot Z_{b2} = 0.0078393\angle 90.0°$$
$$\times 0.0588083\angle 53.959848°$$
$$= 0.0004610\angle 143.959848°$$
$$= -0.0003728+j0.0002712$$

$$Z_{b1}\cdot Z_{a2} = 0.0588083\angle 53.959848°$$
$$\times 0.0078393\angle 90.0°$$
$$= 0.0004610\angle 143.959848°$$
$$= -0.0003728+j0.0002712$$

$$Z_{a1}\cdot Z_{c2} = 0.0612251\angle 61.328566°$$
$$\times 2.8463157\angle 269.96981°$$
$$= 0.1742659\angle 331.29838°$$
$$= 0.1528542-j0.0836909$$

したがって△は，

$$\triangle = +0.0015380-j0.0032555$$
$$+0.1352979-j0.0985537$$
$$-0.0000615-j0.0$$
$$+0.0003728-j0.0002712$$
$$-0.0003728+j0.0002712$$
$$+0.1528542-j0.0836909$$
$$= 0.2896286-j0.1855001$$
$$= 0.3439404\angle -32.63858°$$

続いて分子のインピーダンスの差の項を計算すると，

$$(Z_{c2}-Z_{b2}) = -0.001500-j2.8463153$$

$-0.034600-j0.0475527$

$=-0.036100-j2.8938680$

$=2.8940932\angle 269.28529°$

以上の結果からI_aは，

$$I_a=\frac{2.8940932\angle 269.28529°}{0.3439404\angle -32.63858°}\times\frac{440}{\sqrt{3}}$$

$=8.4145195\angle 301.92387°\times 254.034$

$=2137.5740\angle 301.92387°$

$=1130.3320-j1814.2691$

(4) 検討事例4の場合の故障電流 I_a の計算

(2)式△のインピーダンスの各要素を計算すると，

$Z_{a1}=Z_e+Z_{aa}-Z_{ab}$

$$\left\{\begin{array}{l} Z_e=0.002375+j0.007552 \\ Z_{aa}=0.02700+j0.014718 \\ -Z_{ab}=-j0.000534 \end{array}\right\}$$

$\therefore\ Z_{a1}=0.029375+j0.021736$

$=0.0365423\angle 36.499551°$

$Z_{b1}=Z_{bb}-Z_{ab}$

$$\left\{\begin{array}{l} Z_{bb}=0.30494+j0.000174 \\ -Z_{ab}=-j0.000534 \end{array}\right\}$$

$\therefore\ Z_{b1}=0.30494-j0.000360$

$=0.3049402\angle -0.067641°$

$Z_{c1}=Z_{bc}-Z_{ca}$（注3）

$$\left\{\begin{array}{l} Z_{bc}=j0.013617 \\ -Z_{ca}=-j0.013617 \end{array}\right\}$$

$\therefore\ Z_{c1}=0$

$Z_{a2}=Z_{ac}-Z_{ab}$

$$\left\{\begin{array}{l} Z_{ac}=0 \\ -Z_{ab}=-j0.000534 \end{array}\right\}$$

$\therefore\ Z_{a2}=-j0.000534=0.000534\angle 270.0°$

$Z_{b2}=Z_{bb}-Z_{bc}$

$$\left\{\begin{array}{l} Z_{bb}=0.30494+j0.000174 \\ -Z_{bc}=-j0.013617 \end{array}\right\}$$

$\therefore\ Z_{b2}=0.30494-j0.013443$

$=0.3052361\angle -2.524198°$

$Z_{c2}=Z_{bc}-Z_{cc}$

$$\left\{\begin{array}{l} Z_{bc}=j0.0136166 \\ -Z_{cc}=-0.03460-j0.0611693 \end{array}\right\}$$

$\therefore\ Z_{c2}=-0.03460-j0.0475527$

$=0.0588083\angle 233.95985°$

引続き分母のインピーダンスの積の各項を計算すると，

$Z_{a1}\cdot Z_{b2}=0.0365423\angle 36.499551°$

$\times 0.3052361\angle -2.524198°$

$=0.0111540\angle 33.975353°$

$=0.0092498+j0.0062333$

$Z_{b1}\cdot Z_{c2}=0.3049402\angle -0.067641°$

$\times 0.0588083\angle 233.95985°$

$=0.0179330\angle 233.89221°$

$=-0.010568-j0.0144882$

$Z_{c1}\cdot Z_{a2}=0\times 0.000534\angle 270.0°=0$

$Z_{c1}\cdot Z_{b2}=0\times 0.3052361\angle -2.524198°$

$=0$

$Z_{b1}\cdot Z_{a2}=0.3049402\angle -0.067641°$

$\times 0.0005340\angle 270.0°$

$=0.0001628\angle 269.93236°$

$=-0.000000-j0.0001628$

$Z_{a1}\cdot Z_{c2}=0.365423\angle 36.499551°$

$\times 0.0588083\angle 233.95985°$

$=0.0021490\angle 270.45940°$

$=0.0000172-j0.0021489$

したがって△は，

$\triangle=-0.0092498-j0.0062333$

$-0.0105680-j0.0144882-j0.0001628$

$+0.0000172-j0.0021489$

$=-0.0198006-j0.0230332$

$=0.0303742\angle 229.31584°$

続いて分子のインピーダンスの差の項の計算すると，

$(Z_{c2}-Z_{b2})$

$=-0.034600-j0.0475527$

$-0.304940+j0.0134430$

$=-0.339540-j0.0341097$

$=0.3412490\angle 185.73661°$

以上の結果からI_aは，

$$I_a=\frac{0.3412490\angle 185.73661°}{0.0303742\angle 229.31584°}\times\frac{440}{\sqrt{3}}$$

$=11.234831\angle -43.57923°\times 254.034$

$=2854.0291\angle -43.57923°$

$= 2067.5209 - j1967.4449$

(5) 検討事例 5 の場合の故障電流 I_a の計算

(2)式△のインピーダンスの各要素を計算すると，

$$Z_{a1} = Z_e + Z_{aa} - Z_{ab}$$

$$\left\{\begin{array}{l} Z_e = 0.002375 + j0.007552 \\ Z_{aa} = 0.0270 + j0.0189329 \\ -Z_{ab} = -j0.0011159 \end{array}\right\}$$

$$\therefore\ Z_{a1} = 0.029375 + j0.0253690 = 0.0388133\angle 40.814728°$$

$$Z_{b1} = Z_{bb} - Z_{ab}$$

$$\left\{\begin{array}{l} Z_{bb} = 0.0300217 + j0.3538771 \\ -Z_{ab} = -j0.0011159 \end{array}\right\}$$

$$\therefore\ Z_{b1} = 0.0300217 + j0.3527612 = 0.3540363\angle 85.135571°$$

$$Z_{c1} = Z_{bc} - Z_{ca}\ (\text{注 }3)$$

$$\left\{\begin{array}{l} Z_{bc} = j0.0136166 \\ -Z_{ca} = -j0.0136166 \end{array}\right\}$$

$$\therefore\ Z_{c1} = 0$$

$$Z_{a2} = Z_{ac} - Z_{ab}$$

$$\left\{\begin{array}{l} Z_{ac} = 0 \\ -Z_{ab} = -j0.0011159 \end{array}\right\}$$

$$\therefore\ Z_{a2} = -j0.0011159 = 0.0011159\angle 270.0°$$

$$Z_{b2} = Z_{bb} - Z_{bc}$$

$$\left\{\begin{array}{l} Z_{bb} = 0.0300217 + j0.3538771 \\ -Z_{bc} = -j0.0136166 \end{array}\right\}$$

$$\therefore\ Z_{b2} = 0.0300217 + j0.3402605 = 0.3415823\angle 84.957764°$$

$$Z_{c2} = Z_{bc} - Z_{cc}$$

$$\left\{\begin{array}{l} Z_{bc} = j0.0136166 \\ -Z_{cc} = -0.03460 - j0.0611693 \end{array}\right\}$$

$$\therefore\ Z_{c2} = -0.03460 - j0.0475527 = 0.0588083\angle 233.95985°$$

引続き分母のインピーダンスの積の各項を計算すると，

$$Z_{a1}\cdot Z_{b2} = 0.0388133\angle 40.814728° \times 0.3415823\angle 84.957764° = 0.0132579\angle 125.77249° = -0.007750 + j0.0107567$$

$$Z_{b1}\cdot Z_{c2} = 0.3540363\angle 85.135571° \times 0.0588083\angle 233.95985° = 0.0208202\angle 319.09542° = 0.0157359 - j0.0136330$$

$$Z_{c1}\cdot Z_{a2} = 0 \times 0.0011159\angle 270.0° = 0$$

$$Z_{c1}\cdot Z_{b2} = 0 \times 0.3415823\angle 84.957764° = 0$$

$$Z_{b1}\cdot Z_{a2} = 0.3540363\angle 85.135571° \times 0.0011159\angle 270.0° = 0.0003951\angle 355.13557° = 0.0003937 - j0.0000335$$

$$Z_{a1}\cdot Z_{c2} = 0.0388133\angle 40.814728° \times 0.0588083\angle 233.95985° = 0.0022825\angle 274.77458° = 0.0001900 - j0.0022750$$

したがって△は，

$$\triangle = +0.0077500 - j0.0107567 + 0.0157359 - j0.0136330 + 0.0003937 - j0.0000335 + 0.0001900 - j0.0022750 = 0.0240696 - j0.0266982 = 0.0359463\angle -47.96395°$$

続いて分子のインピーダンスの差の項の計算すると，

$$(Z_{c2} - Z_{b2}) = -0.034600 + j0.0475527 - 0.030022 - j0.3402605 = -0.064622 - j0.2927078 = 0.2997563\angle 257.55034°$$

以上の結果から I_a は，

$$I_a = \frac{0.2997563\angle 257.55034°}{0.0359463\angle 312.03605°} \times \frac{440}{\sqrt{3}} = 8.3390029\angle -54.48571° \times 254.034 = 2118.3903\angle -54.48571° = 1230.5856 - j1724.3076$$

（注 3） Z_{ca} と Z_{ac} の使い分けの理由；鉛被と心線の相互インダクタンスは，心線の作る磁束は鉛被に鎖交するが，鉛被の作る磁束は心線には鎖交しないから，鉛被の相互インダクタンスはゼロとなる．金属管の場合も同様に考える．

400〔V〕直接接地系統における故障電流の様相
（その３）

6．故障点の電位

故障点における帰路の電位E_fを，模擬回路より求めると，

$$E_f = I_b \cdot Z_{bb} - I_a \cdot Z_{ab} + I_c \cdot Z_{bc}$$

この式にI_a，I_bそしてI_cの値をそれぞれの項に代入すると，この電位E_fは，

$$E_f = \frac{\left\{ \begin{array}{l} Z_{bb}(Z_{a2}+Z_{c2}) \\ -Z_{ab}(Z_{c2}-Z_{b2}) \\ -Z_{bc}(Z_{a2}+Z_{b2}) \end{array} \right\} \times E_a}{\triangle}$$

と求まる．ここに，インピーダンスの各値については4．各帰路に流れる故障電流の割合，そして△については5．故障電流の大きさのところで，すでに計算した値を使用する．したがって，それぞれのインピーダンスの関係は，

$$Z_{a2} = Z_{ac} - Z_{ab}$$

$$Z_{b2} = Z_{bb} - Z_{bc}$$

$$Z_{c2} = Z_{bc} - Z_{cc}$$

$$\triangle = -Z_{a1}Z_{b2} + Z_{b1}Z_{c2} - Z_{c1}Z_{a2} - Z_{c1}Z_{b2} + Z_{b1}Z_{a2} + Z_{a1}Z_{c2}$$

では検討事例1．の場合の数値計算に移るが，最初はインピーダンスの計算を項別に進めていくことから始める．

$$(Z_{a2}+Z_{c2}) = Z_{ac2} = 2.8899157 \angle 265.80104°$$

$$(Z_{c2}-Z_{b2}) = Z_{cb2} = 2.9322262 \angle 265.18357°$$

$$-(Z_{a2}+Z_{b2}) = Z_{ab2} = 0.0526717 \angle 228.93624°$$

$$\triangle = 0.3492808 \angle 323.22343°$$

$$Z_{bb} = 0.034600 + j0.0611693 = 0.0702769 \angle 60.505623°$$

$$Z_{ab} = 0.0 + j0.0136166 = 0.0136166 \angle 90.0°$$

$$Z_{bc} = 0.0 + j0.0136166 = 0.0136166 \angle 90.0°$$

次に各項のインピーダンスの積を計算すると，

$$Z_{ac2} \cdot Z_{bb} = 2.8899157 \angle 265.80104° \times 0.0702769 \angle 60.505623° = 0.2030943 \angle 326.30666° = 0.1689782 - j0.1126660$$

$$Z_{cb2} \cdot Z_{ab} = 2.9322262 \angle 265.18357° \times 0.0136166 \angle 90.0° = 0.0399269 \angle 355.18357° = 0.0397859 - j0.0033524$$

$$Z_{ab\,2}\cdot Z_{bc}=0.0526717\angle 228.93624^\circ$$
$$\times 0.0136166\angle 90.0^\circ$$
$$=0.0007172\angle 318.93624^\circ$$
$$=0.0005408-j0.0004711$$

引続き，三つのインピーダンスの項の和を求めると，

$$Z_{bb}\cdot Z_{ac\,2}-Z_{ab}\cdot Z_{cb\,2}+Z_{bc}\cdot Z_{ab\,2}$$
$$=Z_{abc\,2}$$
$$=0.1689782-j0.1126660$$
$$-0.0397859+j0.0033524$$
$$+0.0005408-j0.0004711$$
$$=0.1297331-j0.1097847$$
$$=0.1699510\angle -40.23907^\circ$$

したがって，求める故障点の電位 E_f は，

$$E_f=\frac{Z_{abc\,2}}{\triangle}\times E_a$$
$$=\frac{0.1699510\angle 319.76093^\circ}{0.3492808\angle 323.22343^\circ}\times\frac{440}{\sqrt{3}}$$
$$=123.60642\angle -3.462500^\circ$$
$$=123.60416-j0.7469740$$

検討事例 2. の場合の電位も検討事例 1. にならって計算を進めると，すでに求めたそれぞれの値は，

$$(Z_{a\,2}+Z_{c\,2})=Z_{ac\,2}$$
$$=2.871754\angle 269.40931^\circ$$
$$(Z_{c\,2}-Z_{b\,2})=Z_{cb\,2}$$
$$=2.911458\angle 268.73648^\circ$$
$$-(Z_{a\,2}+Z_{b\,2})=Z_{ab\,2}$$
$$=0.052672\angle 228.93624^\circ$$
$$\triangle=0.3469206\angle 326.79858^\circ$$
$$Z_{bb}=0.034600+j0.0611693$$
$$=0.0702769\angle 60.505623^\circ$$
$$Z_{ab}=0.00+j0.0136166$$
$$=0.0136166\angle 90.0^\circ$$
$$Z_{bc}=0.00+j0.0136166$$
$$=0.0136166\angle 90.0^\circ$$

次に各項のインピーダンスの積を計算すると，

$$Z_{ac\,2}\cdot Z_{bb}=2.871754\angle 269.40931^\circ$$
$$\times 0.0702769\angle 60.505623^\circ$$
$$=0.2018179\angle 329.91493^\circ$$
$$=0.1746294-j0.1011683$$
$$Z_{cb\,2}\cdot Z_{ab}=2.911458\angle 268.73648^\circ$$
$$\times 0.0136166\angle 90.0^\circ$$
$$=0.0396441\angle 358.73648^\circ$$
$$=0.0396344-j0.0008742$$
$$Z_{ab2}\cdot Z_{bc}=0.052672\angle 228.93624^\circ$$
$$\times 0.0136166\angle 90.0^\circ$$
$$=0.0007172\angle 318.93624^\circ$$
$$=0.0005408-j0.0004711$$

引続き，三つのインピーダンスの項の和を求めると，

$$Z_{abc\,2}=0.1746294-j0.1011683$$
$$-0.0396344+j0.0008742$$
$$+0.0005408-j0.0004711$$
$$=0.1355358-j0.1007652$$
$$=0.1688892\angle -36.62926^\circ$$

したがって，求める故障点の電位 E_f は，

$$E_f=\frac{Z_{abc\,2}}{\triangle}\times E_a$$
$$=\frac{0.1688892\angle 323.37074^\circ}{0.3469206\angle 326.79858^\circ}\times\frac{440}{\sqrt{3}}$$
$$=123.66985\angle -3.427840^\circ$$
$$=123.44859-j7.3943948$$

検討事例 3. の場合の電位も検討事例 2. にならって計算を進めると，

$$(Z_{a\,2}+Z_{c\,2})=Z_{ac\,2}$$
$$=2.846316\angle 269.969888^\circ$$
$$(Z_{c\,2}-Z_{b\,2})=Z_{cb\,2}$$
$$=2.894083\angle 269.285290^\circ$$
$$-(Z_{a\,2}+Z_{b\,2})=Z_{ab\,2}$$
$$=0.0526642\angle 228.92909^\circ$$
$$\triangle=0.3439404\angle -32.63858^\circ$$
$$Z_{bb}=0.034600+j0.0611693$$
$$=0.0702769\angle 60.505623^\circ$$
$$Z_{ab}=0.0+j0.0136166$$
$$=0.0136166\angle 90.0^\circ$$
$$Z_{bc}=0.0+j0.0136166$$
$$=0.0136166\angle 90.0^\circ$$

次に各項のインピーダンスの積を計算する

と,

$$Z_{ac2}\cdot Z_{bb} = 2.846316 \angle 269.969888^\circ \times 0.0702769 \angle 60.505623^\circ = 0.2000302 \angle 330.47551^\circ = 0.1740553 - j0.0985739$$

$$Z_{cb2}\cdot Z_{ab} = 2.894083 \angle 269.285290^\circ \times 0.0136166 \angle 90.0^\circ = 0.0394075 \angle 359.28529^\circ = 0.0394044 - j0.0004916$$

$$Z_{ab2}\cdot Z_{bc} = 0.0526642 \angle 228.92909^\circ \times 0.0136166 \angle 90.0^\circ = 0.0007171 \angle 318.92909^\circ = 0.0005406 - j0.0004711$$

引続き三つのインピーダンスの項の和を求めると,

$$Z_{abc2} = 0.1740553 - j0.0985739 - 0.0394044 + j0.0004916 + 0.0005406 - j0.0004711 = 0.1351915 - j0.0985534 = 0.1673006 \angle -36.09172^\circ$$

したがって，求める故障点の電位は,

$$E_f = \frac{Z_{abc2}}{\triangle} \times E_a$$

$$= 0.4864232 \angle 3.453140^\circ \times \frac{440}{\sqrt{3}} = 123.56810 \angle -3.453140^\circ = 123.34375 - j7.4427765$$

検討事例 4. の場合の電位も検討事例 3. にならって計算を進めると,

$$(Z_{a2}+Z_{c2}) = Z_{ac2} = 0.0592412 \angle 234.26394^\circ$$

$$(Z_{c2}-Z_{b2}) = Z_{cb2} = 0.3412490 \angle 185.73666^\circ$$

$$-(Z_{a2}+Z_{b2}) = Z_{ab2} = 0.3052601 \angle 177.37565^\circ$$

$$\triangle = 0.0303742 \angle 229.31584^\circ$$

$$Z_{bb} = 0.3049425 + j0.0001739 = 0.3049425 \angle 0.0326741^\circ$$

$$Z_{ab} = 0.0 + j0.0005344 = 0.0005344 \angle 90.0^\circ$$

$$Z_{bc} = 0.0 + j0.0136166 = 0.0136166 \angle 90.0^\circ$$

次に各項のインピーダンスの積を計算すると,

$$Z_{ac2}\cdot Z_{bb} = 0.0592412 \angle 234.26394^\circ \times 0.3049425 \angle 0.0326741^\circ = 0.0180651 \angle 234.29661^\circ = -0.010543 - j0.0146697$$

$$Z_{cb2}\cdot Z_{ab} = 0.3412490 \angle 185.73666^\circ \times 0.0005344 \angle 90.0^\circ = 0.0001824 \angle 275.73666^\circ = 0.0000182 - j0.0001815$$

$$Z_{ab2}\cdot Z_{bc} = 0.3052601 \angle 177.37565^\circ \times 0.0136166 \angle 90.0^\circ = 0.0041566 \angle 267.37565^\circ = -0.000190 - j0.0041522$$

引続き三つのインピーダンスの項の和を求めると,

$$Z_{abc2} = -0.0105425 - j0.0146697 - 0.0000182 + j0.0001815 - 0.0001903 - j0.0041522 = -0.010751 - j0.0186404 = 0.0215185 \angle 240.02546^\circ$$

したがって，求める故障点の電位 E_f は,

$$E_f = \frac{Z_{abc2}}{\triangle} \times E_a$$

$$= \frac{0.0215185 \angle 240.02546^\circ}{0.0303742 \angle 229.31584^\circ} \times \frac{440}{\sqrt{3}} = 179.96962 \angle 10.709617^\circ = 179.94314 + j33.444032$$

検討事例 5. の場合の電位も先の検討事例 4. にならって計算をすると,

$$(Z_{a2}+Z_{c2}) = Z_{ac2} = 0.0597142 \angle 234.58981^\circ$$

$$(Z_{c2}-Z_{b2}) = Z_{cb2} = 0.3931600 \angle 260.53991^\circ$$

$$-(Z_{a2}+Z_{b2}) = Z_{ab2} = 0.3404706 \angle 264.94154^\circ$$

$$\triangle = 0.0359463 \angle 312.03605^\circ$$

$$Z_{bb} = 0.0300217 + j0.3538771$$

$= 0.3551482 \angle 85.150837°$

$Z_{ab} = 0.0 + j0.0011159$

$= 0.0011159 \angle 90.0°$

$Z_{bc} = 0.0 + j0.0136166$

$= 0.0136166 \angle 90.0°$

次に各項のインピーダンスの積を計算すると,

$$Z_{ac2} \cdot Z_{bb} = 0.0597142 \angle 234.58981° \times 0.3551482 \angle 85.150837°$$
$$= 0.0212073 \angle 319.74065°$$
$$= 0.0161838 - j0.0137051$$

$$Z_{cb2} \cdot Z_{ab} = 0.3931600 \angle 260.53991° \times 0.0011159 \angle 90.0°$$
$$= 0.0004387 \angle 350.53991°$$
$$= 0.0004327 - j0.0000721$$

$$Z_{ab2} \cdot Z_{bc} = 0.3404706 \angle 264.94154° \times 0.0136166 \angle 90.0°$$
$$= 0.0046361 \angle 354.94154°$$
$$= 0.0046180 - j0.0004088$$

引続き三つのインピーダンスの項の和を求めると,

$$Z_{abc2} = 0.0161838 - j0.0137051 - 0.0004327 + j0.0000721 + 0.0046180 - j0.0004088$$
$$= 0.0203691 - j0.0140418$$
$$= 0.0247400 \angle -34.58113°$$

したがって，求める故障点の電位 E_f は,

$$E_f = \frac{Z_{abc2}}{\triangle} \times E_a$$
$$= \frac{0.0247400 \angle 325.41887°}{0.0359463 \angle 312.03605°} \times \frac{440}{\sqrt{3}}$$
$$= 174.83869 \angle 13.38282°$$
$$= 170.09101 - j40.467501$$

7. 計算結果に基づく考察

(a) 鉄筋鉄骨に流れる電流について

鉄筋鉄骨に流れる電流は，鉄の透磁率が大きいため，断面積 100〔cm^2〕の鉄骨ですら接地母線（Return path）を流れる電流の 2.0〔%〕くらいである．これも電流密度の増加による透磁率の低下を考えれば，分路帰路を流れる電流はもっと大きくなると思われる．

実際には，鉄筋鉄骨に流れる電流と接地母線に流れる電流の比率は 1/16 くらいまでになってくる．

鉄筋鉄骨を流れる電流を積極的に少なくする方法としては，給電線と接地母線を接近させ，かつ両者を鉄筋鉄骨から距離的に離すことである．すなわち給電（往）線と接地母（帰）線の電磁的な結合をよくし，そして往線と分路帰路の電磁的な結合を悪くすることにある．

一般に故障時に鉄筋鉄骨を流れる電流は，1/10〜1/20 くらいといわれているが，接触抵抗や平行する部分の長さより考えて，この値はよくあっていると思われる．

(b) 鉄筋鉄骨に誘起される電圧について

たとえ故障電流が数十〔kA〕になったとしても，平行部分の長さと相互インダクタンスの大きさ，そして往線と帰線の影響より考えて問題になることはない．往線と帰線の影響を考えに入れない最悪の場合でも 10〜20〔V〕くらいしか考えられない．

(c) 故障電流による故障点の電位上昇について

故障点の電位は，接地線と給電線の太さを同じにした場合に，電源の相電圧のほぼ 1/2 に，そして鉛ケーブルや金属電線管工事を行った場合には 2/3 くらいになることがわかる．しかし，このくらいの電位では保護方式の故障除去時間より考えて，人畜に影響はないが，念のために，接地は各機器で完全にとっておく必要がある．

(d) 故障電流の大きさについて

故障電流は鉛ケーブル工事の場合，150〔m〕離れた所で，他の工事方法の 1.5 倍くらいの故障電流が流れるが，何ら問題にならない．

ただし，インダクタンスを計算したとき，鉛被または金属管に流れる電流は，心線を流れる電流と大きさが等しく方向が正反対として計算

したが，実際には帰路（Return path）にも相当大きな電流が流れ帰ってくるから，インダクタンスの値を試行錯誤法にて修正する必要がある．したがって試行錯誤法により修正を重ねていけば，より正確なインダクタンスの値を求めることは可能だが，手数のことを考えて試行錯誤法によるインダクタンスの再計算は行わなかった．なお，帰路（Return path）を設けた場合の建物の構造物を流れる帰りの電流については，検討事例の1．2．および3．でわかるように，非常に小さいことがすでにわかっているので，対策を企てることで困ることはない．

しかし，故障電流を鉛被あるいは金属管を通じて流す場合，小さい負荷に分岐したところや，母線からそれほど遠くないところで故障を起こしたときを考えると，瞬時許容電流から考えて問題になるから，他の回路の電線を傷めないように，熱的に見て十分な間隔をもって施工する必要がある．

これらの結果は，鉄の透磁率を1 000とし，一定としているが，先にも触れたように鉄の透磁率は電流密度により変化するので，その変化量は実験により確かめる必要がある．

電力を供給する給電線の工事方法として最も大切なことは，線路が故障した場合に，故障電流がただちに接地母線に向かって流れるように施工することである．でき得れば直接接地母線を通じて短路や地絡故障が生じるように施工することが望ましい．

付録　ここで計算に使用した式の導出過程，根拠を示しておく．

(1)　同心ケーブルのインダクタンスの計算

同心ケーブルのインダクタンスは，導体内部の電流密度はあらゆるところで一様だとすると，その計算結果は次のようになる．

$$L = \frac{\mu_s}{2} \times 10^{-7} \times \left\{3 + 4\log_e \frac{r_1}{r_i} - \frac{4{r_2}^2}{{r_1}^2 + {r_2}^2}\log_e \frac{r_2}{r_1}\right\} \text{〔H〕}$$

ここに，μ_s：比透磁率

$\log_e$：自然対数

r_i：心線導体の半径〔m〕

r_1：被覆導体の内半径〔m〕

r_2：被覆導体の外半径〔m〕

である．

(a)　心線内部のインダクタンス

導体全体を流れる電流をIとすれば，半径rの内部を流れる電流をI_iは，

$$I_i = \frac{I \cdot r^2}{{r_i}^2}$$

で，その点の磁界の強さHは，

$$H = \frac{I}{2\pi r} \cdot \frac{r^2}{{r_i}^2}$$

またその点の磁束密度Bは，透磁率をμとすると，

$$B = \mu H = \frac{\mu I}{2\pi r} \cdot \frac{r^2}{{r_i}^2} = \frac{\mu I r}{2\pi {r_i}^2}$$

$$= \frac{\mu_s \cdot 4\pi \cdot Ir}{2\pi {r_i}^2} \times 10^{-7}$$

$$= \frac{2\mu_s I}{{r_i}^2} \times 10^{-7} \times r$$

半径rの点とその外側$\mathrm{d}r$の円環部に含まれる磁束を$\mathrm{d}\phi$とすれば，，

$$\mathrm{d}\phi = B\mathrm{d}r = \frac{2\mu_s I}{{r_i}^2} \times 10^{-7} \times r\mathrm{d}r$$

半径rの内側を流れる電流I_iと，この磁束$\mathrm{d}\phi$の磁束鎖交数$\mathrm{d}(n\phi)$は，

$$\mathrm{d}(n\phi) = I\frac{r^2}{{r_i}^2} \times \mathrm{d}\phi$$

$$= \frac{2\mu_s I^2}{{r_i}^4} \times 10^{-7} \times r^3 \times \mathrm{d}r$$

したがって，導体中心（$r = 0$）から導体外径r_iまでの全磁束鎖交数$n\phi$は，

$$n\phi = \int_0^{r_i} \mathrm{d}(n\phi)$$

$$= \frac{2\mu_s I^2}{{r_i}^4} \times 10^{-7} \int_0^{r_i} r^3 \,\mathrm{d}r$$

$$= \frac{2\mu_s I^2}{{r_i}^4} \times 10^{-7} \times \frac{{r_i}^4}{4}$$

$$= \frac{\mu_s I^2}{2} \times 10^{-7}$$

と求まる．ここでインダクタンスは，1〔A〕当たりの磁束鎖交数であるから，Iを1とすれば，これが求めるインダクタンスである．

(2) 心線の絶縁物部分のインダクタンス

内部導体中心より半径r〔m〕隔てた絶縁物部分の磁界の強さHは，

$$H = \frac{I}{2\pi r}$$

またその点の磁束密度Bは，

$$B = \mu H = \frac{\mu I}{2\pi r} = \frac{2\mu_s I}{r} \times 10^{-7}$$

半径rの点とその点から半径が$\mathrm{d}r$だけ大きい円環部に含まれる磁束$\mathrm{d}\phi$は，

$$\mathrm{d}\phi = B\mathrm{d}r = \frac{2\mu_s I}{r} \times 10^{-7} \times \mathrm{d}r$$

この磁束$\mathrm{d}\phi$と，この磁束を作っている電流Iとの磁束鎖交数$\mathrm{d}(n\phi)$は，

$$\mathrm{d}(n\phi) = I \cdot \mathrm{d}\phi$$

$$= \frac{2\mu_s I^2}{r} \times 10^{-7} \times \mathrm{d}r$$

したがって，内部導体の外径r_iより被覆導体の内径r_1までの全磁束鎖交数$n\phi$は，

$$n\phi = \int_{r_i}^{r_1} \frac{2\mu_s I^2}{r} \times 10^{-7} \times \mathrm{d}r$$

$$= 2\mu_s I^2 \times 10^{-7} \times \log_e \frac{r_1}{r_i}$$

と求まる．ここでIを1とすると，これが求めるインダクタンスである．

(3) 鉛被内部のインダクタンス

注：現実には内部導体を流れる電流と，被覆導体を流れる電流には帰路導体があるため，差が生じ等しくはないが，大部分の電流が被覆導体を通って帰っていくので，両者の電流が等しいとして，インダクタンスを計算しておくことにする．

被覆導体の内半径r_1と外半径r_2の間の，半径rの内側を流れる電流I_rは，全体を流れる電流をIとすると，

$$I_r = \frac{r^2 - r_1^2}{r_2^2 - r_1^2}$$

その半径rの点における磁界の強さHは，内部導体を流れる電流による磁界の強さを考慮に入れて，

$$H = \frac{I_r}{2\pi r} - \frac{I}{2\pi r}$$

$$= \frac{I}{2\pi r}\left\{\frac{r^2 - r_1^2}{r_2^2 - r_1^2} - 1\right\}$$

$$= \frac{I}{2\pi r} \cdot \frac{r^2 - r_2^2}{r_2^2 - r_1^2}$$

その半径rの点における磁束密度Bは，

$$B = \mu H = \frac{\mu I}{2\pi r} \cdot \frac{r^2 - r_2^2}{r_2^2 - r_1^2}$$

$$= \frac{2\mu_s \cdot I}{r_2^2 - r_1^2} \cdot \frac{r^2 - r_2^2}{r} \times 10^{-7}$$

この半径rの点より半径が$\mathrm{d}r$だけ大きい円環部に含まれる磁束$\mathrm{d}\phi$は，

$$\mathrm{d}\phi = B\mathrm{d}r = \frac{2\mu_s I}{r_2^2 - r_1^2} \times 10^{-7} \times \left(\frac{r^2 - r_2^2}{r}\right)\mathrm{d}r$$

この磁束$\mathrm{d}\phi$とこの磁束を作る電流I_rとの磁束鎖交数$\mathrm{d}(n\phi)$は，

$$\mathrm{d}(n\phi) = \frac{r^2 - r_1^2}{r_2^2 - r_1^2} I \times \mathrm{d}\phi$$

$$= \frac{2\mu_s I^2}{(r_2^2 - r_1^2)^2} \times 10^{-7} \times \frac{(r^2 - r_1^2)(r^2 - r_2^2)}{r}\mathrm{d}r$$

$$n\phi = \frac{2\mu_s I^2}{(r_2^2 - r_1^2)^2} \times 10^{-7} \times \int_{r_1}^{r_2} \frac{(r^2 - r_1^2)(r^2 - r_2^2)}{r}\mathrm{d}r$$

$$= \frac{2\mu_s I^2}{(r_2^2 - r_1^2)^2} \times 10^{-7} \times \int_{r_1}^{r_2} \left\{\frac{r^4}{r} - \frac{r^2(r_1^2 + r_2^2)}{r} + \frac{r_1^2 r_2^2}{r}\right\}\mathrm{d}r$$

$$= \frac{2\mu_s I^2}{(r_2{}^2 - r_1{}^2)^2} \times 10^{-7} \times \left[\frac{r^4}{4} - \frac{r^2}{2}(r_1{}^2 + r_2{}^2) + r_1{}^2 r_2{}^2 \log_e r\right]_{r_1}^{r_2}$$

$$= \frac{2\mu_s I^2}{(r_2{}^2 - r_1{}^2)^2} \times 10^{-7} \times \left\{\frac{r_2{}^4 - r_1{}^4}{4} - \frac{r_2{}^2 - r_1{}^2}{2} \times (r_1{}^2 + r_2{}^2) + r_1{}^2 r_2{}^2 \times \log_e \frac{r_2}{r_1}\right\}$$

$$= \frac{2\mu_s I^2}{(r_2{}^2 - r_1{}^2)} \times 10^{-7} \times \left\{\frac{r_2{}^2 + r_1{}^2}{4} - \frac{r_1{}^2 + r_2{}^2}{2} + \frac{r_1{}^2 \cdot r_2{}^2}{r_2{}^2 - r_1{}^2} \log_e \frac{r_2}{r_1}\right\}$$

$$= \frac{\mu_s I^2}{2(r_2{}^2 - r_1{}^2)} \times 10^{-7} \times \left\{\frac{4 \cdot r_1{}^2 \cdot r_2{}^2}{r_2{}^2 - r_1{}^2} \log_e \frac{r_2}{r_1} - (r_2{}^2 + r_1{}^2)\right\}$$

ここでIに1を代入すると，インダクタンスとなる．

(4)　心線の鉛被部分のインダクタンス

心線を流れる電流Iによる鉛被部分のインダクタンスを計算する．

心線を流れる電流により鉛被内部に磁束を作る電流はIであるから，内部導体の中心（$r=0$）から半径r〔m〕の距離にある鉛被内のその点における磁界の強さHは，

$$H = \frac{I}{2\pi r}$$

半径r隔たったその点における磁束密度Bは，

$$B = \mu H = \frac{\mu I}{2\pi r} = \frac{2\mu_s I}{r} \times 10^{-7} \times \mathrm{d}r$$

半径rの点より半径が$\mathrm{d}r$だけ大きい円環部に含まれる磁束$\mathrm{d}\phi$は，

$$\mathrm{d}\phi = B\mathrm{d}r = \frac{2\mu_s I}{r} \times 10^{-7}$$

この磁束$\mathrm{d}\phi$とこの磁束を作る電流Iとの磁束鎖交数$\mathrm{d}(n\phi)$は，

$$\mathrm{d}(n\phi) = I \cdot \mathrm{d}\phi = 2\mu_s I^2 \times 10^{-7} \times \frac{1}{r}\mathrm{d}r$$

したがって，内半径r_1から外半径r_2に至る全磁束鎖交数$n\phi$は，

$$n\phi = \int_{r_1}^{r_2} 2\mu_s I^2 \times 10^{-7} \times \frac{1}{r}\mathrm{d}r = 2\mu_s I^2 \times 10^{-7} \times \Big[\log_e r\Big]_{r_1}^{r_2} = 2\mu_s I^2 \times 10^{-7} \times \log_e \frac{r_2}{r_1} = \frac{\mu_s I^2}{2} \times 10^{-7} \times 4\log_e \frac{r_2}{r_1}$$

ここで，この式のIに1を代入すると，インダクタンスが求まる．

(5)　鉛被の自己インダクタンス

鉛被内部を流れる電流による鉛被の自己インダクタンスを計算する．

内部導体の中心（$r=0$）から，半径r〔m〕の距離にある点で，鉛被の内半径r_1〔m〕から鉛被内の半径r〔m〕までの，鉛被内を流れる電流I_rは，

$$I_r = \frac{(r^2 - r_1{}^2)}{(r_2{}^2 - r_1{}^2)} I$$

そしてこの電流による，その点における磁界の強さHは，

$$H = \frac{I}{2\pi r} \cdot \frac{(r^2 - r_1{}^2)}{(r_2{}^2 - r_1{}^2)}$$

また，その点における磁束密度Bは，

$$B = \mu H = \frac{\mu I}{2\pi r} \cdot \frac{(r^2 - r_1{}^2)}{(r_2{}^2 - r_1{}^2)} = \frac{2\mu_s I}{r_2{}^2 - r_1{}^2} \cdot \frac{r^2 - r_1{}^2}{r} \times 10^{-7}$$

半径rより$\mathrm{d}r$だけ大きい半径（$r+\mathrm{d}r$）の円環部に含まれる磁束$\mathrm{d}\phi$は，

$$\mathrm{d}\phi = B\mathrm{d}r = \frac{2\mu_s I}{r_2{}^2 - r_1{}^2} \times 10^{-7} \times \left\{\frac{r^2 - r_1{}^2}{r}\right\}\mathrm{d}r$$

この磁束$\mathrm{d}\phi$を作る電流I_rと，この磁束$\mathrm{d}\phi$

との磁束鎖交数 d $(n\phi)$ は,

$$d(n\phi)=\frac{r^2-r_1^2}{r_2^2-r_1^2}I\times d\phi$$

$$=\frac{2\mu_s I^2}{(r_2^2-r_1^2)^2}\times 10^{-7}\times\left\{\frac{(r^2-r_1^2)(r^2-r_1^2)}{r}\right\}dr$$

したがって,半径 r_1 から半径 r_2 までの鉛被全体の電流と磁束の総磁束鎖交数 $n\phi$ は,

$$n\phi=\frac{2\mu_s I^2}{(r_2^2-r_1^2)^2}\times 10^{-7}\times\int_{r_1}^{r_2}\frac{(r^2-r_1^2)^2}{r}dr$$

$$=\frac{2\mu_s I^2}{(r_2^2-r_1^2)^2}\times 10^{-7}\times\int_{r_1}^{r_2}\frac{r^4-2r_1^2r^2+r_1^4}{r}dr$$

$$=\frac{2\mu_s I^2}{(r_2^2-r_1^2)^2}\times 10^{-7}\times\left[\frac{r^4}{4}-2r_1^2\frac{r^2}{2}+r_1^4\log r\right]_{r_1}^{r_2}$$

$$=\frac{2\mu_s I^2}{(r_2^2-r_1^2)^2}\times 10^{-7}\times\left\{\frac{r_2^4-r_1^4}{4}-2r_1^2\frac{r_2^2-r_1^2}{2}+r_1^4\log_e\frac{r_2}{r_1}\right\}$$

$$=\frac{2\mu_s I^2}{r_2^2-r_1^2}\times 10^{-7}\times\left\{\frac{r_2^2+r_1^2}{4}-\frac{2r_1^2}{2}+\frac{r_1^4}{r_2^2-r_1^2}\log_e\frac{r_2}{r_1}\right\}$$

$$=\frac{2\mu_s I^2}{r_2^2-r_1^2}\times 10^{-7}\times\left\{\frac{r_2^2-3r_1^2}{4}+\frac{r_1^4}{r_2^2-r_1^2}\log_e\frac{r_2}{r_1}\right\}$$

$$=\frac{\mu_s I^2}{2(r_2^2-r_1^2)}\times 10^{-7}\times\left\{\frac{4r_1^4}{r_2^2-r_1^2}\log_e\frac{r_2}{r_1}+r_2^2-3r_1^2\right\}$$

したがって,インダクタンスの定義にしたがい,1〔A〕当たりの磁束鎖交数を求めれば,これがインダクタンスである.

(6) 心線の自己および相互インダクタンス

心線の自己インダクタンス L_s は,心線内部のインダクタンスと,絶縁物内部のインダクタンスを合わせたものであるから,したがって L_s は,

$$L_s=\frac{\mu_s}{2}\times 10^{-7}+2\mu_s\times 10^{-7}\times\log_e\frac{r_1}{r_i}$$

$$=\frac{\mu_s}{2}\times 10^{-7}\left\{1+4\log_e\frac{r_1}{r_i}\right\}$$

相互インダクタンス L_m は,心線の鉛被部分のインダクタンスにほかならない.したがって L_m は,

$$L_m=\frac{\mu_s}{2}\times 10^{-7}\times\log_e\frac{r_2}{r_1}$$

(7) 鉛被の自己および相互インダクタンス

鉛被内部を流れる電流による鉛被の自己インダクタンス L_{sp} は,

$$L_{sp}=\frac{\mu_s}{2(r_2^2-r_1^2)}\times 10^{-7}\times\left\{\frac{4r_1^4}{r_2^2-r_1^2}\log_e\frac{r_2}{r_1}+r_2^2-3r_1^2\right\}$$

である.

鉛被と心線の相互インダクタンスは,心線の作る磁束は鉛被に鎖交するが,鉛被の作る磁束は心線には鎖交しないから,鉛被の相互インダクタンスは零となる.

(8) 心線鉛被往復のインダクタンス

この往復インダクタンス L_r は,(1)の心線内部のインダクタンス,(2)の心線の絶縁物部分のインダクタンス,そして(3)の鉛被内部のインダクタンスの三つを加え合わせたものである.

$$L_r=\frac{\mu_s}{2}\times 10^{-7}\left\{1+4\log_e\frac{r_1}{r_i}+\frac{4\cdot r_1^2\cdot r_2^2}{(r_2^2-r_1^2)^2}\log_e\frac{r_2}{r_1}-(r_2^2+r_1^2)\right\}$$

脱調時における継電器設置点から眺めた系統のインピーダンス

まえがき　同期機が負荷を負って運転中，系統から脱調した場合，発電機は原動機で駆動されているため，回転数および内部誘起電圧の変化は少なく，電動機は負荷により減速トルクを受けているから，回転数および内部誘起電圧は短時間のうちに下がってしまう．

このような同期機の脱調時におけるインピーダンスロウカス（Impedance Locus）は，どのようになっていくのかを調査し，脱調時や界磁喪失時の様子を具体的に知ることにより，保護継電器の選定と設定を理論的に行おうとするものである．

1.　継電器設置点から見たインピーダンス

継電器の見るインピーダンスを考察するに当たり，**第1図**のような二つの四端子回路網の中間に継電器を設置した電力系統を考える．そこで電源（A端子）側の背後電圧をE_A，負荷（B端子）側の背後電圧をE_B，電源側から送り出す電流をI_s，負荷側が受けとる電流をI_r，そして

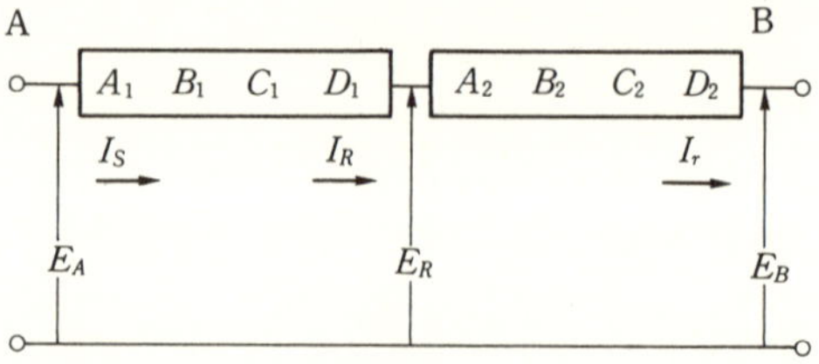

第1図

継電器に加えられる電圧をE_R，そしてまた継電器に与えられる電流をI_Rとし，電流の正方向を矢印の方向に定めると，この電力系統の四端子定数よりつぎの三つの式が得られる．

$$E_A = A_1E_R + B_1I_R \tag{1}$$

$$E_R = A_2E_B + B_2I_r \tag{2}$$

$$I_R = C_2E_B + D_2I_r \tag{3}$$

(3)式からI_rを求め，

$$I_r = \frac{I_R - C_2E_B}{D_2}$$

このI_rを(2)式に代入すると，

$$A_2E_B - \frac{B_2C_2}{D_2}E_B = E_R - \frac{B_2}{D_2}I_R$$

$$\frac{A_2D_2 - B_2C_2}{D_2}E_B = E_R - \frac{B_2}{D_2}I_R$$

ここで四端子定数の$AD-BC=1$なる関係を利用すると，

$$\frac{1}{D_2}E_B = E_R - \frac{B_2}{D_2}I_R \tag{4}$$

が得られる．

これでE_RとI_Rの係数が整理できたので，(1)式と(4)式の二つの式で行列式を作り，E_RとI_Rを求めると，

$$\begin{vmatrix} E_A \\ \dfrac{1}{D_2}E_B \end{vmatrix} = \begin{vmatrix} A_1 & B_1 \\ 1 & -\dfrac{B_2}{D_2} \end{vmatrix} \begin{vmatrix} E_R \\ I_R \end{vmatrix}$$

ゆえに，E_Rは，

$$E_R = \frac{\begin{vmatrix} E_A & B_1 \\ \dfrac{1}{D_2}E_B & -\dfrac{B_2}{D_2} \end{vmatrix}}{\triangle} = \frac{\dfrac{B_2}{D_2}E_A + \dfrac{B_1}{D_2}E_B}{A_1\dfrac{B_2}{D_2}+B_1}$$

$$= \frac{B_2E_A+B_1E_B}{A_1B_2+D_2B_1}$$

そしてI_Rは，

$$I_R = \frac{\begin{vmatrix} A_1 & E_A \\ 1 & \dfrac{1}{D_2}E_B \end{vmatrix}}{\triangle} = \frac{\dfrac{-A_1}{D_2}E_B+E_A}{A_1\dfrac{B_2}{D_2}+B_1}$$

$$= \frac{-A_1E_B+D_2E_A}{A_1B_2+D_2B_1}$$

となる．ただし，

$$\triangle = \frac{-A_1B_2}{D_2} - B_1$$

そこで継電器設置点から見えるインピーダンスZ_Rは，

$$Z_R = \frac{E_R}{I_R} = \frac{B_2E_A+B_1E_B}{D_2E_A-A_1E_B} \qquad (5)$$

であるから，この式を整理して，継電器設置点から測定できる定常状態時のインピーダンスでもって表すとともに，電圧比をE_A/E_Bの形に書き替えるために，まず分母・分子を$-A_1E_B$で除すと，

$$Z_R = \frac{-\dfrac{B_2}{A_1}\cdot\dfrac{E_A}{E_B} - \dfrac{B_1}{A_1}}{1-\dfrac{D_2}{A_1}\cdot\dfrac{E_A}{E_B}}$$

続いてB_2/D_2を加えてから再び引くと，

$$Z_R = \frac{B_2}{D_2} - \frac{\dfrac{B_2}{D_2}\left\{1-\dfrac{D_2}{A_1}\cdot\dfrac{E_A}{E_B}\right\}}{1-\dfrac{D_2}{A_1}\cdot\dfrac{E_A}{E_B}} - \frac{\dfrac{B_2}{A_1}\cdot\dfrac{E_A}{E_B}+\dfrac{B_1}{A_1}}{1-\dfrac{D_2}{A_1}\cdot\dfrac{E_A}{E_B}}$$

B_2/A_1の項が消えてなくなる．よって，

$$Z_R = \frac{B_2}{D_2} - \frac{\dfrac{B_2}{D_2}+\dfrac{B_1}{A_1}}{1-\dfrac{D_2}{A_1}\cdot\dfrac{E_A}{E_B}} \qquad (6)$$

となる．また，さらに電圧比をE_B/E_Aの形に書き替える方法を示すと，(5)式の分母・分子をD_2E_Aで除して，

$$Z_R = \frac{\dfrac{B_2}{D_2}+\dfrac{B_1}{D_2}\cdot\dfrac{E_B}{E_A}}{1-\dfrac{A_1}{D_2}\cdot\dfrac{E_B}{E_A}}$$

続いてB_1/A_1を引いてから再び加えると，

$$Z_R = -\frac{B_1}{A_1} + \frac{\dfrac{B_1}{A_1}\left\{1-\dfrac{A_1}{D_2}\cdot\dfrac{E_B}{E_A}\right\}}{1-\dfrac{A_1}{D_2}\cdot\dfrac{E_B}{E_A}} + \frac{\dfrac{B_2}{D_2}+\dfrac{B_1}{D_2}\cdot\dfrac{E_B}{E_A}}{1-\dfrac{A_1}{D_2}\cdot\dfrac{E_B}{E_A}}$$

B_1/D_2の項が消えてなくなる．よって，

$$Z_R = -\frac{B_1}{A_1} + \frac{\dfrac{B_1}{A_1}+\dfrac{B_2}{D_2}}{1-\dfrac{A_1}{D_2}\cdot\dfrac{E_B}{E_A}} \qquad (7)$$

となる．

ここで次のようにそれぞれの四端子定数の比を定義すると，これらのインピーダンスが，すなわち継電器設置点から測定できる系統のインピーダンスである．

$$\frac{B_1}{A_1} = Z_X \qquad \frac{B_2}{D_2} = Z_Z$$

$$\frac{B_2}{D_2} + \frac{B_1}{A_1} = Z_Z + Z_X = Z_Y$$

そして，

$$\frac{D_2}{A_1} = K$$

したがって，(6)，(7)式はそれぞれ次のように表すことができる．

$$Z_R = Z_Z - \frac{Z_Y}{1-K\cdot\dfrac{E_A}{E_B}} \tag{8}$$

そしてまた，

$$Z_R = -Z_X + \frac{Z_Y}{1-\dfrac{1}{K}\cdot\dfrac{E_B}{E_A}} \tag{9}$$

2. インピーダンスの軌跡（Locus）

先の項で求めたZ_Rの軌跡を見てみれば，継電器設置点から眺めたこの電力系統のインピーダンスの状態がよくわかる．このZ_Rの軌跡を求めるに当たり，まず電圧比E_A/E_Bが一定，したがって$K\cdot E_A/E_B$が一定で，E_A，E_B間の位相が変化したときのインピーダンスの軌跡を求めると，分子が定数で分母が$(1-\varepsilon^{-j\theta})$形だから，まず分母の軌跡は円となり，その円の逆数もまた円となる．したがってZ_X，Z_Y，Z_Zは定数であるから，Z_Rの式全体の軌跡もまた円となる．これらの円の半径rは，Z_Yのベクトルの軸上で考えると，$K\cdot E_A/E_B$の絶対値の値を負とした場合の値と，同じく絶対値の値を正とした場合の値の前者の向きを変え両者を相加え，そのでてきた結果を半分とした値となる．これを数式で表すと，その半径rは，

$$r = \frac{1}{2}\left\{-\frac{|Z_Y|}{1-\left|K\dfrac{E_A}{E_B}\right|} + \frac{|Z_Y|}{1+\left|K\dfrac{E_A}{E_B}\right|}\right\}$$

そしてこれら二つの項の分母を通分して一つの項として表すと，

$$r = \frac{|Z_Y|\left[-\left\{1+\left|K\dfrac{E_A}{E_B}\right|\right\}+\left\{1-\left|K\dfrac{E_A}{E_B}\right|\right\}\right]}{2\left\{1-\left|K\dfrac{E_A}{E_B}\right|\right\}\left\{1+\left|K\dfrac{E_A}{E_B}\right|\right\}}$$

したがって，

$$r = \frac{|Z_Y|\left|\dfrac{E_A}{E_B}K\right|}{\left|\dfrac{E_A}{E_B}K\right|^2-1}$$

また，円の中心cは，Z_Yを本来のベクトルで考え，先に求めた半径rをZ_Yベクトルの方向に向けた後に，Z_Zベクトルの先端に加えれば，そこが求める円の中心cである．

$$c = Z_Z - \frac{1}{2}\left\{\frac{Z_Y}{1-\left|\dfrac{E_A}{E_B}K\right|} + \frac{Z_Y}{1+\left|\dfrac{E_A}{E_B}K\right|}\right\}$$

第2項の二つの分母を通分して一つにまとめると，

$$c = Z_Z - \frac{Z_Y}{2}\left\{\frac{\left(1+\left|\dfrac{E_A}{E_B}K\right|\right)+\left(1-\left|\dfrac{E_A}{E_B}K\right|\right)}{\left(1-\left|\dfrac{E_A}{E_B}K\right|\right)\left(1+\left|\dfrac{E_A}{E_B}K\right|\right)}\right\}$$

$$= Z_Z - \frac{Z_Y}{1-\left|\dfrac{E_A}{E_B}K\right|^2}$$

続いて$Z_Y/2$を差し引いて再び加えると，

$$c = \left(Z_Z - \frac{Z_Y}{2}\right) + \frac{\dfrac{Z_Y}{2}\left\{1-\left|\dfrac{E_A}{E_B}K\right|^2\right\}}{1-\left|\dfrac{E_A}{E_B}K\right|^2}$$

$$-\frac{Z_Y}{1-\left|\dfrac{E_A}{E_B}K\right|^2}$$

したがって，中心cは，次のように表せる．

$$c = \left(Z_Z - \frac{Z_Y}{2}\right) + \frac{Z_Y}{2}\cdot\frac{\left|\dfrac{E_A}{E_B}K\right|^2+1}{\left|\dfrac{E_A}{E_B}K\right|^2-1}$$

この式を見てわかるように$E_A/E_B\cdot K = 1$のときは，円の中心が無限遠となり，半径は無限大となる．

$(Z_Z - Z_Y/2)$なる点（系統の電気的中心点）をMとすると，**第2図**より$\overline{\mathrm{Mc}}$は$c-M$であって，上のc値より$M = (Z_Z - Z_Y/2)$を差し引くと，

$$\overline{\mathrm{Mc}} = \left|\frac{Z_Y}{2}\right|\frac{\left|\dfrac{E_A}{E_B}K\right|^2+1}{\left|\dfrac{E_A}{E_B}K\right|^2-1}$$

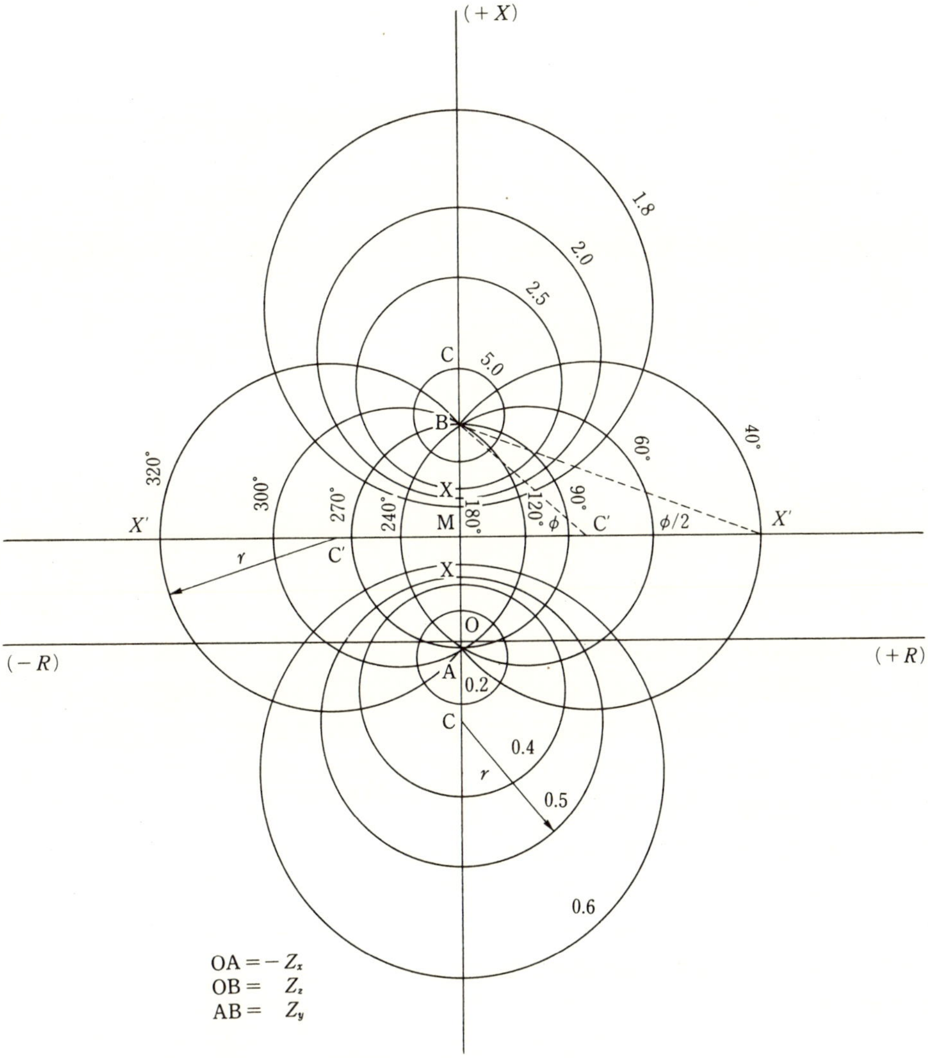

第 2 図 Impedance Diagram

となり，$\overline{AB}$(Z_Yと電圧比円)（$E_A/E_B\cdot K$）をパラメータとして描いた円とが交わる点をXとすれば，$\overline{MX}$は第2図より$\overline{Mc}-r$であるから，

$$\overline{MX}=\left|\frac{Z_Y}{2}\right|\frac{\left|\frac{E_A}{E_B}K\right|^2+1}{\left|\frac{E_A}{E_B}K\right|^2-1}$$

$$-|Z_Y|\frac{\left|\frac{E_A}{E_B}K\right|}{\left|\frac{E_A}{E_B}K\right|^2-1}$$

$$=\left|\frac{Z_Y}{2}\right|\frac{\left|\frac{E_A}{E_B}K\right|^2-2\left|\frac{E_A}{E_B}K\right|+1}{\left(\left|\frac{E_A}{E_B}K\right|-1\right)\left(\left|\frac{E_A}{E_B}K\right|+1\right)}$$

したがって，

$$\overline{MX}=\left|\frac{Z_Y}{2}\right|\frac{\left|\frac{E_A}{E_B}K\right|-1}{\left|\frac{E_A}{E_B}K\right|+1}$$

となる．

ここで$E_A/E_B\cdot K=1$のときの$\overline{MX}$は零とな

るから，半径無限大の電圧比円はM点を通り$\overline{\text{AB}}$に垂直であることがわかる．

次に位相角を一定とし，電圧比を変化させたときのインピーダンスの軌跡を求める．まず，

$$\frac{1}{D}=\frac{Z_Y}{1-\dfrac{E_B}{E_A K}}$$

と置いて，$E_B/(E_A)K$の形で表したZ_Rの式を再び掲げると，

$$Z_R=-Z_X+\frac{Z_Y}{1-\dfrac{E_B}{E_A K}}=-Z_X+\frac{1}{D}$$

ここに，

$$D=\frac{1}{|Z_Y|}\angle-\theta_Y$$

$$-\left|\frac{E_B}{E_A\cdot K\cdot Z_Y}\right|\{\angle-\delta-\theta_K-\theta_Y\}$$

となり，Z_Y，θ_Yおよび$\phi=\delta+\theta_K$は定数であるから，Dは$1/Z_Y$を通る半無限長直線となる．それゆえにその逆ベクトル$1/D$は，円弧を描くことがわかる．$E_B/(E_A K)$が零のときに，Z_Rは$-Z_X+Z_Y$，すなわちZ_Z(B点）で，$E_B/(E_A K)$が無限大のときは$-Z_X$(A点）である．したがって，これらの位相円弧はZ_Zに始まり$-Z_X$に終わることがわかる．$Z_Y/2$に垂直な線，すなわち$E_B/(E_A K)=1$の線の上で位相円弧と直角に交わるX'を求めれば，

$$X'=-Z_X+\frac{Z_Y}{1-1\angle-\phi}$$

$$=-Z_X+\frac{Z_Y}{1-\cos\phi+j\sin\phi}$$

分母から虚数部をなくし，実数部と虚数部に分離すると，

$$X'=-Z_X+\frac{Z_Y\{(1-\cos\phi)-j\sin\phi\}}{(1-\cos\phi)^2+\sin\phi^2}$$

ここで，$\cos^2\phi+\sin^2\phi=1$の関係を利用して，

$$X'=-Z_X+\frac{Z_Y}{2}\left(1-j\frac{\sin\phi}{1-\cos\phi}\right)$$

次に，

$$\sin 2\alpha=2\sin\alpha\cos\alpha$$

と，そして，

$$\cos\left(\frac{\phi}{2}+\frac{\phi}{2}\right)=\cos^2\frac{\phi}{2}-\sin^2\frac{\phi}{2}$$

の二つの関係を利用すると，

$$\sin\phi=2\sin\frac{\phi}{2}\cdot\cos\frac{\phi}{2}$$

$$(1-\cos\phi)=\cos^2\frac{\phi}{2}+\sin^2\frac{\phi}{2}$$

$$-\cos^2\frac{\phi}{2}+\sin^2\frac{\phi}{2}$$

$$=2\sin^2\frac{\phi}{2}$$

が得られ，X'の式は次のように書き替えられる．

$$X'=-Z_X+\frac{Z_Y}{2}\left(1-j\frac{1}{\tan(\phi/2)}\right)$$

$$=-Z_X+\frac{Z_Y}{2}-\frac{Z_Y\angle\theta_Y-90°}{2\tan(\phi/2)}$$

となり，第2図より$\overline{\text{MX}'}$は，$X'-Z_X+Z_Y/2$で，その大きさは，

$$\overline{\text{MX}'}=\frac{|Z_Y|}{2\tan(\phi/2)}$$

$$=\frac{|Z_Y|\cot(\phi/2)}{2}$$

である．第2図より位相円($|E_A/E_B\cdot K|$をパラメータとする円）の中心をc′とすれば，$\overline{\text{Mc}'}$は，

$$\overline{\text{Mc}'}=\frac{|Z_Y|}{|2\tan\phi|}$$

$$=|Z_Y|\frac{\cot\phi}{2}$$

となる．また位相円の半径r'は第2図より，

$$r'=\overline{\text{c}'\text{A}}=\overline{\text{c}'\text{B}}=\frac{|Z_Y|}{|2\sin\phi|}$$

これで作図に必要な数値はすべて求めることができるので，これをZ_Yに対する比で計算しておくと，Z_Yの尺度で計ることによりすべてのインピーダンス図に使用できる一般インピーダンス図が作れる．これらの値を先に求めた数式により計算したものを，次の**第1表**と**第2表**の

第1表

$\frac{E_A}{E_B}K$	$\frac{\overline{MX}}{Z_Y}$	$\frac{r}{Z_Y}$
0.2	−0.33333	0.2084
0.3	−0.26920	0.3296
0.4	−0.21430	0.4763
0.5	−0.16670	0.6668
0.6	−0.12500	0.9376
0.65	−0.10610	1.1260
0.7	−0.08822	1.3730
0.75	−0.07142	1.7150
0.8	−0.05554	2.2230
0.85	−0.04054	3.0640
1.0	0.0000	∞
1.2	0.04546	2.7270
1.3	0.06520	1.8840
1.4	0.08332	1.4580
1.5	0.1000	1.200
1.6	0.11540	1.0260
1.8	0.14280	0.8034
2.0	0.16670	0.6668
2.5	0.21430	0.4763
3.5	0.27780	0.3214
5.0	0.33333	0.2084

二つの表に分けて掲げてある．

この一般インピーダンス図を，系統の電圧比および位相角で表すには，K で割ったり，θ_K を差し引いたりすればよい．

【注】 ここに示したインピーダンス図は，同期電動機について考察したときに作ったものを利用したものであって，決して一般的なものではない．すなわち抵抗分が無視し得る場合のものであって，送電線路のように抵抗分が無視できない場合には，Z_Y の直線が右上りに傾斜したものとなることを忘れないでいてもらいたい．

3. 計算例

これは実際に某プロジェクトにおいて計算したものを例として示す．ここで四端子定数の求め方は，読者の皆さんがご存知のように，系統を梯子型回路で表し，端の方から順次それぞれの段（Rung）の部分の四端子定数の掛け算を

第2表

ϕ	$\frac{\overline{Mc'}}{Z_Y}$	ϕ	$\frac{\overline{Mc'}}{Z_Y}$
0°	∞	360°	∞
15°	1.8660	345°	−1.8660
20°	1.3740	340°	−1.3740
25°	1.0720	335°	−1.0720
30°	0.8660	330°	−0.8660
35°	0.7141	325°	−0.7141
40°	0.5959	320°	−0.5959
45°	0.500	315°	−0.500
50°	0.4196	310°	−0.4196
60°	0.2887	300°	−0.2887
75°	0.1340	285°	−0.1340
90°	0.000	270°	0.000
120°	−0.2887	240°	0.2887
150°	−0.8660	210°	0.8660
180°	∞	180°	∞

行ってくれば，簡単に系統全体の四端子定数が求まるので，ここでは，すべての定数は与えられたものとしておく．

与えられた定数

$$\begin{vmatrix} A_1 & B_1 \\ C_1 & D_1 \end{vmatrix} = \begin{vmatrix} 1.0309+j0.0717 & j0.338 \\ 0.2120-j0.0915 & 1.0 \end{vmatrix}$$

$$\begin{vmatrix} A_2 & B_2 \\ C_2 & D_2 \end{vmatrix} = \begin{vmatrix} 1.0 & j8.18 \\ 0.0 & 1.0 \end{vmatrix}$$

$$E_A = 6\,600\angle 0.0°\ \text{〔V〕}$$

$$E_B = 9\,983\angle -39.1°\ \text{〔V〕}$$

これより必要な数値を求めると，

$$\tan\phi_{A1} = \frac{0.0717}{1.0309} = 0.06955$$

ゆえに，

$$\phi_{A1} = \angle 3.97856°$$

$$Z_X = \frac{B_1}{A_1} = \frac{0.338\angle 90.0°}{1.0334\angle 3.97856°} = 0.327\angle 86.021° = 0.02269+j0.3262$$

$$Z_Z = \frac{B_2}{D_2} = 8.18\angle 90.0°$$

第 3 表

$\frac{E_A}{E_B}K$	$\overline{\mathrm{MX}}$	r
0.2	−2.83	1.77
0.3	−2.29	2.80
0.4	−1.82	4.05
0.5	−1.42	5.66
0.6	−1.06	7.96
0.65	−0.90	9.56
0.7	−0.75	11.67
0.75	−0.61	14.57
0.8	−0.47	18.90
0.85	−0.34	26.02
1.0	0.0	∞
1.2	0.49	23.18
1.3	0.55	16.01
1.4	0.71	12.39
1.5	0.85	10.20
1.6	0.98	8.71
1.8	1.21	7.08
2.0	1.42	5.66
2.5	1.82	4.05
3.5	2.43	2.73
5.0	2.83	1.77

$$Z_Y = \frac{B_2}{D_2} + \frac{B_1}{A_1}$$

$$= j8.18 + 0.02269 + j0.3262$$

$$= 0.02269 + j8.5062$$

$$\tan\phi_{Zy} = \frac{8.5062}{0.02269}$$

$$= 374.9$$

$$\phi_{Zy} = \angle 89.85^\circ$$

$$Z_Y = 8.5062\angle 89.85^\circ$$

$$K = \frac{D_2}{A_1}$$

$$= \frac{1.0\angle 0.0^\circ}{1.0334\angle 3.97856^\circ}$$

$$= 0.9677\angle -3.97856^\circ$$

これらの数値より 1 / 2.5〔Ω / mm〕として求めると，**第 3 表**および**第 4 表**ができる.

先の例として掲げた第 2 図のインピーダンス図によって，第 3 表および第 4 表の値を使用して作図すると，**第 3 図**ができる.

第 4 表

ϕ°	$\overline{\mathrm{Mc}'}$	ϕ°	$\overline{\mathrm{Mc}'}$
15	15.85	345	−15.85
20	11.68	340	−11.68
25	9.10	335	−9.10
30	7.36	330	−7.36
35	6.06	325	−6.06
40	5.06	320	−5.06
45	4.25	315	−4.25
50	3.566	310	−3.566
60	2.454	300	−2.454
75	1.238	285	−1.138
90	0.0	270	0.0
120	−2.454	240	2.454
150	−7.36	210	7.36
180	∞	180	∞

4. 考　察

インピーダンス図をもってインピーダンス軌跡（Impedance Locus）を考察すると，発電機側の電圧 E_A が低下し零に近づくと，インピーダンス軌跡は A 点に近づき，電動機側の電圧 E_B が低下し零に近づくと，インピーダンス軌跡は B 点に近づくことになる.

また発電機電圧 E_A と電動機電圧 E_B の同期が外れたときには，インピーダンス軌跡は必ず A，B 両点の間を通過することがわかる.

具体的にいえば発電機の界磁喪失時には，インピーダンス軌跡が A 点に入っていき，電動機の界磁喪失時には，インピーダンス軌跡が B 点に入っていくことになる．そして平常時には原点（0）から離れた R 軸の近くにインピーダンス軌跡はあるから，電圧抑制付き無効電力継電器，すなわち距離継電器（Impedance Relay）でもって異常状態を検出することができる.

このように系統の電気的現象が明らかになれば，自ずと系統の異常状態検出に必要な保護継電器がわかってくる.

実際の継電器には抑制（Reach）量および偏位（Off Set）量が自由に設定できるようになっ

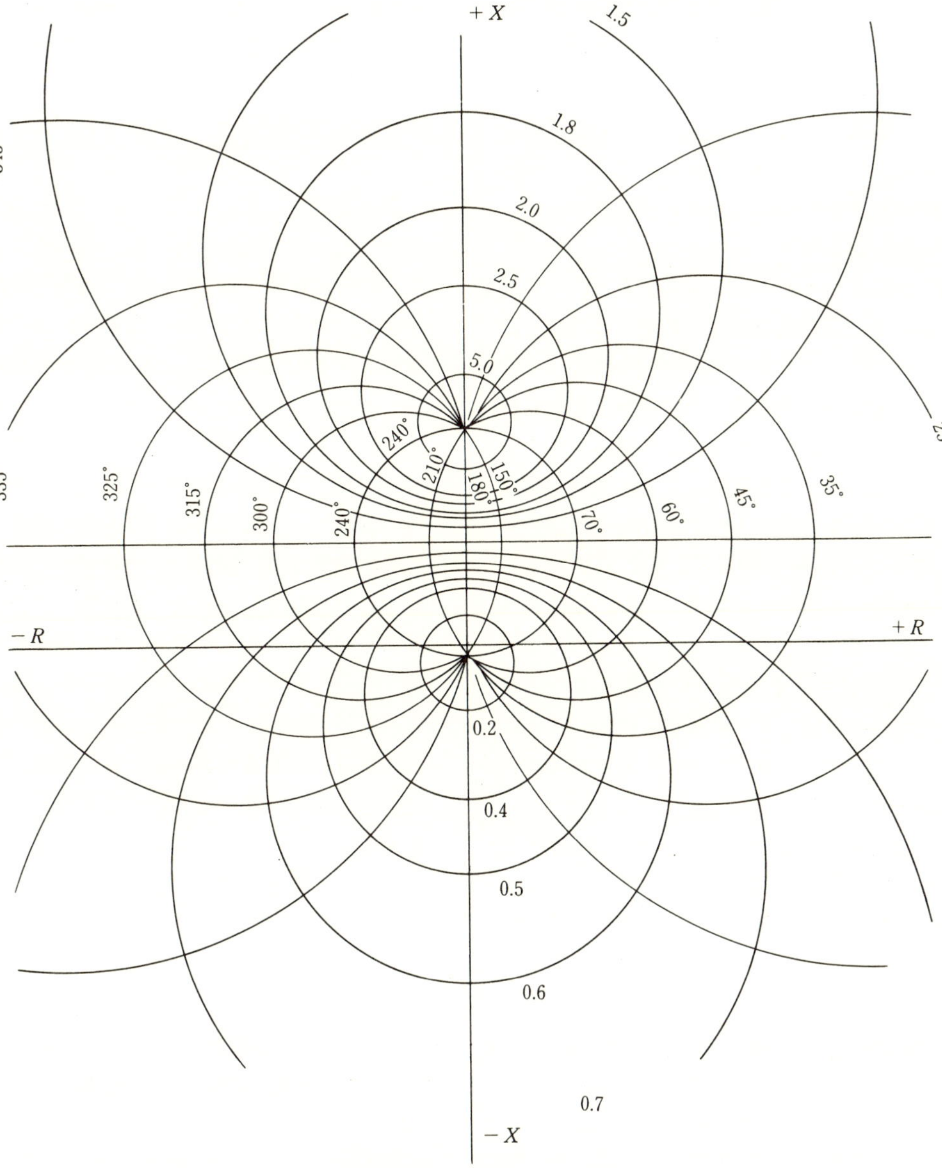

第3図 Impedance Diagram
1780kW Synchronous Motor

ている．例えばモー（Mho）型の距離継電器では，抑制量は抑制電圧を変圧器のタップの変更により行い，偏位量はトランスアクトル（GEの呼び方でリアクトルと電流変圧器を一つにした感じのもの）のタップを変更することにより変化できるようになっている．送電線路用のものには最大感度角の偏角を，インピーダンスZ_Yの偏角に合わせるために，偏角をも変化できるものがある．また直接接地系統の地絡保護を行うような場合，アーク抵抗の影響を受けないようなリアクタンスのみによって動作するリアクタンス型距離継電器もできている．

一般的にいって$X_d{}'$を同期機の直軸過渡リアクタンス，X_eを系統の内部インピーダンスとすると，脱調検出には$(X_d{}'-X_e)/2$を中心とする半径$(X_d{}'+X_e)/2$のオフセット・モー継電器（Off Set Mho Relay）が使用され，界磁喪失検出には，$\{X_d'/2+(X_d'-X_e)/4\}$ を中心とする，半径 $\{X_d'/2-(X_d'-X_e)/4\}$ のオフセット・モー継電器が用いられる．しかし送電線路では線路の抵抗分が無視できないことと，受持ち区間が異なるために，このように簡単に言い表すことはできない．

電気機器といえども，瞬時電圧降下時の負荷角の振動や，低励磁運転等を考慮するには，絶対にこのようなインピーダンス図の作成が必要になる．電動機の脱調検出や界磁喪失検出を行う場合，電動機は常に負荷による減速トルクを受けているため，速度低下により内部誘起電圧が下がることを考慮に入れて，発電機の整定値より幾分遠方にオフセットすることが望ましい．電源電圧が瞬時的に降下したが，電圧降下の大きさがそれほど大きくなく，電機子作用リアクタンスが X_d' まで十分に小さくなり得なかった場合を考慮して，発電機の脱調検出円を $(X_d'+X_e)/6$ ぐらい遠方にオフセットして整定することがよい．

言い換えれば，オフセット・モー継電器 $(2X_d'-X_e)/3$ を中心とする半径 $(X_d'+X_e)/2$ の円特性に整定することにより，すなわち抑制量を $(7X_d'+X_e)/6$ に，そして偏位量を $(X_d'-5X_e)/6$ に整定することにより，脱調検出は無論瞬時的界磁喪失も検出することができ，しかも瞬時電圧降下時やケーブル故障時における誤動作を防止することも可能となる．

あとがき　このインピーダンス図（Impedance Circular Diagram）は，前川先生の送電問題演習に紹介されているが，四端子定数から直接求める方法ではなかったので，求めやすい四端子定数による方法に書き換えたものである．また前川先生のいうクラーク女史の書かれた教科書を，タイ国でイムサムラン氏から見せていただき，われわれは日本の先達の方々の努力のお陰で，日本において日本語で勉強できることに感謝するとともに，タイの学生は皆外国語でもって勉強していることを知り，自分も外国語に強くならなくてはと，一念発起した次第である．

それゆえに，このインピーダンス図の描き方は，クラーク女史の書かれたものを自分なりに理解し，ここに紹介したわけである．この紙面をお借りして，クラーク女史や前川先生がお残し下さった業績に対して感謝の意を表したい．

電動機の出力と機械の入力（電動機の効率測定）

螺旋（らせん）式ブロワの出力不足が問題になったとき，機器製造業者より，ブロワの出力は吐出圧力と流量で決まり，後は温度による質量（密度）補正を行えばよいとのことでした．機械側の言い分によりますと，電動機の入力は問題はないが，効率が悪いから，ブロワの出力が不足するのではないかと，疑われました．そこで電気側として電動機の円線図に基づく試験成績表を見せて，詳しく説明したが機械側は納得しませんでした．機械側は工場でブロワの運転試験をしてきているにもかかわらず，現地で効率測定を行うように強く要求してきました．電気側（我々）では損失分離法（JEC を参照願います）でもって，現地ででも電動機の効率測定は問題なくできることを知っていましたから，仕方なく現地における電動機の効率測定を承知し，その代わり，もし試験成績表と同じような試験結果が出た場合には，現地試験のために必要とした旅費日当を含む全経費を機械製造者側でもって支払ってもらうことで，機械製造者と電動機製造者に了承して貰いました．もちろん現地試験の結果は，提出してある試験成績表と完全に一致しました．

したがって，電気側から見た送風機の出力不足の問題は，すでに説明しましたような話し合いでの原因の方向づけと，そして電気側としては全く関係の無いとの結論が得られました．

段々法による瞬時電圧降下時における同期電動機の過渡安定度の判別法（その 1）

はしがき　近年石油化学工業はめざましい発展をとげ，製造工程も一貫され設備も大形化されたため，一度停止すると再始動して再び製品がでてくるまでに数日を必要とする．したがって一度生産体制に入れば，たとえ一部分といえども停止することは許されない．

しかし石油化学工業の大形圧縮機には，同期電動機が使用されており，同期電動機は送電線路の故障時に，しばしば脱調することが知られている．

このような脱調現象を理論的に解析し，現在使用している同期電動機が，どの程度の電圧降下に耐え得るかを調査検討することを目的としている．しかし今回の講義は脱調現象を理論的・数学的に直接分析することはせず，段々法による安定か不安定かの判別法を示すものである．

この電圧降下時における同期電動機の非線形振動に基づく運動方程式を，物理現象の面から数学的に直接解く方法は，いつか近い将来，機会を見て紹介したいと考えている．

そして最後に，この段々法の計算に必要な同期機の出力，および同期機の作用インピーダンス，四端子定数による送受電電力，三機系統における機器間の伝達アドミタンス（インピーダンス），回転機の単位慣性定数，そして回路電圧が急変した場合の同期電動機の内部電圧の変化の様子の模擬などを，付録として載せたので理解するための参考として役立ててもらいたい．

1.　段々法

段々法は**第 1 図**のように電動機の出力（機械的負荷）が一定のとき，電動機の入力が図のように変化すれは，電動機の角速度および負荷角がどのように変化していくかを，実際の変化は図の曲線のように滑らかに変化していくものを，計算しやすいように微小時間ごとに分割し，階段状に変化するものとして近似し，計算していくものである．

第 1 図のように θ_n の前後の $t=\pm 0$ において，電動機の入力が P_i から P_i' に変化した場合を考えてみる．

$t=-0$ において，

$$\Delta\omega_{(n-\frac{1}{4})}=\frac{\omega}{M}(P_i-P_o)\frac{\Delta t}{2}$$

$t=+0$ において，

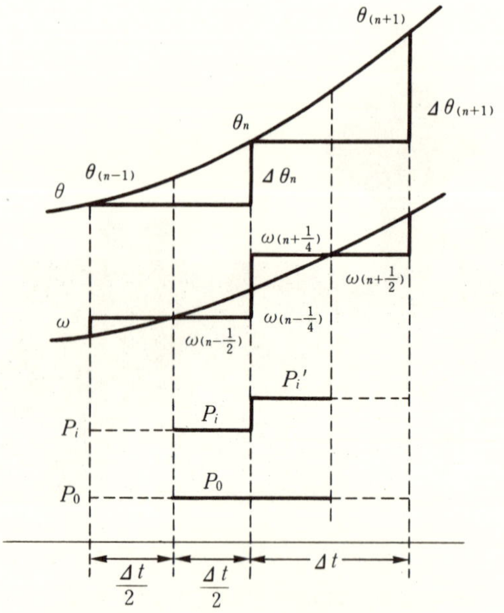

M：慣性定数〔s･kW〕，ω：角速度〔rad/s〕
θ：負荷角〔rad〕，P_i：電動機の入力〔kW〕
P_o：電動機の出力〔kW〕，P：電動機の定格出力〔kW〕

第1図

$$\varDelta\omega_{(n-\frac{1}{4})}=\frac{\omega}{M}(P_i'+P_o)\frac{\varDelta t}{2}$$

が成り立つ．したがって $t=\varDelta t/2$ になったときの角速度 $\omega_{(n-\frac{1}{2})}$ は，

$$\omega_{(n+\frac{1}{2})}=\omega_{(n-\frac{1}{2})}+\varDelta\omega_{(n-\frac{1}{4})}+\varDelta\omega_{(n+\frac{1}{4})}$$

そこで，上記のそれぞれの $\varDelta\omega$ の値を代入すると，

$$\omega_{(n+\frac{1}{2})}=\omega_{(n-\frac{1}{2})}+\frac{\omega}{M}\left(\frac{P_i+P_i'}{2}-P_o\right)\varDelta t$$

またここに角速度 ω は $\varDelta\theta/\varDelta t$ であるから，

$$\omega_{(n-\frac{1}{2})}=\frac{\varDelta\theta_n}{\varDelta t}$$

そして，

$$\omega_{(n+\frac{1}{2})}=\frac{\varDelta\theta_{(n+1)}}{\varDelta t}$$

それゆえに $\varDelta\theta$ は，

$$\varDelta\theta_n=\omega_{(n-\frac{1}{2})}\varDelta t$$

そして，

$$\varDelta\theta_{(n+1)}=\omega_{(n+\frac{1}{2})}\varDelta t$$

となり，$\omega_{(n+\frac{1}{2})}$はすでに求まっているので，その値を代入すると

$$\begin{aligned}\varDelta\theta_{(n+1)}&=\omega_{(n+\frac{1}{2})}\varDelta t\\&=\omega_{(n-\frac{1}{2})}\varDelta t\\&\quad+\frac{\omega}{M}\left(\frac{P_i+P_i'}{2}-P_o\right)(\varDelta t)^2\\&=\varDelta\theta_n+k\left(\frac{P_i+P_i'}{2}-P_o\right)\end{aligned}$$

と求まる．

ここに，

$$k=\frac{360}{M}\cdot f\cdot(\varDelta t)^2$$

そこで，単位慣性定数を M_u とすると，

$$M=M_u\times P$$

である．

また，したがって $\varDelta\theta_1$ は，

$$\varDelta\theta_1=k\left(\frac{P_i+P_i'}{2}-P_o\right)$$

$$=\frac{k}{2}(P_i+P_i'-2P_o)$$

そこで入力が変化する前には，負荷角に変化がなかったのだから，

$$\varDelta\theta=0=k(P_i-P_o)=0$$

であったはずである．よって，上式は次のように表すことができる．

$$\varDelta\theta_1=\frac{k}{2}(P_i'-P_o)$$

$$=\frac{k}{2}\varDelta P_i$$

したがって，入力に変化があったときの負荷角の変化分の角 $\varDelta\theta_j$ は，

$$\varDelta\theta_j=\varDelta\theta_{(j-1)}+k(P_i''-P_o)$$

として計算することができる．これが段々法による計算法の考え方である．

2．電気定数の計算

(a) 4 800〔kW〕同期電動機の定数

$x_d=8.143$〔Ω〕，0.957〔p.u.〕
$x_d'=2.500$〔Ω〕，0.294〔p.u.〕
$x_d''=1.993$〔Ω〕，0.234〔p.u.〕
$x_q=4.990$〔Ω〕，0.587〔p.u.〕

$x_q'' = 2.181$〔Ω〕, 0.256〔p.u.〕

$T_{d0}' = 2.65$〔s〕

p.f. = 0.9

極数：22

$GD^2 = 60$〔t·m²〕

台数：2

電源ケーブル

6〔kV〕QEV Cable

325 Sq×1C×85〔m/毎相〕

ケーブルの直径：23.4〔mm〕

ケーブルの間隔：80.0〔mm〕

ケーブルの幾何学的平均距離（ただし，ケーブルは水平配置とする）：

$\sqrt[3]{(S \cdot S \cdot 2S)} = 1.26S$

インダクタンス L は，

$$L = 0.05 + 0.4605 \times \log \frac{2 \times 1.26 \times 80}{23.4}$$

$$= 0.05 + 0.4605 \times 0.9353$$

$$= 0.4807 \text{〔mH/km〕}$$

リアクタンス X は，

$$X = 2\pi \times 60 \times 0.4807 \times 10^{-3}$$

$$= 0.1812 \text{〔Ω/km〕}$$

したがって，85〔m〕のケーブルのリアクタンスは，

$$X_{c1} = 0.1812 \times 85/1\,000$$

$$= 0.01540 \text{〔Ω〕}$$

(b) 1 800〔kW〕同期電動機の定数

$x_d = 20.35$〔Ω〕, 0.791〔p.u.〕

$x_d' = 8.180$〔Ω〕, 0.318〔p.u.〕

$x_d'' = 5.421$〔Ω〕, 0.211〔p.u.〕

$x_q = 14.18$〔Ω〕, 0.551〔p.u.〕

$x_q'' = 5.953$〔Ω〕, 0.231〔p.u.〕

$T_{d0}' = 1.49$〔s〕

p.f. = 1.0

極数：28

$GD^2 = 24$〔t·m²〕

台数：1

電源ケーブル

6〔kV〕QEV Cable

100 Sq×3C×70〔m/毎相〕

リアクタンス X は，電線便覧より，

$X = 0.112$〔Ω/km〕

したがって，70〔m〕のケーブルのリアクタンスは，

$$X_{C2} = 0.112 \times \frac{70}{1\,000}$$

$$= 0.00784 \text{〔Ω〕}$$

(c) 20 000〔kVA〕受電変圧器の定数

%インピーダンス：$j9.29$〔%〕

リアクタンスへの換算は，次式により，

$$x_t = \frac{\%IZ \cdot V^2}{P_t \times 100}$$

$$= \frac{9.29 \times 6.6^2 \times 10^6}{20\,000 \times 10^3 \times 10^2}$$

$$= \frac{9.29 \times 6.6^2}{2\,000}$$

$$= 0.2024 \text{〔Ω〕}$$

(d) 変圧器の二次側のケーブルの定数の計算

6〔kV〕QEV Cable

1 000 Sq×2C×22〔m/毎相〕

ケーブルの直径：41.6〔mm〕

ケーブルの間隔：120〔mm〕

ケーブルの幾何学的平均距離（ただし，ケーブルの配置は水平2段配置とする）：

両側のケーブルの幾何学的平均距離は，

$D_a = D_c = D_a' = D_c'$

したがって D_a は，

$$D_a = \frac{\sqrt{(D \cdot 2D \cdot \sqrt{2}\,D \cdot \sqrt{5}\,D)}}{D}$$

$$= 2.515D$$

中央のケーブルの幾何学的平均距離は，

$D_b = D_b'$

したがって D_b は，

$$D_b = \frac{\sqrt{(D \cdot D \cdot \sqrt{2}\,D \cdot \sqrt{2}\,D}}{D}$$

$$= 1.414D$$

インダクタンス L_a は平均距離 D_a を使って，

$$L_a = 0.05 + 0.4605 \log \frac{2 \times 2.515 \times 120}{41.6}$$

$$= 0.05 + 0.4605 \log 14.51$$

$= 0.05 + 0.4605 \times 1.162$

$= 0.5849$〔mH/km〕

インダクタンスL_bは平均距離D_bを使って,

$$L_b = 0.05 + 0.4605 \log \frac{2 \times 1.414 \times 120}{41.6}$$

$= 0.05 + 0.4605 \log 8.158$

$= 0.05 + 0.4605 \times 0.9116$

$= 0.4698$〔mH/km〕

三相平均のリアクタンスLは,

$$L = \frac{L_a + L_b + L_c}{3}$$

$$= \frac{(0.585 + 0.47 + 0.585)}{3}$$

$= 0.547$〔mH/km〕

したがって,三相平均のリアクタンスXは,

$X = 2\pi \times 60 \times 0.547 \times 10^{-3}$

$= 0.2063$〔Ω/km〕

毎相のリアクタンスX_qは,22〔m〕の2回線の回路が互いに並列になっているから,

$$X_q = 0.2063 \times \frac{22}{1\,000} \times \frac{1}{2}$$

$= 0.00227$〔Ω〕

となる.

(e) 変圧器の一次側のケーブルの定数の計算

70〔kV〕OF Cable

250 Sq×3C×780〔m/毎相〕

インダクタンスLは電線便覧より,

$L = 0.324$〔mH/km〕

60〔Hz〕におけるリアクタンスXは,

$X = 2\pi \times 60 \times 0.324 \times 10^{-3}$

$= 0.1221$〔Ω/km〕

780〔m〕のケーブルの毎相のリアクタンスは,

$$X_0 = 0.1221 \times \frac{780}{1\,000}$$

$= 0.09524$〔Ω〕

6.6〔kV〕回路への換算

$$x_0 = 0.09524 \times \left(\frac{6.6}{77}\right)^2$$

$= 0.0007$〔Ω〕

(f) 同期電動機以外の負荷(合計)

8 520〔kW〕 4 254〔kvar〕

p.f. $= 0.8947$

$\tan\phi = 0.4993$

段々法でもって計算する場合,三機系統までは割合簡単に計算できるが,四機計算となると一挙に複雑になってしまうので,三機系統として計算するために,4 800〔kW〕×2台の同期電動機は全く仕様が同じなので,9 600〔kW〕×1台の同期電動機になるように換算して,計算を進めていくこととする.

(g) 送電端電圧の計算

送電端電圧は,受電電圧に電源側の電圧降下のすべてを加えて送電端電圧とすることとし,受電電圧を6 600〔V〕とした場合の送電端電圧から計算を開始する.

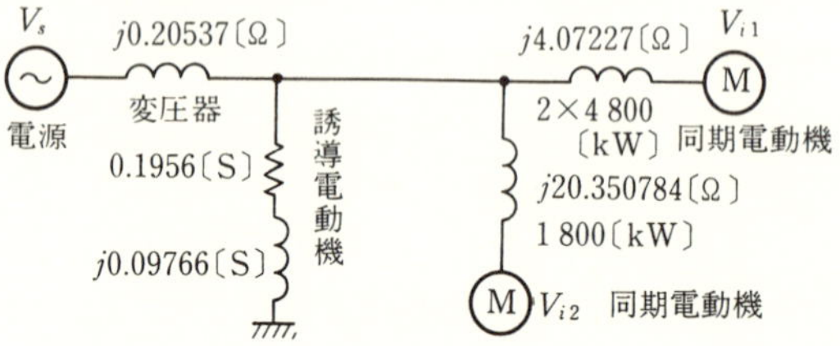

第2図

系統の構成は**第2図**のようになっているので,受電点の母線電圧を基準に受電電流から計算すると,電源側のインピーダンスはすでにわかっているので,受電電流を負荷ごとに求め,それらの値を加え合せて受電電流とする.ここで忘れてならないことは電動機の効率,力率,負荷率,そして負荷の平滑性などを考慮に入れたうえで数値を決め計算をすることである.

(h) 4 800〔kW〕同期電動機2台の負荷電流

ここに$\cos\phi = 0.9$(進み)

したがって,

$\tan\phi = 0.4843$

$$\sqrt{3}\, I_{R1} = \frac{2 \times 4\,800 \times 10^3}{6\,600}(1 + j0.4843)$$

$= 1\,455 + j704.4$〔A〕

(i) 1 800〔kW〕同期電動機の負荷電流

ここに$\cos\phi = 0.95$(進み)

したがって,

$\tan\phi = 0.3287$

$$\sqrt{3}\,I_{R2} = \frac{1\,800\times10^3}{6\,600}(1+j0.3287)$$

$$= 272.7+j89.65 〔A〕$$

(j) 誘導電動機負荷合計 8 520〔kW〕の負荷電流

ここに $\cos\phi = 0.8947$（遅れ）

したがって，

$\tan\phi = -0.4993$

$$\sqrt{3}\,I_{R3} = \frac{8\,520\times10^3}{6\,600}(1-j0.4993)$$

$$= 1\,291-j644.6 〔A〕$$

これらの電流を合計した全電流 $\sqrt{3}\,I_S$ は，

$$\sqrt{3}\,I_S = \sqrt{3}\,(I_{R1}+I_{R2}+I_{R3})$$
$$= 1\,455+j704.4$$
$$+272.7+j89.65$$
$$+1\,291-j644.6$$
$$= 3\,018.7+149.45 〔A〕$$

続いて電源側のインピーダンスを合計すると，

$$Z_S = jx_t+jx_q+jx_0$$
$$= j0.2024+j0.00227+j0.0007$$
$$= j0.20537 〔\Omega〕$$

したがって送電端電圧 V_S は，

$$V_S = \sqrt{3}\,I_S Z_S$$
$$= j0.20537\times(3\,018.7+j149.45)+6\,600$$
$$= j620-30.7+6\,600$$
$$= 6\,569.3+j620$$

$\tan\phi = 0.09438$

$\phi = 5.3915°$

$V_S = 6\,598.5 \angle 5.3915°$〔V〕

(k) 電動機の内部誘起電圧の計算

母線から電動機の内部に向かって電圧降下を計算し，その電圧降下を母線電圧に方向を考えに入れたうえで，加えればよいのである．

(l) 4 800〔kW〕同期電動機の内部誘起電圧 V_{i1}

$$V_{i1} = -j\,(8.143+0.01540)\times\frac{1}{2}(1\,455+j704.4)+6\,600$$
$$= -j\frac{1}{2}(8.1584)\times(1\,455+j704.4)+6\,600$$
$$= -j5\,935.24+2\,873.39+6\,600$$
$$= 9473.39-j5\,935.24$$

$\tan\phi = -0.626517$

$\phi = \angle -32.0678°$

$V_{i1} = 11\,179.10 \angle -32.0678°$〔V〕

(m) 1 800〔kW〕同期電動機の内部誘起電圧 V_{i2}

$$V_{i2} = -j\,(20.35+0.00784)\times(272.7+j89.65)+6\,600$$
$$= -j20.35784\times(272.7+j89.65)+6\,600$$
$$= -j5551.58+1\,825.08+6\,600$$
$$= 8\,425.08-j5\,551.58$$

$\tan\phi = -0.658935$

$\phi = -33.3823°$

$V_{i2} = 10\,089.70 \angle -33.3823°$〔V〕

(n) 誘導電動機負荷の等価アドミタンスの変換

等価コンダクタンス G は，

$$G = \frac{P}{V^2} = \frac{8\,520\times10^3}{6.6^2\times10^6}$$
$$= 0.1956 〔S〕$$

等価サセプタンス B は，

$$B = \frac{P}{V^2}\tan\phi$$
$$= 0.1956\times0.4993$$
$$= 0.09766 〔S〕$$

(o) 等価回路図

等価回路図を今までに求めた数値で表すと，第 3 図のようになる．

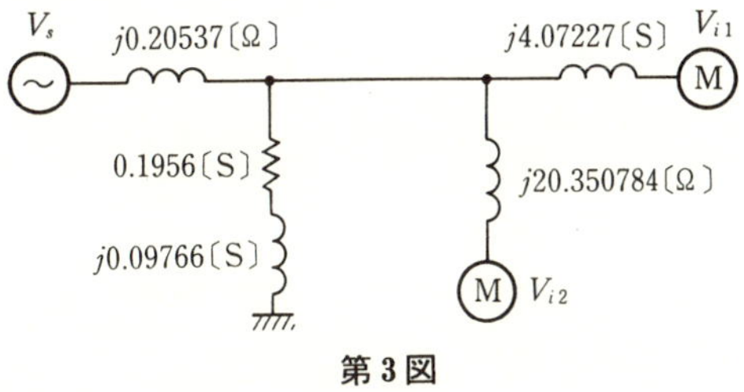

第 3 図

段々法による瞬時電圧降下時における同期電動機の過渡安定度の判別法（その2）

3．定常状態の四端子定数の計算

第3図（77頁掲載）の等価回路図より電源側の四端子定数を，行列式でもって計算すると，

$$\begin{vmatrix} A_s & B_s \\ C_s & D_s \end{vmatrix} = \begin{vmatrix} 1 & j0.20537 \\ 0 & 1 \end{vmatrix} \times \begin{vmatrix} 1 & 0 \\ 0.1956-j0.09766 & 1 \end{vmatrix}$$

$$= \begin{vmatrix} \left\{ \begin{array}{l} 1+j0.20537 \\ \times(0.1956-j0.09766) \end{array} \right\} & j0.20537 \\ 0.1956-j0.09766 & 1 \end{vmatrix}$$

$$= \begin{vmatrix} \left(\begin{array}{l} 1.020056 \\ +j0.0401703 \end{array} \right) & j0.20537 \\ \left(\begin{array}{l} 0.1956 \\ -j0.09766 \end{array} \right) & 1 \end{vmatrix}$$

$$\begin{vmatrix} A_1 & B_1 \\ C_1 & D_1 \end{vmatrix} = \begin{vmatrix} 1 & j4.07227 \\ 0 & 1 \end{vmatrix}$$

$$\begin{vmatrix} A_2 & B_2 \\ C_2 & D_2 \end{vmatrix} = \begin{vmatrix} 1 & j20.3508 \\ 0 & 1 \end{vmatrix}$$

(a) 四端子定数による自己アドミタンスと相互アドミタンスの計算

各機器に流入あるいは流出する電流を，自己アドミタンスと相互アドミタンスでもって表す形とし，機器相互間の電力の融通がわかりやすく，かつ計算しやすいようにしておく．

この計算式の導出は項を改めて解説する予定である．

電源（無限大母線）から送り出す電流I_sは，

$$I_s = \left\{ \frac{D_s}{B_s} - \frac{1}{B_s{}^2\left(\dfrac{A_s}{B_s}+\dfrac{A_1}{B_1}+\dfrac{A_2}{B_2}\right)} \right\} E_s - \frac{1}{B_s B_1\left(\dfrac{A_s}{B_s}+\dfrac{A_1}{B_1}+\dfrac{A_2}{B_2}\right)} E_1 - \frac{1}{B_s B_2\left(\dfrac{A_s}{B_s}+\dfrac{A_1}{B_1}+\dfrac{A_2}{B_2}\right)} E_2$$

となる．

4 800〔kW〕の同期電動機2台が受け取る電流I_1は，

$$I_1 = -\frac{1}{B_s B_1\left(\dfrac{A_s}{B_s}+\dfrac{A_1}{B_1}+\dfrac{A_2}{B_2}\right)} E_s + \left\{ \frac{D_1}{B_1} - \frac{1}{B_1{}^2\left(\dfrac{A_s}{B_s}+\dfrac{A_1}{B_1}+\dfrac{A_2}{B_2}\right)} \right\} E_1$$

$$-\frac{1}{B_1 B_2\left(\frac{A_s}{B_s}+\frac{A_1}{B_1}+\frac{A_2}{B_2}\right)}E_2$$

そして，1 800〔kW〕の同期電動機が受け取る電流I_2は，

$$I_2=-\frac{1}{B_s B_1\left(\frac{A_s}{B_s}+\frac{A_1}{B_1}+\frac{A_2}{B_2}\right)}E_s$$

$$-\frac{1}{B_1 B_2\left(\frac{A_s}{B_s}+\frac{A_1}{B_1}+\frac{A_2}{B_2}\right)}E_1$$

$$+\left\{\frac{D_2}{B_2}-\frac{1}{B_2^2\left(\frac{A_s}{B_s}+\frac{A_1}{B_1}+\frac{A_2}{B_2}\right)}\right\}E_2$$

と表される．

上記の計算式の各項を自己アドミタンスおよび，相互アドミタンスを求めるのに都合がよいように，それぞれの項に従って計算すると，

$$\triangle=\frac{A_s}{B_s}+\frac{A_1}{B_1}+\frac{A_2}{B_2}$$

$$=\frac{1.020056+j0.0401703}{j0.20537}$$

$$+\frac{1}{j4.07227}+\frac{1}{j20.350784}$$

$$=-j4.966918+0.19560$$

$$-j0.245563-j0.049138$$

$$=0.19560-j5.261619$$

$$\frac{1}{\triangle}=\frac{1}{0.19560-j5.261619}$$

$$=\frac{0.19560+j5.261619}{27.722894}$$

$$=0.0070555405+j0.1897932$$

$$\frac{D_s}{B_s}=\frac{1}{j0.20537}=-j4.869260$$

$$\frac{D_1}{B_1}=\frac{1}{j4.07227}=-j0.245563$$

$$\frac{D_2}{B_2}=\frac{1}{j20.350784}=-j0.049138$$

$$\frac{1}{B_s^2}=\frac{1}{(j0.20537)^2}=-23.709696$$

$$\frac{1}{B_1^2}=\frac{1}{(j4.07227)^2}=-0.0603013$$

$$\frac{1}{B_2^2}=\frac{1}{(j20.350784)^2}=-0.0024145584$$

$$\frac{1}{B_s B_1}=\frac{1}{(j0.20537)(j4.07227)}$$

$$=-1.1957116$$

$$\frac{1}{B_s B_2}=\frac{1}{(j0.20537)(j20.3508)}$$

$$=-0.2392664$$

$$\frac{1}{B_1 B_2}=\frac{1}{(j4.07227)(j20.3508)}$$

$$=-0.0120665$$

(i) 自己アドミタンスの計算

電源の自己アドミタンスY_{ss}は，

$$Y_{ss}=\frac{D_s}{B_s}-\frac{1}{B_s^2\cdot\triangle}$$

$$=-j4.86926-\frac{-23.709696}{0.19560-j5.261619}$$

$$=-j4.869260$$

$$+\frac{4.637617+j124.7514}{0.038259+27.684635}$$

$$=-j4.86926+0.1672847+j4.4999415$$

$$=0.1672847-j0.369319$$

$$=y_{ss}\left(\cos\phi_{ss}-j\sin\phi_{ss}\right)$$

$$\tan\phi_{ss}=-2.2077267$$

$$\phi_{ss}=-65.631631^\circ$$

4 800〔kW〕の同期電動機 2 台の自己アドミタンスY_{11}は，

$$Y_{11}=\frac{D_1}{B_1}-\frac{1}{B_1^2\cdot\triangle}$$

$$=-j0.2455632$$

$$-\frac{-0.0603013}{0.19560-j5.261619}$$

$$=-j0.2455632$$

$$+\frac{0.0117949+j0.317282}{27.722894}$$

$$=-j0.2455632+0.000425457$$

$$+j0.0114447$$

$$=0.000425457-j0.2341185$$

$= y_{11}(\cos\phi_{11} - j\sin\phi_{11})$

$\tan\phi_{11} = -550.27535$

$\phi_{11} = -89.895878°$

1 800〔kW〕の同期電動機の自己アドミタンス Y_{22} は，

$$Y_{22} = \frac{D_2}{B_2} - \frac{1}{B_2{}^2 \cdot \triangle}$$

$$= -j0.049138 - \frac{-0.0024145584}{0.19560 - j5.261619}$$

$$= -j0.049138 + \frac{0.0004723 + j0.0127044}{27.722894}$$

$$= -j0.049138 + 0.000017036 + j0.000458267$$

$$= 0.000017036 - j0.0486798$$

$$= y_{22}(\cos\phi_{22} - j\sin\phi_{22})$$

$\tan\phi_{22} = -2857.4665$

$\phi_{22} = -89.979949°$

と求まる．

(ii) **相互アドミタンスの計算**

電源（無限大母線）と 9 600〔kW〕（4 800〔kW〕×2〔台〕）の同期電動機間の相互アドミタンス Y_{s1} および Y_{1s} は，

$$Y_{s1} = Y_{1s} = \frac{1}{B_s B_1 \cdot \triangle}$$

$$= \frac{-1.1957116}{0.19560 - j5.261619}$$

$$= \frac{-0.233881 - j6.291379}{27.722894}$$

$$= -0.008436384 - j0.226938$$

ここで，

$\tan\phi = 26.899914$

$\phi = -92.128981°$

であるから，

$$Y_{s1} = Y_{1s} = 0.2270947 \angle -92.1290°$$

電源（無限大母線）と 1 800〔kW〕の同期電動機の間の相互アドミタンス Y_{s2} および Y_{2s} は，

$$Y_{s2} = Y_{2s} = \frac{1}{B_s B_2 \cdot \triangle}$$

$$= \frac{-0.2392664}{0.19560 - j5.261619}$$

$$= \frac{-0.04680 - j1.258929}{27.722894}$$

$$= -0.001688135 - j0.0454111$$

ここで，

$\tan\phi = 26.900159$

$\therefore \quad \phi = -92.128962°$

であるから，

$$Y_{s2} = Y_{2s} = 0.0454424 \angle -92.1290°$$

そして，9 600〔kW〕(4 800〔kW〕×2〔台〕) と 1 800〔kW〕の同期電動機の間の相互アドミタンス Y_{12} および Y_{21} は，

$$Y_{12} = Y_{21} = \frac{1}{B_1 B_2 \cdot \triangle}$$

$$= \frac{-0.0120665}{0.19560 - j5.261619}$$

$$= \frac{-0.002360 - j0.0634893}{27.722894}$$

$$= -0.000085128 - j0.00229014$$

ここで，

$\tan\phi = 26.902312$

$\therefore \quad \phi = -92.128791°$

であるから，

$$Y_{12} = Y_{21} = 0.0022917 \angle -92.1290°$$

と求まる．

(b) **電力の計算**

今までに求めた各アドミタンスを使用して，各同期機が授受を行っている電力の計算を行う．この計算の大きな目的は，今までに行ってきた計算が正しいかどうかを確かめることにある．

そこで電力の計算は，電流の値に電圧の共役値を掛けて求めるが，このようにすることにより，誘導性の無効電力が正の無効電力として求まるので親しみやすい．したがって最初に求める電源が供給する電力 P_s は，

$$P_s = \overline{E_s} I_s$$

と書き表され，I_s の値を代入すると，

$$P_s = \overline{E_s} E_s Y_{ss} - \overline{E_s} E_1 Y_{s1} - \overline{E_s} E_2 Y_{s2}$$

となり，電圧値を極座標表示すると，

$$P_s = e_s^2 Y_{ss} - e_s e_1 \varepsilon^{-j\theta_{s1}} Y_{s1} - e_s e_2 \varepsilon^{-j\theta_{s2}} Y_{s2}$$

となる．今度はアドミタンスの値を極座標表示すると，

$$P_s = e_s^2 y_{ss} \varepsilon^{-j\phi_{ss}} - e_s e_1 y_{s1} \varepsilon^{-j(\theta_{s1}+\phi_{s1})} - e_s e_2 y_{s2} \varepsilon^{-j(\theta_{s2}+\phi_{s2})}$$

上式より，有効電力 P_{SR} のみを取り出して書き表すと，

$$P_{SR} = e_s^2 y_{ss} \cos\phi_{ss} - e_s e_1 y_{s1} \cos(\theta_{s1}+\phi_{s1}) - e_s e_2 y_{s2} \cos(\theta_{s2}+\phi_{s2})$$

となる．それぞれの三角関数を，馴染みの深い第一象限の三角関数でもって表せるように工夫をすると，第1項は第四象限の角だから，90度を加えると，第一象限の正弦として表すことができる．第2項と第3項は第三象限の角だから，まず180度を差し引くと同時に，残りの角すなわち180度から進んでいる分の角を180度から差し引く．このときはまだ余弦の値は同じで，正弦の値の正負が変わったのみだが，この90度より大きい角を ϕ と置いて，さらに90度を差し引いて，正負の符号を入れ替えて第一象限の正弦として表すことができる．この方法によって得られた角を α でもって表すと，α と ϕ の関係は次のようになる．

$$\alpha_{ss} = \phi_{ss} + 90°$$

$$\alpha_{s1} = \phi_{s1} - 90°$$

$$\alpha_{s2} = \phi_{s2} - 90°$$

これらの値を使用して，有効電力の式を書き改めると，

$$P_{SR} = e_s^2 y_{ss} \sin\alpha_{ss} + e_s e_1 y_{s1} \sin(\theta_{s1}+\alpha_{s1}) + e_s e_2 y_{s2} \sin(\theta_{s2}+\alpha_{s2})$$

となり，今回の電力の計算は，この式を使用して計算をする．

この電力の計算方法を使用して，4 800〔kW〕の同期電動機の受け取る（送り出す）電力 P_{1R} を計算する式を作ると，

$$P_{1R} = e_s e_1 y_{s1} \sin(\theta_{1s}+\alpha_{s1}) + e_1^2 y_{11} \sin\alpha_{11} + e_1 e_2 y_{12} \sin(\theta_{12}+\alpha_{12})$$

続いて，1 800〔kW〕の同期電動機の受け取る（送り出す）電力 P_{2R} の式を作ると，

$$P_{2R} = e_s e_2 y_{s2} \sin(\theta_{2s}+\alpha_{s2}) + e_1 e_2 y_{12} \sin(\theta_{21}+\alpha_{12}) + e_2^2 y_{22} \sin\alpha_{22}$$

となる．

上の式を使って電力の計算をするための準備計算から開始する．まず母線の電圧を基準に四端子定数を使用して，電源の電圧を求める．

$$V_S = A_S V_B + B_S I_B$$

念のために今までに求めた値を掲げると，

$$V_B = 6\,600〔\mathrm{V}〕$$

$$I_B = 1\,727.7 + j794.1〔\mathrm{A}〕$$

これらの値を上式に代入すると，

$$V_S = 6\,600(1.020056 + j0.0401703) + j0.20537(1\,727.7 + j794.1)$$
$$= 6\,732.3696 + j265.12398 + j354.81775 - 163.08432$$
$$= 6\,569.2853 + j619.94173$$

ここで，

$$\tan\phi = 0.0943697$$

$$\therefore \quad \phi = 5.391022°$$

であるから，

$$V_S = 6\,598.4723 \angle 5.391022°$$

電源の電圧と位相角が求まったので，位相角 θ の計算をする．

電源と4 800〔kW〕同期電動機間の位相角は，

$$\theta_{s1} = -\theta_{1s} = \theta_s - \theta_1 = 5.391022° + 32.03727° = 37.428292°$$

電源と1 800〔kW〕同期電動機間の位相角は，

$$\theta_{s2} = -\theta_{2s} = \theta_s - \theta_2 = 5.391022° + 33.37515° = 38.766172°$$

4 800〔kW〕と1 800〔kW〕同期電動機間の位相角は，

$$\theta_{12} = -\theta_{21} = \theta_1 - \theta_2 = -32.03727° + 33.37515°$$

$= +1.33788°$

である．

(c) **アドミタンス角の計算**

続いてアドミタンス角 α を計算すると，電源のアドミタンス角 ϕ_{ss} より，

$$\alpha_{ss} = \phi_{ss} + 90° = -65.631631° + 90° = 24.368369°$$

4 800〔kW〕同期電動機のアドミタンス角 ϕ_{11} より，

$$\alpha_{11} = \phi_{11} + 90° = -89.895878 + 90° = 0.104122°$$

1 800〔kW〕同期電動機のアドミタンス角 ϕ_{22} より，

$$\alpha_{22} = \phi_{22} + 90° = -89.979949° + 90° = 0.020051°$$

電源と 4 800〔kW〕同期電動機間のアドミタンス角 ϕ_{s1} より，

$$\alpha_{s1} = \phi_{s1} - 90° = 92.1290° - 90° = 2.1290°$$

電源と 1 800〔kW〕同期電動機間のアドミタンス角 ϕ_{s2} より，

$$\alpha_{s2} = \phi_{s2} - 90° = 92.1290° - 90° = 2.1290°$$

4 800〔kW〕と 1 800〔kW〕の同期電動機間のアドミタンス角 ϕ_{12} より，

$$\alpha_{12} = \phi_{12} - 90° = 92.1290° - 90° = 2.2190°$$

これで電力を計算するための数値はすべて求まったので，早速電力の計算式に代入し，計算を行う．

電源の送り出す電力 P_S は，

$$\begin{aligned}P_S &= 6.5985^2 \times 0.1672847 \\ &\quad + 6.5985 \times 11.1696 \times 0.2270947 \\ &\quad \times \sin(37.428° + 2.129°) \\ &\quad + 6.5985 \times 10.0881 \times 0.0454424 \\ &\quad \times \sin(38.766° + 2.129°) \\ &= 7.283610 + 16.73747 \times 0.6368494 \\ &\quad + 3.024934 \times 0.6546771 \\ &= 7.283610 + 10.659249 + 1.9803551 \\ &= 19.923214\text{〔MW〕}\end{aligned}$$

最初に与えられた負荷の合計は，19.920〔MW〕であったのだから，この値は満足すべき値である．

4 800〔kW〕×2〔台〕の同期電動機の送り出す電力 P_1 は，

$$\begin{aligned}P_1 &= 11.1696^2 \times 0.425457 \times 10^{-3} \\ &\quad + 6.5985 \times 11.1696 \times 0.2270947 \\ &\quad \times \sin(-37.428292° + 2.1290°) \\ &\quad + 11.1696 \times 10.0881 \times 2.29172 \times 10^{-3} \\ &\quad \times \sin(-1.33788° + 2.1290°) \\ &= 0.05308 - 16.737471 \times 0.5778475 \\ &\quad + 0.2582311 \times 0.0138072 \\ &= -9.615061\text{〔MW〕}\end{aligned}$$

この値も最初に 4 800〔kW〕×2〔台〕の入力を，9 600〔kW〕として計算を始めたのだから，満足すべき値である．

引き続き 1 800〔kW〕の同期電動機の送り出す電力 P_2 は，

$$\begin{aligned}P_2 &= 10.0881^2 \times 0.0170360 \times 10^{-3} \\ &\quad + 6.5985 \times 10.0881 \times 0.0454424 \\ &\quad \times \sin(-38.766172° + 2.1290°) \\ &\quad + 11.1696 \times 10.0881 \\ &\quad \times 2.2917225 \times 10^{-3} \\ &\quad \times \sin(-1.33788° + 2.1290°) \\ &= 0.001733749 - 3.0249337 \times 0.5967456 \\ &\quad + 0.2582313 \times 0.0138072 \\ &= -1.7998167\text{〔MW〕}\end{aligned}$$

1 800〔kW〕の同期電動機の入力を，最初に 1 800〔kW〕と決めてあったので，この値も満足できる値である．

4. 電圧降下時の四端子定数

電圧降下時には，同期電動機の作用リアクタ

ンスが過渡リアクタンスに変わるので，等価回路も**第4図**のように変わる．

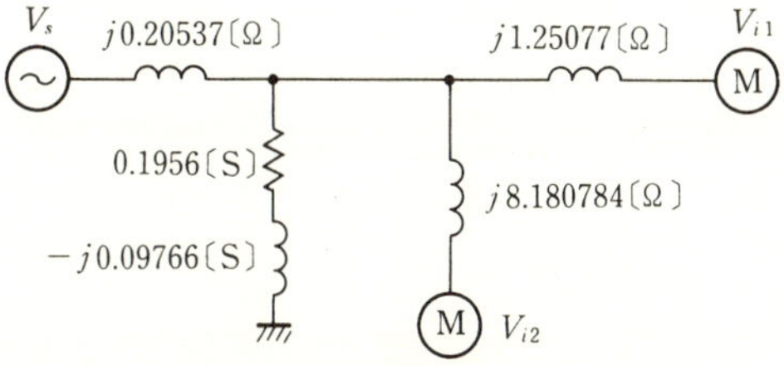

第4図

第4図の等価回路の四端子定数は，電源側には変わりがないから，電源側は定常時の四端子定数そのままで，同期電動機側のみが過渡リアクタンスの四端子定数に変わるのみである．

$$\begin{vmatrix} A_s & B_s \\ C_s & D_s \end{vmatrix} = \begin{vmatrix} \begin{pmatrix} 1.020056 \\ +j0.0401703 \end{pmatrix} & j0.20537 \\ \begin{pmatrix} 0.1956 \\ -j0.09766 \end{pmatrix} & 1 \end{vmatrix}$$

$$\begin{vmatrix} A_1 & B_1 \\ C_1 & D_1 \end{vmatrix} = \begin{vmatrix} 1 & j1.25077 \\ 0 & 1 \end{vmatrix}$$

$$\begin{vmatrix} A_2 & B_2 \\ C_2 & D_2 \end{vmatrix} = \begin{vmatrix} 1 & j8.180784 \\ 0 & 1 \end{vmatrix}$$

(a) 自己アドミタンスおよび相互アドミタンスの計算

$$\triangle = \frac{A_s}{B_s} + \frac{A_1}{B_1} + \frac{A_2}{B_2}$$

$$= \frac{1.020056+j0.0401703}{j0.20537} + \frac{1}{j1.25077} + \frac{1}{j8.180784}$$

$$= -j4.9669182+0.1955996 -j0.7995075-j0.1222376$$

$$= 0.1955996-j5.8886633$$

$$\frac{1}{\triangle} = \frac{1}{0.1955996-j5.8886633}$$

$$= \frac{0.1955996+j5.8886633}{0.0382592+34.676355}$$

$$= 0.005634503+j0.1696306$$

$$\frac{D_s}{B_s} = \frac{1}{j0.20537} = -j4.8692604$$

$$\frac{D_1}{B_1} = \frac{1}{j1.25077} = -j0.7995075$$

$$\frac{D_2}{B_2} = \frac{1}{j8.180784} = -j0.1222376$$

$$\frac{1}{{B_s}^2} = \frac{1}{(j0.20537)^2} = -23.709696$$

$$\frac{1}{{B_1}^2} = \frac{1}{(j1.25077)^2} = -0.6392122$$

$$\frac{1}{{B_2}^2} = \frac{1}{(j8.180784)^2} = -0.014942$$

$$\frac{1}{B_s B_1} = \frac{1}{(j0.20537)(j1.25077)} = -3.8930102$$

$$\frac{1}{B_s B_2} = \frac{1}{(j0.20537)(j8.180784)} = -0.595207$$

$$\frac{1}{B_1 B_2} = \frac{1}{(j1.25077)(j8.180784)} = -0.0977299$$

(b) 自己アドミタンスの計算

$$Y_{ss} = \frac{D_s}{B_s} - \frac{1}{{B_s}^2 \cdot \triangle}$$

$$= -j4.8692604-(-23.709696) \times(0.005634503+j0.1696306)$$

$$= 0.1335923-j0.84737$$

$$Y_{11} = \frac{D_1}{B_1} - \frac{1}{{B_1}^2 \cdot \triangle}$$

$$= -j0.7995075-(-0.6392122) \times(0.005634503+j0.1696306)$$

$$= 0.003601643-j0.691078$$

$$Y_{22} = \frac{D_2}{B_2} - \frac{1}{{B_2}^2 \cdot \triangle}$$

$$= -j0.1222376-(-0.014942) \times(0.005634503+j0.1696306)$$

$$= 0.00008419-j0.119703$$

$$Y_{s1}=\frac{1}{B_s B_1\cdot\triangle}$$
$$=-3.8930102$$
$$\times(0.005634503+j0.1696306)$$
$$=-0.0219351-j0.6603736$$

ここで，

$$\tan\phi_{s1}=30.105794$$
$$\therefore\quad \phi_{s1}=-91.902448°$$

であるから，

$$Y_{s1}=0.6607378\angle-91.902448°$$

$$Y_{s2}=\frac{1}{B_s B_2\cdot\triangle}$$
$$=-0.595207$$
$$\times(0.005634503+j0.1696306)$$
$$=-0.003353695-j0.1009653$$

ここで，

$$\tan\phi_{s2}=30.105689$$
$$\therefore\quad \phi_{s2}=-91.902455°$$

であるから，

$$Y_{s2}=0.10102098\angle-91.902455°$$

$$Y_{12}=\frac{1}{B_1 B_2\cdot\triangle}$$
$$=-0.0977299$$
$$\times(0.005634503+j0.1696306)$$
$$=-0.000550659-j0.0165779$$

ここで，

$$\tan\phi_{12}=30.105543°$$
$$\therefore\quad \phi_{12}=-91.902464°$$

であるから，

$$Y_{12}=0.016587043\angle-91.902464°$$

(c) 電圧回復時の四端子定数

電圧回復時には，誘導電動機に突入電流が流れ込み，誘導電動機全体が呈するアドミタンスが変わってくる．これらの値を電圧回復時に流入する電力から計算する．

流入有効電力 $P=3\,883$〔kW〕

流入無効電力 $Q=23\,450$〔kvar〕

$$\tan\phi=6.039145$$
$$\phi=80.597913°$$

上記の値よりコンダクタンスとサセプタンスを計算すると，コンダクタンス G は，

$$G=\frac{3\,883\times10^3}{6.6^2\times10^6}=0.0891414\ 〔\mathrm{S}〕$$

サセプタンス B は，

$$B=0.0891414\times6.039145$$
$$=0.5383379\ 〔\mathrm{S}〕$$

(i) **等価回路**

電圧回復時の等価回路は，電源側のアドミタンスが変わる関係で，電源側の四端子定数が変わるが，同期電動機側の四端子定数は，電圧回復も電圧降下時と変わることはない．したがって等価回路図は，**第5図**のように表される．

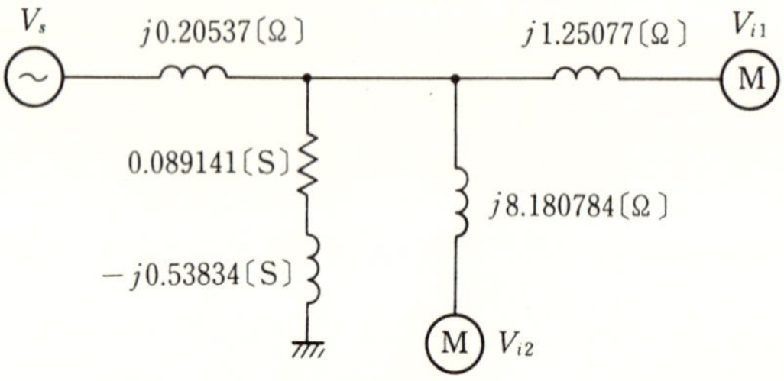

第5図

(d) 電圧回復時の四端子定数

電圧回復時の四端子定数を計算すると，第5図の等価回路より，電圧側の四端子定数は，

$$\begin{vmatrix}A_s & B_s\\ C_s & D_s\end{vmatrix}=\begin{vmatrix}1 & j0.20537\\ 0 & 1\end{vmatrix}\times\begin{vmatrix}1 & 0\\ \begin{pmatrix}0.089141\\ -j0.53834\end{pmatrix} & 1\end{vmatrix}$$

$$=\begin{vmatrix}\begin{Bmatrix}1+j0.20537\\ \times(0.089141\\ -j0.53834)\end{Bmatrix} & j0.20537\\ \begin{pmatrix}0.089141\\ -j0.53834\end{pmatrix} & 1\end{vmatrix}$$

$$=\begin{vmatrix}\begin{pmatrix}1.1105588\\ +j0.0183068\end{pmatrix} & j0.20537\\ \begin{pmatrix}0.089141\\ -j0.53834\end{pmatrix} & 1\end{vmatrix}$$

4 800〔kW〕同期電動機2台の四端子定数

$$\begin{vmatrix}A_1 & B_1\\ C_1 & D_1\end{vmatrix}=\begin{vmatrix}1 & j1.25077\\ 0 & 1\end{vmatrix}$$

1 800〔kW〕同期電動機の四端子定数

$$\begin{vmatrix} A_2 & B_2 \\ C_2 & D_2 \end{vmatrix} = \begin{vmatrix} 1 & j8.180784 \\ 0 & 1 \end{vmatrix}$$

自己アドミタンスおよび相互アドミタンスの計算

$$\triangle = \frac{A_s}{B_s} + \frac{A_1}{B_1} + \frac{A_2}{B_2}$$

$$= \frac{1.1105588 + j0.0183068}{j0.20537} + \frac{1}{j1.25077} + \frac{1}{j8.180784}$$

$$= 0.0891405 - j6.329345$$

$$\frac{1}{\triangle} = \frac{1}{0.0891405 - j6.329345}$$

$$= \frac{0.0891405 + j6.329345}{40.068556}$$

$$= 0.002224699 + j0.1579629$$

$$\frac{D_s}{B_s} = \frac{1}{j0.20537} = -4.8692604$$

$$\frac{D_1}{B_1} = \frac{1}{j1.25077} = -0.7995075$$

$$\frac{D_2}{B_2} = \frac{1}{j8.180784} = -0.1222376$$

$$\frac{1}{B_s^2} = \frac{1}{(j0.20537)^2} = -23.709696$$

$$\frac{1}{B_1^2} = \frac{1}{(j1.25077)^2} = -0.6392122$$

$$\frac{1}{B_2^2} = \frac{1}{(j8.180784)^2} = -0.014942$$

$$\frac{1}{B_s B_1} = \frac{1}{j0.20537 \times j1.25077}$$

$$= -3.8930102$$

$$\frac{1}{B_s B_2} = \frac{1}{j0.20537 \times j8.180784}$$

$$= -0.595207$$

$$\frac{1}{B_1 B_2} = \frac{1}{j1.25077 \times j8.180784}$$

$$= -0.0977299$$

(e) 自己アドミタンスの計算

$$Y_{ss} = \frac{D_s}{B_s} - \frac{1}{B_s^2 \cdot \triangle}$$

$$= -j4.8692604 - (-23.709696) \times (0.2224699 \times 10^{-2} + j0.1579629)$$

$$= 0.052746936 - j1.1240081$$

$$Y_{11} = \frac{D_1}{B_1} - \frac{1}{B_1^2 \cdot \triangle}$$

$$= -j0.7995075 - (-0.6392122) \times (0.2224699 \times 10^{-2} + j0.1579629)$$

$$= 0.001422054 - j0.6985356$$

$$Y_{22} = \frac{D_2}{B_2} - \frac{1}{B_2^2 \cdot \triangle}$$

$$= -j0.1222376 - (-0.014942) \times (0.2224699 \times 10^{-2} + j0.1579629)$$

$$= 0.000033241 - j0.1198773$$

(f) 相互アドミタンスの計算

$$Y_{s1} = \frac{1}{B_s B_1 \cdot \triangle}$$

$$= -3.8930102 \times (0.2224699 \times 10^{-2} + j0.1579629)$$

$$= -0.008660775 - j0.6149512$$

ここで,

$$\tan \phi_{s1} = 71.00418$$

$$\therefore \quad \phi_{s1} = -90.80688°$$

であるから,

$$Y_{s1} = 0.615012 \angle -90.80688°$$

$$Y_{s2} = \frac{1}{B_s B_2 \cdot \triangle}$$

$$= -0.595207 \times (0.2224699 \times 10^{-2} + j0.1579629)$$

$$= -0.001324156 - j0.0940206$$

ここで,

$$\tan \phi_{s2} = 71.00419$$

$$\therefore \quad \phi_{s2} = -90.80688°$$

であるから,

$$Y_{s2} = 0.0940299 \angle -90.80688°$$

$$Y_{12} = \frac{1}{B_1 B_2 \cdot \triangle}$$

$$= -0.0977299 \times (0.2224699 \times 10^{-2} + j0.1579629)$$

アドミタンスの一覧表

定常状態（全電圧）	電圧降下時（50%電圧）	電圧回復時（全電圧）
$Y_{ss}=0.1672847-j0.3693189$	$Y_{ss}=0.1335923-j0.84737$	$Y_{ss}=0.052746936-j1.1240081$
$Y_{11}=0.000425457-j0.2341185$	$Y_{11}=0.003601643-j0.691078$	$Y_{11}=0.001422054-j0.6985356$
$Y_{22}=0.0000170360-j0.0486798$	$Y_{22}=0.00008419-j0.119703$	$Y_{22}=0.000033241-j0.1198773$
$Y_{s1}=0.2270947\angle-92.128981°$	$Y_{s1}=0.6607378\angle-91.902448°$	$Y_{s1}=0.615012\angle-90.80688°$
$Y_{s2}=0.0454424\angle-92.128962°$	$Y_{s2}=0.10102098\angle-91.902455°$	$Y_{s2}=0.0940299\angle-90.80688°$
$Y_{12}=0.0022917\angle-92.128791°$	$Y_{12}=0.016587043\angle-91.902464°$	$Y_{12}=0.0154392\angle-90.80688°$

$$=-0.000217419-j0.0154377$$

ここで，

$$\tan\phi_{12}=71.00437$$

$$\therefore\quad \phi_{12}=-90.80688°$$

であるから，

$$Y_{12}=0.0154392\angle-90.80688°$$

この一覧表を作る目的は，計算結果が確からしいかどうかを見ることにある．定常状態のように直接計算してみるわけにはいかないので，関連した周りのものと比較してみて，何となく確からしいことを確認したものである．

電動機軸の破断

直径約 100mm の三相誘導電動機の軸受けブラケットとベルトプリー間のベルトプリーの電動機側端で，軸が，折れずに切れてしまいました．破断面は非常に綺麗で少し磨かれた感じすらしてました．この状況を自分の知識でもって判断したのですが，ただ非常に小さい力で切断されたということがわかるのみでした．みなさんご存知のように，大きな力で木を折った場合，破断面がささくれますが，大根をよく切れる包丁で切った場合は非常に綺麗な表面になります．自分が見た破断面は，まさにこの大根と同じ感じでした．自分としてなすべきことは，研究所のような専門家のに連絡を取ってもらうことと，この電動機の回転子を原産国の製造者に送り返すことでした．

金属研究所の方のお話によると，破断面に帆立貝の貝殻模様のような旭日の模様ができているでしょうと言われました．これはフレッティング・コロージョン（Fretting Corrosion）と呼ばれる腐食です．それで旭日模様の放射点が腐食の発生点で，そこから広がっていって軸中心（直径）を過ぎたあたりに，破断面の少し粗い面がある．その面積が最後に負荷トルクに耐えられなくなって機械的に破断した断面です．したがって，その破断面の面積から負荷が実際に要求していた，機械的な負荷トルクがわかります，と教えてくださいました．

この破断面はほぼ円形に近い楕円でした．面積を計算する本来の軸の断面積の 10%にも満たない値でした．そしてこのような事故は，船舶の推進軸の軸受けの近くや，鉄道車輌の車輪と車軸の嵌め合い部分に発生し，ときおり起きる事故としてすでに報告されているとのことでした．当時，車輪と車軸の嵌め合い部分の形状について研究がなされ，規格化される気運があり規格案の立案中です，とつけ加えてくれました．

本事故の対策としては金属研究所の方のご指導に従い，嵌め合い部分の電動機の軸とプリーの内穴の表面がお互いに接触する面の形状を変え，新しい形状の電動機軸とベルトプリーを製作し，電動機の回転子および軸にそれぞれ挿入して送り返してもらうことにしました．上記の規格は JIS 規格の目録に載っていたのを見ましたが，専門外なので内容の確認はしていません．機械がご専門の方は一度規格をご覧になってください．

段々法による瞬時電圧降下時における同期電動機の過渡安定度の判別法（その3）

5．単位慣性定数の計算

単位慣性定数については，改めて詳しく説明する予定であるから，そちらを参照願いたい．

外国でははずみ車効果を表すのにGR^2がよく用いられるが，日本ではGD^2（$=4GR^2$）がよく用いられる．この計算のために集めた資料はもちろんGD^2で与えられている．

単位慣性定数M_nは，GD^2〔kg·m^2〕，回転数N〔rpm〕，容量をP〔kW〕とすると，

$$M_n = \frac{10.955GR^2 \times N^2}{P} \times 10^{-6}$$

$$= \frac{2.739GD^2 \times N^2}{P} \times 10^{-6} \text{〔s〕}$$

で表される．

(i)　4 800〔kW〕の単位慣性定数

極数；22極

GD^2；60トン

周波数；60〔Hz〕

回転数Nは，

$$N = \frac{120}{22} \times 60 = 327.3 \text{〔rpm〕}$$

$$M_n = \frac{2.739 \times 60 \times 327.3^2}{4\,800 \times 10^3}$$

$$= 3.6673673 \text{〔s〕}$$

4 800〔kW〕×2台の慣性定数Mは，

$$M = 3.6673673 \times 9\,600$$

$$= 35\,206.727 \text{〔kW·s〕}$$

(ii)　1 800〔kW〕の単位慣性定数

極数；28極

GD^2；24トン

周波数；60〔Hz〕

回転数Nは，

$$N = \frac{120}{28} \times 60 = 257.1 \text{〔rpm〕}$$

$$M_n = \frac{2.739 \times 24 \times 257.1^2}{1\,800 \times 10^3}$$

$$= 2.4137666 \text{〔s〕}$$

1 800〔kW〕電動機の慣性定数Mは，

$$M = 2.4137666 \times 1\,800$$

$$= 4\,344.7799 \text{〔kW·s〕}$$

(iii)　角速度定数k

最初の段々法の説明のところで述べたように，$\omega/M\cdot(\varDelta t)^2$に$2\pi f$の値を代入して，$360\times 60\cdot(\varDelta t)^2$を得る．

これを代入した角速度定数kは，

第1表

	$V_s^2 Y_{ss} \sin\alpha_{ss}$	$V_1^2 Y_{11} \sin\alpha_{11}$	$V_2^2 Y_{22} \sin\alpha_{22}$	$V_s V_1 Y_{1s}$	$V_s V_2 Y_{2s}$	$V_1 V_2 Y_{12}$
定常状態の定数項	7.283610	0.05308	0.0017337497	16.737471	3.0249337	0.2582313
電圧降下時の定数項	1.4541589	0.4493408	0.008568072	24.349049	3.3622978	1.8690287
電圧降下 20 サイクル後の定数項	1.4541589	0.3977999	0.006936622	22.910069	3.0253014	1.5823146
電圧回復時の定数項	0.2296613	0.0157065	0.0002738822	21.322506	2.8156622	1.4726639
電圧回復 60 サイクル後の定数項	0.2296613	0.0163328	0.0003045043	21.743470	2.9688987	1.5834673

$$k = \frac{360}{M} \times 60 \times (\varDelta t)^2$$

だから，4 800〔kW〕×2 台の角速度定数は，$\varDelta t$ を 2 サイクル(60〔Hz〕系）とすると，

$$k = \frac{360}{35\,207} \times 60 \times \left(\frac{2}{60}\right)^2$$

$$= 0.00068168262$$

1 800〔kW〕電動機の角速度定数は，

$$k = \frac{360}{4\,344.8} \times 60 \times \left(\frac{2}{60}\right)^2$$

$$= 0.0055248619$$

と求まる．

これからの電力の計算に重要な役割を果たす，送り出し電力と位相角の計算式の中の大切な定数項を，整理して一覧表にしておく（**第1表**参照）．

このように一覧表にしておくと比率の関係で，これらの数値が，何となく正しいものであることがわかる．また計算の時に，使用している数値に間違いがないか，確認するのに大変便利である．

6. 内部誘起電圧の変化の計算

もう後少しで，内部位相角の変化の計算ができそうなことが，少しずつ感じられるようになってきた．

そこでこの後，何を準備をすればよいかを考えると，励磁機は，同じ電源から電力を得て，界磁を励磁しているので，電源の電圧降下により，磁界を作っている界磁電流が変化することが考えられる．この変化の考え方と過渡現象の解き方は，改めて解説する直流の電源電圧が変化した場合の回路電流の過渡現象の解法を参照願いたい．

では，次のような解が求まっているから，そのものをこれから利用して励磁電流の変化と内部誘起電圧の変化が同じものとして変化の様子を計算する．

電圧降下時の過渡電流 i は，

$$i = \frac{E}{2R}\left(1 + e^{-t/T}\right)$$

ここに，E；回路の直流電圧〔V〕

R；回路の抵抗値〔Ω〕

T；回路の時定数〔s〕

t；電圧降下時の経過時間

電圧回復時の過渡電流 i' は，

$$i' = \frac{E}{2R}\left\{2 + e^{-(t_1 + t')/T} - e^{-t'/T}\right\}$$

ここに，t_1；電圧降下継続時間

t'；電圧回復後の経過時間

上の式そのままでは計算が厄介なので，計算のやりやすい形に変えると，すなわち変数を1か所にまとめると，

$$i' = \frac{E}{R}\left\{1 + \frac{e^{-t_1/T} - 1}{2} \cdot e^{-t'/T}\right\}$$

となる．

段々法で計算するに当たって，どれくらいの時間間隔で計算するかであるが，これはやって試すしか方法はないのである．そこでまず2サイクル間隔で計算をしてみる．

電圧降下の大きさは 50〔%〕，そして電圧降

第 2 表 4 800〔kW〕同期電動機の内部誘起電圧の変化の様子（界磁回路の時定数 $T = 2.65$〔s〕）

経過時間 サイクル	$t/(60\times2.65)$	$e^{-t/T}$	$(1+e^{-t/T})/2$
02	0.0125786	0.9875001	0.9937500
04	0.0251572	0.9751565	0.9875782
06	0.0377358	0.9629672	0.9814836
08	0.0503144	0.9509303	0.9754651
10	0.0628930	0.9390438	0.9695219
12	0.0754716	0.9273059	0.9636529
14	0.0880503	0.9157148	0.9578574
16	0.1006289	0.9042685	0.9521342
18	0.1132075	0.8929653	0.9464826
20	0.1257861	0.8818033	0.9409016

第 3 表 1 800〔kW〕同期電動機の内部誘起電圧の変化の様子（界磁回路の時定数 $T = 1.49$〔s〕）

経過時間 サイクル	$t/(60\times1.49)$	$e^{-t/T}$	$(1+e^{-t/T})/2$
02	0.0223713	0.9778770	0.9889385
04	0.0447427	0.9562434	0.9781217
06	0.0671140	0.9350885	0.9675442
08	0.0894854	0.9144015	0.9572007
10	0.1118568	0.8941722	0.9470861
12	0.1342281	0.8743905	0.9371952
14	0.1565995	0.8550463	0.9275231
16	0.1789709	0.8361302	0.9180651
18	0.2013422	0.8176325	0.9088162
20	0.2237136	0.7995440	0.8997720

第 4 表 電圧回復時の 4 800〔kW〕同期電動機の内部誘起電圧の回復の様子

経過時間 サイクル	$t'/(60\times2.65)$	$e^{-t'/T}$	$-0.0590983\ e^{-t'/T}$	$1-0.0590983\ e^{-t'/T}$
02	0.0125786	0.9875001	−0.0583595	0.9416404
04	0.0251572	0.9751565	−0.0576300	0.9423699
06	0.0377358	0.9629672	−0.0569097	0.9430902
08	0.0503144	0.9509303	−0.0561983	0.9438387
10	0.0628930	0.9390438	−0.0554958	0.9445041
12	0.0754716	0.9273059	−0.0548022	0.9451727
14	0.0880503	0.9157148	−0.0541171	0.9458828
16	0.1006289	0.9042685	−0.0534407	0.9465592
18	0.1132075	0.8929653	−0.0527727	0.9472273
20	0.1257861	0.8818033	−0.0521130	0.9478869
22	0.1383647	0.8707809	−0.0514616	0.9485383
24	0.1509434	0.8598963	−0.0508184	0.9491815
26	0.1635220	0.8491478	−0.0501831	0.9498168
28	0.1761006	0.8385336	−0.0495559	0.9504440
30	0.1886792	0.8280520	−0.0489364	0.9510635
32	0.2012578	0.8177015	−0.0483247	0.9516752
34	0.2138364	0.8074804	−0.0477207	0.9522792
36	0.2264150	0.7973870	−0.0471242	0.9528757
38	0.2389937	0.7874198	−0.0465351	0.9534684
40	0.2515723	0.7775772	−0.0459534	0.9540465
42	0.2641509	0.7678576	−0.0453790	0.9546209
44	0.2767295	0.7582595	−0.0448118	0.9551881
46	0.2893081	0.7487814	−0.0442517	0.9557482
48	0.3018867	0.7394217	−0.0436985	09.563014
50	0.3144654	0.7301791	−0.0431523	0.9568476
52	0.3270440	0.7210520	−0.0426129	0.9573870
54	0.3396226	0.7120389	−0.0420802	0.9579197
56	0.3522012	0.7031386	−0.0415542	0.9584457
58	0.3647798	0.6943494	−0.0410348	0.9589651
60	0.3773584	0.6856702	−0.0405219	0.9594780

第5表　電圧回復時の1 800〔kW〕同期電動機の内部誘起電圧の回復の様子

経過時間 サイクル	$t'/(60\times1.49)$	$e^{-t'/T}$	$-0.100228e^{-t'/T}$	$1-0.100228\ e^{-t'/T}$
02	0.0223713	0.9778770	−0.0980107	0.9019893
04	0.0447427	0.9562434	−0.0958424	0.9041576
06	0.0671140	0.9350885	−0.0937221	0.9062780
08	0.0894854	0.9144015	−0.0916486	0.9083514
10	0.1118568	0.8941722	−0.0896211	0.9103789
12	0.1342281	0.8743905	−0.0876384	0.9123616
14	0.1565995	0.8550463	−0.0856996	0.9143004
16	0.1789709	0.8361302	−0.0838037	0.9161963
18	0.2013422	0.8176325	−0.0819497	0.9180503
20	0.2237136	0.7995440	−0.0801367	0.9198633
22	0.2460850	0.7818557	−0.0783638	0.9216361
24	0.2684563	0.7645587	−0.0766302	0.9233698
26	0.2908277	0.7476444	−0.0749349	0.9250651
28	0.3131991	0.7311043	−0.0732771	0.9267229
30	0.3355704	0.7149301	−0.0716560	0.9283440
32	0.3579418	0.6991137	−0.0700708	0.9299292
34	0.3803132	0.6836472	−0.0685206	0.9314794
36	0.4026845	0.6685229	−0.0670047	0.9329953
38	0.4250559	0.6537332	−0.0655224	0.9344776
40	0.4474272	0.6392706	−0.0640728	0.9359272
42	0.4697986	0.6251281	−0.0626553	0.9373447
44	0.4921700	0.6112984	−0.0612692	0.9387308
46	0.5145413	0.5977746	−0.0599138	0.9400862
48	0.5369127	0.5845501	−0.0585882	0.9414117
50	0.5592841	0.5716181	−0.0572921	0.9427079
52	0.5816554	0.5589722	−0.0560247	0.9439753
54	0.6040268	0.5466061	−0.0547852	0.9452148
56	0.6263982	0.5345135	−0.0535732	0.9464268
58	0.6487695	0.5226885	−0.0523880	0.9476120
60	0.6711409	0.5111250	−0.0512290	0.9487710

下の継続時間は20サイクルとする．

将来，この計算を真似て計算される方々のために，特にパーソナル・コンピュータを使って計算される方のために，計算のステップをそれぞれ一覧表（**第2～5表**）にしておく．

電圧回復時の内部誘起電圧の変化の様子

電圧回復時の様子を表す式は，

$$1+\{(e^{-t_1/T}-1)/2\}\cdot e^{-t'/T}$$

括弧内は定数なので先に計算しておくと，

(i)　4 800〔kW〕同期電動機の場合

$e^{-t_1/T}$ は既に求めた20サイクルにおける値0.8818033を使用して計算すると，

$$\frac{e^{-t_1/T}-1}{2}=\frac{0.8818033-1}{2}=-0.0590983$$

これが求める4 800〔kW〕の電動機用の括弧内の数値である．

(ii)　1 800〔kW〕同期電動機の場合

ついでに1 800〔kW〕の電動機用の数値も求めておくと，この場合もすでに求めた $e^{-t_1/T}$ の値0.799544を使用して計算すると，

$$\frac{e^{-t_1/T}-1}{2}=\frac{0.799544-1}{2}=-0.100228$$

と，1 800〔kW〕の電動機用の括弧内の数値も求まった．

段々法による瞬時電圧降下時における同期電動機の過渡安定度の判別法（その4）

7.　送り出し電力と位相角の計算

これまでの計算で準備作業を終り，いよいよこれで，本論の同期電動機の瞬時電圧降下時における過渡安定度の判定を行うのに必要な段々法の計算を始めるための数値はすべて求まったのである．

ここで本論の計算に入る前に，授受電力の計算に関する知識の整理をしておこう．電力の式で正の値は送り出し電力，負の値は受取り電力である．また電力は位相の進んでいる機械より，位相の遅れた機械に送られる．これはちょっとくどいかもしれないが，無効電力の項はすでに取り除いてあるから有効電力のみ考えればよい．

足字は時間的に順番に付けていくが，ただし同一時刻に起きるものは，先に起きるものに0を付け，後から起きるものに1を付けて枝番の足字を付けておくことにする．

(1)　定常時の電力と位相角

では，もう一度電力の式を掲げておいてから，計算を開始する．

$$P_{\mathrm{I}} = e_1^2 y_{11} \sin\alpha_{11} + e_s e_1 y_{s1} \sin(\theta_{1s}+\alpha_{s1}) + e_1 e_2 y_{12} \sin(\theta_{12}+\alpha_{12})$$

$$P_{\mathrm{II}} = e_2^2 y_{22} \sin\alpha_{22} + e_s e_2 y_{s2} \sin(\theta_{2s}+\alpha_{s2}) + e_1 e_2 y_{12} \sin(\theta_{21}+\alpha_{12})$$

数値はいままでに計算したものから拾ってきて，数式に代入していく．定常時の 9 600〔kW〕同期電動機の送り出す電力は，

$$\begin{aligned} P_{\mathrm{I}00} &= 11.1696^2 \times 0.425457 \times 10^{-3} \\ &\quad + 6.5985 \times 11.1696 \times 0.2270947 \\ &\quad \times \sin(-37.428292^\circ + 2.1290^\circ) \\ &\quad + 11.1696 \times 10.0881 \times 0.0022917225 \\ &\quad \times \sin(1.33788^\circ + 2.1290^\circ) \\ &= 0.05308 - 9.6717065 + 0.0156156 \\ &= -9.6030109 \end{aligned}$$

電圧降下時の送り出す電力は，

$$\begin{aligned} P_{\mathrm{I}01} &= 11.1696^2 \times 3.6016431 \times 10^{-3} \\ &\quad + 3.29925 \times 11.1696 \times 0.6607378 \\ &\quad \times \sin(-37.428292^\circ + 1.902448^\circ) \\ &\quad + 11.1696 \times 10.0881 \times 0.016587043 \\ &\quad \times \sin(1.33788^\circ + 1.902464^\circ) \\ &= 0.4493408 - 14.14850 + 0.1056454 \\ &= -13.593519 \end{aligned}$$

両電力より角速度定数を利用して，負荷角の変化値を求めれば，

$$\varDelta\theta_{10} = 0.00068168262 \times 10^3$$

$$\times \frac{13.593519-9.6030109}{2}$$

$$= 1.36013°$$

定常時の1 800〔kW〕同期電動機の送り出す電力は，

$$P_{\mathrm{II}00} = 10.0881^2 \times 0.0170360 \times 10^{-3}$$
$$+6.5985 \times 10.0881 \times 0.0454424$$
$$\times \sin(-38.766172° + 2.1290°)$$
$$+11.1696 \times 10.0881$$
$$\times 2.2917225 \times 10^{-3}$$
$$\times \sin(-1.33788° + 2.1290°)$$
$$= 0.0017337497 - 1.8051159$$
$$+0.0035654538$$
$$= -1.7998167$$

電圧降下時の電力は，

$$P_{\mathrm{II}01} = 10.0881^2 \times 0.084190744 \times 10^{-3}$$
$$+3.29925 \times 10.0881 \times 0.10102098$$
$$\times \sin(-38.766172° + 1.902455°)$$
$$+11.1696 \times 10.0881 \times 0.016587043$$
$$\times \sin(-1.33788° + 1.902464°)$$
$$= 0.0085680719 - 2.0170885$$
$$+0.0184168$$
$$= -1.9901037$$

1 800〔kW〕同期電動機の負荷角の変化は，

$$\Delta\theta_{\mathrm{II}0} = 0.0055248619 \times 10^{-3}$$
$$\times \frac{1.9901037-1.7998167}{2}$$
$$= 0.5256547°$$

それぞれの相差角の変化は，

$$\theta_{s10} = \theta_s - (\theta_1 + \Delta\theta_{\mathrm{I}0})$$
$$= 37.428292° - 1.36013°$$
$$= 36.068162°$$

$$\theta_{s20} = \theta_s - (\theta_2 + \Delta\theta_{\mathrm{II}0})$$
$$= 38.766172° - 0.5256547°$$
$$= 38.240517°$$

$$\theta_{210} = (\theta_2 + \Delta\theta_{\mathrm{II}0}) - (\theta_1 + \Delta\theta_{\mathrm{I}0})$$
$$= (-33.37515° + 0.5256547°)$$
$$-(-32.03727 + 1.36013°)$$
$$= -32.849495° + 30.67714$$
$$= -2.172355°$$

これからは数値計算ばかりなので，そのつどの説明は省略する．したがって，いままでに求めた部分の数値は，すべてそのまま使えるものは使っていき，そのつど変わる内部誘起電圧と負荷角のみを取り替えて計算していくことにする．

では，2サイクルごとの時間経過に従った電力と負荷角（位相角）の変化を求めていく．

$$P_{\mathrm{I}1} = 0.4493408 \times 0.99375^2$$
$$+24.349049 \times 0.99375$$
$$\times \sin(-36.068162° + 1.902448°)$$
$$+1.8690287 \times 0.99375 \times 0.9889385$$
$$\times \sin(+2.172355° + 1.902464°)$$
$$= 0.4437415 - 13.588679 + 0.1305214$$
$$= -13.014416$$

$$\Delta\theta_{\mathrm{I}1} = 0.68168262$$
$$\times (13.014416 - 9.6030109)$$
$$= 2.3254956°$$

$$P_{\mathrm{II}1} = 0.0085680719 \times 0.9889385^2$$
$$+3.3622978 \times 0.9889385$$
$$\times \sin(-38.240517° + 1.902455°)$$
$$+1.8690287 \times 0.99375 \times 0.9889385$$
$$\times \sin(-2.172355° + 1.902464°)$$
$$= 0.0083795688 - 1.9702862$$
$$-0.0086522002$$
$$= -1.9705589$$

$$\Delta\theta_{\mathrm{II}1} = 5.5248619$$
$$\times (1.9705589 - 1.7998167)$$
$$= 0.943327°$$

$$\theta_{s11} = 36.068162° - 2.3254956°$$
$$= 33.742666°$$

$$\theta_{s21} = 38.240517° - 0.943327°$$
$$= 37.29719°$$

$$\theta_{211} = -2.172355° - 2.3254956°$$
$$+0.943327°$$
$$= -3.5545236°$$

$$P_{\mathrm{I}2} = 0.4493408 \times 0.9875782^2$$
$$+24.349049 \times 0.9875782$$
$$\times \sin(-33.742666° + 1.902448°)$$
$$+1.8690287 \times 0.9875782$$

$\times 0.9781217$

$\times \sin(+3.5545236° + 1.902448°)$

$= 0.4382468 - 12.685832 + 0.1716935$

$= -12.075892$

$\Delta\theta_{\mathrm{I}2} = 0.68168262$

$\times (12.075892 - 9.6030109)$

$= 1.6857201°$

$P_{\mathrm{II}2} = 0.0085680719 \times 0.9781217^2$

$+ 3.3622978 \times 0.9781217$

$\times \sin(-37.29719° + 1.902455°)$

$+ 1.8690287 \times 0.9875782$

$\times 0.9781217$

$\times \sin(-3.5545236° + 1.902464°)$

$= 0.0081972634 - 1.9048568$

$- 0.0520503$

$= -1.9487099$

$\Delta\theta_{\mathrm{II}2} = 5.5248619$

$\times (1.9487099 - 1.7998167)$

$= 0.8226143°$

$\theta_{s12} = 33.742666° - 1.6857201°$

$= 32.056946°$

$\theta_{s22} = 37.29719° - 0.8226143°$

$= 36.474576°$

$\theta_{212} = -3.5545236° - 1.6857201°$

$+ 0.8226143°$

$= -4.4176294°$

$P_{\mathrm{I}3} = 0.4493408 \times 0.9814836^2$

$+ 24.349049 \times 0.9814836$

$\times \sin(-32.056946° + 1.902448°)$

$+ 1.8690287 \times 0.9814836$

$\times 0.9675442$

$\times \sin(+4.4176294° + 1.902464°)$

$= 0.4328545 - 12.00486 + 0.1953842$

$= -11.376621$

$\Delta\theta_{\mathrm{I}3} = 0.68168262$

$\times (11.376621 - 9.6030109)$

$= 1.2090394°$

$P_{\mathrm{II}3} = 0.0085680719 \times 0.9675442^2$

$+ 3.3622978 \times 0.9675442$

$\times \sin(-36.474576° + 1.902455°)$

$+ 1.8690287 \times 0.9814836$

$\times 0.9675442$

$\times \sin(-4.4176294° + 1.902464°)$

$= 0.0080209301 - 1.84599 - 0.0778886$

$= -1.9158578$

$\Delta\theta_{\mathrm{II}3} = 5.5248619$

$\times (1.9158578 - 1.7998167)$

$= 0.641111°$

$\theta_{s13} = 32.056946° - 1.2090394°$

$= 30.847907°$

$\theta_{s23} = 36.474576° - 0.641111°$

$= 35.833465°$

$\theta_{213} = -4.4176294° - 1.2090394°$

$+ 0.641111°$

$= -4.9855578°$

$P_{\mathrm{I}4} = 0.4493408 \times 0.9754651^2$

$+ 24.3490394 \times 0.9754651$

$\times \sin(-30.847907° + 1.902448°)$

$+ 1.8690287 \times 0.9754651$

$\times 0.9572002$

$\times \sin(4.9855578° + 1.902464°)$

$= 0.4275622 - 11.495141 + 0.2092936$

$= -10.858285$

$\Delta\theta_{\mathrm{I}4} = 0.68168262$

$\times (10.858285 - 9.6030109)$

$= 0.8556985°$

$P_{\mathrm{II}4} = 0.0085680719 \times 0.9572007^2$

$+ 3.3622978 \times 0.9572007$

$\times \sin(-35.833465° + 1.902455°)$

$+ 1.8690287 \times 0.9754651 \times 0.9572007$

$\times \sin(-4.9855578° + 1.902464°)$

$= 0.0078503518 - 1.7964889 - 0.093861$

$= -1.8824996$

$\Delta\theta_{\mathrm{II}4} = 5.5248619$

$\times (1.8824996 - 1.7998167)$

$= 0.4568116°$

$\theta_{s14} = 30.847907° - 0.8556985°$

$= 29.992209°$

$\theta_{s24} = 35.833465° - 0.4568116°$

$= 35.376653°$

$\theta_{214} = -4.9855578° - 0.8556985°$
$\quad + 0.4568116°$
$\quad = -5.3844447°$

$P_{\mathrm{I}5} = 0.4493408 \times 0.9695219^2$
$\quad + 24.349049 \times 0.9695219$
$\quad \times \sin(-29.992209° + 1.902448°)$
$\quad + 1.8690287 \times 0.9695219$
$\quad \times 0.9470861$
$\quad \times \sin(+5.3844447° + 1.902464°)$
$\quad = 0.422368 - 11.115426 + 0.2176769$
$\quad = -10.475381$

$\Delta\theta_{\mathrm{I}5} = 0.68168262$
$\quad \times (10.475381 - 9.6030109)$
$\quad = 0.59467954°$

$P_{\mathrm{II}5} = 0.0085680719 \times 0.9470861^2$
$\quad + 3.3622978 \times 0.9470861$
$\quad \times \sin(-35.376653° + 1.902455°)$
$\quad + 1.8690287 \times 0.9695219$
$\quad \times 0.9470861$
$\quad \times \sin(-5.3844447° + 1.902464°)$
$\quad = 0.0076853213 - 1.7563841$
$\quad - 0.1042316$
$\quad = -1.8529304$

$\Delta\theta_{\mathrm{II}5} = 5.5248619$
$\quad \times (1.8529304 - 1.7998167)$
$\quad = 0.2934458°$

$\theta_{s15} = 29.992209° - 0.59467954°$
$\quad = 29.39753°$

$\theta_{s25} = 35.376653° - 0.2934458°$
$\quad = -35.083207°$

$\theta_{215} = -5.3844447° - 0.59467954°$
$\quad + 0.2934458°$
$\quad = -5.6856784°$

$P_{\mathrm{I}6} = 0.4493408 \times 0.9636529^2$
$\quad + 24.349049 \times 0.9636529$
$\quad \times \sin(-29.39753° + 1.902448°)$
$\quad + 1.8690287 \times 0.9636529$
$\quad \times 0.9371952$
$\quad \times \sin(+5.6856784° + 1.902464°)$
$\quad = 0.4172699 - 10.832698 + 0.2228995$
$\quad = -10.192529$

$\Delta\theta_{\mathrm{I}6} = 0.68168262$
$\quad \times (10.192529 - 9.6030109)$
$\quad = 0.4018642°$

$P_{\mathrm{II}6} = 0.0085680719 \times 0.9371952^2$
$\quad + 3.3622978 \times 0.9371952$
$\quad \times \sin(-35.083207° + 1.902455°)$
$\quad + 1.8690287 \times 0.9636529$
$\quad \times 0.9371952$
$\quad \times \sin(-5.6856784° + 1.902464°)$
$\quad = 0.0075256361 - 1.7245567$
$\quad - 0.1113754$
$\quad = -1.8284065$

$\Delta\theta_{\mathrm{II}6} = 5.5248619$
$\quad \times (1.8284065 - 1.7998167)$
$\quad = 0.1579547°$

$\theta_{s16} = 29.39753° - 0.4018642°$
$\quad = 28.995666°$

$\theta_{s26} = 35.083207° - 0.1579547°$
$\quad = 34.925252°$

$\theta_{216} = -5.6856784° - 0.4018642°$
$\quad + 0.1579547°$
$\quad = -5.9295879°$

$P_{\mathrm{I}7} = 0.4493408 \times 0.9578574^2$
$\quad + 24.349049 \times 0.9578574$
$\quad \times \sin(-28.995666° + 1.902448°)$
$\quad + 1.8690287 \times 0.9578574$
$\quad \times 0.9275231$
$\quad \times \sin(+5.9295879 + 1.902464°)$
$\quad = 0.412266 - 10.622178 + 0.2262773$
$\quad = -9.9836344$

$\Delta\theta_{\mathrm{I}7} = 0.68168262$
$\quad \times (9.9836344 - 9.6030109)$
$\quad = 0.2594644°$

$P_{\mathrm{II}7} = 0.0085680719 \times 0.9275231^2$
$\quad + 3.3622978 \times 0.9275231$
$\quad \times \sin(-34.925252° + 1.902455°)$
$\quad + 1.8690287 \times 0.9578574$
$\quad \times 0.9275231$
$\quad \sin(-5.9295879° + 1.902464°)$

$= 0.0073711046 - 1.6995567$
$\quad - 0.1166155$
$= -1.8088011$

$\varDelta\theta_{\mathrm{II}7} = 5.5248619$
$\quad \times (1.8088011 - 1.7998167)$
$= 0.0496375°$

$\theta_{s17} = 28.995666° - 0.2594644°$
$= 28.736202°$

$\theta_{s27} = 34.925252° - 0.0496375°$
$= 34.875615°$

$\theta_{217} = -5.9295879° - 0.2594644°$
$\quad + 0.0496375°$
$= -6.1394148°$

$P_{\mathrm{I}8} = 0.4493408 \times 0.9521342^2$
$\quad + 24.349049 \times 0.9521342$
$\quad \times \sin(-28.736202° + 1.902448°)$
$\quad + 1.8690287 \times 0.9521342$
$\quad \times 0.9180651$
$\quad \times \sin(+6.1394148° + 1.902464°)$
$= 0.4073541 - 10.465137 + 0.2285575$
$= -9.8292254$

$\varDelta\theta_{\mathrm{I}8} = 0.68168262$
$\quad \times (9.8292254 - 9.6030109)$
$= 0.1542064°$

$P_{\mathrm{II}8} = 0.0085680719 \times 0.9180651^2$
$\quad + 3.3622978 \times 0.9180651$
$\quad \times \sin(-34.875615° + 1.902455°)$
$\quad + 1.8690287 \times 0.9521342$
$\quad \times 0.9180651$
$\quad \times \sin(-6.13941489° + 1.902464°)$
$= 0.0072215439 - 1.6799834$
$\quad - 0.1207042$
$= -1.7934661$

$\varDelta\theta_{\mathrm{II}8} = 5.5248619$
$\quad \times (1.7934661 - 1.7998167)$
$= -0.0350861°$

$\theta_{s18} = 28.736202° - 0.1542064°$
$= 28.581996°$

$\theta_{s28} = 34.875615° + 0.0350861°$
$= 34.910701°$

$\theta_{218} = -6.1394148° - 0.1542064°$
$\quad - 0.0350861°$
$= -6.3287073°$

$P_{\mathrm{I}9} = 0.4493408 \times 0.9464826^2$
$\quad + 24.349049 \times 0.9464826$
$\quad \times \sin(-28.581996° + 1.902448°)$
$\quad + 1.8690287 \times 0.9464826$
$\quad \times 0.9088162$
$\quad \times \sin(+6.3287073° + 1.902464°)$
$= 0.4025326 - 10.347634$
$\quad + 0.2301700$
$= -9.7149314$

$\varDelta\theta_{\mathrm{I}9} = 0.68168262$
$\quad \times (9.7149314 - 9.6030109)$
$= 0.0762942°$

$P_{\mathrm{II}9} = 0.0085680719 \times 0.9088162^2$
$\quad + 3.3622978 \times 0.9088162$
$\quad \sin(-34.910701° + 1.902455°)$
$\quad + 1.8690287 \times 0.9464826$
$\quad \times 0.9088162$
$\quad \times \sin(-6.3287073° + 1.902464°)$
$= 0.0070767723 - 1.6646281$
$\quad - 0.1240752$
$= -1.7816266$

$\varDelta\theta_{\mathrm{II}9} = 5.5248619$
$\quad \times (1.7816266 - 1.7998167)$
$= -0.1004977°$

$\theta_{s19} = 28.581996° - 0.0762942°$
$= 28.505702°$

$\theta_{s29} = 34.910701° + 0.1004977°$
$= 35.011199°$

$\theta_{219} = -6.3287073° - 0.0762942°$
$\quad - 0.1004977°$
$= -6.5054992°$

プロジェクトは，会社経営のように高度の管理テクニックが要求されます．ヨーロッパではプロセジュアが書類として存在し，プロジェクトに従事する人は，そのプロセジュアに従がってプロジェクトを運営しております．

段々法による瞬時電圧降下時における同期電動機の過渡安定度の判別法（その５）

(2) 20 サイクル経過時の電力と位相角

次の電圧降下が回復する，電圧降下発生から 20 サイクル経過したときの計算は，最初の電圧降下が発生したときの考え方と同じ考え方で，その時刻の前後の同期電動機の入力の平均値が，同期電動機の入力として作用すると考え，位相角の変化を計算する．

(a) 4 800kW 同期電動機 2 台の電圧降下時の電力

$$P_{\mathrm{I}\,100} = 0.4493408\times0.9409016^2 +24.349049\times0.9409016 +\sin(-28.505702^\circ+1.902448^\circ) +1.8690287\times0.9409016\times0.8997720 \times\sin(6.5054992^\circ+1.902464^\circ) = -9.6301847$$

(b) 4 800kW2 台の電圧回復時の電力

電圧回復時の数値を使って，

$$P_{\mathrm{I}\,101} = e_1{}^2 y_{11}\sin\alpha_{11}+e_s e_1 y_{s1}\sin(\theta_{1s}+\alpha_{s1}) +e_1 e_2 y_{12}\sin(\theta_{12}+\alpha_{12})$$

$$= 11.1696^2\times0.9409016^2 \times0.14220552\times10^{-3} +6.5985\times11.1696\times0.9409016 \times0.6149517 \times\sin(-28.505702^\circ+0.080694^\circ) +11.1696\times10.0881\times0.9409016 \times0.8997720 \times\sin(6.5054992^\circ+0.080694^\circ)$$

$$= -20.114745$$

$$\Delta\theta_{\mathrm{I}\,10} = 0.68168262 \times\left(\frac{20.114745+9.60301847}{2} -9.6030109\right) = 3.5920952^\circ$$

(c) 1 800kW 同期電動機の電圧降下時の電力

$$P_{\mathrm{II}\,100} = 0.0085680719\times0.899772^2 +3.3622978\times0.8997720 \times\sin(-35.011199^\circ+1.902455^\circ) +1.8690287\times0.9409016\times0.8997720 \times\sin(-6.5054992^\circ+1.902464^\circ) = -1.7725566$$

(d) 電圧回復時の電力

$$P_{\mathrm{II}\,201} = e_2{}^2 y_{22}\sin\alpha_{22}+e_s e_2 y_{s2}\sin(\theta_{2s}+\alpha_{s2}) +e_1 e_2 y_{12}\sin(\theta_{21}+\alpha_{12})$$

$$= 19.0881^2\times0.899772^2 \times3.3241463\times10^{-6} +6.5985\times10.0881\times0.899772 \times0.0940207$$

$\times \sin(-35.011199° + 0.080694°)$
$+ 11.1696 \times 10.0881 \times 0.9409016$
$\times 0.899772 \times 0.01543376$
$\times \sin(-6.5054992° + 0.080694°)$
$= -3.3889135$

$\Delta\theta_{\mathrm{II}10} = 5.5248619 \times \left(\frac{3.3889135 + 1.7725566}{2} - 1.7998167\right)$
$= 4.314466°$

$\theta_{s110} = 28.505702° - 3.5920952°$
$= 24.913607°$

$\theta_{s210} = 35.011199° - 4.314466°$
$= 30.696733°$

$\theta_{2110} = -6.5054992° - 3.5920952°$
$+ 4.3144660°$
$= -5.7831284°$

$P_{\mathrm{I}11} = 0.017741556 \times 0.9416404^2$
$+ 45.323543 \times 0.9416404$
$\times \sin(-24.913607° + 0.080694°)$
$+ 1.7395094 \times 0.9416404 \times 0.9019306$
$\times \sin(5.7831284° + 0.080694°)$
$= -17.757165$

$\Delta\theta_{\mathrm{I}11} = 0.68168262 \times (17.757165 - 9.6030109)$
$= 5.5585451°$

$P_{\mathrm{II}11} = 0.33829758 \times 10^{-3} \times 0.9019306^2$
$+ 6.2586127 \times 0.9019306$
$\times \sin(-30.696733° + 0.080694°)$
$+ 1.7395094 \times 0.9416404 \times 0.9019306$
$\times \sin(-5.7831284° + 0.080694°)$
$= -3.0213324$

$\Delta\theta_{\mathrm{II}11} = 5.5248619$
$\times (3.0213324 - 1.7998167)$
$= 6.7487056°$

$\theta_{s111} = 24.913607° - 5.5585451°$
$= 19.355062°$

$\theta_{s211} = 30.696733° - 6.7487056°$
$= 23.948027°$

$\theta_{2111} = -5.7831284° - 5.5585451°$
$+ 6.7487056°$
$= -4.5929679°$

$P_{\mathrm{I}12} = 0.017741556 \times 0.9423699^2$
$+ 45.323543 \times 0.9423699$
$\times \sin(-19.355062° + 0.080694°)$
$+ 1.7395094 \times 0.9423699 \times 0.9041002$
$\times \sin(4.5929679° + 0.080694°)$
$= -13.96223$

$\Delta\theta_{\mathrm{I}12} = 0.68168262$
$\times (13.96223 - 9.6030109)$
$= 2.9716039°$

$P_{\mathrm{II}12} = 0.33829758 \times 10^{-3} \times 0.9041002^2$
$+ 6.2586127 \times 0.9041002$
$\times \sin(-23.948027° + 0.080694°)$
$+ 1.7395094 \times 0.9423699 \times 0.9041002$
$\times \sin(-4.5929679° + 0.080694°)$
$= -2.4058293$

$\Delta\theta_{\mathrm{II}12} = 5.5248619$
$\times (2.4058293 - 1.7998167)$
$= 3.3481359°$

$\theta_{s112} = 19.355062° - 2.9716039°$
$= 16.383458°$

$\theta_{s212} = 23.948027° - 3.3481359°$
$= 20.599891°$

$\theta_{2112} = -4.5929679° - 2.9716039°$
$+ 3.3481359°$
$= -4.2164359°$

$P_{\mathrm{I}13} = 0.017741556 \times 0.9430902^2$
$+ 45.323543 \times 0.9430902$
$\times \sin(-16.383458° + 0.080694°)$
$+ 1.7395094 \times 0.9430902 \times 0.9062218$
$\times \sin(4.2164359° + 0.080694°)$
$= -11.871676$

$\Delta\theta_{\mathrm{I}13} = 0.68168262$
$\times (11.871676 - 9.6030109)$
$= 1.5465096°$

$P_{\mathrm{II}13} = 0.33829758 \times 10^{-3} \times 0.9062218^2$
$+ 6.2586127 \times 0.9062218$
$\times \sin(-20.599891° + 0.080694°)$
$+ 1.7395094 \times 0.9430902 \times 0.9062218$
$\times \sin(-4.2164359° + 0.080694°)$

$= -2.0949883$

$\Delta\theta_{\text{II}13} = 5.5248619 \times (2.0949883 - 1.7998167)$

$= 1.6307823°$

$\theta_{s113} = 16.383458° - 1.5465096°$

$= 14.836948°$

$\theta_{s213} = 20.599891° - 1.6307823°$

$= 18.969109°$

$\theta_{2113} = -4.2164359° - 1.5465096°$

$+1.6307823°$

$= -4.1321632°$

$P_{\text{I}14} = 0.017741556 \times 0.9438387^2$

$+45.323543 \times 0.9438387$

$\times \sin(-14.836948° + 0.080694°)$

$+1.7395094 \times 0.9438387 \times 0.9082965$

$\times \sin(4.1321632° + 0.080694°)$

$= -10.770552$

$\Delta\theta_{\text{I}14} = 0.68168262 \times (10.770552 - 9.6030109)$

$= 0.79589248°$

$P_{\text{II}14} = 0.33829758 \times 10^{-3} \times 0.9082965^2$

$+6.2586127 \times 0.9082965$

$\times \sin(-18.969109° + 0.080694°)$

$+1.7395094 \times 0.9438387 \times 0.9082965$

$\times \sin(-4.1321632° + 0.080694°)$

$= -1.9453601$

$\Delta\theta_{\text{II}14} = 5.5248619 \times (1.9453601 - 1.7998167)$

$= 0.8041071°$

$\theta_{s114} = 14.836948° - 0.79589248°$

$= 14.041056°$

$\theta_{s214} = 18.969109° - 0.8041071°$

$= 18.165002°$

$\theta_{2114} = -4.1321632° - 0.79589248°$

$+0.8041071°$

$= -4.1239485°$

$P_{\text{I}15} = 0.017741556 \times 0.9445041^2$

$+45.323543 \times 0.9445041$

$\times \sin(-14.041056° + 0.080694°)$

$+1.7395094 \times 0.9445041 \times 0.9103252$

$\times \sin(4.1239485° + 0.080694°)$

$= -10.202034$

$\Delta\theta_{\text{I}15} = 0.68168262 \times (10.202034 - 9.6030109)$

$= 0.40834364°$

$P_{\text{II}15} = 0.33829758 \times 10^{-3} \times 0.9103252^2$

$+6.2586127 \times 0.9103252$

$\times \sin(-18.165002° + 0.080694°)$

$+1.7395094 \times 0.9445041 \times 0.9103252$

$\times \sin(-4.1239485° + 0.080694°)$

$= -1.8737328$

$\Delta\theta_{\text{II}15} = 5.5248619$

$\times (1.8737328 - 1.7998167)$

$= 0.4083762°$

$\theta_{s115} = 14.041056° - 0.40834364°$

$= 13.632712°$

$\theta_{s215} = 18.165002° - 0.4083762°$

$= 17.756626°$

$\theta_{2115} = -4.1239485° - 0.40834364°$

$+0.4083762°$

$= -4.1239159°$

$P_{\text{I}16} = 0.017741556 \times 0.9451727^2$

$+45.323543 \times 0.9451727$

$\times \sin(-13.632712° + 0.080694°)$

$+1.7395094 \times 0.9451727 \times 0.9123091$

$\times \sin(-13.632712° + 0.080694°)$

$= -9.9124568$

$\Delta\theta_{\text{I}16} = 0.68168262$

$\times (9.9124568 - 9.6030109)$

$= 0.21094389°$

$P_{\text{II}16} = 0.33829758 \times 10^{-3} \times 0.9123091^2$

$+6.2586127 \times 0.9123091$

$\times \sin(-17.756626° + 0.080694°)$

$+1.7395094 \times 0.9451727 \times 0.9123091$

$\times \sin(-4.1239159° + 0.080694°)$

$= -1.8391588$

$\Delta\theta_{\text{II}16} = 5.5248619$

$\times (1.8391588 - 1.7998167)$

$= 0.21735960$

$\theta_{s116} = 13.632712° - 0.21094389°$

$= 13.421768°$

$\theta_{s216} = 17.756626° - 0.2173596°$

$= 17.539266°$

$\theta_{2116} = -4.1239159° - 0.21094389°$

$+0.2173596°$

$= -4.1175001°$

$P_{\mathrm{I}17} = 0.017741556 \times 0.9458828^2$
$+45.323543 \times 0.9458828$
$\times \sin(-13.421768° + 0.080694°)$
$+1.7395094 \times 0.9458828$
$\times 0.9142491$
$\times \sin(4.1175001° + 0.080694°)$
$= -9.7663165$

$\Delta\theta_{\mathrm{I}17} = 0.68168262 \times (9.7663165 - 9.6030109)$
$= 0.11132259°$

$P_{\mathrm{II}17} = 0.33829758 \times 10^{-3} \times 0.9142491^2$
$+6.2586127 \times 0.9142491$
$\times \sin(-17.539266° + 0.080694°)$
$+1.7395094 \times 0.9458828$
$\times 0.9142491$
$\times \sin(-4.1175001° + 0.080694°)$
$= -1.8222861$

$\Delta\theta_{\mathrm{II}17} = 5.5248619 \times (1.8222861 - 1.7998167)$
$= 0.1241403°$

$\theta_{s117} = 13.421768° - 0.11132259°$
$= 13.310446°$

$\theta_{s217} = 17.539266° - 0.1241403°$
$= 17.415126°$

$\theta_{2117} = -4.1175001° - 0.11132259°$
$+0.1241403°$
$= -4.1046823°$

$P_{\mathrm{I}18} = 0.017741556 \times 0.9465592^2$
$+4.5323543 \times 0.9465592$
$\times \sin(-13.310446° + 0.080694°)$
$+1.7395094 \times 0.9465592$
$\times 0.9161461$
$\times \sin(4.1046823° + 0.080694°)$
$= -9.6922731$

$\Delta\theta_{\mathrm{I}18} = 0.68168262$
$\times (9.6922731 - 9.6030109)$
$= 0.06084849°$

$P_{\mathrm{II}18} = 0.33829758 \times 10^{-3} \times 0.9161461^2$
$+6.2586127 \times 0.9161461$
$\times \sin(-17.415126° + 0.080694°)$
$+1.7395094 \times 0.9465592$
$\times 0.9161461$
$\times \sin(-4.1046823° + 0.080694°)$
$= -1.813951$

$\Delta\theta_{\mathrm{II}18} = 5.5248619$
$\times (1.813951 - 1.7998167)$
$= 0.07809°$

$\theta_{s118} = 13.310446° - 0.06084849°$
$= 13.249598°$

$\theta_{s218} = 17.415126° - 0.07809°$
$= 17.33036°$

$\theta_{2118} = -4.1046823° - 0.06084849°$
$+0.07809°$
$= -4.0874407°$

$P_{\mathrm{I}19} = 0.017741556 \times 0.9472273^2$
$+45.323543 \times 0.9472273$
$\times \sin(-13.249598° + 0.080694°)$
$+1.7395094 \times 0.9472273$
$\times 0.9180012$
$\times \sin(4.0874407° + 0.080694°)$
$= -9.6549443$

$\Delta\theta_{\mathrm{I}19} = 0.68168262$
$\times (9.6549448 - 9.6030109)$
$= 0.03540243°$

$P_{\mathrm{II}19} = 0.33829758 \times 10^{-3} \times 0.9180012^2$
$+6.2586127 \times 0.9180012$
$\times \sin(-17.337036° + 0.080694°)$
$+1.7395094 \times 0.9472273$
$\times 0.9180012$
$\times \sin(-4.0874407° + 0.080694°)$
$= -1.8097678$

$\Delta\theta_{\mathrm{II}19} = 5.5248619$
$\times (1.8097678 - 1.7998167)$
$= 0.0549784°$

$\theta_{s119} = 13.249598° - 0.03540243°$
$= 13.214196°$

$\theta_{s219} = 17.337036° - 0.0549784°$
$= 17.282058°$

$\theta_{2119} = -4.0874407° - 0.03540243°$
$+0.0549784°$

$$= -4.0678647°$$

$$P_{\text{I}20} = 0.017741556 \times 0.9478869^2 + 45.323543 \times \sin(-13.214196° + 0.080694°) + 1.7395094 \times 0.9478869 \times 0.9198153 \times \sin(4.0678647° + 0.080694°)$$
$$= -9.6361075$$

$$\varDelta\theta_{\text{I}20} = 0.68168262 \times (9.6361075 - 9.6030109)$$
$$= 0.02256137°$$

$$P_{\text{II}20} = 0.33829758 \times 10^{-3} \times 0.9198153^2 + 6.2586127 \times 0.9198153 \times \sin(-17.282058° + 0.080694°) + 1.7395094 \times 0.9478869 \times 0.9198153 \times \sin(-4.0678647° + 0.080694°)$$
$$= -1.8076243$$

$$\varDelta\theta_{\text{II}20} = 5.5248619 \times (1.8076243 - 1.7998167)$$
$$= 0.0431359°$$

$$\theta_{s120} = 13.214196° - 0.02256137°$$
$$= 13.191635°$$

$$\theta_{s220} = 17.282058° - 0.0431359°$$
$$= 17.238922°$$

$$\theta_{2120} = -4.0678647° - 0.02256137° + 0.0431359°$$
$$= -4.0472901°$$

ここまでの計算でわかるように，電力や位相角の変化が段々と小さくなってきたので，ここらで角速度定数 $\varDelta t$ を，今までの 2 サイクルから 2 倍の 4 サイクル（60 サイクル系）として，電力と位相角の計算の回数を，半分の回数に減らすことにする．

ではもう一度角速度定数 k の式を掲げると，

$$k = \frac{360}{M} \times 60 \times (\varDelta t)^2$$

この式より 4 800kW×2 台の角速度定数は，

$$k = \frac{360}{35\,207} \times 60 \times \left(\frac{4}{60}\right)^2$$
$$= 2.7267305 \times 10^{-3}$$

また 1 800kW の同期電動機の角速度定数は，

$$k = \frac{360}{4\,344} \times 60 \times \left(\frac{4}{60}\right)^2$$
$$= 22.0994 \times 10^{-3}$$

足字の付け方は，今までどおりとして時間の経過が同じようになるようにしておく．したがって，計算に現れる足字の番号は一つ飛び（偶数番号のみが）に現れることになる．ではまた計算を続けることにする．

$$P_{\text{I}22} = 0.017741556 \times 0.9491815^2 + 45.323543 \times 0.9491815 \times \sin(-13.191635° + 0.080694°) + 1.7395094 \times 0.9491815 \times 0.9233239 \times \sin(4.0472901° + 0.080694°)$$
$$= -9.6328758$$

$$\varDelta\theta_{\text{I}22} = 2.7267305 \times (9.6328758 - 9.6030109)$$
$$= 0.0814335°$$

$$\varDelta_{\text{II}22} = 0.33829758 \times 10^{-3} \times 0.9233239^2 + 6.2586127 \times 0.9233239 \times \sin(-17.238922° + 0.080694°) + 1.7395094 \times 0.9491815 \times 0.9233239 \times \sin(-4.0472901° + 0.080694°)$$
$$= -1.8099602$$

$$\varDelta\theta_{\text{II}22} = 22.09940 \times (1.8099602 - 1.7998167)$$
$$= 0.2241652°$$

$$\theta_{s122} = 13.191635° - 0.0814335°$$
$$= 13.110202°$$

$$\theta_{s222} = 17.238922° - 0.2241652°$$
$$= 17.014757°$$

$$\theta_{2122} = -4.0472901° - 0.0814335° + 0.2241652°$$
$$= -3.9045584°$$

$$P_{\text{I}24} = 0.017741556 \times 0.9504440^2 + 45.323543 \times 0.9504440 \times \sin(-13.110202° + 0.080694°) + 1.7395094 \times 0.9504440 \times 0.9266790$$

$\times \sin(3.9045584° + 0.080694°)$

$= -9.5894361$

$\Delta\theta_{\mathrm{I}24} = 2.7267305$

$\times(9.5894361 - 9.6030109)$

$= -0.0370148°$

$P_{\mathrm{II}24} = 0.33829758 \times 10^{-3} \times 0.9266790^2$

$+6.2586127 \times 0.9266790$

$\times \sin(-17.014757° + 0.080694°)$

$+1.7395094 \times 0.9504440$

$\times 0.9266790$

$\times \sin(-3.9045584° + 0.080694°)$

$= -1.7911750$

$\Delta\theta_{\mathrm{II}24} = 22.09940$

$\times(1.791175 - 1.7998167)$

$= -0.1909763°$

$\theta_{s124} = 13.110202° + 0.0370148°$

$= 13.147217°$

$\theta_{s224} = 17.014757° + 0.1909763°$

$= 17.205733°$

$\theta_{2124} = -3.9045584° + 0.0370148°$

$-0.1909763°$

$= -4.0585199°$

$P_{\mathrm{I}26} = 0.017741556 \times 0.9516752^2$

$+45.323543 \times 0.9516752$

$\times \sin(-13.147217° + 0.080694°)$

$+1.7395094 \times 0.9516752$

$\times 0.9298872$

$\times \sin(4.0585199° + 0.080694°)$

$= -9.6244883$

$\Delta\theta_{\mathrm{I}26} = 2.7267305$

$\times(9.6244883 - 9.6030109)$

$= 0.0585630°$

$P_{\mathrm{II}26} = 0.33829758 \times 10^{-3} \times 0.9298872^2$

$+6.2586127 \times 0.9298872$

$\times \sin(-17.205733° + 0.080694°)$

$+1.7395094 \times 0.9516752$

$\times 0.9298872$

$\times \sin(-4.0585199° + 0.080694°)$

$= -1.8201826$

$\Delta\theta_{\mathrm{II}26} = 22.0994$

$\times(1.8201826 - 1.7998167)$

$= 0.4500741°$

$\theta_{s126} = 13.147217° - 0.0585630°$

$= 13.088654°$

$\theta_{s226} = 17.205733° - 0.4500741°$

$= 16.755659°$

$\theta_{2126} = -4.0585199° - 0.0585630°$

$+0.4500741°$

$= -3.6670088°$

$P_{\mathrm{I}28} = 0.017741556 \times 0.9528757^2$

$+45.323543 \times 0.9528757$

$\times \sin(-13.088654° + 0.080694°)$

$+1.7395094 \times 0.9528757$

$\times 0.9329551$

$\times \sin(3.6670088° + 0.080694°)$

$= -9.6037787$

$\Delta\theta_{\mathrm{I}28} = 2.7267305$

$\times(9.6037787 - 9.6030109)$

$= 0.0020935837°$

$P_{\mathrm{II}28} = 0.33829758 \times 10^{-3} \times 0.9329551^2$

$+6.2586127 \times 0.9329551$

$\times \sin(-16.755659° + 0.080694°)$

$+1.7395094 \times 0.9528757$

$\times 0.9329551$

$\times \sin(-3.6670088° + 0.080694°)$

$= 0.00029445598 - 1.6754555$

-0.0967310

$= -1.7718922$

$\Delta\theta_{\mathrm{II}28} = 22.0994$

$\times(1.7718922 - 1.7798167)$

$= -0.6171149°$

$\theta_{s128} = 13.088654° - 0.0020935837°$

$= 13.086561°$

$\theta_{s228} = 16.755659° + 0.6171149°$

$= 17.372774°$

$\theta_{2128} = -3.667088° - 0.0020935837°$

$-0.6171149°$

$= -4.2862172°$

$P_{\mathrm{I}30} = 0.017741556 \times 0.9540465^2$

$+45.323543 \times 0.9540465$

$\times \sin(-13.086561° + 0.080694°)$
$+ 1.7395094 \times 0.9540465$
$\times 0.9358888$
$\times \sin(4.2862172° + 0.080694°)$
$= -9.5969584$

$\Delta\theta_{I30} = 2.7267305$
$\times (9.5969584 - 9.6030109)$
$= -0.0165035$

$P_{II30} = 0.33829758 \times 10^{-3} \times 0.9358888^2$
$+ 6.2586127 \times 0.9358888$
$\times \sin(-17.372774° + 0.080694°)$
$+ 1.7395094 \times 0.9540465$
$\times 0.9358888$
$\times \sin(-4.2862172° + 0.080694°)$
$= -1.8546651$

$\Delta\theta_{II30} = 22.0994$
$\times (1.8546651 - 1.7998167)$
$= 1.2121168°$

$\theta_{s130} = 13.086561° + 0.0165035°$
$= 13.103065°$

$\theta_{s230} = 17.372774° - 1.2121168°$
$= 16.160657°$

$\theta_{2130} = -4.2862172° + 0.0165035°$
$+ 1.2121168°$
$= -3.0575969°$

$P_{I32} = 0.017741556 \times 0.9551881^2$
$+ 45.323543 \times 0.9551881$
$\times \sin(-13.103065° + 0.080694°)$
$+ 1.7395094 \times 0.9551881$
$\times 0.9386941$
$\times \sin(3.0575969° + 0.080694°)$
$= -9.6535907$

$\Delta\theta_{I32} = 2.7267305$
$\times (9.6535907 - 9.6030109)$
$= 0.1379174°$

$P_{II32} = 0.33829758 \times 10^{-3} \times 0.9386941^2$
$+ 6.2586127 \times 0.9386941$
$\times \sin(-16.160657° + 0.080694°)$
$+ 1.7395094 \times 0.9551881$
$\times 0.9386941$
$\times \sin(-3.0575969° + 0.080694°)$
$= -1.7079304$

$\Delta\theta_{II32} = 22.0994$
$\times (1.7079304 - 1.7998167)$
$= -2.0306321°$

$\theta_{s132} = 13.103065° - 0.1379174°$
$= 12.965148°$

$\theta_{s232} = 16.160657° + 2.0306321°$
$= 18.191289°$

$\theta_{2132} = -3.0575969° - 0.1379174°$
$- 2.0306321°$
$= -5.2261464°$

$P_{I34} = 0.017741556 \times 0.9563014^2$
$+ 45.323543 \times 0.9563014$
$\times \sin(-12.965148° + 0.080694°)$
$+ 1.7395094 \times 0.9563014$
$\times 0.9413766$
$\times \sin(5.2261464° + 0.080694°)$
$= -9.5037978$

$\Delta\theta_{I34} = 2.7267305$
$\times (9.5037978 - 9.6030109)$
$= -0.2705273°$

$P_{II34} = 0.33829758 \times 10^{-3} \times 0.9413766^2$
$+ 6.2586127 \times 0.9413766$
$\times \sin(-18.191289° + 0.080694°)$
$+ 1.7395094 \times 0.9563014$
$\times 0.9413766$
$\times \sin(-5.2261464° + 0.080694°)$
$= -1.9715953$

$\Delta\theta_{II34} = 22.0994$
$\times (1.9715953 - 1.7998167)$
$= 3.796204°$

$\theta_{s134} = 12.965148° + 0.2705273°$
$= 13.235675°$

$\theta_{s234} = 18.191289° - 3.796204°$
$= 14.395085°$

$\theta_{2134} = -5.2261464° + 0.2705273°$
$+ 3.7962040°$
$= -1.1594151°$

段々法による瞬時電圧降下時における同期電動機の過渡安定度の判別法（その6）

ここまでの計算でわかることだが，負荷角の変化が前後（進み，遅れ）に激しくなってきている．これは筆算でやっているからよくわかることだが，角速度定数の微小時間が大きすぎることにある．したがって現在計算している微小時間の半分の時間，すなわち2サイクルごとの入力電力と負荷角の計算を行うことにする．計算結果から見て計算をやり直すのは，足字25の時刻からとなる．

もちろん，角速度定数は，

・4 800kW2台用：0.68168262

・1 800kW1台用：5.5248619

を用いることになる．

$$P_{\mathrm{I}25} = 0.017741556\times0.9510635^2 +45.323543\times0.9510635 \times\sin(-13.147217^\circ+0.080694^\circ) +1.7395094\times0.9510635 \times0.9283010 \times\sin(4.0585199^\circ+0.080694^\circ) = -9.6185017$$

$$\varDelta\theta_{\mathrm{I}25} = 0.68168262 \times(9.6185017-9.6030109) = 0.01055987^\circ$$

$$P_{\mathrm{II}25} = 0.33829758\times10^{-3}\times0.9283010^2 +6.2586127\times0.9283010 \times\sin(-17.205733^\circ+0.080694^\circ) +1.7395094\times0.9510635 \times0.9283010 \times\sin(-4.0585199^\circ+0.080694^\circ) = -1.8170097$$

$$\varDelta\theta_{\mathrm{II}25} = 5.5248619 \times(1.8170097-1.7998167) = 0.0949889^\circ$$

$$\theta_{s125} = 13.147217^\circ-0.01055987^\circ = 13.147217^\circ$$

$$\theta_{s225} = 17.205733^\circ-0.09498890^\circ = 17.110744^\circ$$

$$\theta_{2125} = -4.0585199^\circ-0.01055987^\circ +0.0949889^\circ = -3.9740908^\circ$$

$$P_{\mathrm{I}26} = 0.017741556\times0.9516752^2 +45.323543\times0.9516752 \times\sin(-13.147217^\circ+0.080694^\circ) +1.7395094\times0.9516752 \times0.9298872 \times\sin(3.9740908^\circ+0.080694^\circ) = -9.6267510$$

$$\varDelta\theta_{\mathrm{I}26} = 0.68168262$$

$$\times(9.626751-9.6030109)$$
$$=0.01618321°$$
$$P_{\text{II}26}=0.33829758\times10^{-3}\times0.9298872^2$$
$$+6.2586127\times0.9298872$$
$$\times\sin(-17.110744°+0.080694°)$$
$$+1.7395094\times0.9516752$$
$$\times0.9298872$$
$$\times\sin(-3.9740908°+0.080694°)$$
$$=-1.8086965$$
$$\varDelta\theta_{\text{II}26}=5.5248619$$
$$\times(1.8086965-1.7998167)$$
$$=0.0490596°$$
$$\theta_{s126}=13.147217°-0.01618321°$$
$$=13.131034°$$
$$\theta_{s226}=17.110744°-0.0490596°$$
$$=17.061684°$$
$$\theta_{2126}=-3.9740908°-0.01618321°$$
$$+0.0490596°$$
$$=-3.9412144°$$
$$P_{\text{I}27}=0.017741556\times0.9522792^2$$
$$+45.323543\times0.9522792$$
$$\times\sin(-13.131034°+0.080694°)$$
$$+1.7395094\times0.9522792$$
$$\times0.9314383$$
$$\times\sin(3.9412144°+0.080694°)$$
$$=-9.6216767$$
$$\varDelta\theta_{\text{I}27}=0.68168262$$
$$\times(9.6216767-9.6030109)$$
$$=0.01272415°$$
$$P_{\text{II}27}=0.33829758\times10^{-3}\times0.9314383^2$$
$$+6.2586127\times0.9314383$$
$$\times\sin(-17.061684°+0.080694°)$$
$$+1.7395094\times0.9522792$$
$$\times0.9314383$$
$$\times\sin(-3.9412144°+0.080694°)$$
$$=-1.8061229$$
$$\varDelta\theta_{\text{II}27}=5.5248619$$
$$\times(1.8061229-1.7998167)$$
$$=0.0348408°$$
$$\theta_{s127}=13.131034°-0.01272415°$$
$$=13.118310°$$
$$\theta_{s227}=17.061684°-0.0348408°$$
$$=17.026843°$$
$$\theta_{2127}=-3.9412144°-0.01272415°$$
$$+0.0348408°$$
$$=-3.9190977°$$
$$P_{\text{I}28}=0.017741556\times0.9528757^2$$
$$+45.323543\times0.9528757$$
$$\times\sin(-13.11831°+0.080694°)$$
$$+1.7395094\times0.9528757$$
$$\times0.9329551$$
$$\times\sin(3.9190977°+0.080694°)$$
$$=-9.6187692$$
$$\varDelta\theta_{\text{I}28}=0.68168262$$
$$\times(9.6187692-9.6030109)$$
$$=0.01074215$$
$$P_{\text{II}28}=0.33829758\times10^{-3}\times0.9329551^2$$
$$+6.2586127\times0.9329551$$
$$\times\sin(-17.026843°+0.080694°)$$
$$+1.7395094\times0.9528757$$
$$\times0.9329551$$
$$\times\sin(-3.9190977°+0.080694°)$$
$$=-1.8051370$$
$$\varDelta\theta_{\text{II}28}=5.5248619$$
$$\times(1.805137-1.7998167)$$
$$=0.0293939°$$
$$\theta_{s128}=13.118310°-0.01074215°$$
$$=13.107568°$$
$$\theta_{s228}=17.026843°-0.0293939°$$
$$=16.997449°$$
$$\theta_{2128}=-3.9190977°-0.01074215°$$
$$+0.0293939°$$
$$=-3.9004459°$$
$$P_{\text{I}29}=0.017741556\times0.9534684^2$$
$$+45.323543\times0.9534684$$
$$\times\sin(-13.107568°+0.080694°)$$
$$+1.7395094\times0.9534684$$
$$\times0.9344384$$
$$\times\sin(3.9004459°+0.080694°)$$
$$=-9.6171806$$

$$\begin{aligned}\varDelta\theta_{\mathrm{I}29} &= 0.68168262\\ &\quad\times(9.6171806-9.6030109)\\ &= 0.00965921^\circ\end{aligned}$$

$$\begin{aligned}P_{\mathrm{II}29} &= 0.33829758\times10^{-3}\times0.9344384^2\\ &\quad+6.2586127\times0.9344384\\ &\quad\times\sin(-16.997449^\circ+0.080694^\circ)\\ &\quad+1.7395094\times0.9534684\\ &\quad\times0.9344384\\ &\quad\times\sin(-3.9004459^\circ+0.080694^\circ)\\ &= -1.8046974\end{aligned}$$

$$\begin{aligned}\varDelta\theta_{\mathrm{II}29} &= 5.5248619\\ &\quad\times(1.8046974-1.7998167)\\ &= 0.0269651^\circ\end{aligned}$$

$$\begin{aligned}\theta_{s129} &= 13.107568^\circ-0.00965921^\circ\\ &= 13.097909^\circ\end{aligned}$$

$$\begin{aligned}\theta_{s229} &= 16.997449^\circ-0.0269651^\circ\\ &= 16.970484^\circ\end{aligned}$$

$$\begin{aligned}\theta_{2129} &= -3.9004459^\circ-0.00965921^\circ\\ &\quad+0.0269651^\circ\\ &= -3.883140^\circ\end{aligned}$$

$$\begin{aligned}P_{\mathrm{I}30} &= 0.017741556\times0.9540465^2\\ &\quad+45.323543\times0.9540465\\ &\quad\times\sin(-13.097909^\circ+0.080694^\circ)\\ &\quad+1.7395094\times0.9540465\\ &\quad\times0.9358888\\ &\quad\times\sin(3.8831400^\circ+0.080694^\circ)\\ &= -9.6162005\end{aligned}$$

$$\begin{aligned}\varDelta\theta_{\mathrm{I}30} &= 0.68168262\\ &\quad\times(9.6162005-9.6030109)\\ &= 0.00899112^\circ\end{aligned}$$

$$\begin{aligned}P_{\mathrm{II}30} &= 0.33829758\times10^{-3}\times0.9358888^2\\ &\quad+6.2586127\times0.9358888\\ &\quad\times\sin(-16.970484^\circ+0.080694^\circ)\\ &\quad+1.7395094\times0.9540465\\ &\quad\times0.9358888\\ &\quad\times\sin(-3.8831400^\circ+0.080694^\circ)\\ &= -1.8044551\end{aligned}$$

$$\begin{aligned}\varDelta\theta_{\mathrm{II}30} &= 5.5248619\\ &\quad\times(1.8044551-1.7998167)\\ &= 0.0256265^\circ\end{aligned}$$

$$\begin{aligned}\theta_{s130} &= 13.097909^\circ-0.00899112^\circ\\ &= 13.088918^\circ\end{aligned}$$

$$\begin{aligned}\theta_{s230} &= 16.970484^\circ-0.0256265^\circ\\ &= 16.944858^\circ\end{aligned}$$

$$\begin{aligned}\theta_{2130} &= -3.883140^\circ-0.00899112^\circ\\ &\quad+0.0256265^\circ\\ &= -3.8665046^\circ\end{aligned}$$

$$\begin{aligned}P_{\mathrm{I}31} &= 0.017741556\times0.9546209^2\\ &\quad+45.323543\times0.9546209\\ &\quad\times\sin(-13.088918^\circ+0.080694^\circ)\\ &\quad+1.7395094\times0.9546209\\ &\quad\times0.9373071\\ &\quad\times\sin(3.8665046^\circ+0.080694^\circ)\\ &= -9.6156533\end{aligned}$$

$$\begin{aligned}\varDelta\theta_{\mathrm{I}31} &= 0.68168262\\ &\quad\times(9.6156533-9.6030109)\\ &= 0.00861810^\circ\end{aligned}$$

$$\begin{aligned}P_{\mathrm{II}31} &= 0.33829758\times10^{-3}\times0.9373071^2\\ &\quad+6.2586127\times0.9373071\\ &\quad\times\sin(-16.944858^\circ+0.080694^\circ)\\ &\quad+1.7395094\times0.9546209\\ &\quad\times0.9373071\\ &\quad\times\sin(-3.8665046^\circ+0.080694^\circ)\\ &= -1.8042897\end{aligned}$$

$$\begin{aligned}\varDelta\theta_{\mathrm{II}31} &= 5.5248619\\ &\quad\times(1.8042897-1.7998167)\\ &= 0.02471270^\circ\end{aligned}$$

$$\begin{aligned}\theta_{s131} &= 13.088918^\circ-0.0086181^\circ\\ &= 13.080300^\circ\end{aligned}$$

$$\begin{aligned}\theta_{s231} &= 16.944858^\circ-0.0247127^\circ\\ &= 16.920145^\circ\end{aligned}$$

$$\begin{aligned}\theta_{2131} &= -3.8665046^\circ-0.0086181^\circ\\ &\quad+0.0247127^\circ\\ &= -3.8504100^\circ\end{aligned}$$

$$\begin{aligned}P_{\mathrm{I}32} &= 0.017741556\times0.9551881^2\\ &\quad+45.323543\times0.9551881\\ &\quad\times\sin(-13.080300^\circ+0.080694^\circ)\\ &\quad+1.7395094\times0.9551881\\ &\quad\times0.9386941\\ &\quad\times\sin(3.8504100^\circ+0.080694^\circ)\end{aligned}$$

$= -9.6152906$

$\Delta\theta_{\mathrm{I}32} = 0.68168262 \times (9.6152906 - 9.6030109) = 0.00837085°$

$P_{\mathrm{II}32} = 0.33829758 \times 10^{-3} \times 0.9386941^2 + 6.2586127 \times 0.9386941 \times \sin(-16.920145° + 0.080694°) + 1.7395094 \times 0.9551881 \times 0.9386941 \times \sin(-3.8504100° + 0.080694°) = -1.8041581$

$\Delta\theta_{\mathrm{II}32} = 5.5248619 \times (1.8041581 - 1.7998167) = 0.0239856°$

$\theta_{s132} = 13.080300° - 0.00837085° = 13.071929°$

$\theta_{s232} = 16.920145° - 0.0239856° = 16.896159°$

$\theta_{2132} = -3.8504100° - 0.00837085° + 0.0239856° = -3.8347952°$

$P_{\mathrm{I}33} = 0.017741556 \times 0.9557482^2 + 45.323543 \times 0.9557482 \times \sin(-13.071929° + 0.080694°) + 1.7395094 \times 0.9557482 \times 0.9400503 \times \sin(3.8347952° + 0.080694°) = -9.6150228$

$\Delta\theta_{\mathrm{I}33} = 0.68168262 \times (9.6150228 - 9.6030109) = 0.0081883°$

$P_{\mathrm{II}33} = 0.33829758 \times 10^{-3} \times 0.9400503^2 + 6.2586127 \times 0.9400503 \times \sin(-16.896159° + 0.080694°) + 1.7395094 \times 0.9557482 \times 0.9400503 \times \sin(-3.8347952° + 0.080694°) = -1.8040419$

$\Delta\theta_{\mathrm{II}33} = 5.5248619 \times (1.8040419 - 1.7998167) = 0.0233436°$

$\theta_{s133} = 13.071929° - 0.0081883° = 13.063741°$

$\theta_{s233} = 16.896159° - 0.0233436° = 16.872815°$

$\theta_{2133} = -3.8347952° - 0.0081883° + 0.0233436° = -3.8196399°$

$P_{\mathrm{I}34} = 0.017741556 \times 0.9563014^2 + 45.323543 \times 0.9563014 \times \sin(-13.063741° + 0.080694°) + 1.7395094 \times 0.9563014 \times 0.9413766 \times \sin(3.8196399° + 0.080694°) = -9.6148059$

$\Delta\theta_{\mathrm{I}34} = 0.68168262 \times (9.6148059 - 9.6030109) = 0.00804044°$

$P_{\mathrm{II}34} = 0.33829758 \times 10^{-3} \times 0.9413766^2 + 6.2586127 \times 0.9413766 \times \sin(-16.872815° + 0.080694°) + 1.7395094 \times 0.9563014 \times 0.9413766 \times \sin(-3.8196399° + 0.080694°) = -1.8039348$

$\Delta\theta_{\mathrm{II}34} = 5.5248619 \times (1.8039348 - 1.7998167) = 0.0227519°$

$\theta_{s134} = 13.063741° - 0.00804044° = 13.055701°$

$\theta_{s234} = 16.872815° - 0.0227519° = 16.850063°$

$\theta_{2134} = -3.8196399° - 0.00804044° + 0.0227519° = -3.8049284°$

$P_{\mathrm{I}35} = 0.017741556 \times 0.9568476^2 + 45.323543 \times 0.9568476 \times \sin(-13.055701° + 0.080694°) + 1.7395094 \times 0.9568476 \times 0.9426735$

$$\times\sin(3.8049284°+0.080694°)$$
$$=-9.6190230$$
$$\Delta\theta_{\mathrm{I}35}=0.68168262$$
$$\times(9.6190230-9.6030109)$$
$$=0.01091517°$$
$$P_{\mathrm{II}35}=0.33829758\times10^{-3}\times0.9426735^2$$
$$+6.2586127\times0.9426735$$
$$\times\sin(-16.850063°+0.080694°)$$
$$+1.7395094\times0.9568476$$
$$\times0.9426735$$
$$\times\sin(-3.8049284°+0.080694°)$$
$$=-1.8038328$$
$$\Delta\theta_{\mathrm{II}35}=5.5248619$$
$$\times(1.8038328-1.7998167)$$
$$=0.0221883°$$
$$\theta_{s135}=13.055701°-0.01091517°$$
$$=13.044786°$$
$$\theta_{s235}=16.850063°-0.0221883°$$
$$=16.827875°$$
$$\theta_{2135}=-3.8049284°-0.01091517°$$
$$+0.0221883°$$
$$=-3.7936552°$$
$$P_{\mathrm{I}36}=0.017741556\times0.9573870^2$$
$$+45.323543\times0.9573870$$
$$\times\sin(-13.044786°+0.080694°)$$
$$+1.7395094\times0.9573870$$
$$\times0.9439417$$
$$\times\sin(3.7936552°+0.080694°)$$
$$=-9.6121340$$
$$\Delta\theta_{\mathrm{I}36}=0.68168262$$
$$\times(9.612134-9.6030109)$$
$$=0.00621905$$
$$P_{\mathrm{II}36}=0.33829758\times10^{-3}\times0.9439417^2$$
$$+6.2586127\times0.9439417$$
$$\times\sin(-16.827875°+0.080694°)$$
$$+1.7395094\times0.9573870$$
$$\times0.9439417$$
$$\times\sin(-3.7936552°+0.080694°)$$
$$=-1.8038174$$
$$\Delta\theta_{\mathrm{II}36}=5.5248619$$
$$\times(1.8038174-1.7998167)$$
$$=0.0221033°$$
$$\theta_{s136}=13.044786°-0.00621905°$$
$$=13.038567°$$
$$\theta_{s236}=16.827875°-0.0221033°$$
$$=16.805772°$$
$$\theta_{2136}=-3.7936552°-0.00621905°$$
$$+0.0221033°$$
$$=-3.7777709°$$
$$P_{\mathrm{I}37}=0.017741556\times0.9579197^2$$
$$+45.323543\times0.9579197$$
$$\times\sin(-13.038567°+0.080694°)$$
$$+1.7395094\times0.9579197$$
$$\times0.9451819$$
$$\times\sin(3.7777709°+0.080694°)$$
$$=-9.6176034$$
$$\Delta\theta_{\mathrm{I}37}=0.68168262$$
$$\times(9.6176034-9.6030109)$$
$$=0.00994745°$$
$$P_{\mathrm{II}37}=0.33829758\times10^{-3}\times0.9451819^2$$
$$+6.2586127\times0.9451819$$
$$\times\sin(-16.805772°+0.080694°)$$
$$+1.7395094\times0.9579197$$
$$\times0.9451819$$
$$\times\sin(-3.7777709°+0.080694°)$$
$$=-1.8036227$$
$$\Delta\theta_{\mathrm{II}37}=5.5248619$$
$$\times(1.8036227-1.7998167)$$
$$=0.0210276°$$
$$\theta_{s137}=13.038567°-0.00994745°$$
$$=13.028620°$$
$$\theta_{s237}=16.805772°-0.0210276°$$
$$=16.784744°$$
$$\theta_{2137}=-3.7777709°-0.00994745°$$
$$+0.0210276°$$
$$=-3.7666907°$$
$$P_{\mathrm{I}38}=0.017741556\times0.9584457^2$$
$$+45.323543\times0.9584457$$
$$\times\sin(-13.028620°+0.080694°)$$
$$+1.7395094\times0.9584457$$

$$\times 0.9463947 \times \sin(3.7666907^\circ + 0.080694^\circ) = -9.6112652$$

$$\varDelta\theta_{\mathrm{I}38} = 0.68168262 \times (9.6112652 - 9.6030109) = 0.00562681^\circ$$

$$P_{\mathrm{II}38} = 0.33829758 \times 10^{-3} \times 0.9463947^2 + 6.2586127 \times 0.9463947 \times \sin(-16.784744^\circ + 0.080694^\circ) + 1.7395094 \times 0.9584457 \times 0.9463947 \times \sin(-3.7666907^\circ + 0.080694^\circ) = -1.8036059$$

$$\varDelta\theta_{\mathrm{II}38} = 5.5248619 \times (1.8036059 - 1.7998167) = 0.0209348^\circ$$

$$\theta_{s138} = 13.028620^\circ - 0.00562681^\circ = 13.022993^\circ$$

$$\theta_{s238} = 16.784744^\circ - 0.0209348^\circ = 16.763809^\circ$$

$$\theta_{2138} = -3.7666907^\circ - 0.00562681^\circ + 0.0209348^\circ = -3.7513827^\circ$$

$$P_{\mathrm{I}39} = 0.017741556 \times 0.9589651^2 + 45.323543 \times 0.9589651 \times \sin(-13.022993^\circ + 0.080694^\circ) + 1.7395094 \times 0.9589651 \times 0.9475806 \times \sin(3.7513827^\circ + 0.080694^\circ) = -9.6125935$$

$$\varDelta\theta_{\mathrm{I}39} = 0.68168262 \times (9.6125935 - 9.6030109) = 0.00653229^\circ$$

$$P_{\mathrm{II}39} = 0.33829758 \times 10^{-3} \times 0.9475806^2 + 6.2586127 \times 0.9475806 \times \sin(-16.763809^\circ + 0.080694^\circ) + 1.7395094 \times 0.9589651 \times 0.9475806 \times \sin(-3.7513827^\circ + 0.080694^\circ) = -1.8034236$$

$$\varDelta\theta_{\mathrm{II}39} = 5.5248619 \times (1.8034236 - 1.7998167) = 0.0199276^\circ$$

$$\theta_{s139} = 13.022993^\circ - 0.00653229^\circ = 13.016461^\circ$$

$$\theta_{s239} = 16.763809^\circ - 0.0199276^\circ = 16.743881^\circ$$

$$\theta_{2139} = -3.7513827^\circ - 0.00653229^\circ + 0.0199276^\circ = -3.7379873^\circ$$

$$P_{\mathrm{I}40} = 0.017741556 \times 0.9594780^2 + 45.323543 \times 0.9594780 \times \sin(-13.016461^\circ + 0.080694^\circ) + 1.7395094 \times 0.9594780 \times 0.9487402 \times \sin(3.7379873^\circ + 0.080694^\circ) = -9.6131342$$

$$\varDelta\theta_{\mathrm{I}40} = 0.68168262 \times (9.6131342 - 9.6030109) = 0.00690087^\circ$$

$$P_{\mathrm{II}40} = 0.33829758 \times 10^{-3} \times 0.9487402^2 + 6.2586127 \times 0.9487402 \times \sin(-16.743881^\circ + 0.080694^\circ) + 1.7395094 \times 0.9594780 \times 0.9487402 \times \sin(-3.7379873^\circ + 0.080694^\circ) = -1.8033364$$

$$\varDelta\theta_{\mathrm{II}40} = 5.5248619 \times (1.8033364 - 1.7998167) = 0.0194458^\circ$$

$$\theta_{s140} = 13.016461^\circ - 0.00690087^\circ = 13.009560^\circ$$

$$\theta_{s240} = 16.743881^\circ - 0.0194458^\circ = 16.724435^\circ$$

$$\theta_{2140} = -3.7379873^\circ - 0.00690087^\circ + 0.0194458^\circ = -3.7254423^\circ$$

計算の経過を見ればわかるように，内部誘起電圧が変化しても，入力電力や負荷角の変化はわずかである．このような状態になってくると，作用リアクタンスも，過渡リアクタンスから定態リアクタンスに移っていき，元の状態に復帰する．

8. 計算結果の考察

最初の等価回路の中で，誘導電動機等の分岐負荷が同期機の系統に対して並列アドミタンスとして働くが，この分岐負荷が瞬時電圧降下時どのようになって並列アドミタンスとして作用するのかが，これまでの計算や説明では，よくわかって貰えなかったのではないかと思う．

そこで，これらの負荷をどのように模擬するかが問題になるが，模擬する方法として考えられる方法には，次の二つがある．

(1) 並列アドミタンスに換算する．

(2) 内部誘起電圧が回転数に従って変化する回転機として模擬する．

(1)の場合はこの計算に使用した方法だが，この方法は固定アドミタンスとして換算するため，どのような状態に換算するかが問題である．

そこで電圧降下が50%ともなると，電磁接触器は1/2サイクル以内に離落してしまい，電圧降下対策を施した電磁接触器のみが残留することになる．このようなわけで，計算にはあのような値を使用したのである．

(2)の場合は，電圧降下時にも運転可能なように，誘導電動機を選定しておかないと，誘導電動機の発生トルクは，供給電圧の自乗に比例するため，たとえ50%の電圧降下であっても，数サイクルの内にほぼ停止に近い状態になってしまうのである．このようなわけで(2)の方法は，採用しなかったのである．

同期電動機の内部誘起電圧については，後述の付録の中で触れる心算だったが，本文の中で触れておきたい気持ちに駆られたので，今ここに付け加えることにする．

回路条件の急変事には，内部誘起電圧も磁束鎖交数不変の法則に従い，その内部誘起電圧 E の大きさは，端子電圧 V_t に過渡リアクタンス X_d' の，負荷電流 I による電圧降下を加えたもの，すなわち $E = V_t + I \cdot X_d'$ になる．

数値をもって計算をすると，4 800kW2台の同期電動機の内部誘起電圧 V_1 および 1 800kW 1台の同期電動機の内部誘起電圧 V_2 は，次のようになる．

$$V_1 = -j\,(2.500 + 0.001540) \times (1\,455 + j704.4) \times \frac{1}{2} + 6\,600$$

$$= 7\,699.2158 \angle -13.672445°$$

$$V_2 = -j\,(8.189 + 0.000784) \times (272.7 + j89.65) + 6\,600$$

$$= 7\,665.21317 \angle -16.920314°$$

この段々法による，過渡安定度の判別のための最初の計算時には，先に述べた本来の過渡時内部誘起電圧でもって計算したのだが，その結果を見ていたとき，機器間の融通電力が気になり，融通電力が大きくなるようにと思い，定常状態における内部誘起電圧でもって計算しなおした．そのときの計算方法をここでは紹介してきたが，この計算結果から見て，何もそこまでする必要のないことを自ら知った．すなわち，本来の過渡時における内部誘起電圧をもって計算すればよいことを，読者の皆さんに本文の中でお伝えしておきたいと思い，既に本文は一度書き終えていたが，過渡時の内部誘起電圧に関する説明をここに加筆した次第である．

機器間の融通電力による不安定要素を除けば，内部誘起電圧の大きさは，安定度の安定不安定にはほとんど関係なく，内部誘起電圧の大きいほうが電力と負荷角の振動を生じやすく，内部誘起電圧の小さいほうが電力と負荷角の振動が生じ難い傾向にあることを付記しておく．

もし，計算結果が気になる方がおられるようでしたら，あの電力の式の三つの項の各項に応じて，先に示した同期電動機の過渡時における，内部誘起電圧のそれぞれの値をもって，電圧降下が発生した時点から，電力と位相角の計算をしなおされれば，現実に近い電力の大きさが得られる．しかし，安定不安定の判断に，影響を与えるようなことはない．

上述のことが気になっていたが，計算しなおす時間がなかったので，そのままにしておいた．もし，もう一度書く機会があれば，計算しなおして書きたいと思っている．

計算結果を，セクション・ペーパにプロットして見ると，**第1図**のようになるが，ここで，是非とも，思い起こさなくてはならないことに，計算に使用した条件がある．その中でも，回路電圧の急変事には，同期電動機の過渡インピーダンスが作用するであろうと考えて，この計算をしたことである．

ここで，ちょっと過渡インダンスについて考えて見よう．過渡インピーダンスがなぜ現れるかというと，皆さんが既に御存知のように，磁束鎖交数不変の定理に起因するもので，回路の急変事といえども，回路の急変事の前後において，磁束鎖交数に跳躍はなく，常に連続でかつ不変であるということである．

したがって電圧降下時において，同期電動機に過渡リアクタンスが作用して，同期電動機自体が加速するということは，現実には起こり得ない．これは高速応励磁機を使用して，発電機の発生電圧を降下させた場合の，電動機の入力電力，電流，電圧，力率そして負荷角を，オシログラフにて測定したところ，入力電力にはほとんど変化が認められなかった．しかし，負荷角は徐々に増加することが確かめられた．電流および力率は大きく変化し，特に力率の変化は，追跡することが難しいほどであった．

結論的にいえば，回路電圧の降下時において，同期電動機の作用リアクタンスは，定常状態の同期リアクタンスから，過渡同期リアクタンスに向かって変化するが，電力がバランスするくらいの所で，過渡リアクタンスへ向かっての作用リアクタンスの変化は止む，ということのようである．

同期電動機の入力電力および負荷角の変化状態を，もう少し現実に近づけて模擬すれば，この計算で電圧降下時に，同期電動機の負荷角が減少した分くらい，逆に負荷角が増加するとして，回路電圧回復時の入力電力および負荷角の変化を，この段々法で計算すると良いと考えられる．今回の回路の電気的状態は，無限大母線に同期電動機がつながった状態に近いので，同期電動機間の融通する電力の変化が少なかったが，電源の短絡容量がそれほど大きくない場合には，同期電動機間の融通する電力が大きく容量の小さい方の同期電動機が煽り出されることになる．

いよいよ安定か不安定かの判断であるが，第一に定常状態時の負荷角の小さいこと，第二に負荷角の変化が緩やかなこと，すなわち単位慣性定数が大きいこと，第三に電源系統が大きいことの，三つの要因により，これらの同期電動機は，50％・20サイクル間の系統の瞬時電圧降下に対して，安定であると判断できる．他の方法で計算して調べた結果でも，やはり安定であった．では不安定な場合とはどんなときかというと，負荷角の振動が段々大きくなる場合である．

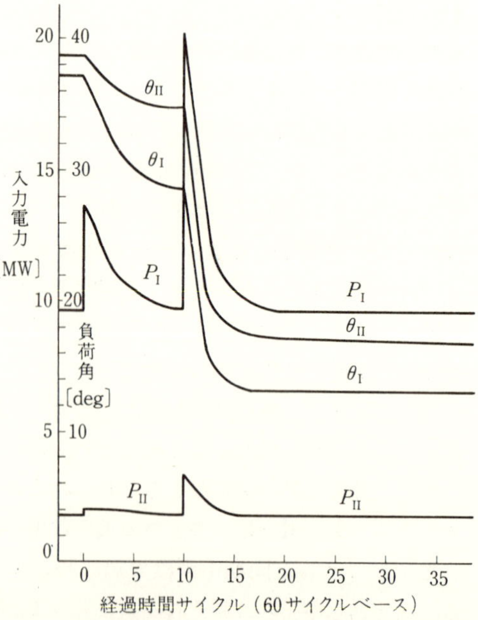

第1図　電圧降下時における同期電動機の入力電力・負荷角経過曲線

段々法による瞬時電圧降下時における同期電動機の過渡安定度の判別法（その7）

⑴　同期機（突極機）の出力

同期機の運転状態における，発電機か電動機かの違いは，内部誘起電圧が端子電圧より進んでいるか遅れているかで決まる．進んでいる方が，電力を供給しているから発電機，遅れている方が，電力を受け取っているから電動機である．

それらのベクトル図を描くと，**第1図**および**第2図**のようになる．このベクトル図は抵抗分を無視している．ここでは突極機として扱い，直軸分と横軸分に分けて出力を計算する．すなわち，内部誘起電圧と同軸の直軸分，そして内部誘起電圧に垂直な軸の成分の横軸分に分けて考えるものである．

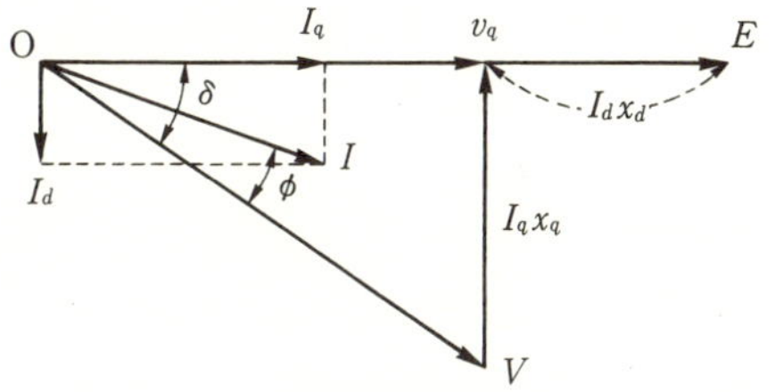

第1図

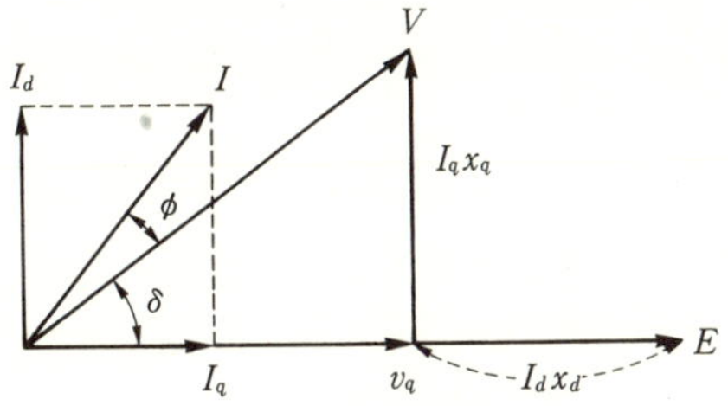

第2図

第1図より，次の等式を得る．

直軸分電圧

$$v_d = V\sin\delta$$

横軸分電圧

$$v_q = V\cos\delta$$

直軸分電流

$$I_d = \frac{E - V\cos\delta}{x_d}$$

横軸分電流

$$I_q = \frac{V\sin\delta}{x_q}$$

発電機の出力 P_g は，それぞれの成分の電力の和であるから，

$$P_g = v_d I_d + v_q I_q$$

上式に先の等式を用いて，それぞれの値を代入すると，

$$P_g = V\sin\delta\,\frac{E - V\cos\delta}{x_d} + V\cos\delta\,\frac{V\sin\delta}{x_q}$$

続いて $\sin\delta$ と，$\sin\delta\cos\delta$ の項に分けて整理すると，

$$P_g = \frac{VE}{x_d}\sin\delta - \frac{V^2}{x_d}\sin\delta\cos\delta + \frac{V^2}{x_q}\cos\delta\sin\delta$$

共通項でくくると，

$$P_g = \frac{VE}{x_d}\sin\delta + V^2\sin\delta\cos\delta\left(\frac{1}{x_q} - \frac{1}{x_d}\right)$$

三角関数の公式を利用して，整理すると，

$$P_g = \frac{VE}{x_d}\sin\delta + \frac{V^2}{2}\left(\frac{1}{x_q} - \frac{1}{x_d}\right)\sin 2\delta$$

となり，教科書などに載っている同期機の出力の式が求まる.

念のために，電動機のベクトル図を描くと，第2図のようになる.

ここに使用した記号は，

E：内部誘起電圧

V：端子電圧

v_d：直軸分電圧降下

v_q：横軸分電圧降下

I_d：直軸分負荷電流

I_q：横軸分負荷電流

I：負荷電流

x_d：直軸分リアクタンス

x_q：横軸分リアクタンス

δ：負荷角

ϕ：負荷の力率角

(2) 同期機（円筒型機）の出力（抵抗分が考慮された場合）

同期電動機の電機子回路の，抵抗分が無視できない場合の，ベクトル図は**第3図**のようになる.

力率角 ϕ と負荷角 δ でもって表された電動機の出力の式を，インピーダンス角 α と負荷角 δ の関係式として表すために，E に対して，インピーダンス角 α だけ進んだ補助線を引き，V の頂点および E の頂点から補助線に向かって

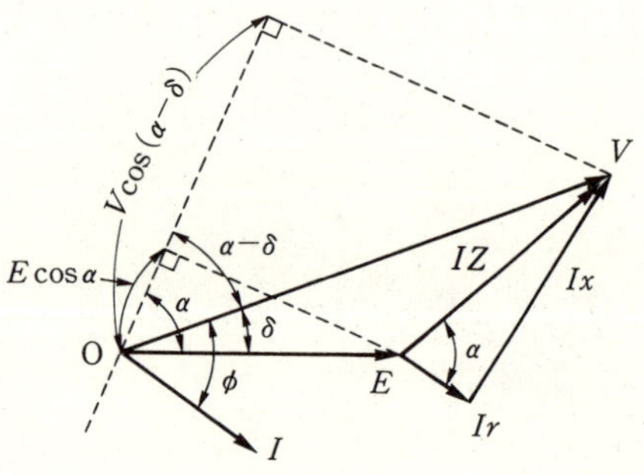

第3図

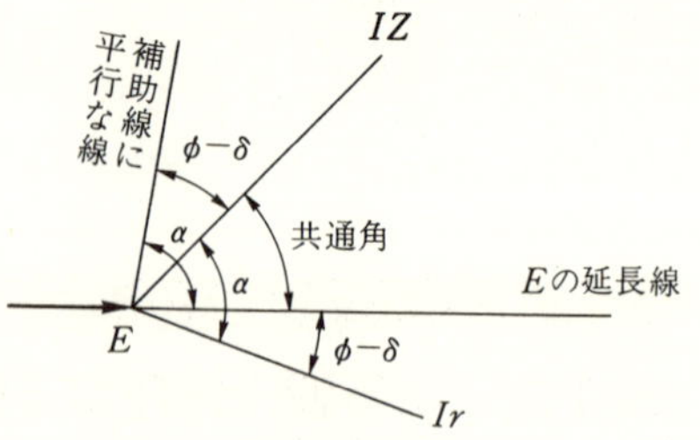

第4図

垂線をおろすと，**第4図**に示す E の先端部の詳細ベクトル図より，$(\phi-\delta)$ なる角が，$(\alpha-\delta+\phi-\alpha)$ であることが理解できる.

ベクトル図より，IZ と補助線に平行な線とのなす角も，これまた $(\phi-\delta)$ である.

よって，インピーダンス電圧に関係した部分，

$$IZ\cos(\phi-\delta) = V\cos(\alpha-\delta) - E\cos\alpha$$

したがって，$IZ\cos(\phi-\delta)$ の式を利用して，電動機の出力 P_2 の式を作るために，E を乗じ Z で除すと，出力の式が得られる.

すなわち，電動機の出力 P_2 は，

$$P_2 = \frac{VE}{Z}\cos(\alpha-\delta) - \frac{E^2}{Z}\cos\alpha$$

となる.

では続いて，電動機の入力を求めるためのベクトル図を描くと，**第5図**のようになる.

したがって，電動機の入力 P_1 は，

$$P_1 = VI\cos\phi$$

と表される.

電動機の入力も出力と同様の考え方で求めるために，今度は V ベクトルに対して，インピーダンス角 α だけ進んだ補助線を引き，V の頂点

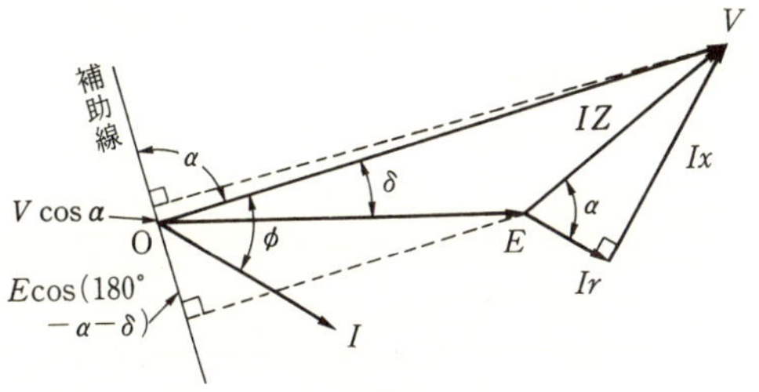

第5図

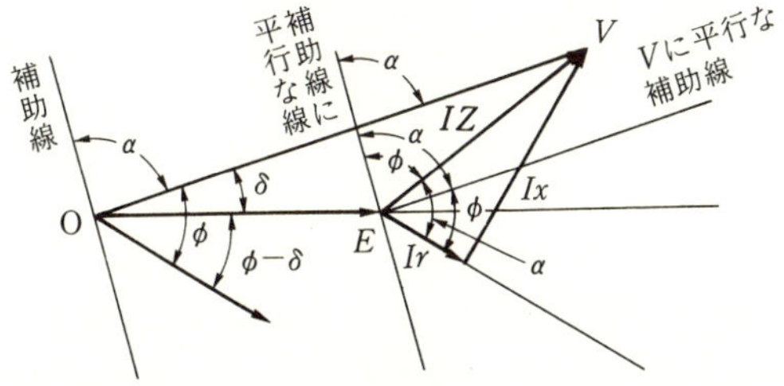

第6図

および E の頂点から補助線に向かって垂線をおろすと，**第6図**に示す E ベクトルの先端部の詳細図のように，

$$\alpha+\phi-\alpha=\phi$$

であることが理解できる．

また，E ベクトルと補助線とによりなす角は，$180°-\alpha-\delta$ であり，

$$IZ\cos\phi=V\cos\alpha+E\cos(180°-\alpha-\delta)$$

ここに，

$$-\cos(180°-\alpha-\delta)=\cos(\alpha+\delta)$$

であるから，

$$IZ\cos\phi=V\cos\alpha-E\cos(\alpha+\delta)$$

となり，この式に V を乗じ Z で除すと，電動機入力 P_1 は，次のように求まる．

$$P_1=\frac{V^2}{Z}\cos\alpha-\frac{VE}{Z}\cos(\alpha+\delta)$$

ここで新たに使用した記号は，

r：電機子の抵抗分

x：電機子のリアクタンス分

Z：電機子のインピーダンス分

α：電機子インピーダンスのインピーダンス角

である．

(3) 四端子定数による送受電電力の求め方

四端子定数を用いて表した，送電端電圧および電流と，受電端電圧および電流の関係は，次の式のように表される．

$$E_S=AE_R+BI_R \quad (1)$$

$$I_S=CE_R+DI_R \quad (2)$$

これらの式から，受電端の電圧および電流を求めると，

$$E_R=\frac{\begin{vmatrix} E_S & B \\ I_S & D \end{vmatrix}}{\triangle}$$

$$I_R=\frac{\begin{vmatrix} A & E_S \\ C & I_S \end{vmatrix}}{\triangle}$$

ここに，

$$\triangle=AD-BC=1$$

ゆえに，受電端の電圧および電流と，送電端の電圧および電流の関係は，次式のように表される．

$$E_R=DE_S-BI_S \quad (3)$$

$$I_R=-CE_S+AI_S \quad (4)$$

(2)式の I_S に(4)式の I_R の値を代入すると，

$$I_S=CE_R+D(-CE_S+AI_S)$$

$$(1-AD)I_S=-CDE_S+CE_R$$

$$-BCI_S=-C(DE_S-E_R)$$

$$\therefore\ I_S=\frac{D}{B}E_S-\frac{1}{B}E_R$$

(4)式の I_R の式に(2)式の I_S の値を代入すると，

$$I_R=-CE_S+A(CE_R+DI_R)$$

$$(1-AD)I_R=-CE_S+ACE_R$$

$$-BCI_R=-C(E_S-AE_R)$$

$$\therefore\ I_R=\frac{1}{B}E_S-\frac{A}{B}E_R$$

ここで，送電電力および受電電力を求めるには，送電端電流および受電端電流に，それぞれの地点における電圧の共役値を乗ずれば求まることを知っている．

この考えに従って，送電端の電力を求めると，

$$P_S = E_S I_S = E_S\left(\frac{D}{B}E_S - \frac{1}{B}E_R\right)$$

ここで，$E_S = e_s$，$E_R = e_r\varepsilon^{-j\theta}$ とおくと，

$$P_S = \frac{D}{B}e_s^2 - \frac{1}{B}e_s e_r \varepsilon^{-j\theta}$$

次に，$D/B = Y_{11} = y_{11}\varepsilon^{-j\phi_{11}}$，$1/B = Y_{12} = y_{12}\varepsilon^{-j\phi_{12}}$ とおくと，

$$P_S = y_{11}e_s^2\varepsilon^{-j\phi_{11}} - y_{12}e_s e_r \varepsilon^{-j(\theta+\phi_{12})}$$

この送電端電力の有効電力のみを，三角関数でもって表すと，

$$P_S = y_{11}e_s^2\cos\phi_{11} - y_{12}e_s e_r\cos(\theta+\phi_{12})$$

次に α なる角を導入し，次のように定める．

$$\alpha_{11} = \phi_{11} + 90°$$

$$\alpha_{12} = \phi_{12} - 90°$$

これより，送電電力の式は次のように表すことができる．

$$P_S = y_{11}e_s^2\sin\alpha_{11} + y_{12}e_s e_r\sin(\theta+\alpha_{12})$$

引き続き送電端の電力にならって，受電端の電力を求めていくと，

$$P_R = E_R I_R = E_R\left(\frac{1}{B}E_S - \frac{A}{B}E_R\right)$$

ここで，$E_S = e_s\varepsilon^{-j\theta}$，$E_R = e_r$とおくと，

$$P_R = \frac{1}{B}e_s e_r\varepsilon^{-j\theta} - \frac{A}{B}e_r^2$$

次に，$1/B = Y_{12} = y_{12}\varepsilon^{-j\phi_{12}}$，$A/B = Y_{22} = y_{22}\varepsilon^{-j\phi_{22}}$ とおくと，

$$P_R = y_{12}e_s e_r\varepsilon^{-j(\theta+\phi_{12})} - y_{22}e_r^2\varepsilon^{-j\phi_{22}}$$

受電電力の有効分を，三角関数で表すと，

$$P_R = y_{12}e_s e_r\cos(\theta+\phi_{12}) - y_{22}e_r^2\cos\phi_{22}$$

ここで α なる角を導入し，次のように定める．

$$\alpha_{12} = \phi_{12} - 90°$$

$$\alpha_{22} = \phi_{22} + 90°$$

これより，

$$P_R = -y_{12}e_s e_r\sin(\theta+\alpha_{12}) - y_{22}e_r^2\sin\alpha_{22}$$

となり，計算に使用した電力の式の意味が理解できたことと思う．

(4) 3機系統における自己および相互伝達アドミタンス

前項で求めた2機系統に対し，1機増した3機系統となると，どうなるかを調べてみる．

3機系統を四端子定数で表すと，**第7図**のように表現することができる．

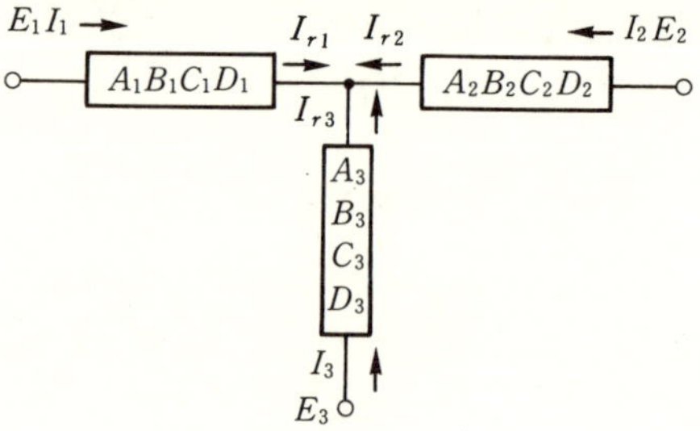

第7図

各々の端子の電流を，自己および相互アドミタンスを使って表すと，次式のように表現できる．

$$\begin{vmatrix} I_1 \\ I_2 \\ I_3 \end{vmatrix} = \begin{vmatrix} Y_{11} & -Y_{12} & -Y_{13} \\ -Y_{21} & Y_{22} & -Y_{23} \\ -Y_{31} & -Y_{32} & Y_{33} \end{vmatrix} \begin{vmatrix} E_1 \\ E_2 \\ E_3 \end{vmatrix}$$

各々の端子の流入電流を，四端子定数で表すと，

$$I_1 = C_1 E_r + D_1 I_{r1}$$

$$I_2 = C_2 E_r + D_2 I_{r2}$$

$$I_3 = C_3 E_r + D_3 I_{r3}$$

また，各々の端子の電圧を，四端子定数で表すと，

$$E_1 = A_1 E_r + B_1 I_{r1}$$

$$E_2 = A_2 E_r + B_2 I_{r2}$$

$$E_3 = A_3 E_r + B_3 I_{r3}$$

さらに，三つの回路の接合点において，各枝路の電流の和が零となることより，次式が得られる．

$$I_{r1} + I_{r2} + I_{r3} = 0$$

そして，接合点の電圧 E_r は，E_1 の式より，

$$E_r = \frac{E_1}{A_1} - \frac{B_1}{A_1}I_{r1}$$

この E_r の値を，E_2 と E_3 の式に代入すると，それぞれ次のようになる．

$$E_2 = \frac{A_2}{A_1}E_1 - \frac{A_2 B_1}{A_1}I_{r1} + B_2 I_{r2}$$

$$E_3=\frac{A_3}{A_1}E_1-\frac{A_3B_1}{A_1}I_{r1}+B_3I_{r3}$$

この二つ式を，電流と電圧の項に分けて整理し，これに電流の条件式を加えて，下記の連立方程式を得る．

$$\begin{vmatrix}-\frac{A_2B_1}{A_1} & B_2 & 0\\ -\frac{A_3B_1}{A_1} & 0 & B_3\\ 1 & 1 & 1\end{vmatrix}\begin{vmatrix}I_{r1}\\ I_{r2}\\ I_{r3}\end{vmatrix}=\begin{vmatrix}E_2-\frac{A_2}{A_1}E_1\\ E_3-\frac{A_3}{A_1}E_1\\ 0\end{vmatrix}$$

この式を各々の電流に対して解くと，それぞれの電流が得られる．

$$I_{r1}=\begin{vmatrix}E_2-\frac{A_2}{A_1}E_1 & B_2 & 0\\ E_3-\frac{A_3}{A_1}E_1 & 0 & B_3\\ 0 & 1 & 1\end{vmatrix}\frac{1}{\triangle}$$

$$=\left(-B_2E_3+\frac{A_3}{A_1}B_2E_1-B_3E_2+\frac{A_2}{A_1}B_3E_1\right)\frac{1}{\triangle}$$

$$I_{r2}=\begin{vmatrix}-\frac{A_2}{A_1}B_1 & E_2-\frac{A_2}{A_1}E_1 & 0\\ -\frac{A_3}{A_1}B_1 & E_3-\frac{A_3}{A_1}E_1 & B_3\\ 1 & 0 & 1\end{vmatrix}\frac{1}{\triangle}$$

$$=\left(-\frac{A_2}{A_1}B_1E_3+\frac{A_2A_3}{A_1A_1}B_1E_1+B_3E_2-\frac{A_2}{A_1}B_3E_1+\frac{A_3}{A_1}B_1E_2-\frac{A_2A_3}{A_1A_1}B_1E_1\right)\times\frac{1}{\triangle}$$

$$I_{r3}=\begin{vmatrix}-\frac{A_2}{A_1}B_1 & B_2 & E_2-\frac{A_2}{A_1}E_1\\ -\frac{A_3}{A_1}B_1 & 0 & E_3-\frac{A_3}{A_1}E_1\\ 1 & 1 & 0\end{vmatrix}\frac{1}{\triangle}$$

$$=\left(B_2E_3-\frac{A_3}{A_1}B_2E_1-\frac{A_3}{A_1}B_1E_2+\frac{A_2A_3}{A_1A_1}B_1E_1+\frac{A_2}{A_1}B_1E_3-\frac{A_2A_3}{A_1A_1}B_1E_1\right)\times\frac{1}{\triangle}$$

ここに△は，

$$\triangle=\begin{vmatrix}-\frac{A_2B_1}{A_1} & B_2 & 0\\ -\frac{A_3B_1}{A_1} & 0 & B_3\\ 1 & 1 & 1\end{vmatrix}$$

$$=B_2B_3+\frac{A_3}{A_1}B_1B_2+\frac{A_2}{A_1}B_1B_3$$

そこで求まった I_{r1} の値を，E_r の式に代入すると，

$$E_r=\frac{E_1}{A_1}-\frac{B_1}{A_1}\times\frac{-B_2E_3+\frac{A_3}{A_1}B_2E_1-B_3E_2+\frac{A_2}{A_1}B_3E_1}{B_2B_3+\frac{A_3}{A_1}B_1B_2+\frac{A_2}{A_1}B_1B_3}$$

この E_r および I_{r1} の値を，四端子定数で表した I_1 の式に代入すると，

$$I_1=C_1\frac{E_1}{A_1}-C_1\frac{B_1}{A_1}\times\frac{-B_2E_3+\frac{A_3}{A_1}B_2E_1-B_3E_2+\frac{A_2}{A_1}B_3E_1}{B_2B_3+\frac{A_3}{A_1}B_1B_2+\frac{A_2}{A_1}B_1B_3}$$

$$+D_1\times\frac{-B_2E_3+\frac{A_3}{A_1}B_2E_1-B_3E_2+\frac{A_2}{A_1}B_3E_1}{B_2B_3+\frac{A_3}{A_1}B_1B_2+\frac{A_2}{A_1}B_1B_3}$$

この I_1 の式を，E_1，E_2 そして E_3 の項別に整理すると，

$$I_1=\left\{\frac{C_1}{A_1}-\frac{\left[\frac{B_1C_1}{A_1}\left(\frac{A_3}{A_1}B_2+\frac{A_2}{A_1}B_3\right)-D_1\left(\frac{A_3}{A_1}B_2+\frac{A_2}{A_1}B_3\right)\right]}{B_2B_3+\frac{A_3}{A_1}B_1B_2+\frac{A_2}{A_1}B_1B_3}\right\}E_1$$

$$-\left\{\frac{B_3D_1-\dfrac{B_1B_3C_1}{A_1}}{B_2B_3+\dfrac{A_3}{A_1}B_1B_2+\dfrac{A_2}{A_1}B_1B_3}\right\}E_2$$

$$-\left\{\frac{B_2D_1-\dfrac{B_1B_2C_1}{A_1}}{B_2B_3+\dfrac{A_3}{A_1}B_1B_2+\dfrac{A_2}{A_1}B_1B_3}\right\}E_3$$

ここで，I_1の式のE_1の項を，E_2およびE_3の項と共通な分母とすると，

$$I_1=\frac{\left\{\begin{array}{l}\dfrac{B_1C_1}{A_1}\left(\dfrac{A_3}{A_1}B_2+\dfrac{A_2}{A_1}B_3\right)-\dfrac{B_1C_1}{A_1}\left(\dfrac{A_3}{A_1}B_2+\dfrac{A_2}{A_1}B_3\right)\\+\dfrac{B_2B_3C_1}{A_1}+D_1\left(\dfrac{A_3}{A_1}B_2+\dfrac{A_2}{A_1}B_3\right)\end{array}\right\}}{B_2B_3+\dfrac{A_3}{A_1}B_1B_2+\dfrac{A_2}{A_1}B_1B_3}E_1$$

$$-\frac{\dfrac{(A_1D_1-B_1C_1)B_3}{A_1}}{B_2B_3+\dfrac{A_3}{A_1}B_1B_2+\dfrac{A_2}{A_1}B_1B_3}E_2$$

$$-\frac{\dfrac{(A_1D_1-B_1C_1)B_2}{A_1}}{B_2B_3+\dfrac{A_3}{A_1}B_1B_2+\dfrac{A_2}{A_1}B_1B_3}E_3$$

となる．

続いて，E_1の項の分子部分の分母を共通にすると同時に，$AD-BC=1$の公式を使用して簡単にすると，

$$I_1=\frac{\dfrac{B_2B_3C_1+A_3B_2D_1+A_2B_3D_1}{A_1}}{B_2B_3+\dfrac{A_3}{A_1}B_1B_2+\dfrac{A_2}{A_1}B_1B_3}E_1$$

$$-\frac{1}{A_1B_2+\dfrac{A_3}{B_3}B_1B_2+A_2B_1}E_2$$

$$-\frac{1}{A_1B_3+A_3B_1+\dfrac{A_2}{B_2}B_1B_3}E_3$$

そこで，もう一工夫して，E_1の項の分母子にA_1を乗じ，E_2の項の分母をB_1B_2でくくり，E_3の項の分母をB_1B_3でくくると，

$$I_1=\frac{B_2B_3C_1+A_3B_2D_1+A_2B_3D_1}{A_1B_2B_3+A_3B_1B_2+A_2B_1B_3}E_1$$

$$-\frac{1}{B_1B_2\left(\dfrac{A_1}{B_1}+\dfrac{A_2}{B_2}+\dfrac{A_3}{B_3}\right)}E_2$$

$$-\frac{1}{B_1B_3\left(\dfrac{A_1}{B_1}+\dfrac{A_2}{B_2}+\dfrac{A_3}{B_3}\right)}E_3$$

これで，E_2およびE_3の項は奇麗な格好になったので，E_1の項の中を共通項でくくり整理すると，

$$\frac{C_1B_2B_3+D_1(A_3B_2+A_2B_3)}{A_1B_2B_3+B_1(A_3B_2+A_2B_3)}$$

続いて，D_1/B_1の項を独立させるために，D_1/B_1を加え，差し引くと，

$$\frac{D_1}{B_1}-\left\{\frac{D_1}{B_1}-\frac{C_1B_2B_3-D_1(A_3B_2+A_2B_3)}{A_1B_2B_3+B_1(A_3B_2+A_2B_3)}\right\}$$

上式を整理すると，

$$\frac{D_1}{B_1}-\frac{(A_1D_1-B_1C_1)\times\dfrac{B_2B_3}{B_1}}{A_1B_2B_3+B_1(A_3B_2+A_2B_3)}$$

第2項の分母子の共通項を作るために，B_2B_3/B_1で除すとともに，$AD-BC=1$を使用すると，

$$\frac{D_1}{B_1}-\frac{1}{A_1B_1+\dfrac{B_1B_1A_3}{B_3}+\dfrac{B_1B_1A_2}{B_2}}$$

続いて，分母をB_1^2でくくると，

$$\frac{D_1}{B_1}-\frac{1}{B_1^2\left(\dfrac{A_1}{B_1}+\dfrac{A_2}{B_2}+\dfrac{A_3}{B_3}\right)}$$

となり，E_1の項も奇麗になったので，改めてI_1の式全体を書くと，

$$I_1=\left\{\frac{D_1}{B_1}-\frac{1}{B_1^2\left(\dfrac{A_1}{B_1}+\dfrac{A_2}{B_2}+\dfrac{A_3}{B_3}\right)}\right\}E_1$$

$$-\frac{1}{B_1 B_2\left(\frac{A_1}{B_1}+\frac{A_2}{B_2}+\frac{A_3}{B_3}\right)}E_2$$

$$-\frac{1}{B_1 B_3\left(\frac{A_1}{B_1}+\frac{A_2}{B_2}+\frac{A_3}{B_3}\right)}E_3$$

I_2, I_3についても，同様に整理すると，次に示すようになる．

$$I_2=-\frac{1}{B_1 B_2\left(\frac{A_1}{B_1}+\frac{A_2}{B_2}+\frac{A_3}{B_3}\right)}E_1$$

$$+\left\{\frac{D_2}{B_2}-\frac{1}{B_2^2\left(\frac{A_1}{B_1}+\frac{A_2}{B_2}+\frac{A_3}{B_3}\right)}\right\}E_2$$

$$-\frac{1}{B_2 B_3\left(\frac{A_1}{B_1}+\frac{A_2}{B_2}+\frac{A_3}{B_3}\right)}E_3$$

$$I_3=-\frac{1}{B_1 B_3\left(\frac{A_1}{B_1}+\frac{A_2}{B_2}+\frac{A_3}{B_3}\right)}E_1$$

$$-\frac{1}{B_2 B_3\left(\frac{A_1}{B_1}+\frac{A_2}{B_2}+\frac{A_3}{B_3}\right)}E_2$$

$$+\left\{\frac{D_3}{B_3}-\frac{1}{B_3^2\left(\frac{A_1}{B_1}+\frac{A_2}{B_2}+\frac{A_3}{B_3}\right)}\right\}E_3$$

御覧のように結果として，I_3の式もI_1およびI_2の式と同様の形になることがわかる．

(5) 負荷のインピーダンスとアドミタンス

負荷容量をインピーダンスやアドミタンスへ換算するには，負荷電流が次式のように表されるので，相電圧を負荷電流で除して，インピーダンスを求めるか，負荷電流を相電圧で除して，アドミタンスを求めればよい．

どの形が最も利用しやすいかは，沢山ある中から選んで欲しい．

$$I=\frac{P}{\sqrt{3}\,V\cos\phi}$$

ここに，

I：負荷電流〔A〕

P：負荷容量〔kW〕

V：端子電圧〔kV〕

ϕ：力率角（°）

Z：負荷のインピーダンス〔Ω〕

R：負荷の抵抗〔Ω〕

X：負荷のリアクタンス〔Ω〕

Y：負荷のアドミタンス〔S〕

G：負荷のコンダクタンス〔S〕

B：負荷のサセプタンス〔S〕

である．

$$Z=\frac{V/\sqrt{3}}{I}=\frac{V^2}{P}\cos\phi$$

$$R=\frac{V^2}{P}\cos^2\phi$$

$$X=\frac{V^2}{P}\cos^2\phi\cdot\tan\phi$$

$$Y=\frac{I}{V/\sqrt{3}}=\frac{P}{V^2}\cdot\frac{1}{\cos\phi}$$

$$G=\frac{P\cos\phi}{V^2\cos\phi}=\frac{P}{V^2}$$

$$B=\frac{P}{V^2}\tan\phi$$

複素数の形で表すと，

$$Z=\frac{1}{G-jB}=\frac{1}{\frac{P}{V^2}-j\frac{P}{V^2}\tan\phi}=\frac{\frac{V^2}{P}(1+j\tan\phi)}{1+\tan^2\phi}$$

ここに，

$$1+\tan^2\phi=\frac{\cos^2\phi+\sin^2\phi}{\cos^2\phi}$$

$$= \frac{1}{\cos^2\phi}$$

であるから，上式は

$$Z = \frac{V^2}{P}\cos^2\phi\,(1+j\tan\phi)$$

となる．

(6) 回転機の単位慣性定数

回転体の持つエネルギー E は，皆さんが御存知のように，慣性モーメント I，回転角速度 ω とすると，

$$E = \frac{1}{2}I\omega^2$$

で表される．

慣性定数 M は，このエネルギー E の値の 2 倍の値，すなわち，

$$M = I\omega^2$$

をいう．しかし外国の書物には慣性定数 H として，

$$H = E = \frac{1}{2}I\omega^2$$

として表しているものもあるから，注意が必要である．

では，その値がどのようなものかを説明すると，

$$M = I\omega^2 \ \text{〔kgf·m}^2\text{/m/s}^2\text{·rad}^2\text{/s}^2\text{〕}$$

ここに，

$$I = \frac{GD^2}{4g} = \frac{GR^2}{g} \ \text{〔kgf·m·s}^2\text{〕}$$

$$\omega = \frac{2\pi N}{60} \ \text{〔rad/s〕}$$

D：回転能率直径〔m〕

R：回転能率半径〔m〕

N：回転数〔rpm〕

g：重力の加速度 = 9.80665〔m/s²〕

したがって，慣性定数 M は，

$$M = \frac{GR^2}{g}\cdot\left(\frac{2\pi N}{60}\right)^2$$

$$= \frac{4\pi^2\cdot GR^2\cdot N^2}{9.80665\times 3\,600}$$

$$= 1.118244GR^2\cdot N^2\times 10^{-3}$$

$$= 279.56099\times GD^2\cdot N^2\times 10^{-6} \ \text{〔kgf·m〕}$$

ここで，

1〔N〕= 0.1019716〔kgf〕

1〔W〕= 1〔J/s〕

であるから，

$$M = \frac{1.118244}{0.1019716}GR^2\cdot N^2\times 10^{-3}$$

$$= 10.966228GR^2\cdot N^2\times 10^{-3}$$

$$= \frac{279.56099}{0.1019716}GD^2\cdot N^2\times 10^{-6}$$

$$= 2.7415574GD^2\cdot N^2\times 10^{-3} \ \text{〔W·s〕}$$

単位慣性定数 M_n は，上の慣性定数を定格出力 P で除したものと定義されているから，次のように表される．

$$M_n = \frac{2.7415574}{P\,\text{〔W〕}}\times GD^2\cdot N^2\times 10^{-3} \ \text{〔s〕}$$

$$= \frac{10.966228}{P\,\text{〔W〕}}\times GR^2\cdot N^2\times 10^{-3} \ \text{〔s〕}$$

ここで単位慣性定数 M_n とは一体どんなものか検討してみる．

いま，I なる慣性体を $\mathrm{d}t$ 時間当たり，$\mathrm{d}\omega$ だけ加速するのに必要なトルク τ_0 は，

$$\tau_0 = I\frac{\mathrm{d}\omega}{\mathrm{d}t} \ \text{〔kgf·m〕}$$

そこで出力，トルクそして角速度の関係は，

$$\tau_0 = \frac{P_0}{\omega_0}\left[\frac{\text{kgf·m/s}}{\text{rad/s}}\right]$$

$$\omega_0 = \frac{2\pi N_0}{60} \ \text{〔rad/s〕}$$

である．

ここに，

τ_0：定格トルク〔kgf·m〕

P_0：定格出力〔kgf·m/s〕

ω_0：定格角速度〔rad/s〕

N_0：定格回転数〔rpm〕

また，ここで，定格出力 P_0 と P の関係は，

$$P\,\text{〔W〕} = gP_0$$

$$= g\cdot\tau_0\cdot\omega_0\left[\frac{\text{m}}{\text{s}^2}\cdot\text{kgf·m}\cdot\frac{\text{rad}}{\text{s}}\right]$$

$$= gP_0 \ \text{〔N·m/s〕}$$

$$= gP_0 \text{〔J/s〕}$$

である.

上のトルクの式は変数分離の形だから，式を書き替えると，

$$I\mathrm{d}\omega = \frac{P_0}{\omega_0}\mathrm{d}t$$

となり，停止の状態 $\omega = 0$ から定格角速度 ω_0 に加速するまでに必要な時間 t は，

$$t = I\frac{\omega_0}{P_0}\int_0^{\omega_0}\mathrm{d}\omega$$

$$= I\frac{\omega_0}{P_0}\Big[\omega\Big]_0^{\omega_0}$$

$$= I\frac{\omega_0}{P_0}(\omega_0 - 0)$$

$$= I\frac{{\omega_0}^2}{P_0}$$

$$= \frac{GD^2}{4g}\cdot\frac{\left(\frac{2\pi N_0}{60}\right)^2}{P_0}\left[\mathrm{kgf\cdot m\cdot s^2}\frac{\mathrm{rad^2/s^2}}{\mathrm{kgf\cdot m/s}}\right]$$

すなわち，

$$t = \frac{M}{P_0} \text{〔s〕}$$

$$= M_n \text{〔s〕}$$

ゆえに，単位慣性定数 M_n は，定格トルク τ_0 で始動した場合の，定格速度 ω_0 に達するまでの時間，すなわち，起動時間 t に等しい.

(7)　回路電圧が急変した場合の同期電動機の内部誘起電圧の変化

本文の中で触れたように，回路電圧等の急変時の内部誘起電圧 E は，同期電動機の端子電圧 E_t に，負荷電流による電機子過渡リアクタンス降下 IX_d' を加えた，$E = E_t + IX_d'$ となり，これが回路電圧急変時における百パーセントの内部誘起電圧である.

ここではこの内部誘起電圧が励磁電流の変化に比例して変化するものと考え，内部誘起電圧の時間的変化を計算するものである.

今回は，半導体を使用した静止型励磁器を採用しており，50%の電圧降下を模擬した等価回路は，**第 8 図**のように表すことができる.

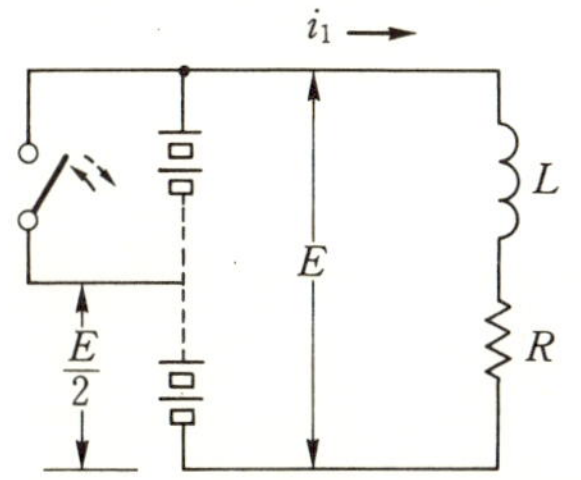

第 8 図

ここに，

E：励磁回路の全電圧〔V〕

i：過渡時の励磁電流〔A〕

i_1：電圧降下時の励磁電流〔A〕

L：回路の全リアクタンス〔Ω〕

R：回路の全抵抗〔Ω〕

t：経過時間〔s〕

t_1：電圧降下の継続時間〔s〕

t'：電圧降下回復後の経過時間〔s〕

電圧降下後，経過時間が $0 \leq t \leq t_1$ において，図より次の起電力と逆電圧の平衡式を得る.

$$\frac{E}{2} = L\frac{\mathrm{d}i_1}{\mathrm{d}t} + Ri_1$$

1 階常微分方程式の形に書き改めると，

$$\frac{\mathrm{d}i_1}{\mathrm{d}t} + \frac{R}{L}i_1 = \frac{E}{2L}$$

この微分方程式の一般解は，

$$i_1 = e^{-\int\frac{R}{L}\mathrm{d}t}\times\left(\int e^{\int\frac{R}{L}\mathrm{d}t}\times\frac{E}{2L}\mathrm{d}t + C\right)$$

したがって，

$$i_1 = e^{-\frac{R}{L}t}\left(\int e^{\frac{R}{L}t}\times\frac{E}{2L}\mathrm{d}t + C\right)$$

$$= e^{-\frac{R}{L}t}\left(\frac{EL}{2RL}e^{\frac{R}{L}t} + C\right)$$

$$= \frac{E}{2R} + Ce^{-\frac{R}{L}t}$$

積分定数 C を求めるに当たり，$t = 0$ において $i_1 = E/R$ であるから，上式は次のようになる.

$$\frac{E}{R} = \frac{E}{2R} + C$$

$$\therefore \quad C=\frac{E}{R}-\frac{E}{2R}=\frac{E}{2R}$$

この求まった C の値を，i_1 の式に代入すると，

$$i_1=\frac{E}{2R}+\frac{E}{2R}\cdot e^{-\frac{R}{L}t}$$

$$=\frac{E}{2R}\left(1+e^{-\frac{R}{L}t}\right)$$

と，電圧降下後の励磁電流の変化が求まる．

続いて電圧降下回復後，すなわち，$t>t_1$ かつ，$t=t_1+t'$ そして $t' \geqq 0$ なる条件の下に，回路図より次の電圧平衡式を得る．

$$E=L\frac{\mathrm{d}i}{\mathrm{d}t}+Ri$$

上式を1階常微分方程式の形に書き替えると，

$$\frac{\mathrm{d}i}{\mathrm{d}t}+\frac{R}{L}i=\frac{E}{L}$$

この式の一般解は，次のように表される．

$$i=e^{-\int\frac{R}{L}\mathrm{d}t}\left(\int e^{\int\frac{R}{L}\mathrm{d}t}\times\frac{E}{L}\,\mathrm{d}t+C'\right)$$

$$=e^{-\frac{R}{L}t}\left(\int e^{\frac{R}{L}t}\times\frac{E}{L}\,\mathrm{d}t+C'\right)$$

$$=e^{-\frac{R}{L}t}\left(\frac{E}{L}\cdot\frac{L}{R}e^{\frac{R}{L}t}+C'\right)$$

$$=e^{-\frac{R}{L}t}\left(\frac{E}{R}e^{\frac{R}{L}t}+C'\right)$$

$$=\frac{E}{R}+C'e^{-\frac{R}{L}t}$$

ここで積分定数 C' を求めるわけだが，$t=t_1$ において $i=i_1(t_1)$ であり，i_1 の値は次のような値であるから，

$$i_1=\frac{E}{2R}\left(1+e^{-\frac{R}{L}t_1}\right)$$

この i_1 の値を i の式に代入すると，

$$\frac{E}{2R}\left(1+e^{-\frac{R}{L}t_1}\right)=\frac{E}{R}+C'e^{-\frac{R}{L}t_1}$$

$$\therefore \quad C'=\frac{\frac{E}{2R}\left(1+e^{-\frac{R}{L}t_1}-\frac{E}{R}\right)}{e^{-\frac{R}{L}t_1}}$$

$$=\frac{E}{2R}\left(1-e^{\frac{R}{L}t_1}\right)$$

と積分定数 C' は求まり，この C' を i の式に代入すると，

$$i=\frac{E}{R}+\frac{E}{2R}\left(1-e^{\frac{R}{L}t_1}\right)\times e^{-\frac{R}{L}t}$$

ここに，$t=t_1+t'$ だから，i の式は次のように書き替えられる．

$$i=\frac{E}{R}+\frac{E}{2R}\left(e^{-\frac{R}{L}(t_1+t')}-e^{\frac{R}{L}(t_1-t_1-t')}\right)$$

$$=\frac{E}{R}\left\{1+\frac{1}{2}\left(e^{-\frac{R}{L}t_1}-1\right)\times e^{-\frac{R}{L}t'}\right\}$$

と，これで電圧降下回復後の t' 時間における励磁電流 i の変化が求まった．

この同期電動機のつながる系統に．50パーセントの電圧降下が生じた後，および系統電圧が100パーセントに回復した後の励磁電流の変化の様子が計算できた．この励磁電流の変化と電圧降下が生じた後の，内部誘起電圧の変化がほぼ等しいと考えられるから，この励磁電流の変化をもとに，内部誘起電圧の変化を知ることができる．

砂漠の洪水

砂漠の山岳地帯の雨が降ったときのみ水が流れる，水無川のワジ（Wadi）はよく知られていますが，砂漠地帯は平地といえども砂の下は石灰岩なので，雨水は砂の下ににじみ込むことなく，一度雨が降れば辺り一面の水たまりになってしまいます．何年かに一度降る豪雨がくると，たちまちその辺りは，一面浅い湖に変わってしまい，其処彼処で浸水騒ぎが起こります．乾燥した砂漠の中に作った仮設の保管庫では，根敷きも簡単な物であったため，根敷きの高さ以上に水位が上がり，制御盤の下の方が水の中に浸かってしまいました．砂漠の石灰岩は，海の底から隆起してできたものですから，石灰岩やその砂には大量の塩分を含んでいますので，濡れた物はすぐに清水でもって洗浄し，乾燥させる必要があります．

配電線路の故障電流による電磁誘導電圧と磁気遮蔽に対する検討

近年工業プラントにおいて，応用計測制御や電算機制御が盛んに使用されているが，何か原因不明の外乱が入り込んでくると，何も対策を講じないままで誘導だということだけで，すぐ片づけられている場合が多い．

誘導は現象面から理論的にいって，静電誘導は導体の導電率より完全に防止することができるが，電磁誘導は磁性体の透磁率から見て，完全に磁気遮蔽することができないため，この電磁誘導作用は完全に防止することは不可能である．

本講では電磁誘導電圧を理論的に解析し，実際に現れる誘導電圧の概数を知るとともに，鋼電線管による磁気遮蔽効果を理論的に解析し，電線管の磁気遮蔽率の概数を知るものである．

実際のプラントの計測，監視，制御の設計において，電磁誘導電圧と磁気遮蔽率を数値計算し，これらを数値的に取扱っていく方法を，確立するものである．

(1) 無限長直線導体による平行往復導体への誘導電圧

(a) 無限長直線導体による磁界の強さ

磁界の強さは，ビオ・サバールの法則（Biot-Savart law）

$$\mathrm{d}H = \frac{i\,\mathrm{d}l}{4\pi r^2}\sin\theta$$

を利用して，この無限長直線導体による場合も上式から磁界の強さを求める．

P 点における磁界の強さ H は，**第1図**から，

$$H = \int \frac{i}{4\pi r^2}\sin\theta\cdot\mathrm{d}l$$

で表される．

ここに，

$$r = \frac{R}{\cos\beta}$$

$$\sin\theta = \frac{R}{r} = \frac{R}{R/\cos\beta} = \cos\beta$$

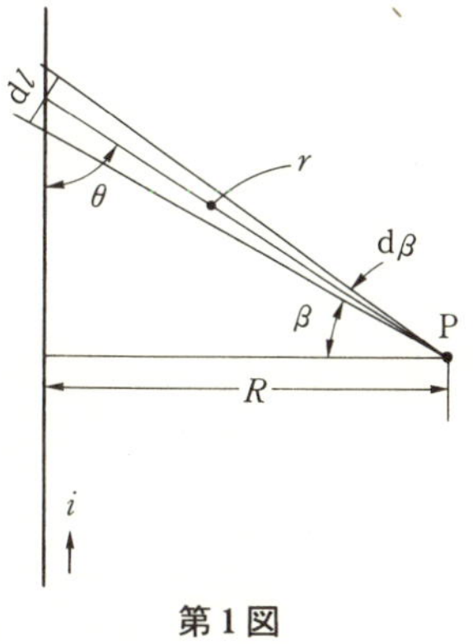

第1図

$$dl = r\,d\beta \cdot \frac{1}{\sin\theta}$$

$$= \frac{R}{\cos\beta} \cdot d\beta \cdot \frac{1}{\cos\beta}$$

$$= \frac{R}{\cos^2\beta}\,d\beta$$

したがって，磁界の強さ H は，

$$H = \int_{-\pi/2}^{+\pi/2} \frac{i}{\dfrac{4\pi R^2}{\cos^2\beta}} \cdot \cos\beta \cdot \frac{R}{\cos^2\beta} \cdot d\beta$$

中央の部分より見て，上と下は対称になっているから，上部のみを積分し 2 倍すると，

$$H = 2\int_0^{\pi/2} \frac{i}{4\pi R} \cdot \cos\beta \cdot d\beta$$

$$= \frac{i}{2\pi R}\Big[\sin\beta\Big]_0^{\pi/2}$$

$$= \frac{i}{2\pi R}$$

と求まる．

(b)　無限長直線導体による平行往復導体の磁束鎖交数

磁束密度 ϕ と磁界の強さ H の関係は，$d\phi = \mu\,dH$ で表されるから，総磁束鎖交数 Φ は次のように表される．

$$\Phi = \int d\phi = \int \mu\,dH$$

ゆえに，平行導体 C_a の遠く離れた P 点までの磁束鎖交数 Φ は，まず起誘導電流が流れる電力線 P_a によるもの Φ_{aa} は，

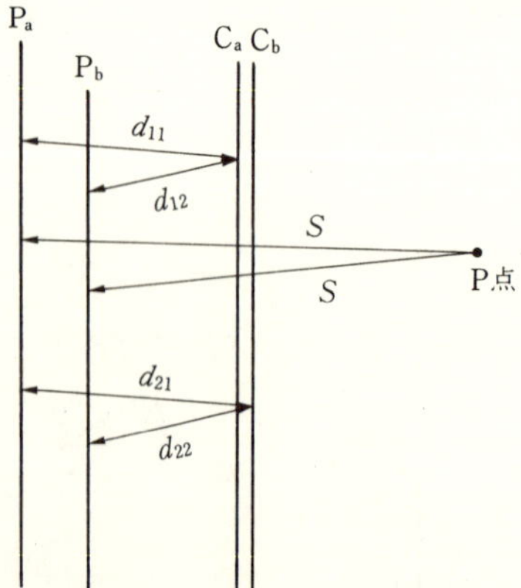

第 2 図

［注］　P 点は電力線 P_a および P_b から十分遠く，P 点から電力線 P_a および P_b までの距離 S_a および S_b が，ともに等しく S と考え得る点とする．

$$\Phi_{aa} = \int_{d_{11}}^{s} \frac{\mu i}{2\pi R}\,dR$$

$$= \frac{\mu i}{2\pi}\int_{d_{11}}^{s} \frac{1}{R}\,dR$$

$$= \frac{\mu i}{2\pi}\Big[\ln R\Big]_{d_{11}}^{s}$$

$$= \frac{\mu i}{2\pi}\ln\frac{S}{d_{11}}$$

と求まる．次に電力線 P_b によるもの Φ_{ab} は，Φ_{aa} にならって，

$$\Phi_{ab} = \int_{d_{12}}^{s} \frac{-\mu i}{2\pi R}\,dR$$

$$= \frac{-\mu i}{2\pi}\ln\frac{S}{d_{12}}$$

と求まる．

したがって，平行導体 C_a の磁束鎖交数 Φ_a は，両磁束鎖交数の和であるから，

$$\Phi_a = \Phi_{aa} + \Phi_{ab}$$

$$= \frac{\mu i}{2\pi}\left(\ln\frac{S}{d_{11}} - \ln\frac{S}{d_{12}}\right)$$

$$= \frac{\mu i}{2\pi}\ln\frac{d_{12}}{d_{11}}$$

となる．

続いて平行導体 C_b の磁束鎖交数 Φ_b を，平行導体 C_a の磁束鎖交数 Φ_a にならって求めると，

$$\Phi_b = \Phi_{ba} + \Phi_{bb}$$

$$= \frac{\mu i}{2\pi}\left(\ln\frac{S}{d_{21}} - \ln\frac{S}{d_{22}}\right)$$

$$= \frac{\mu i}{2\pi}\ln\frac{d_{22}}{d_{21}}$$

となる．

(c)　無限長直線導体による平行往復導体への誘導電圧

誘導電圧 U は，$U = -d\Phi/dt$ にて表され，起誘導電流 i は，最大値を I_m とすると，$i = I_m$

$\sin\omega t$ なるゆえ，磁束鎖交数 Φ_a は，

$$\Phi_a = \frac{\mu I_m}{2\pi}\ln\frac{d_{12}}{d_{11}}\sin\omega t$$

$$\Phi_b = \frac{\mu I_m}{2\pi}\ln\frac{d_{22}}{d_{21}}\sin\omega t$$

である．よって平行導体 C_a および C_b に誘導される電圧 U_a および U_b はそれぞれ，

$$U_a = \frac{-\mathrm{d}}{\mathrm{d}t}\cdot\frac{\mu I_m}{2\pi}\ln\frac{d_{12}}{d_{11}}\sin\omega t$$

$$= -\frac{\omega\mu I_n}{2\pi}\ln\frac{d_{12}}{d_{11}}\cos\omega t$$

$$U_b = \frac{-\mathrm{d}}{\mathrm{d}t}\cdot\frac{\mu I_m}{2\pi}\ln\frac{d_{22}}{d_{21}}\sin\omega t$$

$$= -\frac{\omega\mu I_m}{2\pi}\ln\frac{d_{22}}{d_{21}}\cos\omega t$$

で表される．

ここで電流 I を最大値 I_m の実効値とするならば，実効値で表された誘導電圧 V_a および V_b の大きさは，それぞれ次のようになる．

$$V_a = \frac{\omega\mu I}{2\pi}\ln\frac{d_{12}}{d_{11}}$$

$$V_b = \frac{\omega\mu I}{2\pi}\ln\frac{d_{22}}{d_{21}}$$

次に平行導体往復線路に現れる誘導電圧 V は，V_a と V_b の差となるから，

$$V = V_a - V_b$$

この式に，先に求めた V_a と V_b の値を代入すると，

$$V = \frac{\omega\mu I}{2\pi}\left(\ln\frac{d_{12}}{d_{11}} - \ln\frac{d_{22}}{d_{21}}\right)$$

$$= \frac{\omega\mu I}{2\pi}\ln\frac{d_{12}}{d_{11}}\cdot\frac{d_{21}}{d_{22}}$$

と求まる．この式を一般的な空気中の式とするため，空気中の透磁率 $\mu = 4\pi\times10^{-7}$ を考えると，空気中の誘導電圧 V は，次のようになる．

$$V = 2\omega I\ln\frac{d_{12}}{d_{11}}\cdot\frac{d_{21}}{d_{22}}\times10^{-7}$$

また，この式を常用対数に書き替えると，

$$V = 4.605\,\omega I\cdot\log_{10}\frac{d_{12}}{d_{11}}\cdot\frac{d_{21}}{d_{22}}\times10^{-7}$$

そして角速度 ω を周波数 f をもって表すと，誘導電圧 V の式は，

$$V = 2.893\,fI\cdot\log_{10}\frac{d_{12}}{d_{11}}\cdot\frac{d_{21}}{d_{22}}\times10^{-6}$$

となる．これが求める往復平行導体に誘起される誘導電圧である．

【計算例】　第3図に示すような線路の誘導電圧を求めてみる．

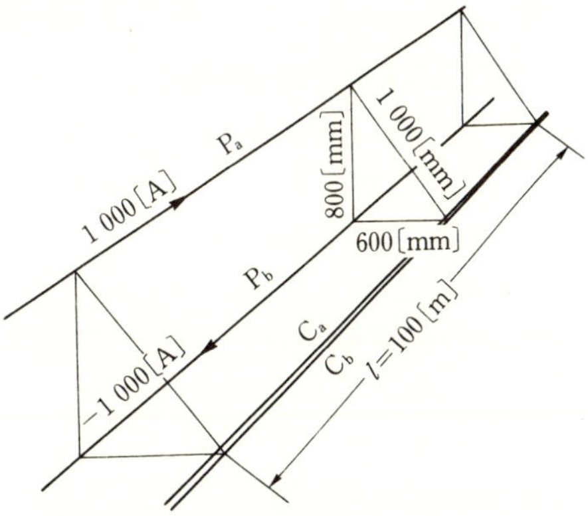

第3図

計算に使用する値は，次のように定める．

電源周波数：50〔Hz〕

平行距離：100〔m〕

起誘導電流：1 000〔A〕

幾何学的関係距離：

d_{11}：600〔mm〕

d_{12}：1 000〔mm〕

d_{21}：603.4〔mm〕

d_{22}：1 003.4〔mm〕

（3.4〔mm〕は，2.0〔mm²〕コントロール・ケーブルの芯線間の距離である）

撚り込みによる低減効果係数：0.035

先に求めた誘導電圧の式の，対数部分を先に計算すると，

$$\log_{10}\frac{d_{12}}{d_{11}}\cdot\frac{d_{21}}{d_{22}} = \log_{10}\frac{1\,000}{600}\cdot\frac{603.4}{1\,003.4}$$

$$\fallingdotseq 0.001$$

$$V = 2.893\,fI\cdot\log_{10}\frac{d_{12}}{d_{11}}\cdot\frac{d_{21}}{d_{22}}\times10^{-6}\times100$$

$$= 2.893\times50\times1\,000\times0.001\times10^{-6}\times100$$

$$= 14.465\times10^{-3}\,〔\mathrm{V}〕$$

撚り込みよる低減効果を考えると，

$$V' = 14.465 \times 0.035 \times 10^{-3}$$
$$= 0.5063\,[\mathrm{mV}]$$

となる．

(2) 鋼電線管に往復平行導体を挿入した場合の電磁誘導電圧（磁気遮蔽率）

磁界と電界の相似性により，無限長誘電体円筒内の電位を求め，境界面の条件をもって内部の磁界の強さを求める．

(a) 無限長誘電体円筒中の電位

第4図のように誘電体円筒中心に双極子を考え，その双極子が**第5図**のように連続した無限長である場合，この連続した双極子によるP点の電位 V を求める．

ここに，図中の記号の意味は次の通り．

H_0：円筒外部の平等磁界の強さ
a：円筒の内半径
b：円筒の外半径
σ：双極子端面単位長さ当たりの電荷
δ：双極子端面間の距離 $= \overline{\mathrm{BA}}$

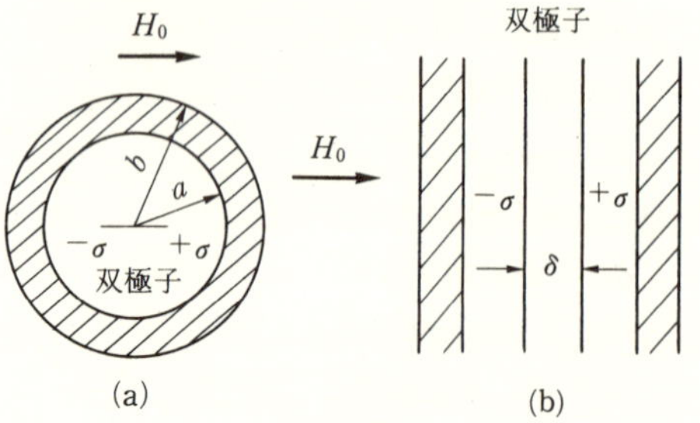

第4図

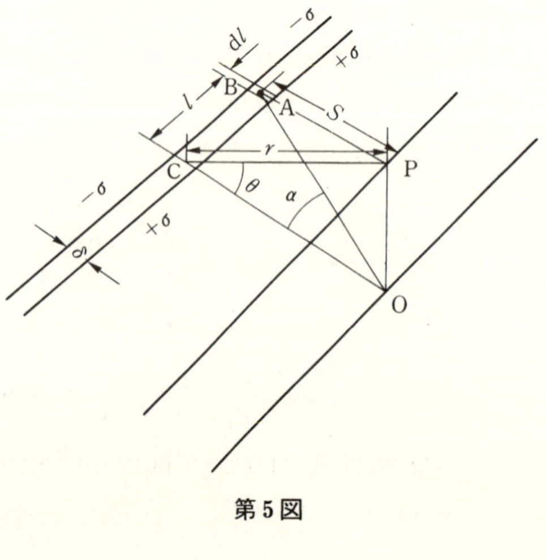

第5図

r：双極子の基準点CとP点間の距離
s：双極子 $\overline{\mathrm{BA}}$ とP点間の距離
l：双極子の基準点Cと双極子 $\overline{\mathrm{BA}}$ 間の距離
α：双極子 $\overline{\mathrm{BA}}$ の基準点Cからの隔り l が原点Oに対して張る角
θ：P点の原点Oからの高さ $\overline{\mathrm{OP}}$ の基準点Cに対して張る角

連続した双極子により与えられるP点の電位 V は，次の式でもって表される．

$$V = \int_{-\infty}^{+\infty} \frac{\sigma \mathrm{d}l}{4\pi\varepsilon_0 \times \overline{\mathrm{AP}}} + \int_{-\infty}^{+\infty} \frac{-\sigma \mathrm{d}l}{4\pi\varepsilon_0 \times \overline{\mathrm{BP}}}$$

ここに，

$$\mathrm{d}l = r\mathrm{d}\alpha$$

$$\overline{\mathrm{AP}} = \frac{r}{\cos\alpha} - \frac{\delta}{2}\cdot\cos\theta\cdot\cos\alpha$$

$$\overline{\mathrm{BP}} = \frac{r}{\cos\alpha} + \frac{\delta}{2}\cdot\cos\theta\cdot\cos\alpha$$

であるから，上記のP点の電位 V の式は次のようになる．

$$V = \int_{-\pi/2}^{+\pi/2} \frac{\sigma}{4\pi\varepsilon_0} \times \frac{r\mathrm{d}\alpha}{\dfrac{r}{\cos\alpha} - \dfrac{\delta}{2}\cos\theta\cdot\cos\alpha} + \int_{-\pi/2}^{+\pi/2} \frac{-\sigma}{4\pi\varepsilon_0} \times \frac{r\mathrm{d}\alpha}{\dfrac{r}{\cos\alpha} + \dfrac{\delta}{2}\cos\theta\cdot\cos\alpha}$$

ここで，上の式を α について積分するのに都合がよいように，微分公式を思い出しながら，この式を整理していくことにする．そこで，上の式の1項と2項を通分して一つのまとまった項にしたいが，二つの項をいきなり通分すると複雑になり過ぎるので，最初に分母の $\cos\alpha$ を含む項がお互いに一つとなるように，分母分子を $\cos\alpha$ で除すると，上の式は次のように変形できる．

$$V=\int_{-\pi/2}^{+\pi/2}\frac{\sigma r}{4\pi\varepsilon_0}\times\frac{1/\cos\alpha\cdot \mathrm{d}\alpha}{\dfrac{r}{\cos^2\alpha}-\dfrac{\delta}{2}\cos\theta}$$

$$+\int_{-\pi/2}^{+\pi/2}\frac{-\sigma r}{4\pi\varepsilon_0}\times\frac{1/\cos\alpha\cdot \mathrm{d}\alpha}{\dfrac{r}{\cos^2\alpha}+\dfrac{\delta}{2}\cos\theta}$$

これで，分母の $\cos\alpha$ の項と $\cos\theta$ の項がそれぞれ独立し，かつ $\cos\alpha$ の項は符号が等しく，$\cos\theta$ の項は符号が異なることから，誠に通分するのに都合よくなってきた．すなわち両分母を掛け合わせると，簡単になってしまうことである．

$$V=2\int_{-\pi/2}^{0}\frac{\sigma r}{4\pi\varepsilon_0}\times\frac{\delta\cos\theta\cdot\dfrac{1}{\cos\alpha}\cdot\mathrm{d}\alpha}{\dfrac{r^2}{\cos^4\alpha}-\dfrac{\delta^2}{4\cdot\cos^2\theta}}$$

ここで，非常に小さい δ の2乗はますます小さくなり，他の項に比べて無視し得るから無視すると，

$$V=\int_{-\pi/2}^{0}\frac{\sigma r}{2\pi\varepsilon_0}\times\delta\cos\theta$$

$$\times\frac{\dfrac{1}{\cos\alpha}\cdot\cos^4\alpha}{r^2}\mathrm{d}\alpha$$

$$=\frac{\sigma\delta\cos\theta}{2\pi\varepsilon_0 r}\int_{-\pi/2}^{0}\cos^3\alpha\,\mathrm{d}\alpha$$

簡単になったところで積分すると，

$$V=\frac{\sigma\delta\cos\theta}{2\pi\varepsilon_0 r}\times\frac{1}{3}\left[\sin\alpha\,(\cos^2\alpha+2)\right]_{-\pi/2}^{0}$$

$$=\frac{\sigma\delta\cos\theta}{2\pi\varepsilon_0 r}\times\frac{1}{3}\;[0-(-1)(0+2)]$$

$$=\frac{\sigma\delta\cos\theta}{2\pi\varepsilon_0 r}\cdot\frac{2}{3}$$

ここで，$\sigma\delta$ は双極子モーメント M であるから，$M=\sigma\delta$ とおくと，上の式は次のように書き替えられ，求めるP点の電位 V が求まる．

$$V=\frac{M}{3\pi\varepsilon_0 r}\cos\theta$$

次に，無限長誘電体円筒の中に，無限長電気二重層を置いた場合の，図中のP点における電位を求めてみる（**第6図**参照）．

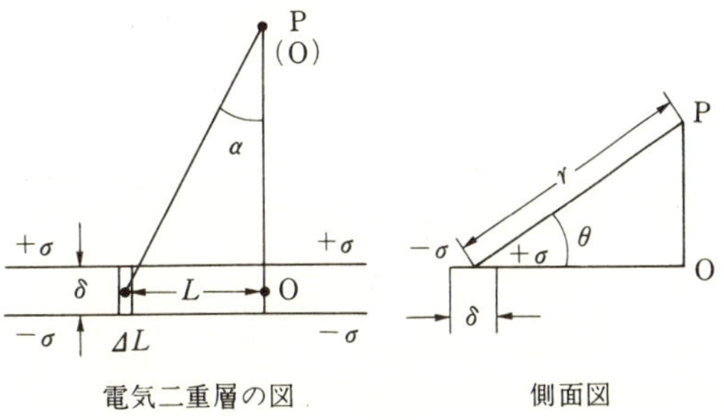

第6図

電気二重層によるP点の電位 V は，次の式で表される．

$$V=\frac{Q\delta\cos\theta}{4\pi\varepsilon_0 r^2}$$

ここに，

δ：電気二重層の厚さ

σ：電気二重層表面の電荷密度

Q：電気二重層の長さ $\varDelta L$ 中の電荷量

$=\sigma\varDelta L$

となるので，電気二重層の長さ $\varDelta L$ により，与えられるP点の電位 $\varDelta V$ は，

$$\varDelta V=\frac{\sigma\varDelta L\delta\cos\theta\cdot\cos\alpha}{4\pi\varepsilon_0\cdot\dfrac{r^2}{\cos^2\alpha}}$$

ここに，図より $\varDelta L$ は $r\mathrm{d}\alpha$ であるから，無限長電気二重層により与えられる，P点の電位 V を表す式は，下記のようになる．

$$V=\int_{-\pi/2}^{+\pi/2}\frac{\sigma\delta r}{4\pi\varepsilon_0 r^2}\times\cos\theta\cdot\cos^3\alpha\,\mathrm{d}\alpha$$

$$=\frac{\sigma\delta\cos\theta}{2\pi\varepsilon_0 r}\int_{-\pi/2}^{0}\cos^3\alpha\,\mathrm{d}\alpha$$

$$=\frac{\sigma\delta\cos\theta}{2\pi\varepsilon_0 r}\times\frac{1}{3}\left[\sin\alpha\,(\cos^2\alpha+2)\right]_{-\pi/2}^{0}$$

$$=\frac{\sigma\delta\cos\theta}{2\pi\varepsilon_0 r}\times\frac{1}{3}\{0-(-1)(0+2)\}$$

$$=\frac{\sigma\delta\cos\theta}{2\pi\varepsilon_0 r}\cdot\frac{2}{3}$$

$$=\frac{\sigma\delta\cos\theta}{3\pi\varepsilon_0 r}$$

$$= \frac{M\cos\theta}{3\pi\varepsilon_0 r}$$

ここに，$M = \sigma\delta$ は前記と同様に双極子モーメントである．そして異なる二つの方法で求めたが，その結果は両者ともに同じであった．

ここで境界面の様子を知るために，垂直方向および円周方向の変化率，すなわち，それぞれの方向の偏微分を求める．先に，垂直方向の電位の変化率 E_r を求めると，

$$E_r = -\frac{\partial V}{\partial r}$$

$$= -\frac{\partial}{\partial r}\cdot\frac{M\cos\theta}{3\pi\varepsilon_0 r}$$

$$= \frac{M\cos\theta\cdot 3\pi\varepsilon_0}{9\pi^2\varepsilon_0{}^2 r^2}$$

$$= \frac{M\cos\theta}{3\pi\varepsilon_0 r^2}$$

となる．

続いて円周方向の電位の変化率 E_θ を求めると，

$$E_\theta = -\frac{1}{r}\cdot\frac{\partial V}{\partial\theta}$$

$$= -\frac{1\partial}{r\partial\theta}\cdot\frac{M\cos\theta}{3\pi\varepsilon_0 r}$$

$$= \frac{1}{r}\cdot\frac{M\sin\theta\cdot 3\pi\varepsilon_0 r}{9\pi^2\varepsilon_0{}^2 r^2}$$

$$= \frac{M\sin\theta}{3\pi\varepsilon_0 r^2}$$

となる．

(b) 無限長磁性体円筒中の磁界の強さ

先の項において，誘電体円筒の内面および外面の電束の密度を知るのに必要な，垂直方向および円周方向の電位の変化率を求めたので，電界と磁界の相似性を利用して，前項の電位の式より磁位の関係を推察し，磁性体の円筒の外側および内側の界面において，磁界および磁束密度の式を作る（**第7図**参照）．

ここに，

H_o：磁性体円筒外部の磁界の強さ
（ただし，磁界は平等磁界として考える）
H_i：磁性体円筒内部の磁界の強さ
H_1：磁性体円筒外径内面の磁界の強さ
M_1：磁性体外側の界面において，それぞれの成分が平衡するのに必要な磁気双極子モーメント
M_2：磁性体内側の界面において，それぞれの成分が平衡するのに必要な磁気双極子モーメント
a：磁性体円筒の内半径
b：磁性体円筒の外半径
θ：磁気双極子から見た磁性体外面の接点と，磁気双極子の平面軸との成す角

磁性体円筒の外側の界面において，磁界の強さの切線成分は，界面の外側と内側において等しいから，磁性体の外側部分と内側部分における磁界の強さの切線成分の恒等式が，下記のように作られる．

$$-H_o\sin\theta + \frac{M_1\sin\theta}{3\pi\mu_0 b^2}$$

$$= -H_1\sin\theta + \frac{M_2\sin\theta}{3\pi\mu b^2}$$

続いて磁性体の外側部分と内側部分における磁束密度の垂直成分の恒等式が，磁界の強さの式にならって下記のように作られる．

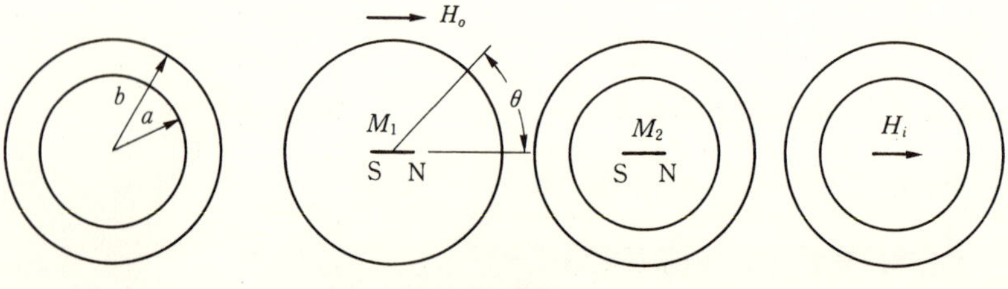

第7図

$$\mu_0\left(H_o\cos\theta+\frac{M_1\cos\theta}{3\pi\mu_0 b^2}\right)$$

$$=\mu\left(H_1\cos\theta+\frac{M_2\cos\theta}{3\pi\mu b^2}\right)$$

今度は，円筒形磁性体の界面において，磁界の強さの切線成分の恒等式を作ると，

$$-H_1\sin\theta+\frac{M_2\sin\theta}{3\pi\mu a^2}=-H_i\sin\theta$$

続いて，円筒形磁性体の内側の界面において，磁束密度の垂直成分の恒等式を作ると，

$$\mu\left(H_1\cos\theta+\frac{M_2\cos\theta}{3\pi\mu a^2}\right)=\mu_0 H_i\cos\theta$$

と，以上四つの式が得られる．これら四つの式を連立方程式として，H_o，H_1，M_1，M_2 を決定すると，最後の結果として H_i を H_o に対する比の形で求めることができる．

$$-H_o+\frac{M_1}{3\pi\mu_0 b^2}=-H_1+\frac{M_2}{3\pi\mu b^2} \quad (1)$$

$$\mu_0 H_o+\frac{M_1}{3\pi b^2}=\mu H_1+\frac{M_2}{3\pi b^2} \quad (2)$$

$$-H_1+\frac{M_2}{3\pi\mu a^2}=-H_i \quad (3)$$

$$\mu H_1+\frac{M_2}{3\pi a^2}=\mu_0 H_i \quad (4)$$

(3)式と(4)式より M_2 を求めると，

$$M_2=3\pi\mu a^2(H_1-H_i)$$

$$=3\pi a^2(\mu_0 H_i-\mu H_1) \quad (5)$$

上式を $3\pi a^2$ で除すと，

$$\mu H_1-\mu H_i=\mu_0 H_i-\mu H_1$$

$$H_1=\frac{\mu_0+\mu}{2\mu}H_i \quad (6)$$

(1)および(2)式に，(5)式の M_2 を代入して，(7)および(8)式を作る．

$$-H_o+\frac{M_1}{3\pi\mu_0 b^2}=-H_1+\frac{a^2}{b^2}(H_1-H_i) \quad (7)$$

$$\mu_0 H_o+\frac{M_1}{3\pi b^2}=\mu H_1+\frac{a^2}{b^2}(\mu_0 H_i-\mu H_1) \quad (8)$$

(7)および(8)より，M_1 を求めて(9)を得る．

$$M_1=3\pi\mu_0 b^2\left\{\frac{a^2}{b^2}(H_1-H_i)+(H_o-H_1)\right\}$$

$$M_1=3\pi b^2\left\{\frac{a^2}{b^2}(\mu_0 H_i-\mu H_1)+(\mu H_1-\mu_0 H_o)\right\}$$

両式を $3\pi b^2$ で除してイコールとおくと，

$$\left\{\mu_0\frac{a^2}{b^2}\cdot(H_1-H_i)+\mu_0(H_o-H_1)\right\}$$

$$=\left\{\frac{a^2}{b^2}\cdot(\mu_0 H_i-\mu H_1)+(\mu H_1-\mu_0 H_o)\right\}$$

となり，上の式を H_o，H_1，H_i の項別に並べかえて整理し，(9)式とする．

$$2\mu_0 H_o+\left\{\mu_0\left(\frac{a^2}{b^2}-1\right)+\mu\left(\frac{a^2}{b^2}-1\right)\right\}H_1$$

$$-2\mu_0\frac{a^2}{b^2}\cdot H_i=0 \quad (9)$$

ここで，すでに求めた(6)式の H_1 値を(9)式に代入すると，残りは H_o と H_i のみとなり，円筒形磁性体の内部の磁界の強さ H_i の円筒形磁性体の外部の磁界の強さ H_o に対する比が求まる．これが求めようとしている磁気遮蔽率である．では演算を続けていく．

$$2\mu_0 H_o+\left\{(\mu_0+\mu)\left(\frac{a^2}{b^2}-1\right)\times\frac{\mu_0+\mu}{2\mu}-2\mu_0\frac{a^2}{b^2}\right\}H_i=0$$

$$2\mu_0 H_o+\left\{\frac{\mu_0{}^2+2\mu_0\mu+\mu^2-4\mu_0\mu}{2\mu}\times\frac{a^2}{b^2}-\frac{(\mu_0+\mu)^2}{2\mu}\right\}H_i=0$$

$$2\mu_0 H_o+\left\{\frac{(\mu_0-\mu)^2}{2\mu}\cdot\frac{a^2}{b^2}-\frac{(\mu_0+\mu)^2}{2\mu}\right\}H_i=0$$

したがって磁性体円筒内部の磁界の強さ H_i は，

$$H_i=\frac{4\mu_0\mu\times H_o}{(\mu_0+\mu)^2-\dfrac{a^2}{b^2}\cdot(\mu_0-\mu)^2}$$

$$= \frac{4\mu_0 \mu \times H_o}{(\mu_0^2 + 2\mu_0\mu + \mu^2) - \frac{a^2}{b^2}\cdot(\mu_0^2 - 2\mu_0\mu + \mu^2)}$$

ここに，比透磁率μ_sは，$\mu_s = \mu/\mu_0$であるから，上のH_i式は次のように書き換えられる．

$$H_i = \frac{4\mu_s \times H_o}{(1+2\mu_s+\mu_s^2) - \frac{a^2}{b^2}\cdot(1-2\mu_s+\mu_s^2)}$$

$$= \frac{4\mu_s \times H_o}{(\mu_s+1)^2 - \frac{a^2}{b^2}\cdot(\mu_s-1)^2}$$

もし，比透磁率μ_sが1より非常に大きければ，上のH_iの式の1は考えなくてもよいから，次のように書き換えられる．

$$H_i = \frac{4\mu_s H_o}{\mu_s^2 - \frac{a^2}{b^2}\cdot\mu_s^2}$$

$$= \frac{4}{\mu_s\left(1-\frac{a^2}{b^2}\right)} H_o$$

と，簡潔なすっきりした形となる．念のため$a=b$の条件を上のH_iの式に代入すると，H_iの式は，

$$H_i = \frac{4\mu_s \times H_o}{(\mu_s^2+2\mu_s+1)-(\mu_s^2-2\mu_s+1)}$$

$$= \frac{4\mu_s}{4\mu_s} H_o$$

$$= H_o$$

となり，円筒形の磁性体の厚みが零の場合の円筒形内部の磁界の強さは，実際とよく合うことがわかる．

(c) 厚鋼電線管の磁気遮蔽率の数値計算例

磁性体電線管の外側と内側の磁界の強さの比，すなわち磁気遮蔽率がすでに求まっているので，この式を使って実際の電線管の磁気遮蔽率を計算してみる．

厚鋼電線管 (54)

比透磁率μ_s：1 000

外半径b：29.8〔mm〕

内半径a：27.0〔mm〕

磁気遮蔽率s_m：H_i/H_o

$$s_m = \frac{4}{\mu_s\left(1-\frac{a^2}{b^2}\right)}$$

$$= \frac{4}{1\,000\left(1-\frac{27.0^2}{29.8^2}\right)}$$

$$= \frac{4}{1\,000\,(1-0.8209089)}$$

$$= \frac{4}{179.09103}$$

$$= 0.022335$$

(d) 電線管内に平行往復導体を挿入した場合の電磁誘導電圧の計算例

(1).(c)の［計算例］で電磁誘導電圧を求めたものと同一の条件のものを電線管 (54) に挿入した場合を計算する．

電線管 (54) の磁気遮蔽率は，既に求まっているので，その結果を利用することにする．したがって求める誘導電圧U_mは，

$$U_m = 14.465\times10^{-3}\times0.022335$$
$$= 0.3230757\times10^{-3}\text{〔V〕}$$

上の平行往復導体の撚り込みによる低減効果を考えた場合の誘導電圧U_m'は，

$$U_m' = 14.465\times10^{-3}\times0.035\times0.022335$$
$$= 0.0113076\times10^{-3}\text{〔V〕}$$

あとがき　これで，本講の目的である電磁誘導電圧の計算式と，鋼電線管の磁気遮蔽率の計算式の導出方法，ならびに計算例を示したが，筆者からの要望として，将来この式を利用して電磁誘導電圧の大きさを予測し，電磁誘導電圧による悪影響を取り除いてほしい．

電話線のような2個撚り線を除いて，機会あるごとに電磁誘導電圧を実測し，心線の撚り込みによる低減率を，電線の種別ごとに調査してほしい．

また一方，誘導電圧の影響を受ける相手器械の許容最大誘導電圧も調査してほしい．

これら上記の資料が整うことにより，完全な誘導電圧防止対策が企てられるのである．

直流分磁束による変流器鉄心の磁気飽和 - 直流分を含む故障電流が流れた場合，変流器鉄心内における直流分磁束に関する検討

まえがき　電力系統の故障時のように，変流器一次電流内に過渡項の直流分が含まれている場合に，変流器鉄心内の磁束量（磁束密度）が，どのように変わっていくかを検討するものである．

もちろん，検討するに当たって，現象をわかりやすくするとともに数値計算ができるように，各種の損失はすべて無視し，磁化特性は線形で重ねの定理が利用できるものとして取扱っていくことにする．

(1)　過渡一次電流

電力系統のように，リアクタンスを含む回路の故障電流は，次のような式で表すことができる．

$$i_p = \frac{E_p}{\sqrt{R^2+\omega^2L^2}} \times \{\sin(\omega t+\beta-\alpha)+\sin(\alpha-\beta)\varepsilon^{-R/L\cdot t}\}$$

ここに，

E_p：系統起電力の波高値

R：系統の抵抗値

L：系統のインダクタンス値

β：故障発生時における系統の電圧位相角

α：系統の力率角 $= \tan^{-1}\dfrac{\omega L}{R}$

(2)　二次電流

一次電流の式の第1項は，短絡電流の定常項を示し，その二次電流の波高値 I_s は，

$$I_s = \frac{E_p}{n\sqrt{R^2+\omega^2L^2}}$$

ここに，n：変流比

一次電流の式の第2項は，短絡電流の過渡項を示し，その最大値は $\sin(\alpha-\beta)$ が1（Unity）となるときである．したがって検討すべき二次電流の最大値 i_s は，次の式で表される．

$$i_s = I_s\left\{\sin\left(\omega t-\frac{\pi}{2}\right)+\varepsilon^{-R/L\cdot t}\right\}$$

(3)　二次電圧

変流器の二次電圧は，変流器の必要とする励磁電流に比例し，その励磁電流と鉄心内部の磁束数は比例している．したがって理想状態の変流器をもって考えているから，この変流器の等価回路は**第1図**のようになる．

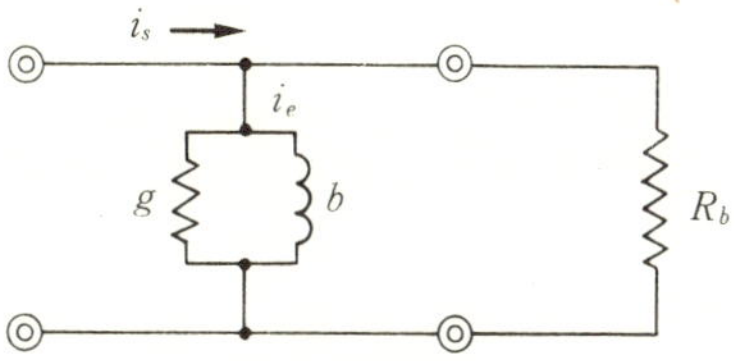

第1図

ここに，R_b：負担抵抗（負担リアクタンスは無視する）

i_e：励磁電流

g：励磁コンダクタンス

b：励磁サセプタンス

変流器の二次回路のリアクタンス分は，抵抗分に比べて十分小さく無視できる値である．また，理想状態の変流器の二次誘起電圧と，二次端子電圧は等しいと見なすことができる．その変流器二次誘起電圧は次の式で表される．

$$v_2 = R_b I_s \left\{\sin\left(\omega t - \frac{\pi}{2}\right) + \varepsilon^{-R/L\cdot t}\right\}$$

ここに，R_b：負担抵抗

(4) 磁　束

励磁電流により変流器内部，すなわち変流器鉄心内に作られる磁束の大きさは，変流器の二次端子電圧に比例するから，その比例定数をKとおくと，次のように表すことができる．

$$\phi = K\int_{t_1}^{t_2} v_2\,\mathrm{d}t = \phi_A + \phi_B$$

ここに，ϕ：変流器鉄心内の磁束数

ϕ_A：定常状態交流磁束数の波高値

ϕ_B：過渡項（直流分）の磁束数

t_1，t_2：時間に係わる積分限界

(5) 定常項の積分

$$\phi_A = KR_b I_s \times \int_{\pi/\omega}^{3\pi/2\omega} \sin\left(\omega t - \frac{\pi}{2}\right)\mathrm{d}t$$

$$= \frac{KR_b I_s}{\omega}$$

上の積分限界は，次のような電気磁気の現象を利用している．すなわち，磁束の大きさは電圧の変化に逆らい，変化率に応じて必要が生ずる．

よって，電圧の最大時t_1点から電圧の最小時点t_2までを積分することにする．では，その限界時点を計算すると，

電圧の最大時点（sin の項が 1 となる時点）

$$\omega t_1 - \frac{\pi}{2} = \frac{\pi}{2}$$

$$\therefore\quad t_1 = \frac{\pi}{\omega}$$

電圧の最小時点（sin の項が 0 となる時点）

$$\omega t_2 - \frac{\pi}{2} = \pi$$

$$\therefore\quad t_2 = \frac{3\pi}{2\omega}$$

と求まる．

上のϕ_Aの式を積分すると，

$$\phi_A = \frac{-KR_b I_s}{\omega}\left\{\cos\left(\omega t_2 - \frac{\pi}{2}\right) - \cos\left(\omega t_1 - \frac{\pi}{2}\right)\right\}$$

$$= \frac{-KR_b I_s}{\omega}\left\{\cos\left(\omega\cdot\frac{3\pi}{2\omega} - \frac{\pi}{2}\right) - \cos\left(\omega\cdot\frac{\pi}{\omega} - \frac{\pi}{2}\right)\right\}$$

$$= \frac{-KR_b I_s}{\omega}\left\{\cos\frac{2\pi}{2} - \cos\frac{\pi}{2}\right\}$$

$$= \frac{KR_b I_s}{\omega}$$

と，結果が求まる．ここで忘れてならないことは，時間の単位が位相角を表すのに都合のよい，ラジアンに変わっていることである．すなわち，1〔sec〕は$2\pi f$〔rad〕となっている．

(6) 過渡項（直流分）の積分

$$\phi_B = KR_b I_s \int_0^t \varepsilon^{-R/L\cdot t}\mathrm{d}t$$

$$= KR_b I_s \frac{L}{R}\left(1 - \varepsilon^{-R/L\cdot t}\right)$$

ここでも時間を表すのにtを使っているが，こちらのtの単位は秒（sec）である．参考のために，数サイクルで過渡現象が終わるような時定数（L/R）ならば，このtを無限大とおいても問題がないから，次の式のようになる．

$$\phi_B' = KR_b I_s \int_0^{\infty} \varepsilon^{-R/L\cdot t}\mathrm{d}t$$

$$= \frac{KR_b I_s L}{R}$$

この式は送電線路の事故のように，アーク抵抗が大きく，時定数が極端に大きな回路には適さないことがわかる.

(7) 磁束の初期値

上の ϕ_B式の積分限界の t を求める前に，直流分を含む励磁電流 i_sが流れた場合の，鉄心内の磁束について検討してみる.

等価回路からみて，励磁電流は変流器二次端子電圧に比例し，鉄心内の磁束は当然のことながら励磁電流によって決まる．したがって次のようなことがいえる.

$t=0$ において，励磁電流 $i_s=0$ でなくてはならないから，

$$i_s = I_s\left\{\sin\left(\omega t-\frac{\pi}{2}\right)+\varepsilon^{-R/L\cdot t}\right\}$$

$$= i_a+i_t = 0$$

ここに，i_a：定常項交番励磁電流

i_t：過渡項直流分励磁電流

(以後足字の使い方は同じ意味で用いる)

二次端子電圧 v_2は，

$$v_2 = R_b I_s\left\{\sin\left(\omega t-\frac{\pi}{2}\right)+\varepsilon^{-R/L\cdot t}\right\}$$

$$= v_a+v_t = 0$$

鉄心内の磁束 ϕ_s は，

$$\phi_s = Kv_2 = K\ (v_a+v_t)$$

$$= \phi_a+\phi_t = 0$$

$$= k\ (i_a+i_t)$$

ここに，

$$\phi_a = ki_a$$

$$\phi_t = ki_t$$

ゆえに，$t=0$ において $\phi_s=0$ でなくてはならない．このことを図示すると**第2図**のようになる.

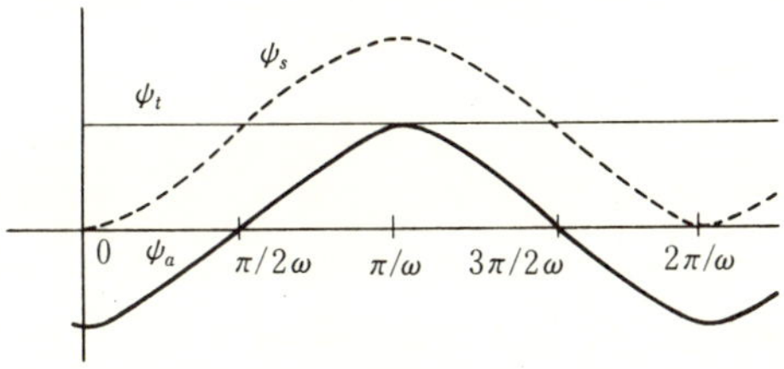

第2図

すなわち $t=0$ において，ϕ_sの定常項と過渡項は大きさ等しく方向が反対であることがわかる.

(8) 磁化力と保磁力

ここで，定格電流の 20 倍の電流でもって 5〔%〕の誤差が生じるような 5P20 の変流器を例にして計算（考え）を進めることとし，一方，表記の複雑さを防ぐために，諸元の単位は定格状態に対する比，すなわち単位法でもって表すことにする.

(a) 磁束の関係　この 5P20 の変流器の磁束の関係を，それぞれの磁束の波高値でもって等式で書き表すと次のような関係となる.

$$\phi_s = 20\phi_n = \phi_k = 10\phi_{n0}$$

ここに，

ϕ_n：定常状態における定格電流を流しているときに，変流器鉄心内に生ずる磁束の波高値

ϕ_k：定常状態における定格電流を流しているときに，変流器鉄心内に生ずる磁束の波高値

(k：knee point)

ϕ_{n0}：定格電流の波高値と大きさが等しい直流分を含んだ，すなわち定格電流の波高値の 2 倍の非対称交番電流を流しているときに，変流器鉄心内に生ずる磁束

(b) 磁化力　定常状態の定格電流を流している場合の磁化力と，定格電流の波高値と同じ大きさの過渡直流分電流を含んだ場合の磁化力 H との関係を，等式でもって表すと次のようになる.

$$H_{n0} = \frac{k'\phi_s}{10} = \frac{k'\phi_k}{10}$$

$$= \frac{k'\,20\phi_n}{10} = k'\ (2\phi_n)$$

ゆえに定常定格電流を流したときの磁化力は，上に記した条件により次のように表される.

$$H_n = k''it_0$$

$$= k''I_s t_0\,\varepsilon^{-R/L\cdot t_0}$$

$$= \frac{k''I_s}{10}\cdot\varepsilon^{-R/L\cdot t_0}$$

ここに，t_0：0 秒経過した時

(c) 変流器鉄心の保磁力　変流器の保磁力について，数値で公にしている資料はないので，JIS C 2504 電磁軟鉄の磁気特性を利用して計算を進める．

第1表

電磁軟鉄	磁　束　密　度〔kG〕				保磁力〔Oe〕
	B2	B3	B5	B25	
0 種	11.0	12.5	13.5	15.5	0.8
1 種	10.0	12.0	13.5	15.5	1.0
2 種	7.5	11.0	13.0	15.5	1.3
3 種	4.0	8.0	11.0	15.0	1.8

JIS C 2504　Coercive force at 15〔kG〕

2〔Oe〕= 159.2〔A/m〕

3〔Oe〕= 238.8〔A/m〕

5〔Oe〕= 398.0〔A/m〕

25〔Oe〕= 1 990〔A/m〕

実際の硅素鋼板は，もう少しよい値を示すであろうが，**第1表**より，変流器の過電流定格時の磁化力と保磁力を次のように仮定する．

過電流定格時の磁化力　$H_n = 8.0$〔Oe〕

保磁力　$H_c = 0.8$〔Oe〕

銘板定格（設計値）時の磁化力と保磁力の関係も，上記の関係が保たれるから，$H_c/H_n = 1/10$，すなわち $I_n = I_s/10$ の関係から，次のように表される．

$$\frac{H_c}{H_n}\cdot k''I_n = \frac{k''I_s}{100}$$

ここで積分限界の t を考える前に，偏磁化と交番磁化力の大きさを変化させた場合の $B-H$ 曲線を思い出してみよう．それぞれの曲線は**第3図**に示すような形の曲線となる．

そして，次に偏磁化力が徐々に減少していく場合の $B-H$ 曲線を考えてみよう．理解を容易にするために，鉄心の磁化曲線の種々の細かい点を無視し，先の二つの $B-H$ 曲線から想定すると，第3図(c)の曲線のようとなる．

さて，そこで賢明なる読者の方々は，なぜ磁化力 H が +0 より右側にばかりある $B-H$ 曲線を描かないのだろうかと，疑問を抱かれるのではないかと思う．ここがいま計算しようとして話を進めている磁束 Φ の式の値であり，多くの数値と条件が与えられなければ，どこにあるといえない部分である．

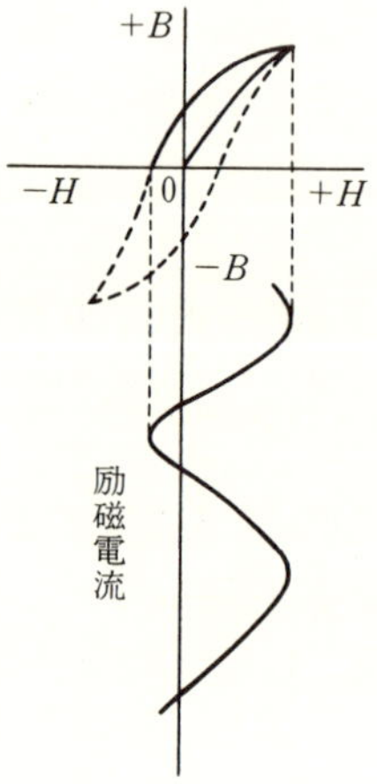

(a) 偏磁化 $B-H$ 曲線

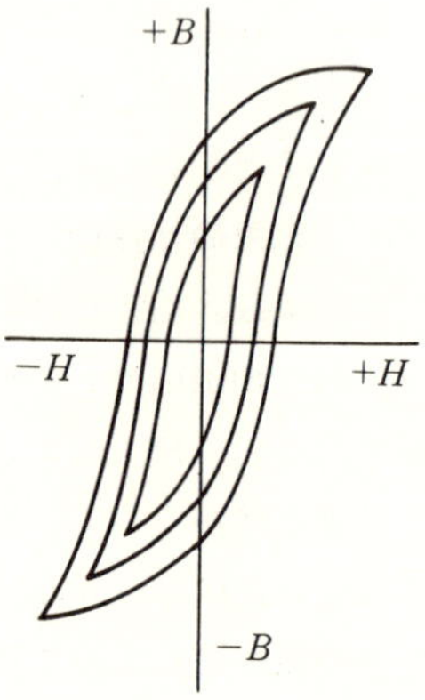

(b) 変磁化 $B-H$ 曲線

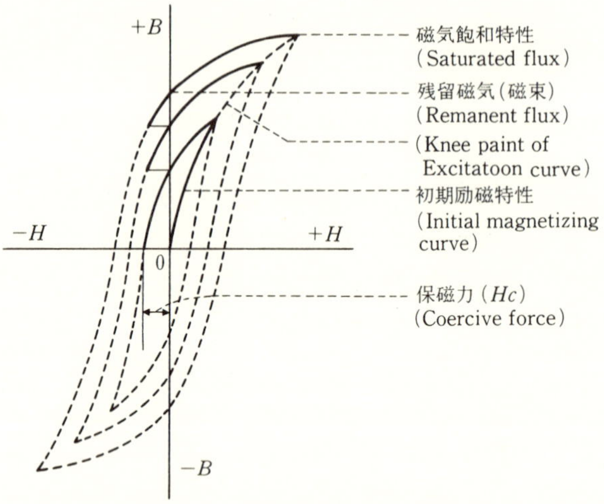

(c)

第3図

しかし，第3図(c)をよくみていると，磁化力 H が −0 まで減少すれば，残留磁気のみとなり，もし磁化力 H が $-H_c$ になれば残留磁気さえもなくなってしまうことがわかる．

ここまでわかってくると，一挙に磁化力 H が −0 となる点を求めたいだろうが，数学的にいって磁化力の式から −0 となる時間 t を直接求めること，それ自体が不可能である．すなわち，+0 から −0 に変化するときの数学的な条件がないからである.

(9) 積分限界の決定

上で述べたような理由により，磁化力 $H=-0$ に近くて信頼できる点は，定常定格時における保磁力 H_c に大きさが等しく，方向が反対の磁化力 $H=-H_c$ が与えられる点，すなわち，残留磁気が零となる点である．したがって，残留磁気が零となる時間 t には，少し時間的な余裕を含んでいるが，この点を積分限界として決定する.

(10) 積分限界の時間 t

一般的な例として，定常交流分に過渡直流分がのっかっている場合を考えてみる．この場合，もし過渡直流分が保磁力に相当する分だけ減衰したとすると，直流分の大きさに相当した分だけ，定常交流分が片側に押しやられていたものが，直流分が減衰した分だけ零軸方向に帰ってくる．すなわち，交流分の谷に当たる部分が零軸を超えて反対側に現れてくるようになる．したがって，この時刻において変流器の鉄心が最初の励磁方向とは反対方向に，初めて励磁されることになる．その反対方向に励磁される大きさは，ちょうど保磁力の大きさに等しく，方向が反対となるため，残留磁気は打ち消されてしまい，その大きさはこの時刻において零となる.

前項で説明したことを，くどくどと説明し直したわけだが，このことを数量的に表現し直すと，次の式で表すことができる.

$$I_s-\frac{I_s}{100}=I_s\varepsilon^{-R/L\cdot t}$$

$$1.0-0.01=\varepsilon^{-R/L\cdot t}$$

対数でもって表すと,

$$\frac{R}{L}\cdot t=\ln\frac{1}{1.0-0.01}$$

ゆえに求める時間 t は,

$$t=\frac{L}{R}\cdot\ln(1.010101)$$

$$=0.0100503\times\frac{L}{R}$$

である.

(11) 数値計算

ここまでくれば，後は計算するだけであるから，5P20 の変流器を例にとり数値計算を行う．その数値計算の結果を**第 2 表**に示す.

先に述べたように，定常項と過渡項の時間の単位は違うが，計算の途中では特に注意せず，それぞれの項の部分を最後に加え合わせるときにおいてのみ考慮することとする.

計算の途中でわずらわしさをはぶくため，パーセント負担率なるものを導入する．その値は次のように定義しておく.

$$\text{パーセント負担率}=\frac{\text{故障電流対称分実効値}}{\text{変流器銘板定格電流}}\times\frac{\text{実負担}}{\text{定格負担}}\times100\ [\%]$$

(12) 計算結果の応用例

Class X の変流器に対する Knee Point Voltage の指定法

特に，電流比率差動継電方式の回路に使用される変流器は，故障領域の電流の大きさを含めて変流特性の直線性が要求されるから，Knee Point Voltage を指定する必要がある.

この Knee Point Voltage を決定するのに，電力系統の故障電流のように直流分を含む場合，変流器鉄心内に直流分電流による，変流器二次端子電圧の変化率に応じて成長してくる直流分磁束が，この Knee Point Voltage を決定するのに，本文中の理論説明にあるように非常に大きく作用する.

話を進めやすくするために，本文の計算結果をまとめ，その特徴を次にあげる.

a. 時定数が数サイクル（0.1 秒）以下の場合は，時定数と直流分磁束の成長高が，ほぼ一致するから，過渡項（直流分）の積分限界を無限大にしたものにほぼ一致する.

b. 時定数が特に大きく数秒（300 サイクル）以上で，かつ経過時間が数秒以内ならば，経過時間と直流分磁束の成長高がほぼ一致する.

第2表

(a) 指定時間における総磁束

0.1 秒経過

時定数 L/R	定常項 KR_bI_s/ω	過渡項 $1-\varepsilon^{-Rt/L}$	合成磁束 Φ	備　考
0.05	1.00	0.04323	1.0432332	時定数が10秒以下のものに適用するのは不適当である.
0.10	1.00	0.06321	1.0632120	
0.50	1.00	0.09063	1.0906346	
1.00	1.00	0.09516	1.0951625	
2.00	1.00	0.09754	1.0975411	
10.0	1.00	0.09950	1.0995016	
20.0	1.00	0.09975	1.0997504	
100.0	1.00	0.09995	1.0999500	
200.0	1.00	0.09997	1.0999750	
1000.0	1.00	0.099995	1.0999950	

1.0 秒経過

時定数 L/R	定常項 KR_bI_s/ω	過渡項 $1-\varepsilon^{-Rt/L}$	合成磁束 Φ	備　考
0.05	1.00	0.05000	1.050000	時定数が100秒以下のものに適用するのは不適当である.
0.10	1.00	0.10000	1.100000	
0.50	1.00	0.43230	1.432300	
1.00	1.00	0.63210	1.632100	
2.00	1.00	0.78690	1.786900	
10.00	1.00	0.95160	1.951600	
20.00	1.00	0.97540	1.975400	
100.0	1.00	0.99500	1.995000	
200.0	1.00	0.99750	1.997500	
1000.0	1.00	0.99950	1.999500	

2.0 秒経過

時定数 L/R	定常項 KR_bI_s/ω	過渡項 $1-\varepsilon^{-Rt/L}$	合成磁束 Φ	備　考
0.05	1.00	0.05000	1.050000	時定数が200秒以下のものに適用するのは不適当である.
0.10	1.00	0.10000	1.100000	
0.50	1.00	0.49080	1.490800	
1.00	1.00	0.86470	1.864700	
2.00	1.00	1.26420	2.264420	
10.00	1.00	1.81270	2.812700	
20.00	1.00	1.90330	2.903300	
100.00	1.00	1.98010	2.980100	
200.00	1.00	1.99000	2.990000	
1000.0	1.00	1.99800	2.998000	

(b) 最大磁束と発生時刻

(i) 負担率 100〔%〕において

$t_{10} = 0.0100503L/R$

時定数 L/R	定常項 KR_bI_s/ω	発生時刻 t_{10}	過渡項 $1-\varepsilon^{-Rt/L}$	合成磁束 Φ
0.05	1.00	0.000503	0.00050	1.0000
0.10	1.00	0.001010	0.00100	1.0000
0.50	1.00	0.005030	0.00500	1.0000
1.00	1.00	0.010100	0.01000	1.0100
2.00	1.00	0.020100	0.02000	1.0200
10.00	1.00	0.101000	0.10000	1.1000
20.00	1.00	0.201000	0.20000	1.2000
100.00	1.00	1.005000	1.00000	2.0000
200.00	1.00	2.010000	2.00000	3.0000
1000.0	1.00	10.05000	10.0000	11.0000

(ii) 負担率 80〔%〕において

$t_8 = 8.0321717L/R \times 10^{-3}$

時定数 L/R	定常項 KR_bI_s/ω	発生時刻 t_8	過渡項 $1-\varepsilon^{-Rt/L}$	合成磁束 Φ
0.05	1.00	0.000402	0.00040	1.0000
0.10	1.00	0.000803	0.00080	1.0000
0.50	1.00	0.004020	0.00400	1.0000
1.00	1.00	0.008030	0.00800	1.0060
2.00	1.00	0.016100	0.01600	1.0160
10.00	1.00	0.080300	0.08000	1.0800
20.00	1.00	0.161000	0.16000	1.1600
100.00	1.00	0.803000	0.80000	1.8000
200.00	1.00	1.610000	1.60000	2.6000
1000.0	1.00	8.030000	8.0000	9.0000

(iii) 負担率 60〔%〕において

$t_6 = 6.0180723L/R \times 10^{-3}$

時定数 L/R	定常項 KR_bI_s/ω	発生時刻 t_6	過渡項 $1-\varepsilon^{-Rt/L}$	合成磁束 Φ
0.05	1.00	0.000301	0.00030	1.0000
0.10	1.00	0.000602	0.00060	1.0000
0.50	1.00	0.003010	0.00300	1.0000
1.00	1.00	0.006020	0.00600	1.0012
2.00	1.00	0.012000	0.01200	1.0120
10.00	1.00	0.060200	0.06000	1.0600
20.00	1.00	0.120000	0.12000	1.1200
100.00	1.00	0.600000	0.60000	1.6000
200.00	1.00	1.200000	1.20000	2.2000
1000.0	1.00	6.000000	6.00000	7.0000

(iv) 負担率 40〔%〕において

$t_4 = 4.0080213L/R \times 10^{-3}$

時定数 L/R	定常項 KR_bI_s/ω	発生時刻 t_4	過渡項 $1-\varepsilon^{-Rt/L}$	合成磁束 Φ
0.05	1.00	0.000200	0.00020	1.0000
0.10	1.00	0.000401	0.00040	1.0000
0.50	1.00	0.002000	0.00200	1.0000
1.00	1.00	0.004010	0.00400	1.0000
2.00	1.00	0.008020	0.00800	1.0056
10.00	1.00	0.040100	0.04000	1.0401
20.00	1.00	0.080200	0.08000	1.0802
100.00	1.00	0.401000	0.40000	1.4010
200.00	1.00	0.802000	0.80000	1.8020
1000.0	1.00	4.010000	4.00000	5.0000

(v) 負担率 20〔%〕において

$t_2 = 2.0020027L/R \times 10^{-3}$

時定数 L/R	定常項 KR_bI_s/ω	発生時刻 t_2	過渡項 $1-\varepsilon^{-Rt/L}$	合成磁束 Φ
0.05	1.00	0.0001	0.00010	1.0000
0.10	1.00	0.0002	0.00020	1.0000
0.50	1.00	0.0010	0.00100	1.0000
1.00	1.00	0.0020	0.00200	1.0000
2.00	1.00	0.0040	0.00400	1.0000
10.00	1.00	0.0200	0.02000	1.0200
20.00	1.00	0.0400	0.04000	1.0400
100.00	1.00	0.2000	0.20000	1.2000
200.00	1.00	0.4000	0.40000	1.4000
1000.0	1.00	2.0000	2.00000	3.0000

したがって，上記の状態から少しでもはずれれば，変流器鉄心内の総磁束数は定常項と過渡項の磁束をそれぞれ別々に求め，時間単位の違いに考慮を払いながら，加え合わせなければならない．

また，合成磁束と定格負担時の磁束数の比は，単位法で表した合成磁束であるから，直流分磁束を考えに入れた合成磁束を発生するのに必要な対称交流二次励磁電圧は，ほぼ定格負担時の二次端子電圧に，単位法で表した合成磁束を乗じた値となる．このことを数式で表すと，

$$\begin{pmatrix}\text{最大二次励磁}\\ \text{電圧}\ (V_{emax})\end{pmatrix} = \begin{pmatrix}\text{定格負担時における}\\ \text{二次端子電圧}\ (I_s R_b)\end{pmatrix} \times \begin{pmatrix}\text{直流分を考慮に入れた}\\ \text{合成磁束}\ (\Phi)\end{pmatrix}$$

$$\begin{aligned} V_{emax} &= I_s\,[\mathrm{A}]\cdot R_b\,[\Omega]\cdot\Phi\,[\mathrm{p.u.}] \\ &= V\cdot A/A\cdot\Phi\,[\mathrm{p.u.}] \\ &= I_s R_b\left\{1+\frac{L}{R}\cdot(1-\varepsilon^{-R/L\cdot t})\right\} \end{aligned}$$

となる．

V_{emax}は，添付の Excitation Curve の Knee Point Voltage から考えて，$0.8\times V_k$，すなわち $V_k \geqq 1.25\,V_{emax}$としたい．

ここで，特に注意しなければならないことに，定常項の磁束の“1”は，定常電流を流すのに必要な電圧を作り出す磁束の瞬時値を，1/4 サイクルから 2/4 サイクルまで積分したもので

ある．そして，変流器鉄心内にはこの定常分磁束と直流分二次電圧の減衰に逆らって成長する，直流分磁束を加え合わせたものが存在する．その中に，直流分電流の減衰に伴い交流分電流が負の側にも現れ出し，その負の側の交流分電流が回路の時定数に従って増大し，残留磁気を打ち消すのに十分な大きさまでに成長すると，残留磁気はなくなってしまうことになる．それ以後は変流器鉄心内に偏磁化現象が起こっていても，直流分磁束が成長することは止んでしまう．なお，直流分電流は，一次回路の時定数に従って減衰していくわけだから，数学的には無限に続くことになるが，時定数の数倍の時間が経過すれば，直流分電流は全くなくなってしまったと考えてよい．

さて，くどくなったが話を元に戻して，先の残留磁気がなくなるまでの時間，t〔秒〕間に成長する直流分磁束の最大値に，定常交流分の磁束“1”を加え合わせた磁束が，変流器鉄心内に存在している．すなわち，時間的にみて直流分波形に交流分波形がのった状態か，交流分波形に直流分波形がのっかった状態か，その状態の意味を十分に理解したうえで，両者の磁束を互いに加え合わせることが肝要である．

では例題として，二次定格負担 40〔VA〕，二次定格電流 5〔A〕の変流器に，定常交流電流が定格二次電流に等しく，時定数が 1 000 秒の Shunt Reactor の回路が最大限の直流分を含んでも，なおかつ，変流器の直線性を損なわないような Knee Point Voltage を指定すると，次のような条件式となる．

$$V_k \geqq 1.25 \times VA/A \cdot \Phi$$

Φ の値は，第 2 表(b)の計算結果から 11 とする．

$$V_k \geqq 1.25 \times \frac{40}{5} \times 11$$

$$V_k \geqq 110 \text{〔V〕}$$

よって例題の回路には，$V_k \geqq 110$〔V〕であればよい．そこで，添付の Excitation Curve のような特性をもつ C800 の変流器は，電気的そして物理的に 5P20 の変流器によく似たものなので，添付資料の C800 の変流器を使用すれば，6 倍以上もの余裕があることになる．

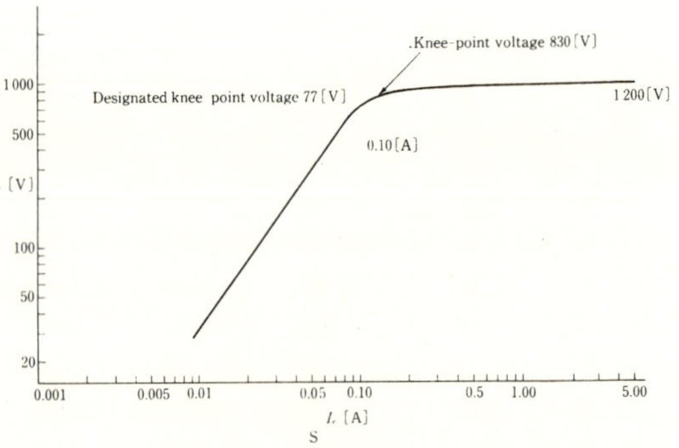

第 4 図

あとがき　この計算の中で特殊な例として示したように，直流分が数サイクルくらいで減衰する場合，すなわち，送電線の地絡事故のようにアーク抵抗が大きく，その抵抗分が数十〔Ω〕にも達し無視できない場合には，積分限界を無限大までとして計算した式が，送電系統における地絡事故問題を検討するのに適している．

例題のように Shunt Reactor の回路には，やはり本文中の計算のように積分限界を求めたうえで計算する必要がある．これら二者（二つの式）を比較するとよくわかるように，何か特定のものに合わせて簡略化すると，もうそれ以外のものには適用不可能となることを如実に物語っている．

この応用例の計算は，理想的な 5P20 の変流器をもとに，定格電流に等しい故障電流が流れた場合を計算しているが，送電系統における故障では，10 倍以上の故障電流が流れるから，それに合わせて故障電流をとれば，5P20 の変流器を使用する場合に限り，ここで計算した結果が利用できる．

もし，変流器の電気的そして物理的条件が少しでも違った場合には，改めて同じ考え方と手順でもって計算して貰いたい．風の噂によると，先の式のとんだ適用間違いで，プロジェクト全体を駄目にしたと聞いている．

瞬時電圧降下時における同期電動機の過渡安定限界 - 非線形微分方程式の近似解法（その 1）

まえがき　先に瞬時電圧降下時における同期電動機の過渡安定度について，段々法による判別法を紹介したが，電圧降下の継続時間から見て，どのくらいの時間まで許容できるのかを知るには，大変な計算量が必要になる．そこで考えたのがこの非線形微分方程式の，物理現象面から見た直接的，かつ純数学的解法である．このように同期機の脱調現象を純粋に理論的，かつ数学的に理想状態でもって近似し，どの程度の電圧降下に耐え得るのか，この物理現象を直接計算するのは，これが最初ではなかろうかと思われる．

今回の目的は，すでに述べたように，非線形微分方程式を直接解くことを最大の目的としているが，この非線形方程式の解法を利用した安定度の解析結果に基づく，同期電動機の過渡安定度の増加対策についても後で触れることにした．

(1)　単機が無限大母線につながる場合の解法

同期電動機の負荷角が変化しているときのトルクの式は，次の非線形微分方程式で表される．

$$\omega_0 M \frac{\mathrm{d}}{\mathrm{d}t}\gamma' + T_{m1}\sin\gamma = T_L \ \text{〔p.u.〕} \quad (1)$$

（注 1 参照）

ここに，

$\omega_0 = 2\pi f$

f：系統の周波数〔Hz〕

M：単位慣性定数〔s〕（注 2 参照）

T_{m1}：電動機の最大トルク〔p.u.〕

γ：電動機より無限大母線に向かって測った電気角で表した負荷角〔s〕

T_L：負荷トルク〔p.u.〕

（T_{m1}およびτ_1の足字は，今後電圧降下時を 1，電圧回復時を 2 として区別する）

いま，

$$\mathrm{d}t = \sqrt{\frac{\omega_0 M}{T_{m1}}}\,\mathrm{d}\tau_1$$

とおくと，(1)式は次のように書き換えられる．

$$\frac{\mathrm{d}}{\mathrm{d}\tau_1}\gamma' + \sin\gamma = \frac{T_L}{T_{m1}} \quad (2)$$

（注 3 参照）

次に$v_1 = \mathrm{d}\gamma/\mathrm{d}\tau_1$とおくと，(2)式はまた，次のように書き表される．

$$v_1 \frac{\mathrm{d}v_1}{\mathrm{d}\gamma} = -\sin\gamma + \frac{T_L}{T_{m1}} \quad (3)$$

（注 4 参照）

この(3)式からv_1を求めると，τ_1単位で表した負荷角γの変化率が求まる．

$$\int_{v_s}^{v_1} v_1 \, \mathrm{d}v_1 = \int_{\gamma_s}^{\gamma} \left(-\sin\gamma + \frac{T_L}{T_{m1}} \right) \mathrm{d}\gamma$$

この式は変数分離の形となっているから，これをそのまま解くと，

$$\frac{{v_1}^2}{2} = \cos\gamma - \cos\gamma_s + \frac{T_L}{T_{m1}} \cdot \gamma - \frac{T_L}{T_{m1}} \cdot \gamma_s + \frac{{v_s}^2}{2} \qquad (4)$$

ここで v_s は同期速度で回転しているときの負荷角 γ の変化率であるから，$v_s = 0$ である．

この式より電圧降下時に負荷角 γ が γ_s より変化していく値が計算できる．

これから電圧が回復したとき，同期電動機が安定状態に回復し得る極限の負荷角（許容最大負荷角 γ_{cr}）と，その極限の負荷角に至までの時間（許容電圧降下継続時間 t_{cr}）を求める．

まず(1)式の T_{m1} を T_{m2} に変更し，

$$\mathrm{d}t = \sqrt{\frac{\omega_0 M}{T_{m2}}} \mathrm{d}\tau_2$$

とおくと，(2)式は次のように書き換えられる．

$$\frac{\mathrm{d}}{\mathrm{d}\tau_2}\gamma' + \sin\gamma = \frac{T_L}{T_{m2}} \text{〔p.u.〕} \qquad (5)$$

これが電圧降下回復時のトルクの式となる．ここで，$T_2(\gamma) = \sin\gamma - T_L/T_{m2}$ とおき，この同期電動機の電気系統と機械系統の，両系統を含め合わせて一つの単振動系と考え，負荷角 γ に対する位置のエネルギー分を $E_p(\gamma)$ とすれば，この T_2 を積分することにより，$E_p(\gamma)$ が得られる．

すなわち，

$$E_p(\gamma) = \int_0^{\gamma} T_2(\gamma) \, \mathrm{d}(\gamma) = -\cos\gamma - \frac{T_L}{T_{m2}}\gamma + 1 \qquad (6)$$

次にこの振動系の速度のエネルギー分 $E_v(\gamma)$ を考え，

$$E_v(\gamma) = \frac{1}{2} \cdot \left(\frac{\mathrm{d}\gamma}{\mathrm{d}\tau_2} \right)^2$$

とおき，この振動系全体のエネルギー $E(\gamma)$ とすれば，その $E(\gamma) = E_v + E_p$ は，

$$E(\gamma) = \frac{1}{2}\left(\frac{\mathrm{d}\gamma}{\mathrm{d}\tau_2} \right)^2 + E_p(\gamma)$$

となり，E_p を $1/2 \cdot (\mathrm{d}\gamma/\mathrm{d}\tau_2)^2$ だけ平行移動した $E(\gamma)$ 曲線が得られる．

また，この式を γ について微分すると，

$$\frac{\mathrm{d}}{\mathrm{d}\gamma}E(\gamma) = \frac{\mathrm{d}\gamma}{\mathrm{d}\tau_2} \cdot \frac{\mathrm{d}^2\gamma}{\mathrm{d}{\tau_2}^2} \cdot \frac{\mathrm{d}\tau_2}{\mathrm{d}\gamma} + T_2(\gamma) = \frac{\mathrm{d}}{\mathrm{d}\tau_2}\gamma' + \sin\gamma - \frac{T_L}{T_{m2}}$$

となり(5)式と等しくなる．

$\mathrm{d}\gamma/\mathrm{d}\tau_2 = 0$ の場合，

$$E(\gamma) = E_p(\gamma) = -\cos\gamma - \frac{T_L}{T_{m2}} \cdot \gamma + 1$$

であり，このときの $E(\gamma)$ の最大値 E_{max} は，

$$\frac{\mathrm{d}}{\mathrm{d}\gamma}E(\gamma) = \frac{\mathrm{d}}{\mathrm{d}\gamma}E_p(\gamma) = T_2(\gamma) = \sin\gamma - \frac{T_L}{T_{m2}} = 0$$

となるような負荷角 γ で起きる．このときの γ

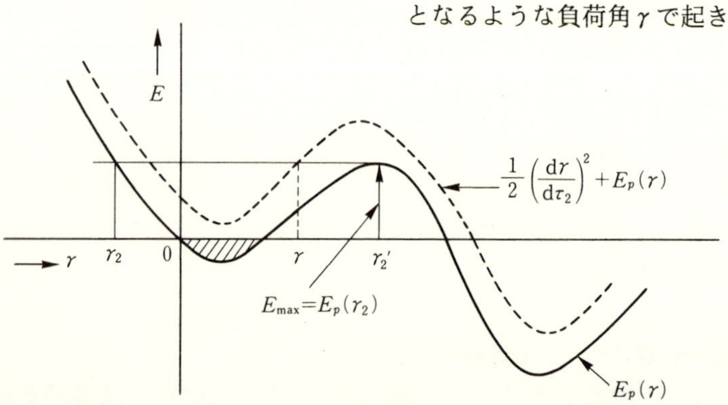

第1図

をγ_2とすると，γ_2は**第1図**の右の方にあるから，

$$\sin\gamma_2 = \sin(\pi-\gamma_2) = \frac{T_L}{T_{m2}}$$

$$\therefore\quad \pi-\gamma_2 = \sin^{-1}\frac{T_L}{T_{m2}}$$

$$\therefore\quad \gamma_2 = \pi-\sin^{-1}\frac{T_L}{T_{m2}}$$

$$= \pi-\gamma_2' \tag{7}$$

ここに，$\gamma_2' = \sin^{-1}T_L/T_{m2}$である．したがって，

$$E_{max} = E_p(\gamma_2)$$

$$= -\cos\gamma_2-\frac{T_L}{T_{m2}}\cdot\gamma_2+1 \quad (8)\ (\text{第1図参照})$$

ゆえに，この単振動系において$\mathrm{d}\gamma/\mathrm{d}\tau_2$が0でない場合における最大許容負荷角$\gamma_{cr}$は次の式より求められる．（注5参照）

$$E_p(\gamma_2) = \frac{1}{2}\left(\frac{\mathrm{d}\gamma}{\mathrm{d}\tau_2}\right)^2+E_p(\gamma) \tag{9}$$

$\mathrm{d}\gamma/\mathrm{d}\tau_2 = 0$でない場合には，$E-\gamma$曲線は$E_p(\gamma)$を$1/2\cdot(\mathrm{d}\gamma/\mathrm{d}\tau_2)^2$だけ上下方向に平行移動したものとなる．曲線$E_p(\gamma)$は$\mathrm{d}\gamma/\mathrm{d}\tau_2 = 0$の場合の$E$を表したものであるから，$E_p(\gamma_2)$点より$\gamma$軸に平行に引いた直線と，曲線$E_p(\gamma)$によって囲まれた部分に，$\mathrm{d}\gamma/\mathrm{d}\tau_2$および$\gamma$の初期値があれば，$\gamma$がどんなに変化しても$\mathrm{d}\gamma/\mathrm{d}\tau_2 = 0$の点にぶつかるから，$\gamma$は無限に増加することはなく安定である．（注5参照）

そこで(9)式中の$1/2\cdot(\mathrm{d}\gamma/\mathrm{d}\tau_2)^2$は，電圧降下によって生じた$v_1^2/2$にほかならない．よって$v_1^2/2$を$\tau_2$の単位に換算して(9)式に代入すると，

$$E_p(\gamma_2) = \frac{T_{m1}}{T_{m2}}\left(\cos\gamma+\frac{T_L}{T_{m1}}\cdot\gamma -\cos\gamma_s-\frac{T_L}{T_{m1}}\cdot\gamma_s\right)+E_p(\gamma)$$

（注6参照）

上式に(6)式および(8)式を代入すると，

$$-\cos\gamma_2-\frac{T_L}{T_{m2}}\cdot\gamma_2+1$$

$$= \frac{T_{m1}}{T_{m2}}\left(\cos\gamma+\frac{T_L}{T_{m1}}\cdot\gamma -\cos\gamma_s-\frac{T_L}{T_{m1}}\cdot\gamma_s\right)$$

$$-\cos\gamma-\frac{T_L}{T_{m2}}\cdot\gamma+1$$

この式よりγを求めれば，これが求める最大許容負荷角γ_{cr}である．

よってγ_{cr}は，

$$\gamma_{cr} = \cos^{-1}\frac{\dfrac{T_{m1}}{T_{m2}}\cos\gamma_s-\cos\gamma_2-\dfrac{T_L}{T_{m2}}(\gamma_2-\gamma_s)}{\dfrac{T_{m1}}{T_{m2}}-1}$$

(7)式の関係により，γ_2をγ_2'で表せば，γ_{cr}は，

$$\gamma_{cr} = \cos^{-1}\frac{\dfrac{T_{m1}}{T_{m2}}\cos\gamma_s+\cos\gamma_2'-\dfrac{T_L}{T_{m2}}(\gamma_2'-\gamma_s)}{\dfrac{T_{m1}}{T_{m2}}-1}$$

となる．

このようにして最大許容負荷角γ_{cr}が決定すれば，$v_1 = \mathrm{d}\gamma/\mathrm{d}\tau_1$だから(4)式により負荷角$\gamma$が$\gamma_s$より$\gamma_{cr}$になるまでの時間$\tau_1$を求めることができる．

ゆえに，最大許容時間τ_1は，

$$\tau_1 = \int_{\tau_s}^{\tau_{cr}}\frac{\mathrm{d}\gamma}{\sqrt{2\left(\cos\gamma-\cos\gamma_s+\dfrac{T_L}{T_{m1}}\gamma-\dfrac{T_L}{T_{m1}}\gamma_s\right)}}$$

ここで，この時間τ_1を秒単位の時間tに書き換えれば，これが求める最大許容電圧降下継続時間t_{cr}である．したがって最大許容時間t_{cr}は，

$$t_{cr} = \sqrt{\left\{\frac{\omega_0 M}{T_{m1}}\right\}} \times\int_{\gamma_s}^{\gamma_{cr}}\frac{\mathrm{d}\gamma}{\sqrt{2\left(\cos\gamma-\cos\gamma_s+\dfrac{T_L}{T_{m1}}\gamma-\dfrac{T_L}{T_{m1}}\gamma_s\right)}} \tag{11}$$

この(11)式は無理方程式だから，容易に積分できないので，近似計算を行うことにする．

すなわち，根号の中に三角関数が入り込んだ無理関数となっているため積分は不可能なので，この三角関数を級数に展開し第2項までをとり，二次関数でもって近似することにする．さらに，この近似が$\cos\gamma$によく合うように，γ

$=\pi/2$ において $\cos\gamma=0$ となるように第2項を補正した，二次曲線に置き換えて積分する．

（注7参照）

したがって，最大許容電圧降下継続時間 t_{cr} は，

$$t_{cr}=\sqrt{1.234\frac{\omega_0 M}{T_{m1}}}\times\left[\frac{-2\tan^{-1}\sqrt{1.234\dfrac{T_L}{T_{m1}}+\sqrt{1.522\dfrac{T_L{}^2}{T_{m1}{}^2}}}}{\gamma-1.234\dfrac{T_L}{T_{m1}}+\sqrt{1.522\dfrac{T_L{}^2}{T_{m1}{}^2}}} * \right.$$

$$\left. * \frac{\overline{-2.467\left(\cos\gamma_s+\dfrac{T_L}{T_{m1}}\gamma_s-1\right)-\gamma}}{-2.467\left(\cos\gamma_s+\dfrac{T_L}{T_{m1}}\gamma_s-1\right)}\right]_{\gamma_s}^{\gamma_{cr}} \qquad (12)$$

となる．

また，もし γ_{cr} が $\pi/2$ を超えて $\pi/2\leqq\gamma_{cr}\leqq\pi$ の範囲にある場合は，積分範囲を $\gamma_s\leqq\gamma\leqq\pi/2$ と $\pi/2\leqq\gamma\leqq\gamma_{cr}$ の二つの領域に分けて積分し，$\gamma_s\leqq\gamma\leqq\pi/2$ の間は(12)式をもって計算し，$\pi/2\leqq\gamma\leqq\gamma_{cr}$ の間は $\gamma_{cr}'=\gamma_{cr}-\pi/2$ とおいて，負荷角 γ が $\pi/2$ を通過するときの速度を初速度 v_s' として考慮し，負荷角が $\pi/2$ から γ_{cr} まで変化するのに必要な時間を t_{cr}' として，次の(13)式により求める．

（注8参照）

そこで求める t_{cr}' は，

$$t_{cr}'=\sqrt{1.234\frac{\omega_0 M}{T_{m1}}}\times\left[\log_e\sqrt{\gamma_{cr}'^{\,2}+\left(2.467\frac{T_L}{T_{m1}}-\pi\right)\gamma_{cr}'} * \right.$$

$$* \overline{+2.467\left(-\cos\gamma_s'+\frac{T_L}{T_{m1}}\cdot\frac{\pi}{2}-\frac{T_L}{T_{m1}}\cdot\gamma_s'\right.} *$$

$$\left. * \overline{\left.+\frac{v_s'}{2}\right)}+\gamma_{cr}'+1.234\frac{T_L}{T_{m1}}-\frac{\pi}{2}\right]_{\gamma'=0}^{\gamma'=\gamma_{cr}'} \qquad (13)$$

よって最大許容負荷角 γ_{cr} が $\pi/2\leqq\gamma_{cr}$ となる場合の最大許容電圧降下継続時間 t_{crt} は，(12)式により求めた t_{cr} と(13)式により求めた t_{cr}' の和となる．ゆえに t_{crt} は，

$$t_{crt}\left(\gamma_{cr}\geqq\frac{\pi}{2}\right)=t_{cr}\left(\gamma_s\leqq\gamma\leqq\frac{\pi}{2}\right)+t_{cr}'\left(\frac{\pi}{2}\leqq\gamma\leqq\gamma_{cr}\right) \qquad (14)$$

最後に電源電圧が零まで降下したときの最大許容負荷角 γ_{cr} と，最大許容電圧降下継続時間 t_{cr} を求める．まず γ_{cr} を求めるには先の γ_{cr} の式に $T_{m1}=0$ の条件を代入すると，電源電圧 $e_l=0$ のときの γ_{10} が求まる．

$$\gamma_{cr}=\gamma_{10}=\cos^{-1}\left\{-\cos\gamma_2'+\frac{T_L}{T_{m2}}(\gamma_2-\gamma_s)\right\}$$

ここに，γ_2' は先に示したところの γ_2' で，

$$\gamma_2'=\sin^{-1}\frac{T_L}{T_{m2}}$$

である．次に t_{cr} を求めるのだが，この t_{cr} を求めるには，最初のトルクの式に $T_{m1}=0$ の条件を代入し，電圧降下が回復する寸前までに得た速度変化分 v_1 を知った後に，最大許容時間 t_{cr} を計算すれば，電源電圧 $e=0$ のときの t_{10} が求まる．

（注9参照）

$$t_{cr}=t_{10}=\sqrt{2\omega_0\frac{M}{T_L}(\gamma_{10}-\gamma_s)}$$

となる．

注記解説

【注：1】 突極形同期電動機の運動方程式は，

$$\frac{2}{p}\cdot\frac{GD^2}{4g}\cdot\frac{\mathrm{d}^2\delta}{\mathrm{d}t_s^2}+K\frac{\mathrm{d}\delta}{\mathrm{d}t_s}+\frac{e_t e_d}{g\,\omega_{0M}x_d}\sin\delta+\frac{e_t^2(x_d-x_q)}{g\cdot\omega_{0M}\cdot x_d x_q}\sin 2\delta=T_1\ [\mathrm{kg\cdot m}]$$

となるが，これを方程式を解くことは困難というより不可能なので，安定度に関係しない制動項 K は無視し，電動機発生トルクは電源内部リアクタンスを含めて考え，内部誘起電圧を横軸誘起電圧で表すと，上の式は次のように書き換えられる．

$$\frac{2}{p}\cdot\frac{GD^2}{4g}\cdot\frac{\mathrm{d}^2\phi}{\mathrm{d}t_s^2}+\frac{e_1\cdot E_q}{g\,\omega_{0M}(x_e+x_q)}\sin\phi=T_1\ [\mathrm{kg\cdot m}]$$

この式を単位法表示にするために，定格トル

クで除すると，

$$\frac{2}{p}\cdot\frac{GD^2}{4g}\cdot\frac{d^2\phi}{dt_s^2}$$

$$=\frac{g\,\omega_{0M}}{P_0}\cdot\frac{2}{p}\cdot\frac{GD^2}{4g}\cdot\frac{d^2\gamma}{(1/\omega_{0E}^2)dt_r^2}$$

$$=\omega_{0E}\frac{\omega_{0M}\cdot\frac{2}{p}\cdot\omega_{0E}\,g}{P_0}\cdot\frac{GD^2}{4g}\cdot\frac{d^2\gamma}{dt_r^2}$$

$$=\omega_{0E}M\frac{d^2\gamma}{dt_r^2}=\omega_{0E}M\frac{d}{dt_r}\gamma' \text{〔p.u.〕}$$

$$M=\frac{\omega_{0M}\cdot\frac{2}{p}\cdot\omega_{0E}\cdot g}{P_0}\cdot\frac{GD^2}{4g}\text{〔s〕}$$

$$T_m=\frac{e_1\cdot E_q}{g\,\omega_{0M}(x_e+x_q)}\cdot\frac{g\,\omega_{0M}}{P_0}\text{〔p.u.〕}$$

$$T_L=\frac{g\,\omega_{0M}}{P_0}\cdot T_1\text{〔p.u.〕}$$

ここに，

M：単位慣性定数〔s〕

ω_{0E}：電気角速度で表した同期角速度〔rad/s〕

ω_{0M}：機械角速度で表した同期角速度〔rad/s〕

t_s：秒単位で表した時間〔s〕

t_r：rad 単位で表した時間〔rad〕

ϕ：電動機から無限大母線までの rad 単位で表した角〔rad〕

γ：電動機から無限大母線までの秒単位で表した角〔s〕

p：極数

P_0：電動機の定格出力〔kW〕

e_1：系統電圧〔V〕

E_q：電動機の横軸内部誘起電圧〔V〕

ψ：電動機端子から無限大母線までの位相差角〔rad〕

$$\omega_{0E}=\frac{p}{2}\cdot\omega_{0M}$$

$$t_r=\omega_{0E}\,t_s$$

$$\gamma=\frac{\phi}{\omega_{0E}}$$

$$\phi=\delta+\psi$$

【注：2】 単位慣性定数 M

単位慣性定数とは，慣性体の運動エネルギーの 2 倍を，定格出力で割ったものである．

ここに，

$$I=\frac{GD^2}{4}\text{：慣性定数〔kg·m}^2\text{〕}$$

$$\omega_0=\frac{2\pi N_0}{60}=\text{回転角速度〔rad/s〕}$$

N_0：同期速度〔rpm〕

P_0：定格出力〔kW〕

とすれば，上記の定義に従い慣性定数 M は，

$$M=\frac{I\omega_0^2}{P_0}\times10^{-3}$$

$$=\frac{GD^2}{4P_0}\cdot\frac{4\pi^2\cdot N_0^2}{3\,600}\times10^{-3}$$

$$=2.7416\frac{GD^2N_0^2}{P_0}\times10^{-6}\text{〔s〕}$$

である．

また慣性体 I を定格トルク P_0/ω_0 で，起動した場合の起動時間 t は，

$$t=I\frac{\omega_0}{P_0}\int_0^{\omega_0}d\omega=\frac{I\omega_0^2}{P_0}\text{〔s〕}$$

となり，単位慣性定数と等しくなる．

【注：3】

$$\frac{\omega_0 M}{T_{m1}}\cdot\frac{d}{dt}\gamma'=\frac{\omega_0 M}{T_{m1}}\cdot\frac{d}{d\tau_1}\cdot\frac{d\gamma}{dt}$$

$$=\frac{\omega_0 M}{T_{m1}}\sqrt{\frac{T_{m1}}{\omega_0 M}}\cdot\frac{d}{d\tau_1}\times\sqrt{\frac{T_{m1}}{\omega_0 M}}\cdot\gamma'$$

$$=\frac{\omega_0 M}{T_{m1}}\left(\sqrt{\frac{T_{m1}}{\omega_0 M}}\right)^2\cdot\frac{d}{d\tau_1}\gamma'$$

$$=\frac{d}{d\tau_1}\gamma'$$

【注：4】

$$v_1\frac{dv_1}{d\gamma}=\frac{d\gamma}{d\tau_1}\cdot\frac{d}{d\gamma}\left(\frac{d\gamma}{d\tau_1}\right)$$

$$=\frac{d\gamma}{d\tau_1}\cdot\frac{d^2\gamma}{d\tau_1^2}\cdot\frac{d\tau_1}{d\gamma}$$

$$=\frac{d^2\gamma}{d\tau_1^2}$$

$$=\frac{d}{d\tau_1}\gamma'$$

【注：5】 本文中の第1図を見れば明らかなように，この振動系において $\mathrm{d}\gamma/\mathrm{d}\tau_2=0$ のとき，出し得る最高のエネルギー E は $E_{max}=E_p(\gamma_2)$ であり，安定であるための必要条件は $\mathrm{d}\gamma/\mathrm{d}\tau_2=0$ の点を持ち，かつ γ の変化が一定の範囲内に収まる必要があるから，$1/2\cdot(\mathrm{d}\gamma/\mathrm{d}\tau_2)^2=E_v$（速度エネルギー）と $T_2(\gamma)=E_p$（位置のエネルギー）の和が，常に $E_{max}=E_p(\gamma_2)$ に等しいか，あるいは小さくなければならない．

すなわち，このエネルギーの和が E_{max} を超過すれば，γ がいくら増加しても $\mathrm{d}\gamma/\mathrm{d}\tau_2=0$ となる点がないので，γ は無限に増大することになる．

したがって許し得る最大の γ は，次の式から求めることができる．

$$E_{max}=E_p(\gamma_2)\geqq E_v+E_p$$
$$=\frac{1}{2}\left(\frac{\mathrm{d}\gamma}{\mathrm{d}\tau_2}\right)^2+E_p(\gamma)$$

【注：6】

$$\mathrm{d}t=\sqrt{\frac{\omega_0 M}{T_{m1}}}\,\mathrm{d}\tau_1$$
$$=\sqrt{\frac{\omega_0 M}{T_{m2}}}\,\mathrm{d}\tau_2$$
$$\therefore\quad \mathrm{d}\tau_2=\sqrt{\frac{T_{m2}}{T_{m1}}}\,\mathrm{d}\tau_1$$
$$\therefore\quad v_2{}^2=\left(\frac{\mathrm{d}\gamma}{\mathrm{d}\tau_2}\right)^2=\frac{T_{m1}}{T_{m2}}\cdot\left(\frac{\mathrm{d}\gamma}{\mathrm{d}\tau_1}\right)^2$$

【注：7】

$$\cos\gamma=1-\frac{\gamma^2}{2\,!}+\frac{\gamma^4}{4\,!}-\cdots\cdots$$

であるから，この2項までをとり，かつ $\cos\pi/2=0$ となるような補正係数 a を求める．

$$\cos\frac{\pi}{2}=1-\frac{(\pi/2)^2}{2a}=0$$
$$\therefore\quad a=1.2337$$

この $\cos\gamma$ の値を $v_1{}^2$ の式に代入すれば，

$$v_1{}^2=2\left(\cos\gamma-\cos\gamma_s+\frac{T_L}{T_{m1}}\cdot\gamma-\frac{T_L}{T_{m1}}\cdot\gamma_s\right)$$
$$=2\left(1-\frac{\gamma^2}{2a}+\frac{T_L}{T_{m1}}\gamma-\cos\gamma_s-\frac{T_L}{T_{m1}}\gamma_s\right)$$
$$=\frac{1}{a}\left\{-\gamma^2+2a\frac{T_L}{T_{m1}}\gamma-2a\left(\cos\gamma_s+\frac{T_L}{T_{m1}}\gamma_s-1\right)\right\}$$
$$=\frac{1}{a}\cdot(-\gamma^2+2a\alpha\beta-a\beta)$$
$$=\frac{1}{a}\cdot\ \{(\gamma-\eta_1)(\eta_2-\gamma)\}$$

ここに，

$$\alpha=\frac{T_L}{T_{m1}}$$
$$\beta=2\left(\cos\gamma_s+\frac{T_L}{T_{m1}}\cdot\gamma_s-1\right)$$
$$\eta_1=a\alpha-\sqrt{a^2\alpha^2-a\beta}$$
$$\eta_2=a\alpha+\sqrt{a^2\alpha^2-a\beta}$$

よって本文中の⑾式は，次のようにして得られる．

$$t_{cr}=\sqrt{\frac{\omega_0 M}{T_{m1}}}\times\int_{\gamma_s}^{\gamma_{cr}}\frac{\mathrm{d}\gamma}{\sqrt{(1/a)(\gamma-\eta_1)(\eta_2-\gamma)}}$$
$$=\sqrt{\frac{a\omega_0 M}{T_{m1}}}\times\left[-2\tan^{-1}\sqrt{\frac{\eta_2-\gamma}{\gamma-\eta_1}}\right]_{\gamma_s}^{\gamma_{cr}}{}^{*}$$
$$=\sqrt{\frac{a\omega_0 M}{T_{m1}}}\times\left[\frac{-2\tan^{-1}\sqrt{a\alpha+\sqrt{a^2\alpha^2-a\beta}-\gamma}}{\gamma-a\alpha+\sqrt{a^2\alpha^2-a\beta}}\right]_{\gamma_s}^{\gamma_{cr}}$$
$$=\sqrt{a\frac{\omega_0 M}{T_{m1}}}\times\left[\frac{-2\tan^{-1}\sqrt{a\frac{T_L}{T_{m1}}\sqrt{a^2\frac{T_L{}^2}{T_{m1}{}^2}-2a\left(\cos\gamma_s+\frac{T_L}{T_{m1}}\gamma_s-1\right)}-\gamma}}{\gamma-a\frac{T_L}{T_{m1}}+\sqrt{a^2\frac{T_L{}^2}{T_{m1}{}^2}-2a\left(\cos\gamma_s+\frac{T_L}{T_{m1}}\gamma_s-1\right)}}\right]_{\gamma_s}^{\gamma_{cr}}$$

＊上の根号を含む積分の証明

$$\int\frac{\mathrm{d}x}{\sqrt{(x-\alpha)(\beta-x)}}$$
$$=-2\tan^{-1}\sqrt{\frac{\beta-x}{x-\alpha}}$$

$$\sqrt{(x-\alpha)(\beta-x)} = (x-\alpha)\,t$$

とおくと,

$$t = \sqrt{\frac{\beta-x}{x-\alpha}}$$

$$\beta-x = (x-\alpha)\,t^2$$

$$x\,(t^2+1) = \alpha t^2+\beta$$

$$x = \frac{\alpha t^2+\beta}{t^2+1}$$

$$\therefore\quad \sqrt{(x-\alpha)(\beta-x)} = \left(\frac{\alpha t^2+\beta}{t^2+1}-\alpha\right)t = \frac{\beta-\alpha}{t^2+1}\cdot t$$

$$\frac{\mathrm{d}x}{\mathrm{d}t} = \frac{2\alpha t\,(t^2+1)-(\alpha t^2+\beta)\,2t}{(t^2+1)^2}$$

$$\therefore\quad \mathrm{d}x = \frac{-2\,(\beta-\alpha)\,t}{(t^2+1)^2}\cdot \mathrm{d}t$$

$$\therefore\quad \int \frac{\dfrac{-2\,(\beta-\alpha)\,t}{(t^2+1)^2}}{\dfrac{(\beta-\alpha)\,t}{t^2+1}}\mathrm{d}t = -2\int \frac{1}{t^2+1}\cdot \mathrm{d}t = -2\tan^{-1} t = -2\tan^{-1}\sqrt{\frac{\beta-x}{x-\alpha}}$$

【注：8】 本文中の(12)式の計算では，$\cos\gamma = 1-\gamma^2/2a$ とおいたため，$\gamma \geqq \pi/2$ となると，γ が増大するに従って $\cos\gamma$ は段々と近似した二次曲線から離れていってしまうので，許容最大負荷角が $\pi/2 \leqq \gamma_{cr} \leqq \pi$ となるときは，積分限界を γ_s から $\pi/2$ までと，$\pi/2$ から γ_{cr} に分けてそれぞれ別の式で積分する．

すなわち，負荷角が γ_s から $\pi/2$ までは(12)式でもって計算を行い，負荷角が $\pi/2$ から γ_{cr} までは，負荷角が $\pi/2$ を通過するときにおける速度 v_2 を，負荷角 $\pi/2$ における初期速度 v_s' として，初期速度の自乗に関係した $v_s'^2/2$ を考慮して，次のようにして求めた(13)式でもって計算する．

そこで，この計算のための負荷角を γ' とし，$\gamma' = \gamma-\pi/2$ と置いて，$\cos\gamma = (\pi/2-\gamma')^2/2a-1$ でもって近似し，積分を行うものである．

$$2\left(\cos\gamma-\cos\gamma_s' + \frac{T_L}{T_{m1}}\gamma - \frac{T_L}{T_{m1}}\cdot\gamma_s' + \frac{v_s'^2}{2}\right)$$

$$= 2\left\{\frac{\left(\dfrac{\pi}{2}-\gamma'\right)^2}{2a}-1-\cos\gamma_s' + \frac{T_L}{T_{m1}}\left(\frac{\pi}{2}+\gamma'\right) - \frac{T_L}{T_{m1}}\gamma_s' + \frac{v_s'^2}{2}\right\}$$

$$= 2\left\{\frac{\dfrac{\pi^2}{4}-\pi\gamma'+\gamma'^2}{2a}-1-\cos\gamma_s' + \frac{T_L}{T_{m1}}\cdot\frac{\pi}{2} + \frac{T_L}{T_{m1}}\gamma' - \frac{T_L}{T_{m1}}\gamma_s' + \frac{v_s'^2}{2}\right\}$$

$$= \frac{1}{a}\left(\frac{\pi^2}{4}-\pi\gamma'+\gamma'^2-2a-2a\cos\gamma_s' + 2a\frac{T_L}{T_{m1}}\cdot\frac{\pi}{2} + 2a\frac{T_L}{T_{m1}}\gamma' - 2a\frac{T_L}{T_{m1}}\gamma_s' + 2a\frac{v_s'^2}{2}\right)$$

$$= \frac{1}{a}\left\{\gamma'^2+\left(2a\frac{T_L}{T_{m1}}-\pi\right)\gamma' + 2a\left(\frac{\pi^2}{8a}-1-\cos\gamma_s' + \frac{T_L}{T_{m1}}\frac{\pi}{2} - \frac{T_L}{T_{m1}}\cdot\gamma_s' + \frac{v_s'^2}{2}\right)\right\}$$

$$= \frac{1}{a}\,(A+B\gamma'+C\gamma'^2)$$

ここに,

$$A = 2a\left(-\cos\gamma_s' + \frac{T_L}{T_{m1}} \times \frac{\pi}{2} - \frac{T_L}{T_{m1}}\cdot\gamma_s' + \frac{v_s'^2}{2}\right)$$

ただし，$\pi^2/8a-1 = 0$ であるから,

$$B = 2a\frac{T_L}{T_{m1}}-\pi$$

$$C = 1$$

$$a = 1.2337$$

$$Z = A+B\gamma'+C\gamma'^2$$

そこで，次の積分公式の,

$$X = a+bx+cx^2 \quad (c>0)$$

$$\int \frac{\mathrm{d}x}{\sqrt{X}} = \frac{1}{\sqrt{c}} \cdot \ln\left(\sqrt{X} + x\sqrt{c} + \frac{b}{2\sqrt{c}}\right)$$

を適用して,

$$\int \frac{\mathrm{d}\gamma'}{\sqrt{\frac{1}{a}\cdot(A + B\gamma' + C\gamma'^{2})}}$$

$$= \sqrt{\frac{a}{c}}\left[\ln\left\{\sqrt{Z} + \gamma'\sqrt{C} + \frac{B}{2\sqrt{C}}\right\}\right]_{\gamma'=0}^{\gamma'=\gamma_{cr}'}$$

$$= \sqrt{a}\left[\ln\left\{\sqrt{\gamma'^{2} + \left(2a\frac{T_L}{T_{m1}} - \pi\right)\gamma' + 2a\left(-\cos\gamma_s' + \frac{T_L}{T_{m1}}\cdot\frac{\pi}{2} - \frac{T_L}{T_{m1}}\cdot\gamma_s' + \frac{v_s'^{2}}{2}\right)} + \gamma' + a\frac{T_L}{T_{m1}} - \frac{\pi}{2}\right\}\right]_{\gamma'=0}^{\gamma'=\gamma_{cr}'}$$

よって,本文中の(13)式は $\gamma_{cr}' = \gamma_{cr} - \pi/2$ とおいて,t_{cr}' を求めたものである.

$$t_{cr}' = \sqrt{\frac{\omega_0 M}{T_{m1}}} \times \int_{\gamma'=0}^{\gamma'=\gamma_{cr}'} \frac{\mathrm{d}\gamma'}{\sqrt{\frac{1}{a}(A + B\gamma' + C\gamma'^{2})}}$$

$$= \sqrt{a\frac{\omega_0 M}{T_{m1}}} \times\left[\ln\left\{\sqrt{\gamma'^{2} + \left(2a\frac{T_L}{T_{m1}} - \pi\right)\gamma' + 2a\left(-\cos\gamma_s' + \frac{T_L}{T_{m1}}\frac{\pi}{2} - \frac{T_L}{T_{m1}}\gamma_s' + \frac{v_s'^{2}}{2}\right)} + \gamma' + a\frac{T_L}{T_{m1}} - \frac{\pi}{2}\right\}\right]_{\gamma'=0}^{\gamma'=\gamma_{cr}'}$$

【注:9】 系統電圧 $e_1 = 0$ の場合の解

系統電圧 $e_1 = 0$,すなわち $T_{m1} = 0$ のとき,(1)式は次のようになる.

$$\omega_0 M \frac{\mathrm{d}}{\mathrm{d}t}\gamma' = T_L$$

次に $\mathrm{d}t = \sqrt{(\omega_0 M)}\cdot \mathrm{d}\tau_1$ とおくと,

$$\frac{\mathrm{d}\gamma'}{\mathrm{d}\tau_1} - T_L = 0$$

また,$v_1 = \mathrm{d}\gamma/\mathrm{d}\tau_1$ とおくと,

$$v_1 \frac{\mathrm{d}v_1}{\mathrm{d}\gamma} = T_L$$

したがって,上の式を解くと,

$$\int_0^{v_1} v_1\,\mathrm{d}v_1 = T_L \int_{\gamma_s}^{\gamma} \mathrm{d}\gamma$$

$$\frac{1}{2}\cdot v_1^{2} = T_L(\gamma - \gamma_s)$$

$$\frac{\mathrm{d}\gamma}{\mathrm{d}\tau_1} = \sqrt{2T_L(\gamma - \gamma_s)}$$

ゆえに,τ_1 は,

$$\tau_1 = \int_{\gamma_s}^{\gamma_{10}} \frac{\mathrm{d}\gamma}{\sqrt{2T_L(\gamma - \gamma_s)}}$$

$$= \int_{\gamma_s}^{\gamma_{10}} \{2T_L(\gamma - \gamma_s)\}^{-1/2}$$

$$= \left[\frac{2}{2}T_L \times \{2T_L(\gamma - \gamma_s)\}^{1/2}\right]_{\gamma_s}^{\gamma_{10}}$$

そして τ_1 を t_{10} に書き替えれば,

$$t_{10} = \sqrt{\frac{\omega_0 M}{T_L}} \times\left[\sqrt{2T_L(\gamma - \gamma_s)}\right]_{\gamma_s}^{\gamma_{10}}$$

$$= \sqrt{2\frac{\omega_0 M}{T_L}\cdot(\gamma_{10} - \gamma_s)}$$

となる.

砂漠における塩分による腐食

砂漠における木柱と鉄柱の予想寿命を調査する機会があり,現場から得られた実績情報を客先に報告すると,木柱を提供するから,鉄柱でなくて木柱を建てて欲しいと要求され,急きょ木柱の建て込みに変更する結果となりました.

砂漠の中でも特に塩分および水気の多い土地では,腐食や磨耗に対して木柱が鉄柱の倍の寿命があるという実績が判明しました.すなわち砂漠の中では鉄柱の亜鉛めっきは,塗装の下地処理時のサンドブラストと同じ作用で,短期間のうちにめっき層は磨耗して失せてしまい,塩水の中にサンドブラスト処理を行った軟鋼を浸すのと同様,軟鋼の腐食が急速に進みます.そして亜鉛めっきの無くなった軟鋼表面は引き続きサンドブラストが行われ,短期間で鉄柱の寿命が尽きてしまうのです.

瞬時電圧降下時における同期電動機の過渡安定限界 - 非線形微分方程式の近似解法（その２）

2. 数値計算

(1) 調査すべき数値

(a) リアクタンス（飽和値）p.u.

x_l：電機子漏洩リアクタンス

x_{ad}：直軸相互リアクタンス

x_{kd}：直軸制動巻線リアクタンス

x_f：界磁巻線漏洩リアクタンス

x_{aq}：横軸相互リアクタンス

x_{kq}：横軸制動巻線リアクタンス

(b) はずみ車効果 GD^2

駆動電動機 GD^2

被駆動機 GD^2

(c) 電動機から無限大母線までのリアクタンス

$$x_e = \frac{\text{基準容量}}{\text{系統短絡容量}} = \frac{5\,650\times10^3}{500\times10^6}$$

(2) 計算すべき数値

(i) 直軸同期リアクタンス

$x_d = x_{ad} + x_l = 0.789 + 0.143$

(ii) 横軸同期リアクタンス

$x_q = x_{aq} + x_l = 0.478 + 0.143$

(iii) 直軸過渡リアクタンス

$$x_d' = x_d - \frac{x_{ad}^2}{x_{ad} + x_f}$$

$$= 0.932 + \frac{0.789^2}{0.789 + 0.331}$$

(3) 定態時のベクトル図から求める数値

e_l：系統電圧

e_t：電動機端子電圧

i：電動機電流

δ：電動機負荷角

γ_s：電動機から無限大母線までの角

$$\delta = \tan^{-1}\frac{x_q\, i\cdot\sin\theta}{e_t - x_q\, i\cdot\sin\theta}$$

(i) 直軸分端子電圧

$e_d = e_t \sin(-\delta)$

(ii) 横軸分端子電圧

$e_q = e_t \cos(-\delta)$

(iii) 横軸分電動機電流

$i_q = i\cdot\cos(-\delta+\theta)$

(iv) 直軸分電動機電流

$i_d = i\cdot\sin(-\delta+\theta)$

(v) 直軸分系統電圧

$e_{ld} = e_d + x_e i_q$

(vi) 横軸分系統電圧

$e_{lq} = e_q - x_e i_d$

$$\gamma_s = \tan^{-1}\frac{e_{ld}}{e_{lq}}$$

(4) T_{m1} および T_{m2} の計算

系統電圧が 0.0〔p.u.〕まで降下したとき，

$$T_{m10} = 0.0$$

系統電圧が 0.1〔p.u.〕まで降下したとき，

$$T_{m11} = 0.1e_l\frac{E_q'}{x_e+x_d'}$$

系統電圧が 0.2〔p.u.〕まで降下したとき，

$$T_{m12} = 0.2e_l\frac{E_q'}{x_e+x_d'}$$

⋮

系統電圧が 0.4〔p.u.〕まで降下したとき，

$$T_{m14} = 0.4e_l\frac{E_q'}{x_e+x_d'}$$

系統電圧が 0.5〔p.u.〕まで降下したとき，

$$T_{m15} = 0.5e_l\frac{E_q'}{x_e+x_d'}$$

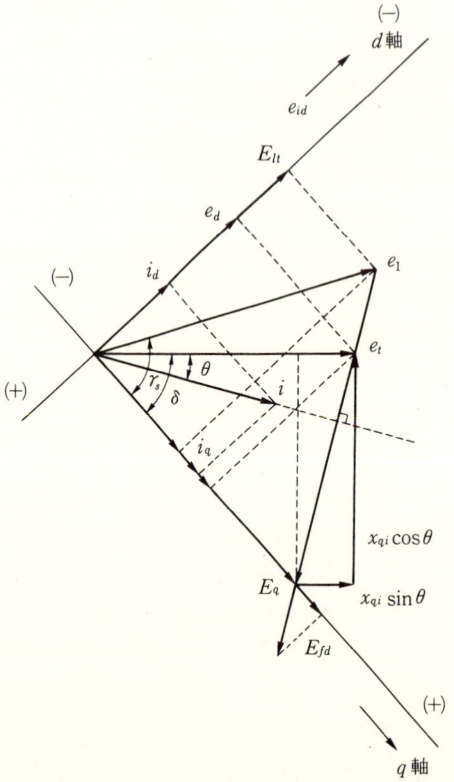

第 2 図

系統電圧が 1.0〔p.u.〕のとき，

$$T_{m110} = e_l\frac{E_q}{x_e+x_d}$$

系統電圧が 1.0〔p.u.〕に回復したとき，

$$T_{m2} = e_l\frac{E_q'}{x_e+x_d'}$$

(5) 定数の計算

＜5 650〔kW〕同期電動機の安定限界計算例＞

$$x_d = x_{ad}+x_l = 0.789+0.143$$
$$= 0.932$$
$$x_q = x_{aq}+x_l = 0.478+0.143$$
$$= 0.621$$
$$x_d' = x_d - \frac{x_{ad}^2}{x_{ad}+x_f}$$
$$= 0.932 - \frac{0.789^2}{0.789+0.331}$$
$$= 0.376$$
$$x_e = \frac{\text{基準容量}}{\text{系統短絡容量}}$$
$$= \frac{5\,650\times10^3}{500\times10^6}$$
$$= 0.0113$$

(6) 初期値の決定

電動機の力率 $\cos\theta = 1.0$

$$\tan\delta = \frac{x_q\,i\cdot\cos\theta}{e_t - x_q\,i\cdot\sin\theta}$$
$$= \frac{0.621}{1.0-0} = 0.621$$
$$\delta = 31.84°$$
$$e_q = e_t\cos\delta = \cos\delta$$
$$= 0.8495$$
$$e_d = e_t\sin\delta = \sin\delta$$
$$= 0.5276$$
$$i_q = i\cdot\cos(\delta+\theta) = 0.8495$$
$$i_d = i\cdot\sin(\delta+\theta) = 0.5276$$
$$e_{lq} = e_q - x_e\,i_d$$
$$= 0.8495-0.0113\times0.5276$$
$$= 0.8435$$
$$e_{ld} = e_d + x_e\,i_q$$
$$= 0.5276+0.0113\times0.8495$$

$= 0.5372$

$E_q = e_q + x_q i_d$

$= 0.8495 + 0.621 \times 0.5276$

$= 1.1771$

$E_q' = e_q + x_d' i_d$

$= 0.8495 + 0.376 \times 0.5276$

$= 1.0479$

$$\tan\gamma_s = \frac{e_{ld}}{e_{lq}} = \frac{0.5372}{0.8435}$$

$= 0.6369$

$\gamma_s = 32.492° = 0.5671$〔rad〕

$e_l = | e_{ld} + je_{lq} |$

$= | 0.5372 + j0.8435 |$

$= 1.0$

$$T_{m100} = \frac{e_l E_q}{x_e + x_q} = \frac{1.0 \times 1.1771}{0.0113 + 0.621}$$

$= 1.8616$

$$T_{m10} = \frac{e_{10} E_q}{x_e + x_q} = \frac{0.0 \times 1.1771}{0.0113 + 0.621}$$

$= 0.0 \times 1.8616$

$T_{m10} = 0.0 \qquad \dfrac{e_{10}}{e_l} = 0.0$

$T_{m11} = 0.1862 \qquad \dfrac{e_{11}}{e_l} = 0.1$

$T_{m12} = 0.3723 \qquad \dfrac{e_{12}}{e_l} = 0.2$

$T_{m13} = 0.5585 \qquad \dfrac{e_{13}}{e_l} = 0.3$

$T_{m14} = 0.7446 \qquad \dfrac{e_{14}}{e_l} = 0.4$

$T_{m15} = 0.9308 \qquad \dfrac{e_{15}}{e_l} = 0.5$

$$T_{m2} = \frac{e_l E_q'}{x_e + x_d'} = \frac{1.0 \times 1.0479}{0.0113 + 0.376}$$

$= 2.7057$

$$\gamma_2' = \sin^{-1}\frac{T_L}{T_{m2}} = \sin^{-1}\frac{1.0}{2.7057}$$

$= 21.690°$

$\gamma_2 = 180° - 21.690°$

$= 158.310°$

$= 2.7630$〔rad〕

$\cos\gamma_s = \cos 32.492°$

$= 0.8435$

$\cos\gamma_2 = \cos 158.31°$

$= -0.9292$

(7) 許容最大負荷角の計算（rad）

数値計算において忘れてはならない特に大切なことは，次元と単位を理論値に合わせることであるから，ここではこの点に特に注意しながら数値計算を進めていくことにする．

$$\gamma_{cr} = \cos^{-1}\frac{\dfrac{T_{m1}}{T_{m2}}\cos\gamma_s - \cos\gamma_2 - \dfrac{T_L}{T_{m2}}(\gamma_2 - \gamma_s)}{\dfrac{T_{m1}}{T_{m2}} - 1}$$

$e_{10} = 0$ のとき，$T_{m10} = 0$ であるから，

$$\gamma_{10} = \cos^{-1}\frac{0.9292 - \dfrac{1.0}{2.7057}(2.7630 - 0.5671)}{-1}$$

$= \cos^{-1}(-0.11762)$

$= 96.755°$

$= 1.6887$〔rad〕

$$\gamma_{11} = \cos^{-1}\frac{\dfrac{0.1862}{2.7057} \times 0.8435 + 0.9292 - 0.8116}{\dfrac{0.1862}{2.7057} - 1}$$

$= \cos^{-1}(-0.18863)$

$= 100.873°$

$= 1.7606$〔rad〕

$$\gamma_{12} = \cos^{-1}\frac{\dfrac{0.3723}{2.7057} \times 0.8435 + 0.9292 - 0.8116}{\dfrac{0.3723}{2.7057} - 1}$$

$= \cos^{-1}(-0.27095)$

$= 105.721°$

$= 1.8452$〔rad〕

$$\gamma_{13} = \cos^{-1}\frac{\dfrac{0.5585}{2.7057} \times 0.8435 + 0.9292 - 0.8116}{\dfrac{0.5585}{2.7057} - 1}$$

$= \cos^{-1}(-0.36759)$

$= 111.567° = 1.9472$〔rad〕

$$\gamma_{14} = \cos^{-1}\frac{\frac{0.7446}{2.7057}\times 0.8435+0.9292-0.8116}{\frac{0.7446}{2.7057}-1}$$

$= \cos^{-1}(-0.48252)$

$= 118.850°$

$= 2.0743$〔rad〕

$$\gamma_{15} = \cos^{-1}\frac{\frac{0.9308}{2.7057}\times 0.8435+0.9292-0.8116}{\frac{0.9308}{2.7057}-1}$$

$= \cos^{-1}(-0.62162)$

$= 128.435°$

$= 2.2416$〔rad〕

(8) 許容電圧降下継続時間〔rad〕

(a) 臨界時間 t_{cr}

$GD^2 = 77.0$〔$t\cdot m^2$〕

$$M = 2.7416\frac{GD^2\times N_0^{\ 2}}{P_0}\times 10^{-6}$$

$= 3.363$〔s〕

(イ) t_{10}

$$t_{10} = \sqrt{\frac{2\omega_0 M(\gamma_{10}-\gamma_s)}{T_L}}$$

$$= \sqrt{\frac{2\times 2\pi\times 50\times 3.363\times(1.6887-0.5671)}{1.0}}$$

$= 48.682$〔rad〕

(ロ) t_{11}

t_{11}はt_{10}と違って次の式により計算する.

$$t_{cr} = \sqrt{\frac{1.234\omega_0 M}{T_{m1}}}$$

$$\times\left[-2\tan^{-1}\sqrt{\frac{1.234\times\frac{T_L}{T_{m1}}+\sqrt{\frac{1.522T_L^{\ 2}}{T_{m1}^{\ 2}}}}{\gamma-1.234\frac{T_L}{T_{m1}}+\sqrt{\frac{1.522T_L^{\ 2}}{T_{m1}^{\ 2}}}}*\right.$$

$$\left.*\frac{-2.468\left(\cos\gamma_s+\frac{T_L}{T_{m1}}\gamma_s-1\right)-\gamma}{-2.468\left(\cos\gamma_s+\frac{T_L}{T_{m1}}\gamma_s-1\right)}\right]_{\gamma_s}^{\gamma_{cr}}$$

ここで，注釈のところで使用したαおよびβを再びとり入れて，各部分ごとに計算していくと，

$$\alpha_{11} = \frac{T_L}{T_{m11}} = \frac{1.0}{0.1862} = 5.3706$$

$$\beta_{11} = \cos\gamma_s + \frac{T_L}{T_{m11}}\cdot\gamma_s - 1$$

$= 0.8435+5.3706\times 0.5671-1$

$= 2.8892$

$\kappa_{11} = \sqrt{1.522\alpha^2-2.468\beta}$

$= \sqrt{1.522\times 5.3706^2-2.468\times 2.8892}$

$= 6.06375$

$$\lambda_{11} = \sqrt{\frac{1.234\omega_0 M}{T_{m11}}}$$

$$= \sqrt{\frac{1.234\times 2\pi\times 50\times 3.363}{0.1862}}$$

$= 83.6770$

念のためにギリシャ文字の係数を使って表した臨界時間t_{cr}をもう一度掲げておくと，

$$t_{cr} = \lambda\left[-2\tan^{-1}\sqrt{\frac{1.234\alpha+\kappa-\gamma}{\gamma-1.234\alpha+\kappa}}\right]_{\gamma_s}^{\gamma_{cr}}$$

しかし，ここでしっかりと考えておかないといけないことに，電動機の発生トルクがある．それは電動機の発生トルクは負荷角がπから2πの範囲において負となることである．したがって，この領域においては，負荷トルクが極端に小さくない限り，負荷角がますます増えていって，次の電動機の発生トルクが正の値となる負荷角において，再び同期化するような可能性は考えられない．このような理由により，最大許容負荷角がπより大きい場合は，ここでは考えないことにする．

また一方，臨界時間の解を求めた式が，余弦関数を含む無理式であったため，臨界負荷角が$\pi/2$を超えると，$\pi/2$を超えた角度の部分については，もう一つの臨界時間を計算する式を使用しなくてはならないことである．

$$t_{11} = 83.677\left[-2\tan^{-1}\right.$$

$$\left.\sqrt{\frac{1.234\times 5.3706+6.0640-\gamma}{\gamma-1.234\times 5.3706+6.0640}}\right]_{\gamma_s}^{\gamma_{11}}$$

そこでγ_{11}は1.760〔rad〕であるから，上の式を用いて一度に積分してしまうわけにはいかないので，次の点で区分することにする．

$$\frac{\pi}{2}\,[\mathrm{rad}] = 1.5708\,[\mathrm{rad}]$$

そこで上の式より見て演算を簡潔にするために，$\tan^{-1}$の根号内部の部分のみを計算すると，

$$\sqrt{\gamma_{\pi/2}} = \sqrt{\frac{a\alpha+\kappa-\gamma}{\gamma-a\alpha+\kappa}}$$

$$= \sqrt{\frac{1.234\times5.3706+6.0640-1.5708}{1.5708-1.234\times5.3706+6.0640}}$$

$$= 3.32231$$

そして，

$$\sqrt{\gamma_s} = \sqrt{\frac{a\alpha+\kappa-\gamma}{\gamma-a\alpha+\kappa}}$$

$$= \sqrt{\frac{1.234\times5.3706+6.0640-0.5671}{0.5671-1.234\times5.3706+6.0640}}$$

$$= 56.6375$$

$$t_{11} = \lambda_{11}\{-2(\tan^{-1}\sqrt{\gamma_{\pi/2}}-\tan^{-1}\sqrt{\gamma_s})\}$$

$$= 83.677\{-2\times(\tan^{-1}3.32231-\tan^{-1}56.6375)\}$$

$$= 83.677\{-2(1.2784-1\ 5531)\}$$

$$= 45.9721\,[\mathrm{rad}]$$

(ハ) t_{12}

$$t_2 = \lambda_{12}\{-2(\tan^{-1}\sqrt{\gamma_{\pi/2}}-\tan^{-1}\sqrt{\gamma_s})\}$$

t_{12}の計算はt_{11}の計算にならって進める．

$$\alpha_{12} = \frac{T_L}{T_{m12}} = \frac{1.0}{0.3723}$$

$$= 2.6860$$

$$\beta_{12} = \cos\gamma_s + \frac{T_L}{T_{m12}}\cdot\gamma_s - 1$$

$$= 0.8435+2.6860\times0.5671-1$$

$$= 1.3667$$

$$\kappa_{12} = \sqrt{1.522\alpha^2-2.468\beta}$$

$$= \sqrt{1.522\times2.6860^2-2.468\times1.3667}$$

$$= 2.7582$$

$$\lambda_{12} = \sqrt{\frac{1.234\omega_0 M}{T_{m12}}}$$

$$= \sqrt{\frac{1.234\times2\pi\times50\times3.363}{0.3723}}$$

$$= 59.1765$$

$$\sqrt{\gamma_{\pi/2}} = \sqrt{\frac{a\alpha+\kappa-\gamma}{\gamma-a\alpha+\kappa}}$$

$$= \sqrt{\frac{1.234\times2.6860+2.7582-1.5708}{1.5708-1.234\times2.6860+2.7582}}$$

$$= 2.10658$$

$$\sqrt{\gamma_s} = \sqrt{\frac{a\alpha+\kappa-\gamma}{\gamma-a\alpha+\kappa}}$$

$$= \sqrt{\frac{1.234\times2.6860+2.7582-0.5671}{0.5671-1.234\times2.6860+2.7582}}$$

$$= 22.6034$$

$$t_{12} = 59.1765\times\{-2\times(\tan^{-1}2.10658-\tan^{-1}22.6034)\}$$

$$= 59.1765\times(-2)\times(1.12759-1.52658)$$

$$= 47.2217\,[\mathrm{rad}]$$

(ニ) t_{13}

$$t_{13} = \lambda_{13}\{-2(\tan^{-1}\sqrt{\gamma_{\pi/2}}-\tan^{-1}\sqrt{\gamma_s})\}$$

$$\alpha_{13} = \frac{T_L}{T_{m13}} = \frac{1.0}{0.5585}$$

$$= 1.7905$$

$$\beta_{13} = \cos\gamma_s + \frac{T_L}{T_{m13}}\cdot\gamma_s - 1$$

$$= 0.8435+1.7905\times0.5671-1$$

$$= 0.85889$$

$$\kappa_{13} = \sqrt{1.522\alpha^2-2.468\beta}$$

$$= \sqrt{1.522\times1.7905^2-2.468\times0.85889}$$

$$= 1.67521$$

$$\lambda_{13} = \sqrt{\frac{1.234\omega_0 M}{T_{m13}}}$$

$$= \sqrt{\frac{1.234\times2\pi\times50\times3.363}{0.5585}}$$

$$= 48.3153$$

$$\sqrt{\gamma_{\pi/2}} = \sqrt{\frac{a\alpha+\kappa-\gamma}{\gamma-a\alpha+\kappa}}$$

$$= \sqrt{\frac{1.234\times1.7905+1.67521-1.5708}{1.5708-1.234\times1.7905+1.67521}}$$

$$= 1.494100$$

$$\sqrt{\gamma_s} = \sqrt{\frac{a\alpha+\kappa-\gamma}{\gamma-a\alpha+\kappa}}$$

$$= \sqrt{\frac{1.234\times1.7905+1.67521-0.5671}{0.5671-1.234\times1.7905+1.67521}}$$

$$= 10.05208$$

$$t_{13} = 48.3153\{-2\times(\tan^{-1}1.494100 -\tan^{-1}10.05208)\}$$

$$= 48.3153\{-2\times(0.980973-1.4716407)\}$$

$$= 47.4135\ \text{〔rad〕}$$

(ホ) t_{14}

$$t_{14} = \lambda_{14}\{-2(\tan^{-1}\sqrt{\gamma_{\pi/2}}-\tan^{-1}\sqrt{\gamma_s})\}$$

$$\alpha_{14} = \frac{T_L}{T_{m14}}$$

$$= \frac{1.0}{0.7446}$$

$$= 1.34300$$

$$\beta_{14} = \cos\gamma_s+\frac{T_L}{T_{m14}}\cdot\gamma_s-1$$

$$= 0.8435+1.3430\times0.5671-1$$

$$= 0.60512$$

$$\kappa_{14} = \sqrt{1.522\alpha^2-2.468\beta}$$

$$= \sqrt{1.522\times1.3430^2-2.468\times0.60512}$$

$$= 1.11880$$

$$\lambda_{14} = \sqrt{\frac{1.234\omega_0 M}{T_{m14}}}$$

$$= \sqrt{\frac{1.234\times2\pi\times50\times3.363}{0.7446}}$$

$$= 41.8441$$

$$\sqrt{\gamma_{\pi/2}} = \sqrt{\frac{a\alpha+\kappa-\gamma}{\gamma-a\alpha+\kappa}}$$

$$= \sqrt{\frac{1.234\times1.3430+1.11880-1.5708}{1.5708-1.234\times1.3430+1.11880}}$$

$$= 1.080512$$

$$\sqrt{\gamma_s} = \sqrt{\frac{a\alpha+\kappa-\gamma}{\gamma-a\alpha+\kappa}}$$

$$= \sqrt{\frac{1.234\times1.3430+1.11880-0.5671}{0.5671-1.234\times1.3430+1.11880}}$$

$$= 8.782594$$

$$t_{14} = 41.8441\{-2\times(\tan^{-1}1.080512 -\tan^{-1}8.782594)\}$$

$$= 41.8441\times(-2)\times(0.82408-1.45742)$$

$$= 53.00359\ \text{〔rad〕}$$

(ヘ) t_{15}

$$t_{15} = \lambda_{15}\{-2(\tan^{-1}\sqrt{\gamma_{\pi/2}}-\tan^{-1}\sqrt{\gamma_s})\}$$

$$\alpha_{15} = \frac{T_L}{T_{m15}}$$

$$= \frac{1.0}{0.9308}$$

$$= 1.07434$$

$$\beta_{15} = \cos\gamma_s+\frac{T_L}{T_{m15}}\cdot\gamma_s-1$$

$$= 0.8435+1.07434\times0.5671-1$$

$$= 0.45276$$

$$\kappa_{15} = \sqrt{1.522\alpha^2-2.468\beta}$$

$$= \sqrt{1.522\times1.07434^2-2.468\times0.45276}$$

$$= 0.79956$$

$$\lambda_{15} = \sqrt{\frac{1.234\omega_0 M}{T_{m15}}}$$

$$= \sqrt{\frac{1.234\times2\pi\times50\times3.363}{0.9308}}$$

$$= 37.4255$$

$$\sqrt{\gamma_{\pi/2}} = \sqrt{\frac{a\alpha+\kappa-\gamma}{\gamma-a\alpha+\kappa}}$$

$$= \sqrt{\frac{1.234\times1.07434+0.79956-1.5708}{1.5708-1.234\times1.07434+0.79956}}$$

$$= 0.728566$$

$$\sqrt{\gamma_s} = \sqrt{\frac{a\alpha+\kappa-\gamma}{\gamma-a\alpha+\kappa}}$$

$$= \sqrt{\frac{1.234\times1.07434+0.79956-0.5671}{0.5671-1.234\times1.07434+0.79956}}$$

$$= 6.170489$$

$$t_{15} = \lambda_{15}\{-2(\tan^{-1}\sqrt{\gamma_{\pi/2}}-\tan^{-1}\sqrt{\gamma_s})\}$$

$$= 37.4255\{-2\times(\tan^{-1}0.728566 -\tan^{-1}6.170489)\}$$

$$= 37.4255\{-2\times(0.629642-1.410132)\}$$

$$= 58.42044\ \text{〔rad〕}$$

技術ノウハウは，日本においてもヨーロッパと同様に書いて残すようにしないと，精神論ばかりが横行し，その結果として同じような失敗を，繰り返すことになってしまいます．

瞬時電圧降下時における同期電動機の過渡安定限界 - 非線形微分方程式の近似解法（その3）

(ト)　t_{11}'

これより臨界（最大許容）負荷角γ_{cr}が，$\pi/2$より大きい場合の臨界負荷角γ_{cr}が，$\pi/2$より大きい部分の臨界（最大許容）時間t_{cr}'の計算を行う．

計算に使用する臨界負荷角γ_{cr}'は，$\gamma_{cr}' = \gamma_{cr} - \pi/2$なる値の，便宜上仮の臨界負荷角を用いて計算を進めることになる．したがって初期負荷角γ_s'は$\pi/2$となり，$\cos\gamma_s'$は零である．そこで負荷角$\pi/2$を通過するときの速度v_2，すなわち，今回の負荷角$\pi/2$から積分を開始し，計算して求める臨界時間t_{cr}'の初期速度v_s'というべき速度v_2は，零というわけにはいかないので，本文中で求めた速度v_1の自乗に関係した$v_1^2/2$を表す(4)式の最後の項の$v_s^2/2$をいま一度思い出し，この負荷角$\pi/2$を通過するときの速度v_2を今回の積分限界における初期速度v_s'と考えることにする．なぜならば，この同期電動機の回転体部分には慣性があり，負荷角$\pi/2$を通過する前後において速度は連続的に変化していると考えられるからである．

この臨界時間t_{cr}'を計算する式は，本文中で求めておいた(13)式を用い，その臨界時間t_{cr}'の計算には，特に積分限界における初期速度v_s'と臨界負荷角γ_{cr}が$\pi/2 \leqq \gamma_{cr}$のときのために，特別に新しく考えを入れ変換した臨界負荷角γ'の，積分臨界を考慮に入れたものを用いればよいのである．すなわち，これから計算する臨界時間t_{cr}'の積分開始点の負荷角γ_s'は$\pi/2$だから，$\gamma' = (\pi/2) - (\pi/2) = 0$，そして積分終了点の負荷角$\gamma_{cr}$は$\gamma_{cr}' = \gamma_{cr} - (\pi/2)$となる．

ここで，特に注意しなければいけないことは，決して積分開始点γ_s'が零ということではないのである．いいかえれば余弦関数（$\cos\gamma$）を，新しく二次関数で近似した変数γ'の値が，$\pi/2$において零ということである．

参考までに，臨界時間t_{cr}の式(12)のみを用いて，一挙に臨界負荷角γ_{cr}まで積分して臨界時間t_{cr}を求めた場合の結果を示す曲線を添付しておく．本来電圧降下100〔%〕のときは，アナログ計算機による計算結果と，この理論に基づく計算結果は等しいはずであるが，しかし，この添付の曲線には差が認められる．この差の原因は，アナログ計算機に与えた数値が30年以上昔のことであるため，算盤と計算尺によるものであり，この理論による計算の方は，初期の卓上計算器を利用したことによるものである．

検算の結果両者のうちどちらの計算結果がより正確であったかといえば，卓上計算器による理論計算の方が正確であったことを付け加えておく．また，電圧降下が大きく臨界負荷角 γ_{cr} が，$\pi/2$ からそれほどはなれていなければ，一挙に臨界負荷角 γ_{cr} まで⑿式のみでもって積分してしまっても，何ら問題ないことがわかる．またもう一方，なぜそんな面倒なことをわざわざしたのかと聞かれれば，この方法以外に現実の問題として，この理論計算の正しさを立証する方法がなかったからである．

では元にもどって，本来の臨界時間 t_{cr}' の計算式を，先の臨界時間 t_{cr} の計算において使用したものと同一の係数のものは，同一の記号をもって表すことにすると，

$$t_{cr}' = \lambda \left[\log_e\left\{\sqrt{Z} + \gamma' + \frac{B}{2}\right\}\right]_{\gamma'=0}^{\gamma'=\gamma_{cr}'}$$

ここに，

$$a = 1.2337$$

$$A = 2a\left(-\cos\gamma_s' + \frac{T_L}{T_{m1}}\cdot\frac{\pi}{2} - \frac{T_L}{T_{m1}}\cdot\gamma_s' + \frac{{v_s'}^2}{2}\right)$$

ここで，初期負荷角 γ_s' は積分の下限界の $\pi/2$ なので，この値を A の式に代入すると，

$$A = 2a\left(-\cos\frac{\pi}{2} + \alpha\frac{\pi}{2} - \alpha\frac{\pi}{2} + \frac{{v_s'}^2}{2}\right)$$

$$= 2a\cdot\frac{{v_s'}^2}{2}$$

ここに ${v_s'}^2/2$ は，これまでの説明でわかるように(4)式の $v_1^2/2$ より求めた負荷角 $\pi/2$ を通過するときの速度 v_2 を，初期速度 v_s' と置き換えたものである．

$$\frac{{v_s'}^2}{2} = \cos\gamma - \cos\gamma_s + \alpha\gamma - \alpha\gamma_s$$

そして，ここでの負荷角 γ は $\pi/2$ であるから，上の式にこの値を代入すると，${v_s'}^2/2$ の式は次のように表される．

$$\frac{{v_s'}^2}{2} = \cos\frac{\pi}{2} - \cos\gamma_s + \alpha\left(\frac{\pi}{2} - \gamma_s\right)$$

$$= \alpha\left(\frac{\pi}{2} - \gamma_s\right) - \cos\gamma_s$$

$$B = 2a\frac{T_L}{T_{m1}} - \pi$$

$$= 2a\alpha - \pi$$

$C = 1$，ただし，$C \geqq 0$ の場合に限られる．

$$Z = A + B\gamma' + C{\gamma'}^2$$

ここに，

$$\alpha = \frac{T_L}{T_{m1}}$$

$$\alpha_{11} = 5.37057$$

$$\lambda = \sqrt{a\omega_0\frac{M}{T_{m1}}}$$

$$\lambda_{11} = 83.6770$$

$$\gamma_{11}' = \gamma_{11} - \frac{\pi}{2}$$

$$= 1.7606 - 1.5708$$

$$= 0.1898$$

$$\gamma_s = 0.5671$$

$$\cos\gamma_s = 0.8435$$

$$A_{11} = 2a\cdot\frac{{v_s'}^2}{2}$$

$$\frac{{v_s'}^2}{2} = \alpha_{11}\left(\frac{\pi}{2} - \gamma_s\right) - \cos\gamma_s$$

$$= 5.37057\,(1.5708 - 0.5671) - 0.8435$$

$$= 4.546941$$

$$\therefore\ A_{11} = 2\times1.2337\times4.546941$$

$$= 11.21912$$

$$B_{11} = 2\times1.2337\times5.37057 - 3.141593$$

$$= 10.10975$$

さてここまできて，はたと悩んだのが，積分方向についてであった．ここまでは単振動についての知識があれば，この解法を導き出すのに問題はなかったのだが，いざ上の式の積分方向を考えると，$\cos\gamma$ を $\{(\pi/2-\gamma')^2/2a-1\}$，そして γ を $(\pi/2+\gamma')$ でもって近似したこと，すなわち，言い換えれば $\gamma=\pi/2+\gamma'$ の関係が，γ と γ' との関係を $\gamma'=\gamma-\pi/2$ とおいたにもかかわらず，$\cos\gamma$ と γ の変数 γ の変化の方向性において，$\cos\gamma$ を $(1-\gamma^2/2a)$ でもって近似し

た時の(12)式のように，変化の方向性が一致していないことである．少しくどくなるが，(12)式で使用した $\cos\gamma$ の近似値 $(1-\gamma^2/2a)$ に，このたびの γ 値に γ' をもって表した値 $(\pi/2+\gamma')$ を代入して見ると，$\{1-(\pi^2/4+\pi\gamma'+\gamma'^2)/2a\}$ となり，ここで使用しようとしている $\{(\pi/2-\gamma')^2/2-1\}$ と，似ても似つかぬ形になっているので容易に理解できることと思う．

そこで，この難問を解決する方法を見つけ出さなければならないが，数学的に直接取り組んでも，筆者のような凡人には所詮無理な話なので，物理的現象面よりみて推察することにする．

同期電動機の発生トルクは正弦関数（sin）の形をしており，安全運転をしているときの負荷角は，正弦曲線の $\pi/2$ より小さい負荷角にあり，もし動揺を起こしても，安定状態に復帰し得る安定限界負荷角は，動揺状態における速度が無視できるようならば，$\pi/2$ を超えた負荷角で，動揺が生じる以前に発生していたトルクと，等しいトルクを発生できる負荷角が，安定限界負荷角である．言い換えれば $\pi/2$ なる負荷角を対称軸にして，安定時の負荷角と対称点となる点の負荷角が，安定限界負荷角となる．

いまここで計算しようとしている安定限界（臨界）時間は，この正弦曲線を積分した余弦曲線（cos）の部分を，積分して計算しようとしているのだから，$\pi/2$ を超える負荷角の部分の値は当然負の値である．そこで，われわれの知識として積分を行う場合，積分方向を変えたとしても，積分値の正負の符号だけが変わるのみで，積分値の絶対値は変わらないものである，ということを知っている．また積分して得られる時間は，物理的な現象面よりに考えて，必ず正の値でなくてはならないことも知っている．こうこうなれば覚悟を決めて，出たとこ勝負で積分していくしか，方法は無いと心を決めたのである（これが本当の無理関数なのかも知れない）．

$$\sqrt{Z_{11}(\gamma')}+\gamma'+a\alpha-\frac{\pi}{2}$$
$$=\sqrt{A_{11}+B_{11}\gamma_{11}'+C\gamma_{11}'^{2}}$$
$$+\gamma_{11}'+a\alpha_{11}-\frac{\pi}{2}$$
$$=\sqrt{11.21912+10.10975\times0.1898+0.1898^2}$$
$$+0.1898+1.2337\times5.37057-1.5708$$
$$=\sqrt{11.21912+1.918831+0.036024}$$
$$+0.1898+6.625672-1.5708$$
$$=8.874269$$

$$\sqrt{Z_{11}(0)}+\frac{\pi}{2}+a\alpha-\frac{\pi}{2}$$
$$=\sqrt{A_{11}+B_{11}\gamma'(0)+C\gamma'(0)^2}$$
$$+\frac{\pi}{2}+a\alpha_{11}-\frac{\pi}{2}$$
$$=\sqrt{11.21912+10.10975\times0.0+0.0^2}$$
$$+1.2337\times5.37057$$
$$=9.975168$$

$$t_{cr}'=\lambda\left[\ln\left(\sqrt{Z}+\gamma'+\frac{B}{2}\right)\right]_{\gamma'=0}^{\gamma'=\gamma_{cr}'}$$

$$t_{11}'=\lambda_{11}(\ln 9.975168-\ln 8.874269)$$
$$=83.6770\times(2.300099-2.183156)$$
$$=9.785439\ \text{[rad]}$$

(チ) t_{12}'

そっくり t_{11} の計算にならって，t_{12} の計算を進めていくことにする．

$$\alpha_{12}=2.6860$$
$$\lambda_{12}=59.1765$$
$$\gamma_{12}'=1.8452-1.5708$$
$$=0.2744\ \text{[rad]}$$
$$\gamma_s=0.5671$$
$$\cos\gamma_s=0.8435$$
$$A_{12}=2a\cdot\frac{v_s'^2}{2}$$
$$\frac{v_s'^2}{2}=\alpha_{12}\left(\frac{\pi}{2}-\gamma_s\right)-\cos\gamma_s$$
$$=2.6860(1.5708-0.5671)-0.8435$$
$$=1.852438$$
$$\therefore\ A_{12}=2\times1.2337\times1.852438$$
$$=4.57071$$

$B_{12} = 2a\alpha_{12} - \pi$

$= 2 \times 1.2337 \times 2.6860 - 3.141593$

$= 3.485843$

$\sqrt{A_{12} + B_{12}\gamma_{12}' + C\gamma_{12}'^{2}} + \gamma_{12}' + a\alpha_{12} - \dfrac{\pi}{2}$

$= \sqrt{4.57071 + 3.485843 \times 0.2744 + 0.2744^2}$

$+ 0.2744 + 1.2337 \times 2.6860 - 1.5708$

$= 4.384282$

$\sqrt{A_{12} + B_{12}\gamma'(0) + C\gamma'(0)^2} + \dfrac{\pi}{2} + a\alpha_{12} - \dfrac{\pi}{2}$

$= \sqrt{4.57071 + 3.485843 \times 0.0 + 0.0^2}$

$+ 1.2337 \times 2.6860$

$= 5.451639$

$t_{12}' = \lambda_{12}(\ln 5.451639 - \ln 4.384282)$

$= 59.1765 \times (1.695916 - 1.478026)$

$= 12.89399$〔rad〕

(リ) t_{13}'

$\alpha_{13} = 1.7905$

$\lambda_{13} = 48.3153$

$\gamma_{13}' = 1.9472 - 1.5708$

$= 0.3764$

$\gamma_s' = 1.5708$

$\cos\gamma_s' = 0.0$

$\gamma_s = 0.5671$

$\cos\gamma_s = 0.8435$

$A = 2a \cdot \dfrac{v_s'^{2}}{2}$

$\dfrac{v_s'^{2}}{2} = \alpha_{13}\left(\dfrac{\pi}{2} - \gamma_s\right) - \cos\gamma_s$

$= 1.7905(1.5708 - 0.5671) - 0.8435$

$= 0.953625$

$\therefore\ A_{13} = 2 \times 1.2337 \times 0.953625$

$= 2.352974$

$B_{13} = 2a\alpha_{13} - \pi$

$= 2 \times 1.2337 \times 1.7905 - 3.141593$

$= 1.276287$

$\sqrt{A_{13} + B_{13}\gamma_{13}' + C\gamma_{13}'^{2}} + \gamma_{13}' + a\alpha_{13} - \dfrac{\pi}{2}$

$= \sqrt{2.352974 + 1.276287 \times 0.3764 + 0.3764^2}$

$+ 0.3764 + 1.2337 \times 1.7905 - 1.5708$

$= 2.739372$

$\sqrt{A_{13} + B_{13}\gamma'(0) + C\gamma'(0)^2} + \dfrac{\pi}{2} + a\alpha_{13} - \dfrac{\pi}{2}$

$= \sqrt{2.352974 + 1.276287 \times 0.0 + 0.0^2}$

$+ 1.2337 \times 1.7905$

$= 3.742881$

$t_{13}' = \lambda_{13}(\ln 3.742881 - \ln 2.739372)$

$= 48.3153 \times (1.319856 - 1.007729)$

$= 15.08049$〔rad〕

(ヌ) t_{14}'

$\alpha_{14} = 1.34300$

$\lambda_{14} = 41.8441$

$\gamma_{14}' = 2.0743 - 1.5708$

$= 0.5035$〔rad〕

$\gamma_s = 0.5671$

$\cos\gamma_s = 0.8435$

$A_{14} = 2a \cdot \dfrac{v_s'^{2}}{2}$

$\dfrac{v_s'^{2}}{2} = \alpha_{14}\left(\dfrac{\pi}{2} - \gamma_s\right) - \cos\gamma_s$

$= 1.34300(1.5708 - 0.5671) - 0.8435$

$= 0.504469$

$\therefore\ A_{14} = 2 \times 1.2337 \times 0.504469$

$= 1.244727$

$B_{14} = 2a\alpha_{14} - \pi$

$= 2 \times 1.2337 \times 1.34300 - 3.141593$

$= 0.172125$

$\sqrt{A_{14} + B_{14}\gamma_{14}' + C\gamma_{14}'^{2}} + \gamma_{14}' + a\alpha_{14} - \dfrac{\pi}{2}$

$= \sqrt{1.244727 + 0.172125 \times 0.5035 + 0.5035^2}$

$+ 0.5035 + 1.2337 \times 1.34300 - 1.5708$

$= 1.848489$

$\sqrt{A_{14} + B_{14}\gamma'(0) + C\gamma'(0)^2} + \dfrac{\pi}{2} + a\alpha_{14} - \dfrac{\pi}{2}$

$= \sqrt{1.244727 + 0.172125 \times 0.0 + 0.0^2}$

$+ 1.2337 \times 1.34300$

$= 2.7725325$

$t_{14}' = \lambda_{14}(\ln 2.7725325 - \ln 1.8484891)$

$= 41.8441 \times (1.019761 - 0.614369)$

$= 16.963287$〔rad〕

(ル) t_{15}'

$\alpha_{15} = 1.07434$

$\lambda_{15} = 37.4255$

$\gamma_{15}' = 2.2416 - 1.5708$

$= 0.6708$〔rad〕

$\gamma_s = 0.5671$

$\cos\gamma_s = 0.8435$

$$A_{15} = 2a \cdot \frac{v_s'^2}{2}$$

$$\frac{v_s'^2}{2} = \alpha_{15}\left(\frac{\pi}{2} - \gamma_s\right) - \cos\gamma_s$$

$= 1.07434\,(1.5708 - 0.5671) - 0.8435$

$= 0.234815$

$\therefore\ A_{15} = 2 \times 1.2337 \times 0.234815$

$= 0.5793826$

$B_{15} = 2a\alpha_{15} - \pi$

$= 2 \times 1.2337 \times 1.07434 - 3.141593$

$= -0.4907664$

$$\sqrt{A_{15} + B_{15}\gamma_{15}' + C\gamma_{15}'^2} + \gamma_{15}' + a\alpha_{15} - \frac{\pi}{2}$$

$$= \sqrt{0.5793826 - 0.4907664 \times 0.6708 + 0.6708^2}$$
$$+ 0.6708 + 1.2337 \times 1.07434 - 1.5708$$

$= 1.2621627$

$$\sqrt{A_{15} + B_{15}\gamma'(0) + C\gamma'(0)^2} + \frac{\pi}{2} + a\alpha_{15} - \frac{\pi}{2}$$

$$= \sqrt{0.579383 - 0.329206 \times 0.0 + 0.0^2}$$
$$+ 1.2337 \times 1.07434$$

$= 2.0865854$

$t_{15}' = \lambda_{15}\,(\ln 2.0865854 - \ln 1.2621627)$

$= 37.4255 \times (0.735529 - 0.232827)$

$= 18.813884$

(ヲ) $t_{crt} = t_{cr} + t_{cr}'$

$t_{10t} = t_{10} + t_{10}'$

$= 48.682 + 0.0$

$= 48.682$〔rad〕

$t_{11t} = t_{11} + t_{11}'$

$= 45.972 + 9.785$

$= 55.757$〔rad〕

$t_{12t} = t_{12} + t_{12}'$

$= 47.222 + 12.894$

$= 60.116$〔rad〕

$t_{13t} = t_{13} + t_{13}'$

$= 47.414 + 15.080$

$= 62.494$〔rad〕

$t_{14t} = t_{14} + t_{14}'$

$= 53.004 + 16.963$

$= 69.967$〔rad〕

$t_{15t} = t_{15} + t_{15}'$

$= 58.420 + 18.814$

$= 77.234$〔rad〕

(ワ) 臨界時間 t_{crt}〔rad〕の単位を，サイクル(cycle)の単位に換算 {臨界時間の単位を秒〔s〕に換算}

(a) $f_{10} = \dfrac{t_{10t}}{2\pi}$

$= \dfrac{48.682}{6.2832}$

$= 7.748$〔cy〕

$t_{s10} = \dfrac{f_{10}}{50}$

$= \dfrac{7.7480}{50}$

$= 0.1550$〔s〕

(b) $f_{11} = \dfrac{t_{12t}}{2\pi}$

$= \dfrac{5.5757}{6.2832}$

$= 8.874$〔cy〕

$t_{s11} = \dfrac{f_{11}}{50}$

$= 0.1775$〔s〕

(c) $f_{12} = \dfrac{t_{12t}}{2\pi} = \dfrac{60.116}{6.2832}$

$= 9.568$〔cy〕

$t_{s12} = \dfrac{f_{12}}{50}$

$= 0.1914$〔s〕

(d) $f_{13} = \dfrac{t_{13t}}{2\pi} = \dfrac{62.494}{6.2832}$

$= 9.946$〔cy〕

$$t_{s13}=\frac{f_{13}}{50}$$

$$=0.1989\ \text{〔s〕}$$

(e) $$f_{14}=\frac{t_{14t}}{2\pi}=\frac{69.967}{6.2832}$$

$$=11.136\ \text{〔cy〕}$$

$$t_{s14}=\frac{f_{14}}{50}$$

$$=0.2227\ \text{〔s〕}$$

(f) $$f_{15}=\frac{t_{15t}}{2\pi}=\frac{77.234}{6.2832}$$

$$=12.292\ \text{〔cy〕}$$

$$t_{s15}=\frac{f_{15}}{50}$$

$$=0.2458\ \text{〔s〕}$$

これで本講座の目的であり，渇望していた最大許容電圧降下継続（臨界）時間が求まったので，計算の過程や図表の中で使用した足字に関して少しばかりの補足説明を加え，理解を容易にする手助けをし，その後，計算結果を曲線として**第4図**に表す．この数値計算を行った同期電動機には，瞬時電圧降下対策を施していないので，定格容量は違うが瞬時電圧降下対策を施した同期電動機の特性の例を，同じ用紙の上に併記して，電圧降下対策後の特性がどんなふうになるものかを示しておくことにする．

あとがき　瞬時電圧降下時における同期電動機の過渡安定度に関して，段々法と振動理論に基づく非線形方程式の近似解法の二つの方法を数値計算を交えて説明してきたが，後者の本講の方は振動理論に基づいているため，臨界負荷角や臨界時間を直接求めることができるため，後者の解法の方が優れている．特に優れたところは理論式による解のため，どこのどの係数がそしてどの因子が，どのように作用するのかがよくわかることと，数値計算をすることにより，その作用する度合いが定量的によくわかることである．

ここまで説明してくると段々法の計算において，内部誘起電圧を取り替えて計算していたこ

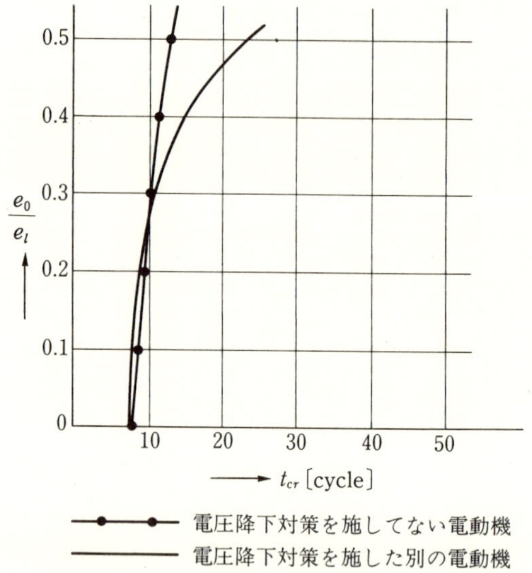

第4図　5 650〔kW〕同期電動機安定限界曲線

＜補足説明＞

計算の途中，電動機のトルク T_m，負荷角 γ，臨界時間 t，T_s，f などの足字は下記による．

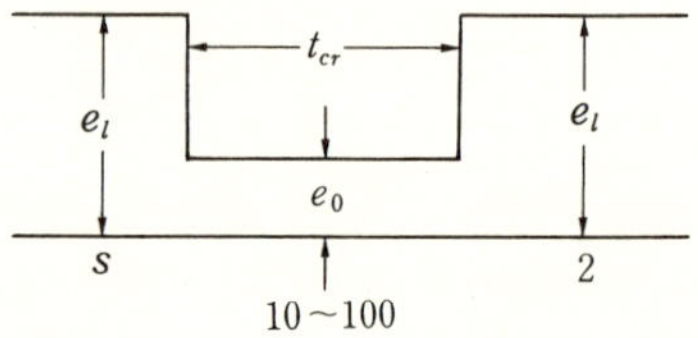

足字	状態
s	初期値
2	電圧回復時
1	電圧降下時
10	e_0/e_l 0.0〔p.u.〕
11	e_0/e_l 0.1〔p.u.〕
12	e_0/e_l 0.2〔p.u.〕
13	e_0/e_l 0.3〔p.u.〕
14	e_0/e_l 0.4〔p.u.〕
⋮	e_0/e_l ⋮〔p.u.〕
⋮	e_0/e_l ⋮〔p.u.〕
100	e_0/e_l 1.0〔p.u.〕

とや，直軸過渡リアクタンスを用いたことの理由が，想像され理解されるのではないかと思われる．複数台の同期電動機を同一電気系統につないで運転しているときの，煽り現象を調べようとして，今回の非線形微分方程式を線形二階常微分方程式でもって近似し，電動機の台数にあわせて連立方程式を作り，その解から煽り現象を検討し，電圧降下対策を立てようとして，

連立微分方程式の解を求めたが，複雑すぎて，煽り現象の要因がわかるような形にすることができなかった．このようなわけで，段々法により煽り現象を調べることにし，煽り現象が起こりやすいように，電動機の内部リアクタンスには過渡リアクタンスを用いながらも，内部誘起電圧には定常状態の値を使用したり，過渡時に変化の大きい直軸リアクタンスを使用したものであった．この講義の中の計算では，電圧降下時の過渡リアクタンスには，変化の大きい直軸過渡リアクタンスを使用せず，変化の小さい横軸過渡リアクタンスを使用していることに注目してほしいものである．

このようにして，理論式を解いた結果わかった事柄をもとに，同期電動機の瞬時電圧降下時における，煽りによる動揺と脱調防止対策を企てた．その要旨を本講の付録として，この後に付け加えておくのでこれも参考にしてもらいたい．

付録

瞬時電圧降下時における同期電動機の過渡安定度の増加対策

(a) 目的

同期電動機は瞬時電圧降下により，脱調あるいは過電流継電器の動作により停止する．この現象を理論的に解析した結果，この現象の実態を把握することができたので，この現象の防止対策を企てる．

(b) 理論式

$$\frac{GR^2}{g}\cdot\frac{\mathrm{d}^2\delta}{\mathrm{d}t^2}+\frac{kp^2}{4\omega_0}\cdot\frac{\mathrm{d}\delta}{\delta t}+\frac{p^2VE}{4\omega_0 Z}\sin\delta=\frac{p^2L_M}{4\omega_0}$$

ただし，

GR^2/g ：慣性定数

δ：負荷角

t：時間

k：誘導電動機係数

p：極数

ω_0：同期角速度 $=2\pi f_0$

f_0：電源周波数

V：電源電圧

E：内部誘起電圧

Z：伝達インピーダンス

L_M：機械的負荷

(c) 負荷角に対する解

$$\delta=\frac{L_M\cdot Z}{E}\cdot\frac{\pi}{2}\left(\frac{1}{V_0}-\frac{1}{V_1}\right)\times\exp\left(-\frac{p^2k}{4\omega_0}\cdot\frac{g}{2GR^2}t\right)\times\cos\sqrt{\left(\frac{g}{GR^2}\cdot\frac{p^2VE}{\omega_0 Z}\cdot\frac{1}{2\pi}\right)t}+\frac{L_M Z}{V_1 E}\cdot\frac{\pi}{2}$$

(d) 許容電圧降下時間に対する解

$$t_{cr}=\sqrt{\omega_0\frac{M}{T_{m1}}}\times\int_{\gamma_s}^{\gamma_{cr}}\frac{\mathrm{d}\gamma}{\sqrt{\cos\gamma-\cos\gamma_s+\frac{T_L}{T_{m1}}\cdot\gamma-\frac{T_L}{T_{m1}}\cdot\gamma_s-\frac{1}{2}\cdot v_s^2}}$$

ただし，

$\omega_0=2\pi f$：同期角速度

f：系統の周波数〔c/s〕

M：単位慣性定数〔s〕

T_{m1}：電動機の最大トルク〔p.u.〕

γ：電動機より無限大母線に向かって測った角〔rad〕

T_L：負荷トルク〔p.u.〕

v_s：初期速度（動揺時）

(e) 考察

上に掲げた解から見て次の事柄がわかる．

a. 振幅は電源電圧，内部誘起電圧にそして伝達インピーダンスに関係する．

b. 周期は電源電圧，内部誘起電圧，伝達インピーダンスそして慣性定数に関係する．

c. 減衰係数は誘導電動機係数および慣性定数に関係する．また負荷トルク一定の特性の場合には負荷トルクにも関係する．

d. 許容電圧降下時間は，慣性定数および負荷トルクそして電動機の最大トルクの比に関係する．

動揺時の現象としては電圧降下時，回路電圧は回路の時定数に従って降下し，電力に不足を生じるが，電動機には直ちに過渡リアクタンスが作用するため，電力は授受の平衡を保ち，過渡リアクタンスが定態リアクタンスに向かって変化するに従って，電動機の負荷角は大きく開いていくことになる．

電動機の過渡リアクタンスは定態リアクタンスに比べて 30〔%〕くらいであるから，50～60〔%〕の電圧降下に対して，瞬時的には十分耐えることができる．電源の内部インピーダンスが無視できる場合，電動機の脱出トルクが 200〔%〕以上あれば，50〔%〕の電圧降下に対して十分耐えるということができる．

電圧回復時には電動機の作用過渡リアクタンスが，定態リアクタンスに近づいていこうとしているところに，回復電圧が加わるため再び過渡リアクタンスが作用し，この現象のために 500～600〔%〕の電力が流入することになり，同期電動機は大きな動揺（負荷角の振動）を生ずる．

今仮に負荷角が 90 度近く開いたところに，回復電圧が作用すれば 70 度くらいの角の動揺を生ずることになる．もし負荷トルクが滑らかで，かつ負荷トルクが一定ならば，動揺の減衰時定数は 5～8 秒くらいとなる．

多機系統においては唸り（Beat）振動（動揺）を生ずるため，負荷角の小さい機械と負荷角の大きい機械の最大負荷角が同じになるため，小さい電動機の方が煽られる結果となる．

電圧降下時の安定度を増加するということは，動揺の振幅を小さくし，周期を長くするということであるから，入力の変動を少なくするということでもある．これに対する直接的な方法として，

a）内部誘起電圧を加減する．

b）伝達インピーダンスを加減する．

c）端子電圧を加減する．

という三つの方法が考えられる．

次に安定度の増加対策の消極的な方法としては，

a）単位慣性定数を大きくすると同時に各電動機ともに等しくする．

b）伝達インピーダンスを各電動機の定格出力に反比例させる．

c）定態負荷角を各機械ともに等しくする．

ことがあげられる．

しかし現実に現在の技術をもって行える対策は消極的な方法しかない．このようなわけで採用し得る対策は次の三案である．

(1) 単位慣性定数を大きく選ぶとともに，等しくする．

(2) 脱出トルクを大きく設計する．

(3) 運転中は界磁を強励磁にしておく．

すなわち，大きい機械を選ぶことである．

もし消極的な方法を防止対策として行おうとするならば，現在の継電器や気中遮断器の動作時間に見合った単位慣性定数を選定し，電圧回復を電圧継電器にて検出し，最初の動揺周期の 1/4 サイクル以内，すなわち大きい電力が流入する前に界磁回路に抵抗を挿入し，内部誘起電圧を 60～70〔%〕に抑制することが考えられる（この技術に関してはすでに特許を取得済みである）．続いて電力継電器でもって，電動機の入力電力の動揺がほぼ収まってきたことを検出し，界磁回路の挿入抵抗を短絡するものである．

現在製造されている電動機の要求する電圧回復時から抵抗挿入までの時間は約 0.08 秒である．

過去において実施した同期電動機の瞬時電圧降下対策は，単位慣性定数を 3.7 にとり，脱出トルクを 200〔%〕，そして励磁は進みの 0.9 として，50〔%〕の電圧降下に対して 20 サイクル間耐えられるようにした．もし耐えられないような系統の動揺に対しては，距離継電器でもって脱調を検出し，速やかに系統から分離するようにした．

実務の電動力応用の基礎

はしがき　ご縁がありまして再び読者の皆様と誌上においてお目にかかることになりました．これも編集部の方々の力強いご支援によるものです．ともすれば遅れがちの前回の執筆も編集部の方々の暖かいご協力と，きついスケジュールのやりくりにより，何とか書き終えることができました．ここまで編集部の方々がお骨折り下さった，その心の支えは何と申しましても偏に読者の方々の暖かいご叱正とご鞭撻によるとうかがっております．

編集部の方々よりいろいろと過去の出来事をうかがっておりますと，筆者も再び浅学非才を顧みずこのたびのお申出をお引き受け致すことにしました．自分の得意とする分野が電力回路の分野であるため，電動機の回路設計は得意ですが，電動機に関しては電動機を使う立場で，ともすれば，電動機の保護と遠方監視制御そしてデータ獲得記録（SCADA システム）の方が主となる業務でした．

このようなわけで，電動力の応用の基礎に加え，電動機回路の保護方式の考え方と電動機回路の設計法解説を加えた電動力応用について解説いたしますので，読者の皆様のなお一層のご叱正ご鞭撻のほどよろしくお願い致します．

電動機といっても実際に工場へ行って見ると目につくのは交流電動機，しかも誘導電動機ばかりで，直流電動機は特別に正確な速度制御を必要とする計量器や回転炉（釜）そして圧延機くらいです．だがしかし，交流電動機より直流電動機の方がずっと早く発見され作られていました．直流電動機の発見については面白い話を先輩より聞いています．それは第1回のロンドンの世界万国博覧会のとき，内燃機関でもって直流発電機を駆動し，電気を起こし，数台の発電装置を並列運転して電灯を灯していたところ，1台の内燃機関の燃料供給系統に故障が発生したにもかかわらず，その内燃機関はそのまま回転を続けた．このとき発電機に電気を与えれば電動機となることが発見されたというのです．

交流発電機も電気を与えれば電動機となって回転することに変わりがないが，誘導電動機の回転原理は皆さんがご存知のように D.F. Arago（1820）による Arago's disc と同じだが，誘導電動機の発明は Westinghouse の Nikola Tesla と G.Ferraris（1884～8）の2人が，理論的に回転磁界を発見したことにより誘導電動機が発明されたと聞いています．自分はこの話を聞いたのみで確認は行っていないが大きな間違いはないだろうと思っています．

問題の処理に際し客先との交渉は，決して客先を説得する事ではなく，客先に理論的にそして道義的に納得して貰うことなのです．

電圧降下の計算法

(1) 一般的な電圧降下の計算法

本項では，電動機の定常状態における電圧降下の計算法と，電動機の起動時における電圧降下の計算法を示す．

電圧降下の計算は，数値計算によるものが最も正確であるが，数値計算は手数を要するので，ケーブルの電圧降下や配電線路の電圧降下の検討には，数値計算法以外に数表や図表による計算法がよく利用される．その主なるものに，

① 10 000〔A·m〕に対する1〔V〕電圧降下表

② 1〔%〕の電圧降下に対するA•m表

がある．ただし，以上の計算法は，電圧降下の検討対象時刻において，線路のインピーダンスが集中定数回路とみなし得ること，という条件がついている．

(a) 正確な計算法

・負荷側の電圧 e_r が既知の場合，ベクトル図（**第1図**）より，電圧降下 e は，

$$e = \sqrt{(e_r\cos\theta+IR)^2 + (e_r\sin\theta+IX)^2} - e_r$$

・電源電圧 e_s が既知の場合，ベクトル図（**第2図**）より，電圧降下 e は，

$$e = e_s+IR\cos\theta+IX\sin\theta - \sqrt{e_s^2-(IX\cos\theta-IR\sin\theta)^2}$$

・電源側のインピーダンス Z_S および負荷側のインピーダンス Z_L が既知の場合，等価回路図（**第3図**）より，

$$e_r = e_s\frac{Z_L}{Z_S+Z_L}$$

$$e = e_s-e_r = \frac{Z_S}{Z_S+Z_L}e_s$$

ここに，e：電圧降下（毎相）

e_s：電源側電圧（毎相）

e_r：負荷側電圧（毎相）

θ：余弦が負荷の力率となる角

R：回路1相当たりの抵抗

X：回路1相当たりのリアクタンス

I：線路の電流

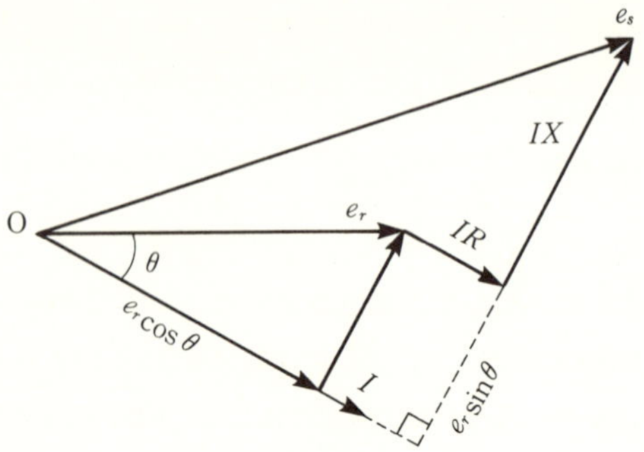

第1図

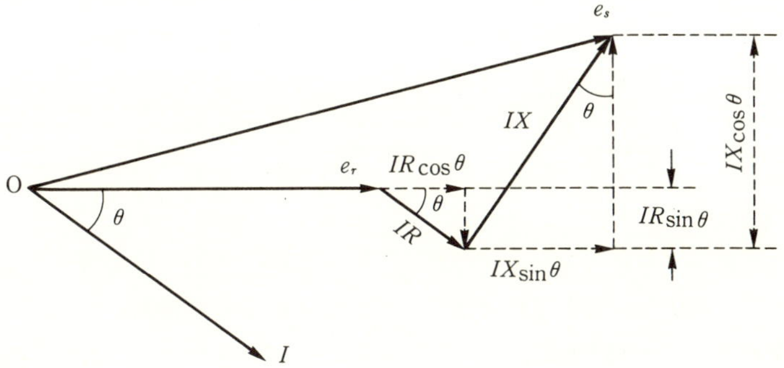

第 2 図

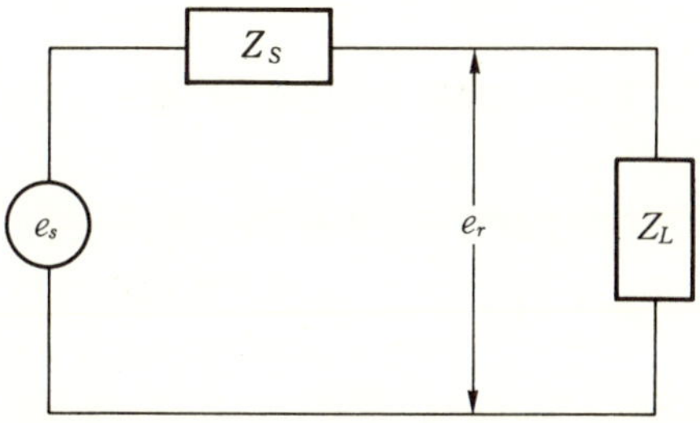

第 3 図

(b) 概算法

・負荷側の電圧 e_r が既知の場合，ベクトル図（**第 4 図**）により電圧降下 e は，

$$e = I\,(R\cos\theta + X\sin\theta) + \frac{(IX\cos\theta - IR\sin\theta)^2}{2\,(e_r + IR\cos\theta + IX\sin\theta)}$$

・電源側の電圧 e_s が既知の場合，ベクトル図（第 4 図）により電圧降下 e は，

$$e = I\,(R\cos\theta + X\sin\theta) + \frac{(IX\cos\theta - IR\sin\theta)^2}{2e_s}$$

・最もよく知られた概算法

$$e = I\,(R\cos\theta + X\sin\theta)$$

そして，

$$e' = \frac{kVA\ (R\cos\theta + X\sin\theta)}{10\,(kV)^2}\ [\%]$$

先の 10 000〔A·m〕対する 1〔V〕の電圧降下や，1〔%〕の電圧降下に対する A·m 表なども，電源電圧 e_s が既知なる場合の概算式でもって作られている．

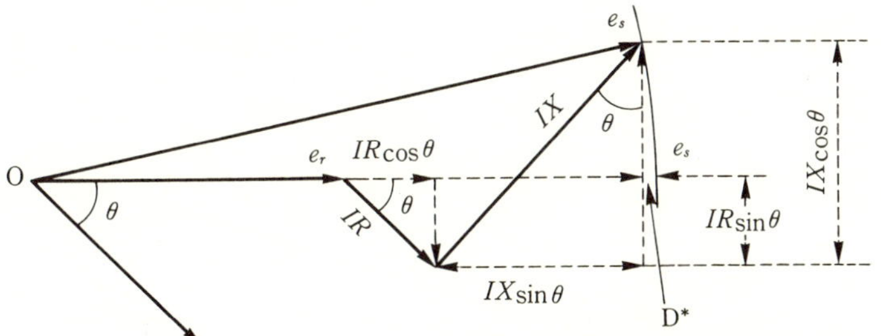

$$D^* = \frac{(IX\cos\theta - IR\sin\theta)^2}{2\,(e_r + IR\cos\theta + IX\sin\theta)}$$

または $\dfrac{(IX\cos\theta - IR\sin\theta)^2}{2e_s}$

〔注〕 $D^* = (a^2 + b^2)^{1/2} - a$

$$\simeq a^{2(1/2)} + \frac{1}{2}a^{2(1/2-1)}\cdot b^2 - a$$

$$= \frac{1}{2}\cdot\frac{b^2}{a}$$

ここで，$a = e_r + IR\cos\theta + IX\sin\theta$

$b = IX\cos\theta - IR\sin\theta$

$e_s = (a^2 + b^2)^{1/2}$

a は b に比べて大変大きいから，二項定理を利用して第 2 項まで求める．

第 4 図

(2) 大容量電動機始動時の電圧降下計算法（試行錯誤法による計算法）

第5図に示すような回路において電動機を起動すれば，起動電流による母線電圧の降下に基づき負荷の電流が変化し，電動機の方もケーブル枝路部分の電圧降下による端子電圧の変化に相応して起動電流が変化する．そこで，これらの電圧降下による負荷電流や電動機起動電流の変化を次のように修正しながら，真の電圧降下値を試行錯誤法で求めていくものである．

最初の計算は定格電圧を基に電圧降下の計算を行うが，2回目からは前回の計算結果の電圧値を使用して，それぞれの電圧特性に応じて負荷電流や電動機の起動電流の大きさや力率に修正を加え，その修正を加えられた負荷電流と電動機の起動電流の値で，再び電圧降下の計算を行っていく．後はこの計算結果と前回の計算結果を比較して，前回と今回の電圧値両者間の差が僅少になるまで計算を続ける．実際には両者の電圧降下値の差が0.1〔%〕以下となれば，それらの計算結果が正しい値になったものとして計算は終了する．現実問題としてこの計算の繰り返しは3回ないし5回で，両者の差が0.1〔%〕以下となり，計算は終了する．このような計算法は文章で説明するより，実際に行って見せた方がわかりやすいので，後の数値計算法のところで実際に行ったものを例として示すことにする．

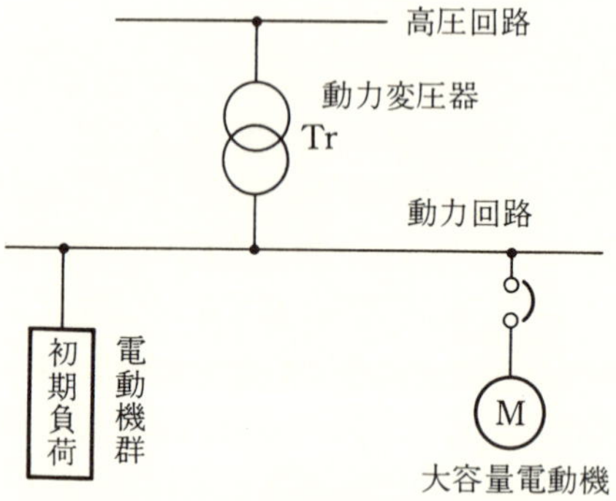

第5図

(3) 電動機始動時の電圧降下計算法（発電機に急に負荷した場合）

発電機が負荷を負って運転しているときのリアクタンス電圧のベクトル図は**第6図**に示すようになっている．ベクトル図の中で使用した記号は次のとおりある．

e = 端子電圧
e_q = 横軸端子電圧
E_q = 横軸リアクタンス電圧
E_q' = 横軸過渡リアクタンス電圧
E_d = 直軸リアクタンス電圧
E_d' = 直軸過渡リアクタンス電圧
E_{fd} = 直軸界磁束電圧
R = 負荷の抵抗分
X = 負荷のリアクタンス分

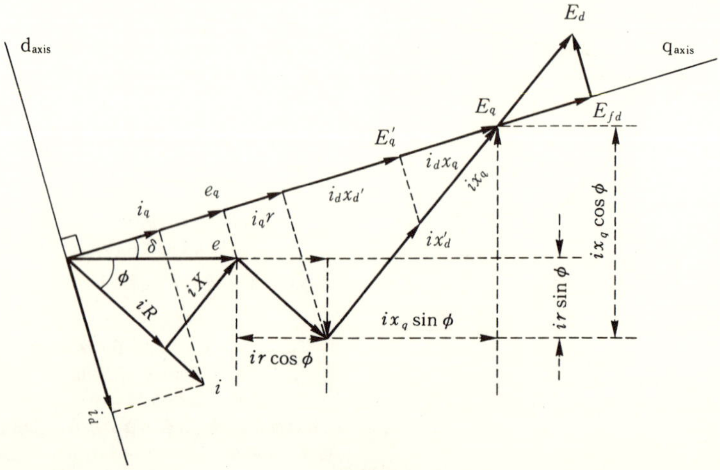

第6図

Z = 負荷インピーダンス

i = 負荷電流

i_d = 直軸分負荷電流

i_q = 横軸分負荷電流

x_d = 直軸リアクタンス

x_d' = 直軸過渡リアクタンス

x_q = 横軸リアクタンス

r = 電機子抵抗

δ = 負荷角

ϕ = 負荷の力率角

磁束鎖交数不変の定理から横軸過渡リアクタンス電圧 E_q' は，いかなる場合にも負荷の急変の前後において等しいから，この横軸過渡リアクタンス電圧 E_q' の不変という条件を利用して端子電圧 e の変化を求めるのである．

上のベクトル図により次の $\cos\delta$，$\sin\delta$ が求まる．

$$\cos\delta = \frac{e+ir\cos\phi+ix_q\sin\phi}{\sqrt{(e+ir\cos\phi+ix_q\sin\phi)^2+(ix_q\cos\phi-ir\sin\phi)^2}}$$

$$= \frac{e+ir\cos\phi+ix_q\sin\phi}{\sqrt{e^2+i^2r^2+i^2x_q^2+2eir\cos\phi+2eix_q\sin\phi}} \qquad (1)$$

$\cos\delta$ にならって $\sin\delta$ は，

$$\sin\delta = \frac{ix_q\cos\phi-ir\sin\phi}{\sqrt{e^2+i^2r^2+i^2x_q^2+2eir\cos\phi+2eix_q\sin\phi}} \qquad (2)$$

続いて，直軸分電流 i_d と横軸分電流 i_q を求めれば，

$$i_d = i\sin(\phi+\delta)$$
$$= i(\sin\phi\cos\delta+\cos\phi\sin\delta)$$

この式に(1)，(2)式を代入すると，

$$i_d = \frac{ei\sin\phi+i^2x_q}{\sqrt{e^2+i^2r^2+i^2x_q^2+2eir\cos\phi+2eix_q\sin\phi}} \qquad (3)$$

i_q も i_d にならって(3)式と同様にすると，

$$i_q = i\cos(\phi+\delta)$$
$$= i(\cos\phi\cos\delta-\sin\phi\sin\delta)$$
$$= \frac{ei\cos\phi+i^2r}{\sqrt{e^2+i^2r^2+i^2x_q^2+2eir\cos\phi+2eix_q\sin\phi}} \qquad (4)$$

次に横軸端子電圧 e_q は，

$$e_q = e\cos\delta$$

この式に $\cos\delta$ の(1)式を代入すると，

$$e_q = \frac{e^2+eir\cos\phi+eix_q\sin\phi}{\sqrt{e^2+i^2r^2+i^2x_q^2+2eir\cos\phi+2eix_q\sin\phi}} \qquad (5)$$

これで，いよいよ求めようとしている問題の横軸過渡リアクタンス電圧 E_q' を求めるための準備はすべて整った．したがって，ベクトル図より横軸過渡リアクタンス電圧 E_q' は，

$$E_q' = e_q+i_qr+i_dx_d'$$

この式から E_q' を求めるために，i_d の(3)式，i_q の(4)式，そして e_q の(5)式を上の式に代入すると，横軸過渡リアクタンス電圧 E_q' は，次のように表される．

$$E_q' = \frac{e^2+i^2r^2+i^2x_qx_d'+2eir\cos\phi+ei(x_q+x_d')\sin\phi}{\sqrt{e^2+i^2r^2+i^2x_q^2+2eir\cos\phi+2eix_q\sin\phi}} \qquad (6)$$

ここに，$i = e/Z$ であるからこの関係を(6)式に代入すると，

$$E_q' = \frac{e^2+\dfrac{e^2}{Z^2}r^2+\dfrac{e^2}{Z^2}x_qx_d'+\dfrac{2e^2}{Z}r\cos\phi+\dfrac{e^2}{Z}(x_q+x_d')\sin\phi}{\sqrt{e^2+\dfrac{e^2}{Z^2}r^2+\dfrac{e^2}{Z^2}x_q^2+\dfrac{2e^2}{Z}r\cos\phi+\dfrac{2e^2}{Z}x_q\sin\phi}}$$

さらに e^2 でくくり，整理すると，

$$E_q' = \frac{\left(1+\dfrac{r^2}{Z^2}+\dfrac{x_qx_d'}{Z^2}+\dfrac{2r}{Z}\cos\phi+\dfrac{x_q+x_d'}{Z}\sin\phi\right)e}{\sqrt{1+\dfrac{r^2}{Z^2}+\dfrac{x_q^2}{Z^2}+\dfrac{2r}{Z}\cos\phi+\dfrac{2x_q}{Z}\sin\phi}} \qquad (7)$$

と求まる．

ここで，最初に述べたように横軸過渡リアクタンス電圧 E_q' は，負荷の急変の前後において相等しいということを思い出し，この関係を利用するために，負荷の急変前の足字を1とし，急変後の足字を2とすると，E_q' の(7)式から負荷の急変前と急変後の二つの E_q' の式が得られる．

$$E_{q1}' = \frac{\left(1+\frac{r^2}{Z_1^2}+\frac{x_q x_d'}{Z_1^2}+\frac{2r}{Z_1}\cos\phi_1+\frac{x_q+x_d'}{Z_1}\sin\phi_1\right)e_1}{\sqrt{1+\frac{r^2}{Z_1^2}+\frac{x_q^2}{Z_1^2}+\frac{2r}{Z_1}\cos\phi_1+\frac{2x_q}{Z_1}\sin\phi_1}}$$

$$E_{q2}' = \frac{\left(1+\frac{r^2}{Z_2^2}+\frac{x_q x_d'}{Z_2^2}+\frac{2r}{Z_2}\cos\phi_2+\frac{x_q+x_d'}{Z_2}\sin\phi_2\right)e_2}{\sqrt{1+\frac{r^2}{Z_2^2}+\frac{x_q^2}{Z_2^2}+\frac{2r}{Z_2}\cos\phi_2+\frac{2x_q}{Z_2}\sin\phi_2}}$$

となり，この二つの式を等号でもって結び，負荷の急変後の電圧 e_2 の急変前の電圧 e_1 に対する比率 e_2/e_1 を求めれば，負荷の急変後の電圧 e_2が得られる．ゆえに，

$$\frac{e_2}{e_1} = \frac{\left[\left(1+\frac{r^2}{Z_1^2}+\frac{x_q x_d'}{Z_1^2}+\frac{2r}{Z_1}\cos\phi_1+\frac{x_q+x_d'}{Z_1}\sin\phi_1\right)\times\sqrt{1+\frac{r^2}{Z_2^2}+\frac{x_q^2}{Z_2^2}+\frac{2r}{Z_2}\cos\phi_2+\frac{2x_q}{Z_2}\sin\phi_2}\right]}{\left[\left(1+\frac{r^2}{Z_2^2}+\frac{x_q x_d'}{Z_2^2}+\frac{2r}{Z_2}\cos\phi_2+\frac{x_q+x_d'}{Z_2}\sin\phi_2\right)\times\sqrt{1+\frac{r^2}{Z_1^2}+\frac{x_q^2}{Z_1^2}+\frac{2r}{Z_1}\cos\phi_1+\frac{2x_q}{Z_1}\sin\phi_1}\right]} \quad (8)$$

である．

また急変前に負荷がなかったならば，$Z_1 = \infty$ であるから，初期負荷 Z_1 がない場合の急変後の電圧 e_2 は急変前の電圧 e_1 に対する比 e_2/e_1 として求まる．ゆえに，

$$\frac{e_2}{e_1} = \frac{\sqrt{1+\frac{r^2}{Z_2^2}+\frac{x_q^2}{Z_2^2}+\frac{2r}{Z_2}\cos\phi_2+\frac{2x_q}{Z_2}\sin\phi_2}}{1+\frac{r^2}{Z_2^2}+\frac{x_q x_d'}{Z_2^2}+\frac{2r}{Z_2}\cos\phi_2+\frac{x_q x_d'}{Z_2}\sin\phi_2} \quad (8)'$$

となる．これらの解を見てわかるように Z が何度も出てくるので，数値計算に当たっては一工夫を必要とする．

(a)　概算法（発電機に急に負荷した場合）
この方法も，発電機の横軸過渡リアクタンス電圧 E_q' が，負荷の急変前後において相等しく連続な変化であることを，条件として利用し計算することに変わりはない．

違うところはただ二つ，その一つは発電機の電機子抵抗 r を無視して抵抗零 (0) オームと考えること．もう一つは発電機の横軸端子電圧 e_q と，端子電圧 e の位相は違っていても大きさは同じと見なすことである．

したがって，横軸過渡リアクタンス電圧 E_q' は，

$$E_q' = e_q + i_d x_d'$$

ここに，横軸端子電圧 e_q は，

$$e_q = e\cos\delta = \frac{e^2+eix_q\sin\phi}{\sqrt{e^2+i^2x_q^2+2eix_q\sin\phi}}$$

そして直軸分電流 i_d は，

$$i_d = \frac{ei\sin\phi+i^2x_q}{\sqrt{e^2+i^2x_q^2+2eix_q\sin\phi}}$$

したがって，横軸リアクタンス電圧 E_q' は，

$$E_q' = e_q + i_d x_d' = \frac{e^2+eix_q\sin\phi+eix_d'\sin\phi+i^2x_q x_d'}{\sqrt{e^2+i^2x_q^2+2eix_q\sin\phi}}$$

ここに，先ほどと同様に $i = e/Z$ であるから，この関係を上の式に代入すると，

$$E_q' = \frac{e^2+\frac{e^2}{Z^2}x_q x_d'+\frac{e^2}{Z}(x_q+x_d')\sin\phi}{\sqrt{e^2+\frac{e^2}{Z^2}x_q^2+\frac{2e^2}{Z}x_q\sin\phi}}$$

$$= \frac{e\left(1+\dfrac{x_q x_d'}{Z^2}+\dfrac{x_q+x_d'}{Z}\sin\phi\right)}{\sqrt{1+\dfrac{x_q^2}{Z^2}+\dfrac{2x_q}{Z}\sin\phi}}$$

先の場合と同様に負荷の急変前の足字を 1，そして急変後の足字を 2 とし，急変前の E_q' と急変後の E_q' を等記号でもって結ぶと，

$$\frac{e_1\left(1+\dfrac{x_q x_d'}{Z_1^2}+\dfrac{x_q+x_d'}{Z_1}\sin\phi_1\right)}{\sqrt{1+\dfrac{x_q^2}{Z_1^2}+\dfrac{2x_q}{Z_1}\sin\phi_1}}$$

$$= \frac{e_2\left(1+\dfrac{x_q x_d'}{Z_2^2}+\dfrac{x_q+x_d'}{Z_2}\sin\phi_2\right)}{\sqrt{1+\dfrac{x_q^2}{Z_2^2}+\dfrac{2x_q}{Z_2}\sin\phi_2}}$$

負荷の急変後の電圧 e_2 の急変前の電圧 e_1 に対する比 e_2/e_1 は，

$$\frac{e_2}{e_1} = \frac{\left(1+\dfrac{x_q x_d'}{Z_1^2}+\dfrac{x_q+x_d'}{Z_1}\sin\phi_1\right)}{\left(1+\dfrac{x_q x_d'}{Z_2^2}+\dfrac{x_q+x_d'}{Z_2}\sin\phi_2\right)} *$$

$$* \frac{\sqrt{1+\dfrac{x_q^2}{Z_2^2}+\dfrac{2x_q}{Z_2}\sin\phi_2}}{\sqrt{1+\dfrac{x_q^2}{Z_1^2}+\dfrac{2x_q}{Z_1}\sin\phi_1}} \qquad (9)$$

である．

また，初期負荷 Z_1 がない状態でもって，急に負荷 Z_2 を加えた場合の電圧比 e_2/e_1 は，

$$\frac{e_2}{e_1} = \frac{\sqrt{1+\dfrac{x_q^2}{Z_2^2}+\dfrac{2x_q}{Z_2}\sin\phi_2}}{1+\dfrac{x_q x_d'}{Z_2^2}+\dfrac{x_q+x_d'}{Z_2}\sin\phi_2} \qquad (9)'$$

となる．

(b) 概算法（発電機に急に負荷した場合）

第 7 図は，発電機の電機子抵抗 r を無視した場合のベクトル図を示す．

もし，発電機の負荷角 δ があまり大きくなく，負荷の力率角 ϕ と発電機の負荷角 δ の和 $(\phi+\delta)$ が，ほぼ 90 度と見なせる場合には，発電機の電子電圧 e の大きさと，横軸端子電圧 e_q

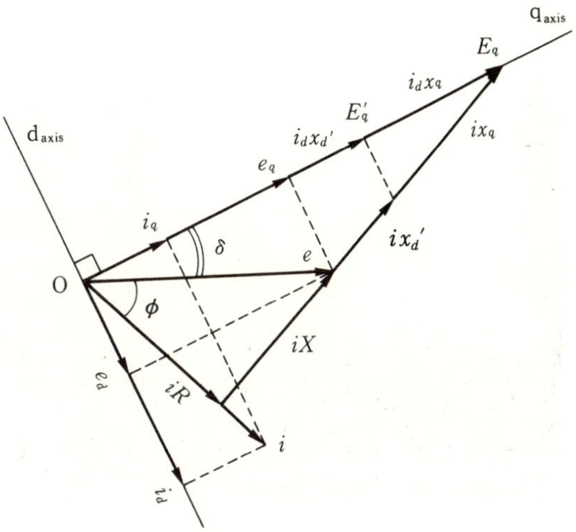

第 7 図

の大きさがほぼ等しく，そして負荷電流 i の大きさと，直軸分負荷電流 i_d の大きさがほぼ等しいから，負荷の急変後の電圧 e_2 の急変前の電圧 e_1 に対する比 e_2/e_1 は，ベクトル図より次のようにして簡単に求めることができる．

$$e_2 = \frac{(e_q+i_d x_d')(R_2+jX_2)}{R_2+j(X_2+x_q)}$$

$$= \frac{(e_1+i x_d')(R_2+jX_2)}{R_2+j(X_2+x_q)}$$

今までと同様に $i = e_1/(R_1+jX_1)$ を代入すると，

$$e_2 = \frac{\left(e_1+\dfrac{e_1 x_d'}{R_1+jX_1}\right)(R_2+jX_2)}{R_2+j(X_2+x_q)}$$

$$= \frac{e_1\left(\dfrac{R_1+j(X_1+x_d')}{R_1+jX_1}\right)(R_2+jX_2)}{R_2+j(X_2+x_q)}$$

この式から e_2/e_1 を求めると，

$$\frac{e_2}{e_1} = \frac{\dfrac{R_2+jX_2}{R_1+jX_1}\{R_1+j(X_1+x_d')\}}{R_2+j(X_2+x_q)}$$

と，簡単に概略値を計算することができる．

数値計算法

これまでの講義で理論的な説明を終り，これからは数値計算法に入っていくのだが，振り返って見ると，ちょっと気になるところがあるので加筆修正することにする．その気になるところとは，高圧回転機の絶縁物の種別だが，時代は進み現在一般的に最も多く使用されている絶縁物の種別は，もうすでにB種絶縁物からF種絶縁物に移り変わり，許容温度上昇限度は以前と同様にB種相当であるということである．このように許容温度上昇値に限り，一つ下の種別の絶縁物の値を使用することは，以前からよく行われており，昔の研究報告によると，許容温度上昇値を5〔℃〕上回るごとに，寿命は半減するとのことである．

(1)　原油移送ポンプ始動時間の計算

駆動電動機と負荷ポンプの速度−トルク曲線が**第1図**に示すように与えられている．これを基に，ポンプの吐出弁が閉じている場合および開いている場合の始動時間の計算を行う．

(イ)　従来の起動時間の計算式を使用した場合

$$t = \frac{\sum GD^2 \times N}{375 \times T_a}$$

ここに，

t：起動時間〔秒〕

T_a：平均加速トルク〔kg·m〕

$\sum GD^2$：電動機とポンプの GD^2 の和〔kg·m^2〕

N：回転数〔rpm〕

500〔kW〕電動機の $GD^2 = 230$〔kg·m^2〕

ポンプの $GD^2 = 18.7$〔kg·m^2〕

ゆえに，

$$\sum GD^2 = 230 + 18.7 = 248.7 \text{〔kg·m}^2\text{〕}$$

$N = 1\,170$〔rpm〕

(a)　吐出弁開放時の始動時間

第1図の速度−トルク曲線より電動機のトルク曲線とポンプのトルク曲線に囲まれた加速トルクとなる部分の面積を求める．

加速トルク面積 = 81.4〔cm^2〕

トルクの単位寸法 = 50〔kg·m/cm〕

速度の単位寸法：100〔rpm/cm〕

ゆえに，平均加速トルク T_a は，

$$T_a = \frac{81.4 \times 50 \times 100}{1\,170} = 348 \text{〔kg·m〕}$$

したがって，始動時間 t は，

$$t = \frac{248.7 \times 1\,170}{375 \times 348} = 2.23 \text{〔s〕}$$

と求まる．

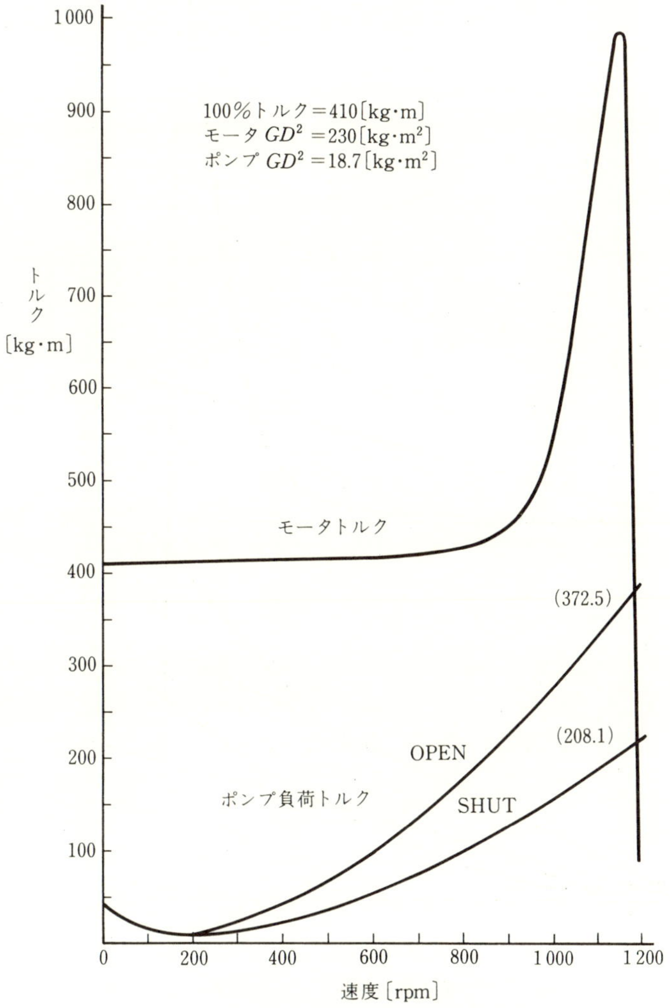

第1図　速度−トルク曲線

TIKE−6P−500〔kW〕　FCKNWX−3300〔V〕60〔Hz〕

(b)　吐出弁締切時の始動時間

吐出弁開放時と同様にして加速トルク面積から平均加速トルク T_a は,

$$T_a=\frac{94.3\times50\times100}{1\,170}$$

$$=403\ 〔\mathrm{kg\cdot m}〕$$

ゆえに，始動時間 t は,

$$t=\frac{248.7\times1\,170}{375\times403}$$

$$=1.93\ 〔\mathrm{s}〕$$

と求まる.

(ロ)　電動機および負荷のトルク曲線をそれぞれ1本の直線でもって近似した場合の始動時間の計算法

第2図のように電動機のトルク曲線および負荷のトルク曲線をそれぞれ1本の直線でもって近似することより作業を開始する.

電動機の速度−トルク特性は,

$$\tau_{ms}=\tau_m+\alpha_m\,(N-N_m)$$

負荷の速度−トルク特性は,

$$\tau_{ls}=\tau_l+\alpha_l\,(N-N_l)$$

でもって近似される.

単位慣性定数 M は，定義式に従い,

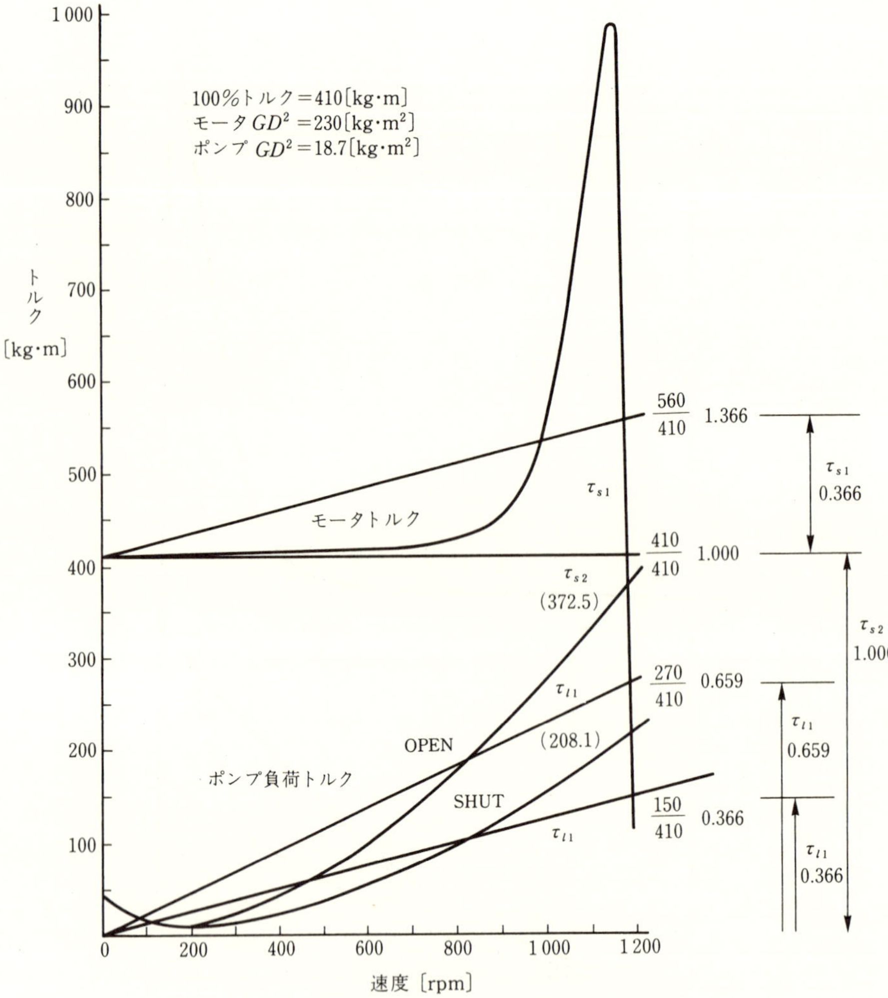

第 2 図　速度－トルク曲線

TIKE－6P－500〔kW〕　FCKNWX－3300〔V〕60〔Hz〕

$$M = \frac{gI\omega^2}{P} \text{〔s〕}$$

と表される．

ここに，

$$I = \frac{GD^2}{4g} \text{〔kg·m·s}^2\text{〕}$$

$$\omega = \frac{2\pi N}{60} \text{〔rad/s〕}$$

N：回転数〔rpm〕

P：出力〔W〕

ここで出力 P を〔kW〕でもって表すと，単位慣性定数 M は，

$$M = \frac{2.739\,GD^2N^2}{P\text{〔kW〕}} \times 10^{-6} \text{〔s〕}$$

となり，与えられた数値はそれぞれ，

電動機の出力 P = 500〔kW〕

電動機の GD^2 = 230〔kg·m²〕

ポンプの GD^2 = 18.7〔kg·m²〕

電動機の N = 1 170〔rpm〕

である．

これらの数値を用いて電動機の単位慣性定数 M_c を計算すると，

$$M_c = \frac{2.739 \times 230 \times 1\,170^2}{500 \times 10^6}$$

$$= 1.725 \text{〔s〕}$$

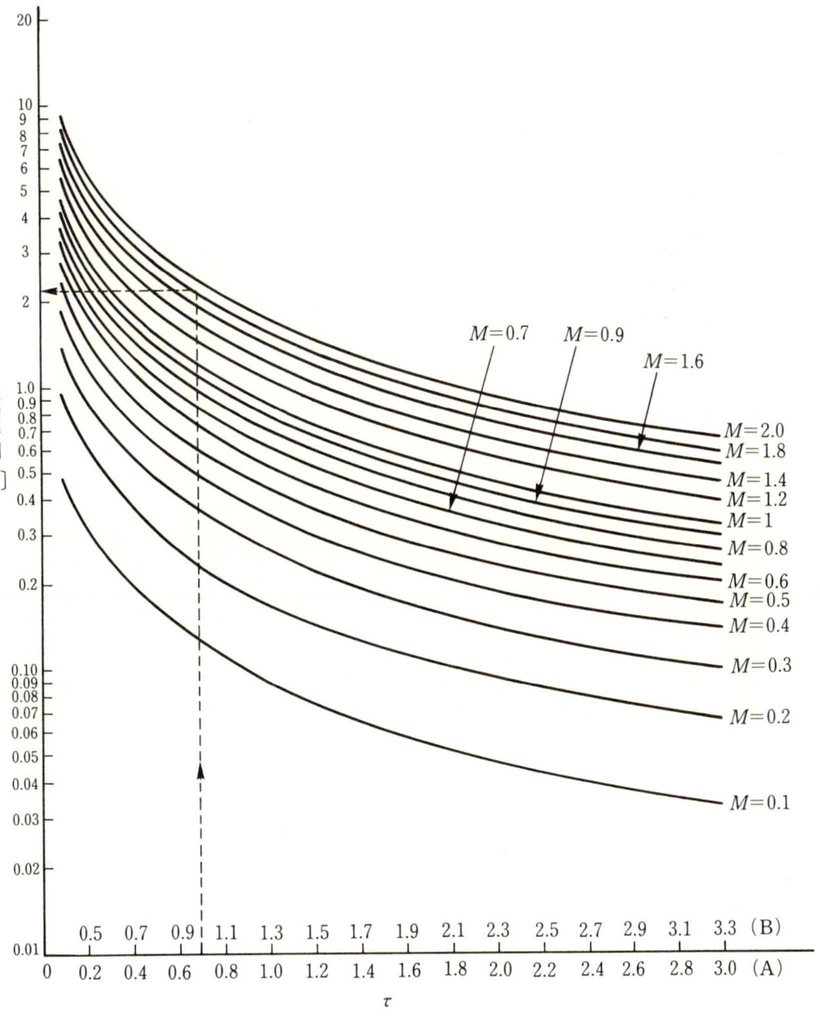

第3図　起動時間

$\tau_{l1}-\tau_{s1}=0.3$………(A)

$\tau_{l1}-\tau_{s1}=-0.3$………(B)

そしてポンプの単位慣性定数 M_l は，

$$M_l=\frac{2.739\times18.7\times1\,170^2}{500\times10^6}$$

$$=0.1402\text{〔s〕}$$

したがって，合成単位慣性定数 M は，

$$M=M_c+M_l$$

$$=1.725+0.1402$$

$$=1.865\text{〔s〕}$$

次に，電動機の定格トルク τ_{mr} は，定格出力 $P\times10^3=\omega\,g\,\tau_{mr}$〔W〕の関係より，

$$\tau_{mr}=\frac{P}{\omega g}\times10^3\text{〔kgf·m〕}$$

$$=\frac{60P}{2\pi gN}\times10^3\text{〔kgf·m〕}$$

$$=973.75726\times\frac{500}{1\,170}$$

$$=416.13558\text{〔kgf·m〕}$$

となる．しかし，今回の計算には与えられている定格トルク $\tau_{mr}=410$〔kg·m〕を使用する．

続いて，第2図より，始動時間曲線を利用するのに必要なトルク τ の値は，次の式で示され

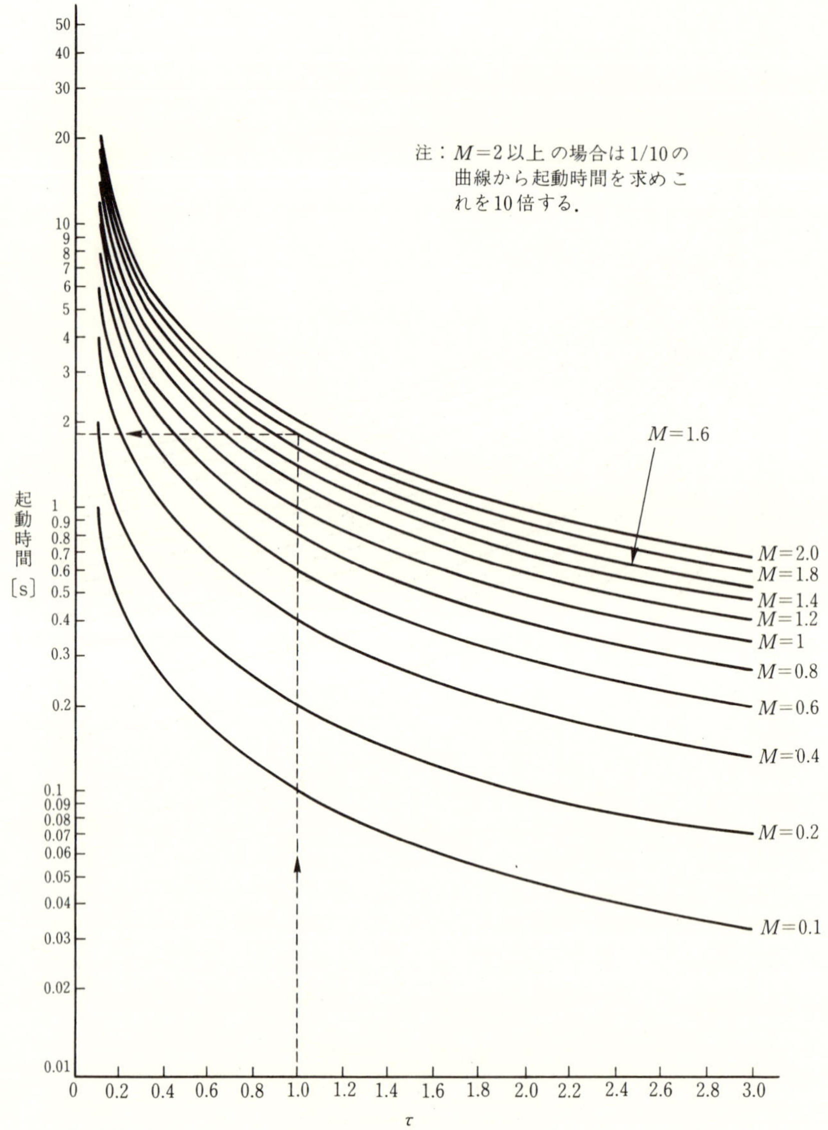

第4図　起動時間（$\tau_{l1}-\tau_{s1}=0$）

るように，

$$\tau=(\tau_{s2}-\tau_{l2})-(\tau_{l1}-\tau_{s1})$$

であり，そして始動時間曲線は，合成単位慣性定数Mと，電動機および負荷のトルクの速度に比例する部分τ_{s1}およびτ_{l1}を固定し，始動時間tを加速トルクτのパラメータとして描いたものであるから，つぎのようにして始動時間tを始動時間曲線より求める．

(a)　吐出弁開放時の始動時間

$$\tau_{s2}=1.000$$

$$\tau_{l1}-\tau_{s1}=0.659-0.366=0.293$$

$$\tau_{l2}=0.00$$

$$\tau_{s2}-\tau_{l2}=1.000-0.00=1.000$$

$$\tau=(\tau_{s2}-\tau_{l2})-(\tau_{l1}-\tau_{s1})=1.000-0.293=0.707$$

この結果から**第3図**の始動時間曲線を適用して，横軸の加速トルクτから縦軸の始動時間t

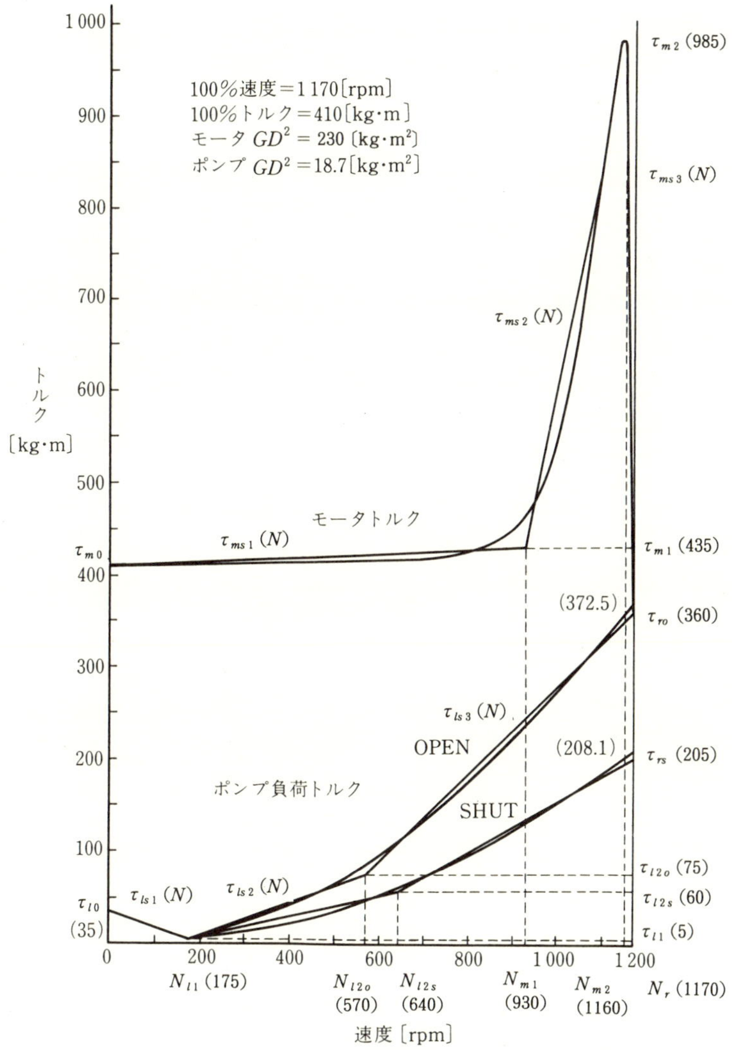

第 5 図　速度-トルク曲線

TIKE-6P-500〔kW〕 FCKNWX-3300〔V〕60〔Hz〕

は図上に示した点線に従い，

$t = 2.2$〔s〕

を得る．

(b)　吐出弁締切時の始動時間

この場合も開放時と同様にして，τ の値を求めると，

$\tau_{s2} = 1.000$

$\tau_{l1}-\tau_{s1} = 0.366-0.366 = 0.00$

$\tau_{l2} = 0.00$

$\tau_{s2}-\tau_{l2} = 1.000-0.00$

$= 1.000$

$\tau = (\tau_{s2}-\tau_{l2})-(\tau_{l1}-\tau_{s1})$

$= 1.000-0.00 = 1.000$

この結果から**第 4 図**の始動時間曲線を適用して，始動時間 t は吐出弁開放時にならって，

$t = 1.8$〔s〕

を得る．

この計算結果から見てわかるように，簡単な計算のみで，しかも短時間に始動時間を求めることができるので，新設工場の電動機の熱動型継電器の動作時間設定時のように，何百台もの始動時間を続けて一度に求める場合には，大変便利な計算方法である．

(ハ) 電動機および負荷のトルク曲線を3本の直線でそれぞれ近似した場合の始動時間の計算法

第5図に示す速度-トルク曲線より先の理論説明のときに使用した区分点を，電動機と負荷のトルク曲線の上にそれぞれ決定し，電動機側の区分点はトルク曲線上から速度軸上に $N = N_0$, N_{m1}, N_{m2}, N_r と下ろし，そして負荷側もトルク曲線上の区分点を速度軸上に $N = N_0$, N_{l1}, N_{l2}, N_r と下ろし，それぞれのトルク曲線を三つの区間に分けて，理論計算のときに使用した区間ごとに電動機および負荷のトルクの増加率を数値で求めるために，トルク曲線からトルクの値を読み取り，計算に必要なそれぞれの増加率の値を計算する．

まず電動機側のトルク曲線から，

$$\tau_{m0} = \frac{410}{410} = 1.000$$

$$\tau_{m1} = \frac{435}{410} = 1.061$$

$$\tau_{m2} = \frac{985}{410} = 2.402$$

$$\tau_r = \frac{360 \text{ or } 205}{410}$$

$$= 0.8780 \text{ or } 0.5000$$

$$N_0 = \frac{0.00}{1\,170} = 0.00$$

$$N_{m1} = \frac{930}{1\,170} = 0.7949$$

$$N_{m2} = \frac{1\,160}{1\,170} = 0.9915$$

$$N_r = \frac{1\,170}{1\,170} = 1.000$$

続いて，吐出弁開放時の負荷側のトルク曲線から，

$$\tau_{l0o} = \frac{35}{410} = 0.08537$$

$$\tau_{l1o} = \frac{5}{410} = 0.01220$$

$$\tau_{l2o} = \frac{75}{410} = 0.18290$$

$$\tau_{lro} = \frac{360}{410} = 0.87800$$

$$N_0 = \frac{0.00}{1\,170} = 0.000$$

$$N_{l1o} = \frac{175}{1\,170} = 0.1496$$

$$N_{l2o} = \frac{570}{1\,170} = 0.4872$$

$$N_r = \frac{1\,170}{1\,170} = 1.0000$$

また，吐出弁締切時の負荷側のトルク曲線から，

$$\tau_{l0s} = \frac{35}{410} = 0.08537$$

$$\tau_{l1s} = \frac{5}{410} = 0.01220$$

$$\tau_{l2s} = \frac{60}{410} = 0.14630$$

$$\tau_{lrs} = \frac{205}{410} = 0.50000$$

$$N_0 = \frac{0.00}{1\,170} = 0.0000$$

$$N_{l1s} = \frac{175}{1\,170} = 0.1496$$

$$N_{l2s} = \frac{640}{1\,170} = 0.5470$$

$$N_r = \frac{1\,170}{1\,170} = 1.0000$$

引き続き，電動機トルクの速度に対する増加率 α_m を求める．

$$\alpha_{m1} = \frac{\tau_{m1} - \tau_{m0}}{N_{m1}}$$

$$= \frac{1.061 - 1.000}{0.7949}$$

$$= \frac{0.061}{0.7949} = 0.07674$$

$$\alpha_{m2} = \frac{\tau_{m2} - \tau_{m1}}{N_{m2} - N_{m1}}$$

$$= \frac{2.402-1.061}{0.9915-0.7949}$$

$$= \frac{1.341}{0.1966} = 6.821$$

$$\alpha_{m3} = \frac{\tau_r - \tau_{m2}}{N_r - N_{m2}}$$

$$= \frac{0.8780 \text{ or } 0.500 - 2.402}{1.000 - 0.9915}$$

$$= \frac{-1.524 \text{ or} -1.092}{0.0085}$$

$$= -179.3 \text{or} -223.8$$

次に，負荷トルクの速度に対する増加率α_lは，まず，吐出弁開放時の増加率α_{lo}から，

$$\alpha_{l1o} = \frac{\tau_{l1o} - \tau_{l0o}}{N_{l1o}}$$

$$= \frac{0.01220 - 0.08537}{0.1496}$$

$$= \frac{-0.07317}{0.1496} = -0.4891$$

$$\alpha_{l2o} = \frac{\tau_{l2o} - \tau_{l1o}}{N_{l2o} - N_{l1o}}$$

$$= \frac{0.1829 - 0.0122}{0.4872 - 0.1496}$$

$$= \frac{0.1707}{0.3376} = 0.5056$$

$$\alpha_{l3o} = \frac{\tau_{lro} - \tau_{l2o}}{N_r - N_{l2o}}$$

$$= \frac{0.8780 - 0.1829}{1.0000 - 0.4872}$$

$$= \frac{0.6951}{0.5128} = 1.3555$$

続いて，吐出弁締切時の増加率α_{ls}を求める．

$$\alpha_{l1s} = \frac{0.01220 - 0.08537}{0.1496}$$

$$= -0.4891$$

$$\alpha_{l2s} = \frac{0.1463 - 0.0122}{0.5470 - 0.1496}$$

$$= \frac{0.1341}{0.3974} = 0.3374$$

$$\alpha_{l3s} = \frac{0.5000 - 0.1463}{1.0000 - 0.5470}$$

$$= \frac{0.3537}{0.4530} = 0.7808$$

これで始動時間tを求める式

$$t = 2.301 \frac{M_c + M_l}{\alpha_l - \alpha_m} \times \log_{10} \frac{\left\{ \begin{array}{l} (\tau_m - \tau_l) - (\alpha_m N_m - \alpha_l N_l) \\ + \ (\alpha_m - \alpha_l) N_{m1} \end{array} \right\}}{\left\{ \begin{array}{l} (\tau_m - \tau_l) - (\alpha_m N_m - \alpha_l N_l) \\ + (\alpha_m - \alpha_l) N_{m2} \end{array} \right\}} \text{〔s〕}$$

を計算するのに必要な準備計算はすべて終えた．これからが待ち望んでいた本来の電動機の始動時間の計算のときである．

速度-トルク曲線（第5図）の回転速度の区分点より，各区分点間の左の点の速度から，右の点の速度までに，加速するのに必要な時間t_1，t_2，t_3，t_4，そしてt_5を順を追って求め，それら各区分の加速に必要な時間の計算結果を合計して，全区間の始動時間tを求めるのである．

では，第5図の速度の低い方のものから順次高い方のものへの加速時間を求めていく．

(a) 速度区間$N_0 \leqq N \leqq N_{l1}$の加速時間t_1

$0.0 \leqq N \leqq 0.1496$

この区間における電動機のトルクの大きさを表すτ_{ms1}の式は，

$$\tau_{ms1} = \tau_{m0} + \alpha_{m1}(N - N_0)$$
$$= 1.000 + 0.07674N$$

負荷のトルクの大きさを表すτ_{ls1}の式は，

$$\tau_{ls1} = \tau_{l0} + \alpha_{l1}(N - N_0)$$
$$= 0.08537 - 0.4891N$$

この区間における負荷のトルク曲線は，吐出弁の開放と締切に関係なく両者ともに等しいから，分けて計算することはせず，一度の計算で済ませる．

この区間の速度でN_0から速度N_{l1}まで加速するのに必要とする時間t_1は，

$$t_1 = 2.301 \frac{M_c + M_l}{\alpha_{l1} - \alpha_{m1}}$$

$$\times \log_{10} \frac{\left\{ \begin{array}{l} (\tau_{m0}-\tau_{l0})-(\alpha_{m1}N_0-\alpha_{l1}N_0) \\ +(\alpha_{m0}-\alpha_{l1})N_0 \end{array} \right\}}{\left\{ \begin{array}{l} (\tau_{m0}-\tau_{l0})-(\alpha_{m0}N_0-\alpha_{l0}N_0) \\ +(\alpha_{m0}-\alpha_{l0})N_{l1} \end{array} \right\}} \text{〔s〕}$$

上の式に前もって求めておいたそれぞれの値を代入すると，速度 N_0 から速度 N_{l1} まで加速するのに必要な時間 t_1 が計算できる．

$$t_1 = 2.301 \frac{1.865}{-0.4891-0.07674}$$

$$\times \log_{10} \frac{1.00-0.08537}{\left\{ \begin{array}{l} 1.00-0.08537)+(0.07674 \\ +0.4891)\times 0.1496 \end{array} \right\}}$$

$$= 2.301 \frac{1.865}{-0.56584}$$

$$\times \log_{10} \frac{0.91463}{0.91463+0.56584\times 0.1496}$$

$$= -7.58406\times \log_{10} \frac{0.91463}{0.91463+0.08465}$$

$$= -7.58406\times \log_{10} \frac{0.91463}{0.99928}$$

$$= 0.29154 \text{〔s〕}$$

(b)　速度 $N_{l1} \leqq N \leqq N_{l2}$ の区間の加速時間 t_2

吐出弁開放時の速度区間（$N_{l1} \leqq N \leqq N_{l2o}$）

$0.1496 \leqq N \leqq 0.4872$

この区間における電動機のトルクの大きさを表す τ_{ms1} の式は，先の速度区間と同じ，

$$\tau_{ms1} = \tau_{m0}+\alpha_{m1}(N-N_0)$$

$$= 1.000+0.07674N$$

また，負荷のトルクの大きさを表す τ_{ls2} の式は，

$$\tau_{ls2} = \tau_{l1}+\alpha_{l2}(N-N_{l1o})$$

$$= 0.01220+0.5056(N-0.1496)$$

この区間において速度 N_{l1} から速度 N_{l2o} まで加速するのに必要とする時間 t_2 は，

$$t_2 = 2.301 \frac{M_c+M_l}{\alpha_{l2o}-\alpha_{m1}}$$

$$\times \log_{10} \frac{\left\{ \begin{array}{l} (\tau_{m0}-\tau_{l1o})-(\alpha_{m1}N_0-\alpha_{l2o}N_{l1o}) \\ +(\alpha_{m1}-\alpha_{l2o})N_{l1o} \end{array} \right\}}{\left\{ \begin{array}{l} (\tau_{m0}-\tau_{l1o})-(\alpha_{m1}N_0-\alpha_{l2o}N_{l1o}) \\ +(\alpha_{m1}-\alpha_{l2o})N_{l2o} \end{array} \right\}} \text{〔s〕}$$

この式に先に求めておいたそれぞれの数値を代入すると，この速度区間における速度 N_{l1o} から速度 N_{l2o} に加速するのに必要な加速時間 t_2 が計算できる．

$$t_2 = 2.301 \frac{1.865}{0.5056-0.07674}$$

$$\times \log_{10} \frac{\left\{ \begin{array}{l} 1.000-0.01220+0.5056\times 0.1496 \\ +(0.07674-0.5056)\times 0.1496 \end{array} \right\}}{\left\{ \begin{array}{l} 1.000-0.01220+0.5056\times 0.1496 \\ +(0.07674-0.5056)\times 0.4872 \end{array} \right\}}$$

$$= 10.006474\times \log_{10} \frac{0.9992803}{0.8544972}$$

$$= 0.6802042 \text{〔s〕}$$

吐出弁締切時の速度区間（$N_{l1} \leqq N \leqq N_{l2s}$）

$0.1496 \leqq N \leqq 0.5470$

吐出弁開放時にならって，電動機のトルクの大きさを表す τ_{ms1} 式は，

$$\tau_{ms1} = \tau_{m0}+\alpha_{m1}(N-N_0)$$

$$= 1.000+0.7674N$$

負荷のトルクの大きさを表す τ_{ls2} 式は，

$$\tau_{ls2} = \tau_{l1}+\alpha_{l2}(N-N_{l2o})$$

$$= 0.01220+0.3374(N-0.1496)$$

これらの値を上の式に代入すると，この速度区間の速度 N_{l1} から速度 N_{l2s} まで加速するのに必要とする時間 t_2 が計算できる．

$$t_2 = 2.301 \frac{1.865}{0.3374-0.07674}$$

$$\times \log_{10} \frac{\left\{ \begin{array}{l} 1.000-0.01220+0.3374\times 0.1496 \\ +(0.07674-0.3374)\times 0.1496 \end{array} \right\}}{\left\{ \begin{array}{l} 1.000-0.01220+0.3374\times 0.1496 \\ +(0.07674-0.3374)\times 0.5470 \end{array} \right\}}$$

$$= 16.463458\times \log_{10} \frac{0.9992802}{0.8956939}$$

$$= 0.7824697 \text{〔s〕}$$

(c)　速度区間 $N_{l2} \leqq N \leqq N_{m1}$ の加速時間 t_3

吐出弁開放時の速度区間（$N_{l2o} \leqq N \leqq N_{m1}$）

$0.4872 \leqq N \leqq 0.7949$

この速度区間の電動機のトルクの大きさを表す τ_{ms1} の式は，

$$\tau_{ms1} = \tau_{m0}+\alpha_{m1}(N-N_0)$$

$= 1.000+0.7674N$

この速度区間の負荷のトルクの大きさを表す τ_{ls3} は,

$$\tau_{ls3} = \tau_{l2o}+\alpha_{l3o}(N-N_{l2o})$$
$$= 0.1829+1.3555(N-0.4872)$$

この速度区間において，速度 N_{l2o} から速度 N_{m1} まで加速するのに必要な時間 t_3 は,

$$t_3 = 2.301\frac{M_c+M_l}{\alpha_{l3o}-\alpha_{m1}}\times\log_{10}\frac{\left\{\begin{array}{l}(\tau_{m0}-\tau_{l2o})-(\alpha_{m1}N_0-\alpha_{l3o}N_{l2o})\\+(\alpha_{m1}-\alpha_{l3o})N_{m1}\end{array}\right\}}{\left\{\begin{array}{l}(\tau_{m0}-\tau_{l2o})-(\alpha_{m1}N_0-\alpha_{l3o}N_{l2o})\\+(\alpha_{m1}-\alpha_{l2o})N_{l2o}\end{array}\right\}}\text{〔s〕}$$

この上の式にすでに求めたそれぞれの数値を代入すると，この速度区間の速度 N_{l2o} から速度 N_{m1} まで加速するのに必要な時間 t_3 が計算できる.

$$t_3 = 2.301\frac{1.865}{1.355-0.07674}\times\log_{10}\frac{\left\{\begin{array}{l}1.000-0.1829+1.3555\times0.4872\\+(0.07674-1.3555)\times0.4872\end{array}\right\}}{\left\{\begin{array}{l}1.000-0.1829+1.3555\times0.4872\\+(0.07674-1.3555)\times0.7949\end{array}\right\}}$$
$$= 3.5558799\times\log_{10}\frac{0.8544877}{0.4610132}$$
$$= 0.8993504\text{〔s〕}$$

吐出弁締切時の速度区間 $(N_{l2s} \leqq N \leqq N_{m1})$

$0.5470 \leqq N \leqq 0.7949$

この速度区間の電動機のトルクの大きさを表す τ_{ms1} 式は,

$$\tau_{ms1} = \tau_{m0}+\alpha_{m1}(N-N_0)$$
$$= 1.000+0.07674N$$

この速度区間の負荷のトルクの大きさを表す τ_{ls3} の式は,

$$\tau_{ls3} = \tau_{l2s}+\alpha_{l3s}(N-N_{l2s})$$
$$= 0.1463+0.7808(N-0.5470)$$

これらの数値を上の式に代入し，この速度区間の加速に必要な時間 t_3 を求めると,

$$t_3 = 2.301\frac{1.865}{0.7808-0.07674}\times\log_{10}\frac{\left\{\begin{array}{l}1.000-0.1463+0.7808\times0.5470\\+(0.07674-0.7808)\times0.5470\end{array}\right\}}{\left\{\begin{array}{l}1.000-0.1463+0.7808\times0.5470\\+(0.07674-0.7808)\times0.7949\end{array}\right\}}$$
$$= 6.0951694\times\log_{10}\frac{0.8956767}{0.7211403}$$
$$= 0.5737475\text{〔s〕}$$

(d)　速度 $N_{m1} \leqq N \leqq N_{m2}$ の区間の加速時間 t_4

吐出弁開放時の速度区間 $(N_{m1} \leqq N \leqq N_{m2})$

$0.7949 \leqq N \leqq 0.9915$

この速度区間における電動機のトルクの大きさを表す τ_{ms2} の式は,

$$\tau_{ms2} = \tau_{m1}+\alpha_{m2}(N-N_{m1})$$
$$= 1.061+6.821(N-0.7949)$$

また，この速度区間における負荷のトルクの大きさを表す τ_{ls3} の式は,

$$\tau_{ls3} = \tau_{l2o}+\alpha_{l3o}(N-N_{l2o})$$
$$= 0.1829+1.3555(N-0.4872)$$

この速度区間において，速度 N_{m1} より速度 N_{m2} に加速するのに必要となる時間 t_4 は,

$$t_4 = 2.301\frac{M_c+M_l}{\alpha_{l3o}-\alpha_{m2}}\times\log_{10}\frac{\left\{\begin{array}{l}(\tau_{m1}-\tau_{l2o})-(\alpha_{m2}N_{m1}-\alpha_{l3o}N_{l2o})\\+(\alpha_{m2}-\alpha_{l3o})N_{m1}\end{array}\right\}}{\left\{\begin{array}{l}(\tau_{m1}-\tau_{l2o})-(\alpha_{l3o}N_{l2o}-\alpha_{l3o}N_{l2o})\\+(\alpha_{m2}-\alpha_{l3o})N_{l2o}\end{array}\right\}}\text{〔s〕}$$

この上の式にすでに求めたそれぞれの数値を代入すると，この速度区間において速度 N_{m1} から速度 N_{m2} まで，加速するのに必要な時間 t_4 が計算できる.

$$t_4 = 2.301\frac{1.865}{1.3555-6.821}\times\log_{10}\frac{\left\{\begin{array}{l}1.061-0.1829-(1.821\times0.7949\\-1.3555\times0.4872)\\+(6.821-1.3555)\times0.7949\end{array}\right\}}{\left\{\begin{array}{l}1.061-0.1829-(6.821\times0.7949\\-1.3555\times0.4872)\\+(6.821-1.3555)\times0.9915\end{array}\right\}}$$
$$= -0.7851732\times\log_{10}\frac{0.4610127}{1.535530}$$

$= 0.4102887$〔s〕

吐出弁の締切時の速度区間 ($N_{m1} \leqq N \leqq N_{m2}$)

$0.7949 \leqq N \leqq 0.9915$

この速度区間における電動機のトルクの大きさ τ_{ms2} を表す式は，吐出弁開放時の式と同じだから，

$$\tau_{ms2} = 1.061 + 6.821\,(N - 0.7949)$$

この速度区間における負荷のトルクの大きさ τ_{ls3} を表す式は，前の速度区間 ($N_{l2s} \leqq N \leqq N_{m1}$) の式と同じだから，

$$\tau_{ls3} = 0.1463 + 0.7808\,(N - 0.5470)$$

これらの数値を上の式に代入し，この速度区間の加速に必要とする時間 t_4 を求めると，

$$t_4 = 2.301\,\frac{1.865}{0.7808 - 6.821} \times \log_{10} \frac{\begin{Bmatrix} 1.061 - 0.1463 - (6.821 \times 0.7949 \\ -0.7808 \times 0.3470) \\ +(6.821 - 0.7808) \times 0.7949 \end{Bmatrix}}{\begin{Bmatrix} 1.061 - 0.1463 - (6.821 \times 0.7949 \\ -0.7808 \times 0.3470) \\ +(6.821 - 0.7808) \times 0.9915 \end{Bmatrix}}$$

$$= 0.7104673 \times \log_{10} \frac{0.7211397}{1.9086430}$$

$= 0.3003182$〔s〕

(e) 速度区間 $N_{m2} \leqq N \leqq N_r$ の加速時間 t_5

吐出弁開放時の速度区間 ($N_{m2} \leqq N \leqq N_r$)

$0.9915 \leqq N \leqq 1.000$

この速度区間における電動機のトルクの大きさ τ_{m3o} を表す式は，

$$\tau_{m3o} = \tau_{m2} + \alpha_{m3}\,(N - N_{m2}) = 2.402 - 179.3\,(N - 0.9915)$$

この速度区間の負荷トルクの大きさ τ_{l3o} を表す式は，

$$\tau_{l3o} = \tau_{l2o} + \alpha_{l3o}\,(N - N_{l2o}) = 0.1829 + 1.3555\,(N - 0.4872)$$

この速度区間において，速度 N_{m2} から速度 N_r まで，加速するのに必要とする時間 t_5 は，

$$t_5 = 2.301\,\frac{M_c + M_l}{\alpha_{l2o} - \alpha_{m3}} \times \log_{10} \frac{\begin{Bmatrix} (\tau_{m2} - \tau_{l2o}) - (\alpha_{m3} N_{m2} - \alpha_{l3o} N_{l2o}) \\ +(\alpha_{m3} - \alpha_{l3o})\,N_{m2} \end{Bmatrix}}{\begin{Bmatrix} (\tau_{m2} - \tau_{l2o}) - (\alpha_{m3} N_{m2} - \alpha_{l3o} N_{l2o}) \\ +(\alpha_{m3} - \alpha_{l3o})\,N_r \end{Bmatrix}} \text{〔s〕}$$

この上の式にすでに求めたそれぞれの数値を代入すると，この速度区間において速度 N_{m2} から定格速度 N_r まで，加速するのに必要とする時間 t_5 が計算できる．

$$t_5 = 2.301\,\frac{1.865}{1.3555 + 179.3} \times \log_{10} \frac{\begin{Bmatrix} (2.042 - 0.1829) - (-179.3 \times 0.9915 \\ -1.3555 \times 0.4872) \\ +(-179.3 - 1.3555) \times 0.9915 \end{Bmatrix}}{\begin{Bmatrix} (2.402 - 0.1829) - (-179.3 \times 0.9915 \\ -1.3555 \times 0.4872) \\ +(-179.3 - 1.3555) \times 1.000 \end{Bmatrix}}$$

$$= 0.0237544 \times \log_{10} \frac{1.53552}{0.00005}$$

$= 0.1065927$〔s〕

吐出弁締切時の速度区間 ($N_{m2} \leqq N \leqq N_r$)

$0.9915 \leqq N \leqq 1.000$

この速度区間における電動機のトルクの大きさ τ_{m3s} を表す式は，

$$\tau_{m3s} = \tau_{m2} + \alpha_{m3}\,(N - N_{m2}) = 2.402 - 223.8\,(N - 0.9915)$$

次にこの速度区間における負荷のトルクの大きさ τ_{l3s} を表す式は，

$$\tau_{l3s} = \tau_{l2s} + \alpha_{l3s}\,(N - N_{l2s}) = 0.1463 + 0.7808\,(N - 0.5470)$$

これらの数値を上の式に代入し，この速度区間を加速するのに必要な時間 t_5 を求めると，

$$t_5 = 2.301\,\frac{1.865}{1.355 + 223.8} \times \log_{10} \frac{\begin{Bmatrix} (2.402 - 0.1463) - (-223.8 \times 0.9915 \\ -0.7808 \times 0.5470) \\ +(-223.8 - 0.7808) \times 0.9915 \end{Bmatrix}}{\begin{Bmatrix} (2.402 - 0.1463) - (-223.8 \times 0.9915 \\ -0.7808 \times 0.5470) \\ +(-223.8 - 0.7808) \times 1.000 \end{Bmatrix}}$$

$$= 0.0191083 \times \log_{10} \frac{1.90864}{0.00005}$$

$$= 0.0875495 \text{〔s〕}$$

(f) 原油移送ポンプの始動時間

始動時間 T は速度 N_0 から定格速度 N_r まで加速するのに必要とする時間であるから，それぞれの速度区間を加速していくのに必要な各区間の加速時間 t_1，t_2，t_3，t_4，そして t_5 の和となる．

吐出弁開放時の始動時間 T_o は，

$$T_o = 0.2915432 + 0.6802042 + 0.8993504 + 0.4102887 + 0.1065927 = 2.3879792 \text{〔s〕}$$

吐出弁締切時の始動時間 T_s は，

$$T_s = 0.2915432 + 0.7824697 + 0.5737475 + 0.3003182 + 0.0875495 = 2.0235628 \text{〔s〕}$$

と求まる．

この始動時間の求め方は，加速トルクの平均値と電動機と負荷のトルクの速度に対する増加率が考慮されているため，計算結果は最も信頼できるが，筆算で行うにはちょっと手数が掛かり過ぎるから，電子計算機にやらせるのに適している．

小容量電動機のスペースヒータ

熱帯地帯の地下室に設置される小容量の電動機にはたとえ 200W（1/4HP）といえどもスペースヒータをつけるのが一般的です．日本では 2.2kW でもスペースヒータはついていないのが当たり前のようですが，ヨーロッパの人たちが最初に小容量のものにまでスペースヒータをつけていたので現在でもついています．客先の仕様書を注意してよく読んでください．

バージ（Barge）の接地

送電設備を含む発電船の移動を容易にするために，陸上に発送電設備の重量物を置かないようにして，バージ（艀（はしけ））の上に送電用の昇圧変圧器を載せ，発電船の移動による送電系統設備の変更が極力少ないようにしました．このようにしたことにより送電系統の系統接地箇所は，バージの上の昇圧変圧器の中性点となりました．バージの上での接地ですから中性点を直接船体に接地すれば，線路故障時の船体の電位上昇値は中性点の電位にまで引き上げられます．しかし船体は防食塗装により仕上げられていますから，その防食塗装にはいきなり地絡電流による中性点の電位上昇値そのものが加わることになります．したがって船体の電位上昇により防食塗装は絶縁破壊され，ピンホールのような小さな穴が無数に空いてしまい，本来の目的である防食性は完全に失われてしまいます．

そこで船体は岸壁の接地と連絡して繋ぎ，船体の防食塗装には地絡時の上昇電位は加わらないようにしました．その代わり送電用昇圧変圧器の中性点端子の接地線には，絶縁ケーブルを使用して絶縁して置き，その接地用絶縁ケーブルのもう一方の陸上側の終端を，陸上の変電所内で大地に直接接地することにしました．

人身の安全と系統故障時の保護を的確に行わせるために，また昇圧変圧器の中性点の接地がなくなった場合，言い換えれば接地ケーブルの接続忘れとか，接地線の断線のことも安全のために考慮し，変圧器の中性点と船体接地線間には中性点の電位上昇値に見合った電圧に抑制できるような配電線用の避雷器を挿入しました．なお，配電線用避雷器の設置個数は，地絡故障時の再閉路の回数を考慮して 3 個並列に挿入しました．現実に現地工事の際，この昇圧変圧器の中性点を接地するのを忘れてしまい，試充電のときに避雷器が動作する結果となりました．エンジニアリングにあってはここまで考慮して置くことの必要性を，現実のトラブルに遭遇して後備安全の重要性を教えられました．

2 巻線形電動機の二次抵抗の計算

今，回転同期周波数変換機を起動したい．しかし本回転系は慣性能率（GD^2）が大変大きいので，起動電動機に巻線形電動機を使用して同期電動機を系統に同期させた後，同期発電機を系統に同期させ運転に入れたい．だが主同期電動機は大きすぎて，同期を確認せずに直接系統に接続することはできない．そのためには，起動電動機に誘導同期電動機を採用し，起動電動機を同期速度運転をした後に，同期電動機の界磁を励磁し発電機として，同期電動機の発生電圧を系統電圧に合わせ，それに続いて同期電動機と系統との同期を確認した後に，同期電動機を系統に接続しようと思う．同期電動機が同期運転に入れば，これに続いて次は同期発電機を励磁し，発電機と発電機側の系統との同期を確認した後に，発電機を系統に同期投入し起動を完了したい．このためにぜひとも誘導同期電動機を起動電動機として採用したいが，そのためにはどのような起動抵抗器であるべきか検討してみよう．

＜与えられた数値＞

・系統周波数：50〔Hz〕
・同期速度：750〔rpm〕
・定格出力：750〔kW〕
・最大出力：1.5×750〔kW〕
・電動機の GD^2：900〔kg·m^2〕
・負荷の GD^2（電動機軸換算値）：33 000〔kg·m^2〕
・電動機二次電圧（電動機静止時）：1 814〔V〕
・電動機二次電流：238〔A〕
・電動機二次巻線抵抗値（1 相分．20〔℃〕：0.0262〔Ω〕
・二次巻線の温度係数（20〔℃〕）：3.82×10^{-3}
・二次巻線の抵抗値（1 相分．75〔℃〕）：0.0317〔Ω〕
・電動機の起動トルク：150〔%〕
・負荷のトルク：30〔%〕
・電動機の二次電流最大値：150〔%〕
・電動機の二次電流最小値：70〔%〕

(a) 同期引き入れ可能な滑り

すでに学んだ NEMA に示された，同期引き入れ可能な滑り s_s の式は，

$$s_s \leqq \frac{242}{N}\sqrt{\frac{P_m}{GD^2\cdot f}}\ \text{〔p.u.〕}$$

ここに，

s_s：同期引き入れ可能な滑り〔p.u.〕
P_m：最大出力〔kW〕

GD^2：合成慣性能率〔kg·m²〕

f：周波数〔Hz〕

この式に与えられた数値を代入すると,

$$s_s = \frac{242}{750} \times \sqrt{\frac{1.5\times750}{33\,900\times50}}$$

$$= 0.008313 \text{〔p.u.〕}$$

すなわち，同期引き入れ可能な滑りは，0.83〔%〕以下でなくてはならない.

(b) 最大二次電流を 150〔%〕に抑えるため二次回路に挿入すべき外部抵抗値 R_2

二次回路に挿入すべき外部抵抗値 R_2 を求めるに当たり，最大二次電流 I_{2max} から二次回路の全抵抗値 R_2' を求め，二次巻線の抵抗値 r_2 を差し引いて，挿入すべき外部抵抗値 R_2 を知る.

最大二次電流 I_{2max} は,

$$I_{2max} = 1.5\times I_{2n}$$

$$= 1.5\times238$$

$$= 357 \text{〔A〕}$$

$$R_2' = \frac{E_2}{\sqrt{3}I_{2max}} = \frac{1\,814}{\sqrt{3}\times357}$$

$$= 2.93365 \text{〔Ω〕}$$

$$R_2 = R_2' - r_2$$

$$= 2.93365 - 0.0317$$

$$= 2.90195 \text{〔Ω〕}$$

(c) トルクから見た始動時の抵抗値 $R_{\tau s}$

まず最初に，同期引き入れ可能な滑り 0.8313〔%〕において，裕度と確度を考慮して，電動機はまだ負荷トルクの 115〔%〕のトルクを発生することができると仮定する．同時に電動機はこのように滑りが小さい所では，電動機の発生トルクは二次電流の自乗および二次抵抗に比例し，滑りに反比例する関係にある．これらの条件の下に，同期引き入れ可能な滑りにおける二次電流 I_{2s_s} と，二次回路の全体の抵抗値 R_{2s_s}' を求めてみる．電動機の二次外部抵抗を短絡してしまったときの，滑り s_n における二次電流 I_{2n} は,

$$I_{2n} = \frac{s_n E_2}{\sqrt{3}r_2} \text{〔A〕}$$

この二次電流の式から，誘導電動機としての最高速度の滑り s_n は,

$$s_n = \frac{\sqrt{3}I_{2n}r_2}{E_2}$$

$$= \frac{\sqrt{3}\times238\times0.0317}{1\,814}$$

$$= 0.0072038 \text{〔p.u.〕}$$

次に，同期引き入れ可能な滑り s_s における電動機二次電流 I_{2s_s} は,

$$I_{2s_s} = \frac{s_s E_2}{\sqrt{3}R_{2s_s}'} \qquad (1)$$

この同期引き入れ可能な滑り s_s を作り出す電動機の二次回路の全抵抗値 R_{2s_s}' は(1)式より,

$$R_{2s_s}' = \frac{s_s E_2}{\sqrt{3}I_{2s_s}} \qquad (2)$$

この滑り s_s における電動機の発生トルク τ_{s_s} は,

$$\tau_{s_s} = 0.3\times1.15\tau_n \qquad (3)$$

$$\frac{\tau_{s_s}}{\tau_n} = \frac{I_{2s_s}{}^2\cdot R_{2s_s}'/s_s}{I_{2n}{}^2\cdot r_2/s_n} \qquad (4)$$

(3)式より，$\tau_{s_s}/\tau_n = 0.345$ となり，この値と(2)式を(4)式に代入すると,

$$\frac{\tau_{s_s}}{\tau_n} = \frac{I_{2s_s}\cdot E_2/\sqrt{3}}{I_{2n}{}^2\cdot r_2/s_n}$$

$$= 0.345 \qquad (5)$$

この式から I_{2s_s} を求めると,

$$I_{2s_s} = \frac{0.345\times I_{2n}{}^2 r_2\sqrt{3}}{s_n E_2}$$

$$= \frac{0.345\times238^2\times0.0317\times\sqrt{3}}{0.0072038\times1\,814}$$

$$= 82.1096 \text{〔A〕}$$

ここで，これらの数値が理に適っているか否か，試して見よう.

先の電動機のトルクと二次電流の関係，そして滑りとトルクの関係から,

$$\frac{\tau_{s_s}}{\tau_n} = \frac{I_{2s_s}{}^2 R_{2s_s}'/s_s}{I_{2n}{}^2 r_2/s_n} = 0.345$$

このトルクの比の式から，滑り s_s における電動機二次回路の全抵抗値 R_{2s_s}' は,

$$R_{2s_s}' = \frac{0.345 s_s\times I_{2n}{}^2 r_2}{s_n\times I_{2s_s}{}^2}$$

$$= \frac{\left\{\begin{array}{l}0.345\times0.008313\\ \times238^2\times0.0317\end{array}\right\}}{0.0072038\times82.1096^2}$$

$$= 0.1060328$$

この関係より，二次外部抵抗をすべて短絡したときに，当然到達し定格トルクを発生するであろう滑り s_n は，トルクの比例推移から求めると，

$$s_n = \frac{0.008313\times0.0317}{0.345\times0.1060328}$$

$$= 0.0072037\,〔\mathrm{p.u.}〕$$

となり，理に適っている．

では，起動電流を抑制するために挿入した外部抵抗をもって，起動したときにどれくらいの起動トルクが発生できるのか調べて見る．

トルクの比例推移の関係から，二次回路の抵抗値と滑りの比が同じであれば，発生トルクの大きさも両者同じであるという関係を使用して，起動時に期待した 150〔%〕の起動トルクを発生することができるか否かを調査することにする．

誘導電動機での定格トルク τ_n というべき，二次抵抗値が r_2 そして滑りが s_n のときの発生トルク τ_n が，誘導電動機としての 100〔%〕のトルクであるから，150〔%〕のトルクを発生させるには，誘導電動機のトルク-滑り特性により，滑り s を 150〔%〕にすれば，発生トルクが 150〔%〕になるので，機械的負荷を増加すればよいことがわかる．

すなわち，

$$s = 1.5\times s_n$$

$$= 1.5\times0.0072038$$

$$= 0.0108057$$

ここでトルクの比例推移の関係を使用して，

$$\frac{r_2}{1.5s_n} = \frac{R_2'}{1}$$

$$\frac{0.0317}{0.0108057} = \frac{2.93365}{1.0}$$

$$2.93364 = 2.93365$$

となり，この関係よりこの誘導同期電動機は，起動時に 150〔%〕のトルクを発生することが納得できる．

(d) 起動抵抗器の抵抗区分数（ノッチ数）

二次電流の最大値 I_{2max} と最小値 I_{2min} の比 K および始動時の抵抗値 R_2' と二次巻線の抵抗値 r_2 から，抵抗の区分数 n を求める式は，本講の中で導き出し方を紹介した式を使用して，

$$n = \frac{\log_{10}R_2' - \log_{10}r_2}{\log_{10}K}$$

ここに，K の値は起動時の電動機の二次電流の制限値から，

$$K = \frac{I_{2max}}{I_{2min}} = \frac{150}{70}$$

$$= 2.1428571$$

$$n = \frac{\log_{10}2.93365 - \log_{10}0.0317}{\log_{10}2.1428571}$$

$$= \frac{0.4674083+1.4989407}{0.3309932}$$

$$= 5.9407531$$

ゆえに，抵抗の区分数 n は整数の 6 が選ばれる．

本講の中で導き出し方を紹介した m 番目の抵抗値 R_m を表す式は，

$$R_m = r_2\,(K^{(n-m+1)}-1)\,〔\Omega〕$$

ここに，$r_2 = 0.0317\,〔\Omega〕$

$K = 2.1428571$

$n = 6$

これらの値を上の式に代入すると，

$$R_m = 0.0317\times(2.1428571^{(6-m+1)}-1)$$

そこで，上式に m の値 1，2，3，4，そして 5 を順次代入していくと，各区分ごとの抵抗値 R_m が得られる．

$$R_{m1} = 0.0317\times(2.1428571^{(6-1+1)}-1)$$

$$= 0.0317\times(96.818703-1)$$

$$= 3.0374529\,〔\Omega〕$$

と計算されるが，起動電流を 150〔%〕に抑えるための抵抗値はすでに求められているから，そのものを使用すべきである．その理由は抵抗の区分数の決定にある．先の区分数の計算値は 5.9407531 であったものを，あえて 6 と整数に

してしまったからである．したがって，R_{m1} は先に求めた値を使用して，

$$R_{m1}=2.90195\,〔\Omega〕$$

$$\begin{aligned}R_{m2}&=0.0317\times(2.1428571^{(6-2+1)}-1)\\&=0.0317\times(45.182062-1)\\&=1.4005714\,〔\Omega〕\end{aligned}$$

$$\begin{aligned}R_{m3}&=0.0317\times(2.1428571^{(6-3+1)}-1)\\&=0.0317\times(21.084963-1)\\&=0.6366933\,〔\Omega〕\end{aligned}$$

$$\begin{aligned}R_{m4}&=0.0317\times(2.1428571^{(6-4+1)}-1)\\&=0.0317\times(9.8396496-1)\\&=0.2802168\,〔\Omega〕\end{aligned}$$

$$\begin{aligned}R_{m5}&=0.0317\times(2.1428571^{(6-5+1)}-1)\\&=0.0317\times(4.5918366-1)\\&=0.1138612\,〔\Omega〕\end{aligned}$$

$$\begin{aligned}R_{m6}&=0.0317\times(2.1428571^{(6-6+1)}-1)\\&=0.0317\times(2.1428571-1)\\&=0.0362285\,〔\Omega〕\end{aligned}$$

と，各区分ごとの抵抗値が求まる．

(e) 起動中の各区分ごとの区間の加速時間

各区分ごとの抵抗値 R_m でもって到達し得る滑り s_m を，各区分ごとの加速時間を計算するために求めておくことにする．ここでは，起動抵抗器の区分数の計算式を導き出す過程で使用した恒等式を利用する．

電動機の二次起動電流の最大値 I_{2max} と最小値 I_{2min} の比 K は，外部抵抗器の中性点を開放した状態で，抵抗器の中性点から電動機の巻線の中性点に向かって眺めた二次回路全体の抵抗値 R_0，そして外部抵抗器の中性点側から数えて最初の区分点の口出し線から巻線の中性点に向かって眺めた，二次回路の全体の抵抗値 R_1 との比に等しいから，この関係を使用して，K^n の値は次のように表すことができる．ここに，抵抗値 R の足字の番号の付け方は本講の中で行ったものと同じである．

$$\begin{aligned}K^n&=\left(\frac{I_{2max}}{I_{2min}}\right)^n=\frac{R_0}{r_2}\\&=\frac{2.90195+0.0317}{0.0317}\\&=\frac{2.93365}{0.0317}\\&=92.544164\end{aligned}$$

したがって K の値は，

$$\begin{aligned}K&=\sqrt[5.9407531]{92.544164}\\&=2.1428571\end{aligned}$$

そしてまた，

$$\begin{aligned}K&=\frac{150}{70}\\&=2.1428571\end{aligned}$$

でもある．

外部抵抗器の各口出し線から電動機の巻線の中性点を眺めた二次回路の抵抗値 R は，次のように表される．

$$\begin{aligned}R_0&=R_0s_0\\&=R_2'\\&=2.93365\\&=R_{m1}+r_2\\&=2.90195+0.0317\\&=2.93365\end{aligned}$$

$$s_0=\frac{2.93365}{2.93365}=1.0$$

$$\begin{aligned}R_1&=R_0s_1\\&=R_{m2}+r_2\\&=1.4005714+0.0317\\&=1.4322714\end{aligned}$$

$$\begin{aligned}s_1&=\frac{R_{m2}+r_2}{R_0}\\&=\frac{1.4322714}{2.93365}\\&=0.4882216\end{aligned}$$

$$\begin{aligned}R_2&=R_0s_2\\&=R_{m3}+r_2\\&=0.6366933+0.0317\\&=0.6683933\end{aligned}$$

$$\begin{aligned}s_2&=\frac{R_{m3}+r_2}{R_0}\\&=\frac{0.6683933}{2.93365}\\&=0.227837\end{aligned}$$

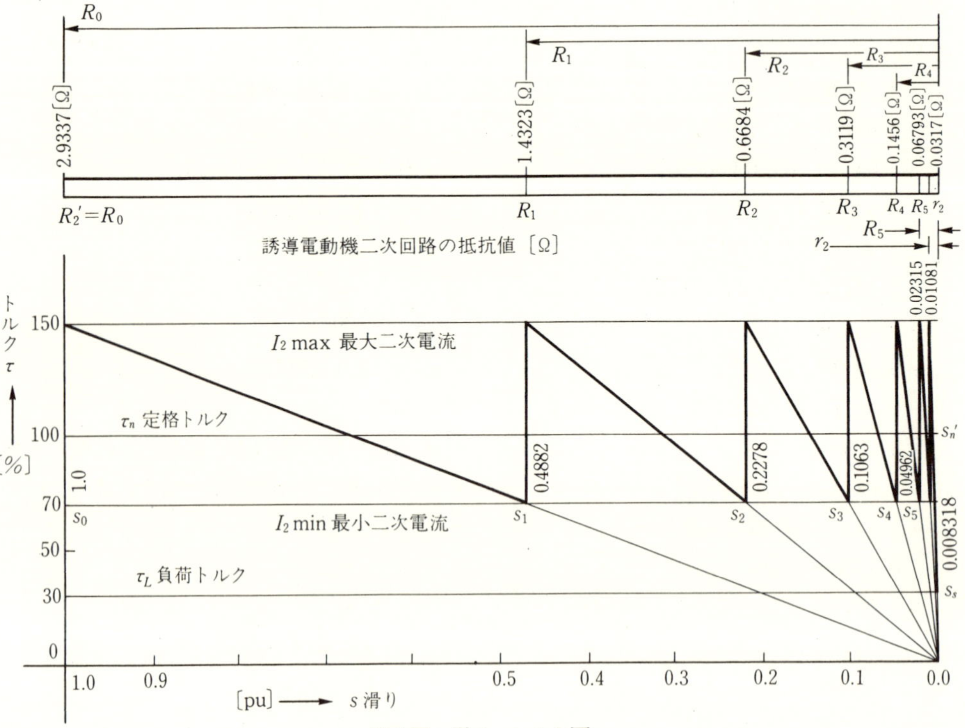

第1図　滑り-トルク図

$$R_3 = R_0 s_3$$
$$= R_{m4} + r_2$$
$$= 0.2802168 + 0.0317$$
$$= 0.3119168$$
$$s_3 = \frac{R_{m4} + r_2}{R_0}$$
$$= \frac{0.3119168}{2.93365}$$
$$= 0.1063237$$
$$R_4 = R_0 s_4$$
$$= R_{m5} + r_2$$
$$= 0.1138612 + 0.0317$$
$$= 0.1455612$$
$$s_4 = \frac{r_{m5} + r_2}{R_0} = \frac{0.1455612}{2.93365}$$
$$= 0.0496177$$
$$R_5 = R_0 s_5 = R_{m6} + r_2$$
$$= 0.0362285 + 0.0317$$
$$= 0.0679285$$
$$s_5 = \frac{R_{m6} + r_2}{R_0} = \frac{0.0679285}{2.93365}$$
$$= 0.0231549$$
$$s_n' = \frac{r_2}{R_0} = \frac{0.0317}{2.93365}$$
$$= 0.0108056$$
$$s_s = 0.008313$$
$$s_n = 0.0072038$$

これで，起動抵抗器の各区分点における最小滑りが求まったので，これを起動時の各区間の加速時間を求めるのに都合のよいトルク-滑り図に表せるようにする．

この起動抵抗器は，起動電流を制限し，大きい起動トルク τ を得るためのものであるが，ここで誘導電動機の起動トルク τ に関する知識を最大限に活用し，供給端子電圧が一定で二次回路の力率が良ければ，単位法で表した二次電流 I_2 と，単位法で表した発生トルク τ は等しいということを利用する．この関係を滑りに従って図示すると**第1図**のように表される．

(f)　平均加速トルクの計算

(i)　区間 s_0～s_1

$N = (1-s)$ の関係を利用して，滑り s_0 から

s_1 における平均加速トルク τ_{01} は,

$$\tau_{01}=\frac{\left\{\begin{array}{l}(1-0.4882216-1+1)\\ \times(1.5-0.7)\end{array}\right\}}{2}+0.7$$

$$=0.9047113$$

(ii) 区間 s_1〜s_2

滑り s_1 から s_2 間の平均加速トルク τ_{12} は,

$$\tau_{12}=\frac{\left\{\begin{array}{l}(1-0.227837-1+0.4882216)\\ \times(1.5-0.7)\end{array}\right\}}{2}+0.7$$

$$=0.8041538$$

(iii) 区間 s_2〜s_3

滑り s_2 から s_3 間の平均加速トルク τ_{23} は,

$$\tau_{23}=\frac{\left\{\begin{array}{l}(1-0.1063237-1+0.227837)\\ \times(1.5-0.7)\end{array}\right\}}{2}+0.7$$

$$=0.7486053$$

(iv) 区間 s_3〜s_4

滑り s_3 から s_4 間の平均加速トルク τ_{34} は,

$$\tau_{34}=\frac{\left\{\begin{array}{l}(1-0.0496177-1+0.1063237)\\ \times(1.5-0.7)\end{array}\right\}}{2}+0.7$$

$$=0.7226824$$

(v) 区間 s_4〜s_5

滑り s_4 から s_5 間の平均加速トルク τ_{45} は,

$$\tau_{45}=\frac{\left\{\begin{array}{l}(1-0.0231549-1+0.0496177)\\ \times(1.5-0.7)\end{array}\right\}}{2}+0.7$$

$$=0.7105851$$

(vi) 区間 s_5〜s_n'

滑り s_5 から s_n' 間の平均加速トルク τ_{5n} は,

$$\tau_{5n}=\frac{\left\{\begin{array}{l}(1-0.0108056-1+0.0231549)\\ \times(1.5-1.0)\end{array}\right\}}{2}+1.0$$

$$=1.0030873$$

(vii) 区間 s_n'〜s_s

滑り s_n' から s_s 間の平均加速トルク τ_{ns} は,

$$\tau_{ns}=\frac{\left\{\begin{array}{l}(1-0.008313-1+0.0108056)\\ \times(1.0-0.3)\end{array}\right\}}{2}+0.3$$

$$=0.3008724$$

(g) 単位慣性定数の計算

起動時間 t_a の計算は，平均加速トルクを使用した単位慣性定数による計算をするために，まず単位慣性定数 M_n を求めておく.

$$M_n=\frac{2.7415574}{P}\times GD^2\cdot N^2\times 10^{-3}\ \text{〔s〕}$$

$$=\frac{2.7415574}{750\times 10^3}\times 33.9\times 10^3\times 750^2\times 10^{-3}$$

$$=69.704097\ \text{〔s〕}$$

(h) 回転数の計算

各滑り s における，回転数 N の値を計算しておく.

$$N_0=1-s_0=1-1=0$$

$$N_1=1-s_1=1-0.4882216$$
$$=0.5117784$$

$$N_2=1-s_2=1-0.227837$$
$$=0.772163$$

$$N_3=1-s_3=1-0.1063237$$
$$=0.8936763$$

$$N_4=1-s_4=1-0.0496177$$
$$=0.9503823$$

$$N_5=1-0.0231549$$
$$=0.9768451$$

$$N_n=1-s_n'=1-0.0108056$$
$$=0.9891944$$

$$N_s=1-s_s=1-0.008313$$
$$=0.991687$$

(i) 加速時間の計算

各区間における加速時間を計算するのだが，計算には次の式を使用し，t_{01} より順次求めていく.

$$t_{01}=\frac{M_n(N_1-N_0)}{\tau_{01}}$$

$$=\frac{69.704097\times(0.5117784-0)}{0.9047113}$$

$$=39.430315$$

$$t_{12}=\frac{M_n(N_2-N_1)}{\tau_{12}}$$

$$= \frac{69.704097 \times (0.772163 - 0.5117784)}{0.8041538}$$

$$= 22.570152$$

$$t_{23} = \frac{M_n (N_3 - N_2)}{\tau_{23}}$$

$$= \frac{69.704097 \times (0.8936763 - 0.772163)}{0.7486053}$$

$$= 11.314340$$

$$t_{34} = \frac{M_n (N_4 - N_3)}{\tau_{34}}$$

$$= \frac{69.704097 \times (0.9503823 - 0.8936763)}{0.7226824}$$

$$= 5.4694019$$

$$t_{45} = \frac{M_n (N_5 - N_4)}{\tau_{45}}$$

$$= \frac{69.704097 \times (0.9768451 - 0.9503823)}{0.7105851}$$

$$= 2.5958405$$

$$t_{5n} = \frac{M_n (N_n - N_5)}{\tau_{5n}}$$

$$= \frac{69.704097 \times (0.9891944 - 0.9768451)}{1.0030873}$$

$$= 0.8581474$$

$$t_{ns} = \frac{M_n (N_s - N_n)}{\tau_{ns}}$$

$$= \frac{69.704097 \times (0.991687 - 0.9891944)}{0.3008724}$$

$$= 0.5774688$$

起動時間 t_{0s} は，各区間の加速時間の和であるから，次のように表される．

$$t_{0s} = t_{01} + t_{12} + t_{23} + t_{34} + t_{45} + t_{5n} + t_{ns}$$

$$= 39.430315 + 22.570152 + 11.314340 + 5.4694019 + 2.5958405 + 0.8581474 + 0.5774688$$

$$= 82.815666$$

以上で，この同期周波数変換機の起動用電動機である誘導同期電動機が，同期引き入れ可能な滑りの速度に達するまでの起動時間が計算できた．しかし，実際の起動抵抗器のカムコントローラのノッチを進める信号を作り出すのは電流継電器であるから，継電器の電流値検出時間と，ノッチを進めるカムコントローラの動作時間だけ，計算結果より余計に時間が必要である．

また，本当の意味での誘導同期電動機の起動時間は，本講の中の強制同期化の項で詳しく説明しておいたから，そちらの方を参照して貰いたい．

また，これだけで起動抵抗器に関するすべての計算が終わったわけではない．まだまだ大切な抵抗器の熱容量の計算や起動時の抵抗器の温度上昇値の計算ができていない．起動抵抗器は起動を2回繰り返してもよいだけの熱容量と，起動を2回繰り返した後でも，温度上昇は許容最高温度以下に抑えられていなくてはならない．

しかし，これらの計算には，抵抗器の材料の物理的な定数や重量と寸法，そして電気的な定数がわからなくてはいけない．ここではこれらの計算に必要な数値が示されていないから，これ以上立ち入ることはしないが，今までの講義の中で得た知識，すなわち，短絡時の電線の温度上昇値の計算法がそのまま使える．また，起動抵抗器の熱容量は，三相誘導電動機の機械的出力と電気的出力のところで紹介した，「電動機につながる回転系の慣性体が起動時に得る運動エネルギーは，電動機の回転子回路の導体が起動中に発生する全抵抗損に等しい」ということを利用して求まる．電動機の起動を2回繰り返すことができるようにするためには，起動抵抗器の熱容量は起動中に回転慣性体の得る運動エネルギーの2倍に等しいか，あるいはそれより大きくなくてはならない．

電動力応用の講義も回を重ねてきてふと思うことは，筆者を指導して下さった，田中隆先生や村山熊太先生が座右の銘とするようにと，よく話して下さった，「判書言身」という言葉だ．先生達が仰有るようにやはり本当に自分が「書いたり，話したりして，己の能力が判る．」と言うことを，昨今身に染みてつくづく分かって来たように思う．

たとえば，前回の巻線型電動機の，二次回路の起動用外部抵抗器の抵抗値や，区分数に関する所でのことだが，あのように起動電流を所定の値に抑え，かつ起動トルクを所定値で保証すると言うことだが，このような始動時に起動抵抗器を三相同時に短絡して行くと発生トルクが大きく急変するから，機械的に見てこの衝撃は電動機や機械負荷に良くない．このような衝撃を少なくする方法として，三相電動機の起動法の所で学んだ，クザ（Kusa）起動の原理を使用して，起動抵抗器はあえて三相同時に短絡しないで，二線間を別々に時間差をもって短絡して行くのである．

また，最近の制御や保護回路の構成論において，その検出回路，保護回路そして制御回路がその回路自身の故障時に，その回路自身の故障に対する耐抗力（Fault Tolerance）が要求されている．この故障（Fault）に対する耐抗力（Tolerance）を増加する方法として，従来の一重回路（Simplex Unit）方式に替わり，二重化回路（Duplex Unit）方式や，三重化回路（Triplex Unit）方式が採用され，そしてその三重化回路には三分の二冗長化方式（Two Out of Three Redundant Logic）〔たとえば検出回路の場合，三個の検出器を取り付け，そのうち二個以上の検出器の出力のみが，正しい検出器の出力として取り扱われる方式〕が採用され，保護回路や制御回路がそれ自身の回路故障時に，その回路自身が故障に対して大変強い耐抗力を持つように回路が構成されている．

はたしてこのような知識が過去の講義でもって，読者の皆様に正しく伝わり正確に理解していただき，将来読者の方々によってこのような技術知識が実務にさいして，正しく利用して頂けるようになったのかどうか非常に気になる所である．これも筆者自身の能力不足に因るものだから，読者の皆様にご迷惑をお掛けするが，お許しを請う以外に方法はあるまい．

それでは本来の講義の方に戻って，今回は電動機の使用定格を変えて使った場合の，温度上昇に関する計算問題を扱って行くことにする．

NEC 規定 430-22(a) の表の数値

Table 430-22(a), Exception. Duty-Cycle Service

Classification of Service	Percentages of Nameplate Current Rating			
	5-Minute Rated Motor	15-Minute Rated Motor	30 & 60 Minute Rated Motor	Continuous Rated Motor
Short-Time Duty Operating valves, raising or lowering rolls, etc.	110	120	150	. . .
Intermittent Duty Freight and passenger elevators, tool heads, pumps, drawbridges, turntables, etc. For arc welders, see Section 630-21	85	85	90	140
Periodic Duty Rolls, ore- and coal-handling machines, etc.	85	90	95	140
Varying Duty	110	120	150	200

Any motor application shall be considered as continuous duty unless the nature of the apparatus it drives is such that the motor will not operate continuously with load under any condition of use.

1. 銘板記載の電動機定格電流について

NEC（National Electrical Code）には，連続定格の電動機を短時間運転でもって使用した場合の，安全に負荷し得る負荷電流について規定している．

では，NEC 規定 430-22(a)の表の数値は，どのようにして得られたものかを知るために，銘板に記載された連続運転の定格電流について，熱源となる電動機の損失と電動機の温度上昇の関係から調べて見よう．

温度上昇時における，熱に関する状態方程式を作ってみると，

$$L\mathrm{d}t = C\mathrm{d}\theta + \alpha S\theta\mathrm{d}t$$

と表すことができる．

ここに，

L：損失

C：熱容量

α：熱放散係数

S：放熱面積

θ：温度上昇

t：時間

この方程式を解くにあたりこの式，

$$(L-\alpha S\theta)\,\mathrm{d}t = C\mathrm{d}\theta$$

は，変数分離型に書き替えられるから，左辺と右辺をそれぞれ別々に積分すると，

$$\int \frac{\mathrm{d}\theta}{L-\alpha S\theta} = \int \frac{\mathrm{d}t}{C} + A'$$

となり，左右それぞれ辺の積分は，

$$-\frac{1}{\alpha S}\log(L-\alpha S\theta) = \frac{t}{C} + A'$$

順次整理をしながら，積分定数が求められるようにしていくと，

$$\log(L-\alpha S\theta) = -\frac{\alpha S}{C}t + A''$$

対数を指数関数の形に書き替えると，

$$L-\alpha S\theta = A''\varepsilon^{-\alpha S/C\cdot t}$$

$$\alpha S\theta = L - A''\varepsilon^{-\alpha S/C\cdot t}$$

この式から温度上昇 θ を求めると，

$$\theta = \frac{L}{\alpha S} - A\varepsilon^{-\alpha S/C\cdot t}$$

この式より積分定数 A を決定するに当たって，$t=0$ において $\theta=0$ であるから，

$$\frac{L}{\alpha S} - A = 0$$

ゆえに，積分定数 A は，

$$A = \frac{L}{\alpha S}$$

したがって，さきの温度上昇 θ を表す式は，

$$\theta = \frac{L}{\alpha S}(1-\varepsilon^{-\alpha S/C\cdot t})$$

となる．

そこで運転時間 t と，温度上昇 θ の関係を知るために，上式を変形すると，

$$\frac{L}{\alpha S} = \frac{\theta}{(1-\varepsilon^{-\alpha S/C\cdot t})}$$

となり，損失 L と温度上昇 θ の関係がよくわかる形となる．

連続定格の電動機を運転し，運転時間 t が $t = \infty$ に達した時の温度上昇 θ は，$\theta = L/\alpha S$ であるから，運転時間 t を t' としたときも，同じ温度上昇 θ が許されるから，そのときの許される損失 L を L' とすれば，その損失 L' は，

$$\frac{L'}{\alpha S} = \frac{L/\alpha S}{(1-\varepsilon^{-\alpha S/C\cdot t'})}$$

ここで，損失 L は出力 P の自乗に比例すると考えられるから，損失 L の比 L/L' を求めると，

$$\frac{L}{L'} = (1-\varepsilon^{-\alpha S/C\cdot t'})$$

となる．

そこで，この損失 L の大部分は銅損 I^2R であり，鉄損は小さくほぼ一定であるから，鉄損による温度上昇を基底温度の方に入れて考えると，負荷の変化にともなう温度上昇は銅損のみに関係すると考えられる．したがって，この損失 L は，出力 P の自乗に比例することになる．

そこで，電動機を連続運転した場合の出力 P を P とし，そして運転時間 t を t'，t'' に変えて運転した場合の出力をそれぞれ P'，P'' とすれば，それぞれの出力 P の比は，

$$\frac{P^2}{P'^2} = (1-\varepsilon^{-\alpha S/C\cdot t'})$$

$$\frac{P}{P'} = (1-\varepsilon^{-\alpha S/C\cdot t'})^{1/2}$$

$$\frac{P''}{P'} = \left(\frac{1-\varepsilon^{-\alpha S/C\cdot t'}}{1-\varepsilon^{-\alpha S/C\cdot t''}}\right)^{1/2}$$

と言う関係で表される．

ここに，

$$\frac{C}{\alpha S} = T$$

と表され，この T は熱時定数と呼ばれるものである．

2.　数値計算

熱時定数 $T = 90$ 分の連続定格の電動機を，運転時間 30 分の短時間定格の電動機として使用した場合，負荷しうる許容出力と連続定格との比を求める．

$$\begin{aligned}\frac{P}{P'} &= (1-\varepsilon^{-30/90})^{1/2}\\ &= \left(1-\frac{1}{1.3956124}\right)^{1/2}\\ &= (1-0.7165313)^{1/2}\\ &= (0.2834686)^{1/2}\\ &= 0.5324177\end{aligned}$$

すなわち，30 分定格にすればこの数値の逆数が連続定格に対する倍率であるから，連続定格の 1.878 倍の負荷を負わせることが許される．

また，同じような問題で熱時定数が 60 分の電動機を，15 分定格の電動弁用の電動機として使用した場合，許し得る 15 分短時間定格の出力はいくらになるかを求める．

$$\begin{aligned}\frac{P}{P'} &= (1-\varepsilon^{-15/60})^{1/2}\\ &= (1-0.7788007)^{1/2}\\ &= (0.2211992)^{1/2}\\ &= 0.4703182\end{aligned}$$

こうしてこれより連続定格に対する倍数を求めると，1/0.4703182 から，その倍数は 2.12622 となり，電動機の発生トルクと負荷トルクのことを考えると，これでは電動機が回転を始めないから，このような使用の仕方はできないということになる．この問題は意地悪い問題だが，この世の中には，ある前提のもとに計算をすることはできても，それで良いか否かの判断は，

やはり自分自身の判断で行わなければならない.

3. 結 論

すなわち，熱時定数90分の連続定格の電動機を，30分間定格で使用すれば，188%の負荷まで安全に負荷することができるわけである.

このような考えのもとに電動機の適用を行ったならば，弁の操作のように2～3分にて操作を終えるものには，430-22(a)の表に示されたような電線サイズを選ぶべきである．昇降機や運搬機械等は，1～2時間使用で選ぶから表のような値となる．また，破砕機のような変動負荷機械に対しては，当然表のような値を採ることとなる.

しかし，これはあくまで熱的な方面からのみ考えたものであるから，電動機の出力トルクが十分にある場合である.

なお，この表の場合には，電線の熱時定数は小さいから考えには入っていない.

水銀ポテンショメータ（Potentiometer）

サウンディングメータ（Sounding Meter）の位置検出部分の変換器に，水銀を使用した可変抵抗器が使用されていました．その可変抵抗器の容器がガラス管でできていましたので，水銀の比重が大きいために輸送中の衝撃で，そのガラス管に皆ひびが入り壊れて水銀が漏えいしていました．可変抵抗器の摺動短絡部に水銀を使用した封じ切りガラス管の利用は，腐食性および爆発性ガスの雰囲気に対する考えとしては大変良い考えと思いますが，比重の大きい水銀と大変もろいガラス管とを組み合わせた使用は，耐衝撃性に対しては感心できる組み合わせではありません.

緊急対策としての応急処置は，まずすぐに現在使用しているものと同じ仕様の交換用ポテンショメータ，すなわち水銀を使用したポテンショメータの全数を，現地までハンドキャリー（Hand Carry）し全数を交換することにしました.

サウンディングワイヤの乗り上げ

サウンディング（Sounding：測深装置）の巻き取りワイヤロープ（Wire Rope）が，ワイヤロープ同士の摩擦により，シーブ（Sheave：巻き胴調車）上にすでに巻き取られた隣のワイヤロープの上に乗り上げ，隣のワイヤロープと重なり合い二段重ねに巻き上げられました．その重なり合ったワイヤロープが続けて巻き取られていくと，ロープの重なり合う部分がだんだん少なくなっていき，ついに何かの振動で今まで重なっていた上側のワイヤロープが，シーブの表面上に落ちてきます.

ご存知のように巻き取りワイヤロープ自身は，張力の変化に基づき少しですが伸び縮みが生じます．したがって，その重なり合った上側のロープがこのシーブの表面上に急激に落ちてきたときには，サウンディング（Sounding：測深装置）のワイヤロープは，測錘（Plumb）の質量のために衝撃を受けます．その衝撃力は，ワイヤロープに張力の変化を与えます．また，この衝撃による張力の変化は，ワイヤロープの長さに伸縮が発生し，これに応じて，サウンディングの測錘の位置も変化します．このときのワイヤロープの伸び縮みによる測錘の位置の変化は，ロープの張力に振動を生じさせます．サウンディングはこのときワイヤロープの張力の減少を，あたかもサウンディングの測錘が底の資料に接したかのように感じ取ってしまい測深の命令を発し，誤った測深（Sounding）を行ってしまうものです.

ほかの製造者のサウンディングでは，巻き取りワイヤロープの巻き取り装置に，ワイヤロープ専用のガイド（Guide）を取りつけて，決して巻き取りワイヤロープがすでに巻き取ったワイヤの上に重ならないようにしてあります.

しかし，このサウンディング製造者は，この問題の解決策としてワイヤロープをシーブの上に巻いたときにできる，表面の形状によく似た溝（Groove）の大きさと溝のピッチ（Groove Pitch）で，シーブの表面にスパイラル（Spiral）状の溝を彫りました．ワイヤロープの案内溝（Guide Groove）として働くようにスパイラル状の溝の形状は，もちろんサウンディングのワイヤロープの外形に合わせた半円形の溝に仕上げました.

巻上機の所要電力の計算例
(その 1)

ある鉱山に吊り籠型巻上機を設置し，坑内員を地上から竪坑を通じて坑内に輸送しようとするものである.

1. 吊り籠（ケージ）巻上機

A. 基礎資料

(1) 設置場所　鉱山竪坑内

(2) 仕様目的　坑内員輸送用

(3) 巻上機仕様

(イ) 型式　単胴，単巻

(ロ) 巻上速度　3.0〔m/s〕

(ハ) 最大巻上荷重　2 100〔kg〕

(ニ) 最大巻綱荷重　5 350〔kg〕

(4) 巻上距離　260〔m〕

(5) 鋼索ロープ

構造　19〔本〕×6〔mm〕

直径　30〔mm〕

破断力　47 000〔kg〕

重量　3.285〔kg/m〕

(6) 巻胴シーブ

直径　2 000〔mm〕

シーブ幅　800〔mm〕

シーブ鍔径　2 300〔mm〕

制動輪径　2 200〔mm〕

(7) ヘッドシーブ

直径　2 000〔mm〕

(8) 吊り籠ケージ

吊り籠段数　1

重量　2 350〔kg〕

(9) 電動機

出力　184〔kW〕

回転数　690〔rpm〕(負荷軸にて)

B. 巻上時間

巻上機は運転に入ると，最初に吊り落とし防止確認時間を経て，所定の加速度 $\alpha = 0.4$〔m/s^2〕をもって全速度 $v = 3.0$〔m/s〕に達するまで一定の加速度でもって加速し，全速度 $v = 3.0$〔m/s〕に達した後は，全速度でもって目的位置に向かい，減速距離を残して目的位置に停止できるように，一定の減速度 $\beta = 0.5$〔m/s^2〕をもって減速し，速度が零になると制動を掛け，所定の目的位置に停止させて，坑内員の乗せ換えを行う.

この坑内員乗せ換え時間は，他の鉱山で 20〜24 秒の実績があるが，信号の切り替わり時間や確認時間を考慮して，本設備では坑内員の自発的な乗換え時間として 48 秒と仮定する．この鉱山における 1 人平均の乗降時間は，実績によると，

$$42.5〔秒〕/25〔人〕= 1.7〔秒/人〕$$

であった.

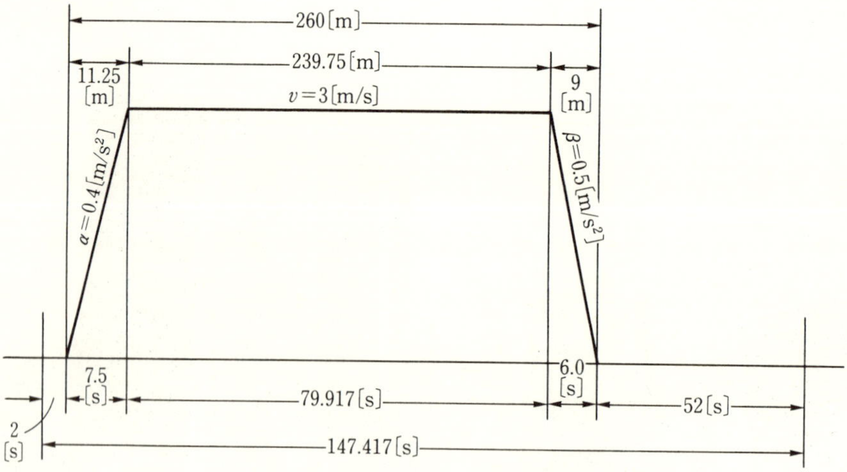

図-1　ケージ巻上機速度－時間曲線

一方，ケージの搭乗定員は，

1 人当たりの床面積　0.5〔m〕×0.4〔m〕
＝0.2〔m^2/人〕

ケージの全体床面積　2.4〔m〕×1.3〔m〕
＝3.12〔m^2/床〕

ケージの定員

$$\frac{3.12\,[m^2]}{0.2\,[m^2]} = 15.6\ [人/床]$$

したがって，搭乗定員は 15 人となる．

なお，1 人当たりの床面積は，マイニングルームのテクニカルレポートによれば 0.2〔m^2/人〕となっており，この設備では 0.2〔m^2〕以上となっているから，床面積においては十分であると考える．

よって，搭乗時間は一応完全にケージより全員が降りた後に，新しいグループの全員が乗り込むと仮定して，

1.7×15×2（乗降）＋1＝52〔秒〕

坑内員の必要乗換時間は 52 秒間と決定する．

坑内員の巻上げ時の速度–時間曲線を描くと，**図－1** に示すようになる．

1 回の巻上げに必要な時間は，

吊落防止確認時間　2.0〔s〕
加速運転時間　7.5〔s〕
加速運転距離　11.25〔m〕
全速運転距離　239.75〔m〕
全速運転時間　79.917〔s〕
減速運転時間　6.0〔s〕
減速運転距離　9.0〔m〕
搭乗員乗替時間　52〔s〕

合計所要時間/周期　147.417〔s〕

C.　鋼索ロープ

(1)　鋼索ロープ直径 d　30〔mm〕
ロープの素線（19〔本〕/6〔mm〕）

(2)　巻上荷重

(イ)　鋼索ロープ重量　900〔kg〕
（3.285〔kg/m〕×274〔m〕＝900.09〔kg〕）

(ロ)　吊籠荷重　2 350〔kg〕

(ハ)　人員荷重　900〔kg〕
（60〔kg/人〕×15〔人〕＝900〔kg〕）

合計荷重　4 150〔kg〕

(3)　鋼索ロープの安全率

(イ)　破断力　47 000〔kg〕

(ロ)　安全率

$$f_s = \frac{47\,000}{4\,150} = 11.325$$

D.　巻胴シーブ

(1)　巻胴シーブ
シーブ胴径 D　2 000〔mm〕
シーブ巻幅 B　800〔mm〕
シーブ鍔径　2 300〔mm〕

(2)　巻胴シーブ胴径 D/鋼索ロープ直径 d

$$\frac{D}{d} = \frac{2\,000}{30} = 66.7$$

⑶　鋼索ロープの長さ

巻胴1段巻取り回数 n_0 とすると，

$$n_0=\left(\frac{B}{d}-1\right)=\left(\frac{800}{30}-1\right)=25.7$$

巻取り回数 n_0 は整数でなくてはならないから，$n_0=25$〔回〕となる．

鋼索ロープ巻取りの重ね巻き層数 m は，下地巻きの1層分を含めて3層とすると，鋼索ロープの巻き胴収容長さ L は，

$$L=3\pi n_0(D+md)-\pi n_0 D$$
$$=\frac{3\pi\times25\,(2\,000+3\times30)-\pi\times25\times2\,000}{1\,000}$$
$$=335.365\ \text{〔m〕}$$

この巻鋼索ロープの収容長さの335.4〔m〕は，吊り籠の巻上げ距離の260〔m〕より十分長いから，吊り籠の巻上げには何ら問題はない．

E.　所要動力

⑴　概略図と記号

今考えている竪坑の概要を，略図でもって表すと**図-2**のようになる．

そしてまた，計算に使用する記号は次のように定めておく．

M：電動機のトルク〔kg·m〕
R：巻胴シーブの半径　1.0〔m〕
R_s：ヘッドシーブ半径　1.0〔m〕
W：積載荷重　2 100〔kg〕
W_c：吊り籠重量　2 350〔kg〕
w：鋼索ロープ重量　3.285〔kg/m〕
L_t：図示鋼索ロープ長さ　260〔m〕
（各瞬間における不平衡鋼索ロープ長さ）
L_0：懸垂鋼索ロープ長さ　317〔m〕
L：鋼索ロープ全長　470〔m〕
I：電動機部慣性能率　2 500〔kgm^2〕
I_s：ヘッドシーブ慣性能率　80〔kgm^2〕
F_1，F_2：摩擦および風圧抵抗力〔kg〕
η：機械効率　0.8
α：加速度　0.4〔m/s^2〕
β：減速度　0.5〔m/s^2〕
ω：各瞬間巻胴回転角速度〔rad/s〕
ω_0：定格角速度　3〔rad/s〕

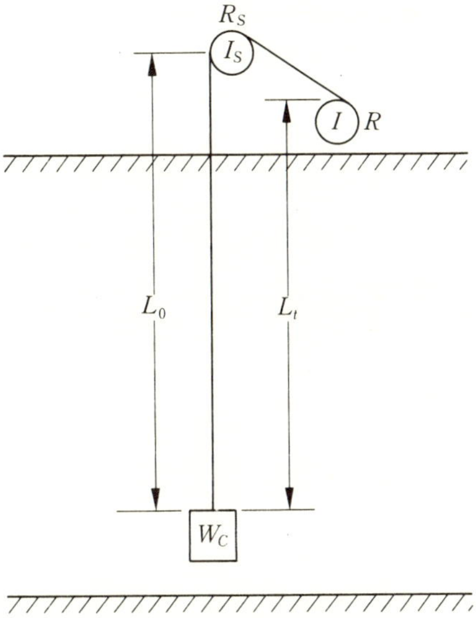

図-2　ケージ巻上機概略図

⑵　所要動力の計算式

先の記号に従って，所要トルク〔kg·m〕の計算式を表すと，

$$M=\frac{R}{\eta}\Big[\{W_c+W+wL_t+(F_1+F_2)\}$$
$$+\frac{\mathrm{d}v}{\mathrm{d}t}\Big\{\frac{1}{g}(W_c+W+wL)$$
$$+\frac{1}{R^2}\Big(I+I_s\frac{R^2}{R_s^{\,2}}\Big)\Big\}\Big]$$

$$F_1+F_2=0.05\,(W_c+W+wL_0)$$

変動負荷運転に必要な電動機の所要動力は，

$$M_{rms}=\sqrt{\frac{\int M^2\mathrm{d}t}{t_1+0.5t_2+0.25t_3}}$$

ここに，

t_1：全速度運転時間
t_2：加速，減速運転，吊り落し防止確認時間
t_3：停止時間
（ただし，駆動電動機は誘導電動機とする）

続いて所要動力〔HP〕でもって表すと，

$$HP=\frac{M\omega_0}{75}$$

$$HP_{rms}=\frac{M_{rms}\omega_0}{75}$$

また，所要動力を〔kW〕でもって表すと，

$$kW=HP\times0.736$$

$$kW_{rms} = HP_{rms} \times 0.736$$

(3) 巻上荷重条件

吊り籠ケージ　2 350〔kg〕

荷重（含荷物）　2 100〔kg〕

(4) 所要動力の計算

吊り上げ距離と所要時間を求める公式は次の式を利用する．

$$v = v_0 + \alpha t$$

$$s = v_0 t + \frac{1}{2}\alpha t^2$$

$$v^2 = (v_0 + \alpha t)^2 = v_0{}^2 + 2\alpha s$$

ここに，

v：速度〔m/s〕

v_0：初速度〔m/s〕

α：加速度〔m/s²〕

t：経過時間〔s〕

s：移動距離〔m〕

(a) 所要時間と吊り上げ距離の計算

先の速度-時間曲線の時間と移動距離を計算する．

足字の α，β，f の意味は次の通りである．

α：加速　β：減速　f：全速度

$$t_\alpha = \frac{v}{\alpha} = \frac{3}{0.4} = 7.5 \text{〔s〕}$$

$$s_\alpha = \frac{1}{2}\alpha t^2 = \frac{1}{2} \times 0.4 \times 7.5^2$$

$$= 11.25 \text{〔m〕}$$

$$t_\beta = \frac{v}{\beta} = \frac{3}{0.5} = 6.0 \text{〔s〕}$$

$$s_\beta = v_f t - \frac{1}{2}\beta t^2$$

$$= 3 \times 6 - \frac{1}{2} \times 0.5 \times 6^2$$

$$= 9.0 \text{〔m〕}$$

$$s_f = 260 - (11.25 + 9)$$

$$= 239.75 \text{〔m〕}$$

$$t_f = \frac{s_f}{v_f} = \frac{239.75}{3.0}$$

$$= 79.917 \text{〔s〕}$$

(b) 各種所要トルクの計算

$$W_{1\alpha} = W_c + W + wL_t + (F_1 + F_2)$$

$$F = F_1 + F_2$$

$$= 0.05\,(W_c + W + wL_0)$$

$$= 0.05\,(2\,350 + 2\,100 + 3.285 \times 317)$$

$$= 0.05 \times 5\,491.345$$

$$= 274.5673$$

$$W_{1\alpha} = W_c + W + wL_t + F$$

$$= 2\,350 + 2\,100 + 3.285 \times 260 + 274.5673$$

$$= 5\,578.6673$$

$$\frac{W_t}{g} = \frac{1}{g}(W_c + W + wL)$$

$$= \frac{1}{9.807}(2\,350 + 2\,100 + 3.285 \times 470)$$

$$= 611.19099$$

$$I_t = \frac{1}{R^2}\left(I + I_s \frac{R^2}{R_s{}^2}\right)$$

$$= \frac{1}{1.0^2}\left(2\,500 + 80\,\frac{1.0^2}{1.0^2}\right)$$

$$= 2\,580$$

$$T_{\alpha\beta} = \frac{W_t}{g} + I_t$$

$$= 611.191 + 2\,580$$

$$= 3\,191.191$$

(c) 吊り落し防止確認中のトルク

$$M_{fp} = \frac{R}{\eta}\,\{W_c + W + wL_t\} = \frac{R}{\eta}\,\{W_{fp}\}$$

$$= \frac{1.0}{0.8}(2\,350 + 2\,100 + 3.285 \times 260)$$

$$= \frac{1.0}{0.8}(5\,304.1)$$

$$= 6\,630.125$$

(d) 加速中の所要トルク

$$M_\alpha = \frac{R}{\eta}\,\{W_c + W + wL_t + F + \alpha\,T_{\alpha\beta}\}$$

$$= \frac{R}{\eta}\,\{W_{fp} + F + \alpha\,T_{\alpha\beta}\} = \frac{R}{\eta}\,\{W_{1\alpha}\}$$

$$= \frac{1.0}{0.8}\,\{5\,304.1 + 274.5673 + 0.4 \times 3\,191.191\}$$

$$= 8\,967.8285$$

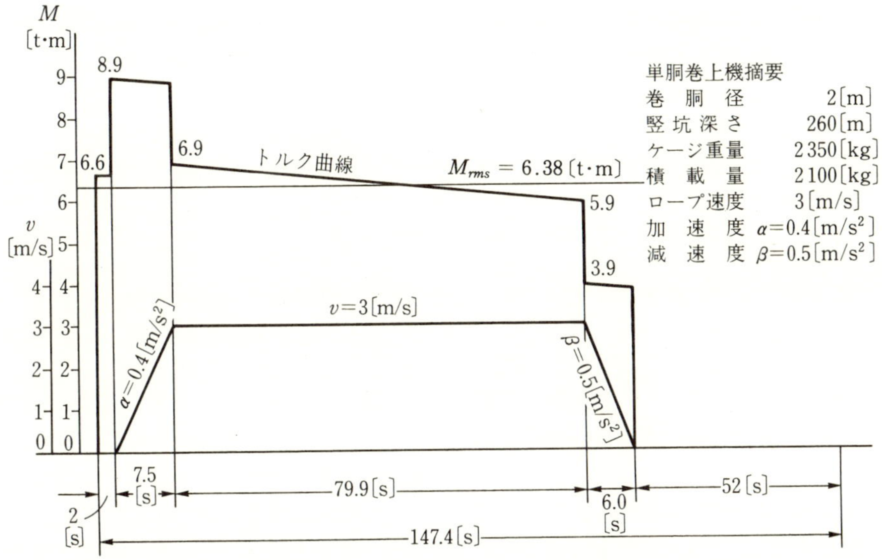

図－3 ケージ巻上機トルク－速度曲線

(e) 高速度運転中のトルク

$W_{fb} = W_c + W + w\,(L_t - s_\alpha) + F$

$(L_t - s_\alpha) = (260 - 11.25)$

$= 248.75$

$W_{fb} = 2\,350 + 2\,100 + 3.285 \times 248.75$

$+ 274.5673$

$= 5\,541.71$

$$M_{fb} = \frac{R}{\eta}\ \{W_{fb}\}$$

$$= \frac{1.0}{0.8}\,(5\,541.71)$$

$= 6\,927.14$

$W_{fe} = W_c + W + w\,(L_t - s_\alpha - s_f) + F$

$(L_t - s_\alpha - s_f) = (260 - 251) = 9$

$W_{fe} = 2\,350 + 2\,100 + 3.285 \times 9 + 274.5673$

$= 4\,754.1323$

$$M_{fe} = \frac{R}{\eta}\ \{W_{fe}\}$$

$$= \frac{1.0}{0.8}\,(4\,754.1323)$$

$= 5\,942.665$

(f) 減速中のトルク

$$M_\beta = \frac{R}{\eta}\ \{(W_{fe}) - \beta\,(T_{\alpha\beta})\}$$

$$= \frac{1.0}{0.8}\ \{4\,754.1323 - 0.5 \times 3\,191.1910\}$$

$= 3\,948.171$

(g) 自乗和平均平方根（rms）トルク

トルクの自乗の積分を求めると，

$$\int M^2 \mathrm{d}t = M_{fp}{}^2 t_{fp} + M_\alpha{}^2 t_\alpha + \left\{\frac{1}{2}\cdot(M_{fb} + M_{fe})\right\}^2 t_{fs} + M_\beta{}^2 t_\beta$$

$$= 6.630125^2 \times 2 \times 10^6 + 8.9678285^2 \times 7.5 \times 10^6 + \left\{\frac{1}{2}\cdot(6.92714 + 5.942665)\right\}^2 \times 79.917 \times 10^6 + 3.948171^2 \times 6 \times 10^6$$

$= 4\,093.81 \times 10^6$

等価時間周期を求めると，

$t_1 = 79.917$

$t_2 = 2 + 7.5 + 6 = 15.5$

$t_3 = 52$

$t_{eq} = t_1 + 0.5 t_2 + 0.25 t_3$

$= 79.917 + 0.5 \times 15.5 + 0.25 \times 52$

$= 100.667$

トルクの rms を求めると，

$$M_{rms} = \sqrt{\frac{4\,093.81 \times 10^6}{100.667}}$$

$= 6.3770567 \times 10^3$

このトルクより所要馬力を求めると，

$$HP_{rms} = \frac{M_{rms}\,\omega_0}{75}$$

$$= \frac{6\,377.0567 \times 3}{75}$$

$$= 255.08227\ \text{〔HP〕}$$

この馬力をキロワットに換算すると，

$$kW_{rms} = HP_{rms} \times 0.736$$

$$= 255.08277 \times 0.736$$

$$= 187.74055\ \text{〔kW〕}$$

(5)　計算結果のまとめ

竪坑の深さ	260〔m〕
巻胴直径	2 000〔mm〕
トルク M_{rms}	6 380〔kg·m〕
所要馬力	255〔HP〕
所要 kW	188〔kW〕

これらの計算結果は，**図－3**を参照のこと．

配線用遮断器のカスケード（小滝）遮断（Cascade Interruption with Miniature Circuit Breakers）

配線用遮断器で短絡時の遮断耐量および遮断時間の協調を採ることは非常に難しいことです．回路保護の技術的な面からのみ見ればヨーロッパのようにヒューズを使いたいのですが，客先はヒューズ使用を好まないことがよくあります．その主な理由はヒューズを交換する場合，電気的知識に明るくない人により指定された定格と異なるヒューズに交換されることにあります．定格値が大きく違えば受け口の違いにより，違ったヒューズの挿入は不可能ですが，少しくらいの違いならば挿入可能な場合がよくあるのです．ヒューズの特性は回路の電圧および推定短絡電流により大きく変わるので定格電流のみでなく，先述のように，使用される回路に正確に合わせて置くことが要求されます．

では樹枝状配電回路において配線用遮断器で，どのようにして短絡時の保護協調を採るかを説明しましょう．まず受電点の主遮断器は受電点の短絡容量に見合った全容量の遮断器を設けます．その下流一段目の母線および分岐線は主遮断器で保護できるだけの熱的機械的強度を充分備えた電気回路とします．そして一段目の分岐回路に繋がる遮断器は，その下流に繋がる二段目の母線および分岐線を短絡時に保護するのに充分なだけの，遮断容量と時間特性を持つように容量を低減します．このように段数に応じて順次低減遮断容量を持つ遮断器を採用すれば，二段目の母線および分岐点以降で短絡事故が起きた場合，一段目の分岐回路の遮断器が動作し故障電流が遮断できれば全く問題はありませんが，もしその故障電流が一段目の分岐回路の遮断器の遮断容量を超過して遮断できない場合には，受電点の主遮断器により故障電流が遮断されるのを待ちます．そのためには下流の分岐回路の遮断器の瞬時過電流耐量特性が，上流の遮断器の過電流遮断時間特性に，電流目盛上で充分に重なり合っていることが絶対必要条件になります．

このように下流の遮断器自身は故障電流で引き外されますが，しかし自分自身で通過している故障電流を遮断することができないので，上流の遮断器に故障電流の遮断を委ねるような遮断方式を，カスケード遮断方式と呼んでいるのです．

引き続いて，二段目の分岐回路の遮断器の遮断容量は，三段目の母線または分岐点以降で短絡事故が起きた場合の故障電流の処理ができるだけの，三段目の分岐回路の遮断器は四段目の母線または分岐点以降で短絡事故が起きた場合の故障電流が処理できるだけの，低減遮断容量を持つ遮断器を準備します．

このように配線用遮断器の短絡時の保護協調は，遮断器の製造者が保証する許容過電流耐量と遮断時間特性に見合ったように，順次低減容量を持つ配線用遮断器によるカスケード遮断方式で対応していきます．特に一つの配電盤の中に一段の母線しか無いような場合は，負荷側の外部ケーブルによる短絡電流の抑制が期待できますから，このカスケード遮断方式は非常に経済的かつ効果的な保護協調方法となります．

巻上機の所要電力の計算例
(その2)

ある鉱山に底開きスキップ型巻上機を設置し，鉱石を地下から堅坑を通じて坑外に搬出しようとするものである．

I．スキップ巻上機

A．基礎資料

(1) 設置場所　鉱山堅坑内

(2) 使用目的　鉱石運搬用

(3) 巻上機仕様

(イ) 型式　複胴巻上機

(ロ) 巻上速度　2.5〔m/s〕

(ハ) 最大巻上荷重　2 700〔kg〕

(ニ) 最大不平衡荷重　3 640〔kg〕

(4) 巻上距離　275〔m〕

(5) 鋼索ロープ

構造　19〔本〕×6〔mm〕

直径　30〔mm〕

破断力　47 000〔kg〕

重量　3.285〔kg/m〕

平衡鋼索ロープ　なし

(6) 巻胴シーブ

直径　2 000〔mm〕

シーブ幅　800〔mm〕

シーブ鍔径　2 300〔mm〕

制動輪径　2 200〔mm〕

(7) ヘッドシーブ

直径　2 000〔mm〕

(8) スキップ

型式　底開き型

重量　2 400〔kg〕

(9) 電動機

出力　184〔kW〕

回転数　690〔rpm〕(負荷軸において)

B．巻上時間

(1) 速度と時間

本巻上機も運転に入ると，吊り落とし防止確認時間を経て，所定の加速度$\alpha = 0.4$〔m/s^2〕でもって加速し，所定の低速度$v_l = 0.4$〔m/s〕に達すると，その低速度で5秒間だけ運転を続け，その後さらに所定の加速度$\alpha = 0.4$〔m/s^2〕でもって，全速度$v_f = 2.5$〔m/s〕に達するまで一定の加速度でもって加速し，全速度$v_f = 2.5$〔m/s〕に達したならば，全速度でもって所定位置に向かい，目的位置に停止できるように減速距離を残して，全速度$v_f = 2.5$〔m/s〕を保って運転し，それより先は減速区間なので，この区間に入れば所定の減速度$\beta = 0.5$〔m/s^2〕でもって減速し，所定の低速度$v_l = 0.4$〔m/s〕に達するまで減速し，所定の低速度$v_l = 0.4$〔m/s〕に達したならば，5秒間だけその低速度で運転を続け，その後さらに所定の減速

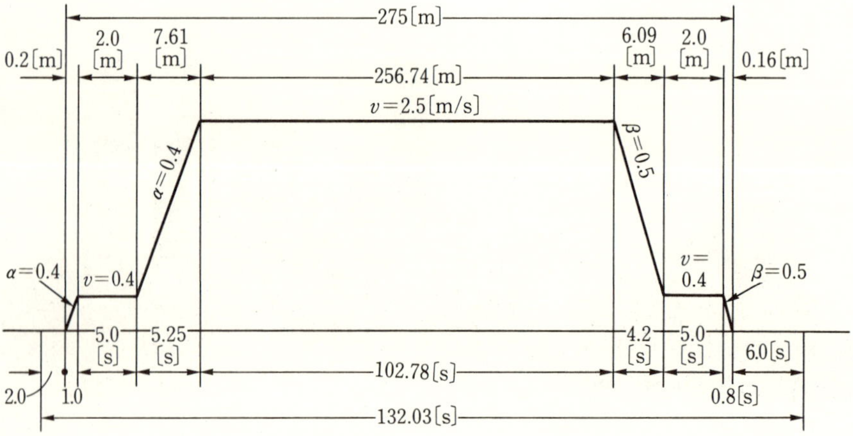

図－1　スキップ巻上機　時間－速度曲線

度$\beta = 0.5$〔m/s^2〕でもって減速し，目的位置まで一定の減速度$\beta = 0.5$〔m/s^2〕でもって減速を続け，所定の目的位置にて速度が零になれば，時間を置かずに制動を掛け，その所定位置に停止させ，鉱石の積み替えをする．

この様子を速度－時間曲線でもって表すと**図－1**のようになる．

(2)　巻上げ所要時間表

1回の巻上げに必要な所要時間は，

吊落防止確認時間　2.0〔s〕
一定加速時間　1.0〔s〕
低速一定時間　5.0〔s〕
一定加速時間　5.25〔s〕
全速度時間　102.78〔s〕
一定減速時間　4.2〔s〕
低速一定時間　5.0〔s〕
一定減速時間　0.8〔s〕
積み替え時間　6.0〔s〕
合計　132.03〔s〕

(3)　所要巻上げ時間

所要巻上げ量　60〔t/時間〕
巻上げ量　2.7〔t/1回〕
巻上げ時間　132.03〔s/1回〕
巻上げ回数　27〔回/時間〕
巻上げ量　72.9〔t/時間〕
巻上げ量/所要巻上げ量　1.21

C．　巻鋼索ロープ

(1)　巻鋼索直径　30〔mm〕
（ロープ構成素線19本/6〔mm〕）

(2)　巻上げ荷重

スキップ　2 400〔kg〕
積載荷重　2 700〔kg〕
鋼索重量　950〔kg〕
合計　6 050〔kg〕

(3)　鋼索ロープ安全率

(イ)　破断力　47 000〔kg〕

(ロ)　安全率

$$\frac{47\,000}{6\,050} = 7.769$$

D．　巻胴シーブ

(1)　巻胴シーブ

シーブ胴径　2 000〔mm〕
シーブ巻幅　800〔mm〕
シーブ鍔径　2 300〔mm〕

(2)　$\dfrac{\text{シーブ胴直径}}{\text{巻鋼索ロープ径}} = \dfrac{2\,000}{30} = 66.667$

(3)　巻鋼索ロープ層数

下地巻1層分を含め巻鋼索ロープの巻層数mを3層と仮定すれば，巻鋼索ロープの巻胴シーブへの巻き込み長さLは，

$$L = 3\pi n_0 (D+md) - \pi n_0 D$$

$$= \frac{3\pi\times 25\,(2\,000+3\times 30) - \pi\times 25\times 2\,000}{1\,000}$$

$$= 492.445 - 157.080$$

$= 335.365$〔m〕

この鋼索ロープの巻き込み長さ 335.4〔m〕は，堅坑の深さ 275〔m〕より十分長いから問題はない．

E.　スキップ巻上機の所要動力

(1)　概略図と記号

この巻上機の概略を図示すると，**図－2** のようになる．

M：電動機トルク〔kg·m〕

R：巻胴シーブ半径　1.0〔m〕

R_s：ヘッドシーブ半径　1.0〔m〕

W：鉱石重量　2 700〔kg〕

W_s：スキップ重力　2 400〔kg〕

w：鋼索ロープ重量　3.285〔kg/m〕

L_1：図示鋼索ロープ長さ　305〔m〕

L_2：図示鋼索ロープ長さ　0〔m〕

L_0：懸垂部ロープ長さ　305〔m〕

L：鋼索ロープ全長　790〔m〕

η：機械効率　0.8

I：電動機部慣性能率　3 800〔kg·m²〕

I_s：ヘッドシーブ部慣性能率　80〔kg·m²〕

F_1，F_2：摩擦抵抗および風圧抵抗〔kg〕

$F_1+F_2=0.05\,(2W_s+W+wL_0)$

α：加速度　0.4〔m/s²〕

β：減速度　0.5〔m/s²〕

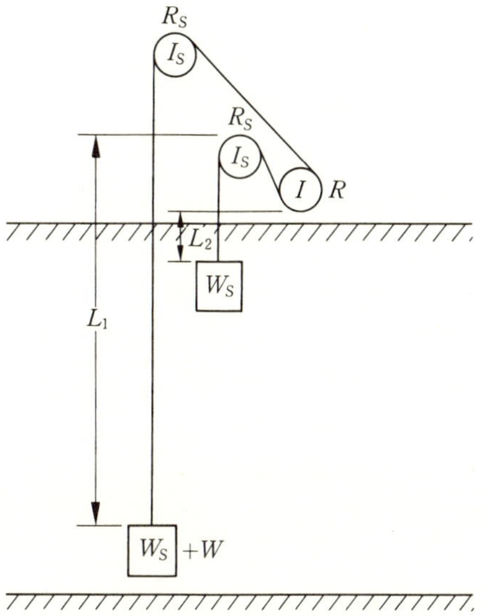

図－2　スキップ巻上機　概略図

ω：各瞬時巻胴シーブ回転速度〔rad/s〕

ω_0：定格回転速度　2.5〔rad/s〕

(2)　所要動力の計算式

先に示した記号を使用して所要トルク M の計算式を表すと，

$$M=\frac{R}{\eta}\Bigl[\{W+w\,(L_1-L_2)+(F_1+F_2)\}+\frac{dv}{dt}\Bigl\{\frac{1}{g}\Bigl(2W_s+W+wL\Bigr)+\frac{1}{R^2}\Bigl(I+2I_s\frac{R^2}{R_s^{\,2}}\Bigr)\Bigr\}\Bigr]$$

続いて所要トルクを，変動負荷用の実効値（rms）でもって表すと，

$$M_{rms}=\sqrt{\frac{\int M^2\,dt}{t_1+0.5t_2+0.25t_3}}$$

（ただし，電動機は誘導電動機とする）

t_1：全速度運転時間

t_2：低速度，加速，減速，吊り落し防止確認時間

t_3：停止時間

電動機の所要動力 HP は，次式で表される．

$$HP=\frac{M\omega_0}{75}$$

変動負荷用の実効値（rms）で表した電動機の所要動力 HP_{rms} は，次のように表される．

$$HP_{rms}=\frac{M_{rms}\,\omega_0}{75}$$

また，電動機の所要動力を kW 値表示に直すと，

$$kW=HP\times 0.736$$

変動負荷用の実効値（rms）で表した電動機の所要動力 kW_{rms} 値は，次のように表される．

$$kW_{rms}=HP_{rms}\times 0.736$$

(3)　荷重条件

	スキップ重量〔kg〕	最大荷重〔kg〕
上昇スキップ	2 400	2 700
下降スキップ	2 400	0.0

(4) 数値計算

(a) 吊上げ距離と所要時間

吊り籠ケージ型の時にならって，吊上げ距離と時間の関係を求めると，

$$t_{\alpha 1} = \frac{v_{l1}}{\alpha_1} = \frac{0.4}{0.4} = 1.0\,[\mathrm{s}]$$

$$s_{\alpha 1} = \frac{1}{2}\cdot\alpha_1 t_{\alpha 1}^{\ 2}$$

$$= \frac{1}{2}\cdot 0.4\times 1.0^2 = 0.2\,[\mathrm{m}]$$

この区間は等速度運転だから，

$$s_{l1} = v_{l1}\,t_{l1} = 0.4\times 5.0 = 2.0\,[\mathrm{m}]$$

$$t_{\alpha 2} = \frac{v_{fs}-v_{l1}}{\alpha_2} = \frac{2.5-0.4}{0.4}$$

$$= 5.25\,[\mathrm{s}]$$

$$s_{\alpha 2} = v_{l1}\,t_{\alpha 2} + \frac{1}{2}\cdot\alpha_2 t_{\alpha 2}^{\ 2}$$

$$= 0.4\times 5.25 + \frac{1}{2}\cdot 0.4\times 5.25^2$$

$$= 7.6125\,[\mathrm{m}]$$

全速度運転中の吊上げ距離は，

$$s_{fs} = L_1 - s_{\alpha 1} - s_{l1} - s_{\alpha 2} - s_{\beta 1} - s_{l2} - s_{\beta 2}$$

$$= 275 - 0.2 - 2.0 - 7.61 - 6.09$$

$$-2.0 - 0.16$$

$$= 256.94\,[\mathrm{m}]$$

そして，等速度運転だから所要時間は，

$$t_{fs} = \frac{s_{fs}}{v_{fs}} = \frac{256.94}{2.5}$$

$$= 102.776\,[\mathrm{s}]$$

$$t_{\beta 1} = \frac{v_{fs}-v_{l2}}{\beta_1} = \frac{2.5-0.4}{0.5}$$

$$= 4.2\,[\mathrm{s}]$$

$$s_{\beta 1} = v_{fs}\,t_{\beta 1} - \frac{1}{2}\cdot\beta_1 t_{\beta 1}^{\ 2}$$

$$= 2.5\times 4.2 - \frac{1}{2}\cdot 0.5\times 4.2^2$$

$$= 6.09\,[\mathrm{m}]$$

$$s_{l2} = v_{l2}\,t_{l2} = 0.4\times 5 = 2.0\,[\mathrm{m}]$$

$$t_{\beta 2} = \frac{v_{l2}-v_{02}}{\beta_2} = \frac{0.4-0.0}{0.5}$$

$$= 0.8\,[\mathrm{s}]$$

$$s_{\beta 2} = v_{l2}\,t_{\beta 2} - \frac{1}{2}\cdot\beta_2 t_{\beta 2}^{\ 2}$$

$$= 0.4\times 0.8 - \frac{1}{2}\cdot 0.5\times 0.8^2$$

$$= 0.16\,[\mathrm{m}]$$

(b) 各種所要トルクの計算

$$W_{l\alpha} = W + w\,(L_1 - L_2) + (F_1 + F_2)$$

ここに，$F = F_1 + F_2$ と置き換えて，

$$F = 0.05\,(2W_s + W + wL_0)$$

$$= 0.05\,(2\times 2\,400 + 2\,700 + 3.285\times 305)$$

$$= 425.09625$$

$$W_{l\alpha} = 2\,700 + 3.285\,(305-0) + 425.09625$$

$$= 4\,127.0213$$

$$\frac{W_t}{g} = \frac{1}{g}\,(2W_s + W + wL)$$

$$= \frac{1}{9.807}\,(2\times 2\,400 + 2\,700$$

$$+ 3.285\times 790)$$

$$= 1\,029.3821$$

$$I_t = \frac{1}{R^2}\left(I + 2I_s\frac{R^2}{R_s^{\ 2}}\right)$$

$$= \frac{1}{1.0^2}\left(3\,800 + 2\times 80\,\frac{1.0^2}{1.0^2}\right)$$

$$= 3\,960$$

$$T_{\alpha\beta} = \frac{W_t}{g} + I_t = 1\,029.3821 + 3\,960$$

$$= 4\,989.3821$$

$$\frac{\mathrm{d}v}{\mathrm{d}t} = \alpha = 0.4$$

$$\alpha T_{\alpha\beta} = 0.4\times 4\,989.3821 = 1\,995.7528$$

$$\frac{\mathrm{d}v}{\mathrm{d}t} = \beta = 0.5$$

$$\beta T_{\alpha\beta} = 0.5\times 4\,989.3821$$

$$= 2\,494.6911$$

(c) 吊り落し防止確認中のトルク

$$M_{fp} = \frac{R}{\eta}\,\{W + w\,(L_1 - L_2)\}$$

$$W_l = W + w\,(L_1 - L_2)$$

$$= 2\,700 + 3.285\times 305$$

$$= 3\,701.925$$

$$M_{fp} = \frac{R}{\eta}(W_l)$$

$$M_{fp} = \frac{1.0}{0.8} \times 3\,701.925 = 4\,627.4063$$

(d) 1回目の加速中のトルク

$$M_{\alpha 1} = \frac{R}{\eta}(W_{\alpha 1} + \alpha_1 T_{\alpha\beta})$$

まだ懸垂部の鋼索の長さは変わっていないから,

$$W_{\alpha 1} = W_l$$

$$M_{\alpha 1} = \frac{R}{\eta}(W_l + \alpha_1 T_{\alpha\beta})$$

$$= \frac{1.0}{0.8}(3\,701.925 + 1\,995.7528)$$

$$= 7\,122.0973$$

(e) 1回目の低速運転中のトルク

$$M_{ls1} = \frac{R}{\eta}(W_{ls1})$$

まだ吊上げ距離は0.2〔m〕であるから,

$$W_{ls1} = W_l$$

と考えて何ら問題ないから,

$$M_{ls1} = \frac{R}{\eta}(W_l) = \frac{1.0}{0.8} \times 3\,701.925$$

$$= 4\,627.4063$$

(f) 2回目の加速中のトルク

$$W_{\alpha 2} = W + w\,(L_1 - L_2) + F$$

$$= 2\,700 + 3.285\,(305 - 2.2 - 2.2)$$

$$+ 425.09625$$

$$= 4\,112.5673$$

$$M_{\alpha 2} = \frac{R}{\eta}(W_{\alpha 2} + \alpha_2 T_{\alpha\beta})$$

$$= \frac{1.0}{0.8}(4\,112.5673 + 1\,995.7528)$$

$$= 7\,635.4001$$

(g) 最初の全速度にて運転中のトルク

$$W_{flb} = \{W + w\,(L_1 + L_2) + F\}$$

$$= 2\,700 + 3.285\,(305 - 10.0125 - 10.0125)$$

$$+ 425.09625\}$$

$$= 4\,061.2391$$

$$M_{flb} = \frac{R}{\eta}(W_{flb}) = \frac{1.0}{0.8} \times 4\,061.2391$$

$$= 5\,076.5489$$

(h) 最後の全速度にて運転中のトルク

$$W_{fle} = W + w\,(L_1 - L_2) + F$$

$$= 2\,700 + 3.285\,(305 - 266.75 - 266.75)$$

$$+ 425.09625$$

$$= 2\,374.4738$$

$$M_{fle} = \frac{R}{\eta}(W_{fle}) = \frac{1.0}{0.8} \times 2\,374.4738$$

$$= 2\,968.0922$$

(i) 全速度でもって運転中の平均トルク

$$M_{afs} = \frac{1}{2}\{M_{flb} + M_{fle}\}$$

$$= \frac{1}{2}(5\,076.5489 + 2\,968.0922)$$

$$= 4\,022.3205$$

(j) 1回目の減速中のトルク

減速開始時には $W_{\beta 1} = W_{fle}$ であるから,

$$M_{\beta 1} = \frac{R}{\eta}\{W_{\beta 1} + \beta_1 T_{\alpha\beta}\}$$

$$= \frac{1.0}{0.8}\{2\,374.4738 - 2\,494.6911\}$$

$$= \frac{1.0}{0.8}(-120.2173)$$

$$= -150.2716$$

(k) 2回目の低速度運転中のトルク

$$W_{ls2} = W + w\,(L_1 - L_2) + F$$

$$= 2\,700 + 3.285\,(305 - 272.84 - 272.84)$$

$$+ 425.09625$$

$$= 2\,334.4625$$

$$M_{ls2} = \frac{R}{\eta}\{W_{ls2}\} = \frac{1.0}{0.8} \times 2\,334.4625$$

$$= 2\,918.0781$$

(l) 2回目の減速中のトルク

$$W_{\beta 2} = W + w\,(L_1 - L_2) + F$$

$$= 2\,700 + 3.285\,(305 - 274.84 - 274.84)$$

$$+ 425.09625$$

$$= 2\,321.3225$$

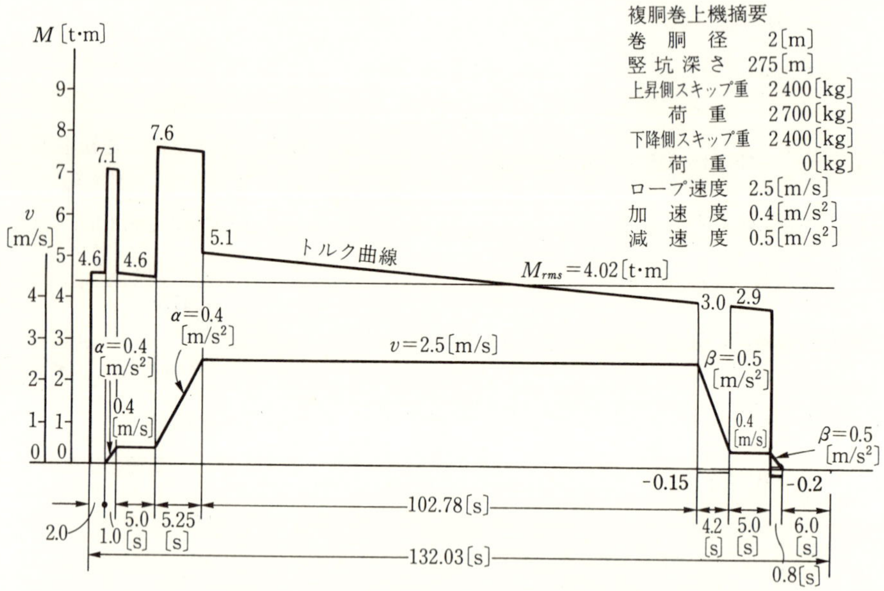

図－3 スキップ巻上機 トルク－速度曲線

$$M_{\beta 2} = \frac{R}{\eta}\{W_{\beta 2}+\beta_2 T_{\alpha\beta}\}$$

$$= \frac{1.0}{0.8}(2\,321.3225-2\,494.6911)$$

$$= \frac{1.0}{0.8}(-173.3686)$$

$$= -216.7108$$

(m) トルクの自乗平均平方根（rms）

トルクの自乗の積分を求めると，

$$\int M^2\,dt = M_{fp}{}^2 t_{fp}+M_{\alpha 1}{}^2 t_{\alpha 1}$$

$$+M_{ls1}{}^2 t_{ls1}+M_{\alpha 2}{}^2 t_{\alpha 2}$$

$$+M_{afs}{}^2 t_{fs}+M_{\beta 1}{}^2 t_{\beta 1}$$

$$+M_{ls2}{}^2 t_{ls2}+M_{\beta 2}{}^2 t_{\beta 2}$$

$$= 4\,627.4063^2\times 2+7\,122.0973^2\times 1$$

$$+4\,627.4063^2\times 5$$

$$+7\,635.4001^2\times 5.25$$

$$+4\,022.3205^2\times 102.8$$

$$+(-150.2716)^2\times 4.2$$

$$+2\,918.0781^2\times 5+(-216.7108)^2\times 0.8$$

$$= 42.825778\times 10^6+50.724273\times 10^6$$

$$+107.06445\times 10^6+306.07151\times 10^6$$

$$+1\,662.8840\times 10^6+0.094843\times 10^6$$

$$+42.575899\times 10^6+0.037571\times 10^6$$

$$= 2\,212.2783\times 10^6$$

等価運転周期時間 t_{eq} は，

$$t_{eq} = t_1+0.5t_2+0.25t_3$$

$$t_1 = 102.776$$

$$t_2 = 2+1+5+5.25+4.2+5+0.8= 23.25$$

$$t_3 = 6$$

$$t_{eq} = 102.776+0.5\times 23.25+0.25\times 6$$

$$= 115.901\ \text{〔s〕}$$

$$M_{rms} = \sqrt{\frac{\int M^2\,dt}{t_{eq}}} = \sqrt{\frac{2\,212.2783}{115.901}\times 10^6}$$

$$= 4\,368.942$$

$$HP_{rms} = \frac{M_{rms}\times\omega_0}{75} = \frac{4\,368.942\times 2.5}{75}$$

$$= 145.63\ \text{〔HP〕}$$

$$kW_{rms} = 145.63\times 0.736$$

$$= 107.18\ \text{〔kW〕}$$

(5) 計算結果

トルク M_{rms}　4 369〔kg·m〕

馬力 HP_{rms}　145.6〔HP〕

出力 kW_{rms}　107〔kW〕

よって，駆動電動機の出力は 110〔kW〕，回転数は 690〔rpm〕で，この巻上機を負荷し得る．これらの計算結果は，**図－3** を参照のこと．

電圧降下の計算例

(1) 1 000〔A·m〕電圧降下表および 10 000〔A·m〕電圧降下表の使用法

(a) 次の値が既知の場合の電圧降下計算法

a. 負荷電流　8〔A〕
b. 負荷の力率　0.8〔p.u.〕
c. ケーブルサイズ　3.5〔mm^2〕
d. ケーブルこう長　135〔m〕
e. ケーブルの種類　CV ケーブル
f. 電源電圧　220〔V〕
g. 周波数　60〔Hz〕

ステップ 1：アンペアメートルの計算

8×135 = 1 080〔A·m〕

ステップ 2：表を利用して電圧降下値の決定

CV ケーブル，電源電圧 220〔V〕，周波数 60〔Hz〕，1 000〔A·m〕の電圧降下表（**第 3 表**）を使用して，3.5〔mm^2〕，力率 0.8 から，電圧降下値 8.976〔V〕を読み取る.

ステップ 3：電圧降下値の計算

$$8.976\times\frac{1\,080}{1\,000}=9.694\text{〔V〕}$$

(b) 次の値が既知なる場合の電圧降下計算法

a. 起動電流　17〔A〕×600〔%〕
b. 起動力率　0.5〔p.u.〕
c. ケーブルサイズ　5.5〔mm^2〕
d. ケーブルこう長　90〔m〕
e. ケーブルの種類　CV ケーブル
f. 電源電圧　440〔V〕
g. 周波数　50〔Hz〕

ステップ 1：アンペアメートルの計算

17×6×90 = 9 180〔A·m〕

ステップ 2：表を利用して電圧降下値の決定

アンペアメートルの計算結果から，CV ケーブルの 10 000〔A·m〕電圧降下表（**第 6 表**）を使用して，5.5〔mm^2〕，力率 0.5 から，電圧降下値 40.54 を読み取る.

ステップ 3：電圧降下値の計算

$$40.54\times\frac{9\,180}{10\,000}=37.22\text{〔V〕}$$

〔参考〕 本アンペアメートル表は電源電圧が考慮されているため，起動時等のように電圧降下が 30〔%〕を超える場合にも誤差は僅少である.

(2) 1 %電圧降下表の使用法

次の値が既知の場合の電圧降下計算法

a. 負荷電流　8〔A〕
b. 負荷の力率　0.8〔p.u.〕
c. ケーブルサイズ　3.5〔mm^2〕
d. ケーブルこう長　135〔m〕
e. ケーブルの種類　CV ケーブル
f. 電源電圧　220〔V〕
g. 周波数　60〔Hz〕

ステップ1：アンペアメートルの計算

$8 \times 135 = 1\,080$〔A·m〕

ステップ2：表を利用して1％電圧降下の〔A·m〕の決定

CV ケーブル，3.5〔mm^2〕，力率0.8の場合の1〔％〕電圧降下の〔A·m〕は表（**第12表**）より，247.7を読み取る．

ステップ3：電圧降下値の計算

$$\frac{1\,080}{247.7} = 4.36\,〔\%〕$$

〔参考〕　1％電圧降下表は電源電圧が考慮されていないため，電圧降下が10〔％〕未満となる場合に限り誤差は僅少である．

(3)　電動機起動時における系統電圧の計算法

（Trial and Error Method）

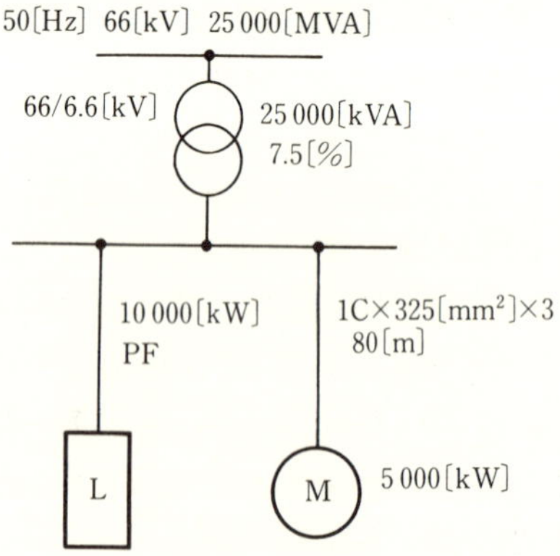

第1図　系統図

第1図のような系統において，5 000〔kW〕の電動機を起動した時の母線電圧および電動機端子電圧の計算法を紹介する．この計算法は本文の中では試行錯誤法として紹介しているから，理論的な面の理解には本文を参照して貰いたい．

1.　電源内部インピーダンスの計算

$$\frac{\text{回路電圧〔kV〕}^2}{\text{短絡容量〔kVA〕}} = \frac{6.6^2}{25\,000}$$

$$= 0.001742\,〔\Omega〕$$

2.　変圧器内部リアクタンスの計算

$$Z_t = \frac{10\,\%\,IZ \times \text{回路電圧〔kV〕}^2}{\text{定格容量〔kVA〕}}\,〔\Omega〕$$

$$= \frac{10 \times 7.5 \times 6.6^2}{25\,000} = 0.1307\,〔\Omega〕$$

3.　ケーブルのインピーダンスの計算

・抵抗 $= 0.0554$〔Ω/km〕20〔℃〕

20〔℃〕における温度係数1.216

$$R_c = 0.0554 \times 1.216\,\frac{80}{1\,000}$$

$$= 0.00539\,〔\Omega〕$$

・インダクタンス

導体の直径 $d = 23.4$〔mm〕

ケーブルの外径 $D = 40$〔mm〕

ケーブルの間隔 $S = 2D$

より，

$$L = 0.05 + 0.2\ln\frac{2S}{d}\,〔\mathrm{mH/km}〕$$

$$= 0.05 + 0.2\ln\frac{2 \times 2 \times 40}{23.4}$$

$$= 0.43449\,〔\mathrm{mH/km}〕$$

・リアクタンス

$$100\pi \times 0.43449\,\frac{80}{1\,000} \times 10^{-3}$$

$$= 0.01092\,〔\Omega〕$$

4.　負荷電流の計算

$$\frac{\text{負荷容量〔kW〕}}{\sqrt{3}\,\text{回路電圧〔kV〕}}\left(1 - j\,\frac{\text{無効率}}{\text{力　率}}\right)$$

$$= \frac{10\,000}{\sqrt{3} \times 6.6}\left(1 - j\,\frac{0.436}{0.9}\right)$$

$$= 874.8 - j\,423.8$$

5.　起動電流の計算

電動機の容量：5 000〔kW〕

電動機の効率：0.95

電動機の力率：0.93

起動電流の倍率：5.0

より，

起動電流 ＝ 定格電流×起動電流の倍率

$$= \frac{5\,000 \times 5}{\sqrt{3} \times 6.6 \times 0.95 \times 0.93}$$

$$= 2\,475\,〔\mathrm{A}〕$$

すべて無効電流と考えて，

起動電流 $= -j\,2\,475$〔A〕

6.　電流分布図の作成（第2図参照）

7.　電圧降下の計算1

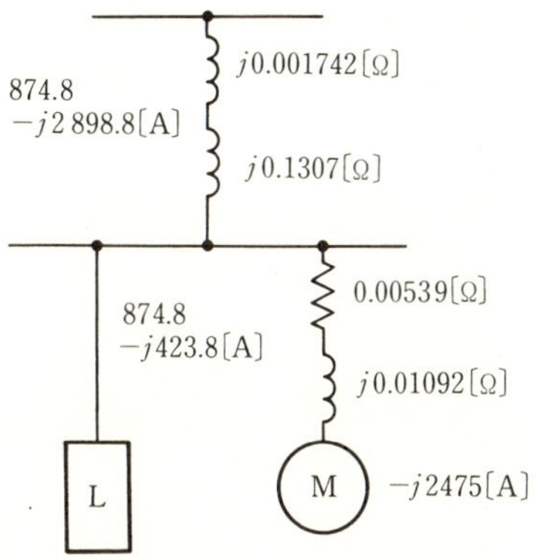

第2図　電流分布図

(a)　母線電圧

電動機の端子電圧 6 600〔V〕を基準に電源に向かって，電圧降下を計算していく．

$$E_b = 6\,600 - j2\,475\,(0.00539 + j0.01092) \times \sqrt{3}$$
$$= 6\,646.812 - j23.1$$
$$E_b = 6\,646.85\ 〔\mathrm{V}〕$$

(b)　電源電圧

$$E_s = E_b + \sqrt{3}\,(j0.001742 + j0.1307) \times (874.8 - j423.8 - j2\,475)$$
$$= 7\,311.77 + j177.58$$
$$E_s = 7\,313.93\ 〔\mathrm{V}〕$$

(c)　電動機端子電圧の訂正

$$E_m = 6\,600 - (7\,313.93 - 6\,600)$$
$$= 5\,886.07\ 〔\mathrm{V}〕$$

(d)　母線電圧の訂正

$$E_b = 6\,600 - (7\,313.93 - 6\,646.85)$$
$$= 5\,932.87\ 〔\mathrm{V}〕$$

(e)　負荷電流の訂正

有効分電流のみ変化するとして，

$$\frac{10\,000}{\sqrt{3} \times 5.933} = 973.14\ 〔\mathrm{A}〕$$

(f)　起動電流の訂正

起動電流は端子電圧に比例すると仮定して，

$$-j\,2\,475\,\frac{5\,886.07}{6\,600} = -j2\,207.2763\ 〔\mathrm{A}〕$$

8.　電圧降下の計算 2

(a)　母線電圧

$$E_b = 5\,886.07 - j2\,207.27\,(0.00539 + j0.01092) \times \sqrt{3}$$
$$= 5\,927.818 - j20.607$$
$$E_b = 5\,927.854$$

(b)　電源電圧

$$E_s = E_b + j0.132442\,(973.14 - j423.8 - j2\,207.27) \times \sqrt{3}$$
$$= 6\,531.413 + j202.628$$
$$E_s = 6\,534.520$$

(c)　電動機の端子電圧

$$E_m = 6\,600 - (6\,534.520 - 5\,886.07)$$
$$= 5\,951.514$$

(d)　母線の電圧

$$E_b = 6\,600 - (6\,534.520 - 5\,932.87)$$
$$= 5\,998.350$$

(e)　負荷電流の訂正

$$\frac{10\,000}{\sqrt{3} \times 5.9983} = 962.515\ 〔\mathrm{A}〕$$

(f)　起動電流の訂正

$$-j2\,475\,\frac{5\,951.550}{6\,600} = -j2\,231.831\ 〔\mathrm{A}〕$$

9.　電圧降下の計算 3

(a)　母線電圧

$$E_b = 5\,951.550 - j2\,231.831\,(0.00539 + j0.01092) \times \sqrt{3}$$
$$= 5\,993.763 - j20.836$$
$$E_b = 5\,993.799$$

(b)　電源電圧

$$E_s = E_b + j0.132442\,(962.515 - j423.8 - j2\,231.831) \times \sqrt{3}$$
$$= 6\,602.955 + j199.961$$
$$E_s = 6\,605.982$$

10.　計算結果のまとめ

(a)　母線電圧

$$E_b = 6\,600 - (6\,605.982 - 5\,993.799)$$
$$= 5\,987.817$$

は，ほとんど 5 998.35 に等しい．

(b)　電動機端子電圧

$$E_m = 6\,600 - (6\,605.982 - 5\,951.550)$$
$$= 5\,945.568$$

はほとんど 5 951.550 に等しい．

このように先の計算結果と後の計算結果の差が必要な精度に見合ったものとなれば計算は終わったものと判断すればよい．今までの計算結果から見てわかるように，3回の繰り返しの計算で必要そして十分な精度を得ることができるものであることを強調しておきたい．

◎　添付資料（600V CV Cable）

- 1 000　A·m　電圧降下表
- 10 000　A·m　電圧降下表
- 1％電圧降下アンペアメータ表

第1表　1 000〔A·m〕電圧降下表(1)

50.0 CYCLE　　220.0 VOLT

POWER FACTOR

SIZE	0.00	0.05	0.10	0.15	0.20	0.25	0.30	0.35	0.40	0.45	0.50
2.0	1.04825	2.01912	2.98523	3.94657	4.90307	5.85486	6.80178	7.74394	8.68121	9.61365	10.54116
3.5	0.44136	0.98762	1.53212	2.07487	2.61578	3.15494	3.69226	4.22776	4.76139	5.29314	5.82293
5.5	0.27003	0.62000	0.96898	1.31700	1.66407	2.01021	2.35529	2.69942	3.04250	3.38455	3.72550
8.0	0.19628	0.44012	0.68332	0.92595	1.16786	1.40919	1.64984	1.88982	2.12910	2.36768	2.60348
14.0	0.15733	0.29389	0.43006	0.56578	0.70106	0.83586	0.97022	1.10409	1.23744	1.37026	1.50251
22.0	0.14625	0.23279	0.31890	0.40469	0.49004	0.57500	0.65955	0.74363	0.82732	0.91049	0.99313
30.0	0.13884	0.20418	0.26924	0.33391	0.39819	0.46212	0.52564	0.58877	0.65149	0.71376	0.77549
38.0	0.13837	0.18951	0.24033	0.29079	0.34092	0.39066	0.44004	0.48897	0.53749	0.58556	0.63316
50.0	0.13948	0.17906	0.21830	0.25723	0.29575	0.33388	0.37168	0.40904	0.44599	0.48246	0.51846
60.0	0.13637	0.16818	0.19967	0.23081	0.26157	0.29197	0.32200	0.35166	0.38087	0.40966	0.43795
80.0	0.12835	0.15238	0.17611	0.19953	0.22253	0.24528	0.26765	0.28963	0.31123	0.33245	0.35317
100.0	0.13266	0.15141	0.16985	0.18798	0.20572	0.22313	0.24017	0.25682	0.27313	0.28893	0.30429
125.0	0.12924	0.14434	0.15909	0.17356	0.18764	0.20142	0.21485	0.22786	0.24051	0.25276	0.26451
150.0	0.12846	0.14073	0.15266	0.16427	0.17553	0.18647	0.19706	0.20727	0.21708	0.22648	0.23543
200.0	0.12911	0.13866	0.14788	0.15674	0.16529	0.17353	0.18135	0.18886	0.19597	0.20264	0.20883
250.0	0.12630	0.13374	0.14086	0.14766	0.15411	0.16028	0.16605	0.17151	0.17657	0.18116	0.18538
325.0	0.12299	0.12875	0.13425	0.13943	0.14429	0.14879	0.15300	0.15681	0.16029	0.16334	0.16597

POWER FACTOR

SIZE	0.55	0.60	0.65	0.70	0.75	0.80	0.85	0.90	0.95	0.98	1.00
2.0	11.46377	12.38134	13.29384	14.20105	15.10289	15.99901	16.88895	17.77158	18.64476	19.16010	19.48217
3.5	6.35081	6.87665	7.40032	7.92174	8.44073	8.95697	9.47002	9.97892	10.48129	10.77580	10.95215
5.5	4.06529	4.40385	4.74113	5.07699	5.41126	5.74362	6.07367	6.40045	6.72171	6.90823	7.01362
8.0	2.84248	3.07862	3.31381	3.54795	3.78088	4.01229	4.24183	4.46869	4.69074	4.81841	4.88634
14.0	1.63414	1.76508	1.89529	2.02463	2.15289	2.27989	2.40517	2.52792	2.64608	2.71154	2.73805
22.0	1.07521	1.15670	1.23745	1.31732	1.39631	1.47398	1.55003	1.62358	1.69258	1.72862	1.73352
30.0	0.83672	0.89735	0.95726	1.01644	1.07468	1.13171	1.18713	1.24017	1.28883	1.31276	1.31218
38.0	0.68020	0.72669	0.77246	0.81746	0.86151	0.90441	0.94564	0.98453	1.01894	1.03428	1.02785
50.0	0.55392	0.58878	0.62297	0.65636	0.68876	0.72004	0.74960	0.77676	0.79944	0.80766	0.79616
60.0	0.46573	0.49291	0.51944	0.54519	0.57001	0.59362	0.61569	0.63532	0.65052	0.65438	0.64031
80.0	0.37343	0.39311	0.41218	0.43051	0.44796	0.46429	0.47911	0.49170	0.50007	0.50013	0.48445
100.0	0.31914	0.33340	0.34706	0.35992	0.37190	0.38269	0.39195	0.39888	0.40144	0.39784	0.37914
125.0	0.27578	0.28650	0.29659	0.30596	0.31439	0.32170	0.32756	0.33110	0.33040	0.32496	0.30544
150.0	0.24391	0.25180	0.25906	0.26561	0.27125	0.27583	0.27885	0.27961	0.27617	0.26905	0.24855
200.0	0.21457	0.21971	0.22429	0.22807	0.23097	0.23274	0.23301	0.23100	0.22477	0.21595	0.19423
250.0	0.18907	0.19224	0.19478	0.19661	0.19755	0.19740	0.19575	0.19188	0.18385	0.17416	0.15209
325.0	0.16813	0.16975	0.17079	0.17108	0.17057	0.16896	0.16591	0.16069	0.15144	0.14108	0.11902

第2表　1 000〔A·m〕電圧降下表(2)

50.0 CYCLE　　440.0 VOLT

POWER FACTOR

SIZE	0.00	0.05	0.10	0.15	0.20	0.25	0.30	0.35	0.40	0.45	0.50
2.0	0.61543	1.58775	2.55757	3.52474	4.48919	5.45118	6.41039	7.36700	8.32085	9.27201	10.22037
3.5	0.30492	0.85166	1.39745	1.94210	2.48559	3.02797	3.56929	4.10935	4.64828	5.18596	5.72244
5.5	0.21413	0.56431	0.91388	1.26267	1.61087	1.95836	2.30512	2.65116	2.99643	3.34093	3.68467
8.0	0.16913	0.41309	0.65658	0.89960	1.14207	1.38414	1.62557	1.86649	2.10682	2.34664	2.58577
14.0	0.14878	0.28540	0.42170	0.55751	0.69302	0.82802	0.96266	1.09686	1.23054	1.36376	1.49645
22.0	0.14284	0.22935	0.31553	0.40139	0.48683	0.57187	0.65660	0.74075	0.82459	0.90797	0.99080
30.0	0.13687	0.20220	0.26729	0.33201	0.39634	0.46035	0.52394	0.58716	0.65002	0.71235	0.77420
38.0	0.13713	0.18827	0.23914	0.28964	0.33978	0.38955	0.43901	0.48795	0.53656	0.58471	0.63237
50.0	0.13874	0.17832	0.21762	0.25653	0.29510	0.33321	0.37108	0.40846	0.44541	0.48194	0.51797
60.0	0.13593	0.16769	0.19925	0.23037	0.26116	0.29152	0.32161	0.35124	0.38054	0.40931	0.43766
80.0	0.12309	0.15207	0.17581	0.19922	0.22229	0.24505	0.26742	0.28939	0.31102	0.33226	0.35302
100.0	0.13250	0.15123	0.16973	0.18779	0.20558	0.22298	0.24006	0.25667	0.27299	0.28886	0.30418
125.0	0.12913	0.14420	0.15897	0.17344	0.18754	0.20133	0.21476	0.22779	0.24042	0.25269	0.26441
150.0	0.12836	0.14063	0.15259	0.16419	0.17548	0.18640	0.19696	0.20722	0.21701	0.22641	0.23538
200.0	0.12909	0.13861	0.14782	0.15671	0.16525	0.17349	0.18130	0.18881	0.19589	0.20260	0.20877
250.0	0.12625	0.13370	0.14084	0.14761	0.15408	0.16025	0.16604	0.17148	0.17654	0.18118	0.18533
325.0	0.12295	0.12875	0.13418	0.13943	0.14425	0.14877	0.15298	0.15883	0.16025	0.16336	0.16592

SIZE	0.55	0.60	0.65	0.70	0.75	0.80	0.85	0.90	0.95	0.98	1.00
	POWER FACTOR										
2.0	11.16593	12.10854	13.04826	13.98479	14.91794	15.84743	16.77272	17.69282	18.60507	19.14452	19.48212
3.5	6.25755	6.79132	7.32362	7.85424	8.38316	8.90988	9.43404	9.95464	10.46920	10.77115	10.95212
5.5	4.02741	4.36924	4.71002	5.04973	5.38796	5.72471	6.05921	6.39076	6.71697	6.90643	7.01358
8.0	2.82424	3.06196	3.29891	3.53485	3.76978	4.00325	4.23494	4.46411	4.68848	4.81764	4.88632
14.0	1.62856	1.75998	1.89073	2.02066	2.14957	2.27719	2.40314	2.52858	2.64543	2.71133	2.73801
22.0	1.07302	1.15472	1.23574	1.31582	1.39504	1.47297	1.54932	1.62308	1.69241	1.72852	1.73550
30.0	0.83555	0.89624	0.95627	1.01558	1.07397	1.13114	1.18672	1.23993	1.28874	1.31271	1.31216
38.0	0.67948	0.72604	0.77186	0.81696	0.86110	0.90406	0.94540	0.98489	1.01886	1.03427	1.02780
50.0	0.55352	0.58842	0.62263	0.65610	0.68850	0.71990	0.74949	0.77668	0.79941	0.80765	0.79611
60.0	0.46545	0.49270	0.51925	0.54503	0.56984	0.59354	0.61560	0.63528	0.65048	0.65435	0.64029
80.0	0.37330	0.39302	0.41203	0.43040	0.44788	0.46424	0.47909	0.49167	0.50003	0.50009	0.48440
100.0	0.31903	0.33332	0.34699	0.35987	0.37186	0.38266	0.39194	0.39889	0.40136	0.39786	0.37912
125.0	0.27570	0.28647	0.29654	0.30588	0.31436	0.32168	0.32754	0.33108	0.33041	0.32492	0.30539
150.0	0.24386	0.25180	0.25900	0.26559	0.27121	0.27579	0.27884	0.27953	0.27615	0.26907	0.24850
200.0	0.21451	0.21969	0.22427	0.22806	0.23099	0.23276	0.23296	0.23099	0.22476	0.21591	0.19418
250.0	0.18905	0.19223	0.19479	0.19662	0.19750	0.19738	0.19571	0.19186	0.18361	0.17410	0.15207
325.0	0.16812	0.16971	0.17077	0.17101	0.17056	0.16891	0.16592	0.16067	0.15146	0.14102	0.11899

第 3 表　1 000〔A・m〕電圧降下表(3)

60.0 CYCLE　　220.0 VOLT

SIZE	0.00	0.05	0.10	0.15	0.20	0.25	0.30	0.35	0.40	0.45	0.50
	POWER FACTOR										
2.0	1.08502	2.05570	3.02150	3.98246	4.93848	5.88969	6.83593	7.77733	8.71374	9.64521	10.57161
3.5	0.47509	1.02123	1.56553	2.10794	2.64851	3.18718	3.72394	4.25879	4.79168	5.32259	5.85146
5.5	0.30168	0.65153	1.00037	1.34317	1.69488	2.04060	2.38522	2.72874	3.07115	3.41242	3.75246
8.0	0.22469	0.46843	0.71153	0.95391	1.19556	1.43653	1.67676	1.91524	2.15490	2.39279	2.62981
14.0	0.18538	0.32189	0.45795	0.59347	0.72848	0.86295	0.99687	1.13024	1.26304	1.39518	1.52666
22.0	0.17415	0.28060	0.34665	0.43221	0.51730	0.60196	0.68609	0.75969	0.85279	0.93531	1.01721
30.0	0.16581	0.23113	0.29604	0.36056	0.42463	0.48824	0.55136	0.61399	0.67616	0.73776	0.79880
38.0	0.16556	0.21665	0.26738	0.31766	0.36755	0.41696	0.46594	0.51440	0.56239	0.60981	0.65667
50.0	0.16710	0.20665	0.24575	0.28450	0.32278	0.36059	0.39800	0.43485	0.47125	0.50708	0.54232
60.0	0.16344	0.19525	0.22662	0.25756	0.28810	0.31817	0.34783	0.37701	0.40568	0.43382	0.46139
80.0	0.15393	0.17793	0.20154	0.22478	0.24759	0.27001	0.29203	0.31357	0.33465	0.35525	0.37528
100.0	0.15911	0.17783	0.19619	0.21411	0.23164	0.24875	0.26539	0.28161	0.29734	0.31255	0.32719
125.0	0.15502	0.17010	0.18476	0.19905	0.21294	0.22638	0.23946	0.25204	0.26416	0.27580	0.28686
150.0	0.15413	0.16637	0.17819	0.18963	0.20066	0.21131	0.22155	0.23131	0.24060	0.24938	0.25765
200.0	0.15490	0.16442	0.17354	0.18226	0.19059	0.19847	0.20598	0.21306	0.21960	0.22568	0.23120
250.0	0.15154	0.15895	0.16600	0.17252	0.17886	0.18472	0.19015	0.19516	0.19969	0.20372	0.20723
325.0	0.14758	0.15332	0.15872	0.16373	0.16835	0.17262	0.17643	0.17985	0.18281	0.18531	0.18727

SIZE	0.55	0.60	0.65	0.70	0.75	0.80	0.85	0.90	0.95	0.98	1.00
	POWER FACTOR										
2.0	11.49301	12.40922	13.32019	14.22571	15.12565	16.01953	16.90689	17.78644	18.65530	19.16682	19.48221
3.5	6.37823	6.90283	7.42513	7.94500	8.46222	8.97642	9.48706	9.99296	10.49133	10.78221	10.95219
5.5	4.09126	4.42870	4.76468	5.09911	5.43171	5.76212	6.08989	6.41387	6.73131	6.91437	7.01363
8.0	2.86593	3.10102	3.33511	3.56793	3.79934	4.02903	4.25652	4.48085	4.69943	4.82397	4.88636
14.0	1.65743	1.78739	1.91646	2.04449	2.17128	2.29656	2.41983	2.54003	2.65475	2.71707	2.73807
22.0	1.09539	1.17892	1.25852	1.33716	1.41464	1.49062	1.56466	1.63566	1.70123	1.73415	1.73554
30.0	0.85918	0.91885	0.97770	1.03563	1.09246	1.14784	1.20127	1.25189	1.29721	1.31811	1.31220
38.0	0.70288	0.74839	0.79306	0.83685	0.87945	0.92065	0.95993	0.99633	1.02741	1.03969	1.02787
50.0	0.57695	0.61082	0.64393	0.67604	0.70700	0.73655	0.76412	0.78880	0.80804	0.81314	0.79618
60.0	0.48834	0.51456	0.54000	0.56452	0.58788	0.60986	0.62992	0.64711	0.65901	0.65977	0.64032
80.0	0.39474	0.41357	0.43157	0.44874	0.46485	0.47959	0.49255	0.50282	0.50807	0.50523	0.48447
100.0	0.34121	0.35456	0.36715	0.37879	0.38939	0.39859	0.40590	0.41041	0.40971	0.40512	0.37915
125.0	0.29731	0.30715	0.31618	0.32437	0.33146	0.33720	0.34114	0.34233	0.33845	0.33011	0.30545
150.0	0.26532	0.27234	0.27859	0.28395	0.28825	0.29124	0.29235	0.29078	0.28416	0.27420	0.24857
200.0	0.23610	0.24037	0.24388	0.24650	0.24806	0.24824	0.24659	0.24223	0.23283	0.22110	0.19425
250.0	0.21016	0.21241	0.21397	0.21462	0.21428	0.21254	0.20906	0.20289	0.19177	0.17920	0.15209
325.0	0.18867	0.18943	0.18945	0.18367	0.18684	0.18373	0.17883	0.17140	0.15914	0.14600	0.11904

第4表　1 000〔A・m〕電圧降下表(4)

60.0 CYCLE　　　　440.0 VOLT

POWER FACTOR

SIZE	0.00	0.05	0.10	0.15	0.20	0.25	0.30	0.35	0.40	0.45	0.50
2.0	0.65223	1.62442	2.59402	3.56087	4.52494	5.48637	6.44498	7.40089	8.35393	9.30417	10.25152
3.5	0.33861	0.88531	1.43091	1.97528	2.51846	3.06045	3.60121	4.14068	4.67891	5.21579	5.75126
5.5	0.24575	0.59583	0.94530	1.29391	1.64177	1.98890	2.33519	2.68065	3.02531	3.36901	3.71182
8.0	0.19757	0.44141	0.68484	0.92761	1.16987	1.41153	1.65260	1.89303	2.13278	2.37186	2.61026
14.0	0.17685	0.31338	0.44956	0.58528	0.72045	0.85515	0.98939	1.12304	1.25623	1.38877	1.52067
22.0	0.17074	0.25719	0.34330	0.42898	0.51408	0.59887	0.68318	0.75584	0.85013	0.93284	1.01494
30.0	0.16385	0.22918	0.29415	0.35865	0.42283	0.48647	0.54970	0.61240	0.67470	0.73636	0.79754
38.0	0.16435	0.21543	0.26618	0.31650	0.36645	0.41591	0.46492	0.51346	0.56149	0.60896	0.65589
50.0	0.16639	0.20590	0.24509	0.28381	0.32210	0.35995	0.39745	0.43434	0.47074	0.50656	0.54186
60.0	0.16297	0.19473	0.22516	0.25707	0.28771	0.31777	0.34749	0.37563	0.40534	0.43351	0.46115
80.0	0.15366	0.17765	0.20123	0.22449	0.24737	0.26980	0.29183	0.31338	0.33446	0.35509	0.37514
100.0	0.15892	0.17765	0.19603	0.21394	0.23152	0.24861	0.26527	0.28147	0.29722	0.31248	0.32709
125.0	0.15489	0.16996	0.18467	0.19895	0.21281	0.22630	0.23938	0.25196	0.26410	0.27570	0.28681
150.0	0.15406	0.16626	0.17810	0.18952	0.20063	0.21125	0.22150	0.23127	0.24051	0.24936	0.25760
200.0	0.15485	0.16437	0.17353	0.18222	0.19052	0.19845	0.20596	0.21298	0.21957	0.22561	0.23117
250.0	0.15152	0.15890	0.16598	0.17258	0.17886	0.18466	0.19015	0.19516	0.19967	0.20370	0.20718
325.0	0.14755	0.15329	0.15866	0.16373	0.16830	0.17264	0.17642	0.17984	0.18277	0.18533	0.18722

POWER FACTOR

SIZE	0.55	0.60	0.65	0.70	0.75	0.80	0.85	0.90	0.95	0.98	1.00
2.0	11.19595	12.13724	13.07540	14.01022	14.94152	15.86868	16.79141	17.70823	18.61605	19.15152	19.48212
3.5	6.28536	6.81787	7.34886	7.87796	8.40501	8.92969	9.45145	9.96897	10.47951	10.77772	10.95215
5.5	4.05363	4.39432	4.73382	5.07206	5.40869	5.74344	6.07566	6.40437	6.72672	6.91267	7.01362
8.0	2.84784	3.08453	3.32037	3.55503	3.78837	4.02014	4.24975	4.47639	4.69725	4.82319	4.88632
14.0	1.65192	1.78237	1.91203	2.04061	2.16802	2.29391	2.41790	2.53877	2.65419	2.71685	2.73801
22.0	1.09627	1.17782	1.25685	1.33568	1.41343	1.48966	1.56400	1.63519	1.70104	1.73407	1.73550
30.0	0.85804	0.91781	0.97675	1.03483	1.09176	1.14728	1.20091	1.25167	1.29716	1.31808	1.31216
38.0	0.70215	0.74773	0.79252	0.83639	0.87907	0.92032	0.95974	0.99819	1.02731	1.03964	1.02780
50.0	0.57656	0.61052	0.64359	0.67578	0.70681	0.73640	0.76432	0.78876	0.80851	0.81310	0.79611
60.0	0.48810	0.51437	0.53978	0.58434	0.58775	0.60978	0.62983	0.64706	0.65896	0.65975	0.64029
80.0	0.39451	0.41343	0.43144	0.44861	0.46479	0.47952	0.49252	0.50284	0.50799	0.50522	0.48440
100.0	0.34123	0.35450	0.36713	0.37869	0.33931	0.39859	0.40585	0.41043	0.40970	0.40311	0.37912
125.0	0.29721	0.30710	0.31613	0.32431	0.33145	0.33719	0.34115	0.34228	0.33847	0.33005	0.30539
150.0	0.26529	0.27231	0.27853	0.28396	0.28824	0.29123	0.29233	0.29074	0.28415	0.27420	0.24850
200.0	0.23605	0.24032	0.24386	0.24649	0.24808	0.24822	0.24661	0.24222	0.23282	0.22104	0.19418
250.0	0.21017	0.21237	0.21396	0.21459	0.21426	0.21255	0.20901	0.20291	0.19174	0.17917	0.15207
325.0	0.18869	0.18939	0.18945	0.18863	0.18686	0.18368	0.17386	0.17135	0.15909	0.14596	0.11899

第5表　10 000〔A・m〕電圧降下表(1)

50.0 CYCLE　　　　220.0 VOLT

POWER FACTOR

SIZE	0.00	0.05	0.10	0.15	0.20	0.25	0.30	0.35	0.40	0.45	0.50
2.0	119.6397	128.7411	136.9302	144.2476	150.7514	156.5114	161.6027	166.1006	170.0772	173.5989	176.7252
3.5	30.8846	36.2317	41.4181	46.4449	51.3134	56.0255	60.5828	64.9879	69.2432	73.3516	77.3159
5.5	13.0612	16.5099	19.8960	23.2197	26.4812	29.6810	32.8192	35.8961	38.9123	41.8678	44.7631
8.0	6.9152	9.3265	11.7066	14.0556	16.3735	18.6605	20.9165	23.1417	25.3360	27.4994	29.6317
14.0	3.1134	4.4675	5.8097	7.1399	8.4581	9.7643	11.0584	12.3404	13.6101	14.8673	16.1118
22.0	2.0798	2.9386	3.7905	4.6356	5.4737	6.3049	7.1291	7.9461	8.7558	9.5579	10.3523
30.0	1.7409	2.3902	3.0343	3.6731	4.3066	4.9346	5.5572	6.1741	6.7852	7.3903	7.9890
38.0	1.5998	2.1082	2.6121	3.1114	3.6061	4.0960	4.5812	5.0814	5.5364	6.0062	6.4702
50.0	1.5245	1.9179	2.3073	2.6925	3.0735	3.4502	3.8224	4.1901	4.5531	4.9110	5.2836
60.0	1.4476	1.7638	2.0763	2.3848	2.6895	2.9901	3.2867	3.5790	3.8669	4.1501	4.4281
80.0	1.3315	1.5706	1.8062	2.0384	2.2670	2.4921	2.7134	2.9308	3.1442	3.3533	3.5578
100.0	1.3559	1.5426	1.7258	1.9055	2.0818	2.2543	2.4232	2.5881	2.7489	2.9054	3.0571
125.0	1.3315	1.4616	1.6085	1.7519	1.8920	2.0286	2.1616	2.2908	2.4160	2.5370	2.6535
150.0	1.2974	1.4193	1.5380	1.6533	1.7653	1.8738	1.9788	2.0801	2.1774	2.2706	2.3592
200.0	1.2989	1.3938	1.4854	1.5737	1.6588	1.7403	1.8183	1.8926	1.9630	2.0292	2.0908
250.0	1.2679	1.3419	1.4127	1.4803	1.5447	1.6057	1.6633	1.7172	1.7672	1.8132	1.8548
325.0	1.2329	1.2905	1.3451	1.3965	1.4448	1.4898	1.5314	1.5694	1.6038	1.6343	1.6603

	POWER FACTOR									
SIZE	0.55	0.60	0.65	0.70	0.75	0.80	0.85	0.90	0.95	0.98	1.00
2.0	179.5085	181.9944	184.2222	186.2253	188.0330	189.6692	191.1546	192.5063	193.7370	194.4185	194.8287
3.5	81.1392	84.8250	88.3762	91.7962	95.0880	98.2541	101.2963	104.2140	106.9995	108.5900	109.5274
5.5	47.5985	50.3741	53.0900	55.7462	58.3422	60.8769	63.3483	65.7510	68.9703	69.3977	70.1412
8.0	31.7329	33.8027	35.8407	37.8462	39.8182	41.7551	43.6540	45.5088	47.3036	48.3263	48.8677
14.0	17.3431	18.5610	19.7547	20.9533	22.1254	23.2790	24.4104	25.5127	26.5676	27.1495	27.3847
22.0	11.1383	11.9155	12.6833	13.4405	14.1859	14.9170	15.6300	16.3176	16.9605	17.2950	17.3592
30.0	8.5809	9.1656	9.7423	10.3099	10.8671	11.4116	11.9395	12.4435	12.9046	13.1312	13.1255
38.0	6.9280	7.3792	7.8230	8.2584	8.6838	9.0968	9.4938	9.3670	10.1970	10.3442	10.2823
50.0	5.6104	5.9509	6.2842	6.6093	6.9247	7.2279	7.5150	7.7781	7.9974	8.0769	7.9656
60.0	4.7008	4.9674	5.2271	5.4790	5.7215	5.9521	6.1670	5.3585	6.5066	6.5442	6.4069
80.0	3.7572	3.9510	4.1385	4.3187	4.4900	4.6503	4.7957	4.9190	5.0012	5.0018	4.8479
100.0	3.2037	3.3446	3.4790	3.6059	3.7237	3.8301	3.9212	3.9892	4.0147	3.9792	3.7951
125.0	2.7650	2.8709	2.9706	3.0629	3.1464	3.2188	3.2762	3.3110	3.3043	3.2506	3.0577
150.0	2.4430	2.5212	2.5932	2.6580	2.7139	2.7587	2.7866	2.7961	2.7622	2.6923	2.4890
200.0	2.1475	2.1988	2.2437	2.2613	2.3101	2.3277	2.3303	2.3103	2.2485	2.1615	1.9456
250.0	1.8916	1.9229	1.9482	1.9662	1.9756	1.9741	1.9578	1.9194	1.8400	1.7434	1.5242
325.0	1.6817	1.6978	1.7080	1.7111	1.7059	1.6899	1.6596	1.6077	1.5158	1.6130	1.1934

第 6 表　10 000〔A・m〕電圧降下表(2)

50.0 CYCLE　　440.0 VOLT

	POWER FACTOR									
SIZE	0.00	0.05	0.10	0.15	0.20	0.25	0.30	0.35	0.40	0.45	0.50
2.0	47.3210	56.8941	66.2229	75.3083	84.1516	92.7548	101.1201	109.2498	117.1469	124.8147	132.2563
3.5	15.5344	20.9514	26.2942	31.5627	36.7572	41.8779	46.9249	51.8984	56.7986	61.6258	66.3798
5.5	7.2079	40.6858	14.1313	17.3451	20.9267	24.2762	27.5936	30.8789	34.1328	37.3327	40.5409
8.0	4.1418	6.5684	8.9780	11.3703	13.7455	16.1036	18.4445	20.7881	23.0742	25.3626	27.6331
14.0	2.2556	3.6164	4.9693	6.3146	7.6521	8.9818	10.3034	11.6170	12.9224	14.2192	15.5072
22.0	1.7367	2.5990	3.4562	4.3082	5.1550	5.9964	6.8324	7.6629	8.4875	9.3061	10.1184
30.0	1.5449	2.1968	2.8443	3.4875	4.1263	4.7605	5.3902	6.0151	6.6350	7.2498	7.8590
38.0	1.4796	1.9899	2.4963	2.9986	3.4968	3.9910	4.4807	4.9661	5.4468	5.9227	6.3933
50.0	1.4524	1.8473	2.2384	2.6257	3.0091	3.3885	3.7637	4.1348	4.5014	4.8631	5.2198
60.0	1.4010	1.7183	2.0321	2.3421	2.6485	2.9511	3.2497	3.5444	3.8346	4.1204	4.4012
80.0	1.3048	1.5447	1.7612	2.0143	2.2441	2.4703	2.6930	2.9118	3.1266	3.3373	3.5434
100.0	1.3395	1.5268	1.7107	1.8912	2.0682	2.2416	2.4114	2.5772	2.7390	2.8965	3.0493
125.0	1.3009	1.4515	1.5988	1.7429	1.8835	2.0207	2.1543	2.2841	2.4101	2.5318	2.6489
150.0	1.2904	1.4126	1.5317	1.6475	1.7599	1.8629	1.9743	2.0760	2.1738	2.2675	2.3566
200.0	1.2946	1.3898	1.4817	1.5704	1.6557	1.7375	1.8158	1.8904	1.9611	2.0277	2.0896
250.0	1.2652	1.3394	1.4105	1.4784	1.5429	1.6041	1.6619	1.7161	1.7663	1.8125	1.8543
325.0	1.2313	1.2391	1.3438	1.3954	1.4438	1.4889	1.5307	1.5888	1.6034	1.6339	1.6601

	POWER FACTOR									
SIZE	0.55	0.60	0.65	0.70	0.75	0.80	0.85	0.90	0.95	0.98	1.00
2.0	139.4757	146.4763	153.2622	159.8372	166.2049	172.3688	178.3309	184.0909	189.6393	192.8461	194.8247
3.5	71.0608	75.6687	80.2033	84.6645	89.0510	93.3612	97.5925	101.7382	105.7803	108.1273	109.5242
5.5	43.6962	46.8181	49.9061	52.9593	55.9763	68.9548	61.8912	64.7781	67.5958	69.2226	70.1384
8.0	29.8853	32.1187	34.3328	36.5264	38.6982	40.8460	42.9663	45.0516	47.0834	48.2474	48.8654
14.0	16.7859	18.0548	19.3132	20.5601	21.7938	23.0122	24.2111	25.3831	25.5084	27.1307	27.3824
22.0	10.9238	11.7218	12.5116	13.2922	14.0620	14.8186	15.5580	16.2723	16.9414	17.2901	17.3570
30.0	8.4622	9.0589	9.6482	10.2292	10.8003	11.3590	11.9017	12.4204	12.8956	13.1294	13.1234
38.0	6.8582	7.3169	7.7684	8.2119	8.6458	9.0675	9.4732	9.8550	10.1928	10.3436	10.2802
50.0	5.5710	5.9160	6.2540	6.5839	6.9043	7.2126	7.5046	7.7724	7.9958	8.0767	7.9634
60.0	4.6767	4.9462	5.2091	5.4641	5.7097	5.9434	6.1614	6.3356	6.5060	6.5442	6.4048
80.0	3.7445	3.9400	4.1292	4.3112	4.4843	4.6462	4.7933	4.9179	5.0011	5.0016	4.8460
100.0	3.1969	3.3389	3.4743	3.6023	3.7211	3.8284	3.9203	3.9890	4.0146	3.9789	3.7930
125.0	2.7611	2.8678	2.9681	3.0611	3.1451	3.2180	3.2755	3.3110	3.3042	3.2501	3.0558
150.0	2.4408	2.5195	2.5919	2.6571	2.7133	2.7584	2.7886	2.7951	2.7619	2.6915	2.4671
200.0	2.1465	2.1980	2.2432	2.2811	2.3099	2.3276	2.3303	2.3102	2.2481	2.1606	1.9437
250.0	1.8911	1.9227	1.9480	1.9661	1.9756	1.9740	1.9577	1.9191	1.8394	1.7424	1.5224
325.0	1.6816	1.6978	1.7079	1.7111	1.7058	1.6898	1.6594	1.6074	1.5151	1.4119	1.1916

第7表　10 000〔A・m〕電圧降下表(3)

60.0 CYCLE　　220.0 VOLT

POWER FACTOR

SIZE	0.00	0.05	0.10	0.15	0.20	0.25	0.30	0.35	0.40	0.45	0.50
2.0	120.0076	129.0738	137.2282	144.5120	150.9845	156.7159	161.7814	166.2563	170.2126	173.7165	176.8271
3.5	31.2218	36.5588	41.7345	46.7498	51.6063	56.3059	60.8503	65.2421	69.4837	73.5781	77.5283
5.5	13.3776	16.8207	20.2003	23.5169	26.7706	29.9619	33.0910	36.1583	39.1641	42.1087	44.9924
8.0	7.1993	9.6070	11.9828	14.3269	16.6393	18.9200	21.1692	23.3869	25.5730	27.7276	29.8504
14.0	3.3939	4.7460	6.0854	7.4121	8.7262	10.0276	11.3162	12.5919	13.8547	15.1041	16.3400
22.0	2.3587	3.2160	4.0658	4.9080	5.7427	6.5697	7.3890	8.2004	9.0036	9.7985	10.5847
30.0	2.0107	2.6589	3.3012	3.9376	4.5679	5.1921	5.8101	6.4218	7.0269	7.6251	8.2161
38.0	1.8717	2.3792	2.8814	3.3784	3.8751	4.3564	4.8371	5.3122	5.7813	6.2443	6.7006
50.0	1.8006	2.1932	2.5810	2.9640	3.3421	3.7152	4.0831	4.4457	4.8027	5.1539	5.4988
60.0	1.7185	2.0340	2.3450	2.6515	2.9534	3.2506	3.5430	3.8304	4.1126	4.3892	4.6598
80.0	1.5872	1.8257	2.0601	2.2904	2.5165	2.7384	2.9558	3.1587	3.3767	3.5797	3.7771
100.0	1.6205	1.8067	1.9887	2.1666	2.3403	2.5096	2.6745	2.8347	2.9900	3.1402	3.2848
125.0	1.5696	1.7192	1.8649	2.0066	2.1443	2.2777	2.4069	2.5316	2.6515	2.7664	2.8758
150.0	1.5541	1.6756	1.7931	1.9067	2.0163	2.1218	2.2230	2.3198	2.4119	2.4990	2.5807
200.0	1.5570	1.6514	1.7420	1.8286	1.9112	1.9897	2.0640	2.1338	2.1989	2.2391	2.3137
250.0	1.5204	1.5940	1.6638	1.7298	1.7918	1.8499	1.9038	1.9533	1.9983	2.0384	2.0732
325.0	1.4789	1.5361	1.5897	1.6395	1.6855	1.7277	1.7658	1.7996	1.8290	1.8537	1.8731

POWER FACTOR

SIZE	0.55	0.60	0.65	0.70	0.75	0.80	0.85	0.90	0.95	0.98	1.00
2.0	179.5967	182.0706	184.2876	186.2815	188.0805	189.7089	191.1871	192.5315	193.7547	194.4306	194.8320
3.5	31.3372	85.0082	88.5444	91.9489	95.2248	98.3741	101.3983	104.2960	107.0571	108.6270	109.5303
5.5	47.8155	50.5782	53.2863	55.9217	58.5018	61.0192	63.4711	65.8511	68.1414	69.4434	70.1437
8.0	31.9413	33.9999	36.0258	38.0181	39.9756	41.8963	43.7766	45.6093	47.3753	48.3724	48.8697
14.0	17.5620	18.7693	19.9615	21.1371	22.2948	23.4318	24.5440	25.6229	26.6467	27.2004	27.3866
22.0	11.3616	12.1287	12.8851	13.6296	14.3605	15.0749	15.7684	16.4321	17.0428	17.3481	17.3612
30.0	8.7995	9.3744	9.9402	10.4955	11.0386	11.5669	12.0758	12.5563	12.9858	13.1835	13.1273
38.0	7.1499	7.5914	8.0242	8.4471	8.8534	9.2551	9.6327	9.9821	10.2799	10.3976	10.2841
50.0	5.8370	6.1677	6.4899	6.8024	7.1034	7.3900	7.6573	7.8961	8.0824	8.1317	7.9673
60.0	4.9240	5.1810	5.4299	5.6695	5.8977	6.1120	6.3075	6.4749	6.5905	6.5983	6.4087
80.0	3.9686	4.1534	4.3307	4.4992	4.6572	4.8020	4.9291	5.0296	5.0809	5.0531	4.8495
100.0	3.4232	3.5548	3.6787	3.7935	3.8975	3.9879	4.0598	4.1042	4.0975	4.0327	3.7968
125.0	2.9794	3.0763	3.1656	3.2463	3.3163	3.3730	3.4117	3.4234	3.3853	3.3028	3.0593
150.0	2.6565	2.7258	2.7875	2.5406	2.8831	2.9124	2.9237	2.9082	2.8429	2.7443	2.4906
200.0	2.3625	2.4047	2.4394	2.4653	2.4806	2.4825	2.4664	2.4232	2.3299	2.2140	1.9473
250.0	2.1021	2.1247	2.1399	2.1465	2.1427	2.1258	2.0912	2.0301	1.9198	1.7949	1.5258
325.0	1.8870	1.8945	1.8949	1.8869	1.8688	1.8378	1.7897	1.7156	1.5936	1.4631	1.1949

第8表　10 000〔A・m〕電圧降下表(4)

60.0 CYCLE　　440.0 VOLT

POWER FACTOR

SIZE	0.00	0.05	0.10	0.15	0.20	0.25	0.30	0.35	0.40	0.45	0.50
2.0	47.6889	57.2525	66.5709	75.6452	84.4767	93.0675	101.4198	109.5360	117.4191	125.0725	132.4991
3.5	15.8716	21.2839	26.6211	31.8833	37.0707	42.1836	47.2220	52.1862	57.0764	61.8926	66.6350
5.5	7.5243	10.9993	14.4413	17.8504	21.2268	24.5703	27.8810	31.1588	34.4035	37.6151	40.7932
8.0	4.4259	6.8505	9.2574	11.6465	14.0177	16.3711	18.7065	21.0239	23.3230	25.6037	27.8656
14.0	2.5362	3.8957	5.2469	6.5895	7.9237	9.2492	10.5662	11.8742	13.1733	14.4629	15.7428
22.0	2.0155	2.8770	3.7326	4.5823	5.4261	6.2638	7.0954	7.9206	8.7392	9.5509	10.3554
30.0	1.8147	2.4659	3.1120	3.7531	4.3891	5.0200	5.6454	6.2654	6.8796	7.4877	8.0894
38.0	1.7516	2.2612	2.7662	3.2665	3.7621	4.2528	4.7384	5.2188	5.6939	6.1631	6.6262
50.0	1.7285	2.1228	2.5126	2.8979	3.2786	3.6546	4.0258	4.3919	4.7527	5.1079	5.4570
60.0	1.6718	1.9887	2.3012	2.6094	2.9132	3.2125	3.5071	3.7970	4.0816	4.3609	4.6344
80.0	1.5605	1.7999	2.0353	2.2668	2.4940	2.7172	2.9361	3.1504	3.3600	3.5647	3.7638
100.0	1.6042	1.7910	1.9738	2.1526	2.3271	2.4974	2.6633	2.8245	2.9809	3.1321	3.2777
125.0	1.5590	1.7092	1.8554	1.9977	2.1361	2.2702	2.4000	2.5254	2.6461	2.7617	2.8718
150.0	1.5471	1.6690	1.7876	1.9010	2.0111	2.1171	2.2188	2.3161	2.4087	2.4963	2.5785
200.0	1.5526	1.6474	1.7384	1.8254	1.9084	1.9872	2.0618	2.1320	2.1974	2.2578	2.3127
250.0	1.5177	1.5916	1.6617	1.7280	1.7902	1.8485	1.9026	1.9524	1.9975	2.0378	2.0728
325.0	1.4772	1.5326	1.5884	1.6385	1.6847	1.7270	1.7652	1.7991	1.8287	1.8534	1.8730

SIZE	0.55	0.60	0.65	0.70	0.75	0.80	0.85	0.90	0.95	0.98	1.00
					POWER FACTOR						
2.0	139.7030	146.6878	153.4571	160.0151	166.3649	172.5096	178.4510	184.1875	189.7070	192.8891	194.8264
3.5	71.3034	75.8980	80.4181	84.8634	89.2326	93.5238	97.7333	101.8532	105.8620	108.1794	109.5256
5.5	43.9375	47.0473	50.1221	53.1606	56.1611	59.1212	62.0362	64.8972	67.6808	69.2769	70.1396
8.0	30.1084	32.3312	34.5334	36.7139	38.8710	41.0020	43.1025	45.1839	47.1636	48.2987	48.8664
14.0	17.0125	18.2712	19.5183	20.7522	21.9713	23.1728	24.3519	25.4994	26.5917	27.1840	27.3834
22.0	11.1519	11.9399	12.7185	13.4863	14.2416	14.9813	15.7006	16.3903	17.0261	17.3444	17.3580
30.0	8.6841	9.2712	9.8497	10.4183	10.9753	11.5177	12.0409	12.5356	12.9783	13.1823	13.1243
38.0	7.0827	7.5317	7.9724	8.4034	8.8230	9.2282	9.6142	9.9718	10.2767	10.3974	10.2811
50.0	5.7995	6.1348	6.4618	6.7791	7.0850	7.3764	7.6485	7.8916	8.0814	8.1316	7.9644
60.0	4.9014	5.1614	5.4133	5.6560	5.8874	6.1047	6.3030	6.4729	6.5903	6.5982	6.4057
80.0	3.9569	4.1435	4.3225	4.4928	4.6524	4.7988	4.9273	5.0289	5.0809	5.0528	4.8468
100.0	3.4172	3.5499	3.6748	3.7906	3.8956	3.9867	4.0593	4.1041	4.0974	4.0319	3.7939
125.0	2.9761	3.0736	3.1637	3.2449	3.3154	3.3725	3.4116	3.4234	3.3850	3.3019	3.0566
150.0	2.6548	2.7246	2.7866	2.8401	2.8829	2.9123	2.4237	2.9081	2.8424	2.7431	2.4879
200.0	2.3618	2.4042	2.4391	2.4651	2.4805	2.4825	2.4663	2.4229	2.3290	2.2125	1.9445
250.0	2.1019	2.1245	2.1398	2.1465	2.1426	2.1257	2.0909	2.0294	1.9187	1.7933	1.5232
325.0	1.8869	1.8945	1.8948	1.8868	1.8686	1.8375	1.7892	1.7149	1.5923	1.4614	1.1924

第9表　1％電圧降下表(1)

50.0 CYCLE　　220.0 VOLT

SIZE	0.60	0.65	0.70	0.75	0.80	0.85	0.90	0.95	0.98	1.00
					POWER FACTOR					
2.0	185.867	171.832	159.781	149.322	140.162	132.079	124.900	118.499	115.008	112.924
3.5	328.057	303.574	282.526	264.245	248.227	234.089	221.542	210.382	204.335	200.874
5.5	507.531	470.180	435.030	410.078	385.574	363.944	344.764	327.757	318.620	313.678
8.0	722.397	669.906	624.671	585.311	550.788	520.317	493.318	469.448	456.729	450.236
14.0	1253.524	1166.285	1094.832	1025.012	967.204	916.198	871.157	831.779	811.454	803.498
22.0	1908.338	1782.786	1673.750	1578.374	1494.517	1420.626	1355.753	1300.045	1272.763	1267.656
30.0	2457.473	2302.627	2167.790	2049.648	1945.745	1854.348	1774.559	1707.187	1675.867	1676.643
38.0	3032.559	2851.946	2694.204	2555.784	2434.087	2327.390	2235.097	2159.240	2127.016	2140.468
50.0	3740.762	3534.754	3354.289	3195.780	3056.688	2935.554	2832.525	2751.958	2723.847	2763.356
60.0	4466.797	4238.023	4337.276	3861.025	3706.892	3573.832	3462.993	3381.724	3361.732	3436.015
80.0	5599.217	5339.656	5111.770	4912.213	4739.021	4592.011	4474.315	4399.013	4398.520	4541.516
100.0	6600.076	6340.364	6113.161	5916.197	5748.837	5612.919	5515.433	5479.792	5529.555	5303.047
125.0	7579.762	7418.224	7151.237	6997.529	6837.848	6716.314	6644.483	6658.248	6769.953	7203.784
150.0	8737.337	8491.581	8202.306	8109.449	7975.936	7889.292	7867.826	7956.887	8175.455	8852.107
200.0	10011.666	9809.031	9545.578	9524.126	9451.230	9440.617	9523.130	9787.707	10185.959	11329.160
250.0	11443.281	1293.816	11189.195	11135.482	11144.185	11237.630	11464.460	11963.734	12632.709	14467.433
325.0	12957.968	12880.371	12856.382	12896.435	13018.957	13258.574	13689.876	14526.443	15592.810	18487.585

第10表　1％電圧降下表(2)

50.0 CYCLE　　440.0 VOLT

SIZE	0.60	0.65	0.70	0.75	0.80	0.85	0.90	0.95	0.98	1.00
					POWER FACTOR					
2.0	371.734	343.665	319.562	298.644	280.325	264.158	249.800	236.999	230.016	225.848
3.5	656.115	607.149	565.053	528.491	496.455	468.179	443.084	420.765	408.671	401.749
5.5	1015.062	940.361	876.060	820.157	771.148	727.889	689.528	655.514	637.240	627.356
8.0	1444.795	1339.813	1249.342	1170.622	1101.577	1040.634	986.636	938.896	913.458	900.473
14.0	2507.949	2332.570	2181.665	2050.025	1934.498	1832.397	1742.315	1663.559	1622.908	1666.997
22.0	3616.676	3565.572	3347.501	3156.749	2989.035	2841.253	2711.507	2600.090	2545.526	2535.312
30.0	4914.946	4605.255	4335.580	4099.296	3891.440	3708.696	3549.119	3414.375	3351.735	3333.286
38.0	6065.116	5703.892	5388.408	5111.569	4868.175	4654.780	4470.195	4318.480	4254.032	4250.936
50.0	7481.525	7069.508	6768.318	6391.561	6113.376	5871.108	5665.051	5503.910	5447.095	5526.712
60.0	8933.595	8476.046	8074.557	7722.051	7413.785	7147.664	6925.987	6763.448	6723.464	6872.030
80.0	11198.435	11679.312	10223.541	9824.427	9478.042	9184.023	8948.639	8798.527	8797.041	9083.033
100.0	13200.152	12680.720	12220.322	11832.394	11497.675	11225.839	11030.861	10959.384	11059.111	11006.095
125.0	15359.523	14935.449	15382.474	13995.058	13675.697	13432.628	13288.966	13316.496	13539.906	14407.568
150.0	17474.675	16983.363	16564.613	16218.898	15951.873	15778.584	15735.652	15931.775	16350.910	17704.214
200.0	20013.332	19618.067	19291.156	19048.253	18902.460	18881.234	19045.261	19575.414	20371.918	22655.320
250.0	22886.562	22587.632	22378.390	22270.964	22288.367	22475.261	22928.921	23927.468	25265.418	28934.867
325.0	25915.932	25760.742	25712.765	25792.871	26037.914	26517.148	27379.753	29052.886	31185.621	30975.271

第 11 表　1 %電圧降下表(3)

50.0 CYCLE　　460.0 VOLT

POWER FACTOR

SIZE	0.60	0.65	0.70	0.75	0.80	0.85	0.90	0.95	0.98	1.00
2.0	388.631	359.286	334.057	312.219	293.067	276.165	261.154	247.772	240.471	236.114
3.5	685.938	634.746	590.737	554.513	519.021	489.460	463.225	439.890	427.246	420.010
5.5	1061.201	983.105	915.881	857.437	806.200	760.975	720.871	685.310	666.205	655.872
8.0	1510.467	1450.713	1306.130	1223.832	1151.649	1087.936	1031.483	981.573	954.979	941.403
14.0	2621.305	2438.596	2280.831	2143.208	2022.335	1915.887	1821.510	1739.176	1696.676	1680.042
22.0	3990.161	3727.643	3499.660	3300.237	3124.900	2970.400	2834.757	2718.276	2661.231	2620.223
30.0	5138.352	4814.584	4532.651	4285.627	4068.375	3877.272	3710.442	3569.574	3504.087	3505.708
38.0	6340.802	5963.159	5633.334	5343.913	5089.456	4866.360	4673.384	4514.774	4447.396	4475.524
50.0	7821.533	7390.849	7013.513	6682.085	6391.256	6137.976	5922.552	5754.092	5695.317	5777.925
60.0	9339.666	8961.320	8441.582	8073.052	7750.774	7472.557	7240.803	7070.976	7029.076	7184.394
80.0	11707.455	11164.734	10688.246	10270.990	9908.861	9601.478	9355.384	9197.935	9196.904	9495.896
100.0	13800.156	13257.123	12782.062	12370.228	12020.294	11736.105	11532.269	11457.744	11561.796	12133.644
125.0	16057.883	15510.339	15036.220	14631.195	14297.318	14043.201	13893.009	13921.789	14155.353	15022.457
150.0	18768.975	17755.332	17317.550	16956.121	16676.957	16495.793	16450.910	16655.945	17094.132	18508.949
200.0	20933.430	20509.789	20165.027	19914.082	19761.660	19739.472	19912.000	20465.203	21297.910	23688.242
250.0	23326.855	23614.339	23395.585	23283.281	23301.472	23496.859	23971.144	25015.078	26413.839	30220.085
325.0	27093.929	26931.679	26881.523	26965.273	27221.449	27722.468	28624.285	30373.468	32603.144	38655.859

第 12 表　1 %電圧降下表(4)

60.0 CYCLE　　220.0 VOLT

POWER FACTOR

SIZE	0.60	0.65	0.70	0.75	0.80	0.85	0.90	0.95	0.98	1.00
2.0	185.406	171.458	159.476	149.075	139.965	131.923	124.786	118.426	114.964	112.924
3.5	326.743	302.504	281.655	263.539	247.662	233.648	221.215	210.171	204.208	200.874
5.5	504.584	467.776	436.068	408.485	384.295	362.944	344.020	327.275	318.330	313.678
8.0	717.047	665.531	621.093	582.400	548.448	518.482	491.952	468.561	456.194	450.236
14.0	1237.694	1153.248	1080.101	1016.224	960.098	910.593	866.958	829.033	809.786	803.498
22.0	1872.110	1752.687	1648.770	1557.760	1477.721	1407.277	1345.673	1293.390	1268.690	1287.656
30.0	2399.607	2254.243	2127.392	2016.121	1918.275	1832.392	1757.881	1696.097	1669.040	1676.643
38.0	2544.268	2777.539	2631.618	2503.474	2390.926	2292.646	2208.501	2141.394	2115.945	2140.468
50.0	3605.360	3419.483	3256.396	3113.196	2987.918	2879.669	2789.306	2722.598	2705.444	2753.356
60.0	4278.539	4076.369	3898.862	3743.313	3608.080	3492.862	3399.802	3338.318	3334.267	3436.015
80.0	5322.185	5099.210	4903.749	4733.494	4587.444	4466.460	4375.159	4329.900	4354.232	4541.516
100.0	6405.887	5997.992	5808.126	5650.211	5519.795	5420.126	5366.404	5369.271	5457.316	5803.047
125.0	7163.482	6958.084	6782.625	6637.166	6523.870	6448.570	6426.153	6499.728	6664.626	7203.784
150.0	8078.491	7897.083	7747.633	7631.816	7554.140	7524.429	7565.117	7741.223	8023.158	8852.107
200.0	9151.808	9020.271	8924.441	8868.739	8861.732	8920.224	9080.939	9448.951	9949.384	11329.160
250.0	10355.125	10280.964	10249.115	10267.414	10349.806	10522.599	10842.511	11471.812	12278.398	14467.433
325.0	11612.209	11609.917	11659.603	11773.654	11973.349	12298.291	12833.716	13825.369	15070.037	18487.585

第 13 表　1 %電圧降下表(5)

60.0 CYCLE　　440.0 VOLT

POWER FACTOR

SIZE	0.60	0.65	0.70	0.75	0.80	0.85	0.90	0.95	0.98	1.00
2.0	370.812	342.916	318.953	298.151	279.931	263.851	249.573	236.853	229.928	225.848
3.5	653.486	605.009	563.311	527.079	495.324	467.296	442.430	420.342	408.416	401.749
5.5	1009.168	935.553	872.136	816.970	768.590	725.888	688.041	654.551	636.660	627.356
8.0	1434.094	1331.063	1242.187	1164.860	1096.897	1036.964	983.904	937.123	912.388	900.473
14.0	2475.388	2306.497	2160.202	2032.449	1920.196	1821.186	1733.917	1658.067	1619.572	1606.997
22.0	3744.221	3505.375	3297.541	3115.521	2955.443	2814.555	2691.347	2586.780	2537.380	2535.312
30.0	4799.214	4508.487	4254.784	4032.243	3836.550	3664.785	3515.762	3392.195	3338.081	3353.286
38.0	5888.536	5555.078	5263.237	5008.949	4781.853	4585.292	4417.002	4282.788	4231.891	4280.936
50.0	7210.721	5838.966	6512.793	6228.392	5975.837	5759.339	5578.613	5445.196	5410.889	5526.712
60.0	8557.078	6152.738	7797.725	7486.626	7216.161	6985.724	6799.605	6676.537	6668.534	6872.030
80.0	10644.371	10198.421	9807.498	9466.988	9174.888	8932.921	8750.318	8859.800	8708.464	9083.033
100.0	12411.775	12985.984	11616.253	11300.423	11039.591	10840.253	10720.608	10738.542	10914.632	11606.095
125.0	14326.964	13916.169	13265.251	13274.332	13047.749	12897.341	12852.306	12999.457	13329.253	14407.368
150.0	16158.982	15794.167	15495.261	15263.632	15108.281	15048.859	15130.222	15482.447	16046.316	17704.214
200.0	18303.617	18040.543	17848.882	17737.675	17723.464	17840.449	18161.878	18897.902	19898.769	22658.520
250.0	20715.256	20561.929	20498.230	20534.828	20699.613	21045.199	21685.023	22943.525	24556.796	28934.867
325.0	23224.418	23219.335	23310.207	23547.308	23946.699	24596.582	25667.433	27650.738	30140.074	36975.171

第14表　1％電圧降下表(6)

60.0 CYCLE　　460.0 VOLT

SIZE	POWER FACTOR 0.60	0.65	0.70	0.75	0.80	0.85	0.90	0.95	0.98	1.00
2.0	387.667	358.503	333.451	311.704	292.655	275.844	260.917	247.819	240.379	236.114
3.5	683.190	632.510	588.916	551.037	517.839	488.537	462.540	439.448	426.980	420.010
5.5	1055.039	978.078	911.779	854.105	803.526	758.882	719.316	684.303	665.599	635.872
8.0	1499.280	1391.566	1298.650	1217.745	1146.755	1084.099	1028.627	979.719	953.860	941.403
14.0	2587.906	2411.337	2258.392	2124.833	2007.477	1903.967	1812.731	1733.433	1693.189	1680.042
22.0	3924.412	3664.410	3447.228	3257.135	3089.781	2942.489	2813.681	2704.361	2652.715	2650.553
30.0	5017.350	4713.417	4448.182	4215.527	4010.938	3831.366	3675.569	3546.385	3489.811	3505.708
38.0	6456.195	5807.581	5502.474	5234.537	4999.209	4793.714	4617.775	4477.459	4424.249	4475.524
50.0	7538.480	7149.828	6308.829	6509.410	6247.465	6021.126	5832.185	5692.704	5656.837	5777.925
60.0	8946.035	8523.316	8152.167	7826.927	7544.167	7303.256	7108.677	6980.121	6971.648	7184.394
80.0	11128.205	16661.986	10253.292	9897.304	9591.927	9338.960	9148.058	9053.427	9104.302	9495.896
100.0	12975.945	12530.300	12144.265	11814.078	11541.388	11332.992	11208.117	11226.856	11410.750	12133.644
125.0	14978.189	14548.722	14181.851	13877.709	13640.812	13483.582	13436.501	13590.339	13935.126	15082.457
150.0	16891.390	16512.082	16199.589	15957.433	15795.019	15732.896	15817.959	16186.193	16775.691	18508.949
200.0	19135.597	18800.562	18660.195	18543.722	18529.074	18651.375	18987.414	19756.894	20803.253	23688.242
250.0	21651.645	21496.558	21429.964	21468.226	21640.503	22001.796	22670.703	23986.511	25673.011	30250.085
325.0	24280.070	24275.281	24379.168	24617.636	25035.183	25714.605	26834.132	28907.585	31510.074	38635.859

界磁投入継電器（滑り電圧の極性検出）

これから紹介しようとしている界磁投入継電器は，三相誘導同期電動機を始動したあと，同期化するときに界磁開閉器を投入するために使用されている極性検出継電器のことです．三相誘導同期電動機を巻線型誘導電動機として始動した後，滑りが充分小さくなったことを確認するとともに，励磁電圧と滑り電圧の極性を比較して滑り電圧がちょうど逆極性になれば，界磁開閉器を投入しようというものです．しかし電動機製造者が設定してきた極性は何と逆極性ではなく同極性だったのです．

同極性の場合，界磁開閉器投入による突入励磁電流が非常に小さいため，同期化トルクが極端に不足し同期電動機の回転子を加速することは不可能です．この理由により回転子は加速せずに必ずスリップを続け，滑り電圧と励磁電圧が同じになったところで励磁回路は電気的に開路してしまい，それ以後滑り電圧が励磁電圧より大きい間は，たとえ機械的に界磁開閉器が閉路していても電気的には連続して開路状態となります．その滑り電圧の大きさが励磁電圧の大きさと同じになり，励磁回路が電気的に開路したそのとき，電気回路的にはちょうど大きなリアクタンスを持つ界磁巻線回路の直流励磁電流を勢いよく開いたことになり，大変大きい電圧を発生してしまいます．それゆえ，これでは回転子を加速できないばかりか，界磁回路のサージアブゾーバを働かせると同時に異常電圧を検出してしまい，界磁開閉器および同期電動機盤の遮断器は異常電圧により釈放されてしまいます．

これに似た現象が凸極型同期電動機の同期引き入れ時にも起こります．この問題の解決方法としては，始動時に使用する界磁巻線の放電抵抗器を同期完了まで界磁巻線に接続しておくことです．すなわち，同期電動機の回転子がスリップ中にも，界磁巻線の回路が電気的に開路されることがないようにしますので，異常電圧の発生は完全に無くなります．

さて本題の誘導同期電動機に戻り，回転子の滑り電圧と励磁電圧が逆極性の場合ですが，このときには滑り電圧と励磁電圧が加わった状態で励磁回路を閉じたことになります．したがって，励磁電流が急速に成長し，回転子には励磁電流に従った大きな加速トルクを生じ，回転子を素早く同期に引き入れることが可能となります．実際に極性検出継電器をこのように逆極性に設定し，界磁開閉器を極性検出継電器でもって投入するように変更した後は，たとえ大きな負荷トルクを負った機械であっても，同期引き入れに失敗するようなことはなくなり，そしてまたサージアブゾーバが動作するようなこともありませんでした．

ワードレオナード速度制御における加速と減速

(1) 位置速度曲線の計算

第1図に示されたような速度時間曲線は，鉱山の巻上げ機に多く使用され，この種の速度時間特性が設備計画者から与えられるのが一般的である．平均加速度α_0，最高運転速度N_0，平均減速度β_0，全行程運転時間T_sを指定されるが，実際には加速・減速の過程におけるトルクの急変に起因する機械的衝撃を緩和する必要上低減された加速・減速を行い，そこで加速度および減速度はそれぞれα_1，α_2，α_3およびβ_4，β_5，β_6の3部分に分ける．

電動機の定格トルクτ_0でもって起動した場合の定格トルク起動時間T_0，そして定格速度をN_0〔rpm〕とし，

$$P = \tau \cdot \omega \times 10^{-3} \text{〔kW〕}$$

の出力の式を利用することより始める．

定格角速度ω_0は，

$$\omega_0 = 2\pi N_0/60 = 0.10472 N_0$$

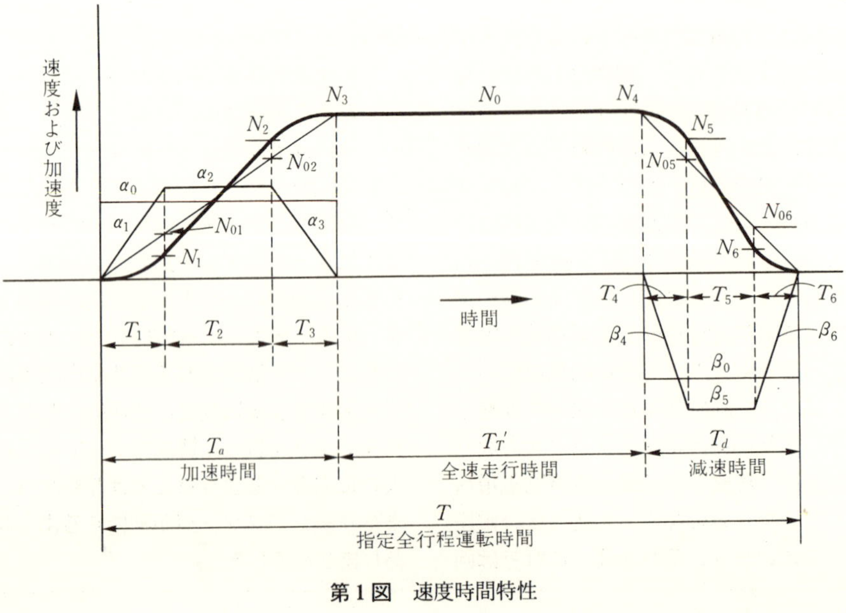

第1図　速度時間特性

また，〔N·m〕単位のトルクを〔kg·m〕単位のトルクで表すと，

$$1\,[\mathrm{kg\cdot m}] = g\,[\mathrm{N\cdot m}] = 9.80665\,[\mathrm{N\cdot m}]$$

よって，定格トルクτ_0は，

$$\tau_0 = \frac{P\,[\mathrm{kW}]\times 10^3}{g\cdot\omega_0} = \frac{P\,[\mathrm{kW}]\times 10^3}{9.807\times 0.10472 N_0} = 974\times\frac{P\,[\mathrm{kW}]}{N_0}\,[\mathrm{kg\cdot m}]$$

機械側でよく使う馬力で表すと，

$$1\,[\mathrm{HP}] = 0.746\,[\mathrm{kW}]$$

上の式に代入すると，

$$\tau_0 = 726\times\frac{P\,[\mathrm{HP}]}{N_0}\,[\mathrm{kg\cdot m}]$$

であるから，起動時間T_aを必要とする起動トルクτ_mは，起動時間の式の時間T_aとトルクτ_mの場所を入れ替えて，起動トルクτ_mは，

$$\tau_m = \frac{(GD^2)\times N_0}{375\times T_a}\,[\mathrm{kg\cdot m}] = \frac{T_0}{T_a}\tau_0\,[\mathrm{kg\cdot m}]$$

また，単位法表示をすると，

$$\tau_m = \frac{T_0}{T_a}\,[\mathrm{p.u.}]$$

ここに，

T_0：定格トルク起動時間〔s〕

$$T_0 = \frac{(GD^2)\times N_0}{375\times\tau_0}\,[\mathrm{s}]$$

である．すなわち，単位慣性定数M（同期電動機の過渡安定度の計算法の中の単位慣性定数の項を参照のこと）である．

また，速度Nまで上昇させるのに必要とした加速時間をT_aとすれば，その加速に必要なトルクτ_nは，

$$\tau_n = \frac{T_0}{T_a}\times\frac{N}{N_0}\,[\mathrm{p.u.}]$$

となる（誘導電動機の二次抵抗の区分点間の加速時間の計算の項を参照のこと）．

ここで負荷トルクをτ_1とし，ワードレオナード方式の直流電動機の界磁の強さを一定とし，加速時の電機子電流をI_a，そして減速時の電機子電流をI_βとすると，

$$I_a = \frac{(\tau_n+\tau_1)}{\tau_0}I_0 = \left(\frac{T_0}{T_a}\cdot\frac{N}{N_0}+\frac{\tau_1}{\tau_0}\right)I_0$$

減速時も加速時と同様にして，

$$I_\beta = \frac{(\tau_n-\tau_1)}{\tau_0}I_0 = \left(\frac{T_0}{T_\beta}\cdot\frac{N}{N_0}-\frac{\tau_1}{\tau_0}\right)I_0$$

となる．

続いて加速中のT_1，T_2，T_3のそれぞれの区間における速度と位置の関係を求める．

(a) T_1，T_2，T_3時間区間における速度と位置の関係

このT_1時間区間における加速は等加速度の速度変化であるから，速度と位置との関係は$t=0$において$v=0$と置いて，

$$\alpha_1 = \frac{\alpha_2}{T_1}t \tag{1}$$

したがって，速度v_1および位置S_1は，

$$v_1 = \int_0^t \alpha_1\,\mathrm{d}t = \int_0^t \frac{\alpha_2}{T_1}t\cdot\mathrm{d}t = \frac{\alpha_2 t^2}{2T_1} \tag{2}$$

$$S_1 = \int_0^t v_1\,\mathrm{d}t = \int_0^t \frac{\alpha_2}{2T_1}t^2\,\mathrm{d}t = \frac{\alpha_2}{6T_1}t^3 \tag{3}$$

ゆえに第1図のようにT_1時間後の速度をN_1とし，そのときの位置をS_1とすると，

$$\left.\begin{aligned} N_1 &= |v_1|_{T_1} = \frac{\alpha_2}{2}T_1 \\ S_1 &= |S_1|_{T_1} = \frac{\alpha_2}{6}T_1^2 \end{aligned}\right\} \tag{4}$$

(b) T_2時間区間においては定加速度である．すなわち，

$\alpha_2 = $一定

であるから,

$$\left.\begin{aligned} v_2 &= N_1 + \alpha_2 t \\ S_2 &= S_1 + N_1 t + \frac{\alpha_2}{2} t^2 \end{aligned}\right\} \quad (5)$$

ゆえに T_2 時間後の速度 N_2 および位置 S_2 は,(5)式に $t = T_2$ および $N_1 = \alpha_2 T_1/2$ を代入して,

$$\left.\begin{aligned} N_2 &= N_1 + \alpha_2 T_2 \\ S_2 &= S_1 + \frac{\alpha_2}{2} T_1 T_2 + \frac{\alpha_2}{2} T_2^2 \end{aligned}\right\} \quad (6)$$

(c) T_3 時間区間においては等加速度で加速度を低下するので,

$$\begin{aligned} \alpha_3 &= \alpha_2 - \frac{\alpha_2 t}{T_3} \\ &= \alpha_2\left(1 - \frac{t}{T_3}\right) \end{aligned} \quad (7)$$

であるから,

$$\begin{aligned} v_3 &= N_2 + \int_0^t \alpha_3 \,\mathrm{d}t \\ &= N_2 + \int_0^t \left(1 - \frac{t}{T_3}\right)\alpha_2 \,\mathrm{d}t \\ &= N_2 + \alpha_2 t - \frac{\alpha_2}{2T_3} t^2 \end{aligned} \quad (8)$$

$$\begin{aligned} S_3 &= S_2 + \int_0^t v_3 \,\mathrm{d}t \\ &= S_2 + \int_0^t \left\{N_2 + \alpha_2 t - \frac{\alpha_2}{2T_3} t^2\right\} \mathrm{d}t \\ &= S_2 + N_2 t + \frac{\alpha_2}{2} t^2 - \frac{\alpha_2}{6T_3} t^3 \end{aligned} \quad (9)$$

ゆえに T_3 時間後における N_3 および S_3 は,(8)式および(9)式に $t = T_2$ を代入して,

$$\left.\begin{aligned} N_3 &= N_2 + \alpha_2 T_3 - \frac{\alpha_2}{2T_3} T_3^2 \\ &= N_2 + \frac{\alpha_2}{2} T_3 = N_0 \\ S_3 &= S_2 + N_2 T_3 + \frac{\alpha_2}{2} T_3^2 - \frac{\alpha_2}{6T_3} T_3^3 \\ &= S_2 + N_2 T_3 + \frac{\alpha_2}{3} T_3^2 \end{aligned}\right\} \quad (10)$$

(d) 等加速度のみの指定行程速度における N_0 および S_0 は次のようになる.

$$\left.\begin{aligned} N_0 &= \alpha_0 (T_1 + T_2 + T_3) \\ S_0 &= \frac{\alpha_0}{2} (T_1 + T_2 + T_3)^2 \end{aligned}\right\} \quad (11)$$

(e) 指定行程速度時間に合わせるには,

$S_3 = S_0$

すなわち(10) = (11)でなければならないので,この条件から α_2 が決定される.

$$\frac{\alpha_0}{2} (T_1 + T_2 + T_3)^2 = S_0$$

$$S_3 = S_2 + N_2 T_3 + \frac{\alpha_2}{3} T_3^2$$

(6)式の S_2 および N_2 を代入して,

$$\begin{aligned} S_3 &= \frac{\alpha_2}{6} T_1^2 + \frac{\alpha_2}{2} T_1 T_2 + \frac{\alpha_2}{2} T_2^2 \\ &\quad + \left(\frac{\alpha_2}{2} T_1 + \alpha_2 T_2\right) T_3 + \frac{\alpha_2}{3} T_3^2 \end{aligned}$$

今,$T_1 = T_3 = kT_2$ とおくと,

$$\begin{aligned} S_3 &= \frac{\alpha_2}{6} k^2 T_2^2 + \frac{\alpha_2}{2} k T_2^2 \\ &\quad + \frac{\alpha_2}{2} T_2^2 + \frac{\alpha_2}{2} k^2 T_2^2 \\ &\quad + \alpha_2 k T_2^2 + \frac{\alpha_2}{3} k^2 T_2^2 \\ &= \frac{\alpha_2}{2} \{1 + 3k + 2k^2\} T_2^2 \end{aligned}$$

$$\begin{aligned} S_0 &= \frac{\alpha_0}{2} (kT_2 + T_2 + kT_2)^2 \\ &= \frac{\alpha_0}{2} (1 + 2k)^2 T_2^2 \end{aligned}$$

したがって,

$$\alpha_2 = \frac{(1 + 2k)^2}{1 + 3k + 2k^2} \alpha_0 = \frac{1 + 2k}{1 + k} \alpha_0 \quad (12)$$

ここで,$k = 1/3$ とおくと,

$$\left.\begin{aligned} \alpha_2 &= \frac{1 + 2 \times \frac{1}{3}}{1 + \frac{1}{3}} \alpha_0 = \frac{5}{4} \alpha_0 \\ \alpha_2 &= 1.25\alpha_0 \end{aligned}\right\} \quad (13)$$

次に，$k=1/4$ とおくと，

$$\left.\begin{aligned}\alpha_2&=\frac{1+2\times\frac{1}{4}}{1+\frac{1}{4}}\alpha_0=\frac{6}{5}\alpha_0\\ \alpha_2&=1.2\alpha_0\end{aligned}\right\}\qquad(14)$$

(f)　$\alpha_2=\alpha_0$ とするときの等加速度時間 T_2 を T_2' と置くと，(11)式より，

$$N_0=\alpha_0(1+2k)T_2$$

(10)式より，

$$N_3=N_2+\frac{\alpha_2}{2}T_3$$

この式に(4)式の N_1 と(6)式の N_2 を代入して，

$$N_3=\frac{\alpha_2}{2}T_1+\alpha_2T_2+\frac{\alpha_2}{2}T_3$$

$$N_3=N_0=\frac{\alpha_0}{2}kT_2'+\alpha_0T_2'+\frac{\alpha_0}{2}kT_2'$$

$$N_0=\alpha_0(1+k)T_2'$$

ここで第1図より $N_3=N_0$ であるから，

$$T_2'=\frac{1+2k}{1+k}T_2\qquad(15)$$

この加速時間中に移動する距離 S_{0a} は，(11)式より，

$$S_0=\frac{\alpha_0}{2}(T_1+T_2+T_3)^2$$

$$=\frac{\alpha_0}{2}(1+2k)^2T_2^2$$

したがって，求める S_{0a} は，

$$S_{0a}=\frac{\alpha_0}{2}(1+2k)^2T_2^2$$

また，(10)式より，

$$S_3=S_2+N_2T_3+\frac{\alpha_2}{3}T_3^2$$

ここで(4)式の N_1 および S_1 そして(6)式の N_2 および S_2 を代入して，

$$S_3=\frac{\alpha_2}{6}T_1^2+\frac{\alpha_2}{2}T_1t+\frac{\alpha_2}{2}t^2+\left(\frac{\alpha_2}{2}T_1+\alpha_2T_2\right)T_3+\frac{\alpha_2}{3}T_3^2$$

そして次に，$t=T_2'$ を代入すると，

$$S_3=\frac{\alpha_2}{6}T_1^2+\frac{\alpha_2}{2}T_1T_2'^2+\frac{\alpha_2}{2}T_2'^2+\frac{\alpha_2}{2}T_1T_3+\alpha_2T_2T_3+\frac{\alpha_2}{3}T_3^2$$

この式より S_{3a} を求めるために，

$\alpha_2=\alpha_0$

$T_2=T_2'$

$T_1=kT_2'$

$T_3=kT_2'$

を代入すると，

$$S_{3a}=\frac{\alpha_0}{6}k^2T_2'^2+\frac{\alpha_0}{2}kT_2'^2+\frac{\alpha_0}{2}T_2'^2+\frac{\alpha_0}{2}k^2T_2'^2+\alpha_0kT_2'^2+\frac{\alpha_0}{3}k^2T_2'^2$$

$$=\frac{\alpha_0}{2}(1+3k+2k^2)T_2'^2$$

$$S_{3a}=\frac{\alpha_0}{2}(1+k)(1+2k)T_2'^2$$

また，(11)式より得られた S_{0a} は，

$$S_{0a}=\frac{\alpha_0}{2}(1+2k)^2T_2'^2$$

したがって求める S_{3a} は，

$$S_{3a}=\frac{1+2k}{1+k}S_{0a}\qquad(16)$$

となる．

減速度 $\beta_0=p\alpha_0$ とし，

$T_4=T_6=kT_5$

とすると，

$N_0=\alpha_0(1+2k)T_2$

$N_0=\beta_0(1+2k)T_5$

より，

$$T_5=\frac{\alpha_0(1+2k)}{\beta_0(1+2k)}T_2$$

$$T_5=\frac{\alpha_0}{\beta_0}T_2=\frac{T_2}{p}\qquad(17)$$

S_{0d} および S_{3d} も S_{0a} および S_{3a} と同様に，

$$\left.\begin{aligned}S_{0d}&=\frac{p\alpha_0}{2}(1+2k)^2\left(\frac{T_2}{p}\right)^2\\ &=\frac{\alpha_0}{2p}(1+2k)^2T_2^2\end{aligned}\right|$$

$$S_{3d} = \frac{p\alpha_0}{2}(1+k)(1+2k)\left(\frac{T_2}{p}\right)^2 = \frac{\alpha_0}{2p}(1+k)(1+2k)\,T_2{}^2 \qquad (18)$$

したがって，

$$S_{3d} = \frac{1+2k}{1+k}S_{0d}$$

指定全速走行時間 T_T' を T_a の h 倍にすると，その全速走行距離 S_{0T} は，

$$S_{0T} = N_0\,T_T' = N_0\,hT_a$$

この S_{0T} の式に，

$$N_0 = \alpha_0(1+2k)\,T_2$$

および，

$$T_a = (1+2k)\,T_2$$

を代入すると，

$$S_{0T} = \alpha_0(1+2k)^2 hT_2{}^2 \qquad (19)$$

全走行距離 D は第1図から，

$$\begin{aligned} D &= S_{0a}+S_{0T}+S_{0d} \\ &= \frac{\alpha_0}{2}(1+2k)^2 T_2{}^2+\alpha_0(1+2k)^2 hT_2{}^2 \\ &\quad + \frac{\alpha_0}{2p}(1+2k)^2 T_2{}^2 \\ &= \frac{\alpha_0}{2}(1+2k)^2 T_2{}^2\left(1+2h+\frac{1}{p}\right) \end{aligned} \qquad (20)$$

そこで，

$$k = \frac{1}{3},\ p = 1.25,\ h = 3.33$$

とすると，(15)式より，加速時間では，

$$T_2' = \frac{1+2k}{1+k}T_2 = \frac{1+2\times\frac{1}{3}}{1+\frac{1}{3}}T_2$$

$$T_a' = 1.25\,T_a$$

(17)式より，減速時間では，

$$T_d' = \frac{T_a'}{p} = \frac{1.25}{1.25}T_a = T_a$$

全速走行時間 T_T' は全走行距離を D とすると，

$$T_T' = \frac{D-S_{3a}-S_{3d}}{N_0}$$

と表され，この式の T_2'，S_{3a}，S_{3d}，S_{0a} および S_{0d} は，(15)，(16)，(18)そして(20)式より，

$$S_{3a} = \frac{1+2k}{1+k}S_{0a}$$

$$S_{3d} = \frac{1+2k}{1+k}S_{0d}$$

$$S_{0a} = \frac{\alpha_0}{2}(1+2k)^2 T_2{}^2$$

$$S_{0d} = \frac{\alpha_0}{2p}(1+2k)^2 T_2{}^2$$

$$N_0 = \alpha_0(1+2k)\,T_2$$

全速走行時間 T_T' には，これらの値を代入して，

$$\begin{aligned} T_T' &= \frac{D-S_{3a}-S_{3d}}{N_0} \\ &= \frac{\left[\begin{aligned}&\frac{\alpha_0}{2}(1+2k)^2 T_2{}^2\times\left(1+2h+\frac{1}{p}\right) \\ &-\left\{\frac{(1+2k)}{(1+k)}\frac{\alpha_0}{2}(1+2k)^2 T_2{}^2\right. \\ &\left.+\frac{(1+2k)}{(1+k)}\frac{\alpha_0}{2p}(1+2k)^2 T_2{}^2\right\}\end{aligned}\right]}{\alpha_0(1+2k)\,T_2} \\ &= \frac{(1+2k)}{2}T_2\left\{\left(1+2h+\frac{1}{p}\right)\right. \\ &\qquad \left.-\frac{(1+2k)}{(1+k)}\left(1+\frac{1}{p}\right)\right\} \\ &= \frac{T_a}{2}\left\{\left(1+2h+\frac{1}{p}\right)\right. \\ &\qquad \left.-\frac{(1+2k)}{(1+k)}\left(1+\frac{1}{p}\right)\right\} \end{aligned}$$

ここで，

$$T_a = (1+2k)\,T_2$$

$$k = \frac{1}{3},\ p = 1.25,\ h = 3.33$$

を上式に代入すると，

$$T_T' = 3.11\,T_a$$

ゆえに全行程運転時間 T' は，

$$T' = T_T' + T_a' + T_a$$
$$= 3.11T_a + 1.25T_a + T_a$$
$$= 5.36T_a$$

しかるに指定全行程運転時間 T は，

$$T = T_a + hT_a + \frac{1}{p}T_a$$
$$= T_a + 3.33T_a + \frac{1}{1.25}T_a$$
$$= 5.13T_a$$

したがって，この T および T' の二つの式から，

$$T' = 5.36T_a$$
$$T = 5.13T_a$$

ゆえに，

$$T' = \frac{5.36}{5.13}T = 1.05T$$

すなわち，$\alpha_2 = \alpha_0$ とすると，全運転時間は 5〔%〕長くなる．

また，$h = 0.333$ とすると，

$$T = T_a + hT_a + \frac{1}{p}T_a$$
$$= \left(1 + 0.333 + \frac{1}{1.25}\right)T_a$$
$$= 2.133T_a$$
$$T_T' = \frac{T_a}{2}\left\{\left(1 + 2h + \frac{1}{p}\right) - \frac{(1+2k)}{(1+k)}\left(1 + \frac{1}{p}\right)\right\}$$
$$= \left\{\left(1 + 2\times 0.333 + \frac{1}{1.25}\right) - \frac{\left(1 + 2\times\frac{1}{3}\right)}{\left(1 + \frac{1}{3}\right)}\left(1 + \frac{1}{1.25}\right)\right\}\times\frac{T_a}{2}$$
$$= \{2.466 - 2.25\}\frac{T_a}{2}$$
$$= 0.108T_a$$
$$T' = T_T' + T_a' + T_a$$
$$= (0.108 + 1.25 + 1)T_a$$
$$= 2.358T_a$$

これら T および T' の二つの式から，

$$T' = \frac{2.358}{2.133}T$$
$$= 1.105T$$

ゆえに $h = 0.333$ とすると，全行程運転時間は 10.5〔%〕長くなる．

(2) カムホイールの形状の計算

現在では加速カムや減速カムは使われなくなったが，昔のレオナード速度制御におけるカムは**第 2 図**のような構成になっている．鉱山用巻上げ機には円盤カムが多いが，直線カムでも同様の考え方ができる．

(a) カムホイールに加速カムと減速カムが取り付けられている．その接触するカムローラは加減速共用ローラで，正転と逆転とは別のカムおよびローラになるようにカムホイールに取り付けられている．

(b) カムローラの移動角度は一般的には 20°くらいであるから，主速度調整器を全調整範囲に使用するためには，歯車で速度比 G を与えている．

(c) カムホイールは負荷の移動に従い回転し，全行程を 300°程度に収める．したがって据付誤差などを緩和するには，ホイールの直径を大きくするのがよい．速度の精度も多少よくなるが，カムの平滑度を得るように加工を入念にする必要がある．

(1) カム寸法の算定

一般には過渡現象を考えなければ，速度は電動機の電機子端子電圧 V に比例するものとして計算を進めてよい．したがってカム上の点 P_1，P_2 の算定は次のようにする．

① 時間 t を細分して，まず時間目盛りを表にする．

② 時間 t に対する速度 v，したがって電機子の端子電圧 V に対する主速度調整器のノッチ θ を，主調整器のノッチ曲線より求める．

③ この時間 t に対する距離 S，すなわち角

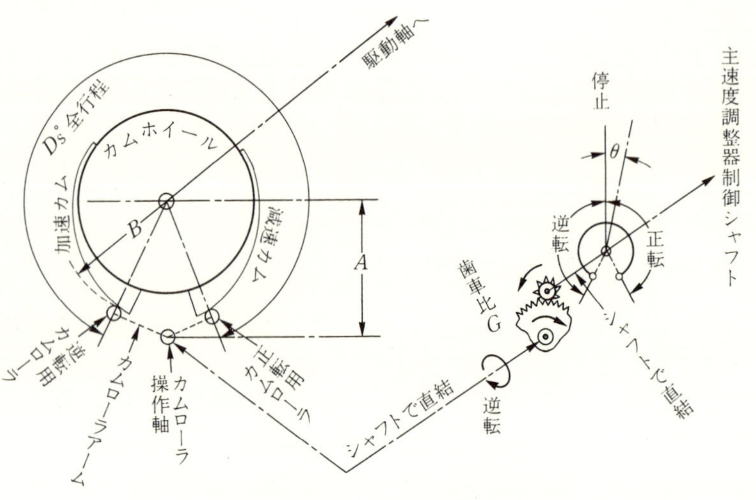

第2図　カムホイール配置図

度δを求める．

④　時間tに対するノッチθが決まると，逆歯車比$1/G$にてカムローラの移動角$(\varphi+\alpha)$が決まる．φは遊びなどの無効角度とする．

⑤　移動角$(\varphi+\alpha)$が決まると，カムローラ操作軸とカムホイール軸との距離Aおよびカムローラ直径d，そしてカムローラ半径Rとから，カムホイール軸よりカムローラの円周上の接触点までの長さBが決まる．

⑥　角度δとカム軸よりカムローラの接触点までの距離Bとから，カムの外周上の接触点P_1, P_2, …が，時間tに対して決まるから，この点を平滑な曲線で結べばカムの外形が決定される．

⑦　カム加速初期およびカム減速終期において，比較的にカムホイール軸から，カムローラの円周上の接触点までの長さBおよびカムローラの半径Rが小さく，かつカムローラの移動角αが大きいと，カムの形がこの移動角αに制限されて所要の傾斜が得られないことがあり，加速度が小さくなる．この場合には，カムローラ直径dを小さくすると可能になる．

⑧　主速度調整器のノッチθの時間tに対する設定は自動制御系の遅れを見込まねばならない．これは電動機の端子電圧Vから決まる，主速度調整器のノッチθに相当するカムローラの移動角αよりさらに大きいカムローラの移動角αにすることであり，カムを削り込むことでこの調整が可能になる．

⑨　(i)　カムローラアーム半径Rおよびカムローラの直径dの寸法誤差，同じく遊びによる向日角度φの左右の加工誤差．

(ii)　操作軸とカムホイール軸との距離Aの据付誤差，これが現実には多い．

(iii)　カムホイール内径の偏心および直径の誤差

(iv)　主速度調整器のノッチθ対出力電圧V特性の非直線性．

(v)　主速度調整器のノッチ釦のピッチ不同等による影響が激しいので，計算上のカム寸法そのままでは電圧遅れもあるので使用できないこともある．

したがって少し削り代を残したカムを取り付けて，時間tに対して修正した主速度調整器のノッチまたは主速度調整器のノッチ一つあてに対して時間tを逆に求め，円盤カムの回転移動角度δを算出したものについて，それぞれ一つあてのカムについて厳重に検査することが必要である．

円盤カムの回転角δにおける主速度調整器のノッチθが，所定の電機子端子電圧の値Vを得るように据付け組み立て後，円盤カムの駆動軸からカムローラの接触点までの距離Bを

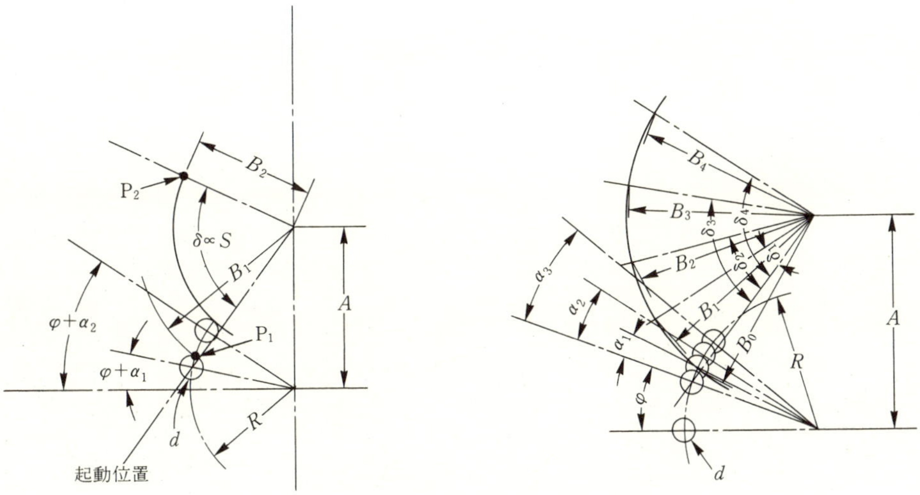

第 3 図　カムの形状の作図

実測修正しておけば，制御系の遅れによる初期加速度低下が多少あっても，加速につれてほとんど無視し得るようになり，運転後の修正が少ないことになる．

ゆえに上記の実測修正には十分時間をかけてもその効果は大きい．

⑩　カムの形状の計算式

下記にカム形状の計算に必要となる式を一括記載する．

(i)　逓増加速区間

$$v = \frac{\alpha_2}{2T_1}t^2$$

$$v = k_1 V = k_2\theta = k_3\alpha°$$

$\alpha°$：ローラアーム角度

$$S = \frac{\alpha_2}{6T_1}t^3$$

$$\delta = \frac{S}{D}D_\delta°$$　以下共通

(ii)　定加速度区間

$$v = \frac{\alpha_2}{2}T_1 + \alpha_2 t$$

$$S = \frac{\alpha_2}{6}T_1^2 + \frac{\alpha_2}{2}(T_2+t)t$$

（ただし，t は T_1 以後にとる）

(iii)　逓減加速区間

$$v = \frac{\alpha_2}{2}T_1 + \alpha_2(T_2+t) - \frac{\alpha_2}{2T_3}t^2$$

$$S = \frac{\alpha_2}{6}T_1^2 + \alpha_2(T_1+T_2)T_2 + \frac{\alpha_2}{2}(T_1+2T_2)t + \frac{\alpha_2}{2}\left(1-\frac{t}{3T_2}\right)t^2$$

（ただし，t は T_2 以後にとる）

減速区間は逆にして加速度 α の代わりに，減速度 β をとればよい．

⑪　電機子電流

電機子電流の初期値は，停動トルク相当の値を流している．これに上記のように t^2 および t により目標値が変わるので簡単ではないが，最も重要なことは回路の乱調を防止することで，カムの修正は少なくてよい．なおロープの弾性振動および弦振動周期を絶対に外しておく必要がある．

加速電流 I_a は，

$$I_a = \alpha\frac{T_0}{N_0}\times 100\,〔\%〕$$

実際の電機子電流 I_a は，この値に負荷トルク τ_1/τ_0 分を加えたもので，

$$I_a = I_0\left(\alpha\frac{T_0}{N_0} + \frac{\tau_1}{\tau_0}\right)$$

である．

電気技術者のための積分演習

はしがき　このたび積分演習特に大きさをもつ光源による照度の計算に必要な積分について講義をすることになり，皆様方と再び誌上においてお目に掛かれることを大変うれしく思っております．さて，読者の皆様には今までの電力系統の故障計算法および電動力の応用の講義はいかがでしたでしょうか，ご満足頂けましたでしょうか，ご意見やご感想など編集部まで送って頂ければ幸いです．

とは申しましても筆者はただ単なる電気技術者ですから，実務の上で体験したことを皆様に披露しているだけです．何もことさらに特別なことをしているわけではありません．したがって今回も微積分を道具として使いこなすために自分自身が演習を行ってきたその積分演習の部分を紹介するのみで，決して数学者ではありませんから，数学的な解説をするつもりは毛頭ありません，そればかりかその実力のないことを，この講義を開始するに当たって前もってお断りしておかねばなりません．

しかし，これまでの電力系統の故障計算法や電動力の応用の講義の中ですでにお気付きのように，微積分の計算は仕事の上の計算によく出てきますが，われわれ電気技術者が取り扱う工学上の積分は殆んどすべてのものが定積分なので，積分定数などいろいろと面倒な数学的検討を加えなくともよいものの方が圧倒的に多くできます．電気技術者として微積分が道具として使えなくては，理論的に少し深く突っ込んだそしてちょっと技術的に込み入った検討を行うには，こと電気工学に関しては数学特に微積分の力を借りて物理現象を状態方程式という形でもって表し，その解を数値でもって計算しなければなりません．そこで筆者がいかなる機会に接して微積分に対して興味を持ち，微積分が道具として使えるようになる努力をする，そのきっかけとなったことから話を進めたいと思います．これより話を進めようとしている例題は積分演習の例題としては，決してふさわしいとは思えませんが，筆者が電気（工学）理論を理解し利用する上で，数学特に微積分を道具として使わなくてはならないことを痛感し，微積分を積極的に勉強するきっかけになったものですから，あえてここにとりあげることにしました．今まで連続してお読み下さった読者の方々には，すでにお気付きのことと思いますが，電線管の磁気遮蔽率の計算などは，積分演習の例題としてとてもふさわしい良い例であったと思います．しかしここであえて電線を電線管に引き入れるときの引き入れ力をとりあげるのは，以上のような理由によるものです．

電線管に電線を引き入れるとき，引っ張っても引っ張っても動かないものが，電線の引き入れ口側をちょっと後押しすることにより，いと

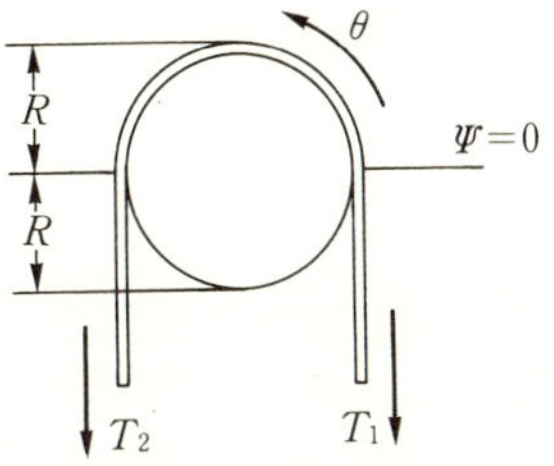

(a)

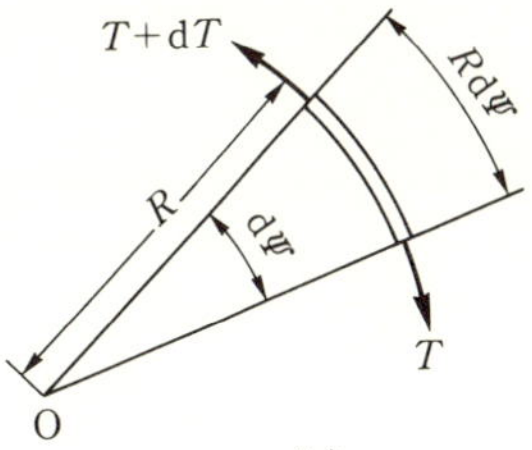

(b)

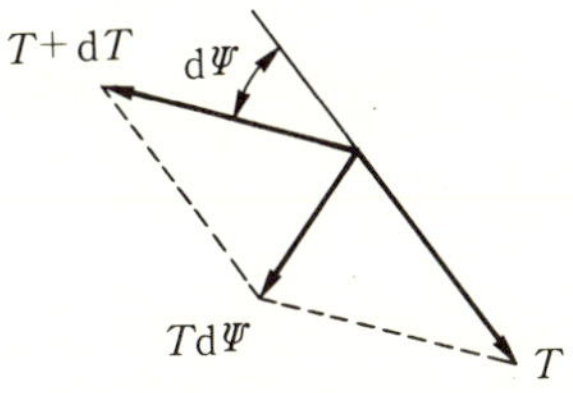

(c)

第1図

も簡単に軽々としかも電線が滑るように引き入れられることを，皆さんは体験でもってご存知のことと思います．この原因は電線管に曲がりを設けたことによるものであり，この曲がりの部分に働く摩擦力に起因しています．工事施工規定では合計曲げ角度が三直角以下の角度しか許されていないことも，皆様方はご存知のことと思います．では電線管の曲がりの部分にいかなる力がどのように作用しているのか，図を描いて考察して見ましょう．

第1図より次のような力の平衡式が得られる．その式を T に関する微分方程式の形に書き替えて行くと，

$$\frac{\mathrm{d}T}{\mathrm{d}\Psi}=\mu T$$

$$\frac{\mathrm{d}T}{\mathrm{d}\Psi}-\mu T=0$$

となる．

そして両辺に指数関数 $\varepsilon^{-\mu\Psi}$ を掛けると上式は，

$$\varepsilon^{-\mu\Psi}\frac{\mathrm{d}T}{\mathrm{d}\Psi}-\mu\varepsilon^{-\mu\Psi}T=0$$

と表される．ここで積の形の微分公式から，この式はまた次のように書き表される．

$$\frac{\mathrm{d}}{\mathrm{d}\Psi}(\varepsilon^{-\mu\Psi}T)=0$$

この式の一般解は，指数関数は微分しても形が変わらないことから，

$$\varepsilon^{-\mu\Psi}T=C$$

$$T=C\varepsilon^{\mu\Psi}$$

と T についての一般解を得る．この解の境界条件は $\Psi=0$ において $T=T_1$ であるから，

$$T_1=C\varepsilon^{\mu\times0}$$

のように書き表され，T_1 に関する形に書き替えて，この積分定数 C は，

$$C=T_1$$

ゆえに T は，

$$T=T_1\varepsilon^{\mu\Psi}$$

したがって，T_2 はこの T を $\Psi=0$ から $\Psi=\theta$ まで積分した値となる．

$$T_2=T_1\int_{\Psi=0}^{\Psi=\theta}\varepsilon^{\mu\Psi}\mathrm{d}\Psi=\varepsilon^{\mu\Psi}T_1$$

よって，求める張力 T_2 の T_1 に対する比 T_2/T_1 は，

$$\frac{T_2}{T_1}=\varepsilon^{\mu\theta}$$

と求まる．ここで使用した各記号の意味は，

μ：摩擦係数
T：引っ張り力
Ψ：角度
R：曲げ半径
C：積分定数
θ：曲げ角度
T_1：引き入れ口張力
T_2：引き出し口張力

である．

このようにして求めた解の数式を引き入れ口の張力 T_1 と引き出し口の張力 T_2 の比，すなわち，T_2/T_1 を，摩擦係数 μ の値と曲げ角度 θ に

第1表

(a)

μ	0.4	0.4	0.4	0.4	0.4	0.4	0.4	0.4
θ	$\pi/6$	$\pi/4$	$\pi/3$	$\pi/2$	$2\pi/3$	$3\pi/4$	π	2π
$\mu\cdot\theta$	0.20944	0.31416	0.41888	0.62832	0.83776	0.94248	1.25664	2.51327
$\varepsilon^{\mu\theta}$	1.2330	1.3691	1.5203	1.8745	2.3112	2.5663	3.5136	12.3453
T_2/T_1	1.2330	1.3691	1.5203	1.8745	2.3112	2.5663	3.5136	12.3453

(b)

μ	0.5	0.5	0.5	0.5	0.5	0.5	0.5	0.5
θ	$\pi/6$	$\pi/4$	$\pi/3$	$\pi/2$	$2\pi/3$	$3\pi/4$	π	2π
$\mu\cdot\theta$	0.2618	0.3927	0.5236	0.7854	1.0472	1.1781	1.5708	3.1416
$\varepsilon^{\mu\theta}$	1.2993	1.4897	1.6881	2.1933	2.8497	3.2482	4.8105	23.1407
T_2/T_1	1.2993	1.4897	1.6881	2.1933	2.8497	3.2482	4.8105	23.1407

(c)

μ	0.6	0.6	0.6	0.6	0.6	0.6	0.6	0.6
θ	$\pi/6$	$\pi/4$	$\pi/3$	$\pi/2$	$2\pi/3$	$3\pi/4$	π	2π
$\mu\cdot\theta$	0.31416	0.47124	0.62832	0.94248	1.25664	1.41372	1.88496	3.76991
$\varepsilon^{\mu\theta}$	1.3691	1.6020	1.8745	2.5663	3.5136	4.1112	6.5861	43.3762
T_2/T_1	1.3691	1.6020	1.8745	2.5663	3.5136	4.1112	6.5861	43.3762

(d)

μ	0.1	0.2	0.3	0.35	0.4	0.45	0.5	0.55
θ	6π	6π	6π	6π	6π	6π	6π	6π
$\mu\cdot\theta$	1.88496	3.76991	5.654867	6.597345	7.539822	8.48230	9.424778	10.36726
$\varepsilon^{\mu\theta}$	6.58606	43.3762	285.6784	733.1458	1881.496	4828.544	12391.65	31801.09
T_2/T_1	6.58606	43.3762	285.6784	733.1458	1881.496	4828.544	12391.65	31801.09

基づき数値計算すると，**第1表**のような結果が得られる．

このようにして入線のとき電線を引っ張れば，電線管の曲がりの部分に作用している力の大きさと，その様子がよくわかり詳細に理解することができた．せっかく作った数表だから，少し説明を加えて実際の電線管路の設計に使えるようにしておくと，電線と電線管の摩擦係数のμであるが，一般には0.5が用いられている．しかし電線管が新しく表面が滑らかな場合は0.4でも問題はなく十分であるが，余裕を見て0.5としているようである．例えば改修工事のときのように電線管の中がすでに錆びてしまっている場合には，少し余裕を持たせてこの摩擦係数は0.6にとっているようである．

ここで最後に付け加えた3回巻きの場合の表のことであるが，その理由は指数関数の威力を知ってもらうために付け加えたものである．電線管のところでもおわかりのように，電線の引き入れ側の力と引き抜き側の力の比は，指数関数でもって表されているから，曲がり角度の合計角度の大きさが変わると，この力の比は大変な違いとなることを改めて示している．港でよく見掛ける光景だが，千トンを超えるような船でも，唯一人の人でもって舫に舫綱を 2，3 回巻き付けるだけで，舫綱を少しずつ滑らせながら船の進行方向を自由自在に操り，船が岸壁に平行になるように調整している．あの大きな力はまぎれもなくこの力にほかならないものであり，指数関数の威力は恐ろしく偉大なものである．

ここまで話を進めてくると，技術者にとって如何に数学（微積分）が威力ある大切な道具であるか，そしてまた，数学（微積分）の力を借りなければ現象の様子もわからないことも，よく理解し十分にわかって頂いたことと思います．これがこの積分演習の講義を引き受けた理由の一つでもあります．また大きさを有する光源による照度の計算には積分計算が絶対に必要なので，このような副表題になったことも付け加えておきます．

幾ら積分演習といっても照度計算を行うわけですから，照度計算の基礎となる点光源による照度と，光源の配光がわかっている場合の照度の計算法がわかっていないと，照度の計算式が立てられないから，この二つの照度計算法を簡単に説明することから入っていくことにしましょう．

点光源における直射照度

点光源による直射照度は，逆自乗の法則とランベルトの余弦法則から求められる．

それぞれの照度は**第 2 図**より，次のように表される．

法線照度 E_n は，

$$E_n = \frac{I}{r^2} = \frac{I}{(h^2+d^2)^{1/2}}$$

水平照度 E_h は，

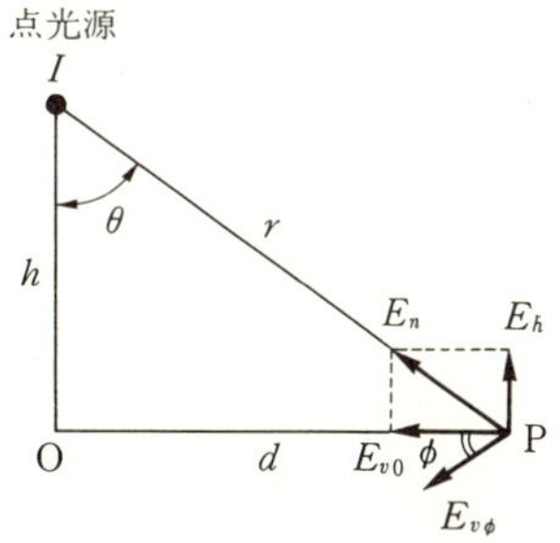

第 2 図

$$E_h = \frac{I}{r^2}\cos\theta = \frac{Ih}{(h^2+d^2)^{3/2}}$$

鉛直照度 E_{v0} は，

$$E_{v0} = \frac{I}{r^2}\sin\theta = \frac{Id}{(h^2+d^2)^{3/2}}$$

$$E_{v\phi} = \frac{I}{r^2}\sin\theta\cos\phi$$

$$= E_{v0}\cos\phi$$

ここに，

E_n：法線照度〔lx〕

E_h：水平照度〔lx〕

E_{v0}：鉛直照度〔lx〕

$E_{v\phi}$：鉛直照度〔lx〕

（水平方向に角度を持つ場合）

光源の配光がわかっているときの直射照度

配光が等光度図または数式で表されているときは，その方向の光度 I_θ により点光源と同様に扱える．

第 3 図からそれぞれの照度は次のように表される．

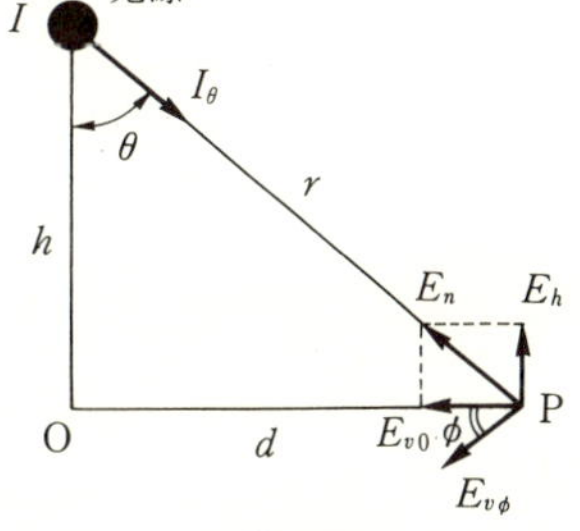

第 3 図

法線照度 E_n は,

$$E_n = \frac{I_\theta}{r^2} = \frac{I_\theta}{(h^2+d^2)^{1/2}}$$

水平照度 E_h は,

$$E_h = \frac{I_\theta}{r^2}\cos\theta = \frac{I_\theta h}{(h^2+d^2)^{3/2}}$$

鉛直照度 E_{v0} は,

$$E_{v0} = \frac{I_\theta}{r^2}\sin\theta = \frac{I_\theta d}{(h^2+d^2)^{3/2}}$$

$$E_{v\phi} = \frac{I_\theta}{r^2}\sin\theta\cos\phi = E_{v0}\cos\phi$$

ここに,

E_n：法線照度〔lx〕

E_h：水平照度〔lx〕

E_{v0}：鉛直照度〔lx〕

$E_{v\phi}$：鉛直照度〔lx〕

（水平方向に角度を持つ場合）

直線光源による照度

(1) 被照面に平行な場合

直線光源と被照面に対する各部の関係位置を**第4図**のように定め，かつ光源の輝きを B_r とする．そこでこの光源のように線には幅がないから直線の長さをどんどん短くしていくと，線と考えるより点と考えた方がよくなるようになってくる．このような微小長さ dZ を点と考えて，この微小長さ dZ による光源は点光源と見なせるから，この微小長さ dZ の光源による照度を光源の一方の端より他方の端まで積分すれば直線光源全体による照度が得られる．すなわち，これが直線光源全体から被照面が受ける照度である．

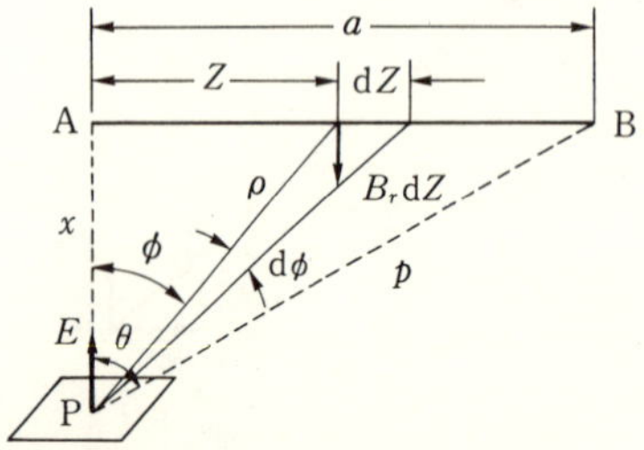

第4図

第4図より光源の微小長さ dZ による光度 I は，$\mathrm{d}I = B_r\,\mathrm{d}Z$ で表すことができる．

被照面に対するその方向の光度 $I(\phi)$ は,

$$I(\phi) = B_r\,\mathrm{d}Z\cos\phi$$

となり，光源の微小長さ dZ による P 点の照度 dE は,

$$\mathrm{d}E = \frac{I(\phi)\cos\phi}{\rho^2} = \frac{B_r\cos^2\phi}{\rho^2}\mathrm{d}Z$$

この式には ϕ と Z との二つの変数がある．このように二つの変数があっては積分ができないから，一つの変数でもって表せるようにするにはどうすればよいかを考え，一つの変数 ϕ でもって表せるように工夫をする．

ここに ρ は,

$$\rho = \frac{x}{\cos\phi}$$

で，この ρ は dZ から P 点までの距離を表し，そして Z は,

$$Z = x\tan\phi$$

で, Z は A 端より dZ までの距離を表す．また，x は A 端より P 点までの距離を表す．したがって Z を ϕ でもって微分した値は,

$$\frac{\mathrm{d}Z}{\mathrm{d}\phi} = \frac{\mathrm{d}(x\tan\phi)}{\mathrm{d}\phi} = \frac{x}{\cos^2\phi}$$

ゆえに，変数を左右に分離して,

$$\mathrm{d}Z = \frac{x}{\cos^2\phi}\mathrm{d}\phi$$

となり，これで変数 Z を ϕ でもって表すことができた．

したがって変数 Z をもう一つの角度の変数 ϕ に置き換えたときの dE は,

$$\mathrm{d}E = B_r\left(\frac{x}{\cos^2\phi}\mathrm{d}\phi\right)\cos^2\phi\frac{1}{(x/\cos\phi)^2}$$

$$= B_r\frac{x\cos^2\phi}{\cos^2\phi}\cos^2\phi\frac{1}{x^2}\mathrm{d}\phi$$

$$= \frac{B_r}{x}\cos^2\phi\,\mathrm{d}\phi$$

と書き表される．

したがって，この dE を Z に沿って線光源の

全長 a まで，すなわち dZ の角度 ϕ が θ となる点まで積分すれば，この線光源による P 点の照度 E が求まる．ゆえに，P 点の照度 E は，

$$E=\int \mathrm{d}E=\int_0^\theta \frac{B_r}{x}\cos^2\phi\,\mathrm{d}\phi$$

$$=\frac{B_r}{x}\int_0^\theta \frac{1}{2}(1+\cos 2\phi)\,\mathrm{d}\phi$$

$$=\frac{B_r}{x}\left[\frac{\phi}{2}+\frac{1}{4}\sin 2\phi\right]_0^\theta$$

$$=\frac{B_r}{x}\left(\frac{\theta}{2}+\frac{1}{2}\sin\theta\cos\theta\right)$$

$$=\frac{B_r}{2x}(\theta+\sin\theta\cos\theta)$$

ここに第 4 図の関係から，

$$\theta=\tan^{-1}\frac{a}{x},\quad \sin\theta=\frac{a}{p},\quad \cos\theta=\frac{x}{p}$$

であるから，これらの関係を上式に代入すると，P 点の照度 E は，

$$E=\frac{B_r}{2x}\left(\tan^{-1}\frac{a}{x}+\frac{a}{p}\,\frac{x}{p}\right)$$

$$=\frac{1}{2}\left(\frac{B_r}{x}\tan^{-1}\frac{a}{x}+\frac{B_r a}{p^2}\right)$$

となる．

ここで，光度 I と輝き B_r の関係は，

$$I=B_r a$$

なるゆえ，先の照度の式を光度 I でもって表すと，P 点の照度 E は，

$$E=\frac{1}{2}\left(\frac{I}{ax}\tan^{-1}\frac{a}{x}+\frac{I}{p^2}\right)$$

$$=\frac{I}{2}\left(\frac{1}{p^2}+\frac{1}{ax}\tan^{-1}\frac{a}{x}\right)$$

と表される．

第 5 図のように直線光源が P 点の直上より $\overline{AC}$ だけ離れている場合の照度 E_P は，

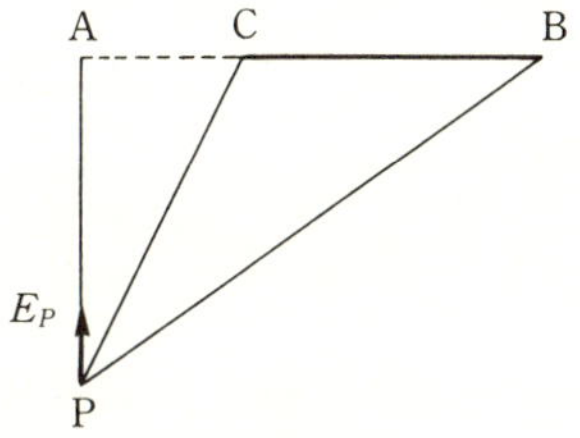

第 5 図

$$E_P=E_{AB}-E_{AC}$$

として求められることはいうまでもない．

(2) 被照面に鉛直な場合

被照面に対する各部の関係位置を**第 6 図**のように定め，光源の輝きを B_r とすると，光源の微小長さ dZ による光度 dI は，

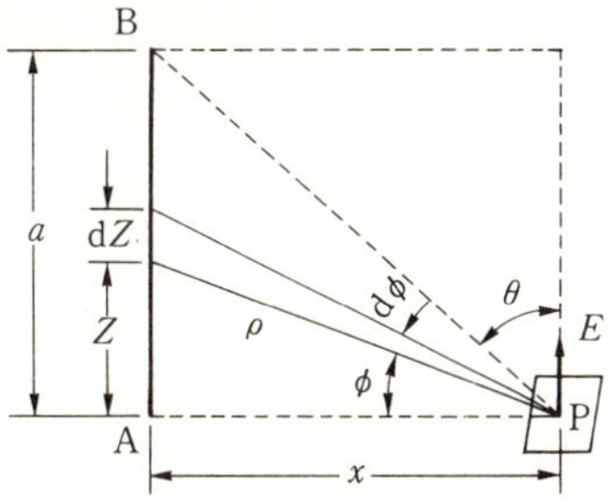

第 6 図

$$\mathrm{d}I=B_r\,\mathrm{d}Z$$

で表され，その方向の光度 $I(\phi)$ は，

$$I(\phi)=B_r\,\mathrm{d}Z\cos\phi$$

となり，光源の微小長さ dZ による P 点の照度 dE は，

$$\mathrm{d}E=\frac{I(\phi)\cos\theta}{\rho^2}$$

$$=\frac{B_r\,\mathrm{d}Z\cos\phi\cos\theta}{\rho^2}$$

と表される．

ここで第 6 図の関係から ρ は，

$$\rho=\frac{x}{\cos\phi}$$

で，この ρ は dZ から P 点までの距離を表す．

また Z は，

$$Z=x\tan\phi$$

で，この Z は A 端より dZ までの線光源の長さを表す．そして x は A 端より P 点までの距離を表す．

また前項と同様に Z と ϕ の二つの変数を一つの変数 ϕ のみとするために，Z を ϕ でもって表せるように Z を ϕ でもって微分すると，

$$\frac{\mathrm{d}Z}{\mathrm{d}\phi}=\frac{\mathrm{d}(x\tan\phi)}{\mathrm{d}\phi}=\frac{x}{\cos^2\phi}$$

となる．ゆえに dZ は，

$$\mathrm{d}Z = \frac{x}{\cos^2\phi}\mathrm{d}\phi$$

となり，そして第6図より，

$$\cos\theta = \left(\frac{\pi}{2} - \phi\right) = \sin\phi$$

となる関係を知って，変数を長さ Z から角度の ϕ に置き換えたときの照度 $\mathrm{d}E$ は，

$$\mathrm{d}E = B_r\left(\frac{x}{\cos^2\phi}\mathrm{d}\phi\right)\frac{\cos\phi\sin\phi}{(x/\cos\phi)^2}$$

$$= \frac{B_r}{x}\sin\phi\cos\phi\mathrm{d}\phi$$

と表される．したがって，光源の微小長さ $\mathrm{d}Z$ が光源の全長 a まで移動したとき，すなわちP点が線光源に対して張る角が ϕ まで変化した場合には，微小長さ $\mathrm{d}Z$ が線光源の他の端B点に到達しているから，B点の照度のベクトル E に対する角 ϕ は $(\pi/2-\theta)$ になる．ゆえにP点の照度 E は $\mathrm{d}E$ を ϕ でもって積分して，

$$E = \int_{\phi=0}^{\phi=\frac{\pi}{2}-\theta}\mathrm{d}E$$

$$= \frac{B_r}{x}\int_{\phi=0}^{\phi=\frac{\pi}{2}-\theta}\sin\phi\cos\phi\mathrm{d}\phi$$

を得る．そこで三角関数の倍角の公式

$$\frac{1}{2}\sin 2\theta = \sin\theta\cos\theta$$

を利用して，

$$\int\frac{1}{2}\sin\phi\mathrm{d}\phi = \frac{-1}{2\times 2}\cos 2\phi + C$$

の形で使用すると，上式のP点の照度 E は，

$$E = \frac{B_r}{x}\frac{1}{4}\Big[-\cos 2\phi\Big]_{\phi=0}^{\phi=\pi/2-\theta}$$

もう一度三角関数の倍角の公式

$$-\cos 2\phi = -\cos^2\phi + \sin^2\phi = 1 - 2\cos^2\phi$$

の形で使用すると，上式の照度 E は，

$$E = \frac{B_r}{4x}\Big[1 - 2\cos^2\phi\Big]_{\phi=0}^{\phi=\frac{\pi}{2}-\theta}$$

$$= \frac{B_r}{4x}(1 - 2\sin^2\theta - 1 + 2\times(1)^2)$$

$$= \frac{B_r}{2x}(1 - \sin^2\theta)$$

ここで第6図より正弦角の関係を，

$$\sin\theta = \frac{x}{\sqrt{a^2+x^2}}$$

で表し上式に代入すると，P点の照度 E は，

$$E = \frac{B_r}{2x}\left(1 - \frac{x^2}{a^2+x^2}\right) = \frac{B_r}{2x}\left(\frac{a^2}{a^2+x^2}\right)$$

と表すことができる．

また光度 $I\,(=B_r\times a)$ でもって書き表すと，

$$E = \frac{I}{2ax}\left(\frac{a^2}{a^2+x^2}\right) = \frac{I}{2x}\left(\frac{a}{a^2+x^2}\right)$$

となる．

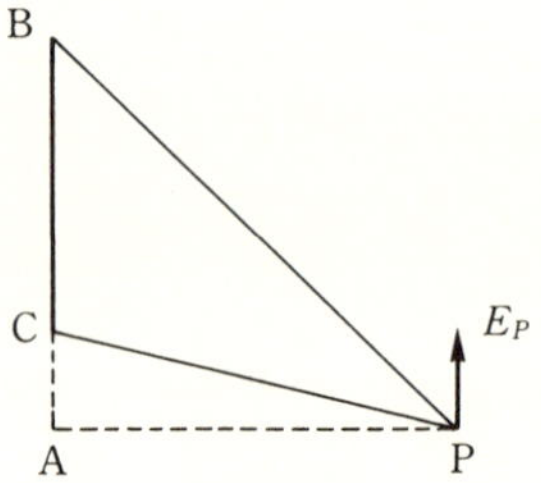

第7図

なお**第7図**のように直線光源がP点に水平な位置より $\overline{\mathrm{AC}}$ だけ高いところにある場合の照度 E_P は，

$$E_P = E_{AB} - E_{AC}$$

として求められることは，被照面に平行な光源の場合と同様である．

(3) 太さを有する直線光源による直射照度

太さを有する光源の輝きを B_r，その直径を D とすると，微小長さ $\mathrm{d}l$ による光度 $\mathrm{d}I$ は，

$$\mathrm{d}I = DB_r\mathrm{d}l$$

ゆえに，微小部分の光度 $\mathrm{d}I/\mathrm{d}l$ は，

$$\frac{\mathrm{d}I}{\mathrm{d}l} = DB_r = I$$

となり，その方向の光度 I_θ は，

$$I_\theta = DB_r\mathrm{d}l\cos\theta = I\cos\theta\mathrm{d}l$$

と表される．したがって，光源の微小長さ $\mathrm{d}l$ による法線照度 $\mathrm{d}E_n$ は，

$$\mathrm{d}E_n = I_\theta\frac{\cos\theta}{r^2} = I\frac{\cos^2\theta}{r^2}\mathrm{d}l$$

となるから，光源の全長 L によるP点の法線照度 E_n は，

$$E_n = \int_L \mathrm{d}E_n = \int_L I \frac{\cos^2\theta}{r^2}\,\mathrm{d}l$$

となる．ここに**第8図**より，

$$l = p\tan\theta \qquad r = \frac{p}{\cos\theta}$$

であるから，lをθでもって微分すると，

$$\frac{\mathrm{d}l}{\mathrm{d}\theta} = \frac{\mathrm{d}\,(p\tan\theta)}{\mathrm{d}\theta} = p\sec^2\theta$$

$$= \frac{p}{\cos^2\theta}$$

となる．したがって，$\mathrm{d}l$を$\mathrm{d}\theta$でもって表すと，

$$\mathrm{d}l = \frac{p}{\cos^2\theta}\,\mathrm{d}\theta$$

と書き換えられる．よって変数θを使った光源の全長LによるP点の法線照度E_nは，

$$E_n = \int_L I\cos^2\theta \frac{p}{\cos^2\theta}\,\frac{\mathrm{d}\theta}{(p/\cos\theta)^2}$$

$$= \frac{I}{p}\int_0^\alpha \cos^2\theta\,\mathrm{d}\theta$$

$$= \frac{I}{p}\int_0^\alpha \frac{1}{2}\,(1+\cos 2\theta)\,\mathrm{d}\theta$$

$$= \frac{I}{2p}\left[\theta + \frac{\sin 2\theta}{2}\right]_0^\alpha$$

$$= \frac{I}{2p}\left(\alpha + \frac{\sin 2\alpha}{2}\right)$$

$$= \frac{I}{2p}\,(\alpha + \sin\alpha\cos\alpha)$$

と求まる．

また，ここで第8図の位置関係から，

$$\alpha = \tan^{-1}\frac{L}{\sqrt{h^2+d^2}}, \quad p = \sqrt{h^2+d^2}$$

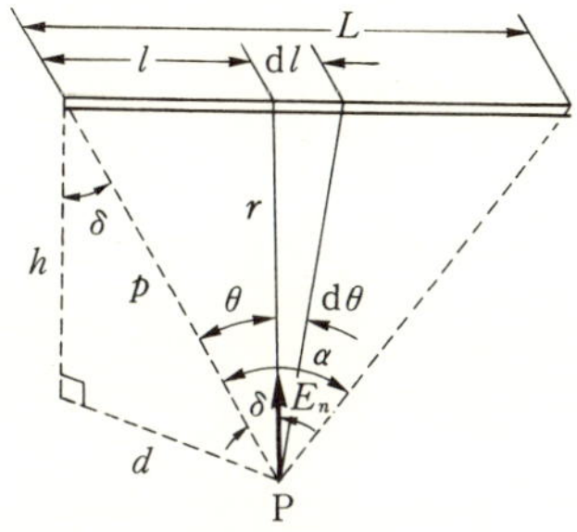

第8図

ゆえに，

$$\sin\alpha = \frac{L}{\sqrt{p^2+L^2}}, \quad \cos\alpha = \frac{p}{\sqrt{p^2+L^2}}$$

したがって，これらの正弦角と余弦角の積は，

$$\sin\alpha\cos\alpha = \frac{L\times p}{h^2+d^2+L^2}$$

となるから，これらの関係を先の法線照度E_nの式に代入すると，

$$E_n = \frac{I}{2}\left(\frac{L}{h^2+d^2+L^2} + \frac{1}{\sqrt{h^2+d^2}}\tan^{-1}\frac{L}{\sqrt{h^2+d^2}}\right)$$

と求まる．

水平照度E_hは照度の定義式から，

$$E_h = E_n\cos\delta$$

ここに，

$$\cos\delta = \frac{h}{\sqrt{h^2+d^2}}$$

であるから，

$$E_h = \frac{I}{2}\frac{h}{\sqrt{h^2+d^2}}\left(\frac{L}{h^2+d^2+L^2} + \frac{1}{\sqrt{h^2+d^2}}\tan^{-1}\frac{L}{\sqrt{h^2+d^2}}\right)$$

と求まる．

鉛直照度E_vも照度の定義式から，

$$E_v = E_n\sin\delta$$

ここに，

$$\sin\delta = \frac{d}{\sqrt{h^2+d^2}}$$

であるから，

$$E_v = \frac{I}{2}\frac{d}{\sqrt{h^2+d^2}}\left(\frac{L}{h^2+d^2+L^2} + \frac{1}{\sqrt{h^2+d^2}}\tan^{-1}\frac{L}{\sqrt{h^2+d^2}}\right)$$

と求まり，これで三つのすべての照度が求まった．

このように数学も語学とよく似ていて繰り返すことにより，だんだんとどうすべきかわかるようになり，なれてくるとそのカンどころが理解できるようになってくるものである．

平紐状直線光源による直射照度

光源の光度を I とすれば，微小光源長 $\mathrm{d}l$ によるその方向の光度 I_θ は，

$$I_\theta = I\mathrm{d}l\cos\delta\cos\theta$$

であるから，微小光源長 $\mathrm{d}l$ が P 点に与える法線照度 $\mathrm{d}E_n$ は，

$$\mathrm{d}E_n = \frac{I_\theta}{r^2}\cos\theta$$

となるから，P 点に光源全体が与える法線照度 E_n は，

$$E_n = \int_L \mathrm{d}E_n = \int_L \frac{I\mathrm{d}l\cos\delta}{r^2}\cos^2\theta$$

また**第 9 図**より，ここに，

$$l = p\tan\theta$$

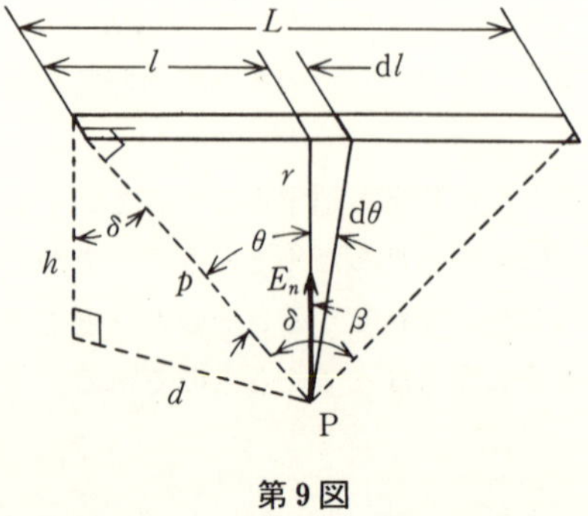

第 9 図

$$r = \frac{p}{\cos\theta}$$

であるから，l を θ で微分すると，

$$\frac{\mathrm{d}l}{\mathrm{d}\theta} = \frac{\mathrm{d}\,(p\tan\theta)}{\mathrm{d}\theta} = p\frac{\mathrm{d}}{\mathrm{d}\theta}\left(\frac{\sin\theta}{\cos\theta}\right)$$

$$= p\,\frac{(\cos\theta\cos\theta+\sin\theta\sin\theta)}{\cos^2\theta} = \frac{p}{\cos^2\theta}$$

となる．この式の変数を左右に分けて $\mathrm{d}l$ を $\mathrm{d}\theta$ で表すと，

$$\mathrm{d}l = \frac{p}{\cos^2\theta}\mathrm{d}\theta$$

となり，このようにして変数 l を変数 θ で表し，変数を一つにすることできた．これに伴い P 点の法線照度 E_n の式は次のように書き替えられる．

$$E_n = I\cos\delta\int_0^\beta \frac{\cos^2\theta\dfrac{p}{\cos^2\theta}}{\left(\dfrac{p}{\cos\theta}\right)^2}\mathrm{d}\theta$$

$$= I\cos\delta\int_0^\beta \frac{1}{p}\cos^2\theta\,\mathrm{d}\theta$$

$$= I\cos\delta\int_0^\beta \frac{1}{p}\frac{1}{2}\,(1+\cos 2\theta)\,\mathrm{d}\theta$$

$$= \frac{I}{2p}\cos\delta\left(\beta+\frac{1}{2}\sin 2\beta\right)$$

$$= \frac{I}{2p}\cos\delta\,(\beta+\sin\beta\cos\beta)$$

ここでまた第9図より各部分の関係を求め，上式の各項に代入すると，

$$\beta=\tan^{-1}\frac{L}{p}=\tan^{-1}\frac{L}{\sqrt{h^2+d^2}}$$

$$\cos\delta=\frac{h}{p}=\frac{h}{\sqrt{h^2+d^2}}$$

$$p=\sqrt{h^2+d^2}$$

$$\sin\beta=\frac{L}{\sqrt{p^2+L^2}}$$

$$\cos\beta=\frac{p}{\sqrt{p^2+L^2}}$$

$$\sin\beta\cos\beta=\frac{Lp}{h^2+d^2+L^2}$$

となる関係が得られ，これらの新しい関係を再び先の式に代入するとP点の法線照度 E_n は，

$$E_n=\frac{I}{2}\frac{h}{\sqrt{h^2+d^2}}\left(\frac{L}{h^2+d^2+L^2}+\frac{1}{\sqrt{h^2+d^2}}\tan^{-1}\frac{L}{\sqrt{h^2+d^2}}\right)$$

と求まる．水平照度 E_h は，

$$E_h=E_n\cos\delta$$

ここで先の第9図の関係，

$$\cos\delta=\frac{h}{\sqrt{h^2+d^2}}$$

を利用して水平照度 E_h を表すと，

$$E_h=\frac{I}{2}\frac{h^2}{h^2+d^2}\left(\frac{L}{h^2+d^2+L^2}+\frac{1}{\sqrt{h^2+d^2}}\tan^{-1}\frac{L}{\sqrt{h^2+d^2}}\right)$$

と求まる．そして鉛直照度 E_v は，

$$E_v=E_n\sin\delta$$

表され，先ほどと同様に第9図の関係から，ここに，

$$\sin\delta=\frac{d}{p}=\frac{d}{\sqrt{h^2+d^2}}$$

であるから鉛直照度 E_v は，

$$E_v=\frac{I}{2}\frac{hd}{h^2+d^2}\left(\frac{L}{h^2+d^2+L^2}+\frac{1}{\sqrt{h^2+d^2}}\tan^{-1}\frac{L}{\sqrt{h^2+d^2}}\right)$$

と求まる．

ここまでのところで，すでにわかるように積分の演算過程には，三角関数がよくでてくる．そして特に三角関数の和，差，倍角，そして半角の公式が何度も使われるので，これらの公式の中ですでに使われたもののみではあるが，ここらで一度整理しておこう．

三角関数の和・差の公式を利用していろいろ半角や倍角の公式を作ることができる．

まず余弦の和と差の公式を使って余弦の自乗の公式を作ってみる．

$$\cos(\theta-\theta)=\cos\theta\cos\theta+\sin\theta\sin\theta=\cos^2\theta+\sin^2\theta=\cos(0)=1$$

$$\cos(\theta+\theta)=\cos\theta\cos\theta-\sin\theta\sin\theta=\cos^2\theta-\sin^2\theta=\cos 2\theta$$

これら二つの式の各辺の和より余弦の自乗は，

$$2\cos^2\theta=1+\cos 2\theta$$

$$\cos^2\theta=\frac{1}{2}(1+\cos 2\theta)$$

となる．

余弦の和の公式から倍角の公式を作ると，

$$\cos(2\theta)=2\cos^2\theta-1$$

となる．これは二つの式の各辺の差でもある．

次に正弦の和の公式を使って，正弦の倍角の公式を作る．

$$\sin(\theta+\theta)=\sin\theta\cos\theta+\cos\theta\sin\theta=2\sin\theta\cos\theta$$

$$\sin(2\theta)=2\sin\theta\cos\theta$$

引き続き三角関数の余弦の微分公式から，

$$\frac{\mathrm{d}}{\mathrm{d}\theta}\cos(n\theta)=-n\sin(n\theta)$$

この関係より正弦の積分は，

$$\int\sin(n\theta)\,\mathrm{d}\theta+C=-\frac{1}{n}\cos(n\theta)+C$$

となる．

これで今までにでてきた三角関数の公式の整理ができた．そして，ここでついでにこの次項にでてくる正弦の自乗の微分公式も紹介しておこう．

$$\frac{\mathrm{d}\sin^2\theta}{\mathrm{d}\theta}=\frac{\mathrm{d}\sin\theta\sin\theta}{\mathrm{d}\theta}$$

この式の形から積の形の微分公式を適用して,

$$\frac{\mathrm{d}\sin^2\theta}{\mathrm{d}\theta}=2\sin\theta\cos\theta=\sin(2\theta)$$

と求まる. この微分の演算の結果から正弦の倍角の積分公式ができた. 折角だからきれいに書き替えて,

$$\int\sin(2\theta)\,\mathrm{d}\theta+C=\sin^2\theta+C$$

の形で積分公式として残しておくこととする.

平円盤光源直下の照度

平円盤完全拡散光源Sの微小幅 $\mathrm{d}r$ の環状紐の中心直下のQ点方向の光度 $\mathrm{d}I_\theta$ は, 平円盤光源Sの輝きを B_r とすれば,

$$\mathrm{d}I_\theta=2\pi rB_r\,\mathrm{d}r\cos\theta$$

と表され, この円盤上の微小幅 $\mathrm{d}r$ の環状紐の中心直下Q点に与える照度 $\mathrm{d}E$ は,

$$\mathrm{d}E=\frac{2\pi rB_r\,\mathrm{d}r\cos\theta}{p^2}\cos\theta$$

となる. したがって平円盤光源SがQ点に与える照度 E は,

$$E=\int_S\mathrm{d}E=\int_R\frac{2\pi rB_r\,\mathrm{d}r\cos^2\theta}{p^2}$$

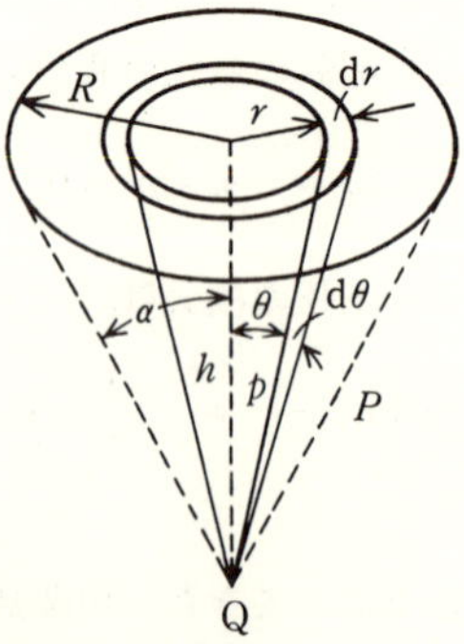

第10図 平円盤光源直下の照度

また**第10図**の関係から, ここに,

$$p=\frac{h}{\cos\theta}$$

$$r=h\tan\theta$$

ここでまた二つの変数 r と θ を一つの変数にするために, r を θ で微分すると,

$$\frac{\mathrm{d}r}{\mathrm{d}\theta}=\frac{\mathrm{d}(h\tan\theta)}{\mathrm{d}\theta}=h\sec^2\theta$$

となるから $\mathrm{d}r$ は,

$$\mathrm{d}r=h\sec^2\theta\,\mathrm{d}\theta$$

と, $\mathrm{d}\theta$ を使って表せる.

したがって, 求めるQ点の照度 E を変数 θ を使って表せば,

$$E=\int_\theta 2\pi B_r\frac{(h\tan\theta)\cos^2\theta\,(h\sec^2\theta\,\mathrm{d}\theta)}{\left(\dfrac{h}{\cos\theta}\right)^2}$$

$$=\int_\theta 2\pi B_r\frac{(h\tan\theta)\cos^2\theta\cos^2\theta\,(h\sec^2\theta\,\mathrm{d}\theta)}{h^2}$$

$$=2\pi B_r\int_\theta\tan\theta\cos^2\theta\,\mathrm{d}\theta$$

$$=2\pi B_r\int_\theta\sin\theta\cos\theta\,\mathrm{d}\theta$$

$$=2\pi B_r\int_\theta\frac{1}{2}\sin(2\theta)\,\mathrm{d}\theta$$

$$=\pi B_r\int_0^\alpha\sin(2\theta)\,\mathrm{d}\theta$$

ここでは, 余弦の三角関数の積の形の微分公式を思い出して, 順次微分を行っていくと,

$$\frac{\mathrm{d}\sin^2\theta}{\mathrm{d}\theta}=\frac{\mathrm{d}\sin\theta\sin\theta}{\mathrm{d}\theta}$$

$$=2\sin\theta\cos\theta=\sin(2\theta)$$

となるので, この値は先の照度式の積分する前の形と一致する. よって,

$$\int\sin(2\theta)\,\mathrm{d}\theta+C=\sin^2\theta+C$$

として, この公式を逆の形で利用することにする. したがってQ点の照度 E は,

$$E=\pi B_r\Big[\sin^2\theta\Big]_0^\alpha=\pi B_r\sin^2\alpha$$

となる. また第10図の関係から,

$$\sin\alpha=\frac{R}{\sqrt{h^2+R^2}}$$

をもって書き替えると,

$$E = \pi B_r \frac{R^2}{h^2+R^2} = \frac{I}{P^2}$$

と求まる．ここに光度Iは，

$$I = \pi R^2 B_r$$

である．

立体角投射の法則

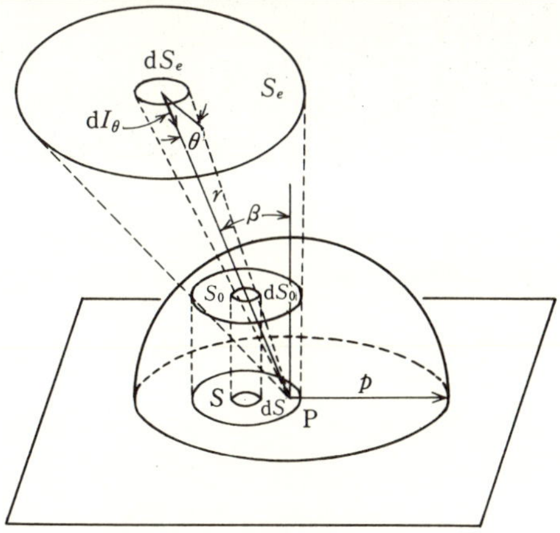

第11図　立体角投射の法則

完全拡散面光源S_eの微小面光源dS_eの輝きがB_rであるとき，その微小面光源の法線とθの角をなす方向の光度dI_θは，

$$\mathrm{d}I_\theta = B_r \,\mathrm{d}S_e \cos\theta$$

である．この微小面光源dS_eよりrなる距離だけ離れたP点の微小面光源による照度dEは，

$$\mathrm{d}E = \frac{\mathrm{d}I_\theta \cos\beta}{r^2}$$

であり，完全拡散面光源S_eによるP点の照度Eは，

$$E = \int_{S_e} \mathrm{d}E$$

$$= \int_{S_e} \mathrm{d}I_\theta \frac{\cos\beta}{r^2}$$

$$= \int_{S_e} B_r \,\mathrm{d}S_e \cos\theta \frac{\cos\beta}{r^2}$$

となる．ここでP点を頂点とし，光源全体S_eを底面とする錐体が単位球面を切り取る面積をS_0とし，この面積S_0の被照面上への正射影をSとすれば，微小面積dS_eおよびdS_0がP点に張る微小立体角dωは，

$$\mathrm{d}\omega = \frac{\mathrm{d}S_e \cos\theta}{r^2}$$

ここで今考えているのは半径$p = 1$の単位球面で，

$$\mathrm{d}\omega = \frac{\mathrm{d}S_0}{p^2}$$

であるから，次のように表すことができる．

$$E = \int_{S_e} B_r \,\mathrm{d}\omega \cos\beta$$

何となればP点を中心とした半径pの球面を考えるとき，dωがこの球面を切り取る面積をdS_0とすれば，

$$p^2 \mathrm{d}\omega = \mathrm{d}S_0$$

となるから，これを言い換えると完全拡散面光源S_eによる照度EはP点とdS_eの間の距離には無関係ということができる．すなわち完全拡散面光源S_eによるP点の先の照度Eの式は次のように表すことができる．

$$E = \int_{S_e} B_r \left(\frac{\mathrm{d}S_e \cos\theta}{r^2}\right) \cos\beta$$

$$= \int_{S_0} B_r \frac{\mathrm{d}S_0}{p^2} \cos\beta$$

$$= \int_{S_0} B_r \,\mathrm{d}S_0 \cos\beta$$

また，ここに，

$$\mathrm{d}S = \mathrm{d}S_0 \cos\beta$$

であるから，

$$p^2 \mathrm{d}\omega \cos\beta = \mathrm{d}S_0 \cos\beta$$

となり，これは立体角を被照面に正射影したことになる．よって，この法則を立体角投射の法則と呼ぶ．

もし，完全拡散面光源S_e全体のどの部分においても輝きB_rが一様であれば，P点における照度Eは，

$$E = B_r \int \mathrm{d}\omega \cos\beta = B_r S$$

という簡単な形の式で与えられる．

境界積分の法則

完全拡散面光源 S_e が至るところ一様な輝き B_r である場合，P 点の照度 E は，

$$E=\frac{B_r}{2}\int d\beta\cos\delta$$

で示される．

この計算は山内氏がストークスの定理を使って求めたそうだが，残念ながら筆者には計算できないから，他の方法で証明するに留める．また近年神坂氏が発見した，境界積分の発展的変形解法も後ほど紹介するが，この解法は理論的に任意の形状を持つ平面光源に適用できるが，光源の形を関数の形で表す必要性から，積分計算の複雑さからいって，いかような形の光源でも簡単に計算できるというわけにはいかない．したがって後ほど紹介する数値計算例でも，直角三角形の平面光源の例のみを示すに留めてある．

【参考】 ストークスの定理（ベクトル解析参照）

【説明】 ベクトル界において閉曲線で囲まれた曲面を S とすれば，

$$\int_s n*\mathrm{rot}*A\,dS=\int_c At\,ds=\int\int(\nabla*A)n\,ds$$

で示されるものである．

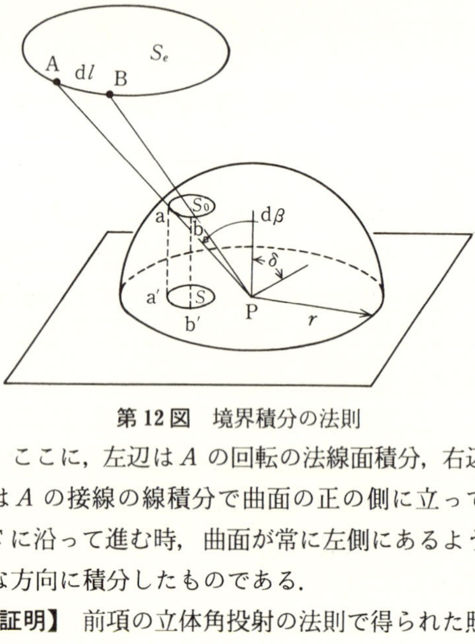

第12図　境界積分の法則

ここに，左辺は A の回転の法線面積分，右辺は A の接線の線積分で曲面の正の側に立って C に沿って進む時，曲面が常に左側にあるような方向に積分したものである．

【証明】 前項の立体角投射の法則で得られた照度の式

$$E=\frac{B_r S}{r^2}$$

と，本項の境界積分の法則の照度の式

$$E=\frac{B_r}{2}\int d\beta\cos\delta$$

が，互いに等しいことを証明する．

第12図のように面光源の境界線の微小部分 $dl=\overline{AB}$ が P 点に張る角 $d\beta$ と，単位球面と平面 APB の交わる点を a，b とし，その点 a，b

の被照面への正射影を a′，b′とすれば，次の関係がある．

$$\angle \mathrm{aPb} = \angle \mathrm{APB} = \mathrm{d}\beta$$

$$\mathrm{d}\beta = \overline{\mathrm{ab}}/r$$

ゆえに，

$$\overline{\mathrm{ab}} = r\mathrm{d}\beta$$

したがって微小三角形 aPb の面積は，

$$\triangle \mathrm{aPb} = \frac{1}{2} r\overline{\mathrm{ab}} = \frac{1}{2} r^2 \mathrm{d}\beta = \mathrm{d}S_0$$

この微小三角形 aPb の被照面への投影三角形の面積 a′Pb′は，

$$\triangle \mathrm{a'Pb'} = \triangle \mathrm{aPb} \cos\delta = \mathrm{d}s$$

$$= \frac{1}{2} r^2 \mathrm{d}\beta \cos\delta$$

ここで，P 点を頂点とする単位球面上に面光源 S_e の張る角で作られる単位球面上の面積 S_0 の被照面への投影面積 S は，

$$S = \int \mathrm{d}s = \frac{1}{2} \int r^2 \mathrm{d}\beta \cos\delta$$

ゆえに被照面上の P 点における照度 E は，

$$E = \frac{B_r S}{r^2} = \frac{B_r}{r^2} \int \mathrm{d}s = \frac{B_r}{r^2} \int \frac{r^2}{2} \mathrm{d}\beta \cos\delta$$

$$E = \frac{B_r}{2} \int \mathrm{d}\beta \cos\delta$$

となり，両式は互いに等しいから，これで証明はできた．もし光源が多角形であるならば，各辺の δ は一定であるから水平照度 E は，

$$E = \frac{B_r}{2} \sum \beta \cos\delta$$

で与えられる．

(1) 被照面に平行な直角三角形光源による照度

照度は境界積分の法則に基づく次の式

$$E = \frac{B_r}{2} \sum \beta \cos\delta$$

から求める．まず境界積分の法則に基づき，**第 13 図**上にできるそれぞれの三角形面の成分でもって表すと，P 点の照度 E は，

$$E = \frac{B_r}{2} (\beta_{CA} \cos\delta_{CA} + \beta_{AB} \cos\delta_{AB} + \beta_{BC} \cos\delta_{BC})$$

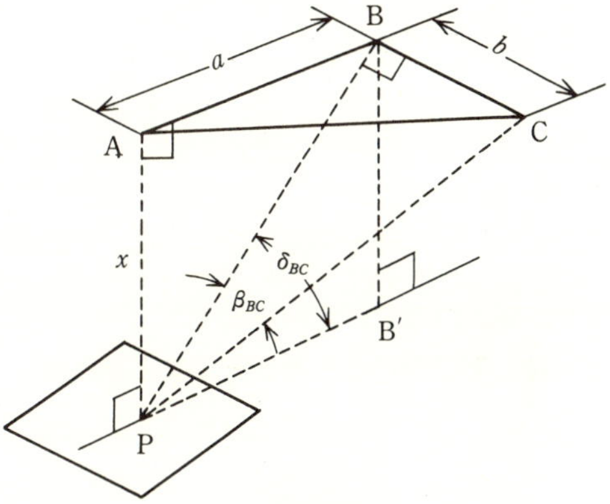

第 13 図

となる．しかし，三角形面 CPA と三角形面 APB はいずれも被照面に鉛直であるから，

$$\delta_{CA} = 90°$$

したがって，

$$\cos\delta_{CA} = 0$$

そして，

$$\delta_{AB} = 90°$$

したがって，

$$\cos\delta_{AB} = 0$$

となり，これらの三角形面は P 点の照度に寄与しないことがわかる．これに伴いこれらの面の P 点に張る角 β_{CA} および β_{AB} は求めないことにする．すなわち，P 点の照度 E に寄与するのは三角形面 BPC の底辺 BC が P 点に張る角 BPC が関係するのみである．また，ここに角 PBC は，

$$\angle \mathrm{PBC} = 90°$$

であるから，知りたい角 BPC $= \beta_{BC}$ は第 13 図より，

$$\beta_{BC} = \angle \mathrm{BPC} = \tan^{-1} \frac{b}{\sqrt{x^2 + a^2}}$$

として求まる．そして三角形面 BPC の被照面とのなす角 δ_{BC} は，辺 PB と辺 AB（$= a$）の被照面上への投影線 $\overline{\mathrm{PB}'}$ とのなす角 BPB′であるから，

$$\cos\delta_{BC} = \cos\angle \mathrm{BPB'} = \frac{a}{\sqrt{x^2 + a^2}}$$

となる．今までの説明と求めた結果を考慮して

P 点の照度 E を表せば，

$$E=\frac{B_r}{2}\beta_{BC}\cos\delta_{BC}$$

となり，この式に上記のすでに求めた値を代入すれば，

$$E=\frac{B_r}{2}\frac{a}{\sqrt{x^2+a^2}}\tan^{-1}\frac{b}{\sqrt{x^2+a^2}}$$

として，P 点の照度 E が求まる．

(2)　被照面に平行な三角形光源による照度

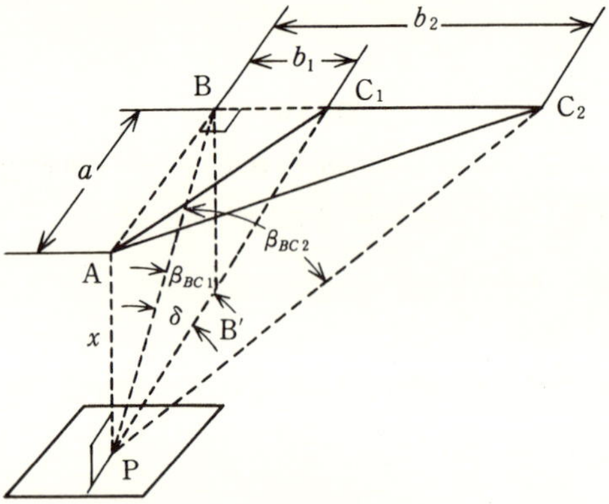

第 14 図

この問題も境界積分の法則により求めることができる．前項で知り得た知識を活用し，三角形平面 C_2 PA，C_1 PA および BPA はいずれも被照面に鉛直であるから，それぞれの三角形平面と被照面がなす角 δ は，

$$\delta_{C_2A}=\delta_{C_1A}=\delta_{BA}=90°$$

したがって，

$$\cos\delta_{C_2A}=\cos\delta_{C_1A}=\cos\delta_{BA}=0$$

となり，P 点の照度に寄与しない．よって P 点の照度 E は，A 点を頂点とし辺 BC_2 を底辺とする直角三角形の面光源が与える照度から，A 点を頂点とし辺 BC_1 を底辺とする直角三角形の面光源が与える照度を差し引けばよいことがわかる．すなわち P 点の照度 E は，

$$E=\frac{B_r}{2}(\beta_{BC_2}\cos\delta_{BC_2}-\beta_{BC_1}\cos\delta_{BC_1})$$

そしてまた，辺 BC_1 および BC_2 は一直線上にあるために，

$$\cos\delta_{BC_2}=\cos\delta_{BC_1}=\cos\delta_{BC}$$

として表すことができる．よって P 点の照度 E は，

$$E=\frac{B_r}{2}\cos\delta_{BC}(\beta_{BC_2}-\beta_{BC_1})$$

と表される．また，第 14 図の関係から，三角形面 BC_2 P が被照面とのなす角 δ_{BC} の余弦は，

$$\cos\delta_{BC}=\frac{a}{\sqrt{x^2+a^2}}$$

三角形面 BC_2 P が P 点に張る角 β_{BC_2} は，

$$\beta_{BC_2}=\tan^{-1}\frac{b_2}{\sqrt{x^2+a^2}}$$

三角形平面 BC_1 P が P 点に張る角 β_{BC_1} は，

$$\beta_{BC_1}=\tan^{-1}\frac{b_1}{\sqrt{x^2+a^2}}$$

であるから，これらの値を先の式に代入すると，

$$E=\frac{B_r}{2}\frac{a}{\sqrt{x^2+a^2}}\left(\tan^{-1}\frac{b_2}{\sqrt{x^2+a^2}}-\tan^{-1}\frac{b_1}{\sqrt{x^2+a^2}}\right)$$

として P 点の照度 E は求まる．

(3)　被照面に平行な矩形光源による照度

この問題も境界積分の法則を使用して求まる．その境界積分の法則は，再度改めて次に掲げておく．

$$E=\frac{B_r}{2}\sum\beta\cos\delta$$

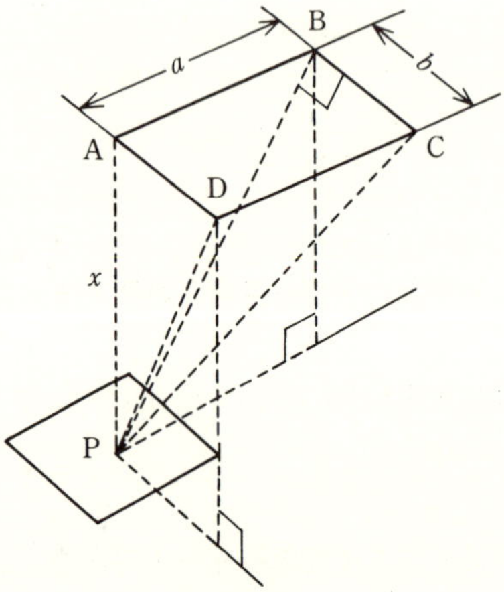

第 15 図

第 15 図上の P 点を頂点とし矩形光源の各辺を底辺とする，四つの三角形平面と被照面とのなす角を，矩形光源の各辺ごとに順を追って調

べていくことにする．

光源の辺 AB を底辺とする三角形平面 ABP の被照面とのなす角 δ_{AB} は，

$$\delta_{AB} = 90°$$

であり，

$$\cos\delta_{AB} = 0$$

となり，この辺は P 点の照度には寄与しない．光源の辺 BC を底辺とする三角形平面 BCP と被照面とのなす角 δ_{BC} の余弦は，

$$\cos\delta_{BC} = \frac{a}{\sqrt{x^2+a^2}}$$

光源の辺 CD を底辺とする三角形平面 CDP と被照面とのなす角 δ_{CD} の余弦は，

$$\cos\delta_{CD} = \frac{b}{\sqrt{x^2+b^2}}$$

そして光源の辺 DA を底辺とする三角形平面 DAP と被照面とのなす角 δ_{DA} は，

$$\delta_{DA} = 90°$$

なので，

$$\cos\delta_{DA} = 0$$

となり，この面も P 点の照度には寄与しない．それぞれの三角形平面の底辺 BC，AB，CD そして DA が P 点に張る角 β は第 15 図の値からそれぞれ，

$$\beta_{BC} = \tan^{-1}\frac{b}{\sqrt{x^2+a^2}}$$

$$\beta_{AB} = \tan^{-1}\frac{x}{\sqrt{x^2+a^2}}$$

$$\beta_{CD} = \tan^{-1}\frac{a}{\sqrt{x^2+b^2}}$$

$$\beta_{DA} = \tan^{-1}\frac{b}{\sqrt{x^2+b^2}}$$

である．これら β の値とすでに求めたそれぞれの $\cos\delta$ の値を，境界積分の法則の式に代入すると P 点における照度 E は，

$$E = \frac{B_r}{2}\left(0\times\tan^{-1}\frac{x}{\sqrt{x^2+a^2}} + \frac{a}{\sqrt{x^2+a^2}}\cdot\tan^{-1}\frac{b}{\sqrt{x^2+a^2}} + \frac{b}{\sqrt{x^2+b^2}}\cdot\tan^{-1}\frac{a}{\sqrt{x^2+b^2}} + 0\times\tan^{-1}\frac{b}{\sqrt{x^2+b^2}}\right)$$

となり，これを整理するときれいな形で，

$$E = \frac{B_r}{2}\left(\frac{a}{\sqrt{x^2+a^2}}\tan^{-1}\frac{b}{\sqrt{x^2+a^2}} + \frac{b}{\sqrt{x^2+b^2}}\tan^{-1}\frac{a}{\sqrt{x^2+b^2}}\right)$$

と求まる．

測温抵抗体とラジオ放送波

高い塔の上に設けられた測温抵抗体による温度測定装置が，早朝から深夜まで測定値がぱらぱらと跳び回り，記録計の記録はあたかも打点を散りばめたような状態になりました．しかし時間的によく見ると深夜から早朝までは信頼できる測定値を示していました．そこで測温抵抗体の端子の電圧を調べたところ，ブリッジ（Bridge）に加えられた電圧に相当する直流電圧が加えられており問題は無いように思われました．しかし念のために測温抵抗体を測定点から取り外し，計器盤の端子に直接接続すると正常に室温を指示しました．引き続き測温抵抗体は本来の測定点に戻し，計器盤の端子にてオシロスコープ（Oscilloscope：静電シンクロスコープ）で電圧を測定すると，何か相当高い周波数の電圧が重畳されていることがわかりました．早速その周波数を測定したところ，可視距離にある放送アンテナから放射されているラジオ放送周波数と一致しました．すなわち測温抵抗体の巻線がラジオのアンテナコイルと同じような働きをして，測温抵抗体内の高周波起電力とその損失が見かけの抵抗値を変えていたのです．このような原因で，温度計は真の値とは異なる値を示し，そして常にその値が変わっていたのです．

この問題の本質から，解決策とては熱電対による測温方式に切り替え，そしてラジオ放送周波の起電力はコンデンサでバイパス（By-pass）することで解消しました．

⑷ 被照面に垂直な無限遠におよぶ矩形光源による照度

この問題も境界積分の法則

$$E=\frac{B_r}{2}\sum\beta\cos\delta$$

を利用して求められる.

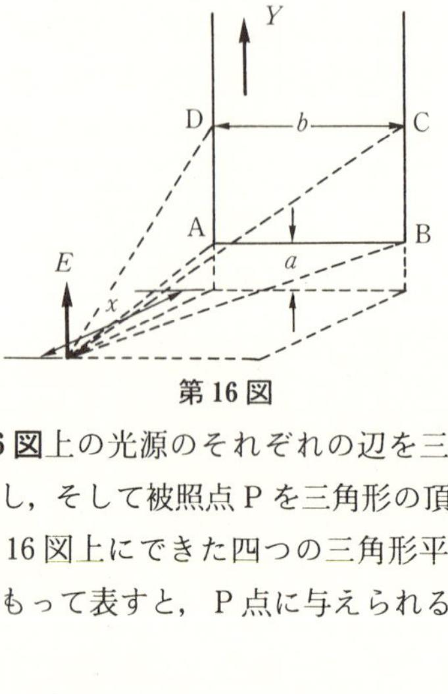

第 16 図

第 16 図上の光源のそれぞれの辺を三角形の底辺とし，そして被照点Pを三角形の頂点とする．第 16 図上にできた四つの三角形平面の各成分でもって表すと，P点に与えられる照度 E は,

$$E=\frac{B_r}{2}(\beta_{AB}\cos\delta_{AB}+\beta_{CD}\cos\delta_{CD}$$
$$+\beta_{BC}\cos\delta_{BC}+\beta_{DA}\cos\delta_{DA})$$

となる．それぞれの三角形平面が被照面とのなす角 δ，そしてその角の余弦 $\cos\delta$ を求める．まずは最初に縦の辺より,

$$\delta_{BC}=90°$$
$$\cos\delta_{BC}=0$$
$$\delta_{DA}=90°$$
$$\cos\delta_{DA}=0$$

となり，引き続き横の辺の方は,

$$\cos\delta_{AB}=\frac{x}{\sqrt{x^2+a^2}}$$
$$\delta_{CD}=180°-\delta_{DC}$$
$$\cos\delta_{CD}=-\cos\delta_{DC}$$

となる．そして Y（縦方向の高さ）が無限大となる時は,

$$\delta_{CD}=-270°$$
$$\cos\delta_{CD}=\cos(-270°)=0$$

それぞれの三角形平面の底辺がその三角形の頂点Pに張る角 β はそれぞれ,

$$\beta_{BC}=\frac{\pi}{2}-\tan^{-1}\frac{a}{\sqrt{x^2+b^2}}$$
$$\beta_{DA}=\frac{\pi}{2}-\tan^{-1}\frac{a}{x}$$
$$\beta_{AB}=\tan^{-1}\frac{b}{\sqrt{x^2+a^2}}$$
$$\beta_{CD}=\tan^{-1}\frac{b}{\sqrt{x^2+a^2}}$$

となるから，P点の照度 E に寄与する三角形の成分のみで書き表すと,

$$E=\frac{B_r}{2}\beta_{AB}\cos\delta_{AB}$$

となる．ここですでに求めた β および $\cos\delta$ それぞれの値を上式に代入すると，P点に与えら

れる照度 E は,

$$E=\frac{B_r}{2}\frac{x}{\sqrt{x^2+a^2}}\tan^{-1}\frac{b}{\sqrt{x^2+a^2}}$$

と求まる.

(5) 被照面に直角な矩形光源による照度

この問題も前項の問題と同様に境界積分の法則

$$E=\frac{B_r}{2}\sum\beta\cos\delta$$

を使用して求める.

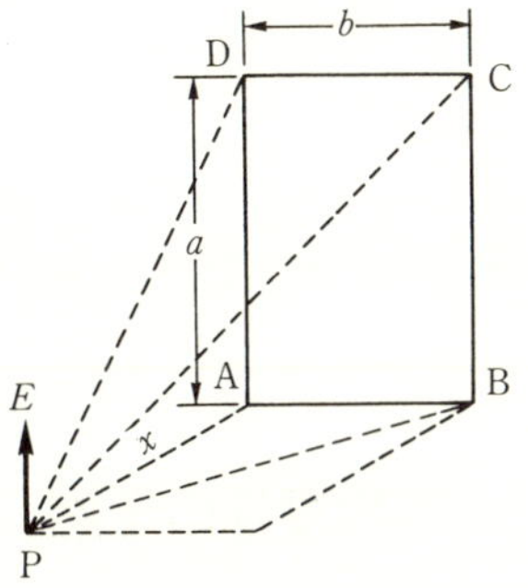

第 17 図

第 17 図上のＰ点を三角形の頂点とし矩形光源の各辺を底辺とする，四つの三角形平面の各成分でもって境界積分の式を表すと，この矩形光源が与える，Ｐ点の照度 E は，

$$E=\frac{B_r}{2}(\beta_{AB}\cos\delta_{AB}+\beta_{CD}\cos\delta_{CD}$$
$$+\beta_{BC}\cos\delta_{BC}+\beta_{DA}\cos\delta_{DA})$$

となる．それぞれの三角形平面の被照面へのなす角 δ とその角の余弦 $\cos\delta$ は，最初に縦の辺よりそれぞれ，

$$\delta_{BC}=90°$$
$$\cos\delta_{BC}=0$$
$$\delta_{DA}=90°$$
$$\cos\delta_{DA}=0$$

となり，続いて横の辺はそれぞれ，

$$\cos\delta_{AB}=\frac{x}{x}=1$$

$$\cos\delta_{CD}=-\cos\delta_{DC}$$
$$=-\frac{b}{\sqrt{x^2+a^2}}$$

となる．また，それぞれの三角形平面の底辺が張る角 β はそれぞれ，

$$\beta_{BC}=\tan^{-1}\frac{a}{\sqrt{x^2+b^2}}$$

$$\beta_{DA}=\tan^{-1}\frac{a}{x}$$

となり，これらの中からＰ点の照度 E に寄与する成分は，

$$\beta_{AB}=\tan^{-1}\frac{b}{x}$$

$$\beta_{CD}=\tan^{-1}\frac{b}{\sqrt{x^2+a^2}}$$

となり，Ｐ点の照度に寄与する三角形平面の値のみを先の式に代入すると，Ｐ点の照度 E は，

$$E=\frac{B_r}{2}\left(1\cdot\tan^{-1}\frac{b}{x}-\frac{b}{\sqrt{x^2+a^2}}\right.$$
$$\left.\cdot\tan^{-1}\frac{b}{\sqrt{x^2+a^2}}\right)$$

と求まる.

(6) 被照面に傾斜した直角三角形光源による照度

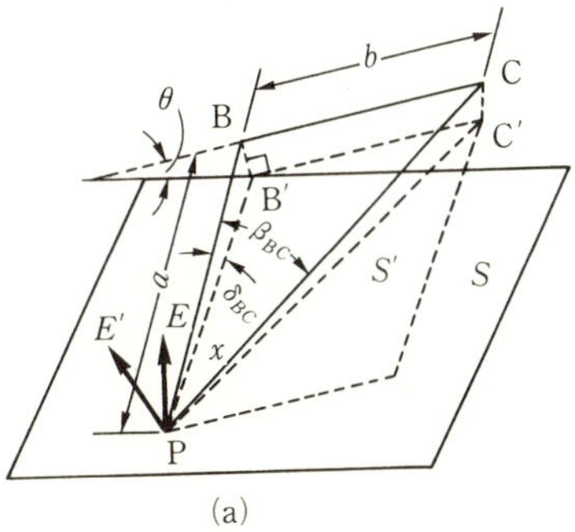

(a)

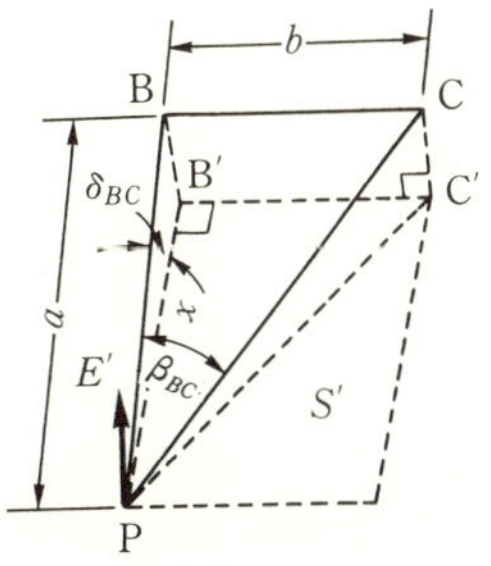

(b)

上の図の S' 平面が水平になるように書き換えたもので $\overline{PB'}=x$ になっている.

第 18 図

このように傾斜している面光源の場合においても，その被照点の法線照度がわかれば，後はランベルトの余弦法則を使用して，水平照度が求まることを最初に学んだので，そのことをここで使用して照度を求めようというのである．

法線照度を求めるために第18図(b)のように，直角三角形の光源に対して一方向にしか傾いていない仮の被照面を考え，その面の法線照度から順を追って求めていくことにする．P点における法線照度（仮の被照面）E'は，境界積分の法則の式，

$$E' = \frac{B_r}{2}\sum\beta\cos\delta$$

に基づき求められる．前項によって第18図(b)の上にできた被照点Pを頂点とするそれぞれの三角形平面の各成分でもって表すと，P点に与えられる法線照度E'は，

$$E' = \frac{B_r}{2}\sum(\beta_{PB}\cdot\cos\delta_{PB}+\beta_{PC}\cdot\cos\delta_{PC}+\beta_{BC}\cdot\cos\delta_{BC})$$

となる．この式を見てわかるように，この問題は被照面に平行な直角三角形光源による照度と同様の方法でP点の法線照度E'が求まる．

それぞれの三角形平面の中で法線に対して平行な二つの三角形平面と仮の被照面のなす角δは，これまた直角（垂直）であるはずだから，これら二つの三角形平面の成分は，照度に寄与すべき成分だが垂直であるために寄与しない．すなわち，

$$\beta_{PB}\cdot\cos\delta_{PB} = 0$$

$$\beta_{PC}\cdot\cos\delta_{PC} = 0$$

となり，P点の法線照度E'には関係しないことがわかる．そして残る三角形平面は法線に直角な仮の被照面に対して垂直ではないから，P点の法線照度E'に寄与することがわかる．

以上の考察に基づき境界積分の法則の式を，この照度に寄与する成分のみで書き表すと，

$$E' = \frac{B_r}{2}(\beta_{BC}\cdot\cos\delta_{BC})$$

ここに底辺BCがP点に対して張る角βは，

$$\beta_{BC} = \tan^{-1}\frac{b}{\sqrt{x^2+a^2}}$$

であり，そして三角形平面が法線に直角な仮の被照面とのなす角δの余弦$\cos\delta$は，

$$\cos\delta_{BC} = \frac{x}{\sqrt{x^2+a^2}}$$

であるから，これらの値を上式に代入すると，P点の法線照度E'は，

$$E' = \frac{B_r}{2}\cdot\frac{x}{\sqrt{x^2+a^2}}\cdot\tan^{-1}\frac{b}{\sqrt{x^2+a^2}}$$

と求まる．したがって求めるP点の水平照度Eはランベルトの余弦法則により，

$$E = E'\cos\theta = \frac{B_r}{2}\cdot\frac{x}{\sqrt{x^2+a^2}}\cdot\tan^{-1}\frac{b}{\sqrt{x^2+a^2}}\cdot\cos\theta$$

と求まる．

等照度球の理論

球帽上の微小拡散面光源dSが被照点Pに与える照度dEは，完全拡散面光源Sの輝きをB_rとすれば，

$$dE = \frac{B_r\,dS\cos\alpha}{l^2}\cdot\cos\alpha$$

ここに，被照点Pの微小光源dSよりの隔たりlは**第19図**より，

$$l = 2r\cos\alpha$$

であるから，微小面光源dSがP点に与える照

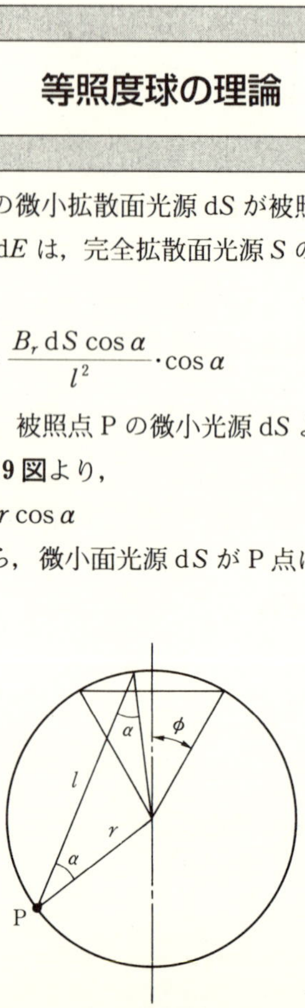

第19図

度 $\mathrm{d}E$ は,

$$\mathrm{d}E = \frac{B_r \mathrm{d}S \cos^2 \alpha}{(2r\cos\alpha)^2} = \frac{B_r \mathrm{d}S}{4r^2}$$

また立体角 ω を使用すれば,

$$\frac{\mathrm{d}S}{r^2} = \mathrm{d}\omega$$

であるから, 先の微小光源 $\mathrm{d}S$ による P 点の照度 $\mathrm{d}E$ は,

$$\mathrm{d}E = \frac{B_r}{4}\mathrm{d}\omega$$

となり, 球帽完全拡散面光源 S が P 点に与える照度 E は,

$$E = \int \mathrm{d}E = \frac{B_r}{4}\int \mathrm{d}\omega = \frac{B_r}{4}\omega$$

となる. ここで微小幅 $r\mathrm{d}\phi$ の円環の面積 $\mathrm{d}S$ を考えると, 第19図より,

$$\mathrm{d}S = (2\pi r\sin\phi)\times r\mathrm{d}\phi$$

となるため, 球帽（全体）の面積 S は,

$$S = \int \mathrm{d}S = 2\pi r^2 \int \sin\phi\,\mathrm{d}\phi$$

$$= 2\pi r^2 \Big[-\cos\phi\Big]_0^{\phi}$$

$$= 2\pi r^2 (1-\cos\phi)$$

となる. したがって, 球帽の立体角 ω は,

$$\omega = \frac{S}{r^2} = \frac{2\pi r^2(1-\cos\phi)}{r^2}$$

$$= 2\pi(1-\cos\phi)$$

であるから, ここで前回の余弦の倍角の公式を思い出して, 利用することを考える.

$$\cos 2\theta = \cos^2\theta - \sin^2\theta$$

$$= 1 - 2\sin^2\theta$$

移項して,

$$1-\cos 2\theta = 2\sin^2\theta$$

引き続いて, この θ を $\theta/2$ として考えると,

$$1-\cos\theta = 2\sin^2(\theta/2)$$

と書き表される. この関係を上の ω の式に代入すると,

$$\omega = 2\pi(1-\cos\phi) = 4\pi\sin^2(\phi/2)$$

となるから, この ω 値を先の照度 E の式に代入すると,

$$E = \frac{B_r}{4}\omega = \frac{B_r}{4}\cdot 2\pi(1-\cos\phi)$$

$$= \pi B_r \sin^2(\phi/2)$$

として表され, 照度は球面上の位置に無関係な値となるため, この球のことを等照度球と呼んでいる.

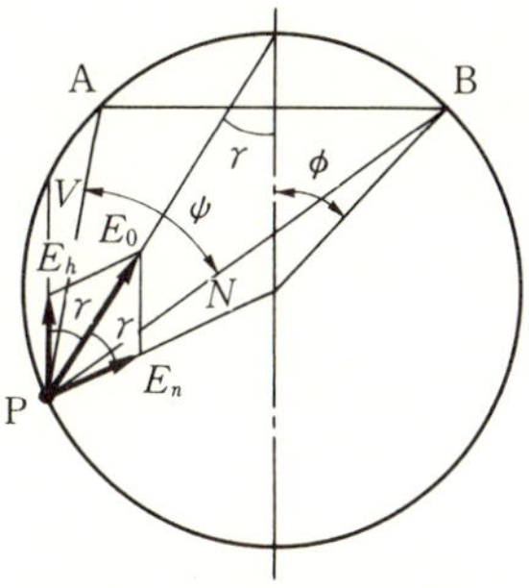

第 20 図

第 20 図からわかるように, 水平照度 E_h および球面の法線照度 E_n は, 球帽の中心に向かう方向の照度を E_0 とすれば, それぞれ,

$$E_n = E_0\cos\gamma$$

$$E_h = E_0\cos\gamma$$

であり, これら両照度の値はすでに求めた照度 E に等しい. すなわち, 言い換えれば球面の法線照度 E_n は, 水平照度 E_h にも等しいのである.

(1) 平円盤光源直下より離れた点の照度

この問題には等照度球の理論を適用して, P 点の照度 E は,

$$E = \frac{\pi B_r}{2}(1-\cos\phi)$$

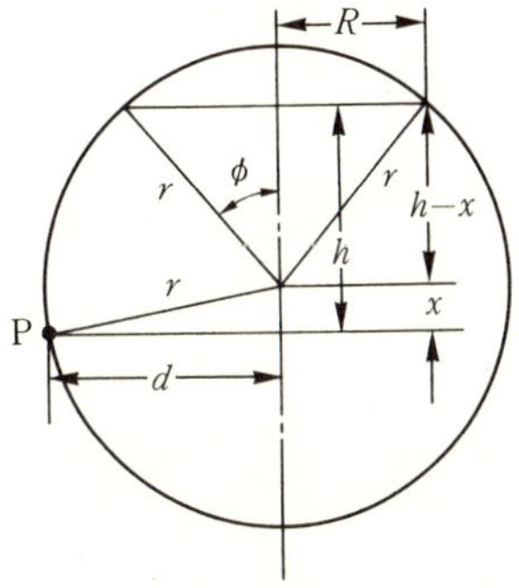

第 21 図

と書き表される. ここで $\cos\phi$ の値を与えられ

た数値 R, h, d でもって書き表すと,

$$\cos\phi = \frac{(h-x)}{r}$$

$$x = \frac{(R^2+h^2-d^2)}{2h}$$

$$r^2 = R^2+(h-x)^2$$

$$r^2 = x^2+d^2$$

$$R^2+h^2-2hx+x^2 = x^2+d^2$$

$$r^2 = x^2+d^2$$

$$= \frac{(R^2+h^2-d^2)^2+4d^2h^2}{4h^2}$$

$$h-x = \sqrt{r^2-R^2}$$

よって $\cos\phi$ は,

$$\cos\phi = \frac{h-x}{r} = \sqrt{\frac{r^2-R^2}{r^2}}$$

$$= \sqrt{\frac{(R^2+h^2-d^2)^2+4d^2h^2-4h^2R^2}{(R^2+h^2-d^2)^2+4d^2h^2}}$$

ここで根号内の自乗の項を計算すると,

$$(R^2+h^2-d^2)^2 = (R^2)^2+2h^2R^2-2d^2R^2 + (h^2)^2-2d^2h^2+(d^2)^2$$

$$(d^2+h^2-R^2)^2 = (R^2)^2-2h^2R^2-2d^2R^2 + (h^2)^2+2d^2h^2+(d^2)^2$$

$$(R^2+h^2+d^2)^2 = (R^2)^2+2h^2R^2+2d^2R^2 + (h^2)^2+2d^2h^2+(d^2)^2$$

したがって,この計算結果から $\cos\phi$ は,

$$\cos\phi = \frac{d^2+h^2-R^2}{\sqrt{(R^2+h^2+d^2)^2-4d^2R^2}}$$

または,

$$\cos\phi = \frac{d^2+h^2-R^2}{\sqrt{(R^2+h^2-d^2)^2+4d^2h^2}}$$

となり,よって求める P 点の照度 E は,

$$E = \frac{\pi B_r}{2}\left(1-\frac{h^2+d^2-R^2}{\sqrt{(R^2+h^2+d^2)^2-4d^2R^2}}\right)$$

でもって示される.

(2) 環状帯光源による照度

この問題も等照度球の理論を用いて P 点の照度 E を求めることができる.求め方は環状帯の外縁を球帽とする光源が P 点に与える照度 E_1 より,環状帯の内縁を球帽とする光源が P 点に与える照度 E_2 を差し引けばよい.このことを数式でもって表せば,

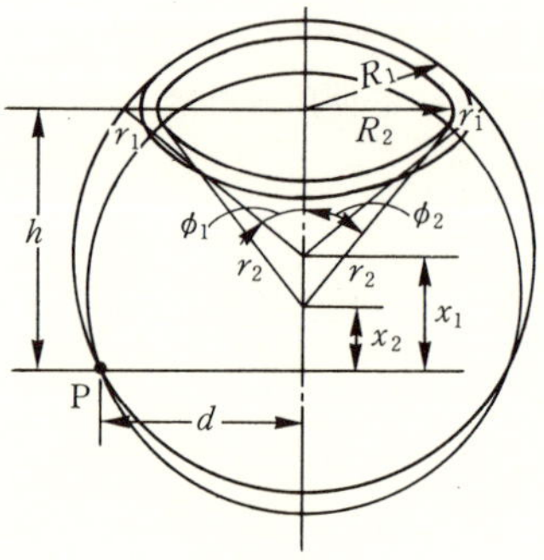

第 22 図

$$E = E_1-E_2$$

となる.

第 22 図より前項の例にならって照度 E_1 および E_2 の値は,ここにそれぞれ,

$$E_1 = \frac{\pi B_r}{2}(1-\cos\phi_1)$$

$$E_2 = \frac{\pi B_r}{2}(1-\cos\phi_2)$$

先の照度の求め方の説明に従って照度 E は,

$$E = \frac{\pi B_r}{2}(\cos\phi_2-\cos\phi_1)$$

となり,前項で求めた結果を使用して括弧内の $\cos\phi_1$ および $\cos\phi_2$ を,第 22 図に与えられた数値 R_1, R_2, h そして d をもって書き替えると,

$$\cos\phi_1 = \frac{d^2+h^2-R_1^2}{\sqrt{(R_1^2+h^2+d^2)^2-4d^2R_1^2}}$$

そして,

$$\cos\phi_2 = \frac{d^2+h^2-R_2^2}{\sqrt{(R_2^2+h^2+d^2)^2-4d^2R_2^2}}$$

となる.ゆえにこれらの値を先の照度の式に代入すると,P 点に与えられる照度 E は,

$$E = \frac{\pi B_r}{2}\left(\frac{h^2+d^2-R_2^2}{\sqrt{(R_2^2+h^2+d^2)^2-4d^2R_2^2}} - \frac{h^2+d^2-R_1^2}{\sqrt{(R_1^2+h^2+d^2)^2-4d^2R_1^2}}\right)$$

でもって示される.

円環光源直下の照度

被照点 P へ向かう方向の光度を I_θ とすれば，円環の微小部分 dl の P 点方向の光度 dI_θ は，

$$\mathrm{d}I_\theta = I\mathrm{d}l$$

であるから，円環光源の微小部分 dl による P 点の照度 dE は，

$$\mathrm{d}E = \frac{I\mathrm{d}l\cos\theta}{r^2}$$

となる．したがって円環光源全体により P 点に与えられる照度 E は，

$$E = \int \mathrm{d}E = \int_{2\pi R} \frac{I\mathrm{d}l\cos\theta}{r^2}$$

と書き表される．この式の $\cos\theta$ は**第 23 図**より，

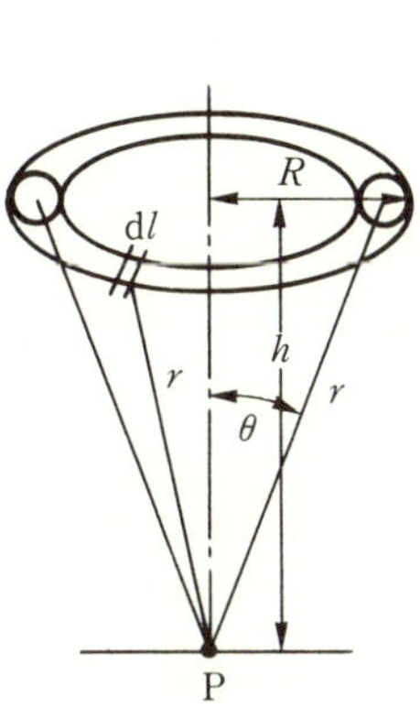

第 23 図

$$\cos\theta = \frac{h}{\sqrt{h^2+R^2}}$$

であり，そして被照点 P の円環の微小部分 dl からのへだたり r は，

$$r^2 = h^2+R^2$$

であるから，これらの値を先の照度の式に代入すると，円環光源全体が P 点に与える照度 E は，

$$E = \int_0^{2\pi R} I\mathrm{d}l \frac{h}{(h^2+R^2)^{3/2}}$$

$$= \frac{2\pi IRh}{(h^2+R^2)^{3/2}}$$

と表される．

ここまで積分の演習を進めてくれば，読者の皆様方の多くは多分すでに気がつかれておられると思いますが，積分演算は微分演算とは全く異なり，ただ単に根気よく演算をやっていけば，必ずできるというものではなく，むしろ語学（特に外国語での会話）のように，なれによる一種のひらめきが必要であるということです．このひらめきは，プロジェクトの実施管理技術（機会があればプロジェクトのマネジメントについても，書いて見たいと思う）と同様に，数多く繰り返して実務を行いながら教わり経験することにより，体得できるあのひらめき（プロ棋士がよく使っている言葉の，あのひらめきと多分同じものと思われます）です．すなわち，

なれによるパターンとしての認識に基づく，どのパターンが使えるのかというひらめきが絶対に必要なのです．この経験により体得した沢山あるパターン認識を，コンピュータの検索と同様に，辞書で単語を検索するときの，アルファベット順のように一定の法則でもって，論理的に検索していくことが必要なのです．まだ積分の演習回数が少なく，認識パターンの数が少ないうちは，試行錯誤でもって成功するまで試みる以外に，特別によい方法があるわけではないのです．すなわち，演習することにより認識パターンの数が増えるのですから，読者の皆様も機会あるごとに演習を重ねて下さい．そして演習も同じことばかりやっていては，認識パターンの数が増えませんから，先輩たちがすでに行ってきたよい例を，手本として真似ることが一番よい方法です．真似ることができるようになれば，後はそれを利用して試みることです．

(1)　円環光源直下より離れた点の照度

このような照度計算の問題は数学的にいきなり求めることは困難なので，現実には光源の配光曲線からその方向の光度を知り，照度を計算するのが一般的ではあるが，ここでは積分演習を行うのが目的であるから，あえて数学的に求める方法を紹介する．

この円環光源を被照点Pから眺めた見かけの周囲は楕円である．そこで被照点Pに向かうその方向の光度 I_θ は，円環光源の輝きを B_r とすると，

$$I_\theta = B_r S_\theta$$

と表される．ここに S_θ は円環光源をP点から眺めた見かけの円周で楕円に見えるものである．そこで，

楕円の長径 $= 2a = 2R$

そして，

楕円の短径 $= 2b = 2R\cos\theta$

とすると，楕円の方程式は次のように表される．

$$\frac{x^2}{a^2} + \frac{y^2}{b^2} = 1$$

今，この楕円の心差角の余角を ϕ とすれば，上の式は次のように二つ成分に分けて書き表すことができる．

$$x = \Psi(t) = a\sin\phi$$
$$y = \Psi(t) = b\cos\phi$$
$$\mathrm{d}x = \Psi'(t) = a\cos\phi$$
$$\mathrm{d}y = \Psi'(t) = -b\sin\phi$$

と表されるから，平面曲線の長さ L を求める式

$$L = \int\sqrt{\mathrm{d}x^2+\mathrm{d}y^2} = \int\sqrt{\Psi'(t)^2+\Psi'(t)^2}\,\mathrm{d}t$$

を利用して，楕円の周囲の長さ S_θ を求めると（先の線の長さの定義式から），

$$S_\theta = 4\int_0^{\pi/2}\sqrt{a^2\cos^2\phi+b^2\sin^2\phi}\,\mathrm{d}\phi$$

$$= 4\int_0^{\pi/2}\sqrt{a^2(\cos^2\phi+\sin^2\phi-\sin^2\phi)\ *$$

$$*\ \overline{+b^2\sin^2\phi}\,\mathrm{d}\phi$$

$$= 4a\int_0^{\pi/2}\sqrt{1-\frac{a^2-b^2}{a^2}\sin^2\phi}\,\mathrm{d}\phi$$

$$= 4\int_0^{\pi/2}\sqrt{a^2-(a^2-b^2)\sin^2\phi}\,\mathrm{d}\phi$$

ここで，

$$e^2 = \frac{(a^2-b^2)}{a^2}$$

と置くと，楕円の周囲の長さ S_θ は，

$$S_\theta = 4a\int_0^{\pi/2}\sqrt{1-e^2\sin^2\phi}\,\mathrm{d}\phi$$

$$= 4aE(\sin\theta)$$

と表すことができるが，この $E(\sin\theta)$ は，

$$\int_0^{\pi/2}\sqrt{1-e^2\sin^2\phi}\,\mathrm{d}\phi$$

であって，これは第二種完全楕円積分であり，そしてこの e は楕円積分の母数である．

またこの母数 e は，

$$e = \sqrt{\frac{a^2-b^2}{a^2}} = \sqrt{\frac{2^2R^2-2^2R^2\cos^2\theta}{2^2R^2}}$$

$$= \sqrt{1-\cos^2\theta} = \sin\theta$$

である．すなわち言い換えれば，円環光源をP点から見た見かけの周囲の長さ S_θ は，母数を $\sin\theta$ とする第二種完全楕円積分である．この楕円の周囲の長さ S_θ を，$\sin\theta$ を母数とする

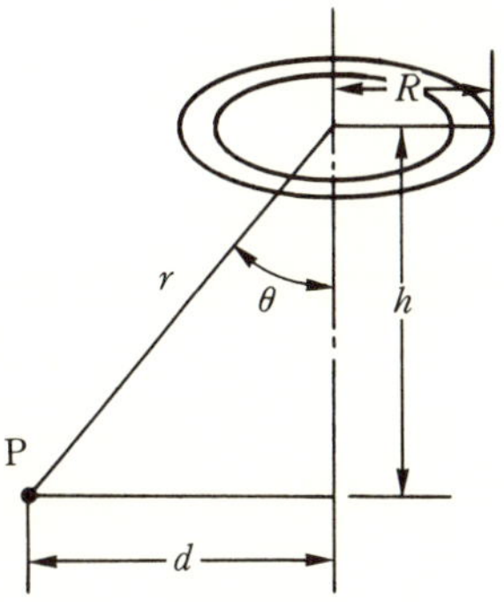

第24図

第二種完全楕円積分 $E(\sin\theta)$ を使って表すと，

$$S_\theta = 4(2R)E(\sin\theta) = 8RE(\sin\theta)$$

となる．

したがって，P点の照度 EI は，

$$E_I = 8B_r\frac{RE(\sin\theta)}{r^2}\cos\theta$$

となり，そして**第24図**よりの $\sin\theta$ および $\cos\theta$ は，

$$\sin\theta = \frac{d}{\sqrt{h^2+d^2}}$$

$$\cos\theta = \frac{h}{\sqrt{h^2+d^2}}$$

$$r^2 = h^2+d^2$$

であるから，これらの値を上式に代入すると，P点の照度 EI は，

$$E_I = 8B_r\frac{RE\left(\frac{d}{\sqrt{h^2+d^2}}\right)}{(h^2+d^2)}\cdot\frac{h}{\sqrt{h^2+d^2}}$$

$$= \frac{8B_rRh}{(h^2+d^2)^{3/2}}\cdot E\left(\frac{d}{\sqrt{h^2+d^2}}\right)$$

と求まる．

(2) 円環光源直下より離れた点の照度の計算例

全光束 $F_0 = 2\,250$〔lm〕の 40〔W〕サークラインを作業面上 2〔m〕の高さに点灯し，真下より 2〔m〕離れた点の照度を求める．

円環光源において，全光束 F_0 と輝き B_r との関係は，

$$F_0 = 2\pi^3RB_r$$

で表される．

【証明】 理論的には全光束は次のようにして求められる．

$$F_0 = 2\pi\int I_\theta\sin\theta\,d\theta$$

しかし，この式の I_θ は，前項で求めたように第二種楕円積分で表される形になっているので，この不定積分はまずもって求められないから，このままでは計算することは不可能である．

そこで直線光源の全光束の求め方を思い出し，円環光源は微小直線光源の連続したものと考えて，配光図の類似性より直線光源の場合の灯軸（0°－180°）を，円環光源の場合には灯軸を(90°－(－) 90°)に転換したのに当たるから，直線光源の配光曲線を**第25図**とすれば，円環光源の配光曲線は**第26図**のようになるであろうことが予測される．

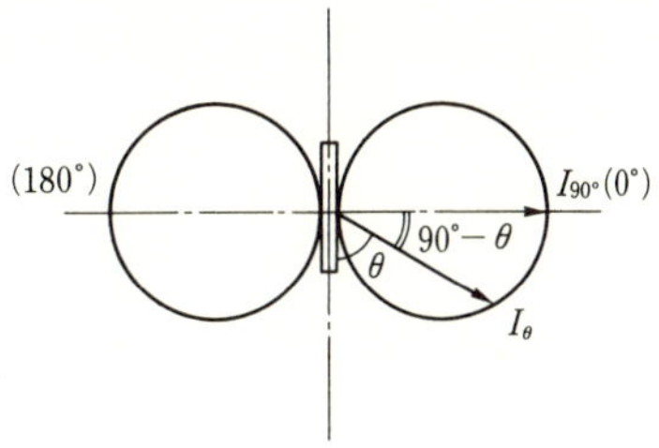

第25図

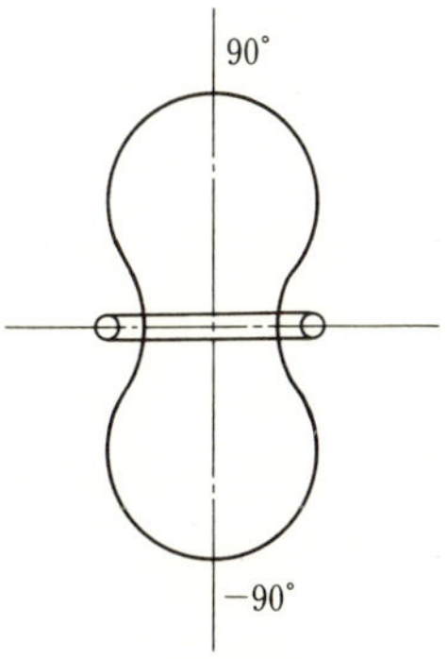

第26図

直線光源の場合，いま灯軸が鉛直方向に置かれているものとすれば，水平方向の見かけの面積が最大であるから鉛直方向と θ の角度をなす方向の見かけの面積は，水平方向の見かけの

面積の cos $(90° - \theta)$ 倍となり，配光は図のように水平方向の光度 $I_{90°}$ を直径とする二つの円が灯軸を対称軸にして接する形になる．したがって，任意の方向の光度 I_θ は，次のように表される．

$$I_\theta = I_{90°} \cos(90° - \theta) = I_{90°} \sin\theta$$

上式より全光束を求めれば，次のようになる．

$$F_0 = 2\pi\int_0^\pi I_\theta \sin\theta \mathrm{d}\theta$$

$$= 2\pi\int_0^\pi I_{90°} \sin^2\theta \mathrm{d}\theta$$

$$= 2\pi I_{90°}\int_0^\pi \sin^2\theta \mathrm{d}\theta$$

$$= 2\pi I_{90°}\int_0^\pi \frac{1}{2}(1 - \cos 2\theta)\,\mathrm{d}\theta$$

$$= 2\pi I_{90°}\left[\frac{\theta}{2} - \frac{\sin 2\theta}{4}\right]_0^\pi$$

$$= 2\pi I_{90°} \cdot \frac{\pi}{2}$$

$$= \pi^2 I_{90°}$$

これから考えて行こうとしている円環光源は，この直線光源の微小部分の集合体と考えて，直線光源の場合の灯軸（0°～180°）を，円環光源に適用するためには，これを {90° − (−) 90°} の軸に転換して，直線光源の場合に求めた結果が利用できるように工夫するのである．

第 24 図に示されたように半径 R の円環光源があるとき，0°方向からでは円周となるから，

$$I_{0°} = B_r \cdot 2\pi R = 2\pi R B_r$$

次に 90°方向では直線の $2RB_r$ となるが，正面の部分によって隠された他（反対側）の部分の $2RB_r$ も，正面の部分と同様に光束を出していることを考慮して差し支えないから，

$$I_{90°} = B_r \cdot 4R = 4RB_r$$

として表すことができる．

この円環光源の場合はすでに求めた直線光源の結果を使用して次のように表すことができる．

$$F_0 = \pi^2 I_{0°} = \pi^2 \cdot 2\pi R B_r$$

$$= 2\pi^3 R B_r$$

ここで直線光源のときに，

$$F_0 = \pi^2 I_{90°}$$

であったものが，円環光源のときには，

$$F_0 = \pi^2 I_{0°}$$

となったのは，灯軸を転換したからである．これで最初に持ち出した，全光束を表す式の証明は終了した．

それでは前項で求めた照度 E_I の式に，輝き B_r の値，

$$B_r = \frac{F_0}{2\pi^3 R}$$

を代入すると，

$$E_I = \frac{F_0}{2\pi^3 R} \cdot \frac{8Rh}{(h^2 + d^2)^{3/2}} \cdot E\left(\frac{d}{\sqrt{h^2 + d^2}}\right)$$

$$= \frac{4F_0}{\pi^3} \cdot \frac{h}{(h^2 + d^2)^{3/2}} \cdot E\left(\frac{d}{\sqrt{h^2 + d^2}}\right)$$

この式に与えられたそれぞれの数値を代入すると，

$$E_I = \frac{4 \times 2\,250}{3.14159^3} \times \frac{2}{(2^2 + 2^2)^{3/2}} \times E\left(\frac{2}{\sqrt{2^2 + 2^2}}\right)$$

付表より第二種完全楕円積分の値を求めると，

$$e^2 = 0.5$$

において，

$$E\left(\frac{1}{\sqrt{2}}\right) = 1.35064$$

となり，この値を上式に代入すると，

$$E_I = \frac{4 \times 2\,250 \times 2 \times 1.35064}{3.14159^3 \times 8^{3/2}}$$

$$= 34.65 \text{〔lx〕}$$

となり，よって高さ 2〔m〕の 40〔W〕サークラインの直下より 2〔m〕離れた点の水平照度は 34.65〔lx〕となる．

付表　第二種完全楕円積分

$\sin\theta = k$

$\theta°$	$E(k)$
0	1.57080
15	1.54415
30	1.46746
45	1.35064
60	1.21106
75	1.07641
90	1.00000

境界積分法の発展的変形解法
（その 1）

この境界積分の発展的変形解法は，近年神坂氏によって発見された解法である．すでに紹介した境界積分の法則にのっとって，等輝度完全拡散平面光源による照度を求める公式は，

$$E=\frac{I}{2}\int_{S}\mathrm{d}\omega\cos\delta$$

である．ここに I は等輝度完全拡散平面光源の光度である．

第 24 図に従って説明すると，被照点 P から平面光源 S の境界線の微小部分 A，B を見込む角 dω が作る三角形△PAB を単位球法（立体角投射の法則）による単位球と辺 $\overline{\mathrm{PA}}$ および $\overline{\mathrm{PB}}$ の交点をそれぞれ A′ および B′ とすると，P 点と単位球表面の点 A′ および B′ によってできる△PA′B′ を被照面に正射影した△PA″B″の面積に相当し，cos δ は△PAB を含む平面と被照面とのなす角の余弦である．

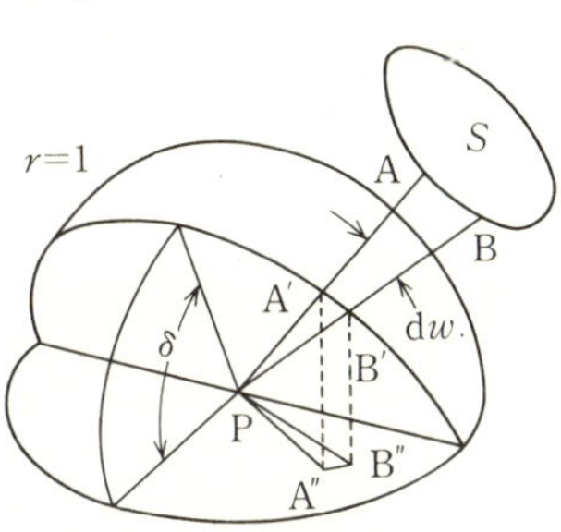

第 24 図

この知識をもとに，平面光源を含む平面が(1)被照面に平行，(2)被照面に傾斜，そして(3)被照面に垂直という，三とおりの場合の照度の求め方を説明する．

それぞれの平面上に x 軸と y 軸，そして光源の境界線の微小部分 $\overline{\mathrm{AB}}$ の接線 $\overline{\mathrm{MN}}$ を設け，x 軸および y 軸の原点 O の直下に被照点 P を設けて，y 軸の接線 $\overline{\mathrm{MN}}$ による切片の長さを $\overline{\mathrm{ON}}=n$，x 軸の接線 $\overline{\mathrm{MN}}$ による切片の長さ $\overline{\mathrm{OM}}=m$ を，原点 O と被照点 P の距離 z とし，微小部分 $\overline{\mathrm{AB}}$ の x 軸上への正射影の長さ dx を，微小部分 $\overline{\mathrm{AB}}$ で作られる△PAB が被照点 P に張る角を dω，またこの△PAB と被照面とのなす角を δ，そしてその余弦を cos δ として取り扱っていくこととする．

(1)　被照面に平行な平面光源

第 25 図に示すように被照面に平行する平面上に x，y 軸と平面光源 S の境界線の微小部分 $\overline{\mathrm{AB}}$ の接線 $\overline{\mathrm{MN}}$ を設ける．そこで，$\overline{\mathrm{OM}}=m$，$\overline{\mathrm{ON}}=n$，高さ z とすると，第 25 図をもとに，接線と切片の交点 ONM を含む三角形平面を**第 26 図**に示し，また接線と切片の交点 PNM を含む三角形平面を**第 27 図**に示す．これらの図から境界積分に必要な値を図に従って求めていく

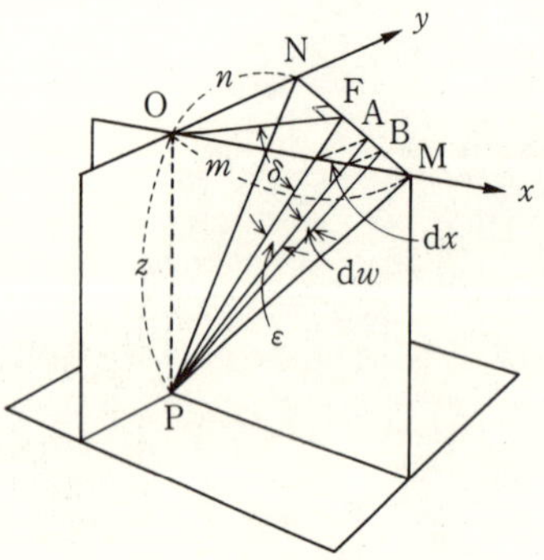

第 25 図

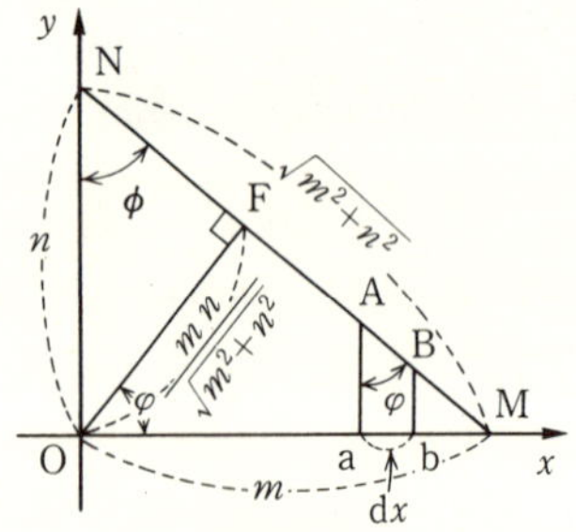

第 26 図

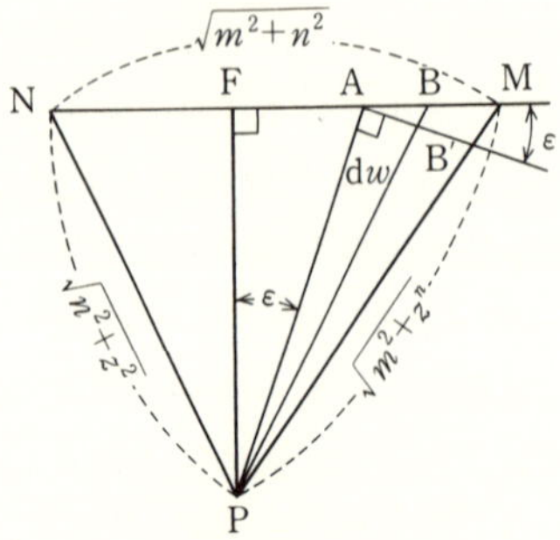

第 27 図

と，それぞれ値は次のように表すことができる．

$$\overline{\mathrm{OF}} = n\sin\phi = \frac{mn}{\sqrt{m^2+n^2}}$$

$$\sin\phi = \frac{m}{\sqrt{m^2+n^2}}$$

$$\overline{\mathrm{FP}} = \sqrt{\overline{\mathrm{OF}}^2 + z^2}$$

$$= \sqrt{\left(\frac{mn}{\sqrt{m^2+n^2}}\right)^2 + z^2}$$

$$= \sqrt{\frac{m^2n^2}{m^2+n^2} + z^2}$$

$$= \sqrt{\frac{m^2n^2+m^2z^2+n^2z^2}{m^2+n^2}}$$

したがって，

$$\cos\delta = \frac{\overline{\mathrm{OF}}}{\overline{\mathrm{FP}}} = \frac{\dfrac{mn}{\sqrt{m^2+n^2}}}{\sqrt{\dfrac{m^2n^2+m^2z^2+n^2z^2}{m^2+n^2}}}$$

$$= \frac{mn}{\sqrt{m^2n^2+m^2z^2+n^2z^2}}$$

と表される．

第 27 図において微小部分 $\overline{\mathrm{AB}}$ の一端から補助線をひいて∠ PAB′ = 90°とすると，∠MAB′ = ∠ FPA = ∠ ε であるから，MNO 平面においてA点は座標（x，y）にあるから，原点Oからの距離 s は，

$$s = \sqrt{x^2+y^2}$$

である．したがって，平面 MNP における A 点から被照点 P に至る距離 l は，

$$l = \sqrt{x^2+y^2+z^2}$$

となる．ゆえに，

$$\overline{\mathrm{AP}} = l = \sqrt{x^2+y^2+z^2}$$

である．そこで，

$$\cos\varepsilon = \frac{\overline{\mathrm{FP}}}{\overline{\mathrm{AP}}}$$

$$= \sqrt{\frac{m^2n^2+m^2z^2+n^2z^2}{m^2+n^2}} \cdot \frac{1}{l}$$

となる．被照点 P から微小部分 $\overline{\mathrm{AB}}$ を見込む見かけの幅は，

$$\overline{\mathrm{AB'}} = \overline{\mathrm{AB}}\cos\varepsilon$$

だから，微小部分 $\overline{\mathrm{AB}}$ の P 点に張る角 $\mathrm{d}\omega$ は，

$$\mathrm{d}\omega = \frac{\overline{\mathrm{AB'}}}{\overline{\mathrm{AP}}} = \frac{\overline{\mathrm{AB}}\cdot\cos\varepsilon}{l}$$

$$= \frac{\overline{\mathrm{AB}}}{l^2}\sqrt{\frac{m^2n^2+m^2z^2+n^2z^2}{m^2+n^2}}$$

となり，すでに $\cos\delta$ は知っているように，

$$\cos\delta = \frac{mn}{\sqrt{m^2n^2+m^2z^2+n^2z^2}}$$

だから，

$$\mathrm{d}\omega\cdot\cos\delta = \frac{\overline{\mathrm{AB}}}{l^2}\sqrt{\frac{m^2n^2+m^2z^2+n^2z^2}{m^2+n^2}}$$

$$\times \frac{mn}{\sqrt{m^2n^2+m^2z^2+n^2z^2}}$$

また,

$$\overline{\mathrm{OF}} = \frac{mn}{\sqrt{m^2+n^2}}$$

だから，$d\omega\cdot\cos\delta$ は，次のように書き換えられる．

$$d\omega\cdot\cos\delta = \frac{\overline{\mathrm{AB}}}{l^2}\cdot\frac{mn}{\sqrt{m^2+n^2}}$$

$$= \overline{\mathrm{OF}}\cdot\frac{\overline{\mathrm{AB}}}{l^2}$$

第 26 図に示すように $\angle\ \mathrm{FOM} = \phi$ とすると,

$$\overline{\mathrm{OF}} = n\sin\phi$$

$$\overline{\mathrm{AB}} = dx\cdot\mathrm{cosec}\,\phi$$

だから，$\overline{\mathrm{OF}}\cdot\overline{\mathrm{AB}}$ は,

$$\overline{\mathrm{OF}}\cdot\overline{\mathrm{AB}} = n\sin\phi\cdot dx\ \mathrm{cosec}\,\phi$$

となり，この値を上式に代入すると,

$$d\omega\cdot\cos\delta = \frac{n}{l^2}dx$$

と求まる．

(2)　被照面に傾斜した平面光源

微小部分 dx が x 軸より上方にある場合の説明図（**第 28 図**）に示すように被照面に $\angle\beta$ 傾斜する光源を含む傾斜面上に直交座標軸を設け，y 軸上の上り勾配方向を正とする．

この説明図の被照点 P から，微小部分 $\overline{\mathrm{AB}}$ の接線 $\overline{\mathrm{MN}}$ を見込む，△PMN は x，y 平面と D，M で交わり，棚状の△ODM を作る．この棚状の三角形上において原点 O から対辺に垂線を下ろすと，∠ OKP または $\angle\delta$ である．

説明図（**第 29 図**）(a)は，被照面に直交する y，z 平面上における各点の位置関係を示す図で，斜線 $\overline{\mathrm{PN}}$ と y 軸の交点を D とすると,

$$\overline{\mathrm{OD}} = \frac{\overline{\mathrm{PC}}\cdot\overline{\mathrm{OP}}}{\overline{\mathrm{NC}}}$$

$$= \frac{n\cos\beta\cdot z}{n\sin\beta+z}$$

説明図（第 29 図）(b)に示す△ODM より,

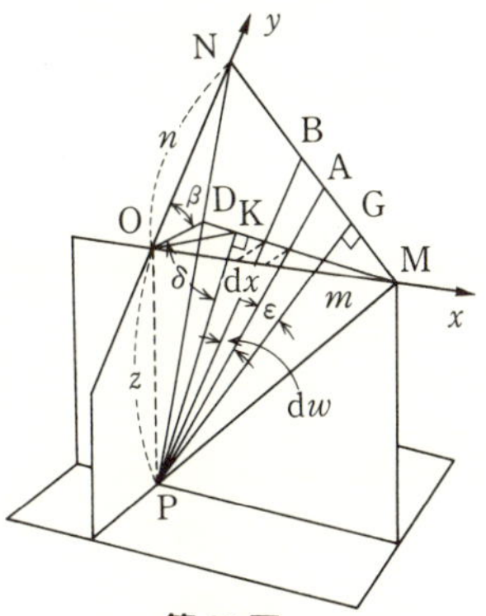

第 28 図

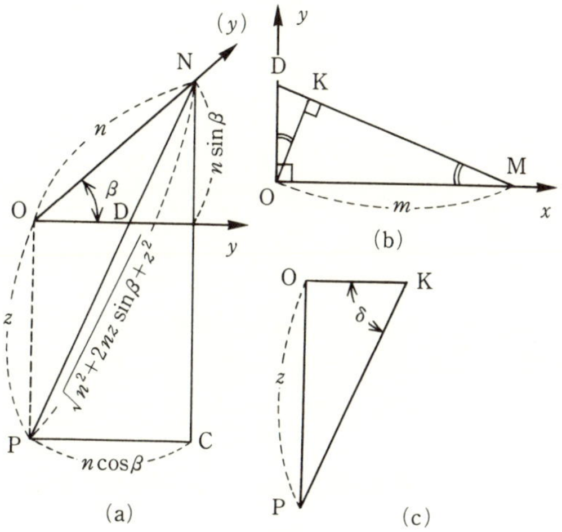

第 29 図

$$\overline{\mathrm{OK}} = \frac{\overline{\mathrm{OD}}\cdot m}{\sqrt{\overline{\mathrm{OD}}^2+m^2}}$$

$$= \frac{\dfrac{n\cos\beta\cdot z}{n\sin\beta+z}\cdot m}{\sqrt{\left(\dfrac{n\cos\beta\cdot z}{n\sin\beta+z}\right)^2+m^2}}$$

$$= \frac{m\cdot n\cdot z\cos\beta}{\sqrt{n^2z^2\cos^2\beta+m^2(n\sin\beta+z)^2}}$$

説明図（第 29 図）(c)に示す△OKP より,

$$\cos\delta = \frac{\overline{\mathrm{OK}}}{\sqrt{\overline{\mathrm{OK}}^2+z^2}}$$

$$= \frac{\dfrac{m\cdot n\cdot z\cos\beta}{\sqrt{n^2z^2\cos^2\beta+m^2(n\sin\beta+z)^2}}}{\sqrt{\left(\dfrac{m\cdot n\cdot z\cos\beta}{\sqrt{n^2z^2\cos^2\beta+m^2(n\sin\beta+z)^2}}\right)^2+z^2}}$$

$$= \frac{m\cdot n\cos\beta}{\sqrt{n^2z^2\cos^2\beta+m^2(n\sin\beta+z)^2+m^2n^2\cos^2\beta}}$$

$$= \frac{mn\cos\beta}{\sqrt{n^2z^2\cos^2\beta+m^2(n^2\sin^2\beta+2nz\sin\beta+z^2)+m^2n^2\cos^2\beta}}$$

$$= \frac{mn\cos\beta}{\sqrt{n^2z^2\cos^2\beta+m^2n^2(\sin^2\beta+\cos^2\beta)+m^2(2nz\sin\beta+z^2)}}$$

$$= \frac{mn\cos\beta}{\sqrt{n^2z^2\cos^2\beta+m^2(n^2+2nz\sin\beta+z^2)}}$$

となる．

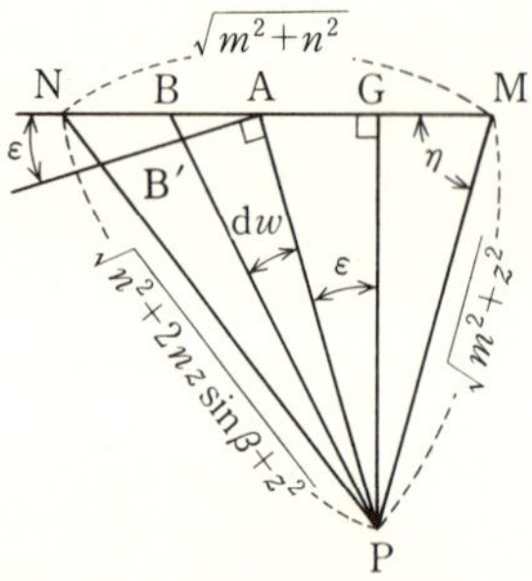

第 30 図

説明図（**第 30 図**）に示す△PMN の三辺の長さより，∠PMN ＝ η の余弦を求める．

三角形の三辺から余弦角を求めるには，次の三角形の余弦の公式を利用することにより，

$$a^2 = b^2+c^2-2bc\cos\alpha$$

$$\cos\alpha = \frac{b^2+c^2-a^2}{2b\cdot c}$$

だから，

$$\cos\eta = \frac{(\overline{\mathrm{MP}})^2+(\overline{\mathrm{MN}})^2-(\overline{\mathrm{NP}})^2}{2\overline{\mathrm{MP}}\cdot\overline{\mathrm{MN}}}$$

この式にそれぞれの辺の長さを代入すると，

$$\cos\eta = \frac{(\sqrt{m^2+z^2})^2+(\sqrt{m^2+n^2})^2-(\sqrt{n^2+2nz\sin\beta+z^2})^2}{2\sqrt{m^2+z^2}\cdot\sqrt{m^2+n^2}}$$

分子の各項は平方根の自乗だからカッコを取り整理すると，

$$\cos\eta = \frac{m^2+z^2+m^2+n^2-n^2-2nz\sin\beta-z^2}{2\sqrt{m^2+z^2}\cdot\sqrt{m^2+n^2}}$$

$$= \frac{2m^2-2nz\sin\beta}{2\sqrt{m^2+z^2}\cdot\sqrt{m^2+n^2}}$$

$$= \frac{m^2-nz\sin\beta}{\sqrt{m^2+z^2}\cdot\sqrt{m^2+n^2}}$$

となる．今，

$$\overline{\mathrm{GP}}\perp\overline{\mathrm{MN}}$$

となるように P 点を選ぶと，先に求めた $\cos\eta$ を利用して，

$$\overline{\mathrm{GP}} = \overline{\mathrm{MP}}\sin\eta = \overline{\mathrm{MP}}\sqrt{1-\cos^2\eta}$$

$$= \sqrt{m^2+z^2}\sqrt{1-\left(\frac{m^2-nz\sin\beta}{\sqrt{m^2+z^2}\cdot\sqrt{m^2+n^2}}\right)^2}$$

$$= \sqrt{(m^2+z^2)-\frac{(m^2-nz\sin\beta)^2}{(m^2+n^2)}}$$

$$= \sqrt{\frac{m^4+m^2n^2+m^2z^2+n^2z^2-m^4+2m^2nz\sin\beta-n^2z^2\sin^2\beta}{m^2+n^2}}$$

$$= \sqrt{\frac{m^2(n^2+z^2+2nz\sin\beta)+n^2z^2(1-\sin^2\beta)}{m^2+n^2}}$$

$$= \sqrt{\frac{n^2z^2\cos^2\beta+m^2(n^2+2nz\sin\beta+z^2)}{m^2+n^2}}$$

そこで接線 MN 上にある微小部分 AB の一端から補助線 AB′ を引き∠PAB′ ＝ ∠R となるようにすると，∠GPA ＝ ∠BAB′ ＝ ε となり，被照点 P から微小部分 AB を見込む見掛けの幅である．

$$\overline{\mathrm{AB'}} = \overline{\mathrm{AB}}\cos\varepsilon$$

また，辺 AB′ が P 点に張る角 $\mathrm{d}\omega$ は，

$$\mathrm{d}\omega = \frac{\overline{\mathrm{AB'}}}{\overline{\mathrm{AP}}} = \frac{\overline{\mathrm{AB}}\cos\varepsilon}{l}$$

そして説明図（第 30 図）より，

$$l = \frac{\overline{\mathrm{GP}}}{\cos\varepsilon}$$

したがって，

$$\cos\varepsilon = \frac{\overline{\mathrm{GP}}}{l}$$

ゆえに，

$$\mathrm{d}\omega = \frac{\overline{\mathrm{AB}}}{l}\cdot\frac{\overline{\mathrm{GP}}}{l}$$

ここで $\mathrm{d}\omega$ を先に求めた $\overline{\mathrm{GP}}$ をもって表すと，

$$\mathrm{d}\omega = \frac{\overline{\mathrm{AB}}}{l^2}\sqrt{\frac{n^2z^2\cos^2\beta+m^2(n^2+2nz\sin\beta+z^2)}{m^2+n^2}}$$

となり，$\mathrm{d}\omega\cdot\cos\delta$ は次のように表される．

$$\mathrm{d}\omega\cdot\cos\delta = \frac{\overline{\mathrm{AB}}}{l^2}\sqrt{\frac{n^2z^2\cos^2\beta+m^2(n^2+2nz\sin\beta+z^2)}{m^2+n^2}} \times \frac{mn\cos\beta}{\sqrt{n^2z^2\cos^2\beta+m^2(n^2+2nz\sin\beta+z^2)}}$$

$$= \frac{\overline{\mathrm{AB}}}{l^2}\cdot\frac{mn\cos\beta}{\sqrt{m^2+n^2}}$$

$$= \frac{\overline{\mathrm{AB}}\cdot\overline{\mathrm{OF}}}{l^2}\cos\beta$$

また，前項と同様 $\overline{\mathrm{OF}}\cdot\overline{\mathrm{AB}} = n\cdot\mathrm{d}x$ だから，

$$\mathrm{d}\omega\cdot\cos\delta = \frac{n}{l^2}\,\mathrm{d}x\cdot\cos\beta$$

が成立する．

説明図（**第 31 図**）は微小部分 $\mathrm{d}x$ が x 軸より下方にある場合の説明を示すもので，△OMN は x，y 平面の下に潜り込むから，被照点 P から接線 $\overline{\mathrm{MN}}$ を見込む三角形を上方に延長して x, y 平面との交点 DM を求める．そのため棚状三角形は上方にある場合と異なるが，(y) 軸の正負の規定により，n を負数とした場合の $\overline{\mathrm{OD}}$ の計算式は，次の説明図（**第 32 図**）から求められる．

すなわち，

$$\overline{\mathrm{OD}} = \frac{(-n)z\cos\beta}{(-n)\sin\beta+z}$$

$$= -\frac{nz\cos\beta}{z-n\sin\beta}$$

となる．

説明図第 32 図および**第 33 図**に示すように，各点の関係位置は説明図第 29 図および第 30 図に符合するから，下方の象限にある場合も上方の象限にある場合の関係式が成立する．

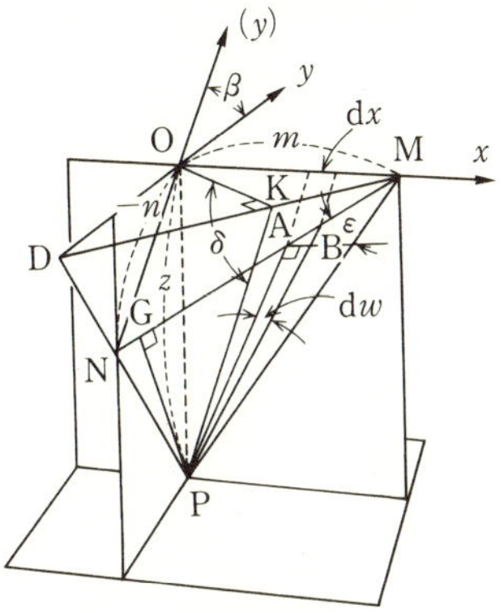

第 31 図

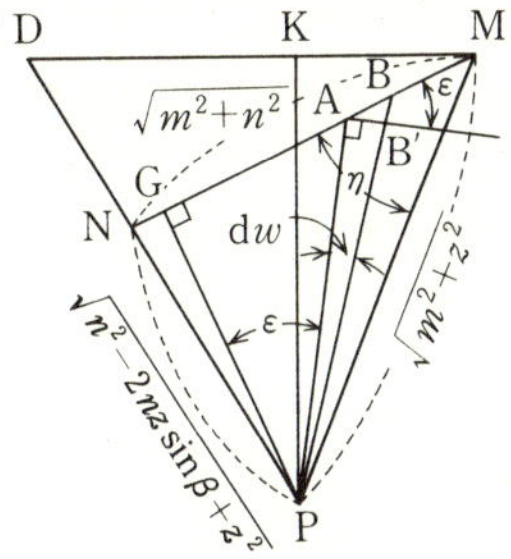

第 33 図

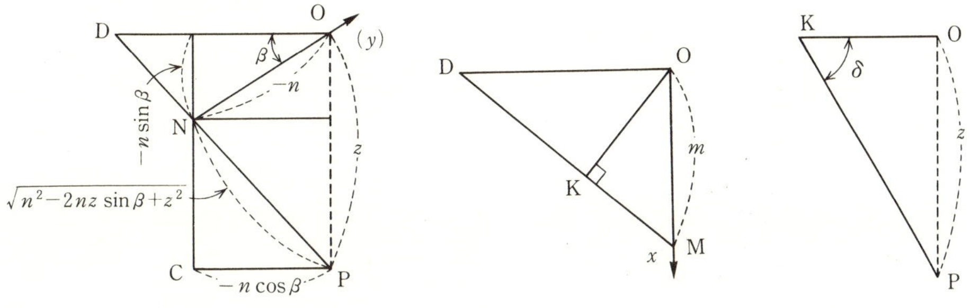

(a)　(b)　(c)

第 32 図

(3) 被照面に垂直な平面光源

説明図（**第 34 図**）は，被照面に垂直な平面上に微小部分 $\overline{\mathrm{AB}}$ が含まれる場合の立体的関係位置を示すもので，光源を含む垂直な平面と被照面の交線が x 軸になる．

被照点 P から微小部分 $\overline{\mathrm{AB}}$ の接線 MN を見込む△PMN と被照面のなす角 δ は，y 軸の切片 $\overline{\mathrm{MN}}$ を含み $\overline{\mathrm{PM}}$ に直交する平面で切ったときの断面の被照面とのなす∠NKO である．

説明図（**第 35 図**(a)）に示す△OPM において，$\overline{\mathrm{OM}}=m$，$\overline{\mathrm{OP}}=z$ とすると，$\overline{\mathrm{OK}}$ は，

$$\overline{\mathrm{OK}}=\frac{\overline{\mathrm{OM}}\cdot\overline{\mathrm{OP}}}{\sqrt{\overline{\mathrm{OM}}^2+\overline{\mathrm{OP}}^2}}=m\cos\angle\mathrm{OPM}$$

$$=\frac{mz}{\sqrt{m^2+z^2}}$$

となる．また説明図（第 35 図(b)）に示す△OKN において $\overline{\mathrm{NK}}$ は，

$$\overline{\mathrm{NK}}=\sqrt{n^2+\overline{\mathrm{OK}}^2}=\sqrt{n^2+\frac{m^2z^2}{m^2+z^2}}$$

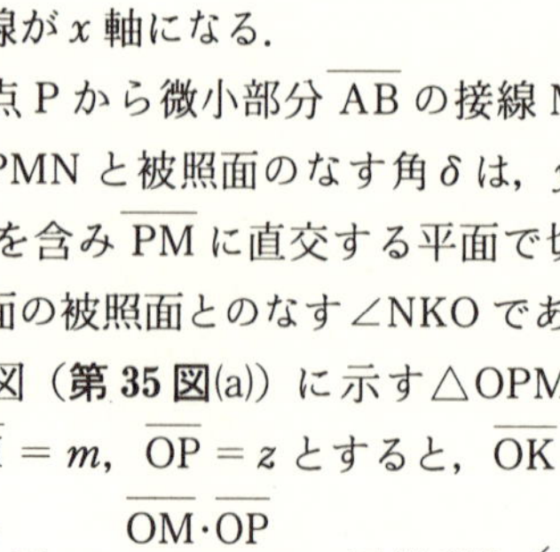

第 34 図

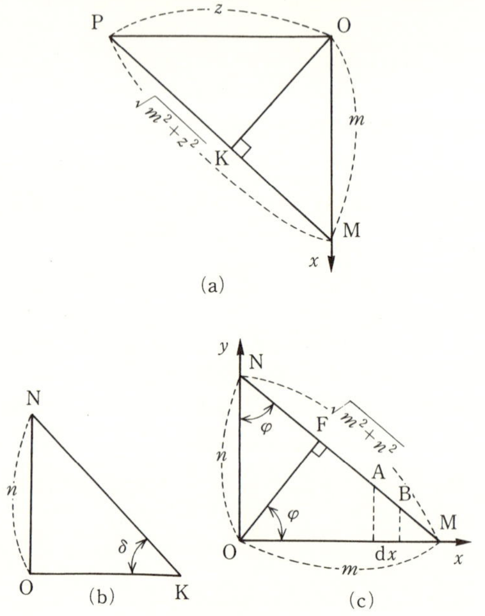

第 35 図

$$=\sqrt{\frac{m^2z^2+m^2n^2+n^2z^2}{m^2+z^2}}$$

したがって，$\cos\delta$ は，

$$\cos\delta=\frac{\overline{\mathrm{OK}}}{\overline{\mathrm{NK}}}=\frac{\dfrac{mz}{\sqrt{m^2+z^2}}}{\sqrt{\dfrac{m^2z^2+m^2n^2+n^2z^2}{m^2+z^2}}}$$

$$=\frac{mz}{\sqrt{m^2n^2+m^2z^2+n^2z^2}}$$

説明図（第35図(c)）からわかるように，原点Oから接線MNに下ろした垂線の足Fは，被照点Pから接線MNに下ろした垂線の足Fの位置に一致するから，$\overline{\mathrm{FP}}$は，

$$\overline{\mathrm{FP}}=\sqrt{\overline{\mathrm{OF}}^2+z^2}$$

ここに，

$$\overline{\mathrm{OF}}=n\sin\angle\mathrm{MNO}$$

したがって，

$$\overline{\mathrm{FP}}=\sqrt{\left(\frac{mn}{\sqrt{m^2+n^2}}\right)^2+z^2}$$

$$=\sqrt{\frac{m^2n^2+m^2z^2+n^2z^2}{m^2+n^2}}$$

説明図（**第36図**）に示す三角形△PMNにおいて，接線MN上の微小部分$\overline{\mathrm{AB}}$を，被照点Pから見込む見掛けの幅$\overline{\mathrm{AB}'}$は前項と同様に，

$$\overline{\mathrm{AB}'}=\overline{\mathrm{AB}}\cos\varepsilon=\overline{\mathrm{AB}}\cdot\frac{\overline{\mathrm{FP}}}{l}$$

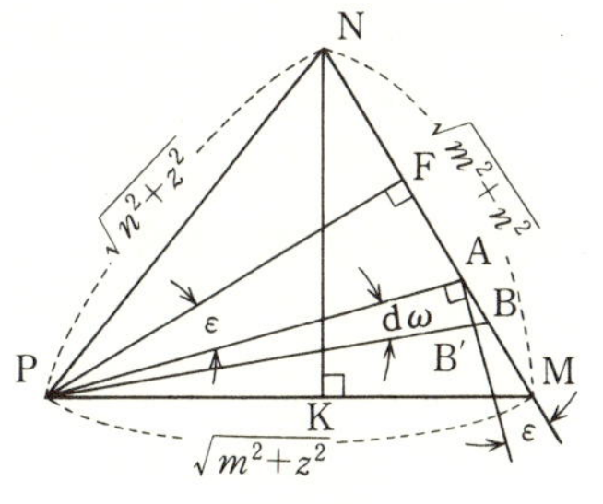

第36図

したがって，

$$d\omega=\frac{\overline{\mathrm{AB}'}}{l}=\frac{\overline{\mathrm{AB}}\cos\varepsilon}{l}=\frac{\overline{\mathrm{AB}}}{l}\cdot\frac{\overline{\mathrm{FP}}}{l}$$

$$=\frac{\overline{\mathrm{AB}}}{l^2}\sqrt{\frac{m^2n^2+m^2z^2+n^2z^2}{m^2+n^2}}$$

先の$\cos\delta$を使って$d\omega\cdot\cos\delta$を表すと，

$$d\omega\cdot\cos\delta=\frac{\overline{\mathrm{AB}}}{l^2}\sqrt{\frac{m^2n^2+m^2z^2+n^2z^2}{m^2+n^2}}\cdot\frac{mz}{\sqrt{m^2n^2+m^2z^2+n^2z^2}}$$

$$=\frac{\overline{\mathrm{AB}}}{l^2}\cdot\frac{mz}{\sqrt{m^2+n^2}}$$

$$=\frac{m}{\sqrt{m^2+n^2}}\cdot z\cdot\frac{\overline{\mathrm{AB}}}{l^2}$$

ここで説明図（第35図(c)）において，

$$\frac{m}{\sqrt{m^2+n^2}}=\sin\varphi$$

であり，そして，

$$\overline{\mathrm{AB}}=dx\cdot\mathrm{cosec}\,\varphi$$

だから，したがって，

$$d\omega\cdot\cos\delta=\sin\varphi\cdot z\cdot\frac{dx\cdot\mathrm{cosec}\,\varphi}{l^2}$$

$$=\frac{z}{l^2}dx$$

が成立する．

電気技術者のための積分演習（大きさを有する光源の直射照度）

ⓐ　照度を求めるための定積分

定型的計算手順

＊yに関する積分に置換する方法

境界線の直線部分がy軸に平行な場合はxで積分できないので，説明図（**第37図**）のような場合を想定してyに関する積分に置き換えする．

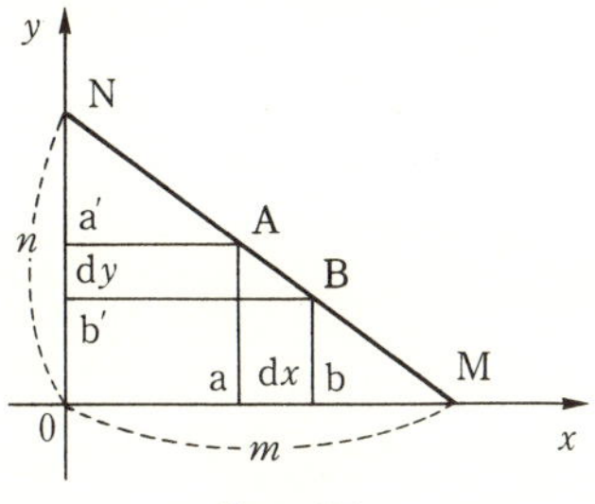

第37図

y軸上に微小部分$\overline{\mathrm{AB}}$の正射影dyを作ると，

$$\frac{dy}{dx}=-\frac{n}{m}$$

となるので，

$$dx=-\frac{m}{n}dy$$

と書き表すことができる．

＊被照面に平行な場合

この場合は先の説明と同様に，

$$dx=-\frac{m}{n}dy$$

を使用して照度E'は，次のように求まる．

$$E' = \frac{L}{2}\int_{a}^{b}\frac{n}{l^2}\,\mathrm{d}x$$

$$= \frac{L}{2}\int_{a'}^{b'}\frac{n}{l^2}\left(-\frac{m}{n}\right)\mathrm{d}y$$

$$= \frac{L}{2}\int_{b'}^{a'}\frac{m}{l^2}\,\mathrm{d}y$$

＊被照面に傾斜している場合

この場合も先の項にならって，

$$\mathrm{d}x = -\frac{m}{n}\,\mathrm{d}y$$

を使用し，次のように求まる．

$$(E') = \frac{L}{2}\cos\beta\int_{a}^{b}\frac{n}{l^2}\,\mathrm{d}x$$

$$= \frac{L}{2}\cos\beta\int_{a'}^{b'}\frac{n}{l^2}\left(-\frac{m}{n}\right)\mathrm{d}y$$

$$= \frac{L}{2}\cos\beta\int_{b'}^{a'}\frac{m}{l^2}\,\mathrm{d}y$$

＊被照面に垂直な場合

この場合も同様にして，

$$\mathrm{d}x = -\frac{m}{n}\,\mathrm{d}y$$

を利用して，次のように求まる．

$$((E')) = -\frac{L}{2}z\int_{a}^{b}\frac{1}{l^2}\,\mathrm{d}x$$

$$= -\frac{L}{2}z\int_{a'}^{b'}\frac{1}{l^2}\left(-\frac{m}{n}\right)\mathrm{d}y$$

$$= -\frac{L}{2}z\int_{b'}^{a'}\frac{m}{n}\cdot\frac{1}{l^2}\,\mathrm{d}y$$

ⓑ l に関する計算方法と理解

l はまたは y の関数であり，x および y はそれぞれ互いに y または x の関係として表すことができる．

説明図（**第 38 図**）からわかるように，まず $\overline{\mathrm{Py}(\mathrm{A})}$ を求めてから，$\overline{\mathrm{PA}}$ を求める．

$$\overline{\mathrm{Py}(\mathrm{A})} = \sqrt{(y\sin\beta+z)^2+(y\cos\beta)^2}$$

$$\overline{\mathrm{PA}} = \sqrt{\overline{\mathrm{Py}(\mathrm{A})}^2+x^2}$$

$$= \sqrt{(y\sin\beta+z)^2+(y\cos\beta)^2+x^2}$$

$$= \sqrt{y^2\sin^2\beta+2yz\sin\beta+z^2+y^2\cos^2\beta+x^2}$$

$$= \sqrt{x^2+y^2+2yz\sin\beta+z^2}$$

ここに z および β は定数である．

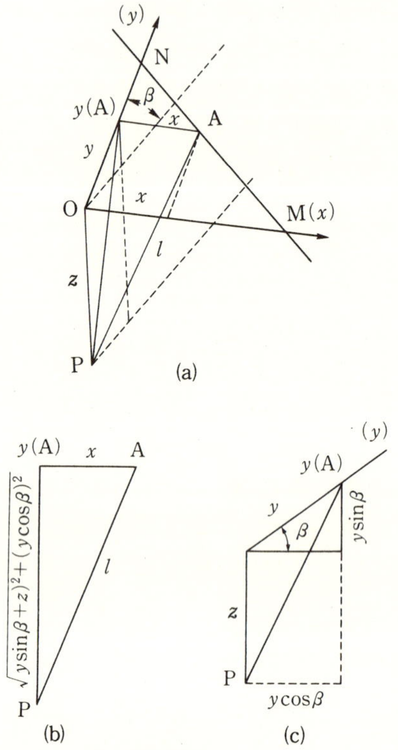

第 38 図

ⓒ 照度を求めるための定積分

平面光源の境界線が関数 $f(x)$ で表しうる場合は，今までの理論説明を行ってきた三つの式によって求めることができる．(x) に関する定積分が難しくなる場合は，(y) に関する定積分に置換するとよい．

＊ (x) に関する定積分によって照度を求める場合の手順

1）境界線の形状を表す $y = f(x)$ および y' を求める．

2）y 軸上の切片の長さ $n = y - y'\cdot x$ を求める．

3）l の三つの式のいずれかによって l^2 を求める．

4）上記の 1）項より 3）項によって求めた値から，三つの式の中のいずれの式によって照度成分を求めるかを決定する．

5）x の範囲から定積分の区間を定める（積分方向は小さい方を下限にして，大きい方に向かって積分する）．

6）境界線の上半側の照度成分の代数和から下半側の照度成分の代数和を差し引き照度を求める．

ⓐ　参考（積分公式）

境界積分の法則の発展的変形解法にでてくる積分

$$\int \frac{\mathrm{d}x}{ax^2+bx+c}$$

$b^2 > 4ac$ の場合の解

$$= \frac{1}{\sqrt{b^2-4ac}} \ln \left\{ \frac{2ax+b-\sqrt{b^2-4ac}}{2ax+b+\sqrt{b^2-4ac}} \right\}$$

$b^2 < 4ac$ の場合の解

$$= \frac{2}{\sqrt{4ac-b^2}} \tan^{-1} \frac{2ax+b}{\sqrt{4ac-b^2}}$$

$b^2 = 4ac$ の場合の解

$$= \frac{-2}{2ax+b}$$

(4)　直角三角形の光源の計算例

光源が直角△ABQの場合，座標の単位は〔m〕で，被照点Pと原点Oの間の距離 $z = 6$〔m〕，そして光源の輝度 $L = 1\,000$〔nt〕のときの被照点Pの照度 E を，境界積分の発展的変形解法により計算する．

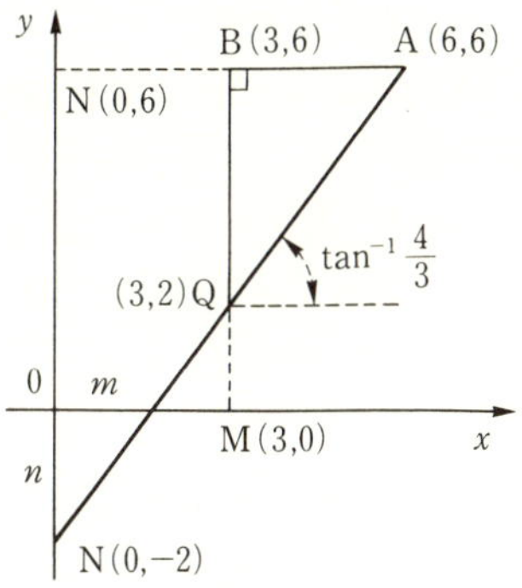

第39図

(a)　被照面に平行の場合

・辺 $\overline{\mathrm{AQ}}$ の照度成分

境界線を表す式

$$y = f(x)$$

$$y = \frac{4}{3}x - 2$$

$$y' = \frac{4}{3}$$

y 軸上の切片の長さ

$$n = y - y'x$$

$$n = \frac{4}{3}x - 2 - \frac{4}{3} \cdot x = -2$$

積分限界

$$a = 3, \quad b = 6$$

これらの値を式に代入して，

$$E'_{AQ} = \frac{L}{2} \int_a^b \frac{n}{l^2} \mathrm{d}x$$

$$= \frac{1\,000}{2} \int_3^6 \frac{-2}{x^2+\left(\frac{4}{3}x-2\right)^2+6^2} \mathrm{d}x$$

ここで l^2 は x の関数として表し整理すると，

$$l^2 = x^2+y^2+z^2 = x^2+\left(\frac{4}{3}x-2\right)^2+6^2$$

$$= \frac{25}{9}x^2 - \frac{16}{3}x + 40$$

この二次方程式の積分は，

$$b^2 = \left(\frac{16}{3}\right)^2 = \frac{256}{9} = 28.4$$

$$4ac = 4 \times \frac{25}{9} \times 40 = 444.4$$

したがって，

$$b^2 < 4ac$$

となるから，

$$\int \frac{\mathrm{d}x}{ax^2+bx+c}$$

$$= \frac{2}{\sqrt{4ac-b^2}} \tan^{-1} \frac{2ax+b}{\sqrt{4ac-b^2}}$$

となり，それぞれの部分の値は，

$$\sqrt{4ac-b^2} = \sqrt{444.4-28.4}$$

$$= 20.4$$

$$2ax+b = 2 \times \frac{25}{9}x - \frac{16}{3}$$

である．これらの値を照度成分 E' の式に代入して計算すると，

$$E_{AQ}' = \frac{1\,000}{2}\cdot\frac{2\times(-2)}{20.4}$$

$$\times\left\{\tan^{-1}\frac{2\times\frac{25}{9}\times 6+\left(-\frac{16}{3}\right)}{20.4}\right.$$

$$\left.-\tan^{-1}\frac{2\times\frac{25}{9}\times 3+\left(-\frac{16}{3}\right)}{20.4}\right\}$$

$$= -98.04\,(0.940-0.507)$$

$$= -42.45$$

(i) 辺 $\overline{\mathrm{BQ}}$ の照度成分

この辺は x の関数としては求められないので，y の関数に置換して求める．

$$E_{BQ}' = \frac{L}{2}\int_a^b \frac{n}{l^2}\,\mathrm{d}x = \frac{L}{2}\int_{b'}^{a'} \frac{m}{l^2}\,\mathrm{d}y$$

$$= \frac{1\,000}{2}\int_2^6 \frac{3}{3^2+y^2+6^2}\,\mathrm{d}y$$

境界線を表す式

$x = f(y)$, $x = 3$, $x' = 0$

x 軸上の切片の長さ

$m = x-x'\cdot y$, $m = 3-0\cdot y = 0$

積分限界

$b' = 2$, $a' = 6$

これらの値を式に代入して，

$$E_{BQ}' = \frac{1\,000}{2}\int_2^6 \frac{3}{y^2+45}\,\mathrm{d}y$$

この二次方程式の積分は，

$b^2 = 0$, $4ac = 4\times1\times45 = 180$

したがって，

$b^2 < 4ac$

となるから，先の積分と同様の積分となり，それぞれの部分の値は，

$\sqrt{4ac-b^2} = \sqrt{180-0} = 13.42$

これらの値を照度成分 E の式に代入し，

$2ax+b = 2\times1\times x+0 = 2x$

で計算すると，

$$E_{BQ}' = \frac{1\,000\times3}{2}\times\frac{2}{13.42}$$

$$\times\left\{\tan^{-1}\frac{2\times1\times6+0}{13.42}-\tan^{-1}\frac{2\times1\times2+0}{13.42}\right\}$$

$$= 223.547\,(0.7295-0.2896)$$

$$= 98.34$$

(ii) 辺 $\overline{\mathrm{AB}}$ の照度成分

境界線を表す式

$y = f(x)$, $y = 6$, $y' = 0$

y 軸上の切片の長さ

$n = y-y'\cdot x$, $n = 6-0\cdot x = 6$

積分限界

$a = 3$, $b = 6$

これらの値を式に代入して，

$$E_{AB}' = \frac{L}{2}\int_a^b \frac{n}{l^2}\,\mathrm{d}x$$

$$= \frac{1\,000}{2}\int_3^6 \frac{6}{x^2+6^2+6^2}\,\mathrm{d}x$$

$$= \frac{1\,000}{2}\int_3^6 \frac{6}{x^2+72}\,\mathrm{d}x$$

この二次方程式の積分は，

$b^2 = 0$, $4ac = 4\times1\times72 = 288$

したがって，

$b^2 < 4ac$

となるから，これも先の積分と同様に，それぞれの部分の値を求めれば，

$\sqrt{4ac-b^2} = \sqrt{288-0} = 16.97$

$2ax+b = 2\times1\times x+0 = 2x$

これらの値を照度成分 E' の式に代入して計算すると，

$$E_{AB}' = \frac{1\,000\times6\times2}{2\times16.97}\left\{\tan^{-1}\frac{2\times1\times6+0}{16.97}\right.$$

$$\left.-\tan^{-1}\frac{2\times1\times3+0}{16.97}\right\}$$

$$= 353.565\,(0.6155-0.3399)$$

$$= 97.44$$

と求まる．

ⓐ 被照点Pの照度 E は，上半成分の和より下半成分の和を差し引き求めると，

$$E = E_{AB}'-E_{AQ}'-E_{BQ}'$$

$$= 97.44-(-42.45)-98.34$$

$$= 41.55\ \text{〔lx〕}$$

となる．

境界積分法の発展的変形解法
（その２）

(b)　被照面に 30° 傾斜する場合

被照面に対し光源が平行な場合と，傾斜した場合の相違点は，$\cos\delta$ の項が入ってくることと，l が変わってくることの，この２か所のみだから，他の部分はそっくり先の計算を利用することとする．

◎辺 AQ の照度成分

$$(E_{AQ}') = \frac{L}{2}\int_a^b \frac{n}{l^2}\,\mathrm{d}x\cos\beta$$

傾斜した場合の l^2 は，

$$l^2 = x^2+y^2+2yz\sin\beta+z^2$$

であるから，y を x の関数として表し，上式に代入すると，

$$l^2 = x^2+\left(\frac{4}{3}x-2\right)^2$$

$$+2\times6\left(\frac{4}{3}x-2\right)\sin 30^\circ+6^2$$

$$= x^2+\frac{16}{9}x^2-2\times2\times\frac{4}{3}x+4$$

$$+\frac{2\times6\times4}{3\times2}x-\frac{2\times6\times2}{2}+36$$

$$= \frac{25}{9}x^2-\frac{16}{3}x+\frac{48}{6}x+4-12+36$$

$$= \frac{25}{9}x^2+\frac{16}{6}x+28$$

したがって，

$$(E_{AQ}') = \frac{1\,000\sqrt{3}}{2\times2}\int_3^6 \frac{-2}{\dfrac{25}{9}x^2+\dfrac{16}{6}x+28}\,\mathrm{d}x$$

この二次方程式の積分は，

$$b^2 = \frac{256}{36} = 7.111$$

$$4ac = 4\times\frac{25}{9}\times28 = 311.111$$

$$b^2 < 4ac$$

だから，それぞれの部分を計算すると，

$$\sqrt{4ac-b^2} = \sqrt{311.111-7.111}$$

$$= \sqrt{304} = 17.4356$$

$$2ax+b = 2\times\frac{25}{9}x+\frac{16}{6}$$

$$= \frac{50}{9}x+\frac{16}{6}$$

これらの値を照度成分 E' の式に代入して計算すると，

$$(E_{AQ}') = \frac{1\,000\times\sqrt{3}}{4}\times\frac{2\times(-2)}{17.44}\ *$$

$$*\left[\tan^{-1}\frac{\frac{50}{9}\times6+2.6667}{17.4356}-\tan^{-1}\frac{\frac{50}{9}\times3+2.6667}{17.4356}\right]$$

$$=\frac{-1\,000\sqrt{3}}{17.44}\left[\tan^{-1}\frac{36.00}{17.44}-\tan^{-1}\frac{19.33}{17.44}\right]$$

$$=\frac{-1\,000\sqrt{3}}{17.44}\left[\tan^{-1}2.0642-\tan^{-1}1.1084\right]$$

$$=-99.3148\,(1.1197-0.8368)$$

$$=-99.3148\times0.2829=-28.096$$

と求まる.

◎辺 BQ の照度成分

$$(E_{BQ}')=\frac{L}{2}\int_{b'}^{a'}\frac{m}{l^2}\,\mathrm{d}y\cos\beta$$

傾斜した場合の l^2 は,

$$l^2=x^2+y^2+2yz\sin\beta+z^2$$
$$=3^2+y^2+2\times6\times y\sin30^\circ+6^2$$
$$=y^2+6y+(9+36)$$
$$=y^2+6y+45$$

したがって,

$$(E_{BQ}')=\frac{1\,000}{2}\cos30^\circ\int_2^6\frac{3}{y^2+6y+45}\,\mathrm{d}y$$

この二次方程式の積分は,

$$b^2=6^2=36$$
$$4ac=4\times1\times45=180$$
$$b^2<4ac$$

だから, 各部分を計算すると,

$$\sqrt{4ac-b^2}=\sqrt{180-36}$$
$$=\sqrt{144}=12$$
$$2ax+b=2\times1\times x+6$$
$$=2x+6$$

これらの値を照度成分 E' の式に代入して計算すると,

$$(E_{BQ}')=\frac{1\,000\times\sqrt{3}}{2\times2}\times\frac{2\times3}{12}\left[\tan^{-1}\frac{2\times6+6}{12}\right.$$
$$\left.-\tan^{-1}\frac{2\times2+6}{12}\right]$$

$$=\frac{1\,000\sqrt{3}\times6}{4\times12}\left[\tan^{-1}\frac{18}{12}-\tan^{-1}\frac{10}{12}\right]$$

$$=\frac{1\,000\sqrt{3}}{8}\left[\tan^{-1}1.5-\tan^{-1}0.8333\right]$$

$$=216.506\,(0.9828-0.6949)$$
$$=216.506\times0.2879=62.33$$

と求まる.

◎辺 AB の照度成分

$$(E_{AB}')=\frac{L}{2}\int_a^b\frac{n}{l^2}\,\mathrm{d}x\cos\beta$$

傾斜した場合の l^2 は,

$$l^2=x^2+y^2+2yz\sin\beta+z^2$$
$$=x^2+6^2+2\times6\times6\sin30^\circ+6^2$$
$$=x^2+36+36+36$$
$$=x^2+108$$

したがって,

$$(E_{AB}')=\frac{1\,000}{2}\cdot\cos30^\circ\int_3^6\frac{6}{x^2+108}\,\mathrm{d}x$$

この二次方程式の積分は,

$$b^2=0$$
$$4ac=4\times1\times108=432$$
$$b^2<4ac$$

だから, 各部分の値を計算すると,

$$\sqrt{4ac-b^2}=\sqrt{432-0}=20.78$$
$$2ax+b=2\times1\times x+0=2x$$

これらの値を照度成分 E' の式に代入して計算すると,

$$(E_{AB}')=\frac{1\,000\sqrt{3}}{2\times2}\times\frac{2\times6}{20.78}\left[\tan^{-1}\frac{2\times6}{20.78}\right.$$
$$\left.-\tan^{-1}\frac{2\times3}{20.78}\right]$$

$$=\frac{1\,000\sqrt{3}\times3}{20.78}\left[\tan^{-1}\frac{12}{20.78}-\tan^{-1}\frac{6}{20.78}\right]$$

$$=\frac{3\,000\sqrt{3}}{20.78}\left[\tan^{-1}0.5775-\tan^{-1}0.2887\right]$$

$$=250.0555\,(0.5237-0.2811)$$
$$=250.056\times0.2426=60.66$$

と求まる.

◎被照点 P の照度 (E) は,

$$(E)=(E_{AB}')-(E_{AQ}')-(E_{BQ}')$$
$$=60.66-(-28.1)-62.33$$
$$=26.43\ [\mathrm{lx}]$$

となる.

(c) 被照面に垂直の場合

被照面に対し光源が平行な場合と，垂直な場合の相違点は，n のところに z が入ってくることだが，z は定数だから l のみに注意を払えばよいことがわかる．したがって，他の部分はそっくりそのまま先の計算を利用することとする．

◎辺 AQ の照度成分 E'

$$((E_{AQ}')) = -\frac{L}{2}z\int_a^b \frac{1}{l^2}\mathrm{d}x$$

垂直の場合の l^2 は，水平の場合の l^2 と同じだから，

$$l^2 = x^2+y^2+z^2$$
$$= x^2+\left(\frac{4}{3}x-2\right)^2+6^2$$
$$= x^2+\frac{16}{9}x^2-2\,\frac{2\times4}{3}x+2^2+36$$
$$= \frac{25}{9}x^2-\frac{16}{3}x+40$$

したがって，照度成分 E' の式は，

$$((E_{AQ}')) = -\frac{1\,000}{2}\times6\int_3^6 \frac{\mathrm{d}x}{\frac{25}{9}x^2-\frac{16}{3}x+40}$$

この二次方程式の積分は，

$$b^2 = \left(\frac{16}{3}\right)^2 = \frac{256}{9} = 28.444$$

$$4ac = 4\times\frac{25}{9}\times40 = 444.444$$

だから，

$$b^2 < 4ac$$

となるゆえ，それぞれの部分を計算すると，

$$\sqrt{4ac-b^2} = \sqrt{444.444-28.444}$$
$$= \sqrt{416} = 20.4$$

$$2ax+b = 2\times\frac{25}{9}x-\frac{16}{3}$$
$$= \frac{50}{9}x-\frac{16}{3}$$

これらの値を照度成分 E' の式に代入して計算すると，

$$((E_{AQ}')) = -\frac{1\,000}{2}\times\frac{6\times2}{20.4}*$$
$$*\left[\tan^{-1}\frac{50\times6-3\times16}{9\times20.4}-\tan^{-1}\frac{50\times3-3\times16}{9\times20.4}\right]$$
$$= -\frac{1\,000\times6}{20.4}\left[\tan^{-1}\frac{28.0}{20.4}-\tan^{-1}\frac{11.333}{20.4}\right]$$
$$= -\frac{6\,000}{20.4}\left[\tan^{-1}1.3725-\tan^{-1}0.5555\right]$$
$$= -294.12\,(0.9411-0.5071)$$
$$= -294.12\times0.434 = -127.65$$

と求まる．

◎辺 BQ の照度成分

$$((E_{BQ}')) = -\frac{L}{2}z\int_a^b \frac{1}{l^2}\mathrm{d}x$$
$$= -\frac{L}{2}z\int_{b'}^{a'}\left(\frac{m}{n}\right)\frac{1}{l^2}\mathrm{d}y$$
$$= -\frac{1\,000}{2}\times6\int_{b'}^{a'}\left(\frac{3}{\infty}\right)\frac{1}{x^2+\left(\frac{4}{3}x-2\right)^2+6^2}\mathrm{d}y$$

この場合のように面光源の直線部分が y 軸に平行な場合は，

$$n = \infty$$

となり，

$$\frac{m}{n} = 0$$

となる．したがって辺 BQ の照度成分 E' は，

$$((E_{BQ}')) = 0$$

となる．

◎辺 AB の照度成分

$$((E_{AB}')) = -\frac{L}{2}z\int_a^b \frac{1}{l^2}\mathrm{d}x$$
$$= \frac{L}{2}z\int_b^a l^2\mathrm{d}x$$

垂直の場合の l^2 は，

$$l^2 = x^2+y^2+z^2$$
$$= x^2+6^2+6^2$$
$$= x^2+72$$

したがって，照度成分 E' は，

$$((E_{AB}')) = -\frac{1\,000}{2}\times6\int_3^6 \frac{1}{x^2+72}\mathrm{d}x$$

この二次方程式の積分は，

$b^2 = 0$

$4ac = 4\times1\times72 = 288$

$b^2 < 4ac$

だから，それぞれの部分を計算すると，

$\sqrt{4ac-b^2} = \sqrt{288-0} = 16.97$

$2ax+b = 2\times1\times x+0 = 2x$

これらの値を照度成分 E' の式に代入して計算すると，

$$((E_{AB}')) = -\frac{1\,000\times6}{2}\times\frac{2}{16.97} *$$

$$* \left[\tan^{-1}\frac{2\times6}{16.97} - \tan^{-1}\frac{2\times3}{16.97}\right]$$

$$= -\frac{1\,000\times6}{16.97}\left[\tan^{-1}\frac{12}{16.97} - \tan^{-1}\frac{6}{16.97}\right]$$

$$= -\frac{6\,000}{16.97}[\tan^{-1}0.7071-\tan^{-1}0.3536]$$

$$= -353.565(0.6155-0.3398)$$

$$= -353.565\times0.2757 = -97.48$$

と求まる．

◎被照点 P の照度 $((E))$ は，

$$((E)) = ((E_{AB}')) - ((E_{AQ}')) - ((E_{BQ}'))$$

$$= -97.48-(-127.65)-0$$

$$= -97.48+127.65$$

$$= 30.17 \text{ [lx]}$$

となる．

これをもって基本的な積分演算演習問題は終わりとする．そしてこの後は実際のプラントエンジニアリングにおいてでてきた積分を使った問題をとり上げて紹介する．

現場盤の保護構造（IP-55）

熱帯地帯の屋外に設置される現場盤の保護構造は IP-55 が多いようです．あちらの雨は非常に激しい勢いのある雨なので，基礎や路面からの跳ね返りは全くジェット（噴射）水と変わらないためでしょう．この保護構造に関しても客先の仕様書を注意してよく読んでください．

保護構造（IP-55）

このプラントは停電に備えて自然流下式を採用し，臭気の拡散も考慮してすべての機器を地下に設備していました．しかし，パイプラインや機器に不具合が生じると，常に分解点検をする必要があり，そのたびに辺り一面が汚損されるプラントでした．よってジェット洗浄水で洗浄できるよう，すべての機器は，IP-55 に適合した保護構造が求められていました．しかし，納入されようとしていた電動機起動盤および現場制御盤は，DIN および IEC 規格に適合していませんでした．

ここで IP-55 に関連して，IEC-529 に基づき，IP インデックスの第 1 のコードの保護レベル，および第 2 のコードの保護レベルについて，エッセンスのみですが次に紹介します．

第 1 のコードレベルは，人および固形物に対する防護レベルで，各レベルは次のようになっています．

0：無保護状態

1：直径 50mm より大きい固体の進入阻止

2：直径 12mm より大きい固体の進入阻止

3：直径 2.5mm より大きい固体の進入阻止

4：直径 1.0mm より大きい固体の進入阻止

5：限定された粉塵（ふんじん）の進入を許容する防塵構造

6：完全に粉塵の進入を阻止する防塵構造

第 2 のコードレベルは，水の浸入に対する保護レベル（垂直に落ちて来る水に対する保護とする）で，各レベルは次のようになっています．

0：無保護状態

1：垂直に落ちる水滴に対する保護

2：15 度傾いた水滴に対する保護

3：噴霧水に対する保護

4：飛散水に対する保護

5：噴射水に対する保護

6：激しく荒れる海に対する保護

7：浸水に対する効果的な防水保護

8：水中浸漬に対する防水保護

プラントエンジニアリングにおいて遭遇した積分
（その 1）

(1)　発電機の過速度計算（Off Speed Calculation of Generators）

発電機の負荷を何らかの原因でもって，全負荷を一挙に遮断し無負荷となった場合，発電機の回転速度は上昇するが，その過速度を計算により求める．ここでの考え方は電動機の起動時間の計算のところで使用したあの考え方を利用して行い，実際には積分計算は行わないが，積分の考えのみを使用する．少し電動機の起動時間の計算方法を思い出していただくために，どんな方法があったのかを説明すると，まず最初に電動機のトルクと負荷のトルクをそれぞれ 1 本の直線でもって近似しトルクの状態方程式を作り，その解を求めることにより起動時間を知る方法，2 番目は正確さを必要とする場合，電動機と負荷のトルク曲線をそれぞれ 3 本のトルク曲線でもって近似し，それぞれのトルク曲線が交り折れ曲がった点でもって五つの区間に分割し，各区間ごとの状態方程式からそれぞれの区間の加速時間を求め，それらの加速時間の合計をもって全起動時間とする方法，そして最後が電動機のトルク曲線と負荷のトルク曲線によって囲まれた面積を求め，この二つのトルク曲線に挟まれた高さに当たる部分を加速トルクと考え，この面積から平均加速トルクを求め，電動機の起動時間を計算する方法である．

これら 3 方法は計算結果から見て大差がなかった．このことより最後の計算方法を利用して，発電機の過速度を計算しようというのである．またこの計算方法はワードレオナード法の，加速と減速の計算のときにもすでに利用してきている．したがって決して積分計算を行うのではないが，積分の考え方のみを利用するのである．ここでも電動機の起動時間の計算法の場合と同様に，計算はすべて単位法でもって計算する．

今回の計算には単位法を用いているので，縦軸の燃料流量，蒸気流量，発生トルク，負荷トルク，回転速度などの寸法をきちんと合わせると，すべての曲線が重なってしまうから，あえて適宜寸法を変えて曲線が重ならないように描いて置いた．しかし横軸の時間はすべて同じに合わせてある．

では，最初に蒸気タービン発電機の場合から計算を行うことにする．

P = 変動負荷〔kW〕: 20〔MW〕

t_c = 調速弁閉鎖時間〔s〕: 0.997〔s〕

t_d = 調速機の不動時間〔s〕: 0.117〔s〕

M_n = 慣性定数〔s〕: 6.682〔kW·s/kVA〕

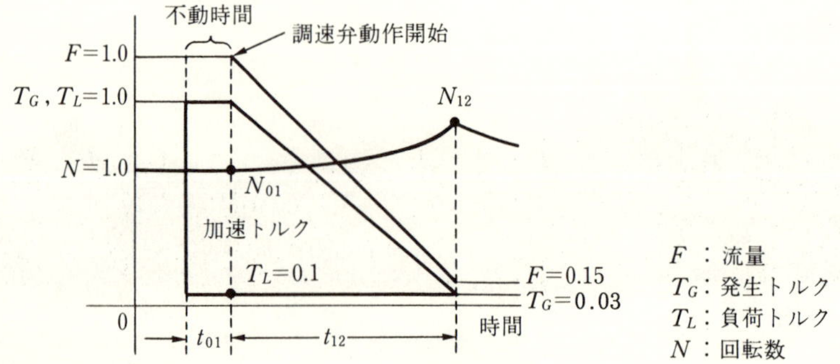

第40図

N_s ＝ 規定回転数〔rpm〕：3 600〔rpm〕

F_r ＝ 規定出力における流量〔p.u.〕：1.0〔p.u.〕

F_n ＝ 無負荷における流量〔p.u.〕：0.06〔p.u.〕

T_r ＝ 規定出力におけるトルク〔p.u.〕：1.0〔p.u.〕

T_n ＝ 無負荷におけるトルク〔p.u.〕：0.03〔p.u.〕

全負荷が遮断され調速機が速度変化を検出し，蒸気流量調速弁の開度調節を開始するまでの間に，蒸気タービンは加速し回転速度が上昇する．その加速時間と平均加速トルクそして到達速度の関係は，電動機の起動時間の計算式から，

$$t_{01} = M_n \frac{(N_{01} - N_r)}{\tau_{01}}$$

ここに，t_{01}：加速時間

τ_{01}：平均加速トルク

N_{01}：到達速度

この式より到達速度を求めるには，まず移項して見ると，

$$(N_{01} - N_r) = \frac{t_{01} \cdot \tau_{01}}{M_n}$$

この式から調速機の不動時間に加速した速度は，

$$N_{01} = \frac{t_{01} \cdot \tau_{01}}{M_n} + N_r$$

と求まる．この加速時に作用した平均加速トルク τ_{01} は，

$$\tau_{01} = \frac{\int (T_r - T_n)(t)\,\mathrm{d}t}{T_{01}}$$

$$= \frac{(T_r - T_n) \times t_{01}}{t_{01}}$$

$$= (T_r - T_n)$$

である．

続いて蒸気流量調速弁が調速機により閉じられ始め，規定速度でもって無負荷運転するのに必要な蒸気流量になるまで調節弁を閉じるのに費やした時間内に，蒸気タービン発電機が加速せられ到達する速度は，先の加速時間と同様の式から発電機の到達速度が求められる．

$$t_{12} = M_n \frac{(N_{12} - N_{01})}{\tau_{12}}$$

ここに，t_{12}：加速時間

τ_{12}：平均加速トルク

N_{12}：到達速度

この式を先ほどと同様な処理をして，

$$(N_{12} - N_{01}) = \frac{t_{12} \cdot \tau_{12}}{M_n}$$

この式より調速機が蒸気流量調速弁を規定開度から，無負荷運転に必要な開度まで閉じるのに費やす時間内に，蒸気タービン発電機が加速せられ到達する速度は，

$$N_{12} = \frac{t_{12} \cdot \tau_{12}}{M_n} + N_{01}$$

と求まる．この加速時に作用した平均加速トルク τ_{12} は，

$$\tau_{12} = \frac{\int (T_r - T_n)(t)\,\mathrm{d}t}{T_{12}}$$

$$= \frac{(T_r - T_n) \times t_{12}}{2 \times t_{12}}$$

$$= \frac{1}{2}(T_r - T_n)$$

である．

蒸気流量調速弁が閉じられている時間内に，蒸気タービン発電機が加速され到達する速度を求める計算式が出来上がったので，平均加速トルクから数値計算を行うと，

$$\tau_{01} = (T_r - T_n) = (1.0 - 0.03)$$
$$= 0.97$$

$$\tau_{12} = \frac{1}{2}(T_r - T_n) = \frac{1}{2}(1.0 - 0.03)$$
$$= 0.485$$

続いて到達速度を計算すると，

$$N_{01} = \frac{0.117 \times 0.97}{6.682} + 1.0$$
$$= 1.0169844$$

$$N_{12} = \frac{0.997 \times 0.485}{6.682} + 1.0169844$$
$$= 1.0893497$$

と求まる．

次にガスタービン発電機の場合の計算を行う．

P = 変動負荷〔kW〕：50〔MW〕

t_c = 調速弁閉鎖時間〔s〕：0.887〔s〕

t_d = 調速機の不動時間〔s〕：0.110〔s〕

M_n = 慣性定数〔s〕：5.56〔kW·s/kVA〕

N_s = 規定回転数〔rpm〕：3 600〔rpm〕

F_r = 規定出力における燃料流量〔p.u.〕：1.0〔p.u.〕

F_n = 無負荷における燃料流量〔p.u.〕：0.123〔p.u.〕

T_r = 規定出力におけるトルク〔p.u.〕：1.0〔p.u.〕

T_n = 無負荷におけるトルク〔p.u.〕：0.07〔p.u.〕

全負荷が遮断され無負荷となり調速機が速度変化を検出し，燃料調速弁が無負荷運転に適した流量に向かって絞り込みを開始するまでの間に，ガスタービン発電機が加速し到達する速度を計算すると，まず平均加速トルクの計算から，

$$\tau_{01} = (1.0 - 0.07) = 0.93$$

引き続いて，到達速度は，

$$N_{01} = \frac{0.11 \times 0.93}{5.56} + 1.0$$
$$= 1.0183992$$

そして速度調節器が燃料調速弁の流量の絞り込みを開始してから，無負荷運転に必要な燃料流量となる弁開度となる間に，ガスタービン発電機が加速し到達する速度は，今回もまず平均加速トルクから，

$$\tau_{12} = \frac{1}{2}(1.0 - 0.07) = 0.465$$

引き続いて，到達速度は，

$$N_{12} = \frac{0.887 \times 0.465}{5.56} + 1.0183992$$
$$= 1.0925818$$

と求まる．この計算のように積分的な考え方をするだけで，現実に実用上十分満足できる解が得られることを知って，広く活用していただきたい．

(2) メッシュ接地周辺の電位傾度

発電所や変電所などには人身に対する安全から，接地が絶対に必要だが，接地抵抗を小さくすることも大切ながら，それ以上に歩幅電圧や接触電圧を小さくすることが，より大事になってくる．しかし一方，異常電圧の抑制や保護継電器の動作を確実にするには，接地抵抗値を小さくするのみで殆んどの場合十分である．また引込み線路や水道管の引込みには，接触電圧に対して特別な考慮が必要となる．この問題を検討するときに積分を利用することが有力な手段となる．なぜかといえば電位の定義を思い出していただければ，それそのものが解答であるからである．

(a) 半球電極周辺の電位と電位傾度（Potential and Potential Gradient of a Hemisphere Electrode）　では，定義に従って電

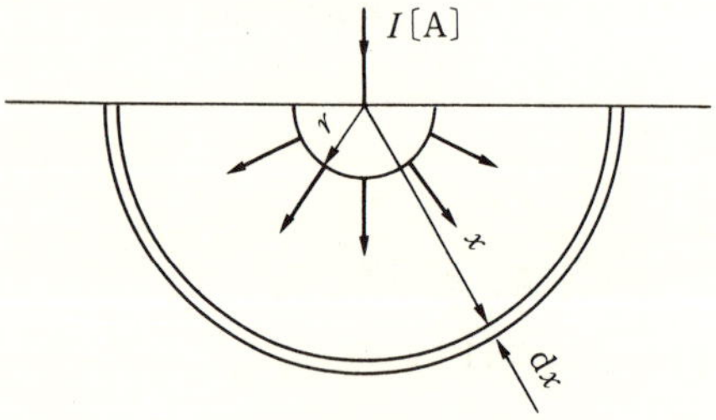

第 41 図

位を求めてみよう．**第 41 図**に示すように，最も求めやすい方法で計算していくこととする．

電流流入点より x だけ離れた点の電流の流線に垂直な面の電流密度は，

$$J = \frac{I}{2\pi x^2}$$

そして，その点の電圧降下は，

$$E = -\rho J$$

である．この電圧降下より接地電極の電位を求めれば，

$$V = \int_{\infty}^{r} E\mathrm{d}x$$

$$= \int_{\infty}^{r} -\rho J\mathrm{d}x$$

$$= \int_{\infty}^{r} -\frac{\rho I}{2\pi x^2}\mathrm{d}x$$

$$= \frac{\rho I}{2\pi}\int_{\infty}^{r} -\frac{1}{x^2}\mathrm{d}x$$

$$= \frac{\rho I}{2\pi}\left[\frac{1}{x}\right]_{\infty}^{r}$$

$$= \frac{\rho I}{2\pi r}$$

となる．引き続いて電位傾度を求めれば，

$$\frac{\mathrm{d}V}{\mathrm{d}x} = \frac{\mathrm{d}}{\mathrm{d}x}\left(\frac{\rho I}{2\pi x}\right) = \frac{\rho I}{2\pi}\frac{\mathrm{d}}{\mathrm{d}x}\left(\frac{1}{x}\right)$$

$$= -\frac{\rho I}{2\pi x^2}$$

となる．

そして次は，最も苛酷な状態が予想される電極周辺の電位差を求める．

$$V = \int_{x}^{r} -\rho J\mathrm{d}x$$

$$= \int_{x}^{r} -\frac{\rho I}{2\pi x^2}\mathrm{d}x$$

$$= \frac{\rho I}{2\pi}\int_{x}^{r} -\frac{1}{x^2}\mathrm{d}x$$

$$= \frac{\rho I}{2\pi}\left[\frac{1}{x}\right]_{x}^{r}$$

$$= \frac{\rho I}{2\pi}\left(\frac{1}{r} - \frac{1}{x}\right)$$

$$= \frac{\rho I}{2\pi}\cdot\frac{x-r}{rx}$$

と求まった．

ここに，J：電流密度〔A/m^2〕

I：流入電流〔A〕

x：電流流入点からの距離〔m〕

E：電位〔V〕

ρ：大地固有抵抗率〔Ω·m〕

V：電位〔V〕

V：電位差〔V〕

r_{eq}：等価半径〔m〕

$r_{eq} = 2r/\pi$

a：長辺長さ〔m〕

b：短辺長さ〔m〕

$\pi r^2 = a\cdot b$

または，

$$r = \sqrt{\frac{a\cdot b}{\pi}}$$

計算例

電極周辺の電位差

$a = 28$〔m〕

$b = 30$〔m〕

$r = 16.35$〔m〕

$x = r_{eq}+1.0$〔m〕

$\rho = 20$〔Ω·m〕

$I = 4\,000$〔A〕

$r_{eq} = 10.41$〔m〕

等価半径（r_{eq}）の説明：

接地電極から十分離れた点の電位や電位傾度は，接地抵抗値に関係するから，メッシュ接地の抵抗値と半球電極の接地抵抗値が等しい，とおいて等価半径を求める．

半球電極の接地抵抗値：

$$R=\frac{\rho}{2\pi r_{eq}}$$

メッシュ接地の接地抵抗値：

$$R=\frac{\rho}{4r}\left(1-\frac{4t}{\pi r}\right)$$

ここに，t：メッシュの埋設深さ〔m〕

r：メッシュ接地極の半径〔m〕

$r^2=a\cdot b/\pi$

上の二つの式を等しいとおいて，

$$\frac{\rho}{2\pi r_{eq}}=\frac{\rho}{4r}\left(1-\frac{4t}{\pi r}\right)$$

$$4r=2\pi r_{eq}\left(1-\frac{4t}{\pi r}\right)$$

ゆえに，r_{eq} は次のようになる．

$$r_{eq}=\frac{2r}{\pi\left(1-\frac{4t}{\pi r}\right)}$$

$$=\frac{2r}{\pi-\frac{4t}{r}}=\frac{2r}{\pi}$$

が得られる．

したがって，電極の角の部分を除く，接地電極周辺の歩幅電圧（歩幅は1〔m〕となっている）は，まず接地電極からの距離を求めて，

$$x=r_{eq}+1.0$$

先の電位差の式に数値を代入すると，

$$V=\frac{20\times4\,000}{2\pi}\cdot\frac{11.41-10.41}{10.41\times11.41}$$

$$=\frac{20\times4\,000}{2\pi}\cdot\frac{1.0}{118.7781}$$

$$=107.2\ 〔V〕$$

と求まる．

(b) 深さ t〔m〕なる半球電極周辺の電位差

前項(a)で考えた半球電極を，深さ t〔m〕に埋設するとどのようになるかを調べて見る．他のハンドブックなどに載っている電位の式を使用して，先の計算結果と比較して見る．

$$V=\frac{\rho I}{2\pi t}\left(\log_e\frac{r_{eq}}{r_{eq}+t}-\log_e\frac{x}{x+t}\right)$$

ここに，先の項の数値に加えて，半球電極の埋設深さ $t=1.2$〔m〕を与えて，電極周辺の電位差を計算すると，

$$V=\frac{20\times4\,000}{2\pi\times1.2}\left(\ln\frac{10.41}{10.41+1.2}-\ln\frac{11.41}{11.41+1.2}\right)$$

$$=\frac{20\times4\,000}{2\pi\times1.2}\ln\frac{10.41\,(11.41+1.2)}{11.41\,(10.41+1.2)}$$

$$=\frac{20\times4\,000}{2\pi\times1.2}\,(0.1091-0.1)$$

第1表

電極中心からの距離〔m〕 水道管定尺（5.5〔m〕）		電位〔V〕	電位傾度〔V〕	電位差〔V〕	備考
10.41	(0pcs)	1223.0927	117.4921	0.00	接地必要
15.91	(1pcs)	800.27627	50.300205	422.81643	対策必要
21.41	(2pcs)	594.69386	27.776453	205.58241	対策必要
26.91	(3pcs)	473.14736	17.582585	121.5465	対策必要
32.41	(4pcs)	392.85392	12.12138	80.29344	対策必要
43.41	(6pcs)	293.30559	6.7566364	99.54833	対策必要
65.41	(10pcs)	194.65518	2.9759239	98.65041	対策必要
120.41	(20pcs)	105.74201	1.1387149	88.91317	対策必要
175.41	(30pcs)	72.586486	0.4138104	33.15715	対策必要
230.41	(40pcs)	55.259735	0.2398321	17.326751	対策不要
285.41	(50pcs)	44.610895	0.1563046	10.64884	対策不要
340.41	(60pcs)	37.403118	0.1098766	7.207777	対策不要
395.41	(70pcs)	32.200489	0.0814356	5.202629	対策不要
450.41	(80pcs)	28.268456	0.0627616	3.932033	対策不要
505.41	(90pcs)	25.192211	0.049845	3.076245	対策不要
560.41	(100pcs)	22.719786	0.0405413	2.472425	対策不要

$$= \frac{20\times4\,000}{2\pi\times1.2}\times0.0091$$

$$= 96.6\ \text{〔V〕}$$

(c) 水平円板電極の電位と電位傾度　他のハンドブックから，水平円板電極の電位は，

$$V_x = \frac{\rho I}{2\pi r}\left(\sin^{-1}\frac{r}{r} - \sin^{-1}\frac{r}{x}\right)$$

そして電位傾度は，

$$E_x = \frac{\rho I}{2\pi r}\cdot\frac{r}{x^2\sqrt{1-(r/x)^2}}$$

と出ている．この式を使用して電極周辺の歩幅電圧と，電極周辺から1〔m〕離れた点の電位傾度を計算して見る．

電極周辺の歩幅電圧

$$V_x = \frac{20\times4\,000}{2\pi\times16.35}\left(\sin^{-1}\frac{16.35}{16.35} - \sin^{-1}\frac{16.35}{16.35+1.0}\right)$$

$$= \frac{20\times4\,000}{2\pi\times16.35}(1.5708-1.2296)$$

$$= \frac{20\times4\,000}{2\pi\times16.35}\times0.3412$$

$$= 265.706\ \text{〔V〕}$$

電極から1〔m〕離れた点の電位傾度

$$E_x = \frac{20\times4\,000}{2\pi\times16.35}\times\frac{16.35}{(16.35+1.0)^2\sqrt{1-\left(\dfrac{16.35}{16.35+1.0}\right)^2}}$$

$$= \frac{20\times4\,000}{2\pi}\cdot\frac{1}{17.35^2\sqrt{1-\left(\dfrac{16.35}{17.35}\right)^2}}$$

$$= \frac{20\times4\,000}{2\pi}\cdot\frac{1}{17.35^2\times0.111952^{1/2}}$$

$$= \frac{20\times4\,000}{2\pi}\cdot\frac{1}{301.0225\times0.334592}$$

$$= \frac{20\times4\,000}{2\pi}\cdot\frac{1}{100.7197}$$

$$= 126.41\ \text{〔V/m〕}$$

と求まった．しかし，この計算値は歩幅電圧と電位傾度が大きく違っていること，そして過去の実測値と比較して数値が大き過ぎるので，この値は使用しないこととする．

(d) 半球電極の電位と電位傾度　この項では，メッシュ接地網領域内に水道管やガス管を引き入れた時，接地線と水道管やガス管の間に許容接触電圧以上の電位差が現れないようにしなければならない．

第1表は(2)項の計算結果に基づき数値計算を行ったものである．計算値から見て接触電圧以上の電圧差が現れるところには，水道管やガス管には絶縁継ぎ手を使用するなどして，感電防止対策を施す必要がある．

アルミパイプ母線の振動防止

アルミパイプ母線の振動防止対策が施されているかは外観からでは全くわかりません．このような理由からか，何の対策も講じていないものに遭遇しました．やはり母線の支持間隔が少し長いと思われるものは，必ずどんな振動が生ずるか固有振動数を計算し，そして風速によるカルマンの渦（Kalman's Vortex）の振動数に接近していないか検証する必要があります．

両者の振動数が接近していると，風により振動を生じるので，アルミ母線の固有振動数を高くする目的で，アルミより線をアルミパイプ母線内へ挿入します．これにより母線全体の重量が増加して固有振動数が高くなり，両者の振動数を引き離すことができます．アルミ母線の振動による金属疲労（Metallic Fatigue）を防ぐためには，風による振動を無くさねばなりません．

なお，アルミより線の挿入に伴い，よい派生効果が生じます．母線内部のアルミより線とアルミ母線が内面で直接接触しているので，パイプ母線の振動中に両者金属同士の表面接触部の摩擦に損失を生じさせます．この摩擦損失は振動に対して制動作用があり，振動抑制効果を発揮します．

プラントエンジニアリングにおいて遭遇した積分
(その2)

(3) 調整池水槽からの放散熱量

平坦地にそれほど深くない上部が開放された正方形の排水調整水槽を設置する．この排水調整池の水槽には温排水が排水されるが，この調整池の水槽に滞留している間にどれくらいの熱量が放散され，いくらくらいの温度降下があるか調査検討する．

水槽の水面上部からの放熱は，空気中に放散される熱量のみだから，空気の自然対流による平面からの熱放散を考えれば十分である．しかし水槽の側面および底面からの放熱は，大地の土壌を通じての熱放散が考えられる．ただ単に水槽の側面や底面は平板であるからといって，平板と考えた場合には，水槽のそれぞれの側壁に対応する平行な側板や，底面に対応する地中の平行板との間の距離，すなわち土壌の厚さをいくらと考えれば妥当なのか見当がつかない．この土壌の厚さのことをあまり真剣に考えなくともよい方法を，われわれはすでに知っている．その考え方というのは，半球体の平面部分を土壌の表面に一致するまで，地中に埋め込んだ場合を考えれば，ごく自然に半球体の中心から十分遠くに離れた点まで，いい換えれば熱流密度がゼロと見なせるところを考えればよい．このように十分遠く離れた点とは，具体的にいえば半球体の半径の50倍以上離れた遠いところを選定すればよい．

計算を始めるに当たって知っておかなくてはならないことは，半球体の表面積，半球体の示す熱抵抗，半球体からの放出熱流，そしてそれらの相互関係である．さて半球体の半径をいくらにすべきかということであるが，熱放散は半球体が土壌と接している面積に関係するから，水槽の土壌に接している表面積と，半球体の表面積が等しいとおいた場合の，その半球体の半径を等価半径とする．

(a) 半球体球面の表面積　第42図のような半球体を考え，その球面部分の表面積を求める．

図のように半球面上に微小幅の環状帯を考え，半球の中心から環状帯に向かう半径の鉛直角を，中心直下の角度0度から水平になる90

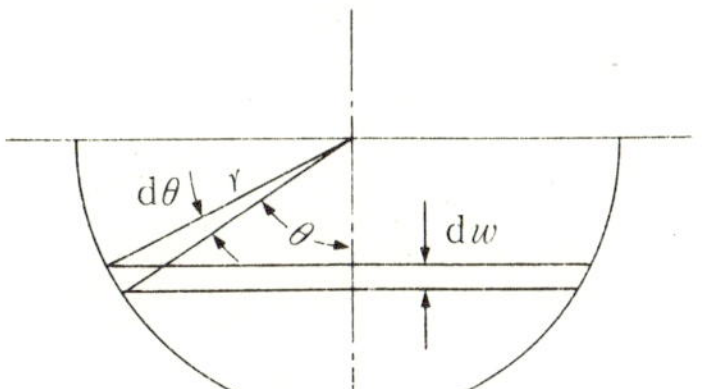

第42図

度まで積分すればこの半球の表面積は求まる．

各部の値を図に示したように定めると，各部のそれぞれの記号が示す物理的意味は次のように，

ds：微小環状帯の面積

dw：微小環状帯の幅

dθ：半球体の中心が微小環状帯の幅に対して張る角

θ：微小環状帯に向かう半径の鉛直角

r：半球体の半径

である．それらの値を数式でもって表すと，

$$ds = 2\pi r \sin\theta \, dw$$

$$dw = r d\theta$$

$$ds = 2\pi r \sin\theta \cdot r d\theta = 2\pi r^2 \sin\theta d\theta$$

と表される．これらの値より半球面の表面積を求めると，

$$S = \int_{\theta=0}^{\theta=\pi/2} 2\pi r^2 \sin\theta d\theta$$

$$= 2\pi r^2 \int_{\theta=0}^{\theta=\pi/2} \sin\theta d\theta$$

$$= 2\pi r^2 \Big[-\cos\theta\Big]_0^{\pi/2}$$

$$= 2\pi r^2 [(-0)-(-1)]$$

$$= 2\pi r^2$$

(b) 半球体の熱抵抗　**第43図**のように半球体を地面に半球体の平面部分が地表面に一致するように埋め込んだ場合を考える．熱抵抗は半球体の表面から非常に遠い点まで，大地の凹面半球面を広げたときに，その内側に存在する土壌の熱抵抗を求める．もちろん半球体は均一熱源であり，この半球体熱源と大地の凹面半球面の均一温度面の内側には，熱源や熱吸収体は

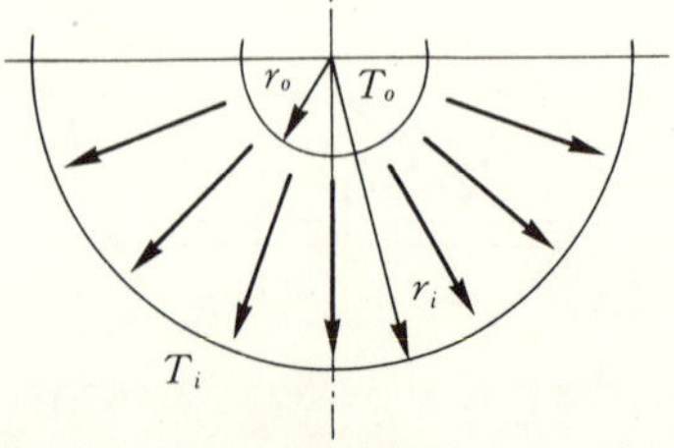

第43図

一切存在しないものとし，そして大地は均一な固有熱抵抗率を有するものとする．

図に示した記号の名称と物理的意味は次のようなものである．

ρ：T 度における土壌の固有熱抵抗率

r_o：半球体の半径

r_i：大地の凹面の半径

T_o：半球体の表面温度

T_i：大地凹面の表面温度

R_t：T 度における半球体表面と大地の凹面間の土壌の熱抵抗

θ：$(T_o - T_i)$ ＝ 半球体の表面温度と大地凹面の土壌温度との温度差

Q_t；T 度における土壌内の熱流

である．念のために電気抵抗の式を掲げる．

$$R_e = \rho_t \frac{l}{S}$$

これらの関係を使用して電気抵抗の式にならって計算する．

$$R_t = \int_{r=r_o}^{r=r_i} \rho_t \frac{l(r)}{S(r)} dr = \int_{r_o}^{r_i} \frac{\rho_t dr}{2\pi r^2}$$

$$= \frac{\rho_t}{2\pi} \int_{r_o}^{r_i} \frac{dr}{r^2} = \frac{\rho_t}{2\pi} \left[-\frac{1}{r}\right]_{r_o}^{r_i}$$

$$= \frac{\rho_t}{2\pi} \left(\frac{1}{r_o} - \frac{1}{r_i}\right)$$

したがって，半球体からの放出熱流は，

$$Q_t = \frac{\theta_t}{R_t} = \frac{(T_o - T_i)}{R_t}$$

$$= \frac{T_o - T_i}{\frac{\rho_t}{2\pi}\left(\frac{1}{r_o} - \frac{1}{r_i}\right)}$$

$$= \frac{2\pi (T_o - T_i)}{\rho_t \left(\frac{1}{r_o} - \frac{1}{r_i}\right)}$$

熱抵抗を使用して放出熱流は求まる．

(c) 半球体の放出熱流　熱流は半球体中心からの距離には無関係で，熱流密度の方が半球体中心からの距離に応じて変化する．半径 r のところにおいての厚さ dr により生ずる温度差 $d\theta$ は，熱流を Q_t とすれば，前項の熱流の式を

変形して温度差を表す式に書き換え，念のため掲げると，

$$\theta_t = Q_t \cdot R_t = (T_o - T_i)$$

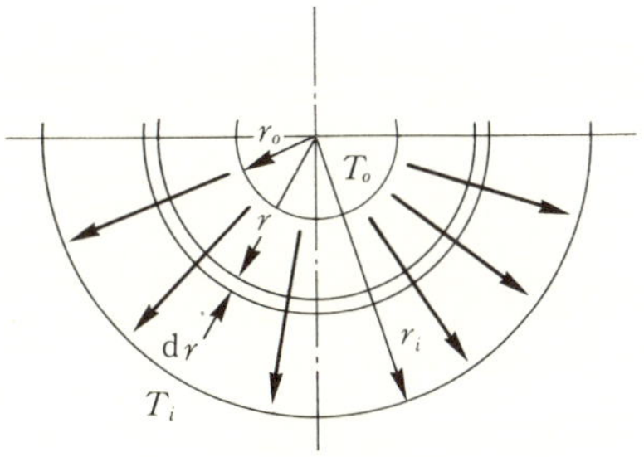

第44図

半径 r のところの厚さ $\mathrm{d}r$ において生ずる微小温度差 $\mathrm{d}\theta$ は，熱流の流れの方向を考慮に入れて，

$$\mathrm{d}\theta_t = \frac{-Q_t \rho_t}{2\pi r^2}\mathrm{d}r = \frac{-Q_t \rho_t}{2\pi} \cdot \frac{\mathrm{d}r}{r^2}$$

この微小温度差を積分すると，

$$\theta_t = \int_{r_o}^{r_i} \mathrm{d}\theta_t = \frac{-\rho_t Q_t}{2\pi}\int_{r_o}^{r_i}\frac{\mathrm{d}r}{r^2}$$

$$= \frac{-\rho_t Q_t}{2\pi}\int_{r_o}^{r_i} r^{-2}\mathrm{d}r$$

$$= \frac{-\rho_t Q_t}{2\pi}\Big[-r^{-1}\Big]_{r_o}^{r_i}$$

$$= \frac{-\rho_t Q_t}{2\pi}\left[-\frac{1}{r_i} - \left(-\frac{1}{r_o}\right)\right]$$

$$= \frac{-\rho_t Q_t}{2\pi}\left(\frac{1}{r_o} - \frac{1}{r_i}\right)$$

と温度差が求まる．これで熱抵抗，放出熱流，そして温度差の相互関係が求まった．

(d) 検討結果の整理と一般式化

① 平面板からの熱放散；平板熱源が熱伝達体で覆われている場合を考え，熱流量の式の一般化を図れば次のように表される．

$$Q_t = \frac{T_o - T_i}{\dfrac{1}{\alpha_1} + \dfrac{1}{\alpha_2} + \dfrac{x}{\lambda}}$$

ここに，

Q_t：単位時間に伝わる熱量〔kcal/h〕

T_o，T_i：それぞれ内部および外部の温度〔℃〕

α_1：内部から内壁への熱伝達率〔kcal/m^2·h·℃〕

α_2：外壁から外部への熱伝達率〔kcal/m^2·h·℃〕

λ：熱伝達物の熱伝導率〔kcal/m·h·℃〕

x：熱伝導体の厚さ〔m〕

② 半球体からの熱放散；半球体の熱源が熱伝達体で覆われ，それに接する形で外側に熱伝導体が存在し，さらにその熱伝導体が熱伝達体で覆われている場合を考え，熱流量の式の一般化を図れば次のように表される．

$$Q_t = \frac{2\pi(T_o - T_i)}{\dfrac{1}{\alpha_1 r_1{}^2} + \dfrac{1}{\alpha_2 r_2{}^2} + \dfrac{1}{\lambda}\left(\dfrac{1}{r_1} - \dfrac{1}{r_2}\right)}$$

ここに，

Q_t：単位時間に伝わる熱量〔kcal/h〕

T_o，T_i：それぞれ内部および外部の温度〔℃〕

α_1：内部から内壁への熱伝達率〔kcal/m^2·h·℃〕

α_2：外壁から外部への熱伝達率〔kcal/m^2·h·℃〕

λ：熱伝導体の熱伝導率〔kcal/m·h·℃〕

r_1：熱伝導体半球の内半径〔m〕

r_2：熱伝導体半球の外半径〔m〕

③ 自然対流による熱放散

$$Q_t = h \cdot A\,(T_s - T_i)$$

ここに，

Q_t：単位時間に伝わる熱量〔kcal/h〕

h：自然対流の表面伝熱率〔kcal/m^2·h·℃〕

A：表面積〔m^2〕

T_s：表面温度〔℃〕

T_o：外気温度〔℃〕

④ 半球状壁面からの放熱量

$$Q_t = \frac{2\pi(T_s - T_o)}{\dfrac{1}{\lambda}\left(\dfrac{1}{r_1} - \dfrac{1}{r_2}\right)}$$

ここに，

Q_t：単位時間に伝わる熱量〔kcal/h〕

λ：熱伝導体の熱伝導率〔kcal/m·h·℃〕

r_1：半球熱伝導体の内半径〔m〕

r_2：半球熱伝導体の外半径〔m〕

(e) 水槽からの放散熱量（数値計算法）

① 水槽表面からの放散熱量

与えられた数値

水槽の水面面積：16×16 = 256〔m²〕

水槽の水深：2〔m〕

水槽の水量：500〔m³〕

水槽の水温：20〔℃〕

外気の温度：5〔℃〕，10〔℃〕，15〔℃〕

外気の熱伝達率

一般的な室内：5〔kcal/m²·h·℃〕

大きな建物内：10〔kcal/m²·h·℃〕

屋外：15〔kcal/m²·h·℃〕

これらの値は，電気工学ハンドブックより採用した．

算式：

$$Q_t = h \cdot A\ (T_s - T_o) = 256h\ (T_s - T_o)$$

ここに，

Q_t：単位時間に伝わる熱量〔kcal/h〕

h：自然対流の表面伝熱率〔kcal/m²·h·℃〕

A：水面面積〔m²〕

T_s：水面水温〔℃〕

T_o：外気温度〔℃〕

計算結果：

もう特に説明する必要はないので計算結果のみを示す．

② 単位時間当たりに伝わる熱量（**第 2 表**参照）

③ 単位時間当たりの水温低下分；外気に持

第 2 表

大気の伝熱率〔kcal/m²·h·℃〕	単位時間当たり伝わる熱量 外気温度 0.0〔℃〕	単位時間当たり伝わる熱量 外気温度 5.0〔℃〕	単位時間当たり伝わる熱量 外気温度 10.0〔℃〕	単位時間当たり伝わる熱量 外気温度 15.0〔℃〕
5〔kcal/m²·h〕	25 600	19 200	12 800	6 400
10〔kcal/m²·h〕	51 200	38 400	25 600	12 800
15〔kcal/m²·h〕	76 800	57 600	38 400	19 200

第 3 表

大気の伝熱率〔kcal/m²·h·℃〕	単位時間当たり水温低下分〔℃〕	単位時間当たり水温低下分〔℃〕	単位時間当たり水温低下分〔℃〕	単位時間当たり水温低下分〔℃〕
5〔kcal/m²·h〕	0.0512	0.0384	0.0256	0.0128
10〔kcal/m²·h〕	0.1024	0.0768	0.0512	0.0256
15〔kcal/m²·h〕	0.1536	0.1152	0.0768	0.0384

第 4 表

大地熱伝導率〔kcal/m·h·℃〕	単位時間当たり大地伝導熱量 $r_2 = 30r_1$ 10〔℃〕	単位時間当たり大地伝導熱量 $r_2 = 30r_1$ 15〔℃〕	単位時間当たり大地伝導熱量 $r_2 = 50r_1$ 10〔℃〕	単位時間当たり大地伝導熱量 $r_2 = 50r_1$ 15〔℃〕
0.3〔kcal/m·h〕	152.388〔kcal〕	76.194〔kcal〕	150.367〔kcal〕	75.183〔kcal〕
0.5〔kcal/m·h〕	253.980	126.990	250.611	125.305
1.0〔kcal/m·h〕	507.959	253.980	501.222	250.611
1.5〔kcal/m·h〕	761.939	380.970	751.833	375.916

第 5 表

大地熱伝導率〔kcal/m·h·℃〕	単位時間当たり水温低下分〔℃〕	単位時間当たり水温低下分〔℃〕	単位時間当たり水温低下分〔℃〕	単位時間当たり水温低下分〔℃〕
0.3〔kcal/m·h〕	0.0003048	0.00015239	0.00030073	0.00015037
0.5〔kcal/m·h〕	0.0005080	0.00025398	0.00050122	0.00025061
1.0〔kcal/m·h〕	0.0010159	0.00050796	0.00100244	0.00050122
1.5〔kcal/m·h〕	0.0015239	0.00076194	0.00150367	0.00075183

ち去られる熱量は余りにも少ないから，熱源の温度低下による外気が持ち去る熱量の変化はないものとして求めた計算結果である（**第 3 表**参照）.

④　水槽壁面からの伝達熱量

与えられた数値：

水槽の壁面表面積：

$16\times16+16\times2\times4=384$〔m^2〕

水槽の等価半径：

$\sqrt{384/2\pi}=7.81764$〔m〕

水槽の水温：20〔℃〕

地中の大地温度：10〔℃〕，15〔℃〕

大地の熱伝導率：0.3〔kcal/m·h·℃〕

0.5〔kcal/m·h·℃〕

1.0〔kcal/m·h·℃〕

1.5〔kcal/m·h·℃〕

これらの値は，電気工学ハンドブックより採用した.

算式：

$$Q_t=\frac{2\pi(T_s-T_o)}{\dfrac{1}{\lambda}\left(\dfrac{1}{r_1}-\dfrac{1}{r_2}\right)}$$

$$=\frac{2\pi(20-10)}{\dfrac{1}{\lambda}\left[\dfrac{1}{7.81764}\left(1-\dfrac{1}{30}\right)\right]}$$

$$=508.13494\lambda$$

または，

$$Q_t=\frac{2\pi(20-10)}{\dfrac{1}{\lambda}\left[\dfrac{1}{7.81764}\left(1-\dfrac{1}{50}\right)\right]}$$

$$=501.22123\lambda$$

ここに，

Q_t：単位時間に伝わる熱量〔kcal/h〕

λ：大地の熱伝導率〔kcal/m·h·℃〕

r_1：水槽の等価半径〔m〕

r_2：大地の等価半径〔m〕$=30r_1$　or　$50r_1$

計算結果：

⑤　単位時間当たりに伝わる熱量（**第 4 表**参照）

⑥　単位時間当たりの水温低下分（**第 5 表**参照）

⑦　水槽壁面からの放出熱量

与えられた数値：

水槽の等価半径：7.81764〔m〕

第 6 表

大地の固有熱抵抗〔m·h·℃/kcal〕	単位時間当たり放出熱量 $r_s=30r_o$ 地中温度 10〔℃〕	単位時間当たり放出熱量 $r_s=30r_o$ 地中温度 15〔℃〕	単位時間当たり放出熱量 $r_s=50r_o$ 地中温度 10〔℃〕	単位時間当たり放出熱量 $r_s=50r_o$ 地中温度 15〔℃〕
0.6978	728.1957	364.0978	718.2879	359.1440
1.1628	436.9926	218.4963	431.0469	215.5234
1.7445	291.2783	145.6391	287.3152	143.6576
2.3256	218.4963	109.2481	215.5234	107.7617

第 7 表

大地の固有熱抵抗〔m·h·℃/kcal〕	単位時間当たり水温低下分 $r_s=30r_o$ 地中温度 10〔℃〕	単位時間当たり水温低下分 $r_s=30r_o$ 地中温度 15〔℃〕	単位時間当たり水温低下分 $r_s=50r_o$ 地中温度 10〔℃〕	単位時間当たり水温低下分 $r_s=50r_o$ 地中温度 15〔℃〕
0.6978	0.0014560	0.0007281	0.0014370	0.0007182
1.1628	0.0008739	0.0004369	0.0008620	0.0004310
1.7445	0.0005825	0.0002912	0.0005476	0.0002873
2.3256	0.0004369	0.0002184	0.0004310	0.0002155

水槽の水温：20〔℃〕

地中の温度：10〔℃〕，15〔℃〕

大地の固有熱抵抗：

湿地：60〔℃·cm/W〕

= 0.6978〔m·h·℃/kcal〕

普通地：100〔℃·cm/W〕

= 1.1628〔m·h·℃/kcal〕

乾燥地：150〔℃·cm/W〕

= 1.7445〔m·h·℃/kcal〕

砂・トラフ：200〔℃·cm/W〕

= 2.3256〔m·h·℃/kcal〕

これらの値は，ケーブル製造者の電線便覧より引用した．換算値は次の式から得られる．

$$〔℃\cdot cm/W〕\times\frac{1}{0.86}\times 10^{-2}$$

$$=〔m\cdot h\cdot ℃/kcal〕$$

計算式：

$$Q_t=\frac{2\pi\,(T_i-T_o)}{\rho_t\left(\dfrac{1}{r_i}-\dfrac{1}{r_o}\right)}=\frac{508.13494}{\rho_t}$$

または，

$$=\frac{501.22123}{\rho_t}$$

ここに，

Q_t：単位時間当たりの放出熱量〔kcal/h〕

T_i：半球体熱源の温度〔℃〕

T_o：大地半球体の外接大地の温度〔℃〕

ρ_t：大地の固有熱抵抗〔m·h·℃/kcal〕

r_i：半球体熱源の等価半径〔m〕

r_o：大地半球体の等価半径〔m〕

計算結果：

⑧　単位時間当たりの放出熱量（**第6表**参照）

⑨　単位時間当たりの水温低下分（**第7表**参照）

以上の結果より**第8表**の値が求められる．

このように一見とらえどころのないような問題でも，マクロな目で見るとシンプルな問題に変わるものもあることを知ってもらいたい．

第8表

大気の伝熱率〔kcal/m²·h·℃〕	6時間経過後 水温低下分 外気温度 0.0〔℃〕	6時間経過後 水温低下分 外気温度 5.0〔℃〕	6時間経過後 水温低下分 外気温度 10.0〔℃〕	6時間経過後 水温低下分 外気温度 15.0〔℃〕
5.0〔kcal/m²〕	0.3072〔℃〕	0.2304〔℃〕	0.1536〔℃〕	0.0768〔℃〕
10.0〔kcal/m²〕	0.6144	0.4608	0.3072	0.1536
15.0〔kcal/m²〕	0.9216	0.6912	0.4608	0.2304
大気の伝熱率〔kcal/m²·h·℃〕	12時間経過後 水温低下分 外気温度 0.0〔℃〕	12時間経過後 水温低下分 外気温度 5.0〔℃〕	12時間経過後 水温低下分 外気温度 10.0〔℃〕	12時間経過後 水温低下分 外気温度 15.0〔℃〕
5.0〔kcal/m²〕	0.6144〔℃〕	0.4608〔℃〕	0.3072〔℃〕	0.1536〔℃〕
10.0〔kcal/m²〕	1.2288	0.9216	0.6144	0.3072
15.0〔kcal/m²〕	1.8432	1.3824	0.9216	0.4608
大気の伝熱率〔kcal/m²·h·℃〕	24時間経過後 水温低下分 外気温度 0.0〔℃〕	24時間経過後 水温低下分 外気温度 5.0〔℃〕	24時間経過後 水温低下分 外気温度 10.0〔℃〕	24時間経過後 水温低下分 外気温度 15.0〔℃〕
5.0〔kcal/m²〕	1.2288〔℃〕	0.9216〔℃〕	0.6144〔℃〕	0.3072〔℃〕
10.0〔kcal/m²〕	2.4576	1.8432	1.2288	0.6144
15.0〔kcal/m²〕	3.6864	2.7648	1.8432	0.9216

電柱の強度計算

電柱の強度で最も問題になるのは何といっても，転倒モーメントにより土際に働く応力である．土際に働く応力のうち，荷重による応力は簡単に求まるが，電線に加わる風圧による転倒モーメントのように，集中荷重モーメントと考えられるものもあるが，電柱に加わる風圧による転倒モーメントのように，分布荷重による転倒モーメントと考えなくてはならないものもある．ここで，この転倒モーメントを求めるには，積分の知識が必要になってくる．そこで電柱に加わる風圧による，土際に働く転倒モーメントの求め方から紹介していこう．

(1)　電柱に加わる風圧による土際に働く転倒モーメント

第45図のような電柱を考え各部の記号を図のように決めると，その記号の表す意味は次の通りである．

D_b：電柱底部の直径 = 649〔mm〕

D_0：電柱土際の直径 = 587.7〔mm〕

D_t：電柱頭部の直径 = 276〔mm〕

H_0：電柱の全長 = 15.22〔m〕

h_0：電柱の地表上の高さ = 12.72〔m〕

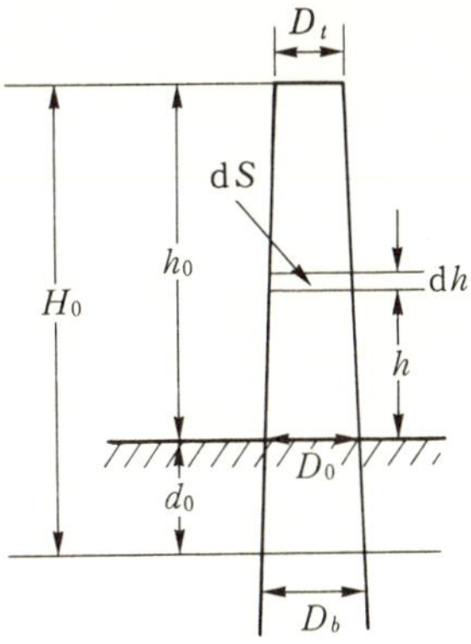

第45図

h：風圧作用点までの高さ

S：風圧作用点の電柱の投影面積

d_0：電柱の根入れ深さ = 2.50〔m〕

β：電柱の細り率 = 0.0245

M：電柱の風圧モーメント

W_l：電柱に作用する単位面積当たりの風圧荷重

電柱の細り率を上記の記号を使用して表すと，

$$\beta = \frac{D_b - D_t}{H_0}$$

となる．また電柱の土際の直径を細り率を使用して表すと，

$$D_0 = D_b(1-\beta d_0)$$

となる．よって土際より h なる高さにおける高さ dh 部分の電柱の投影面積 dS は，

$$\mathrm{d}S = D_0(1-\beta h)\,\mathrm{d}h$$

となる．この投影面積 $\mathrm{d}S$ に加わる風圧荷重により働く風圧モーメント $\mathrm{d}M$ は，

$$\mathrm{d}M = W_l \cdot \mathrm{d}S \cdot h$$
$$= W_l \cdot D_0 (1-\beta h)\,\mathrm{d}h \cdot h$$
$$= W_l \cdot D_0 (h-\beta h^2)\,\mathrm{d}h$$

と表される．この微小転倒モーメント $\mathrm{d}M$ を，電柱の土際から電柱の頂部まで積分すると，電柱が全体で受ける風圧による転倒モーメント M が求まる．

$$M = \int_0^{h_0} \mathrm{d}M = \int_0^{h_0} W_l \cdot D_0 (h-\beta h^2)\,\mathrm{d}h$$

$$= W_l \cdot D_0 \int_0^{h_0} (h-\beta h^2)\,\mathrm{d}h$$

$$= W_l \cdot D_0 \left[\frac{h^2}{2} - \beta \frac{h^3}{3}\right]_0^{h_0}$$

$$= W_l \cdot D_0 \left(\frac{{h_0}^2}{2} - \beta \frac{{h_0}^3}{3}\right)$$

$$= W_l \cdot D_0 \frac{{h_0}^2}{6} (3-2\beta h_0)$$

これまでの変化と式の形から考えて，次のように上式を書き換える．なぜかといえば電柱の頂部の直径と，電柱の細り率の関係が使えそうだからである．念のため，この関係を引用して置くと，

$$D_t = D_0 (1-\beta h_0)$$

と表される関係にある．では本来の電柱の転倒モーメントの式は，

$$M = W_l \cdot \frac{{h_0}^2}{6} \cdot D_0 [1+2(1-\beta h_0)]$$

$$= W_l \cdot \frac{{h_0}^2}{6} (D_0 + 2D_t)$$

$$= \frac{W_l}{6} (D_0 + 2D_t)\, {h_0}^2$$

とすっきりとした形で求まる．このあたりがいつか述べておいたひらめきの一つでもある．

(2)　鋼板組立て柱の数値による強度計算

実際の計算手順に従って計算を進めていくが，ここでは電柱の高さの決定や径間の決定根拠の計算までは取り上げない．電柱の型式選定も実際には試行錯誤法によるのだが，ここではただ一度でもって良い結果が得られたものとして，良い計算結果のもののみ紹介する．決してこのように一度の計算で選定できたわけではないことを付記しておく．

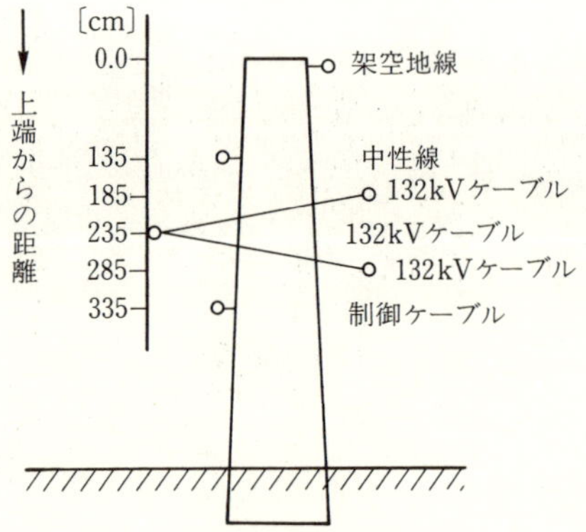

第 46 図

径間：

前方径間：$S_f = 16$〔m〕

後方径間：$S_b = 23$〔m〕

分担径間：$S = (S_f + S_b)/2 = (16+23)/2$
$= 19.5$〔m〕

電柱の型式：R615

電線の重量および風圧荷重：**第 9 表**参照．

電線の風圧による集中荷重点：**第 10 表**参照．

計算結果の上記の数表から電線の風圧による集中荷重点を計算すると，

$$L = \frac{\sum L_n P_n}{\sum P_n} = \frac{155\,908.35}{683.09}$$
$$= 228.2\ \text{〔cm〕}$$

となる．

鋼板組立て柱の集中荷重点に対する等価断面積（比例配分による内挿法にて決定，ここに $A = \pi(D-t)\,t$〔cm²〕である．）

$$\mu A = 12.10 + \frac{12.80-12.10}{250-225} \times (244.77-225)$$

$$= 12.10 + \frac{0.7 \times 19.77}{25}$$

$$= 12.654\ \text{〔cm}^2\text{〕}$$

電線の総重量

$$W_W = 543.89\ \text{〔kg〕}$$

第9表

電　　線	架 空 地 線	中　性　線	制御ケーブル	メッセンジャ	132kV ケーブル
直径 d_W	10.5〔mm〕	44.0〔mm〕	45.0〔mm〕	9.60〔mm〕	74.0〔mm〕
単位長重量 w_l	0.533〔kg/m〕	3.40〔kg/m〕	2.22〔kg/m〕	0.446〔kg/m〕	6.80〔kg/m〕
風圧荷重 P_W	20.48〔kg〕	85.80〔kg〕	87.75〔kg〕	18.72〔kg〕	144.3〔kg〕
電線重量 W_W	10.4〔kg〕	66.3〔kg〕	43.29〔kg〕	8.70〔kg〕	132.6〔kg〕

第10表

モーメント 風荷重	架空地線	中 性 線	制御 ケーブル	132kV 電力 ケーブル	132kV 電力 ケーブル	132kV 電力 ケーブル	Σ
L_n〔cm〕	0.0〔cm〕	135〔cm〕	335〔cm〕	185〔cm〕	235〔cm〕	285〔cm〕	
P_n〔kg〕	20.48〔kg〕	85.80〔kg〕	87.75〔kg〕	163.02〔kg〕	163.02〔kg〕	163.02〔kg〕	683.09〔kg〕
$L_n P_n$〔kg·cm〕	0.0	11 583.00	29 396.25	30 158.7	38 309.7	46 460.7	155 908.35

電柱の地上部分の重量

$$W_P = 445 \text{〔kg〕}$$

電柱の土際に加わる総重量

$$W = W_W + W_P$$
$$= 543.89 + 445$$
$$= 988.89 \text{〔kg〕}$$

電柱に加わる風圧によるモーメント

$$D_t = 276 \text{〔mm〕}$$
$$D_b = 649 \text{〔mm〕}$$
$$H = 15.22 \text{〔m〕}$$
$$d = 2.5 \text{〔m〕}$$
$$h_0 = 12.72 \text{〔m〕}$$
$$\beta = \frac{D_b - D_t}{H} = \frac{649-276}{15\,220} = 0.0245$$
$$D_0 = D_b - \beta \times d = 649 - 0.0245 \times 2\,500$$
$$= 587.7 \text{〔mm〕}$$
$$k = 80 \text{〔kg/m}^2\text{〕}$$

ここに,

k：単位投影面積当たりの風圧荷重 ＝ 80〔kg/m^2〕

である.

上記の数値を土際に働く風圧モーメント M_P の式に代入すると,

$$M_P = \frac{k}{6}(2D_t + D_0)\,h_0^{\,2}$$
$$= \frac{80}{6}(2\times0.276+0.5877)\times12.72^2$$
$$= \frac{80}{6}\times1.1397\times12.72^2$$
$$= 2\,458.69 \text{〔kg·m〕}$$

電線に加わる風圧によるモーメント

$$M_W = 683.09\times(12.72-2.282)$$
$$= 7\,130.1 \text{〔kg·m〕}$$

電柱の土際に働く総モーメント

$$M = M_P + M_W = 2\,458.69 + 7\,130.1$$
$$= 9\,588.8 \text{〔kg·m〕}$$

鋼板組立て柱土際の断面係数

$$z = \frac{\pi}{4}\cdot D_0^{\,2}\cdot t = \frac{\pi}{4}\times58.77^2\times0.21$$
$$= 569.666 \text{〔cm}^3\text{〕}$$

鋼板組立て柱の土際に働く総応力

$$\sigma = \frac{W}{\mu A} + \frac{M}{z} \leqq 2\,000 \text{〔kg/cm}^2\text{〕}$$
$$= \frac{988.89}{12.654} + \frac{958\,880}{569.666}$$
$$= 78.15 + 1\,683.23$$
$$= 1\,761.4 \text{〔kg/cm}^2\text{〕}$$

となり, 2 000〔kg/cm^2〕より小さいから問題ない.

電線の横揺れ周期（線の重心の求め方）（その1）

前項で紹介した超高圧ケーブルを電柱に懸架した場合，風による横振れが速やかに停止するか否かを調査するため，電線の固有振動周期をまず知ることから開始した．ケーブルは異なっていても3個撚りのよく似た外形のケーブルは，すでに電鉄会社において鉄道線路に沿って張架されている．

風によりこのケーブルが横に揺れている場合の，停止が速やかか否かは見ていればわかるが，揺れているときの周期が風の周期か，ケーブルの弛みに基づく固有振動なのかは，区別して判断する方法を見つけ出さなくてはならない．

そこで電線の張架点から重心までの距離を求めてみれば，電線の重心を中心とする単振動なのか否かの判別は可能である．

では，最も簡単な直線の重心の求め方から始め，引き続いて円弧の重心，そして最後にカテナリ曲線そのものの重心の計算の仕方と順を追って計算し説明していく．もちろん単振動の周期の求め方もあわせて紹介していくことにする．

(1)　直線の重心

直線の重心の定義式に従い，横軸成分と縦軸

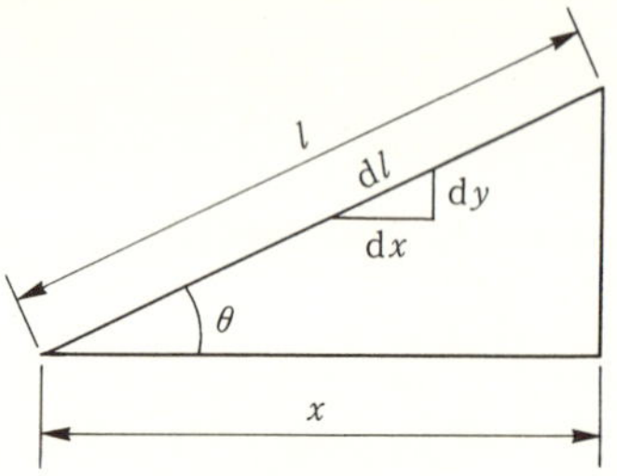

第46図

成分に分けてその定義式を表すと，横軸成分は，

$$x_G = \frac{1}{s}\int x\,\mathrm{d}s$$

$$x = l\cos\theta$$

$$\mathrm{d}x = \mathrm{d}l\cos\theta$$

$$\mathrm{d}l = \mathrm{d}x/\cos\theta$$

そして縦軸成分は，

$$y_G = \frac{1}{s}\int y\,\mathrm{d}s$$

$$y = l\sin\theta$$

$$\mathrm{d}y = \mathrm{d}l\sin\theta$$

$$\mathrm{d}l = \mathrm{d}y/\sin\theta$$

となり，これらの式より横軸方向の重心点は，

$$x_G = \frac{1}{s}\int x\,\mathrm{d}s$$

$$= \frac{1}{l}\int l\cos\theta\cdot\mathrm{d}l$$

$$= \frac{1}{l}\left[\frac{l^2}{2}\cos\theta\right]_0^l$$

$$= \frac{l}{2} \cos\theta$$

となる．引き続き縦軸方向の重心点は，

$$y_G = \frac{1}{s} \int y \, \mathrm{d}s$$

$$= \frac{1}{l} \int l \sin\theta \cdot \mathrm{d}l$$

$$= \frac{1}{l} \left[\frac{l^2}{2} \sin\theta \right]_0^l$$

$$= \frac{l}{2} \sin\theta$$

となる．

これら二つの成分より直線全体の重心は，

$$l_G = \sqrt{(x_G)^2 + (y_G)^2}$$

$$= \sqrt{\left(\frac{l}{2} \cos\theta\right)^2 + \left(\frac{l}{2} \sin\theta\right)^2}$$

$$= \frac{l}{2} \sqrt{\cos^2\theta + \sin^2\theta}$$

$$= \frac{l}{2}$$

となり，直線の重心はちょうど長さの2分の1のところにある．

(2) 重心の一般式

線形の場合の重心の一般式

$$x_G = \frac{1}{s} \int x \, \mathrm{d}s$$

$$y_G = \frac{1}{s} \int y \, \mathrm{d}s$$

$$z_G = \frac{1}{s} \int z \, \mathrm{d}s$$

ここに，

$$s = \int \mathrm{d}s$$

である．

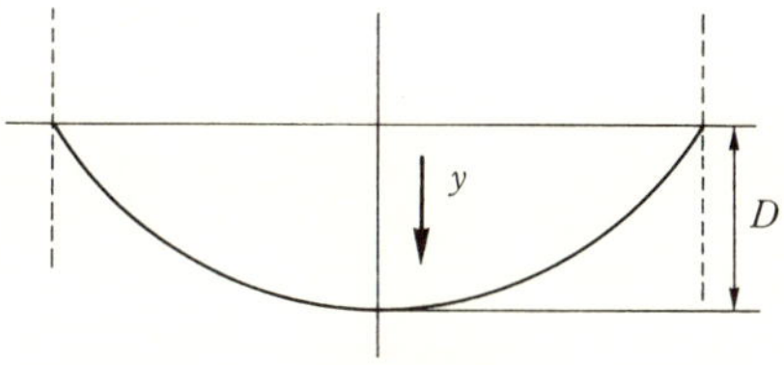

第 47 図

y 軸を対称軸とする線形曲線の場合，x 軸からの隔たりを y とすれば，重心は次の略算式でもって表される．

$$y_G \simeq \frac{2}{3} D$$

(3) 円弧の重心

読者の皆様には，なぜこんなにいろいろな線の重心ばかりにこだわり，どうして直接カテナリ曲線の重心をいきなり求めないのだろうかと，少し苛立ちを感じておられるのではないかと，筆者の方も心配しながら進めているので，もう少し辛抱して付き合っていただきたい．というのは線に重心があること自体になかなか気がついてもらえないのではないだろうかと心配しているからである．

本来，線には質量がないものとばかり頭から思い込んでいる人が多いからである．しかし電気屋さんが考える，電線やケーブルには質量がある．そして子どものころ女の子が遊んでいた縄跳びの縄も，回したり揺らすのを止めても，まだ揺らぎ続けようとしていたことを覚えておられると思う．ここまで話せば線にも質量があり，重心があることを納得してもらえたと思う．

では本来の円弧の重心に話を戻そう．円弧が同一平面上にあるならば，円弧の重心は，すでに紹介したように，

$$y_G = \frac{1}{s} \int y \, \mathrm{d}s$$

であるから，**第 48 図**に示された記号を使用し

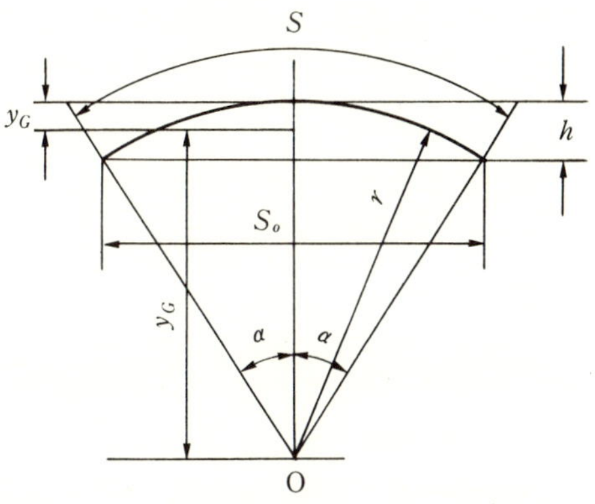

第 48 図

て表示すると，

$h = r - r\cos\theta$

$y = r - h = r - (r - r\cos\theta)$

$y = r\cos\theta$

$s = r\theta$

$\mathrm{d}s = r\mathrm{d}\theta$

よって，先ほどの重心の式は，

$$y_G = \frac{1}{s}\int y\,\mathrm{d}s$$

$$= \frac{2}{2\pi r\alpha}\int_0^\alpha r\cos\theta\cdot r\mathrm{d}\theta$$

$$= \frac{r}{\alpha}\int_0^\alpha \cos\theta\mathrm{d}\theta$$

$$= \frac{r}{\alpha}\Big[\sin\theta\Big]_0^\alpha$$

$$= \frac{r}{\alpha}\sin\alpha$$

と求まる．この関係を第48図の記号を使用して表すと，

$$y_G = r\frac{S_o}{S} = r\frac{\sin\alpha}{\alpha}\cdot\frac{180}{\pi}$$

となる．では，この式を使って半円周，四半円周，六分の1円周の重心をそれぞれ求めてみよう．

半円周

$$y_{G2} = r\frac{\sin 90^\circ}{90^\circ}\cdot\frac{180^\circ}{\pi} = \frac{2r}{\pi}$$

$$= 0.6366r$$

四半円周

$$y_{G4} = r\frac{\sin 45^\circ}{45^\circ}\cdot\frac{180^\circ}{\pi}$$

$$= \frac{4r}{\pi}\cdot\frac{1}{\sqrt{2}}$$

$$= 0.9003r$$

六分の1円周

$$y_{G6} = r\frac{\sin 30^\circ}{30^\circ}\cdot\frac{180^\circ}{\pi} = \frac{6r}{\pi}\cdot\frac{1}{2}$$

$$= 0.9549r$$

これで線の重心というものが，本当によくわかっていただけたので，本来のカテナリ曲線の重心を求めることにしよう．

(4) 懸垂曲線（Catenary Curve）

電線を電柱に架線した場合，電線が作る曲線がカテナリ曲線である．まずこの曲線はどんな曲線であるかということから，学習していこう．

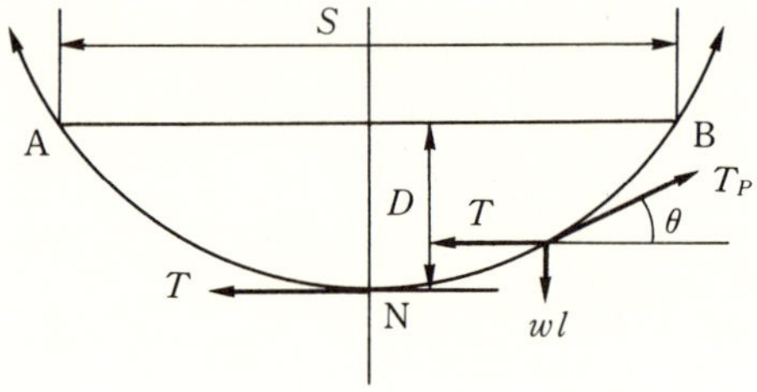

(a)

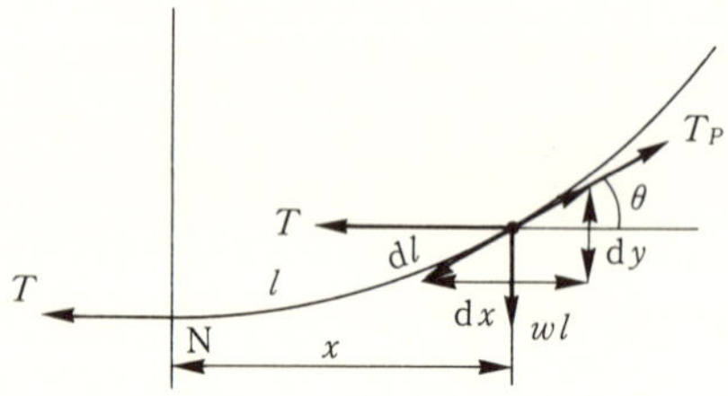

(b)

第40図

第40図の(b)のように各部に働く張力と重力そして長さをそれぞれ次のように表すと，

l = (Line) NP：最低点より測った電線の長さ〔m〕

w：電線の単位長さ当りの重量〔kg/m〕

T：電線に働く水平張力〔kg〕

$$\tan\theta = \frac{\mathrm{d}y}{\mathrm{d}x} = \frac{wl}{T}$$

ここで C を次のように定義して置くと，

$$C = \frac{T}{w}$$

$\tan\theta$ および l は，次のように表せる．

$$\tan\theta = \frac{l}{C}$$

これらの式からカテナリ曲線の重心を求める準備のために，l，y および x を θ でもって微分すると，

$$l = C\tan\theta$$

$$\frac{\mathrm{d}l}{\mathrm{d}\theta} = \frac{\mathrm{d}\,(C\tan\theta)}{\mathrm{d}\theta} = C\sec^2\theta$$

これらの式から縦の成分 y および横の成分 x を求めると,

$$\frac{dy}{d\theta}=\frac{dy}{dl}\cdot\frac{dl}{d\theta}$$

$$=\sin\theta\cdot C\sec^2\theta$$

$$=\frac{C\sin\theta}{\cos^2\theta}$$

$$\frac{dx}{d\theta}=\frac{dx}{dl}\cdot\frac{dl}{d\theta}$$

$$=\cos\theta\cdot C\sec^2\theta$$

$$=\frac{C}{\cos\theta}$$

$$y=C\int_0^\theta\frac{\sin\theta}{\cos^2\theta}d\theta$$

$$=C\int\tan\theta\sec\theta d\theta$$

$$=C\sec\theta$$

$$x=C\int_0^\theta\frac{1}{\cos\theta}d\theta$$

$$=C\log_e(\sec\theta+\tan\theta)$$

ここに,

$$\sec\theta+\tan\theta=\varepsilon^{\frac{x}{C}}$$

$$\sec\theta-\tan\theta=\varepsilon^{-\frac{x}{C}}$$

$$\sec^2\theta-\tan^2\theta=1$$

上記の式の左右の辺をそれぞれ加え合わせたり,差し引いたりすると次の二つの式が得られる.

$$2\tan\theta=\varepsilon^{\frac{x}{C}}-\varepsilon^{-\frac{x}{C}}=2\sinh\frac{x}{C}$$

$$2\sec\theta=\varepsilon^{\frac{x}{C}}+\varepsilon^{-\frac{x}{C}}=2\cosh\frac{x}{C}$$

これらの関係を使用して,y および l を表すと,

$$y=C\sec\theta=\frac{C}{2}(\varepsilon^{\frac{x}{C}}+\varepsilon^{-\frac{x}{C}})$$

$$l=C\tan\theta=\frac{C}{2}(\varepsilon^{\frac{x}{C}}-\varepsilon^{-\frac{x}{C}})$$

となる.

念のため x も確認して見ると,

$$x=C\log_e(\sec\theta+\tan\theta)=C\ln(\varepsilon^{\frac{x}{C}})$$

$$=C\cdot\frac{x}{C}=x$$

である.また,この y および l を双曲線関数をもって表せば,

$$y=C\cosh\frac{x}{C}$$

$$l=C\sinh\frac{x}{C}$$

と表される.これらの双曲線関数を級数に展開すると,

$$y=C\left(1+\frac{x^2}{2!C^2}+\frac{x^4}{4!C^4}+\frac{x^6}{6!C^6}+\cdots\right)$$

$$=C\cosh\frac{x}{C}$$

$$l=C\left(\frac{x}{C}+\frac{x^3}{3!C^3}+\frac{x^5}{5!C^5}+\frac{x^7}{7!C^7}+\cdots\right)$$

$$=C\sinh\frac{x}{C}$$

と表される.そして級数全体を計算するのは大変なので,何も考えないで即止めにして,第2項までを取り上げて計算することにする.すると両式は次のように表される.

$$y\simeq C+\frac{x^2}{2C}$$

$$l\simeq x+\frac{x^3}{6C^2}$$

今後,この式に従って計算を進めていくが,その前に弛み,張力,実長などカテナリ曲線に関係した特徴のあるものを確認しておこう.

両支持点の高さが同一である場合,カテナリ曲線の弛みの最低点は,径間のちょうど中間に位置するところにあると考えられるから,その点について調査をする.すなわち $x=S/2$ の条件を先の y と l の式に代入してみる.

$$y=C+\frac{x^2}{2C}=C+\frac{S^2}{2\times2^2C}=C+D$$

ここに,

$$C=\frac{T}{w}$$

そして,

$$D = \frac{S^2}{8C} = \frac{wS^2}{8T}$$

であるから，それゆえに y は，

$$y = \frac{T}{w} + \frac{wS^2}{8T}$$

または，

$$wy = T + wD$$

と表せる．引き続き l について計算すると，

$$l = x + \frac{x^3}{6C^2} = \frac{S}{2} + \frac{w^2 \times S^3}{6 \times 2^3 \times T^2}$$

$$= \frac{S}{2} + \frac{w^2S^3}{48T^2}$$

となる．そして電線の実長は $L = 2l$ だから，

$$L = 2l = S + \frac{w^2S^3}{24T^2}$$

となる．そこで次に電線の弛度，

$$D = \frac{wS^2}{8T}$$

を代入して，電線の長さ L は次のように表せる．

$$L = S + \frac{8D^2}{3S}$$

では最後の検討項目として，電線に働く張力を調べてみよう．第 40 図に示すように電線に働く水平張力は，電線の最低点からの隔たり x には関係なく一定である．一方，隔たり x に従って変化するものは，電線の長さに従って増加する電線の重量による，垂直方向の荷重である．第 40 図(b)の記号に従ってそれぞれの力を表すと，電線の張力 T_p は次の式で表すことができる．

$$T_p = \sqrt{T^2 + (wL)^2}$$

$$= \sqrt{T^2 + \left(w \cdot C \sinh \frac{x}{C}\right)^2}$$

ここに，

$$w = \frac{T}{C}$$

だから，この値を代入すると上式は，

$$T_p = \sqrt{T^2 + \left(\frac{T}{C} \cdot C \sinh \frac{x}{C}\right)^2}$$

$$= T\sqrt{1 + \sinh^2 \frac{x}{C}}$$

と表される．ここで次の双曲線関数の公式，

$$\cosh^2 A - \sinh^2 A = 1$$

利用すると，簡単な形の式で表すことができる．

$$T_p = T \cosh \frac{x}{C} \simeq T\left(1 + \frac{x^2}{2C^2}\right)$$

先の y や l の式のときと同様に，C および x の値を上式に代入すると，

$$T_p = T\left(1 + \frac{S^2}{8C^2}\right) = T\left(1 + \frac{w^2S^2}{8T^2}\right)$$

$$= T\left(1 + \frac{8D^2}{S^2}\right)$$

となる．

空気取入口の目詰まり

ガスタービンの空気取入口のフィルタに，蛾を主体とする昆虫による目詰まりが生じ，空気取入口通過中の圧力降下が著しく，効率低下も手伝って，長時間の連続運転ができないという状態におちいり，空気フィルタの交換を必要とする事態が起きたのです．ガスタービンが必要とする空気量が多いため，スタンバイ（Stand by）ダクトに空気フィルタを設置し，ガスタービンの運転中に無休止でもって，吸気ダクトごと空気フィルタを切り替えることもできませんした．

対策としては仕方なく比較的に負荷の軽い毎週日曜日に，空気フィルタがあまり汚れない間に，フィルタを交換することにしたのです．汚れた空気フィルタは翌週の日曜日までに，清掃して次の交換に備えるというものです．やはり何と言っても，このように実施可能な現実的な方法が一番よい解決方法です．そして後は話し合いにより，納得してもらってインデムニフィケイション（Indemnification）でもって解決するしかよい方法はありません．

電線の横揺れ周期
(線の重心の求め方)
(その2)

(5) **懸垂曲線の重心** (Gravity Center of Catenary Curve)

第50図のようなカテナリ曲線を考え，この図に用いている記号は次のような関係を持ち，そこに使用する記号の物理的意味は，次のとおりである.

$$C=\frac{T}{w},\quad x=\frac{S}{2}$$

$$D=\frac{x^2}{2C}=\frac{\left(\frac{S}{2}\right)^2}{2\frac{T}{w}}=\frac{wS^2}{8T}$$

ここに，T：N点における水平張力〔kg〕

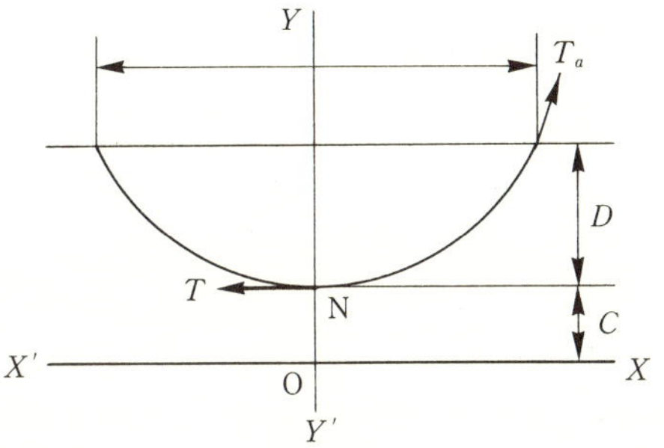

第50図

w：電線の単位長さ当たりの重量〔kg/m〕

x：N点からの隔たり（距離）〔m〕

S：径間〔m〕

D：弛度〔m〕

T_a：支持点に働く電線の張力〔kg〕

カテナリ曲線の最低点Nから横軸方向へ隔たった点Pの，カテナリ曲線の最低点Nから縦軸方向への隔たりyは，

$$y=C\cosh\frac{x}{C}$$

$$=C\left(1+\frac{x^2}{2!C^2}+\frac{x^4}{4!C^4}+\frac{x^6}{6!C^6}+\cdots\right)$$

$$\simeq C+\frac{x^2}{2C}$$

であり，最低点Nから点Pまでの線の長さlは，

$$l=C\sinh\frac{x}{C}$$

$$=C\left(\frac{x}{C}+\frac{x^3}{3!C^3}+\frac{x^5}{5!C^5}+\frac{x^7}{7!C^7}+\cdots\right)$$

$$\simeq x+\frac{x^3}{6C^2}$$

である．そしてその微小長さdlは，

$$dl=\cosh\frac{x}{C}dx$$

よって，カテナリ曲線の重心は，線の重心の定義式に従って，

$$y_G=\int y\,\mathrm{d}S/S$$

$$=\frac{\displaystyle\int_{x=0}^{x=S/2}C\cosh\frac{x}{C}\cdot\mathrm{d}l}{\left(C\sinh\dfrac{x}{C}\right)_{x=S/2}}$$

$$=\frac{\displaystyle\int_0^{S/2}C\cosh\frac{x}{C}\cdot\cosh\frac{x}{C}\cdot\mathrm{d}x}{C\sinh\dfrac{S/2}{C}}$$

$$=\frac{\displaystyle\int_0^{S/2}\cosh^2\frac{x}{C}\,\mathrm{d}x}{\sinh\dfrac{S/2}{C}}$$

この式をいきなり積分するのは難しいから，双曲線関数の2乗の項のみを計算することにする．

$$\cosh^2\frac{x}{C}=\frac{1}{2}\left(\varepsilon^{\frac{x}{C}}+\varepsilon^{-\frac{x}{C}}\right)\times\frac{1}{2}\left(\varepsilon^{\frac{x}{C}}+\varepsilon^{-\frac{x}{C}}\right)$$

$$=\frac{1}{4}\left(\varepsilon^{2\frac{x}{C}}+\varepsilon^{-2\frac{x}{C}}\right)+\frac{1}{2}$$

$$=\frac{1}{2}\left(\cosh\frac{2x}{C}+1\right)$$

この双曲線関数を積分するのに，指数関数の積分公式，

$$\int\varepsilon^{ax}\,\mathrm{d}x=\frac{\varepsilon^{ax}}{a}$$

を使用すると，

$$I(x)=\int\cosh\frac{x}{C}\,\mathrm{d}x$$

$$=\int\frac{1}{2}\left(\varepsilon^{\frac{x}{C}}+\varepsilon^{-\frac{x}{C}}\right)\mathrm{d}x$$

$$=\frac{1}{2}\left(C\varepsilon^{\frac{x}{C}}-C\varepsilon^{-\frac{x}{C}}\right)$$

$$=\frac{C}{2}\left(\varepsilon^{\frac{x}{C}}-\varepsilon^{-\frac{x}{C}}\right)$$

$$=C\sinh\frac{x}{C}$$

そしてまた，指数関数の微分公式から，

$$\frac{\mathrm{d}}{\mathrm{d}x}\varepsilon^{\frac{x}{C}}=\frac{1}{C}\varepsilon^{\frac{x}{C}}$$

を使用して，双曲線関数を微分すると，

$$F'(x)=\frac{\mathrm{d}}{\mathrm{d}x}\sinh\frac{x}{C}$$

$$=\frac{\mathrm{d}}{\mathrm{d}x}\left[\frac{1}{2}\left(\varepsilon^{\frac{x}{C}}-\varepsilon^{-\frac{x}{C}}\right)\right]$$

$$=\frac{1}{2}\left(\frac{1}{C}\varepsilon^{\frac{x}{C}}+\frac{1}{C}\varepsilon^{-\frac{x}{C}}\right)$$

$$=\frac{1}{2C}\left(\varepsilon^{\frac{x}{C}}+\varepsilon^{-\frac{x}{C}}\right)$$

$$=\frac{1}{C}\cosh\frac{x}{C}$$

この結果を，先の双曲線の重心を求める式に代入して計算を続けると，

$$y_G=\frac{\left[\dfrac{C\sinh\dfrac{2x}{C}}{4}+\dfrac{x}{2}\right]_0^{S/2}}{\sinh\dfrac{S/2}{C}}$$

$$=\frac{\dfrac{C}{4}\cdot\sinh\dfrac{2\cdot S}{C2}+\dfrac{S}{2\cdot 2}}{\sinh\dfrac{S/2}{C}}$$

$$=\frac{\dfrac{C}{4}\cdot\sinh\dfrac{S}{C}+\dfrac{S}{4}}{\sinh\dfrac{S}{2C}}$$

ここで双曲線関数を級数に展開し，第2項まで採用すると，上式は，

$$y_G\simeq\frac{\dfrac{C}{4}\cdot\left(\dfrac{S}{C}+\dfrac{S^3}{6C^3}\right)+\dfrac{S}{4}}{\dfrac{S}{2C}+\dfrac{S^3}{6\cdot 8C^3}}$$

$$=\frac{12C^2+S^2}{\dfrac{24C^2+S^2}{2C}}=\frac{24C^3+2CS^2}{24C^2+S^2}\qquad(1)$$

と y_G は求まる．ここで第50図に立ち返り，懸垂線の支持点から懸垂線の重心までの垂直距離は，単振動を実演する振り子の長さに相当する

から，この垂直距離 y'_G は，

$$y'_G = D-(y_G-C) \qquad (2)$$

ここに，

$$D = \frac{wS^2}{8T} = \frac{S^2}{8C} \qquad (3)$$

だから，(2)式に(1)式，(3)式を代入すると，y'_G は，

$$y'_G = \frac{S^2}{8C} - \frac{24C^3+2CS^2}{24C^2+S^2} + C$$

$$= \frac{S^2(24C^2+S^2)-8C(24C^3+2CS^2)}{8C(24C^2+S^2)} *$$

$$* \frac{+C(8C)(24C^2+S^2)}{}$$

$$= \frac{16C^2S^2+S^4}{192C^3+8CS^2}$$

ここで，

$$S^2 = 8CD$$

の関係を使用して，上式を S のない式に戻すと，

$$y'_G = \frac{16C^2\cdot 8CD+8CD\cdot 8CD}{192C^3+8C\cdot 8CD}$$

$$= \frac{2CD+D^2}{3C+D}$$

となり，もう一度，

$$C = \frac{T}{w}$$

の関係を利用して，

$$y'_G = \frac{2\dfrac{T}{w}D+D^2}{3\dfrac{T}{w}+D} = \frac{D\left(2\dfrac{T}{w}+D\right)}{3\dfrac{T}{w}+D}$$

と求まる．

(6) 放物線（parabola）の重心

ここまで懸垂曲線（カテナリ曲線）について調べてきたが，カテナリ曲線は双曲線関数で表される．このとき双曲線関数をそのままで計算することは難しいので，級数に展開し第2項までをとり，数値計算を行うが，この第2項までとるということは，放物線として扱い，二次関数として処理するということである．では最初から二次関数として扱ったときには，どのようになるかを調べて見よう．では，いままでと同じ記号を使用して放物線を数式として表して行くと，

$$y = C + \frac{x^2}{2C}$$

$$l = x + \frac{x^3}{6C^2}$$

$$\frac{\mathrm{d}l}{\mathrm{d}x} = 1 + \frac{3x^2}{6C^2}$$

$$\mathrm{d}l = \left(1+\frac{x^2}{2C^2}\right)\mathrm{d}x$$

であるから，線の重心の定義式に従って，

$$y_G = \int y\frac{\mathrm{d}S}{S}$$

$$= \frac{\displaystyle\int \left(C+\frac{x^2}{2C}\right)\left(1+\frac{x^2}{2C^2}\right)\mathrm{d}x}{\left(x+\dfrac{x^3}{6C^2}\right)_{x=S/2}}$$

$$= \frac{\displaystyle\int_0^{S/2}\left(C+\frac{x^2}{2C}+\frac{Cx^2}{2C^2}+\frac{x^4}{4C^3}\right)\mathrm{d}x}{\dfrac{S}{2}+\dfrac{S^3}{6\cdot 8C^2}}$$

$$= \frac{\displaystyle\int_0^{S/2}\left(\frac{x^4}{4C^3}+\frac{x^2}{C}+C\right)\mathrm{d}x}{\dfrac{S}{2}+\dfrac{S^3}{6\cdot 8C^2}}$$

$$= \frac{\left[\dfrac{x^5}{5\cdot 4C^3}+\dfrac{x^3}{3C}+Cx\right]_0^{S/2}}{\dfrac{S}{2}+\dfrac{S^3}{6\cdot 8C^2}}$$

$$= \frac{\dfrac{S^5}{32\cdot 5\cdot 4C^3}+\dfrac{S^3}{8\cdot 3C}+\dfrac{CS}{2}}{\dfrac{S}{2}+\dfrac{S^3}{6\cdot 8C^2}}$$

$$= \frac{3S^4+80C^2S^2+960C^4}{960C^3+40CS^2}$$

と求まる．

引き続いてカテナリ曲線のときにならって，支持点から重心までの垂直距離 y'_G を求めれば，

$$y'_G = D-(y_G-C)$$

$$= \frac{S^2}{8C} + C - \frac{3S^4+80C^2S^2+960C^4}{960C^3+40CS^2}$$

$$= \frac{S^2+8C^2}{8C} - \frac{3S^4+80C^2S^2+960C^4}{960C^3+40CS^2}$$

$$= \frac{(S^2+8C^2)(960C^3+40CS^2)}{8C\,(960C^3+40CS^2)} *$$

$$* \frac{-8C\,(3S^4+80C^2S^2+960C^4)}{}$$

$$= \frac{C^2S^2\,(960+320-640)+S^4\,(40-24)}{7\,680C^3+320CS^2}$$

$$= \frac{640C^2S^2+16S^4}{7\,680C^3+320CS^2} = \frac{40C^2S^2+S^4}{480C^3+20CS^2}$$

ここで先のカテナリ曲線の場合と同様に,

$$S^2 = 8CD$$

なる関係を上式に代入して,

$$y'_G = \frac{40C^2\cdot 8CD+8\cdot 8C^2D^2}{480C^3+20C\cdot 8CD}$$

$$= \frac{40CD+8D^2}{60C+20D}$$

$$= \frac{(10C+2D)\,D}{15C+5D} = \frac{2D\,(5C+D)}{5\,(3C+D)}$$

となり，先のカテナリ曲線の場合と同様に,

$$C = \frac{T}{w}$$

なる関係を上式に代入して,

$$y'_G = \frac{2D\left(5\dfrac{T}{w}+D\right)}{5\left(3\dfrac{T}{w}+D\right)} = \frac{D\left(2\dfrac{T}{w}+\dfrac{2}{5}D\right)}{3\dfrac{T}{w}+D}$$

と求まった.

右辺の値はカテナリ曲線の値と比較するために変化した．係数の計算が沢山あったので，係数の計算のところだけ検算してみる.

$$y'_G = C+D-y_G$$

$$= C+\frac{S^2}{8C} - \frac{\dfrac{S^4}{16\cdot 5\cdot 4C^3}+\dfrac{S^2}{4\cdot 3C}+C}{1+\dfrac{S^2}{6\cdot 4C^2}}$$

$$= \frac{S^2+8C^2}{8C}$$

$$- \frac{\dfrac{6\cdot 4C^2S^4}{16\cdot 5\cdot 4C^3}+\dfrac{6\cdot 4C^2S^2}{4\cdot 3C}+6\cdot 4C\cdot C^2}{6\cdot 4C^2+S^2}$$

$$= \frac{(S^2+8C^2)(6\cdot 4C^2+S^2)}{8C\,(6\cdot 4C^2+S^2)} *$$

$$* \frac{-8C\left(\dfrac{3S^4}{8\cdot 5C}+2CS^2+6\cdot 4C^3\right)}{}$$

$$= \frac{(6\cdot 4+8-8\cdot 2)\,C^2S^2+\left(1-\dfrac{3}{5}\right)S^4}{8\cdot 6\cdot 4C^3+8CS^2}$$

$$= \frac{16C^2S^2+\dfrac{2}{5}S^4}{192C^3+8CS^2}$$

ここで先と同様に,

$$S^2 = 8CD$$

の関係を代入すると,

$$y'_G = \frac{16C^2\times 8CD+\dfrac{2}{5}\times(8CD)^2}{192C^3+8C\times 8CD}$$

$$= \frac{16CD+\dfrac{2\times 8}{5}D^2}{24C+8D} = \frac{2D\,(5C+D)}{5\,(3C+D)}$$

ここで C の値を代入すると,

$$y'_G = \frac{2D\left(5\dfrac{T}{w}+D\right)}{5\left(3\dfrac{T}{w}+D\right)} = \frac{D\left(2\dfrac{T}{w}+\dfrac{2}{5}D\right)}{3\dfrac{T}{w}+D}$$

と求まり，先の値と一致したので計算は正しい.

(7) 電線の単振動 (Simple Oscillation of Cable)

各部の値を**第 51 図**のように定め，この図を基に単振動について考察してみよう.

ここに，$\overline{\mathrm{OA}}$：垂線で単振動の対称軸

$\overline{\mathrm{AB}}$：単振動の振幅の右側の 2 分の 1

w：重錘の重量

l：支点 O から錘の重心点 B までの長さ

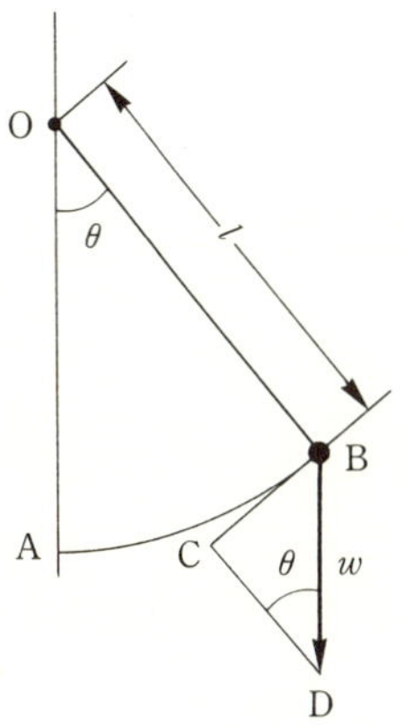

第51図

θ：単振動の振れ角の2分の1

$\theta = \angle AOB = \angle BDC$

線$\overline{BC}$の長さは，

$\overline{BC} = w \sin\theta$

弧$\overset{\frown}{AB}$の長さは，

$\overset{\frown}{AB} = l\theta$

振動する重錘の質量は，

$$M = \frac{w}{g}$$

そして，重錘の変位の変化率，すなわち加速度と角加速度との関係は，

$$\frac{d(d(l\theta))}{d(dt)} = \frac{d^2(l\theta)}{dt^2} = l\frac{d^2\theta}{dt^2}$$

と表される．そして，これらの関係を使用して慣性力を表すと，

$$-Ml\frac{d^2\theta}{dt^2} = -\frac{w}{g}l\frac{d^2\theta}{dt^2}$$

また，重力により生じる接線方向の運動力は，

$-w\sin\theta$

で表される．これらの力の平衡状態を考えて，運動の状態方程式を作ると，

$$-\frac{w}{g}l\frac{d^2\theta}{dt^2} - w\sin\theta = 0$$

この方程式の係数を整理すると，

$$\frac{l}{g}\frac{d^2\theta}{dt^2} + \sin\theta = 0$$

$$\frac{d^2\theta}{dt^2} + \frac{g}{l}\sin\theta = 0$$

となり，この式は正弦の項が存在する無理方程式なので解くことはできない（同期電動機の過渡安定度の項の，非線型方程式の近似式による解法を参照）から，線形式で近似する．なお角度が小さければ，正弦値とラジアンで表した角度値は等しいと考えてよい．

この条件の下に上式を書き換えると，

$$\frac{d^2\theta}{dt^2} + \frac{g}{l}\theta = 0$$

この方程式をすっきりした形にするために，

$$\frac{g}{l} = k^2$$

とおくと，数学書にでてくるようなすっきりした形の二階線形常微分方程式が出来上がる．

$$\frac{d^2\theta}{dt^2} + k^2\theta = 0$$

この微分方程式の一般解は，次の形で表される．

$\theta = A_1\varepsilon^{\lambda_1 t} + A_2\varepsilon^{\lambda_2 t}$

もし，

$\lambda^2 + k^2 = 0$

ならば，λの二つの根はそれぞれ，

$\lambda_1 = jk, \quad \lambda_2 = -jk$

であるから，解θは次のように書き表される．

$\theta = A_1\varepsilon^{jkt} + A_2\varepsilon^{-jkt}$

また，ここで指数関数を三角関数でもって表すと，

$\varepsilon^{jkt} = \cos kt + j\sin kt$

そして，

$\varepsilon^{-jkt} = \cos kt - j\sin kt$

であるから，解θは次のように書き換えることができる．

$\theta = (A_1 + A_2)\cos kt + (jA_1 - jA_2)\sin kt$

ここで，また新たに積分定数を考え，

$C_1 = A_1 + A_2$

そして，

$C_2 = jA_1 - jA_2$

と定義し直すと，解は次のように書き表される．

$$\theta = C_1 \cos kt + C_2 \sin kt$$

これらの積分定数を求めるに当たり，解の式より見て $t = 0$ における振れ角度は，$\theta_0 = C_1$ でなくてはならない．

また，変化する角度 θ を時間 t でもって微分すると，

$$\frac{d\theta}{dt} = -kC_1 \sin kt + kC_2 \cos kt$$

が得られる．一方，第51図から，変位量は弧の長さ $\overset{\frown}{AB} = l\theta$ であるから，弧に沿った変位量の時間 t による微分値は，

$$l \frac{d\theta}{dt} = v_0$$

であるから，この関係から上式の微分値は，

$$\frac{d\theta}{dt} = \frac{v_0}{l} = kC_2$$

でなくてはならない．ゆえに積分定数は，

$$C_2 = \frac{v_0}{kl}$$

と求まる．

$t = 0$ における振れ角度 θ_0 の値は，

$$\theta_0 = C_1$$

となり，したがって積分定数は，

$$C_1 = \theta_0$$

となり，これで二つの積分定数 C_1 および C_2 が求まった．これら二つの積分定数の値を振れ角度 θ の式に代入すると，

$$\theta = \theta_0 \cos kt + \frac{v_0}{kl} \sin kt$$

この式における最大振幅 θ において，時間 t は零であるから，上の式は次のように書き換えられる．

$$\theta = \theta_0 \cos kt = \theta_0 \cos \sqrt{\frac{g}{l}}\, t$$

また，ここで角速度に当たるこの項を，

$$\sqrt{\frac{g}{l}} = \omega = 2\pi f$$

とおくと，振れ角 θ の式は，

$$\theta = \theta_0 \cos \omega t$$

となり，すっきりとした見事な単振動の式が出来上がった．

今回使用した角速度から周波数を求めれば，

$$f = \frac{\sqrt{g/l}}{2\pi}$$

となる．引き続いて周波数と周期の関係から周期を求めると，

$$T = \frac{1}{f} = \frac{2\pi}{\sqrt{g/l}} = \frac{2\pi}{\sqrt{g}} \sqrt{l}$$

となり，周期と振り子の長さの関係が求まる．

ここで係数の中の重力の加速度 g は，

$$g = 980.665 \text{〔cm/s}^2\text{〕}$$

であるから，この値を上式に代入すると，

$$T = 0.2006409\sqrt{l} \text{〔s〕}$$

と求まる．そして前項で求めたカテナリ曲線の重心 y'_G がこの振り子の長さ l に当たるから，先の項で求めた y'_G を使って表せば，電線の横振周期は，

$$T = 0.20064093\sqrt{y'_G} \text{〔s〕}$$

と表すことができる．

懸垂曲線の弛度がわかっている場合，略算式を使って振動周期を求めると，

$$l \simeq \frac{2}{3} D$$

だから，先ほどの周期の式は，次のようになる．

$$T = 0.20064093\sqrt{2/3} \cdot \sqrt{D}$$

$$T = 0.20064093 \times 0.8164965\sqrt{D}$$

$$= 0.1638226\sqrt{D} \text{〔s〕}$$

このようにして，架空ケーブル線路の横振れ周期を求めることができた．そして風の周期とケーブルの横振れ周期は，十分に離れていることを知ることができた．これで安心して吊架線を使用した電力ケーブル線路を，架空線路方式にて建設することができた．

いよいよ，これで積分演習の講義も終わることとなりますが，微分方程式を解くということは，とりもなおさず積分をすることにほかならないということです．このようなわけでいままでの他の講義を理解する上での，一助になれば幸いと願う次第です．

電力卸売事業（IPP）用発電設備

見積仕様書（案）

1996年4月

○○商事株式会社

1

○○ IPP ○○ MW ○○発電設備見積仕様書

目　次

2

第５章　保証事項

第６章　引渡し及び検収条件

第７章　見積提出資料

第８章　添付資料その他

添付資料
- IPP プロジェクト事業計画の概要
- 入札価格計算書記入例
- 技術検討に必要な資料

第１章　全　般

本見積仕様書は，当社が〇〇県〇〇市〇〇に設置する〇〇型〇〇 MW 〇〇発電所に適用する．

1．1　目　的

改正電気事業法令施行（1995 年 11 月 1 日）に伴い〇〇電力（株）が募集する電力卸供給に応じる〇〇対応（標準利用率 30%）電源（供給開始 1999 年 6 月）として応札し，適正なる価格でもって落札し，将来 15 年間に亘り適正なる利益を得て，この事業を行うことを目的とする．

1．2　概　要

本発電設備には，〇〇タービン発電設備そして排熱回収ボイラーと蒸気タービン発電設備を設置し，燃料には液化〇〇ガスを又はケロシンを使用する．

本事業が経済性に優れ，且つ堅実なものと成るように信頼度の高いシステムとする．

更に極力自動化を図り，運転保守維持面でも信頼性と経済性に優れたものとする．

1．3　契　約

本発電所設置プロジェクトのエンジニアリング，機器の供給，据付，試運転調整，建築土木工事を含む，総括請負契約とするが，特段の事情が無い限り，土木建築工事に関しては〇〇建設㈱を組み入れること．

1．4　工　程

本プロジェクトは 1997 年 1 月に総括請負契約を締結し，1999 年 6 月にこの発電所を完成させ，引き続き 1999 年 6 月まで試運転調整を行い，1999 年 6 月に営業運転を開始する．

上記のマイルストーンを基に本プロジェクトの詳細なる全体工程表を提出のこと．

1．5　準拠規格

本プロジェクトの遂行に当たって，最新の法令，基準，省令，告示及びその他か関係法令に準拠すると共に自治体条例や行政指導に従うこと．

(1) 関係法令基準等

1）系統連系技術要件ガイドライン

2）電気事業法
3）発電用火力設備に関する技術基準
4）電気工作物の溶接に関する技術基準
5）電気設備に関する技術基準
6）火薬類取締法
7）放射線同位元素等による放射線障害防止に関する法律
8）特定物質の規制等によるオゾン層保護に関する法律
9）建設業法
10）エネルギーの使用の合理化に関する法律
11）消防法
12）高圧ガス取締法
13）建築基準法
14）労働安全衛生法
15）労働基準法
16）環境基本法
17）大気汚染防止法
18）水質汚濁防止法
19）騒音規制法
20）振動規制法
21）悪臭防止法
22）石油コンビナート等災害防止法
23）工場立地法
24）毒物及び劇物取締法
25）港湾法
26）水産資源保護法
27）廃棄物の処理及び清掃に関する法律
28）河川法
29）都市計画法
30）○○県条例及び指導（○○町の指導も含む）
31）航空法
32）計量法
33）電波法

(2) 規格指針等
1）日本工業規格（JIS）
2）電気学会電気規格調査会標準規格（JEC）
3）日本電機工業会規格（JEM）

4）日本電線工業会規格（JCS）
5）日本ボイラ協会の指針
6）労働省産業安全研究所技術指針「工場電気設備防爆指針」（ガス蒸気防爆）
7）日本電気協会で規定する電気技術規程（JEAC）および指針（JEAG）
8）日本非破壊検査協会規格（NDIS）
9）日本溶接協会規格（WES）
10）日本建築学会各種構造設計及び計算規格（AIJ 規格）
11）日本建築学会建築工事標準仕様書（JASS）
12）○○電力会社の指導
13）ANSI, ASME, ASTM, NEC, NFPA, TEMA, ISO, IEC, API, etc.
（但し，上記の日本規格，基準に適合すること.）

1．6　設計条件

1）設置場所　○○県○○市○○町○○

2）外気条件

大気圧力	1.0332	kg/cm^2 abs	
温　度	最高	37℃	
	最低	− 9℃	
	計画	15℃ /30℃	
相対湿度	最高	95%	
	計画	60%	85%

3）標　高
海　抜　460m

4）稼働時間
稼働時間は，○○電力（株）標準運転パターンのピーク型（年間稼働率30%）を対象とするが，機器は長時間の連続運転に支障が無いものとする.
又，本設備は，毎日１回の起動一停止（DDS）に適したものであること．同時に，起動一停止に因る損失を極力少なくすること.
始動時の暖機が，短時間且つ安全に行えると同時に，寿命や性能に悪影響を与えぬこと.
毎日の全負荷運転時間は，午前８時から午後８時迄とする．そのために始動準備時間と停止後の冷機や養生時間は，機器の性能や寿命に悪影響を与えない範囲で極力短縮化を図り，起動一停止操作の簡素化を図ると共に，起動一停止の損失を最小化すること.

5）燃　料
燃料は液化○○ガス又はケロシンが使用出来るものとする．液化○○ガス燃料使用の場合，起動時にケロシンが必要か否かを明記すること.

当発電設備で使用する燃料の性状は夫々次の通りである．

① 液化○○ガス性状組成表

　添付資料参照のこと．

② ケロシン性状組成表

　添付資料参照のこと．

第2章 計 画 基 準

2．1 全　般

この発電設備の設計理念は高い信頼度，低い危険負担，最小の人員と経費による運転と保守，そして運転中に必要な最大限の日常点検や保守が安全に実施出来ること．

機器や材料は最大限の標準化を図り，予備品の在庫数の低減並びに保守指導の容易化に因り，機器の運転の容易化を図ると共に運転維持費の経済性を図ること．

危険物の取扱は法規に則り，従業員が安全に実施出来るようにすると共に，万一の場合に於いても被害が最小限に成るように設計すること．

契約者の義務として機器の操作性，保守の容易性，従業員や社会環境に対する衛生や安全に関して定常運転中のみならず，始動，停止，そして危急操作をも考慮し万全を期すること．

主要機器の設計寿命は10万時間とするが，安全性や経済性から見て，計画的に交換した方が得策である場合は慣習に倣って交換するものとする．その他の機器や設備の設計寿命は準拠基準を満足するものとする．

運転や保守に必要な電気，空気，水，油等は，常に現場で必要に応じて使用できるような設備にして置くこと．

吸湿すると特性が劣化したり腐食により寿命が短縮するものは，吸湿防止対策や結露防止策を施すこと．

又，土地柄必要な積雪対策や凍結防止対策を充分に施すこと．

2．2 レイアウト

各機器のレイアウトは，エネルギー，ガス，空気，水等夫々の流れが極力一方向に成るようにし，夫々の流れが互いに輻輳しないようにすること．

運転や保守時に安全のために必要な場所や空間は充分に確保しておくこと．

例えば動力と計装回路は誘導障害防止のため，十分な離隔距離を確保すること．又，排気の温度が吸気の空気温度に影響を与えることの無いように配置すること．

2．3 ○○タービン発電機

1）出　力

四季を通じて○○タービン設備の能力を最大限に利用出来るように出力を決定のこと．

2）○○タービン

形　式　デュアル燃料方式とし，いずれの燃料でも100%の出力が可能とする．

出　力　空気圧縮機には吸気冷却システムを設け大気温度30℃ま

で，最大出力を保持できるものとする．

吸気損失　○○ mmH_2O

排気損失　○○ mmH_2O

3）発　電　機

形　　式　空気冷却式

力　　率　0.90（遅れ）

定格電圧　11.5 kV

励磁方式　ブラッシュレス方式

4）吸気冷却システム

冷 凍 機　ターボ冷凍機

5）冷却水設備

工業用水の使用量に一日当たり 1,000 トンと言う上限値が決められているため，工水を冷却水として直接使用することが経済的に得策で無いものは，工水を冷却塔を介して循環させ，補給水のみを工水で賄うことを考慮する．しかし飽くまで経済性を損なってはならない．

ここで使用する冷却水は，○○タービンの吸気冷却設備のみでなく，本発電設備の付属設備の冷却にも使用のこと．

2．4　燃料供給設備

燃料供給設備は，一部分の故障のために発電設備を停止させることの無いようにすると共に，運転中に連続運転に必要な点検整備が出来るようにすること．

1）液化ガス供給設備　　1 式

2）ケロシン供給設備　　1 式

2．5　排熱回収ボイラー設備

1）排熱回収ボイラー

四季を通じて○○タービンの排熱を最大限に利用すべきだが，決して○○タービン効率と出力を犠牲にしてはならない．

形　　式　　立型，複圧式

煙　　突　　高さ　60 m 以下

2）給水設備

ボイラー給水設備は，一部分の故障のため発電設備全体を停止することの無いように計画のこと．

3）煙突の高さ

当地で許容される最高の高さ 60 m 以下で以って，排気音の低減と煤塵の拡散を図ること．

2．6　○○タービン発電設備

1）出　　力

四季を通じて○○タービンの排熱を，有効に回収出来るように出力を決定のこと．

2）○○タービン

形　　式　複圧式復水タービン

発　電　機

形　　式　空気冷却式

力　　率　0.90（遅れ）

定格電圧　11.5 kV

励磁方式　ブラッシュレス方式

2．7　付　属　設　備

1）空気冷却復水器

a．設備能力

月平均最高気温にて当設備の必要最大量を賄って，尚充分な余裕があること．

b．空気温度差

7℃以下　　排気側にて

c．設　　備

排気蒸気管，空気冷却復水器，復水戻り管，ホットウエル，そしてレベル検出及び警報装置等　　1 式

d．設計上の注意点

イ．空気取入口には外気温度差が充分に利用出来るように，排気側から遮蔽して置くこと．

ロ．空気取入口には枯葉や鳥を吸い込まないようなスクリーン設備を設置のこと．

ハ．空気取入口のスクリーンは，運転中にも安全に付着物を取り除けるようにして置くこと．

2）純水設備

純水設備は，ボイラー補給水のみでは無く，○○タービンの噴射水及び洗浄水をも賄いえること．

純水用原水は，市水を考えること．

3）廃水処理設備

ボイラー・ブロー水は廃水処理した後，調整槽を経て市より指導された方法で排水すること．

4）補助ボイラー

プラントの起動用及び凍結防止用と使用するものを準備のこと．

2．8　用　役　条　件

当敷地内では工業用水は得られないから，近くから分岐して引き入れるものとする．

尚，市水は隣接道路まで来ている．

電気は売電用設備を利用して，本設備より得ること．

圧縮乾燥空気は，発生装置を設置すること．

但し，建設中の臨時電力や水道水そして通信設備は，契約者が臨時使用として契約者自身で購入契約をすること．

2．9　電　気　設　備

○○電力（株）に対する電力卸供給設備で在るため，“系統連系技術用件ガイドライン”に従い，保護継電方式，系統用遮断器の再閉路方式，給電情報自動配送装置，給電指令関連保安通信設備，取引電力量計量装置等を設置する場所と計器や継電器盤を設置する部屋とケーブル敷設ルート，そして系統連系機器の試験調整に必要な床及び空間並びに試験器材の搬入搬出通路，そして最も空間を必要とする耐圧試験用の空間と，耐圧試験電圧供給用接続装置やケーブルの懸垂装置や支持装置を準備すると共に，それ等のものが安全な試験を行うために，安全に供せるように良く指導を受け設計施工に反映させること．

1）発電装置付属装置

同期装置，接地装置付発電機遮断機，励磁調整装置，発電機監視装置，発電機保護継電装置，潤滑油装置，断路器付中性点抵抗器等　　1式

2）発電機用昇圧変圧器

連　続　定　格

定　格　出　力：　契約者により決定のこと．

一　次　電　圧：　○○ kV　140号絶縁　○○電力の指導によること．

二　次　電　圧：　11.5 kV　10A号絶縁

結線方式，角変位，中性点接地方式は，○○電力（株）の指導によること．

タップ電圧は 2.5%間隔，上下 5%全容量無電圧切替とする．

線路側端子には避雷装置を考慮のこと．

3）所内用電力変圧器

連　続　定　格

定　格　出　力：　契約者により決定のこと．

一次定格電　圧：　11.5 kV　10A号絶縁

二次定格電　圧：　3.3 kV　3A号絶縁

結　線　方　式：　△－△

角　　変　　位：　0°

タップ電圧は 2.5%間隔，上下 5%全容量無電圧切替とする．

4）特別高圧接地装置付線路開閉器

接地装置は無電圧検出装置とインターロックを取ること．

電流容量や短絡時の許容電流に関しては，○○電力（株）の指導によること．

定格電圧は，140 kV とする．

5）特別高圧用断路器

定格電圧は，140 kV とする．

しかし，他は前項4）項に準ずる．

6）特別高圧線路用避雷器

種　　類：　酸化亜鉛使用無間隙避雷器

定格や接地位置は，○○電力（株）の指導によること．

7）特別高圧線路用遮断器

定　格　電　圧：　○○ kV　○○電力（株）の指導によること．

動　作　責　務：　甲号　単相及び三相再閉路用

定格電流，短時間電流，遮断電流，投入電流等に関しては，○○電力（株）の指導によること．

8）高圧配電設備

3.3 kV を供給電圧として採用し，高圧補機電動機の始動・運転に最適な方式とし，保守時の安全確保のため，開閉装置は引き出し型とする．

9）低圧配電設備

400 V を供給電圧として採用し，低圧補機電動機の始動・運転に最適な方式とし，保守時の安全確保のため，開閉装置は引き出し型とする．

10）照明配電設備

200 V 三相中性点引出方式を採用し，100 V，200 V 両回路に給電する．

総ての分岐回路には，漏電遮断機能付分岐開閉器を通して給電する．

11）無停電電源装置

当発電設備の停止時や非常時の安全な制御，監視，そして操作電源確保のため，直流無停電電源と交流無停電電源を用意すること．

○○タービンと CO_2 消火設備には，上記とは別に独立した直流無停電

装置を夫々に設置すること．

12）防爆電気設備

燃料移送及び供給設備には，非接地式防爆方式を採用すること．

13）昆虫や小動物侵入防止

電気室や電気品には，昆虫や小動物侵入防止装置を設置のこと．

2．10　監視制御設備

1）運転方法

起動，運転，停止及び緊急停止操作は，1 名の運転員で可能な方式とすること．

起動，運転，負荷変更は，ボタン一つの操作で可能なこと．

2）運転場所

定　常　運　転：	中央のみ	制御卓
緊　急　停　止：	中央及び機側	制御卓及び機側
起　動・停　止：	中央及び機側	制御卓及び機側

3）設備及び性能

a．機器監視制御装置

b．DCS 設備（CRT，プリンター，ハードコピヤーを含む．）

c．現場計器

d．警報及び保安装置

e．サンプリング装置

f．テレメータ・システム

対象：　煤煙濃度，SOx 濃度，NOx 濃度

4）設計上の注意点

a．停止用及び起動ブロック用インターロックは，検出器の接点をハードワイヤーで直接接続しフェールセーフ（Fail Safe）で在ること．

b．コントロール・ループのインターロックは，冗長化方式（Two of Three Redundant Logic）とすること．

c．運転管理システム（作表報告書）

エベント・レコード，トレンド表示，運転状況表，日報，週報，四半期表，年報

（これ等のものには，発電原価及び効率管理に必要なもの全てを含むこと．）

2．11　保全環境設備

1）脱硝設備

排ガス中の NOx 濃度は，アンモニア脱硝設備を設け，O_2 含有量 16% に於いて 9 ppm 以下とすること．

2）騒音防止装置

○○タービン発電設備や変圧器は，防音壁で以って遮音し，吸気音や排気音は遮音板や煙突の高さで以って，敷地境界線に於ける規制値を守れるようにすること．

3）廃水処理設備

廃水は全て廃水処理後，市の指導に従って排水すること．

4）不審者進入防止装置

緊急時の避難を考慮した，部外者進入防止設備を設けること．

5）緊急処置に対する保安装置

火災や停電等による緊急停止装置や自動消火装置による，処置後の安全確認及び安全確保装置を準備すること．

2．12　土木・建築物及び付帯設備

1）土質と地質

土質や地質に関しては，契約者が調査のこと．

2）地盤と床面高さ

地盤の高さは過去歴史上の災害を基に決定し，床面は地盤より 30 cm 高くすること．

地盤高さの決定に当たっては，発注者とも協議すること．

機器の基礎の高さは，床面より 30 cm 以上高くすること．

3）構　築　物

構築物，特に構想物は不燃構造とし，金属構築物は全て接地を取り付け，柱等主構造物は事故電流や雷電流が流れ込んだ場合にも，安全上問題が生じないこと．

a）運転管理室

事務室（給湯設備付），中央監視制御室，計器室，喫煙室兼休息室，（給湯設備付），更衣室，応接室兼会議室，トイレ及びシャワー室を設けること．

b）電　気　室

ケーブル・ピットやトレンチを用意すると同時に中央監視室に至る天井や床下はケーブル・セラーに代わる空間として利用出来るようにして置くこと．

電気室に隣接する所に，蓄電池室，電力系統保護継電器室と取引用計器設置室，そして保安通信送受信器室を設けること．

蓄電池室の前には洗面台とアイ・ウォッシャーを設けること．

蓄電池室の床及び腰壁は耐酸構造とし，天井近くに換気扇を設けること．

c）予備品保管庫及び薬品・消耗品保管庫

通常の運転・保守に必要な予備品を保管する保管庫を設けること.

d）付帯設備

(1) 浄化槽は，トイレ廃水と生活廃水を含む合併浄化槽とすること.

(2) 浄水は敷地境界線が市道に接するところで，市水を受け取る.

(3) 空調，照明，時計，時報装置は，契約者にて設計施工のこと.

e）排　水　他

通路や道路の横には側溝を設け雨水排水に導き，工場排水とは別系統の配水管で油水分離槽に導くこと.

f）植　　栽

工場立地法に準ずる播種に因る芝付工事及び植樹工事を行うこと.

訪問者用通路側は張芝工事を行うこと.

又，植樹には適期を勘案の上移植のこと.

g）外　　柵

敷地周辺には外柵を設けること.

h）そ　の　他

残土廃材は，市の指導に基づき場外処分のこと.

2. 13　搬入・据付・配管工事

1）搬入・保管

搬入は陸路のみが利用出来る.

保管場所は敷地内を利用し，発注者が割り当てるが，地面の改良，排水，荷敷き，雨除け，日除け，警備等保管のために必要な事柄全て契約者が行うこと.

荷受け，荷降し，搬入に必要なクレーン用足場やトレーラ用道板等必要なもの全て契約者が準備すること.

2）据　　付

大型回転機の芯出し，レベル出しは，据付記録を採り提出のこと.

3）配管工事

配管工事は出来る限りプレファブリケーション方式によるが，当発電設備の配管工事には，次の工事も含まれる.

① 配管工事（燃料，空気，排ガス，潤滑油，冷却水，上水）

② 配管検査（X線，水圧，気密等一切の検査）

③ フラッシング

④ サポート工事（エクスパンジョン部分も含む）

⑤ 保温，保冷工事（ラッギング工事も含む）

⑥ 塗装工事（防食塗装のみならず識別塗装及び行先表示も含む）

⑦ スチーム・トレス

2. 14　保安防災設備

屋外変圧器には散水消火設備を設けること.

計画に当たっては消防署の指導によること.

建屋，燃料供給設備には，法令に基づく自動火災報知器と自動消火設備を設けること.

2. 15　通信設備

1）公共電話

事務室，中央監視制御室に各1台設ける.

2）私設電話

私設自動交換器を通して下記各所に通話が可能なこと.

事務室，中央監視制御室，消火ポンプ室，守衛所，機側制御盤室，そして電気室に各1台設置すること.

可能な限り緊急呼出通話装置と共用のこと.

3）ページング

呼出通話装置とスピーカ緊急呼出装置を中央監視制御室，機側制御盤室，そしてレイアウト上きまる現場の運転上必要な箇所に設置すること.

第3章 見 積 範 囲

見積範囲は，当○○発電所を電力卸供給事業に供するため，全ての設備の設計，資材手配，製作，試験検査，輸送，搬入，据付，組立，試運転調整を含むものとする.

運転・保守に関する要員の教育，○○電力（株）並びに関係官庁認可申請に必要とする全ての書類を含むものとする.

（1）○○タービン発電設備
　吸気冷却設備を含むものとする.
（2）排熱回収ボイラー設備
（3）蒸気タービン発電設備
（4）付　属　設　備
　a．冷却水設備
　b．純水設備
　c．燃料供給設備
　d．副原料貯蔵供給設備
　　（純水装置や廃水処理に必要な資材用）
　e．受配電設備
　f．計装用及び清掃用圧縮空気発生装置
　g．廃水処理設備
（5）電　気　設　備
（6）計　装　設　備
（7）建　設　工　事
（8）輸送，搬入，据付，配管，配線工事
（9）保安防災設備
（10）通　信　設　備
（11）テレメータ設備
（12）試験，検査，調整，試運転
（13）試運転に必要な燃料を除く予備品と消耗品
　（潤滑油の初充填，初回の薬品在庫品の完備等全てを含む）
（14）予　備　品
　（2年間の運転に必要なメーカ推奨予備品，但し，試運転に必要な予備品は，この項目に入れないこと.）
（15）そ　の　他
　（当プロジェクト逐行に必要なもの）

第4章 無償貸与及び支給条件

1）無償貸与及び支給品
　a．敷地内の空き地
　b．試運転用燃料
2）有償貸与及び支給品
　a．市水は計量器と配管を用意すれば，原価で支給する.
　b．工事用電力は，契約者が直接購入のこと.
　c．公共電話は，契約者が直接契約のこと.

第5章 保 証 事 項

1）保障期間

保証事項は，契約者の納入した設備及び推奨した予備品，消耗品を含めて，選定，設計，材料，加工，輸送，施工，試験調整，教育，指導のミスに起因する故障に関しては，引取り後1ヶ年間は無償にて交換又は修理を行い，その間の損失を補填すること.

2）性能保証

性能に関しては，契約者が提示した定格運転時に於いて，下記状態に換算した値で以って保証すること.

a）定常運転中　温度　15 ℃　相対湿度　60 %
　　　　　　　温度　30 ℃　相対湿度　75 %

燃料消費量
　送電単電力量
　総合　効率
　排ガス
　煤　塵
　NOx
　SOx
　騒　音
　（敷地境界線上において）

第６章　引渡し及び検収条件

1）設備の完成

当発電設備の設備毎の工場試験，現地試験に合格し，運転及び保守員の教育の全てを終え，官庁の使用前検査に合格し，営業運転許可が取得出来た段階で，当発電設備の完成とする．

第７章　見積提出資料

応札者は，次に記述した資料を見積書に添えて提出のこと．
これ等の資料は，見積時の提出資料であって，契約締結後に提出を依頼する資料は，これ等の中に含まれていない．

1）見積仕様書
　各機器及び設備毎に提出のこと．
2）工　程　表
3）全体配置図
4）機器系統図
5）ヒートバランス
6）監視制御システム図
7）単線結線図
8）用役一覧表（年間必要量を含むこと．）
9）年間送電電力量及び燃料消費量計算書
　（計算書は，液化ガス燃料を主燃料とした場合と，ケロシンを主燃料とした場合の二つのケースを作成のこと．）
10）メンテナンス・サービス体制
11）サブベンダー・リスト
12）15 年間のメンテナンス計画表とその経費の見積り
13）見　積　書
　見積書の価格の内訳は，この仕様書の分類と区分に合わせておくこと．
　提出部数は，正本１部，副本２部合計３部とする．

第８章　添付資料その他

1）液化ガス燃料性状組成表
2）ケロシン燃料性状組成表
3）敷地平面図
4）敷地周辺地図
5）敷地案内地図

補足：

この仕様書が使われた時から既に 10 年以上の時が経過しているために，此処で本仕様書に引用している規格を編集者の方が調査され，現在も有効な規格，そしてその後改訂・変更及び廃止になったもの，その中でも特に読者の方に参考にして貰いたいものを，次に紹介してくれて居ります．

1．電気工作物の溶接に関する技術基準　→　2006 年に廃止
2．高圧ガス取締法　→　1997 年４月より“高圧ガス保安法”と呼称変更
3．“AIJ 規格”は俗称で，AIJ は学会の名称

補注：外国語のカタカナ表記は，商社で行われている日本語辞書に従う方法を執った．

分 野 別 目 次

Ⅰ. 電気理論･電気計測･電気数学

Ⅱ. 送電・配電

Ⅲ. 発電・変電

Ⅳ. 電気機械・電動力応用

Ⅴ. 電気応用・電灯照明

Ⅵ. 電気法規・施設管理

あとがき

最近電気工学を志す人が減り、大学に於いても電気工学部では受験者が募集人員に満たず、苦肉の策として他の学部を目指した方の内、試験には合格したが定員の関係でその学部に入学できない人を、電気工学部に入学するように勧誘して電気工学部の人員を確保している状態だと聞いております。

しかし、電気と言う形のエネルギーは、非常に使い勝手が良く、色々なタイプのエネルギーへの変換が簡単に行え、例えば、熱、光、音、動力、そして電子機器内部の信号の伝達など応用分野が広く、且つ“非常に効率よく他の形へのエネルギー変換が可能である”と言う特徴を持っております。

現在の人間社会を見ますと、電気を抜きにして都会や街は成り立ち得ません。従って、電気を利用する立場から、電気エネルギーの発生設備や送受設備、そしてその変換機器が不要になることは絶対に在りません。しかし、現在の若い人は有機半導体や有機発光体に目を奪われ、其方の方に向う人が極端に多くなっております。

さて、この本を発行するに当たり第一に考えたことは、より多くの方に読んで頂くために、本の提供価格をより求め易い価格にすることでした。この考えを最初に編集者にお話しますと、今回のように雑誌として発行したものを版下 080203 として利用することが、廉価とするための最善の策だと教わり、この様な形で印刷製本することになり、廉価で提供すると言う目的を達成しました。

この本の編集を進めている時、章や節の終わりに空き部分が出来たのですが、一人の推薦者の方の推薦文を読ませて頂いている内に、ある産業プラントに於いて一台のガスタービン発電機では、ミルモータが起動できないと言う事態が発生したことを思い出しました。

その時の現象から見て発電機の端子電圧が維持出来ないために、発電機がガスタービンを停止しているのです。この理由からミルモータを起動する時には、必ず前以ってガスタービン発電機２台を運転し、ミルモータの起動が完全に終わってから、余分な１台を停止するようにしようと、ドイツ人の発電機技師に提言しました。其れがその産業プラントに於ける、ミルモータ起動の手順になったことを思い出しました。

其処で、それらの空き部分を埋めるために、以前電気計算に連載した、”こんなインシデントに遭遇した”から抽き出してきた項目を、その空白を埋めるのに使用しました。

省みますれば非営利活動法人シーエム会の方に、一冊の本にして残すことを奨められてから、此処に到るまでに実に一年余の歳月が流れました。一冊の本に纏めて残すことの実現に向けての計画、資料の収集、編集、そして仮印刷に到るまでの作業が終わり、愈々、最終段階の印刷、出版と呼ばれる段階にまで来ました。その間いろいろと相談に応じて下さった株式会社電気書院の編集部の方々、そして推薦文を書いて下さった非営利活動法人シーエム会の方々のご支援が在ればこそ、此処までやって来られた訳です。

最後になりましたが、推薦文を書いて下さった奥出様と加藤様の両賢兄のお蔭で、この本を出版するための作業を前進する活力を得ました。そして、この本を廉価で提供するための立案計画、そして編集には特別な作業が必要だったにも拘らず、苦労を厭わずに最後までやり遂げて下さった株式会社電気書院の編集部の方、特に直接その編集作業をご担当下さった松田さんのご尽力に対して心より御礼を申し上げます。

平成 20 年 1 月

大林　勉

著 者 略 歴

主な工事経歴

1962年　三井東圧株式会社大阪工場アンモニア尿素工場電気設計
　第一期及び第二機建設工事，電気設備計画・設計並びに苦情処理，瞬時電圧降下時の同期電動機の過渡安定度の解析計算

1967年　タイ国ジャラプラタンセメント1500t/Dチャーム及びタクリ
　電気・計装・制御設備の計画・設計・建設・試験引渡し，保証エンジニアとして電気・計装・制御設備の保守管理の教育

1973年　コスタリカ国電力省4×10MVAモインディイゼル発電所
　発電・変電・送電・保護継電設備の計画・設計・建設・試験引渡し，138kV平行二回線の距離継電方式による単相三相再閉路の設計試験

1976年　バングラディシュ国電力開発省2×50MVAクルナ発電所
　ガスタービン発電船の変電・送電並びに保護継電方式の計画・設計・試験，132kVケーブルブリッジ方式による送電設備の開発（特許）

1978年　サウジアラビア国サウジバーレンセメント会社4×1500t/D工場
　現地建設工事の指導並びに施工管理そして試験引渡し，客先とのコーディネーション業務

1980年　マレーシア国ケダセメント会社2×2500t/Dセメント工場新設
　現地建設工事の指導並びに施工管理そして試験引渡し，プロジェクトエンジニアとして客先とのコーディネーション業務

1982年　サウジアラビア国中央地区サウジ連合電力会社132kV変電所
　4×60MVA変電所建設工事の指導並びに施工管理そして試験引渡し，プロジェクトエンジニアとして客先とのコーディネーション業務

1985年　サウジアラビア国東部地区サウジ連合電力公社132kV分路リアクトル
　8×100MVA変電所建設工事の指導と施工管理そして試験引渡し

1991年　ベェネズェラ国カラカス市電力公社並びに清掃局
　都市ゴミ焼却及び発電プラントのフィジビィリティ・スタディの内，発電・変電・送電設備に関する現地調査と報告書の纏め

1992年　バングラディシュ国チィタゴン尿素アンモニア肥料会社発電設備
　発電機（4台）の負荷マネージメント計画・設計

1994年　マレーシア国ポートディクソン・ガスタービン発電所4×150MVA
　アシスタント・プロマネとしてBOP電気工事設計指導並びに設計管理，アシスタント・サイマネとしてBOP現地電気工事指導並びに施工管理

得 意 分 野

a）化学プラント及びセメント・プラントの電気・計装・制御の立案・計画・設計
b）ディゼル・ガスタービン・バージ発電所の電気設備の立案・計画・設計・試験
c）138kV～275kV変電所並びに送電設備の立案・計画・設計・施工並びに試験
d）変電所・送電線路の保護継電方式の立案・計画・設計・施工・管理・試験引渡し
e）プロジェクト・オペレーション及びコーディネェション業務そして管理業務

資格及び特許

1．電気部門　技術士　　登録番号：6385
2．電気事業主任技術者　　第二種　第三種
3．同期電動機の乱調防止装置
　特許番号：1727337(93-01-19)
4．磁気による位置検出装置
　特許番号：1580437(90-10-11)
5．ケーブルブリッヂ送電装置
　特許番号：1369655(87-03-25)
　特許番号：1369666(87-03-25)

特 記 事 項

・瞬時電圧降下時の同期電動機の過渡安定度の解析計算
・故障電流による誘導電圧と鋼電線管の磁気遮蔽率の解析計算
・直流分を含む場合の変流器鉄心内の磁束密度の解析計算
・電力系統の故障計算法等（雑誌電気計算に93年1月より99年12月まで連載）
・プロジェクトに於けるエンジニアリングアプローチとプロセジュアの社内講師

電力技術者のための実務応用計算

2008年5月10日　第1版第1刷発行

編　者　大 林　勉
発行者　田中　久米四郎

＜発 行 所＞
株式会社 電 気 書 院
振替口座　00190-5-18837
〒101-0051　東京都千代田区神田神保町1-3 ミヤタビル2F
電　話　03-5259-9160
ファクス　03-5259-9162
www.denkishoin.co.jp

ISBN978-4-485-66533-6　印刷：松浦印刷
＜乱丁・落丁の節はお取り替えいたします＞
Printed in Japan

本書についての電話によるお問い合わせ・ご質問は，ご遠慮ください．お手数ですが，書面またはFAX（03-5283-7667）にて編集部宛にお送りください．